ESV
ERICH
SCHMIDT
VERLAG

AF667231

Operatives Controlling – Band 1

Planung, Datenaufbereitung, gesamtbetriebliche Kennzahlen, Kontrolle

Von

Prof. Dr. Martin Wördenweber

3., völlig neu bearbeitete Auflage

ERICH SCHMIDT VERLAG

Bibliografische Information der Deutschen Nationalbibliothek
Die Deutsche Nationalbibliothek verzeichnet diese Publikation in der Deutschen Nationalbibliografie; detaillierte bibliografische Daten sind im Internet über http://dnb.d-nb.de abrufbar.

Weitere Informationen zu diesem Titel finden Sie im Internet unter
ESV.info/978-3-503-19164-2

1.-2. Auflage 2013-2015
Verlag Gertrud Scheld, Fachbibliothek Verlag, Paderborn-Marienloh

3. Auflage 2021

ISBN 978-3-503-19164-2

www.ESV.info

Dieses Papier erfüllt die Frankfurter Forderungen
der Deutschen Nationalbibliothek und der Gesellschaft für das Buch
bezüglich der Alterungsbeständigkeit und entspricht sowohl den
strengen Bestimmungen der US Norm Ansi/Niso Z 39.48-1992
als auch der ISO Norm 9706.

Druck und Bindung: docupoint, Barleben

Vorwort zur 3. Auflage

Erfreulicherweise war auch die zweite Auflage in relativ kurzer Zeit vergriffen. So war wieder Gelegenheit, neben Anregungen der Kollegen und Kolleginnen und der Studis eigene neue Erkenntnisse in diese dritte Auflage einfließen zu lassen.

Die nachstehend aufgelisteten Erweiterungen haben dazu geführt, dass das bisherige Werk in zwei Bände aufgeteilt werden musste: Einen ersten Band mit den Bereichen „Operative Planung und Kontrolle“ sowie „Operative Kennzahlenanalyse auf Unternehmensebene“ und einen zweiten Band mit dem Themen „Operative Kennzahlenanalyse in den Funktionsbereichen“ und „Ausgewählte Methoden und Techniken des operativen Controllings“.

Gleichzeitig wurden einige wesentliche Erweiterungen vorgenommen: Den bisherigen Kapiteln wurde ein neues Kapitel mit dem Thema „Einführung in das operative Controlling“ vorgeschaltet. Einen zweiten neuen Schwerpunkt bilden die „Kennzahlen und Verfahren der Vollkostenrechnung“ sowie die „Kennzahlen und Verfahren der Deckungsbeitragsrechnung“. Drittens wurden die Themen Grundsätze der Planung einschließlich der rechtlichen Grundlagen, Grundbestandteile eines Plans, Merkmale von Plänen, Planungsträger, Planungshandbuch, Planungsfehler und Grenzen der Planung aufgegriffen. Der Unter-Unterabschnitt „Finanzplanung“ wurde deutlich erweitert. Neu sind die Darstellung des Benchmarking-Prozesses, der Soll-Wird-Vergleich und ein Beispiel zum internen Benchmarking sowie im Bereich der Kontrolle die Stichpunkte Kontrollprozess, Kontrollzeitpunkte und Kontrollobjekte. Ebenfalls diskutiert werden die neu aufgenommenen Kennzahlen „Selbstfinanzierungsquote“ und „Vermögensumschlag“. Aus der Perspektive einer zunehmend nachhaltigkeitsorientierten Unternehmensführung wurde die Kennzahl „Entsorgungskostenquote“ aufgenommen. Deutlicher abgegrenzt wurden die Aufgabenfelder Controlling und Revision sowie der Entscheidungs- und Führungsprozess.

Um sowohl die Unterabschnitte „Kennzahlen und Verfahren der Vollkostenrechnung“ und „Kennzahlen und Verfahren der Deckungsbeitragsrechnung“ als auch die Ausführungen zur Plankostenrechnung zu verschlanken und damit lesbarer zu gestalten, wurden aus dem Paragrafen 2.4.2.6.1 „Einführung in die Plankostenrechnung“ grundlegende Begriffserläuterungen der Kostenrechnung herausgenommen und daraus mit einigen notwendigen Ergänzungen eine eigenständige Monografie „Verfahren und Kennzahlen der Kostenrechnung“ sowie ein zugehöriges Klausurenübungsbuch Kostenrechnung geschaffen.

Zur Verwendung der geschlechtsspezifischen, männlichen Schreibweise sei folgender Hinweis erlaubt: Es ist schreibtechnisch deutlich einfacher, nur die männliche Form zu verwenden, anstatt der gelegentlich gebrauchten, aber doch recht mühsam zu lesenden Ausdrücke wie AutorIn, Autor/in, Autor*in, Autor oder Autorin, StudentIn, Student*in, Student/in, Student oder Studentin etc. Zweitens wäre die vorstehende Verwendung grammatikalisch falsch. Drittens lässt sie sich in sehr vielen Fällen wie z. B. beim Arzt nicht einheitlich anwenden: Eine Arztin gibt es nicht. Viertens führt die Ausführung zu einer erschwerten Les- und Erfassbarkeit des Textes. Zuletzt wäre die vorstehende Art der genderorientierten (?) Schreibweise angesichts der drei Geschlechter (Männer, Frauen, Diverse) ohnehin nicht korrekt. Die Nutzung der männlichen Ausdrucksweise ist in diesem Lehrbuch lediglich als Kurzform für die drei Geschlechter zu verstehen. Insofern mögen Leserinnen und Intersexuelle mir verzeihen und ein wenig Verständnis aufbringen.

Für die zahlreichen Anregungen, Hinweise und Verbesserungsvorschläge möchte ich mich bei den Studenten (cand. B A.) der Fachhochschule Bielefeld, insbesondere Herrn Mark Pöttker und der Absolventin Frau Saskia Dewert, M A, herzlich bedanken. Mein besonderer Dank gilt meinen studentischen Hilfskräften, Frau cand. M A Stephanie Bertram und Herrn cand. LL. B. Michael Wesselmann, die mit außerordentlichem Fleiß und dem Aufzeigen von Verbesserungsmöglichkeiten zum Gelingen der 3. Auflage beigetragen hat.

Kritik und Verbesserungsvorschläge, aber gerne auch Lob sind ausdrücklich erwünscht. Am besten per E-Mail an OC@dr-woerdenweber.de.

Büren, im Februar 2021 Martin Wördenweber

Vorwort zur 2. Auflage

Nachdem innerhalb kurzer Zeit die erste Auflage vergriffen war, bot es sich an, Anregungen der Kollegen und Kolleginnen und der Studenten aufzugreifen und einige Stellen zu optimieren.

Gleichzeitig wurden einige wesentliche Erweiterungen vorgenommen: Den beiden bisherigen Kapiteln wurde ein neues Kapitel mit dem Thema „Operative Planung und Kontrolle“ vorgeschaltet. Einen zweiten neuen Schwerpunkt bilden die Ausführungen zur XYZ-Analyse bzw. ABC-XYZ-Analyse. Drittens nehmen die Erläuterungen zum Werbe-Controlling und Controlling des Webauftritts einen breiten Raum ein. Neu aufgenommene Kennzahlen sind die Wachstumsquote, Preisnachlassquote, Erlösschmälerungsquote, Forderungsdauer, Lieferantenkreditdauer, Zahlungszielabweichung sowie Betriebsrendite und Betriebsrentabilität.

Für die zahlreichen Anregungen, Hinweise und Verbesserungsvorschläge möchte ich mich bei den Studenten (cand. B A.) der Fachhochschule Bielefeld, insbesondere Herrn Andrè Bringezu, Frau Marnie Fahrenkämper, Herrn Jordan Gjorgjijoski, Herrn Deniz Günes, Frau Anne Junker, Herrn Osman Kavci, Herrn Christian Krause, Herrn Philip Lazic, Herrn Baris Sevilmis, Frau Elena Vogt und Frau Lorena Zahn herzlich bedanken. Mein besonderer Dank gilt meiner studentischen Hilfskraft, Herrn cand. B. A. Marcel Büttemeyer, der mit außerordentlichem Fleiß und dem Aufzeigen von Verbesserungsmöglichkeiten zum Gelingen der 2. Auflage beigetragen hat.

Kritik und Verbesserungsvorschläge, aber gerne auch Lob sind ausdrücklich erwünscht. Am besten per E-Mail an OC@dr-woerdenweber.de.

Büren, im April 2015 Martin Wördenweber

Vorwort zur 1. Auflage

Es scheint fast so, als wenn sich die Ereignisse immer schneller „überschlagen". Eine Krise jagt die andere. Waren es gerade noch die Immobilien- und Bankenkrise in den USA, Großpleiten gestandener Unternehmen wie Quelle und Schlecker, Beinahe-Staatsinsolvenzen in Europa, stehen die nächsten Wirtschaftsprobleme (bestimmt) schon bald bevor.

Die Ursachen sind vielfältig. Sicher, die Wettbewerbssituation verschärft sich ständig aufgrund der zunehmenden Globalisierung der Wirtschaftsräume, der Internationalisierung der Märkte bei schwachem Wirtschaftswachstum oder sogar Rückgängen der Bruttoinlandsprodukte der Volkswirtschaften. Aber auch ohne derartigen Druck „von außen" sollte, ja muss die Geschäftsleitung eines Unternehmens bestrebt sein, die Wirtschaftlichkeit des Unternehmens permanent zu verbessern. Allein schon, um für schwierige Zeiten gewappnet zu sein. Im Idealfall ist das ständige Optimieren ein Reflex, der in „Fleisch und Blut" übergegangen ist.

Es hat sich gezeigt, dass hierzu – und nicht nur in Großunternehmen! – das Controlling einen hervorragenden Beitrag leisten kann. Um einen schnellen Überblick zu erhalten, werden in der Regel Kennzahlen verwendet. Der Unternehmer muss oft in kürzester Zeit auf die „richtigen" Informationen zurückgreifen können, um die „richtigen" Entscheidungen treffen zu können.

In diesem Buch werden sowohl gesamtbetriebliche als auch funktionsbezogene Kennzahlen vorgestellt und diskutiert werden, nachdem die erforderlichen Grundlagen der Datenaufbereitung, die (grundsätzliche) Bewertung von Kennzahlen und betriebswirtschaftliche Erfolgs- und Gewinnbegriffe vorgestellt wurden.

Voraussetzung der Lektüre sind allgemeine, grundlegende Kenntnisse Kosten- und Leistungsrechnung, der Finanzierung, des Marketings, der Materialwirtschaft, sowie Buchführung und Bilanzierung. Im Hinblick auf die Grundkenntnisse zur Kosten- und Leistungsrechnung wird das Studium von SCHELD, G. A.: Das interne Rechnungswesen im Industrieunternehmen, Band 1 bis 4, erschienen im gleichen Verlag, verwiesen.

Das Lehr- und Arbeitsbuch basiert auf zahlreichen Lehrveranstaltungen an öffentlichen und privaten Fachhochschulen (einschließlich Verbundstudium), Universitäten und Weiterbildungseinrichtungen der Wirtschaft. Daneben sind langjährige Erfahrungen des Autors in leitender und Geschäftsführungsfunktion bei national und international tätigen Unternehmen eingeflossen.

Das Lehr- und Arbeitsbuch wendet sich an alle Leser, die sich in Studium oder Beruf mit Management und Controlling beschäftigen. Es richtet sich an Dozenten und Studenten der Wirtschaftswissenschaften an Fachhochschulen, Universitäten und Berufsakademien. Es ist gleichermaßen zum Selbststudium für Führungskräfte geeignet, die einen fundierten theoretischen Background für ihre Entscheidungen im Unternehmen suchen.

Für die zahlreichen Anregungen, Hinweise und Verbesserungsvorschläge möchte ich mich bei den Studenten der Fachhochschule Bielefeld, insbesondere Frau B. A. Ina Donges, Frau B. A. Christina Göckede, Herrn B. A. Yassine Omri und Frau B. A. Christine Schijan herzlich bedanken. Mein besonderer Dank gilt Herrn Prof. Dr. Guido A. Scheld von der Fachhochschule Jena für seine konzeptionellen Anregungen und die fachlich tiefgehenden Diskussionen. Ebenfalls bedanken darf ich mich bei meiner studentischen Hilfskraft, Frau cand. B. A. Christina Beckhoff, die mit außerordentlichem Fleiß und kreativen Ideen zum Gelingen des Buches beigetragen hat.

Für Anregungen, die der weiteren inhaltlichen und didaktischen Verbesserung dienen, bin ich dankbar. Am besten per E-Mail an OC@dr-woerdenweber.de.

Büren, im Oktober 2013 Martin Wördenweber

Inhaltsübersicht Band 1 und 2

Band 1

Band 2

Inhaltsverzeichnis

Abkürzungsverzeichnis

a. a. O.	am angegebenen Ort, am angeführten Ort
Abs.	Absatz
Abw.	Abweichung
AG	Aktiengesellschaft
AHK	Anschaffungs- bzw. Herstellungskosten
AktG	Aktiengesetz
Anm.	Anmerkung
AO	Abgabenordnung
a. o.	außerordentlich(-e, -er)
APM	Alternative Performance Measures
Art.	Artikel
Aufl.	Auflage
AZ	Aktenzeichen
BA	Beschäftigungsabweichung
BaFin	Bundesanstalt für Finanzdienstleistungsaufsicht
BAV	Bundesaufsichtsamt für das Versicherungswesen
Bd.	Band
BDSG	Bundesdatenschutzgesetz
BDU e. V.	Bundesverband Deutscher Unternehmensberater e. V.
BE	Betriebsergebnis
BEP	Break-even-Punkt
BER	Betriebsergebnisrechnung
BEU	Break-even-Umsatz
BGH	Bundesgerichtshof
BilMoG	Bilanzrechtsmodernisierungsgesetz
BilRUG	Bilanzrichtlinien-Umsetzungsgesetz
BörsO	Börsenordnung
Bsp.	Beispiel
bzw.	beziehungsweise
ca.	circa
cbm	Kubikmeter

cm	Zentimeter
CO_2	Kohlendioxid
COT	Cut-off times
c. p.	ceteris paribus
Darst.	Darstellung
DDR	Deutsche Demokratische Republik
d. h.	das heißt
DIN	Deutsches Institut für Normung
Diss.	Dissertation
DVFA	Deutsche Vereinigung für Finanzanalyse und Anlageberatung e. V.
EBIT	Earnings before Interest and Taxes
EBITA	Earnings before Interest, Taxes and Amortization
EBITDA	Earnings before Interest, Taxes, Depreciation and Amortization
EDV	Elektronische Datenverarbeitung
EGHGB	Einführungsgesetz zum Handelsgesetzbuch
EK	Eigenkapital
EN	Europäische Normen
Engl.	Englisch, englische (-r, -s)
ESMA	European Securities and Markets Authority
EStG	Einkommensteuergesetz
etc.	et cetera
e. V.	eingetragener Verein
EVA	Economic Value Added
evtl.	eventuell
f. bzw. ff.	folgende, fortfolgende
F&E	Forschung und Entwicklung
FEK	Fertigungseinzelkosten
FertGKZS	Fertigungsgemeinkostenzuschlagssatz
FGK	Fertigungsgemeinkosten
FIFO	First-in-first-out
FK	Fremdkapital

g	Gramm
GG	Grundgesetz
ggf.	gegebenenfalls
GKV	Gesamtkostenverfahren
GKZS	Gemeinkostenzuschlagssatz
GmbH	Gesellschaft mit beschränkter Haftung
GmbHG	Gesetz betreffend die Gesellschaften mit beschränkter Haftung
GoB	Grundsätze ordnungsmäßiger Buchführung
griech.	griechisch (-e, -er, -es)
GuV	Gewinn- und Verlustrechnung
h	Stunde(-n)
HGB	Handelsgesetzbuch
HIFO	Highest-in-first-out
hl	Hektoliter
HS	Halbsatz
HWRev	Handwörterbuch der Revision
IAS	International Accounting Standards
i. d. R.	in der Regel
i. e. S.	im engeren Sinne
IFRS	International Financial Reporting Standards
IKS	Internes Kontroll-System
InsO	Insolvenzordnung
IQ	Intelligenzquotient
i. S. d.	im Sinne des
ISO	International Organization for Standardization
Iss.	Issue(s) (Heft(e))
IT	Informationstechnologie
i. V. m.	in Verbindung mit
i. w. S.	im weiteren Sinne
Jg.	Jahrgang
Kap.	Kapitel
KER	Kurzfristige Erfolgsrechnung
Kfz	Kraftfahrzeug

kg	Kilogramm
km	Kilometer
KMU	Kleine und mittlere Unternehmen
KonTraG	Gesetz zur Kontrolle und Transparenz im Unternehmensbereich
KPI	Key-Performance-Indicator
KrWG	Kreislaufwirtschaftsgesetz
KWG	Gesetz über das Kreditwesen (Kreditwesengesetz)
kWh	Kilowattstunde
KWR	Kapitelwertrate
l	Liter
lat.	lateinisch (-e, -er, -es)
LIFO	Last-in-first-out
LKW	Lastkraftwagen
LOFO	Lowest-in-first-out
LSP	Leitsätze für die Preisermittlung
lt.	laut
m	Meter
MatGKZS	Materialgemeinkostenzuschlagssatz
m. a. W.	mit anderen Worten
MBLM	Mindestbestand an liquiden Mitteln
MbO	Management by Objectives
ME	Mengeneinheit
MEK	Materialeinzelkosten
MGK	Materialgemeinkosten
min	Minute(-n)
Mio.	Million(-en)
ml	Milliliter
mm	Millimeter
Mrd.	Milliarde(-n)
MWK	(Nds.) Ministerium für Wissenschaft und Kultur
Nds.	Niedersächsisch(-e, -er, -es)
Nr.	Nummer

OHG	Offene Handelsgesellschaft
PAF	Preis-Absatz-Funktion
PE	Packeinheit
Pkw	Personenkraftwagen
PU	Pack Unit (Verpackungseinheit)
qkm	Quadratkilometer
qm	Quadratmeter
RBW	Restbuchwert
REFA	Verband für Arbeitsgestaltung, Betriebsorganisation und Unternehmensentwicklung (ursprünglich: Reichsausschuß für Arbeitszeitermittlung)
resp.	respektive (bzw.)
RKW	Rationalisierungs- und Innovationszentrum der Deutschen Wirtschaft e. V. (vormals Reichskuratorium für Wirtschaftlichkeit in Industrie und Handwerk)
RMS	Risikomanagementsystem
ROI	Return on Investment
RVE	Restverkaufserlös
S.	Seite
SEPA	Single Euro Payments Area
SBG V	Sozialgesetzbuch Fünftes Buch
s. o.	siehe oben
sog.	so genannt(-e, -er, -en)
St.	Stück
StGB	Strafgesetzbuch
SWOT	Strength, Weakness, Opportunities, Threats
t	Jahr(-e), Tonne(-n)
T	Zeitraum
tan	Tangens
T€	Tausend Euro
U	Umsatz
u. a.	unter anderem, und andere

u. Ä.	und Ähnliche(-s)
UKV	Umsatzkostenverfahren
US	United States
US-GAAP	United States Generally Accepted Accounting Principles
usw.	und so weiter
u. U.	unter Umständen
UV	Umlaufvermögen
VA	Verbrauchsabweichung
VE	Verpackungseinheit
Verf.	Verfasser
vgl.	vergleiche
VtGK	Vertriebsgemeinkosten
VtGKZS	Vertriebsgemeinkostenzuschlagssatz
VwGK	Verwaltungsgemeinkosten
VwGKZS	Verwaltungsgemeinkostenzuschlagssatz
VOB/B	Vergabe- und Vertragsordnung für Bauleistungen, Teil B
W	Woche
WAAC	Weighted Average Cost of Capital
WBK	Wiederbeschaffungskosten
WHU	Wissenschaftliche Hochschule für Unternehmensführung – Otto Beisheim School of Management, Vallendar
z. B.	zum Beispiel
ZfbF	Zeitschrift für betriebswirtschaftliche Forschung
ZfhF	Zeitschrift für handelswissenschaftliche Forschung

Symbolverzeichnis

Ø	Durchschnitt, durchschnittlich
%	Prozent
a	Auszahlung
a_0	Anschaffungsauszahlung
a_t	Auszahlung zum Zeitpunkt t
β	unternehmensindividuelles Risiko im Vergleich zum Risiko des Gesamtmarktes
DB bzw. DB_i	Deckungsbeitrag einer Produktart *i*
db	Stückdeckungsbeitrag, Deckungsspanne, Deckungsbeitrag pro Stück
db_b	bisheriger Stückdeckungsbeitrag
db_n	neuer Stückdeckungsbeitrag
C_0	Kapitalwert
€	Euro
e	Einzahlung
e_t	Einzahlung zum Zeitpunkt t
ϵ	Reagibilitätsgrad
G	Gewinn
g	Stückgewinn
GA	Gesamtabweichung
G_b	bisheriger Gesamtgewinn
g_b	bisheriger Stückgewinn
Gesamt-DB	Deckungsbeitrag aller Produktarten
G_n	neuer Gesamtgewinn
g_n	neuer Stückgewinn

$GSKi$	gesamte Stellenkosten der Kostenstelle
G_{max}	Gewinnmaximum
$G(x)$	Periodengewinn in Abhängigkeit von der Beschäftigung
h	Stunde(n)
i	Index für die n Einzelwerte von x, wobei i=1, …, n
i	kalkulatorischer Zinssatz, mit dem das gebundene (Eigen- und Fremd-) Kapital zu verzinsen ist
i_{EK}	Verzinsung des Eigenkapitals
i_f	risikoloser Zinssatz
i_{FK}	Fremdkapitalzinssatz
i_m	Rendite des Gesamtmarkts
i_R	interner Zinsfuß
K	Kosten
K'	Grenzkosten
K_f	Fixkosten
K^i	Ist-Kosten in einer bestimmten Periode
k^{pverr}	Plankostenverrechnungssatz
k_s	Selbstkosten (pro Stück)
K_v	Variable Kosten
$K_v(x)$	Variable Kosten einer Periode in Abhängigkeit von der Beschäftigung
k_v	variable Kosten pro Erzeugniseinheit
k_v^p	variabler Plankostensatz
K_v^p	variable Plankosten
$K(x)$	Periodenkosten in Abhängigkeit von der Beschäftigung
$k(x)$	Durchschnittskosten
LM_0	Anfangsbestand an liquiden Mitteln
m_{ij}	Leistungseinheiten von der Kostenstelle i an die Kostenstelle j
n	Anzahl der Nutzungsperioden
p_a	alter Preis
PK	Produktionskoeffizient

p_d	Abschreibungsprozentsatz
p_n	neuer Preis
p^p	Plan-Preis in einer vergangenen Planperiode
$PSKi$	Primäre Stellenkosten der Kostenstelle *i*
$PSKj$	Primäre Stellenkosten der Kostenstelle *j*
$PSKvj$	Variable primäre Stellenkosten der Kostenstelle *j*
q_i	Verrechnungspreis der Kostenstelle *i*
s	Steuersatz des Unternehmens
T	Planungshorizont (Ende der Planperiode)
T€	Tausend €
U	Umsatz
U_{max}	Umsatzmaximum
U_{pl}	geplanter Umsatz/Planumsatz
$U(x)$	Periodenumsatz in Abhängigkeit von der Beschäftigung
x	Variable für die Beschäftigung
x_a	Absatzmenge/abgesetzte Menge
x_b	bisher produzierte und abgesetzte Menge
$x_{Betriebsoptimum}$	betriebsoptimale Beschäftigung
x^i	Ist-Beschäftigung in einer vergangenen Periode
x_i	Beschäftigung in einer bestimmten Periode
x_{Kap}	Kapazität eines Leistungsobjekts
x_p	produzierte Menge
x^p	Planbeschäftigung/geplante Beschäftigung

1 Einführung in das operative Controlling

1.1 Grundlagen des Controllings

Bevor auf das operative Controlling näher eingegangen wird, soll zunächst das Controlling allgemein vorgestellt werden. Aus den nachfolgenden Ausführungen ergibt sich auch, in welcher Form das operative Controlling Teil des gesamten Controllings ist.

Das Controlling ist aus der heutigen Betriebswirtschaftslehre nicht mehr wegzudenken: Das Controlling ist eng mit dem **Steuerungsprozess des Unternehmens (Unternehmensführung)** verbunden und unterstützt die Unternehmensführung. Das Controlling ist somit ein **ressort- bzw. funktionsübergreifendes Konzept**. Es beinhaltet alle er- und verarbeiteten **Informationen, die geeignet sind, die unternehmerischen Entscheidungen hinsichtlich der Ziele und Maßnahmen optimal vorzubereiten**. Wichtig ist, dass sowohl die Ziele als auch die Maßnahmen (Aktivitäten, Prozesse) vom Controlling analysiert werden, wobei die **Maßnahmen erst dann vorgeschlagen/optimiert werden können, wenn die Ziele bereits bekannt sind**. Anderenfalls würden die Maßnahmen nicht zielgerichtet getroffen werden können; es fände zumindest keine zielorientierte Optimierung statt.

> Controlling ist die Unterstützung der Unternehmensführung, indem es in allen Phasen der ziel- und maßnahmenbezogenen Führungsprozesse (vor allem Planung und Kontrolle) im Unternehmen entscheidungsrelevante Methoden, Techniken und Informationen bereitstellt und die funktionsübergreifende Koordination der Führungsprozesse übernimmt.

Darst. 1.101: Definition Controlling

Führen hat immer mit **Willensbildung** und **Willensdurchsetzung** zu tun. In diesem Zusammenhang wird in der Literatur diskutiert, welche der noch im Detail vorzustellenden fünf Prozesse (Anregungsphase, Such- und Orientierungsphase, Optimierungs- und Auswahlphase, Durch-/Umsetzungsphase, Kontrollphase) zu den vorgenannten Handlungstypen gehören. Hier stellt sich die Literatur uneinheitlich dar. Während einerseits lediglich zwischen der Willensbildung[1] und der Willensdurchsetzung[2] unterschieden wird, wobei die ersten drei Phasen der Willensbildung zugeordnet werden, die beiden letzten der Willensdurchsetzung,[3] existiert auch eine Dreiteilung in Willensbildung, Willensdurchsetzung und Kontrolle.[4] Die Ausführung[5] wird hier nicht dem Führungssystem, sondern dem Leistungssystem zugeordnet.[6] Der Kontrollprozess dient der **Willenssicherung**.[7] Kontrollen setzen ihrerseits aufgrund der vorzunehmenden resp. vorgenommenen Soll-Ist-Vergleiche und Abweichungsanalysen i. d. R. Lern- und Erfahrungsprozesse in Gang, die Anregungen für die Phase Willensbildung liefern und somit einen neuen Führungsprozess anstoßen. Zudem liefert die Kontrolle auch Erkenntnisse in Bezug auf die Willensdurchsetzung, indem sie in dieser Phase mögliche Abweichungen zwischen dem Gewollten und dem Umgesetzten erkennen lässt.[8]

Unter **Unternehmensführung** wird das **Entwickeln, Gestalten und Steuern eines sozialen Systems**, wie es das Unternehmen eines ist, verstanden.[9] Unternehmensführung lässt sich als **Führungsprozess**, auch **Managementprozess** oder **Problemlösungsprozess** genannt, darstellen. Dieser läuft entsprechend den charakteristischen Führungshandlungen

---

[1] Wissensbildung (-Generierung und -Verarbeitung) resultiert zunächst aus der Aufnahme von Anregungs-Informationen unabhängig von vorhergehenden Führungsprozessen als auch von Informationen aus der Kontrolle (Soll-Ist-Abgleich) des vorangegangenen Führungsprozesses. Es geht um die Suche, Bewertung und Auswahl von Zielen und abgeleiteten Maßnahmen.

[2] Gutenberg beschreibt diese Aufgabe so: „... das Geplante Wirklichkeit werden zu lassen, also Sorge dafür zu tragen, dass Hemmungen und Widerstände überwunden werden, die sich dem Gewollten entgegenstellen." (GUTENBERG, E.: Grundlagen der Betriebswirtschaftslehre, Bd. 1: Die Produktion, im Folgenden mit „Produktion" abgekürzt, 24. Aufl., Berlin, Heidelberg, New York 1983, S. 132.)

[3] Vgl. HAHN, D.: Führung des Systems Unternehmung, in: Zeitschrift Führung + Organisation (ZFO), 40. Jg., 1971, S. 161, HAHN, D., HUNGENBERG, H.: PuK-Wertorientierte Controllingkonzepte: Planung und Kontrolle, Planungs- und Kontrollsysteme, Planungs- und Kontrollrechnung, 6. Aufl., Wiesbaden 2001, S. 33ff., LIEBL, C.: Kommunikations-Controlling: Ein Beitrag zur Steuerung der Marketing-Kommunikation am Beispiel der Marke Mercedes-Benz, Diss. TU Berlin 2003, Wiesbaden 2013, S. 22, PRÄTSCH, J., SCHIKORRA, U., LUDWIG, E.: Finanzmanagement: Lehr- und Praxisbuch für Investition, Finanzierung und Finanzcontrolling, 4. Aufl., Berlin, Heidelberg 2012, S. 5.

[4] Vgl. WEBER, J., SCHÄFFER, U.: Einführung in das Controlling, 16. Aufl., Stuttgart 2020, S. 64–65, BLEICHER, K., MEYER, E.: Führung in der Unternehmung: Formen und Modelle, Reinbek bei Hamburg 1976, S. 251, NEUMANN, D. (HRSG.): Kommunikationscontrolling: Ein wirkungsvolles Steuerungssystem, Hamburg 2014, S. 10.

[5] Mit Ausführung sind Ausführungshandlungen gemeint. Dies sind Aktivitäten, für die keine Freiheitsgrade (mehr) bestehen.

[6] Vgl. FRANK, S.: Erfolgreiche Gestaltung der Kostenrechnung – Determinanten und Wirkung am Beispiel mittelständischer Unternehmen, Diss. WHU – Otto Beisheim School of Management 1999, Wiesbaden 2000, S. 50.

[7] Vgl. STEINLE, C.: Ganzheitliches Management: Eine mehrdimensionale Sichtweise integrierter Unternehmensführung, Wiesbaden 2005, S. 574, BLEICHER, K.: Perspektiven für Organisation und Führung von Unternehmen, Baden-Baden et al. 1971, S. 48f.

[8] Vgl. hierzu auch Abschnitt 2.2 „Grundlagen der Kontrolle".

[9] Vgl. WÖRDENWEBER, M.: Unternehmensplanung und Kontrolle (im Folgenden abgekürzt mit „Unternehmensplanung), Norderstedt 2019, S. 25ff., ULRICH, H.: Management, Bern 1984, S. 114ff.

des Managements idealtypisch[10] in fünf Phasen, wie in der nachfolgenden Darstellung zu sehen ist, ab.

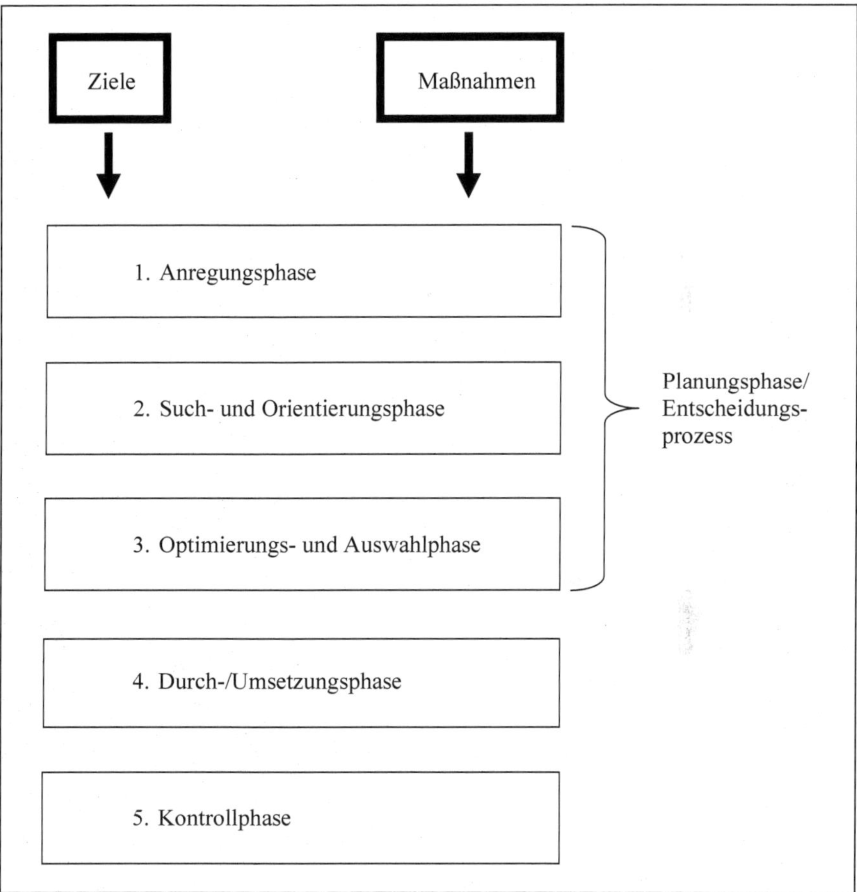

Darst. 1.102: Führungsprozess

Ein Führungsprozess bezieht sich immer auf zwei grundsätzliche Entscheidungen. Was soll wann/bis wann in welchem Ausmaß/Umfang erreicht werden (**Ziele**) und wie, d. h. mittels welcher **Maßnahmen/Aktivitäten** sollen diese Ziele erreicht werden. Maßnahmen

[10] Es handelt sich um eine idealtypische Vereinfachung der in der Realität oft komplexen Entscheidungsprozesse. Vgl. ANTLITZ, A.: Unternehmensgrenzen und Kooperationen. Make-cooperate-or-buy im Zusammenspiel von Kompetenz- und Strategieentwicklung, Wiesbaden 1999, S. 57.

ohne (vorherige Festlegung der) Ziele sind sinnlos, die Zielerreichung ohne Maßnahmen unmöglich.

Ein typischer Fall für das Durchlaufen eines **maßnahmenbezogenen**[11] **Führungsprozesses** mit dem Beginn in der Anregungsphase sind hohe Soll-Ist-Abweichungen, sich im Zeitablauf verschlechternde Kennzahlen oder im Vergleich zu externen Unternehmen (weit) unterdurchschnittliche Werte bei den vom Controller vorgegebenen und/oder mit ihm vereinbarten Zielgrößen (konkrete Ausprägungen der ausgewählten Kennzahlen), aber auch endogene Informationen, die einen Führungsprozess induzieren. Bei einer im Sinne der Vorgabe negativen Abweichung werden vom Controller in Zusammenarbeit mit dem/den für die Differenz Verantwortlichen die Gründe für die Abweichung eruiert. Ganz allgemein gilt also, zuerst das Problem gründlich und systematisch zu analysieren. Denkbar wäre auch, dass sich zwischenzeitlich die Umwelt des Unternehmens (stark) verändert hat und daher die bisherigen Ziele überprüft werden müssen. Ggf. werden neue Ziele und/oder neue Zielgrößen (konkrete Ausprägungen der ausgewählten Kennzahlen) im Rahmen eines zielbezogenen Führungsprozesses festgelegt. Erst dann (!) werden im Rahmen der Such- und Orientierungsphase unterschiedliche Maßnahmen ergründet, vorgeschlagen und diskutiert. Hier spielt auch die Prognose zukünftiger Szenarien (Umweltzustände) eine wichtige Rolle, da möglicherweise unterschiedliche Szenarien hinsichtlich des Grundsatzes der Flexibilität der Pläne (z. B. Eventual-/"Schubladen"-Planungen unter Berücksichtigung der Eintrittswahrscheinlichkeiten und/oder Erwartungswerte)[12] bei der Planung und Entscheidung bedacht werden müssen. Der Generierung, Zusammenstellung aus Auswertung sämtlicher für die Problemlösung relevanter Informationen kommt insbesondere in dieser Phase eine herausragende Bedeutung zu. In der Optimierungs- und Auswahlphase werden die Planungs- bzw. Entscheidungsalternativen auf der Basis vergleichender Analysen (Vergleichsrechnungen) zielorientiert und möglichst rational bewertet. Damit ist die Entscheidungsvorbereitung abgeschlossen. Das Fällen der Entscheidung, d. h. die Auswahl der „richtigen" Alternative in der **Entscheidungsphase** wird auch als **Planverabschiedung** bezeichnet. Mit der Optimierung und Auswahl zielorientierter Maßnahmen endet die **Planungsphase** (Planung i. w. S.) resp. der **Entscheidungsprozess.**[13] Die Durch-/Umsetzungsphase (Realisationsphase) beinhaltet die Ratifizierung der Pläne,

---

[11] Es wird hier unterstellt, dass der **zielbezogene** Führungsprozess, in dessen Rahmen die Ziele des Unternehmens festgelegt wurden, bereits vorab erfolgt ist.

[12] Vgl. hierzu die Ausführungen im Unter-Unterabschnitt 2.1.3.4 „Grundsatz der Flexibilität".

[13] Eine **Entscheidung** ist die Wahl eines oder mehrerer Entscheidungsträger zwischen verschiedenen Alternativen (auch der Unterlassensalternative!) zwecks Zielerfüllung im Rahmen der gegebenen Möglichkeiten. Ein **Entscheidungsprozess** ist die systematische Bearbeitung eines Entscheidungsproblems von der Entstehung bis zur konkreten Entscheidung.

die detaillierte Festlegung der Durchführung und die Realisierung der getroffenen Planung/Entscheidung. Da wesentliche Gründe für die Trennung zwischen Führungsebene und Ausführungsebene wie das Verständnis von Zusammenhängen, (fehlende) Fachkenntnisse und Neutralität[14] vorliegen, müssen die ausführenden Mitarbeiter informiert und motiviert werden. Sind Führungskraft und Ausführender nicht personenidentisch, ist sicherzustellen, dass der Wille, der sich hinter einer getroffenen Entscheidung verbirgt, keine Veränderung erfährt. Abschließend werden die realisierten Aktionen (z. B. zur Reduktion der Kosten) mittels Soll-Ist-Vergleich, Zeitreihenanalyse oder internem/externen Benchmarking dahingehend untersucht, ob die zuvor festgelegten Ziele (konkrete Ausprägungen der ausgewählten Kennzahlen) erreicht wurden. Bei einer zu konstatierenden Abweichung erfolgt ein wiederholter Durchlauf des Ziel- und/oder Maßnahmen-Führungsprozesses, beginnend mit der Anregungsphase.

In der Praxis ist ein Ablauf des Führungsprozesses in dieser zeitlichen Reihenfolge nicht zwingend. Auch Rückkoppelungsprozesse sind nicht auszuschließen.[15] Wiederkehrende Sachverhalte (Periodizität) und auch ein „Mehrdurchlauf von Prozessphasen wiederholten sich zwischen allen hierarchischen Ebenen“[16]. Insofern stellen die einzelnen Phasen lediglich eine Ordnungsstruktur dar.

Controlling heißt nach der vorstehenden Definition, **sämtliche betrieblichen Teilbereiche** zu betreuen. War es seit dem Ende der 70er Jahren des letzten Jahrtausends noch üblich, eine Controlling-Konzeption ohne die (Teil-)Bereiche Organisation und Personal zu vertreten,[17] ist es aktuell wohl so, dass „fast keine betriebswirtschaftliche Aufgabe ausgeschlossen“[18] werden kann. Erst durch eine **Koordination von Teilbereichen bzw. deren (Teil-)Plänen und Prozessen** ist eine effektive und effiziente Führung des *gesamten* Unternehmens möglich.[19] Controlling ist notwendig, um divergierende Interessen einzelner betrieblicher Teilbereiche auszugleichen. Eine derartige Koordination macht (auch) eine Abstimmung mit dem Organisations- und Personalbereich notwendig. Hinsichtlich des

[14] Die personelle Trennung von Realisation und Kontrolle sichert die erforderliche Distanz und Neutralität.

[15] Vgl. WITTE, E.: Phasen-Theorem und Organisation komplexer Entscheidungsverläufe, in: Zeitschrift für betriebswirtschaftliche Forschung (ZfbF), Heft 20, 1968, S. 625ff.

[16] SCHWEITZER, M.: Planung und Kontrolle, in: BEA, X., DICHTL, E., SCHWEITZER, M. (HRSG.): Allgemeine Betriebswirtschaftslehre. Bd. 2. Führung, 4. Aufl., Stuttgart, New York 1989, S. 17.

[17] Vgl. HUBERT, B.: Grundlagen des operativen und strategischen Controllings. Konzeptionen, Instrumente und ihre Anwendung, 2. Aufl., Wiesbaden 2019, S. 7–10.

[18] KÜPPER, H.-U., FRIEDL, G., HOFMANN, C. ET AL.: Controlling. Konzeption, Aufgaben, Instrumente, 6. Aufl., Stuttgart 2013, S. 13.

[19] Vgl. SCHELD, G. A.: Controlling im Mittelstand. Bd. 1: Grundlagen und Informationsmanagement (im Folgenden mit „Grundlagen“ abgekürzt), 4. Aufl., Büren 2008, S. 33–34.

Personalbereichs ist bezüglich der ihm innewohnenden Personalfunktion eine Unterscheidung zwischen den Begriffen Personalmanagement und Personalführung vonnöten. Das Personalmanagement als alle auf die Mitarbeiter bezogenen Planungs-, Steuerungs- und Kontrollaufgaben gehört neben der Personalführung[20] zur Personalfunktion,[21] auf die hier nicht näher eingegangen werden muss. Damit gehört das Personal-Controlling als eigenständige Teilfunktion des Personalmanagements zu den funktionsbereichsbezogenen Aufgaben des Controllings.[22]

Das Controlling hat auch die Aufgabe, **in zeitlicher Hinsicht ein Gesamtkonzept** zu liefern. Auf der Basis der konstitutiven und normativen Entscheidungen der Unternehmensführung beinhaltet dieses Konzept eine strategische, taktische und operative Planung.[23] Diese fünf Kategorien[24] werden als **Handlungsebenen** oder **Planungsebenen** oder schlicht **Ebenen** bezeichnet werden. Diese dürfen nicht mit den **Führungsebenen im institutionellen Sinne** (Top-Management, Middle-Management, Lower-Management)[25] verwechselt werden![26]

Der **Zeithorizont** der Planung und Kontrolle bezieht sich auf den Zeitraum, für den ein Plan erstellt wird und über den er sich erstreckt. Die Unterscheidung ergibt sich grundsätzlich aus der Tragweite (zeitliche Bindungswirkung) der getroffenen Entscheidungen. Wie später noch im Rahmen der Koordination von Plänen mit unterschiedlichen Zeithorizonten zu sehen sein wird, schlägt sich aber auch eine Planung bzw. Entscheidung mit

[20] Hier wird vor allem auf die generelle Führung von Mitarbeitern eingegangen, die ziel- und erfolgsorientiert durch die Führungskraft beeinflusst werden sollen. Personalführung kann somit verkürzt als Beeinflussung des Verhaltens der Mitarbeiter im Hinblick auf die Erreichung der Unternehmensziele definiert werden.

[21] Vgl. DILLERUP, R., STOI, R.: Unternehmensführung. Management & Leadership, 5. Aufl., München 2013, S. 50.

[22] Vgl. ebenda, S. 658. Mit dieser Abgrenzung geht die hier beschriebene Controlling-Konzeption nicht so weit wie die von Küpper/Friedl/Hofmann et al. beschriebene, nach deren Verständnis auch die Verhaltensbeeinflussung (Personalführung), bspw. über entsprechende Anreizsysteme, mit koordiniert werden muss (Vgl. KÜPPER, H.-U., FRIEDL, G., HOFMANN, C. ET AL.: a. a. O., S. 32.)

[23] In der Literatur finden sich auch nur die beiden Planungshorizonte (operativ und strategisch); die taktische Planung fehlt. Vereinzelt werden auch die Bezeichnungen für den mittelfristigen Planungszeitraum vertauscht: dann steht „operativ" für „taktisch"; analog ist dann für den kurzfristigen Planungszeitraum „taktisch" statt „operativ" zu finden. Vertreter der letztgenannten Auffassung sind beispielsweise Koch (KOCH, H.: Aufbau der Unternehmensplanung, Wiesbaden 1977, S. 49.) oder Ehrmann (EHRMANN, H.: Unternehmensplanung, 6. Aufl., Ludwigshafen (Rhein) 2013, S. 36.).

[24] Je nach Autor kann dieses Konzept auch nur drei oder vier Ebenen aufweisen.

[25] Eine Führungsebene ist eine Organisationsebene innerhalb einer hierarchischen Struktur (Aufbauorganisation), auf der die Führungskräfte ähnlich weitreichende Entscheidungen treffen.

[26] Vgl. hierzu die Ausführungen bei Wördenweber: WÖRDENWEBER, M.: Unternehmensplanung, a. a. O., S. 53–62.

einer größeren Tragweite, also einer längeren zeitlichen Bindungswirkung, in einem kürzeren Planungszeitraum nieder.[27] Als Beispiel sei die Planung und der Beschluss des Top-Managements genannt, einen großen Wettbewerber, der gerade auf dem Unternehmensmarkt angeboten wird, kurzfristig zu übernehmen. Diese strategische Planung und Entscheidung wirkt sich auf alle Planungshorizonte, insbesondere auf die kurzfristige Planung aus. Die einzelnen Zeiträume und die damit i. d. R. korrespondierenden **Planungsebenen** bilden eine Hierarchie, wobei die übergeordnete Ebene jeweils das Fundament/die Voraussetzung für die nachfolgende Ebene vorgibt. Sie bilden das grundlegende Strukturierungsmerkmal für das gesamte Führungssystem und auch für die Planung, Durchsetzung/Umsetzung und Kontrolle im Unternehmen.[28]

Die vorstehende Kategorisierung der unterschiedlichen Führungsentscheidungen bzw. Controlling-Aktivitäten führt zu jeweils (relativ) homogenen Handlungsfeldern. Gemäß der Beschreibung der fünf Handlungsfelder entsteht ein ganzheitliches, hierarchisches **Modell des Managements resp. des Controllings.**

Den Zusammenhang der fünf Handlungsfelder der Unternehmensführung bzw. des Controllings verdeutlicht die nachstehende Abbildung.

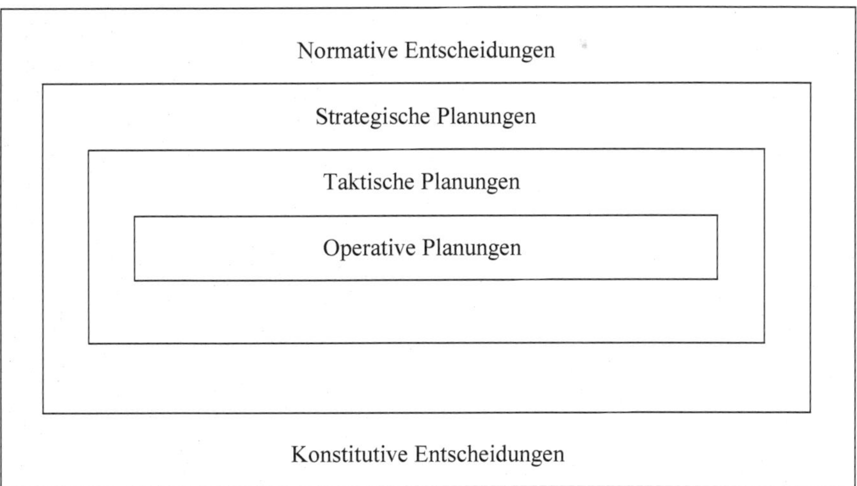

Darst. 1.103: Zusammenhang der Handlungsfelder

[27] Vgl. zur Unterscheidung der Planungszeiträume und -ebenen die Ausführungen im Unter-Unterabschnitt 2.1.5.5 „Planung nach den Zeiträumen“ und im Unter-Unterabschnitt 2.1.5.6 „Planung nach den Planungsebenen“.

[28] Vgl. PFOHL, H.-C., STÖLZLE, W.: Planung und Kontrolle, 2. Aufl., München 1997, S. 86.

Bei den **normativen Entscheidungen** handelt es sich um übergeordnete Festlegungen des Top-Managements, die als Norm für alle Mitarbeiter des Unternehmens Gültigkeit besitzen. Sie fußen auf ethischen, sozialen, umwelt- und nachhaltigkeitsbezogenen sowie weiteren gesellschaftspolitischen Vorstellungen der Unternehmensführung. Sie spiegeln die Motivationen der Entscheider ebenso wider wie die Einschätzung von Gegebenheiten und Entwicklungstendenzen der Umwelt und können sich daher in gewissen, meist längeren Zeitabständen ändern. Sie gelten daher unbefristet, d. h. bis auf Widerruf. Normative Vorgaben bilden den Rahmen für alle nachgelagerten, also auch strategischen Entscheidungen, gleich auf welcher Ebene sie getroffen werden. „Damit erreicht ein Unternehmen seine Existenzberechtigung und sichert seine Überlebensfähigkeit (Legitimität)“[29] Nicht nur wegen der stark divergierenden Aufgaben, sondern auch wegen des Vorgabecharakters für die strategischen Ebene macht eine Trennung zwischen normativen und strategischen Aufgaben Sinn. Normative Entscheidungen finden sich in der **Unternehmenspolitik** und schriftlich manifestiert im **Unternehmensleitbild** wieder. Sie beinhaltet die allgemeinen Zielvorstellungen und Werte. Sie bildet die Grundlage für die Bestimmung konkreter Zielsysteme. Die Erarbeitung normativer Vorgaben kann durch das Controlling begleitet werden. In kleinen und mittleren Unternehmen wird die Unternehmenspolitik und somit das Leitbild meist durch die Gesellschafter vorgegeben.

Neben das zuvor erläuterte normative Handlungsfeld treten die **konstitutiven Entscheidungen**. Diese werden bei der Gründung eines Unternehmens getroffen und betreffen im Wesentlichen die Rechtsform, den Standort und ein möglicher Unternehmenszusammenschluss. Da diese konstitutiven Entscheidungen grundsätzlich revidiert werden können, wenngleich mit enormen finanziellen und ertragswirtschaftlichen Konsequenzen, gehören sie zu den zu behandelnden Themen der Unternehmensführung. Konstitutive Entscheidungen stehen bspw. dann in einer engen Verbindung mit normativen Vorstellungen, wenn das normative Gedankengut Einfluss auf die zu wählende Rechtsform nimmt.[30] Konstitutive Entscheidungen bilden ebenfalls den Rahmen für alle Entscheidungen der einzelnen Führungsebenen. Sowohl die konstitutiven als auch die normativen sowie die strategischen Entscheidungen werden vom Top-Management getroffen.

Im Rahmen der **strategischen** Planung (Zeitraum 5-10 Jahre) werden beispielsweise strategische Allianzen mit Kunden, Lieferanten, Wettbewerbern geprüft sowie Erfolgspotenziale zu entdecken versucht, welche dann im Rahmen der weiteren Planung in konkrete Entscheidungsvorschläge umgesetzt werden. Weitere typische langfristige Sachverhalte

[29] DILLERUP, R., STOI, R.: a. a. O., S. 43.

[30] Beispielsweise im Rahmen einer intensiven Mitarbeiterbeteiligung oder der Umwandlung des Unternehmens in eine Stiftung.

sind u. a. die Entwicklung einer Marktstrategie oder die Initiierung und Prüfung des Produktionsrahmenprogramms. Auch konzeptionelle Fragestellungen wie Verwaltungs-, Produktions-, und Vertriebsstandorte, Rechtsformen von Tochtergesellschaften und Joint Ventures, Unternehmensstrukturen sowie der Führungsstil gehören ebenso dazu. Typische strategische Untersuchungsmethoden sind die SWOT-Analyse oder die Produktlebenszyklusanalyse. Der Detaillierungsgrad der tendenziell qualitativ ausgerichteten Pläne ist meist gering, die Toleranzgrenzen im Rahmen der Kontrolle hoch.[31]

Ausgangspunkt der **taktischen,** funktionsbezogenen Planung (Zeitraum 1-5 Jahre) ist die strategische Planung, die inhaltlich konkretisiert wird. Sie weist eine stärkere quantitative Ausrichtung auf als die strategische Planung. Gegenüber der strategischen Planung nimmt die Detailliertheit, Vollständigkeit und Genauigkeit zu. Es geht hier neben den taktischen Zielen konkret um die Erstellung und Bewertung mittelfristiger Aktionsprogramme und Verfahrensregeln, also beispielsweise mittelfristige Beschaffungs-, Produktions-, Absatz-, Finanzierungs-, Investitions- und Personalausstattungs- und -entwicklungspläne sowie mittelfristige Produktplanungen. Sowohl der Detaillierungsgrad der Pläne als auch die Toleranzgrenzen bei der Kontrolle sind als mittel zu bezeichnen.[32]

Die **operative Planung** (bis zu 1 Jahr) beschäftigt sich auf der Basis der taktischen Planung mit kurzfristigen Zielen, Aktionsprogrammen und Verfahrensregeln, zu denen u. a. ein detaillierter Einkaufs-, Produktions-, Absatz- und Finanzplan gehören. Typische, zu klärende Probleme sind z. B. die Produktionsreihenfolgeplanung, Losgrößenplanung, Bestellmengenoptimierung, Bestandsplanungen, Kapazitätsabstimmungen oder die Personaleinsatzplanung. Während der Detaillierungsgrad der Pläne als hoch einzustufen ist, sind die zulässigen Toleranzen als gering zu kennzeichnen. Auf die operative Planung wird im Unter-Unterabschnitt 2.1.6.6 „Planung nach den Planungsebenen“ unter dem Stichwort „Operative Planung“ sehr ausführlich eingegangen.

Neben den zeitlichen und funktionalen Dimensionen existieren eine Reihe weiterer Aspekte, nach denen das Gesamtgebiet des Controllings unterteilt werden kann (siehe die nachstehende Darstellung):

[31] Weiterführende Erläuterungen finden sich im Unter-Unterabschnitt 2.1.4.6 „Planung nach den Planungsebenen“ unter dem Stichwort „Strategische Planung“.

[32] Ergänzungen finden sich im Unter-Unterabschnitt 2.1.5.6 „Planung nach den Planungsebenen“ unter dem Stichwort „Taktische Planung“.

- nach den Komponenten der Unternehmensführung:
  - Planungsaspekt (prozessual),
  - Organisationsaspekt (strukturell),
  - Führungsaspekt (personell),
- nach dem Zeitbezug/der Untersuchungsgröße:
  - strategisches Controlling,
  - u. U. taktisches Controlling,
  - operatives Controlling,
- nach der Weisungsbefugnis:
  - Stabscontrolling,
  - Liniencontrolling,
- nach dem Zentralisationsgrad des Controllings:
  - zentrales Controlling,
  - dezentrales Controlling,
- organisationsbezogen:
  - Unternehmenscontrolling,
  - Sparten-/Divisionscontrolling,
  - Bereichscontrolling oder funktionsbezogenes Controlling:
    - Material-Controlling,
    - Fertigungs-Controlling,
    - Marketing-/Vertriebs-Controlling,
    - Finanz-Controlling,
    - Personal-Controlling,
    - Administrations-Controlling,
  - Gruppencontrolling,
  - Individualcontrolling,
  - projekt-/auftragsbezogen
- branchenbezogen:
  - Industriecontrolling,
  - Handelscontrolling,
  - Dienstleistungscontrolling:
    - Bankencontrolling,
    - Versicherungscontrolling,
    - Krankenhauscontrolling,
    - usw.
  - usw.
- gebietsbezogen:
  - internationales Controlling,
  - nationales Controlling,
  - regionales Controlling,
  - örtliches Controlling

Darst. 1.104: Dimensionen des Controllings

Eine konkrete Controlling-Fragestellung bezieht sich immer auf *alle* genannten Dimensionen in jeweils einer spezifischen Ausprägung.

In diesem Buch werden vorrangig folgende Dimensionen des Controllings einschl. der Planung näher beleuchtet:

Für den Bereich der **Planung** (Kapitel 2) wird die oben beschriebene **Dreiteilung der Zeithorizonte der Planung bzw. der Planungsebenen** unterhalb der konstitutiven und normativen Handlungsebene beibehalten, da sie eine genauere Planung als eine zeitlich zweigeteilte ermöglicht. Als Beispiel sei der Businessplan der Banken, z. B. im Rahmen einer Unternehmensgründung genannt, der, in der Regel eine (zumindest gedankliche) Dreiteilung verlangt. Neben der strategischen Ausrichtung des Unternehmens interessiert sich die Bank für die mittelfristige Einschätzung der Finanz- und Erfolgslage sowie für die kurzfristige, detaillierte Planung des ersten Geschäftsjahres.

Da hinsichtlich der zur Steuerung des Unternehmens verwendeten Kennzahlen, Methoden und Techniken oft keine eindeutige Zuordnung zu den drei zeitlichen Komponenten bzw. Ebenen (strategisch, taktisch oder operativ) vorgenommen werden kann[33], wird in den Kapiteln 3 (Operative Kennzahlenanalyse auf Unternehmensebene), 1 des zweiten Bands (Operative Kennzahlenanalyse in den Funktionsbereichen) und 2 des zweiten Bands (Methoden und Techniken des operativen Controllings) auf eine Dreiteilung des Controllings verzichtet.[34] Es erfolgt nur eine mehr oder weniger grobe **Unterteilung des Controllings in das operative und strategische Controlling.** Das operative Controlling bezieht sich auf die Planungs- und Kontrollprobleme der operativen und taktischen (Planungs-) Ebene, wobei sich der Begriff „operativ" in Controlling auf einen Zeitraum von etwa bis zu drei Jahren bezieht; alle längeren Zeiträume werden *im Controlling* als strategisch bezeichnet. Die Konzentration des Controllings auf die operative und taktische Planung und Kontrolle wirkt sich insbesondere auf den Einsatz der Controlling-Instrumente aus. Es handelt sich sehr häufig um Werkzeuge, die mit Wertgrößen arbeiten, wie Budgets, monetäre Kennzahlen oder Kennzahlensysteme. Viele Informationen stammen aus dem betrieblichen Rechnungswesen.

[33] Dies wird beispielsweise an der Kennzahl „Gewinn" deutlich: Handelt es sich um eine operative, taktische oder strategische Kennzahl?

[34] In diesem Zusammenhang sei erwähnt, dass die Bilanzierungsregeln der IFRS (International Financial Reporting Standards) auf eine Zweiteilung abstellen: Der Aufbau einer Bilanz ist in IAS 1, §§ 51-77 („Balance Sheet") geregelt, wobei IAS 1.51 dabei den Unternehmen als Regelfall die Gliederung nach der Fristigkeit vorschreibt. Die (konkrete) Bilanzgliederung nach IAS 1.54 teilt einerseits die Vermögenswerte, andererseits die Schulden in kurzfristige und langfristige auf. In der klassischen Controlling-Ausbildung an den Hochschulen ist ebenfalls eine Zweiteilung zu erkennen, da im Vordergrund der Ausbildung die fachlich korrekte Anwendung der Instrumente des Controllings steht. Die Begriffe „strategisch" und „operativ" bieten daher nur eine grobe Orientierung dafür, welche Kennzahlen, Methoden und Techniken in welcher Veranstaltung behandelt werden.

Organisationsbezogen wird sowohl die operative Kennzahlenanalyse auf Unternehmensebene im Kapitel 3 behandelt als auch die operative Kennzahlenanalyse in den Funktionsbereichen (Kapitel 1 von Band 2).

Im Vordergrund des **branchenbezogenen** Controllings steht vor allem das Industriecontrolling. Auf andere Branchen wird vor allem im Abschnitt 1.4 von Band 2 (Marketing-Controlling) etwas stärker eingegangen.

1.2 Controlling und Revision

Bereits in Darst. 1.102 wurde der Führungsprozess mit den fünf Teilprozessen (Anregungsphase, Such- und Orientierungsphase, Optimierungs- und Auswahlphase, Durch- /Umsetzungsphase, Kontrollphase) dargestellt, an dessen Ende die Kontrolle der Planung und Realisation stattfindet. Dieser prozessualen Betrachtung liegen die vier Aufgaben des Managements Planung, Organisation, Kontrolle und Personalführung[35] zugrunde.

Die Aufgabe der Kontrolle findet sich nicht nur im Controlling, sondern auch in einem zweiten Unternehmensbereich, der (internen) **Revision**. Daher ist eine Abgrenzung zwischen Controlling und Revision erforderlich. Da viele der noch zu nennenden Tätigkeiten der Revision im operativen Bereich angesiedelt sind, ist gleichzeitig eine Abgrenzung zum operativen Controlling notwendig.

Die **interne Revision**, auch als Innenrevision[36] bezeichnet, stellt eine es um eine unabhängige interne Überwachungsinstanz des Unternehmens dar, d. h. bei den Prüfern handelt es sich um Angehörige des Unternehmens. Auf die **externe Revision** (Außenrevision), die von Dritten außerhalb des Unternehmens vorgenommen wird, soll hier nicht weiter eingegangen werden, auch wenn die folgenden Ausführungen zur Beschreibung der Externen Revision herangezogen werden können.

Das Wort Revision leitet sich aus dem Lateinischen Verb revidere (wiedersehen, prüfende Wiederdurchsicht) bzw. dem Substantiv revisio (Wiedersehen, nochmalige Untersuchung und Besichtigung einer Sache) ab. Es geht im Kern also darum, **dass ein (meist) bereits abgeschlossener Vorgang einer nochmaligen Prüfung unterzogen wird**. Neben dem **Zeitpunkt der Überwachungshandlung** dient als zweites Kriterium zur Abgrenzung gegenüber dem Controlling bzw. der internen Revision die **Abhängigkeit des Prüfenden vom zu kontrollierenden Objekt**.[37] Die Unabhängigkeit soll gewährleisten, dass die Prüfung objektiv und unabhängig von Interessen anderer durchgeführt wird. Daher sind die Mitarbeiter der internen Revision, die zumeist in einer Stabsstelle angesiedelt sind, allein dem Top-Management (Geschäftsführung, Vorstand) und ggf. dem Aufsichtsrat/Verwaltungsrat verantwortlich. Aufgrund der Anbindung an das Top-Management kann die interne Revision ihre weit reichenden Informationsrechte gut durchsetzen.

---

[35] Die einzelnen Managementfunktionen werden ausführlich bei WÖRDENWEBER, M.: Unternehmensplanung, a. a. O., S. 37–41 beschrieben.

[36] In Konzernen wird diese Institution Konzernrevision genannt. Gelegentlich findet sich wegen der prüfungsnahen Beratungsleistungen statt Interner Revision die Bezeichnung Assurance.

[37] Vgl. BRAMSEMANN, R.: Controlling, 2. Aufl., Wiesbaden 1980, S. 34.

Im Gegensatz zur Revision sieht eine enge Definition von Kontrolle[38] eine laufende Überprüfung meist noch nicht abgeschlossener Vorgänge durch sachabhängige Personen vor. Die Gemeinsamkeit von Revision und Kontrolle i. e. S. liegt darin, dass beide Formen der Überwachung vorgefundene Sachverhalte mit entsprechenden Vorgaben vergleichen. Im Gegensatz zum Controlling ist eine **weitergehende Befassung mit dem Sachverhalt im Sinne einer Ausarbeitung von Korrekturmaßnahmen und Verbesserungsvorschlägen nicht vorgesehen**, auch wenn die Prüfberichte sehr häufig entsprechende Vermerke enthalten. Daher wäre es naheliegend, die interne Revision im Sinne des Controllings für eine Unternehmenssteuerung zu nutzen. Dieses Ansinnen ist aber abschlägig zu bescheiden, da angesichts der langen Rückmeldezeiten – die Mitarbeiter der internen Revision sind nicht in die laufende (Sach-) Bearbeitung eingebunden! – eine zeitnahe Reaktion nicht erfolgen kann.[39]

Seit Mitte der neunziger Jahre auch in Deutschland die Bedeutung der **Corporate Governance** als Ordnungsrahmen[40] für die Leitung und Überwachung von Unternehmen zunimmt, haben sich die Aufgaben der Revision deutlich erweitert. Speziell das **Corporate Compliance**[41], welches gesetzliche und unternehmensspezifische Regelungen zum verantwortungsbewussten, ethischen Standards verpflichteten und gesetzeskonformen[42] Handeln aller Mitarbeiter des Unternehmens sowie ggf. der Aufsichtsratsorgane umfasst, ist als fester Bestandteil des Aufgabenkatalogs der internen Revision anzusehen.

Im Gegensatz zum Controlling ist die interne Revision aufgrund der rückschauenden Begutachtung von Sachverhalten eher **vergangenheitsorientiert**, während das Controlling als Steuerungsinstrument primär zukunftsorientiert arbeitet.

Auch hinsichtlich des **Zielbezugs** lässt sich eine klare Abgrenzung vornehmen. Hilft das Controlling bei der Suche nach den „richtigen" Unternehmenszielen und den entsprechen-

[38] Im Weiteren wird der Begriff Kontrolle i. w. S. gebraucht, wie er im Unterabschnitt 2.3.1 „Zusammenhang von Planung und Kontrolle" definiert ist.

[39] Vgl. BRAMSEMANN, R.: a. a. O., S. 35.

[40] Der Ordnungsrahmen wird maßgeblich durch Gesetzgeber und Eigentümer bestimmt.

[41] Zum Aufgabengebiet von Corporate Compliance gehören u. a. die Prävention und Bekämpfung von Korruption und der per EU-Verordnung vorgeschriebene Sanktionslistenabgleich von Geschäftspartnern.

[42] Die Notwendigkeit zur Einhaltung gesetzlicher Regelungen durch Unternehmen ergibt sich aus den §§ 9, 30 und 130 OWiG. Werden entsprechende Organisations- und Aufsichtsmaßnahmen nicht ergriffen, können die Unternehmensführung und auch das Unternehmen selbst zu Strafen verurteilt werden, wenn es aus dem Unternehmen zu Gesetzesverstößen gekommen ist. Eine Pflicht zur Sicherstellung der Compliance ergibt sich auch aus §§ 91, 93 AktG sowie § 43 GmbHG zur Abwendung von wirtschaftlichem Schaden vom Unternehmen. Als weitere Rechtsgrundlage ist für die Anwendung der Vorschriften des Wertpapierhandelsgesetzes § 264d HGB (Kapitalmarkorientierte Kapitalgesellschaft) zu nennen.

den Maßnahmen zur Zielerreichung, fungiert die interne Revision tendenziell **unternehmensziel-unabhängig**. Damit ist das Controlling – wie bereits auch oben angedeutet – der zielbezogenen Unternehmenssteuerung verpflichtet und weist somit ein deutlich größeres Aufgabenfeld auf.[43]

Eine vorläufige Zusammenfassung könnte in folgender Definition münden: Die interne Revision „beinhaltet im funktionalen Sinn jede auf Veranlassung des Unternehmens nachträglich von internen, natürlichen, prozessunabhängigen, neutralen und objektiven Personen durchgeführte Überwachungstätigkeit“[44].

Diese Definition entspricht nicht mehr dem aktuellen Verständnis einer internen Revision. Es geht nicht mehr nur um die Überwachung von Handlungen (Revision als reine Prüfinstanz), sondern vermehrt um die Erbringung interner **Beratungsleistungen** und das **Erstellen von Gutachten** (als Teil des **Management Auditing)**. Dadurch wirkt die interne Revision zunehmend präventiv. Die Nutzung der hohen fachlichen Qualifikation der internen Revision führt zwar zu einer Verbesserung der Qualität unternehmerischer Aktivitäten, bedeutet aber oft einen Verlust an Unabhängigkeit und Neutralität. (Durch die Mitwirkung der Revision müsste diese sich anschließend selbst prüfen.) Eine umfassendere Definition lautet wie folgt:[45]

Revision beinhaltet die nachträgliche, prozessunabhängige, systematische, wiederkehrende oder aperiodisch vorgenommene Prüfung von Systemen, praktizierten Prozessen oder abgeschlossenen Vorgängen sowie ggf. die Erbringung prüfungsnaher Beratungsleistungen im Auftrag der Geschäftsführung oder des Aufsichtsrates[1].

Darst. 1.201: Definition Revision
[1] Sofern vorhanden.

---

[43] Siehe die Ausführungen im vorherigen Abschnitt „Grundlagen des Controllings“: „Das Controlling ist dem Steuerungsprozess des Unternehmens (Unternehmensführung) zuzuordnen und unterstützt die Unternehmensführung. Das Controlling ist somit ein ressort- bzw. funktionsübergreifendes Konzept. Es beinhaltet alle er- und verarbeiteten Informationen, die geeignet sind, die unternehmerischen Entscheidungen hinsichtlich der Ziele und Maßnahmen optimal vorzubereiten.“

[44] Vgl. HOFFMANN, F.: Interne Revision – Organisation, in: COENENBERG; ADOLF G., VON WYSOCKI, K. (HRSG.): HWRev, Stuttgart 1983, Sp. 668.

[45] Vgl. SCHELD, G. A.: Grundlagen, a. a. O., S. 27.

Unter einer Prüfung ist eine nachträgliche Überwachungshandlung im Sinne eines Soll-Ist-Vergleichs durch eine prozessunabhängige Person oder Organisationseinheit.

Darst. 1.202: Definition Prüfung

Im Unterschied dazu findet eine Kontrolle durch sachabhängige Mitarbeiter des Unternehmens statt.

Der **Anstoß für eine Prüfungstätigkeit** kann vielfältig sein. Es kann sich um extern oktroyierte Kontrollen handeln, z. B. aufgrund gesetzlicher Vorschriften[46], oder um fakultative Kontrollen, die den Mitarbeitern im Sinne der Zielerreichung oder auf der Basis des grundsätzlichen Postulats der Produktivität bzw. Wirtschaftlichkeit (Effizienz) wichtig und richtig erscheinen. Als interne Normen sind betriebsinterne Handlungsanweisungen und Kostengrößen zu nennen. Prüfungshandlungen können systematisch (als Regelprüfungen) oder sporadisch (als Sonderprüfungen) vorgenommen werden.

Oberstes Ziel des Unternehmens ist die nachhaltige Sicherung des Unternehmenserfolges. Daraus wird für die interne Revision eine Reihe von Unterzielen abgeleitet. Neben dem bereits kurz charakterisierten Management Auditing hat die interne Revision traditionell im Rahmen des **Financial Auditing** die formelle und materielle Ordnungsmäßigkeitsprüfung im Finanz- und Rechnungswesen einschließlich der Datenverarbeitung durchzuführen. Dazu gehören auch die Überprüfung der (kurzfristigen) Finanz- und (langfristigen) Kapitalbindungsplanung sowie der Kalkulation und die Mitwirkung bei der Inventur. Zur Erreichung obersten Unternehmensziels gehören im Rahmen des **Operational Auditings** präventive Maßnahmen der Geschäftsführung bzw. der von ihr beauftragten internen Revision

- zur Vermeidung potenzieller finanzieller Belastungen (z. B. in Form von Bußgeldern),
- zur Abwehr strafrechtlicher Konsequenzen,
- zur Vereitelung eines Ausschlusses von künftigen Geschäften[47]
- zur Verhinderung von Imageschäden infolge der Veröffentlichung von Verfehlungen des Unternehmens oder von Unternehmensangehörigen

[46] Beispielsweise die Vorschriften zum Organkredit in § 15 KWG.

[47] Erinnert sei an den per EU-Verordnung vorgeschriebene Sanktionslistenabgleich von Geschäftspartnern.

aufgrund von Verstößen gegen externe Vorschriften (z. B. Antikorruptionsgesetze[48], Kartellrecht, Steuerrecht). Bei den vorgenannten Verstößen handelt es sich um sogenannte **dolose[49] Handlungen** wie Diebstahl (§§ 242-244, § 247 und § 248a StGB), Betrug und Untreue (§§ 263-266 StGB), Unterschlagung (§§ 246, 247 StGB) sowie Urkundenfälschung (§§ 267, 268, 271-275, 277-279, 281 StGB). Die vorgenannten präventiven Maßnahmen sind Teil des **Risikomanagementsystems** (RMS) und des **internen Kontroll-Systems** (IKS). Zu diesen gehört auch die Prüfung, inwieweit die Grundsätze der Geschäftspolitik und interne (Organisations-) Anweisungen eingehalten werden. Auch die im Unternehmen bestehenden **Kontrollsysteme** selbst sind zu überprüfen. Des Weiteren wird die Zweckmäßigkeit der **Aufbauorganisation** und der **Prozesse** im Unternehmen geprüft. Eine größere Bedeutung haben Prüfungen der IT bekommen, deren Inhalte die Sicherheit der Daten (u. a. Datendiebstahl und –missbrauch) sowie die Ordnungsmäßigkeit und die Wirtschaftlichkeit der Datenverarbeitung sind.

Sofern die interne Revision Fehler aufdeckt, sind diese von den zuständigen Stellen zu korrigieren oder in der Zukunft entsprechend zu vermeiden. In der **Nachschauprüfung** zeigt sich, ob die beanstandeten Vorgänge in einem angemessenen Zeitraum ordnungsgemäß korrigiert wurden.

Insgesamt liegt das Augenmerk der internen Revision auf der Ordnungsmäßigkeit, Sicherheit und Wirtschaftlichkeit aller betrieblichen Strukturen und Prozesse. Ein letzter Punkt ist die **Zusammenarbeit mit externen Prüfern**[50].

Es empfiehlt sich, in einer **schriftlichen Regelung (Audit manual)** intern festzulegen, welche Aufgabenbereiche und Kompetenzen dem Controlling und der internen Revision zugewiesen werden, damit ein Kompetenzgerangel und Doppeltätigkeiten vermieden werden. Dieser Schriftsatz sollte darüber hinaus den Prüfungszyklus und die Prüfungsintensität sowie das methodische Vorgehen der internen Revision festhalten. – Es ist deutlich geworden, dass die Aufgaben der Internen Revision sehr vielfältig sind. Als Beispiel sei der Aufgabenkatalog der internen Revision der Uni Göttingen wiedergegeben:[51]

---

[48] In Deutschland ist am 04.06.2016 das „Gesetz zur Bekämpfung von Korruption im Gesundheitswesen" (Antikorruptionsgesetz) in Kraft getreten. Es sieht u. a. für die Bestechung und Bestechlichkeit im Gesundheitswesen Geldbußen und bis zu drei Jahre Gefängnis vor. Besonders gravierende von Bestechung und Bestechlichkeit werden mit fünf Jahren Freiheitsentzug geahndet.

[49] Von dolosus (lat.) arglistig, trügerisch, ränkevoll.

[50] Zum Beispiel im Rahmen der Prüfungen des Genossenschaftsverbandes (bei genossenschaftlich organisierten Banken), bei Prüfungen der Bundesanstalt für Finanzleistungsaufsicht (BaFin), bei Prüfungen des Bundesaufsichtsamtes für das Versicherungswesen, bei Prüfungen der Landesrechnungshöfe oder des Bundesrechnungshofes oder bei Prüfungen durch eine Aufsichtsbehörde nach dem Bundesdatenschutzgesetz (§ 38 BDSG).

[51] Quelle: http://www.uni-goettingen.de/de/aufgabenbereiche-der-internen-revision/193434.html, Abruf am 18.09.2015.

- Aufstellung einer jährlichen risikoorientierten Prüfungsplanung
- Wahrnehmung allgemeiner Aufsichts- und Kontrollaufgaben im Auftrag
- Ordnungsmäßigkeitsprüfungen bezüglich interner und externer Vorgaben
- Mitwirkung an der Erstellung interner Regeln und Richtlinien (Revisionssicherheit)
- Prüfung Verwendungsnachweis MWK-Sondermittel gem. Nds. Zuwendungsrecht
- Risikoorientierte Prüfung von bedeutenden Drittmittelprojekten mit besonderen Merkmalen
- Prüfung Vorhandensein, Ausgestaltung und Wirksamkeit des Internen-Kontroll-Systems (IKS)
- Unterstützung und Prüfung des Risikomanagements (RiskMa)
- Prüfungen bezüglich Wirtschaftlichkeit und Effizienz in der Leistungserstellung
- Prüfung betriebswirtschaftlicher Kalkulationen und Wirtschaftlichkeitsrechnung
- Prüfungen bezüglich Struktur- (Aufbauorganisation) und Prozessfragen (Ablauforganisation)
- Revisionstätigkeiten im Bereich der Informationstechnologie (IT-Organisation)
- Unterstützung von Maßnahmen bezüglich Datenschutz/Datensicherheit und Prüfungen zum IT-Grundschutz gemäß BSI
- Unterstützung und Prüfung der Durchführung und Nachhaltigkeit von Projekten
- Sonderprüfungen und Projektaufgaben in unterschiedlicher Ausprägung
- Prüfung im Deliktfall bezüglich Diebstahl, Unterschlagung etc. im Komplex sog. „doloser Handlungen“; Präventionsarbeit, Beratung, Prüfung im Kontext Vorteilsannahme, Bestechlichkeit und Antikorruption (StGB §§ 331ff.); ggf. Unterstützung der Strafverfolgungsbehörden
- Prüfung der Nutzungsgeldabführung bei Nebentätigkeiten in der Krankenversorgung gemäß Hochschulnutzungsentgeltverordnung Medizin
- Beantwortung und Koordination von Anfragen/Prüfungen des Nds. Landesrechnungshofes sowie von Anfragen des Nds. MWK im Zusammenhang mit Rechnungshofangelegenheiten
- Begleitung externer Prüfinstanzen bei der Vor-Ort-Prüfung (Vorbereitung, „Scoutfunktion“)
- Vertragsprüfungen zu Beteiligungen und Kooperationen sowie die Übernahme von Sonderprüfungen, Sonderaufgaben und besonderer revisionsspezifischer Fragestellungen

Darst. 1.203: Aufgabenbereiche der internen Revision der Georg-August-Universität Göttingen

1.3 Definition operatives Controlling

Aus der in Abschnitt 1.1 „Grundlagen des Controllings“ vorgenommenen Definition von Controlling lässt sich die Bestimmung des **Operativen Controllings** wie folgt ableiten:

> Bereitstellungen von Methoden, Techniken und Informationen für arbeitsteilig ablaufende Planungs- und Kontrollprozesse sowie die funktionsorientierte Koordination dieser Prozesse in einem Unternehmen zwecks Zielermittlung und Zielerreichung in einem definierten kurz – bis mittelfristigen Zeitraum.

Darst. 1.301: Operatives Controlling

Es sei noch einmal darauf hingewiesen, dass sich der Begriff „kurzfristig“ auf verschiedene Zeiträume beziehen kann: Für die operative Planung ist hier eine Zeitspanne von bis zu einem Jahr maßgeblich; die operativen Kennzahlen, Methoden und Techniken können sich auf einen Zeitraum von bis zu drei Jahren beziehen und werden damit dem Bereich des operativen Controllings zugeordnet.

Die **operative Planung** (bis zu 1 Jahr) beschäftigt sich auf der Basis der taktischen Planung mit kurzfristigen Zielen, Aktionsprogrammen und Verfahrensregeln, zu denen u. a. ein detaillierter Einkaufs-, Produktions-, Absatz- und Finanzplan gehören. Typische, zu klärende Probleme sind z. B. die Produktionsreihenfolgeplanung, Losgrößenplanung, Bestellmengenoptimierung, Bestandsplanungen, Kapazitätsabstimmungen oder die Personaleinsatzplanung. Während der Detaillierungsgrad der Pläne als hoch einzustufen ist, sind die zulässigen Toleranzen als gering zu kennzeichnen. Auf die operative Planung wird im Unter-Unterabschnitt 2.1.5.6 „Planung nach den Planungsebenen“ unter dem Stichwort „Operative Planung“ sehr ausführlich eingegangen.

Als Beispiele für die Objekte der operativen Planung können nach Friedl[52] genannt werden:

[52] FRIEDL, B.: Kostenrechnung. Grundlagen, Teilrechnungen und Systeme der Kostenrechnung, 2. Aufl., Kiel 2010, S. 15.

Programmentscheidungen	Potenzialentscheidungen	Prozessentscheidungen
• Produktionsprogramm der Periode • Eigenfertigung bzw. Fremdbezug • Annahme bzw. Ablehnung eines Zusatzauftrages	• Mischungsverhältnis von Einsatzgütern • Bedienungsrelationen an Maschinen	• Produktionsverfahren • Fertigungslosgröße • Verwendung knapper Güter

Darst. 1.302: Beispiele für Objekte der operativen Planung

Bereits in Darst. 1.102 wurde der Führungsprozess mit den fünf Teilprozessen (Anregungsphase, Such- und Orientierungsphase, Optimierungs- und Auswahlphase, Durch-/Umsetzungsphase, Kontrollphase) dargestellt, an dessen Ende die Kontrolle der Planung und Realisation stattfindet. Dieser prozessualen Betrachtung liegen die vier Aufgaben des Managements Planung, Organisation, Kontrolle und Personalführung zugrunde.

Von diesen vier Managementfunktionen werden in diesem Buch schwerpunktmäßig die beiden Aufgaben Planung und Kontrolle unter operativen Gesichtspunkten (im Kapitel 2) behandelt. Im Anschluss an das zweite Kapitel wird näher auf die Kennzahlen, die sich zur Steuerung des Unternehmens anbieten, detailliert eingegangen. Da die Nutzung von Kennzahlen die Datenaufbereitung voraussetzt, enthält das dritte Kapitel in einem ersten Abschnitt die entsprechenden Vorgehensweisen zur Datenaufbereitung und nachfolgend in einem zweiten Abschnitt die gesamtbetriebliche Kennzahlenanalyse. Die Kennzahlenanalyse in den einzelnen Funktionsbereichen des Unternehmens findet sich im Kapitel 1 des zweiten Bandes. Abgerundet wird das Thema „Operatives Controlling" durch ausgewählte Methoden und Techniken des operativen Controllings (Kapitel 2).

1.4 Effizienz, Produktivität und Wirtschaftlichkeit

Unabhängig von der Wirtschaftsordnung, auch unabhängig davon, ob es sich um gewinnorientierte Unternehmen oder Non-Profit-Organisationen handelt, sind für diese neben der Einhaltung des **finanziellen Gleichgewichts**[53]

- der **kombinierte Einsatz von Produktionsfaktoren** und
- die Beachtung des **ökonomischen Prinzips** der Rationalität

grundlegend.

Die Rekombination der Inputfaktoren in Outputs, Outcomes und Impacts[54] unterlag schon immer dem ökonomischen Prinzip mit seinen beiden Ausprägungen, dem

- **Minimalprinzip**: Ein gegebenes Ziel ist mit möglichst wenig Ressourcen zu erreichen (Sparsamkeit); und dem
- **Maximalprinzip**: Mit gegebenem Mitteleinsatz soll ein gewähltes Ziel in möglichst großem Ausmaß erreicht werden (Ergiebigkeit).

Eine Kombination aus beiden Verfahrensweisen, also die Forderung, mit dem geringsten Mitteleinsatz ein größtmögliches Ziel zu erreichen, ist schlicht unlogisch, denn entweder können die zur Verfügung stehenden Mittel so verwendet werden, dass sie das Ziel bestmöglich erfüllen, oder ein bestimmtes Ziel wird mit möglichst geringem Mitteleinsatz angestrebt. Denkbar ist allenfalls ein Abwägen in Richtung Maximierung der Zielerreichung und Minimierung des Mitteleinsatzes bis zu einem Optimum zwischen Ausmaß der Zielerreichung und Verbrauch an Ressourcen.

Das **Rationalprinzip** wird hinsichtlich der Ziele oft unzulänglich verkürzt. Rationales Handeln bedeutet nicht (automatisch), Gewinne zu maximieren. Es meint auch nicht, ein möglichst hohes Einkommen zu erzielen. Neben den beiden vorgenannte Zielen sind auch

[53] Liquidität, d. h. die Fähigkeit, jederzeit den Zahlungsverpflichtungen termin- und betragsgenau nachkommen zu können. Vgl. WÖRDENWEBER, M.: Operatives Controlling – Band 2. Operative Kennzahlenanalyse in den Funktionsbereichen – Ausgewählte Methoden und Techniken des operativen Controllings (im Folgenden abgekürzt mit „Operatives Controlling"), 3. Aufl., Berlin 2021, Unterabschnitt 1.6.1 „Notwendigkeit des Finanz-Controllings".

[54] Die drei vorstehenden Begriffe werden im Unter-Unterabschnitt 2.1.5.2 „Planung nach dem Inhalt" näher erläutert.

andere denkbar und wichtig. Zum Beispiel das Ziel der Nachhaltigkeit[55] oder andere wert- und werteorientierte Ziele[56].

In der Betriebswirtschaftslehre bedeutet das ökonomische Prinzip, dass die Inputs (Produktionsfaktoren) möglichst gut ausgenutzt werden sollen *oder* ein bestimmter Output mit möglichst geringem Input (Produktionsfaktoren) hergestellt werden soll. Die Beziehung zwischen Output und Input wird i. d. R. als Quotient ausgedrückt. Rationalität bedeutet, dieses Verhältnis zu maximieren:

$$\frac{\text{Output}}{\text{Input}} \rightarrow \text{max.!}$$

Diese Relation wird als **Effizienz** bezeichnet. Effizienz heißt, dem Maximalprinzip oder dem Minimalprinzip Folge zu leisten. Da die Güter (Produktionsfaktoren) nahezu ausnahmslos nicht ausreichend für alle Unternehmen zur Verfügung stehen, kann eine Überwindung der (relativen) Knappheit nur durch rationales Handeln überwunden werden. – Das Gegenteil von Effizienz ist Verschwendung. Verschwendung ist nicht nur ökonomisch verwerflich, sondern auch ethisch (sehr) problematisch.[57]

In der Betriebswirtschaftslehre verkörpern die beiden Begriffe „Produktivität“ und „Wirtschaftlichkeit“ die Effizienz.

Während die **Produktivität** dem **mengenmäßigen Output** den **mengenmäßigen Input** gegenüberstellt, handelt es sich bei der **Wirtschaftlichkeit** über das Verhältnis des **wertmäßigen Outputs** zum **wertmäßigen Input**. Betriebswirtschaftlich ist die (mengenmäßige) **Produktivität zur Messung der Effizienz zu bevorzugen**, weil Wertgrößen im Zähler und Nenner des Quotienten erhebliche Interpretationsspielräume und damit auch Fehlinterpretationen im Hinblick auf die tatsächliche Effizienz ermöglichen. Dazu später mehr.

[55] Vgl. WÖRDENWEBER, M.: Nachhaltigkeitsmanagement. Grundlagen und Praxis unternehmerischen Handelns (im Folgenden abgekürzt mit „Nachhaltigkeitsmanagement“), Stuttgart 2017, S. 9.

[56] Siehe u. a. WÖRDENWEBER, M.: Normatives Management und konstitutive Entscheidungen (im Folgenden abgekürzt mit „Normatives Management“), Norderstedt 2019, S. 55–66.

[57] Siehe ebenda, S. 82.

Die **Produktivität** wird wie folgt definiert:

$$\text{Produktivität} = \frac{\text{Ausbringungsmenge}}{\text{Faktoreinsatzmenge}}$$

Darst. 1.401: Produktivität

Eine **Produktivitätssteigerung** liegt dann vor, wenn sich – entsprechend dem Maximalprinzip – die Leistungen (Output) erhöhen, ohne dass zusätzliche Produktionsfaktoren (Input) eingesetzt wird *oder* sich – entsprechend dem Minimalprinzip – bei einer gleichbleibenden Ausbringungsmenge die Zahl der eingesetzten Ressourcen verringert *oder* sich die Leistung erhöht bei gleichzeitiger Reduktion der eingesetzten Faktormengen.

Die Messung der Produktivität bereitet in drei Fällen **Schwierigkeiten**.

Erstens dann, wenn eine **exakte Erfassung** des Inputs und/oder des Outputs nicht oder nur mit Schwierigkeiten möglich ist. Dies ist u. a. im Gesundheits- und Sozialbereich oft ein Problem: Wie soll z. B. Liebe, Zuwendung, „Wohlfühlen"/Comfort gemessen werden? Oder in der Umwelt das Verschwinden einer bestimmten Spezies? Oder das Ambiente eines Restaurants?

Zweitens dann, wenn bei einem Produktionsfaktor mehrere divergierende Möglichkeiten der Erfassung bestehen. Wenn bspw. im Falle der Arbeitsproduktivität[58] im Nenner der Produktionsfaktor Arbeit steht, könnte dieser etwa über die Zahl der Beschäftigten zum Abschlussstichtag oder als Durchschnittsgröße während des Jahres oder die Zahl der geleisteten Arbeitsstunden festgelegt werden. Die Größe „Zahl der Mitarbeiter" eignet sich eher nicht, da die Zahl der Beschäftigten in zwei Unternehmen zwar gleich sein kann, die Anzahl der effektiv Arbeitenden wegen Sabbaticals, Krankheiten, Mutterschutzfristen, Ausbildungen, Beurlaubungen, Beschäftigten in Elternzeit etc. jedoch sehr unterschiedlich. Hier gilt es (generell), die **Kennzahlen in Bezug auf ihre Eignung zu prüfen**.[59]

[58] Vgl. die Diskussion bei WÖRDENWEBER, M.: Operatives Controlling, a. a. O., Unterabschnitt 1.7.5 „Leistungsbezogene Kennzahlen".

[59] In diesem Zusammenhang sei auf die Bewertungskriterien bei Kennzahlen im Unterabschnitt 2.1.2 „Kennzahlen" verwiesen.

Drittens dann, wenn sich der **Input** aus **sehr verschiedenen Produktionsfaktoren**, insb. Werkstoffen zusammensetzt, die in **unterschiedlichen Dimensionen** gemessen werden (z. B. l, hl, mm, cm, m, qm, cbm, h). Der Input ist dann nicht mehr ohne Weiteres addierbar. Zweckmäßig ist es deshalb, den Output in Bezug auf nur einen Produktionsfaktor zu analysieren. In diesem Fall werden dann nur **Teilproduktivitäten** ermittelt. Dies ist bspw. bei der **Arbeits-, Material- oder Betriebsmittelproduktivität** der Fall. Hierbei werden stets die entsprechenden Inputfaktoren angesetzt. Für die Arbeitsproduktivität wäre das im Nenner die Zahl der tatsächlich geleisteten Arbeitsstunden, für die Betriebsmittelproduktivität die Zahl der eingesetzten Maschinenstunden und für die Materialproduktivität der jeweilige Materialeinsatz. Sollen aber mehrere Inputs in Bezug auf den Output betrachtet werden, muss eine andere Lösung her.

Viertens dann, wenn der **Output** aus **sehr unterschiedlichen Leistungen** des Unternehmens (heterogenes Produktionsprogramm) besteht, die über **unterschiedliche Maßgrößen** definiert werden. Als Beispiel diene hier das Leistungsspektrum des global agierenden Unternehmens Procter & Gamble (P&G) mit Produkten wie Pampers, Ariel, Lenor, always, Braun, Gilette, head&shoulders, Old Spice, Pantene Pro-V, OLAZ, febreze, Swiffer, Oral-B, Wick usw.

Vom ersten Fall mal abgesehen kann eine Lösung der vorstehenden komplexen Probleme dann nur darin bestehen, dass statt der mengenmäßigen Größen wertmäßige im Zähler und Nenner festgehalten werden. Die Outputarten und Inputfaktoren werden **über Wertgrößen homogenisiert**. Die einzelnen Outputarten (im Zähler) und die unterschiedlichen Inputfaktoren (im Nenner) werden als mathematische Produkte addiert, nachdem vorab jede einzelne Ausbringungsmenge mit ihren Umsätzen pro Mengeneinheit und jede einzelne Faktoreinsatzmenge mit ihren Kosten pro Mengeneinheit multipliziert wird. Somit ist das mathematische Produkt einer Outputart bzw. eines Inputfaktors das Ergebnis einer Multiplikation von Menge und Preis. Das wertmäßige Effizienzkriterium heißt **Wirtschaftlichkeit**:

$$\text{Wirtschaftlichkeit} = \frac{\sum_{j=1}^{m} x_j \cdot p_j}{\sum_{i=1}^{n} y_i \cdot c_i}$$

Darst. 1.402: Wirtschaftlichkeit (allgemein)

Legende:

x_j Menge der Outputart j, j=1 … m

p_j Preis (Erlös) je Mengeneinheit der Outputart j, j=1 … m

y_i Menge des Inputfaktors i, i=1 … n

c_i Preis (Kosten) je Mengeneinheit des Inputfaktors i, i=1 … n

Die **Preise** der Outputarten bzw. Inputfaktoren stellen die jeweiligen **Gewichtungen** dar, mit denen die Outputarten bzw. Inputfaktoren in die Berechnung der Wirtschaftlichkeit eingehen.

Ziel des Unternehmens bzw. des Controllings als managementunterstützende Einheit, die **Wirtschaftlichkeit** zu **maximieren**.

Die Kennzahl Wirtschaftlichkeit kann sich auch auf nur einen Outputfaktor und/oder Inputfaktor beziehen.

Je nach Untersuchungsziel kann im Zähler eine Ertragsgröße und im Zähler eine Aufwandsgröße stehen, wenn das gesamte **Unternehmen** oder bestimmte **Größen der Gewinn- und Verlustrechnung** analysiert werden sollen. Alternativ kommt im Zähler die Leistung und im Nenner die Kosten zur Anwendung, wenn (nur) der **Betrieb** oder spezielle **Größen der Betriebsergebnisrechnung** betrachtet werden sollen. In diesem Fall werden **betriebsfremde, periodenfremde und außergewöhnliche Bestandteile** eliminiert. Die Wirtschaftlichkeit stellt sich in diesem Fall wie folgt dar:

$$\text{Wirtschaftlichkeit} = \frac{\text{Leistung}}{\text{Kosten}} \quad \text{oder} \quad \frac{\text{Ertrag}}{\text{Aufwand}}$$

	Größen der Kosten- und Leistungsrechnung	Größen der Finanzbuchhaltung

Darst. 1.403: Wirtschaftlichkeit mit Größen aus der Finanzbuchhaltung oder aus der Kosten- und Leistungsrechnung

Weitere Ausprägungen der Wirtschaftlichkeit werden im Abschnitt 2.2.6 „Bewertung von Kennzahlen und Benchmarking" behandelt.

Grundsätzlich gilt, dass eine größere Kennzahl eine bessere Wirtschaftlichkeit repräsentiert – vice versa. Bezüglich der Größen der vorstehenden Abbildung muss es das Ziel des Unternehmens sein, mindestens eine Wirtschaftlichkeit größer Eins zu erreichen. Sind die Kosten (Aufwendungen) größer als die Leistungen (Erträge), ist der Koeffizient kleiner Eins und das Betriebsergebnis (Betriebserfolg) negativ. Bei einer nachhaltigen Wirtschaftlichkeit unter Eins droht dem Unternehmen die Insolvenz.

Die Interpretation der Kennzahl „Wirtschaftlichkeit" ist nicht unproblematisch. Zum einen handelt es bei diesen Zahlen im Nenner und Zähler um **Wertgrößen**. Letztere bestehen immer aus einer Mengenangabe und einem ihr zugeordneten Preis. Dies hat zur Konsequenz, dass sich beispielsweise eine Wertgröße nicht ändert, obwohl sich die beiden Komponenten der Wertgröße verkleinert bzw. vergrößert haben. Die Saldierung der beiden Multiplikanden führt dazu, dass – ohne weitere Erkenntnisse – keine Aussage darüber getroffen werden kann, warum sich die Wertgröße tatsächlich verändert hat. Auch eine gleichbleibende Wertgröße kann aufgrund der Saldierung eine durchaus andere Interpretation erfahren: Sind beispielsweise die Umsatzerlöse konstant geblieben, obwohl sich die Menge verringert hat, der Absatzpreis aber erhöht werden konnte, ist dies durchaus positiv zu werten, denn die Umsatzrendite ist c. p. gestiegen.

Zum anderen ist bezüglich der Wertgrößen grundsätzlich hervorzuheben, dass diese von Ereignissen abhängen können, die **nicht im Einflussbereich des Unternehmens** liegen wie etwa Inflationsraten oder Tarifabschlüsse.

Befinden sich im Zähler der Wirtschaftlichkeit Umsatzerlöse, dann sind diese u. U. nicht Leistung dieses Jahres, nämlich dann, wenn die **Bestände des Vorjahres** abgebaut worden sind. In diesem Fall sind in den Umsatzerlösen **auch Personalaufwendungen des Vorjahres** enthalten.

Zuletzt kann die Interpretation dieser Kennzahl zu **irreführenden Ergebnissen** führen. Steht im Nenner der Wirtschaftlichkeit der Personalaufwand und wird den Mitarbeitern beispielsweise das Weihnachtsgeld gestrichen, steigt das Verhältnis von Umsatzerlösen zum Personalaufwand, ohne dass sich die Faktoreinsatzmenge (Arbeit) und damit die Produktivität tatsächlich erhöht hat.

Grundsätzlich lässt sich bei einer **isolierten Betrachtung** der Kennzahl „Wirtschaftlichkeit" keine Aussage darüber ableiten, ob die konkrete Ausprägung Kennzahl gut oder schlecht ist. Es **fehlt ein Bezugspunkt**. Dementsprechend werden im Rahmen einer Kontrolle (mindestens) zwei unterschiedliche Werte miteinander verglichen.[60] Eine **vergleichende Bewertung** wird als **Benchmarking** bezeichnet. Sie kann auf verschiedene Arten erfolgen.

Ein **Soll-Ist-Vergleich** der Wirtschaftlichkeit ist aus zwei Gründen problematisch: Zum einen der **subjektive Charakter** des Soll-Wertes, zum anderen muss dieser Vergleich „mit sich selbst" **nicht realistisch** sein, d. h. es besteht die Gefahr, dass ein schlechter Wert mit einem noch schlechteren verglichen wird.

Ein **Zeitreihenvergleich** ist prinzipiell immer möglich und sinnvoll. Die Kennzahl „Wirtschaftlichkeit" gewinnt dann an Wert, wenn sie über einen längeren Zeitraum betrachtet wird, und zwar bei identischer Definition der Kennzahl. Durch einen Vergleich mit den vorausgegangenen Perioden lassen sich Abweichungen erkennen, die für die Analyse der Ursachen wichtig sein können.

Eine erste Möglichkeit des **internen Benchmarkings** besteht in einem Vergleich der Wirtschaftlichkeit zwischen Unternehmen einer Gruppe/eines Konzerns.

Eine Untersuchung der Wirtschaftlichkeit, die sich auf das gesamte Unternehmen bezieht, liefert im Hinblick auf eine effektive Steuerung jedoch so gut wie keine nützlichen Erkenntnisse. Erst das interne Benchmarking in Form eines Vergleichs der Wirtschaftlichkeit zwischen Organisationseinheiten eines Unternehmens oder Unternehmenseinheiten

---

[60] Vgl. zum Folgenden die Ausführungen im Unterabschnitt 2.2.6 „Bewertung von Kennzahlen und Benchmarking".

einer Gruppe/eines Konzerns oder Organisationseinheiten eines fremden Unternehmens[61], ermöglicht eine realistischere Bewertung dieser Kennzahl und eine tiefergehende, gründlichere Ursachenanalyse.

Auf Unternehmensebene ist oft, aber nicht immer ein Vergleich der Wirtschaftlichkeit zwischen dem eigenen und fremden Unternehmen (**externes Benchmarking**) möglich. Dies hängt von der konkreten Definition der Kennzahl „Wirtschaftlichkeit" ab. Stammen die Größen aus der Kosten- und Leistungsrechnung, ist ein externes Benchmarking nahezu unmöglich, da die kostenrechnerischen Daten nicht veröffentlicht werden. Wenn überhaupt, werden in einigen Verbänden oder speziellen Vereinigungen nur die durchschnittlichen Daten der Branche oder der Mitglieder bekanntgegeben und dann meist nur denjenigen mitgeteilt, die sich an der Umfrage/Auswertung beteiligt haben. Demgegenüber sind die Daten des Jahresabschlusses und ggf. des Anhangs und Lageberichts eines Kaufmanns in unterschiedlicher Detailliertheit öffentlich zugänglich. Allerdings sollten diese **Daten aufbereitet** werden,[62] um eine bessere Vergleichbarkeit zu gewährleisten.

Wird die Wirtschaftlichkeit als Differenz von Zähler und Nenner dargestellt, handelt es sich um den **Gewinn des Unternehmens**.

[61] Letztere Option gehört zu den Möglichkeiten des externen Benchmarkings.

[62] Siehe Abschnitt 3.1 „Datenaufbereitung".

2 Operative Planung und Kontrolle

2.1 Grundlagen der Planung

2.1.1 Notwendigkeit der Planung, Planungsbegriff und Prognose

Nach wie vor bewegt sich die Zahl der **Unternehmensinsolvenzen** auf hohem Niveau:

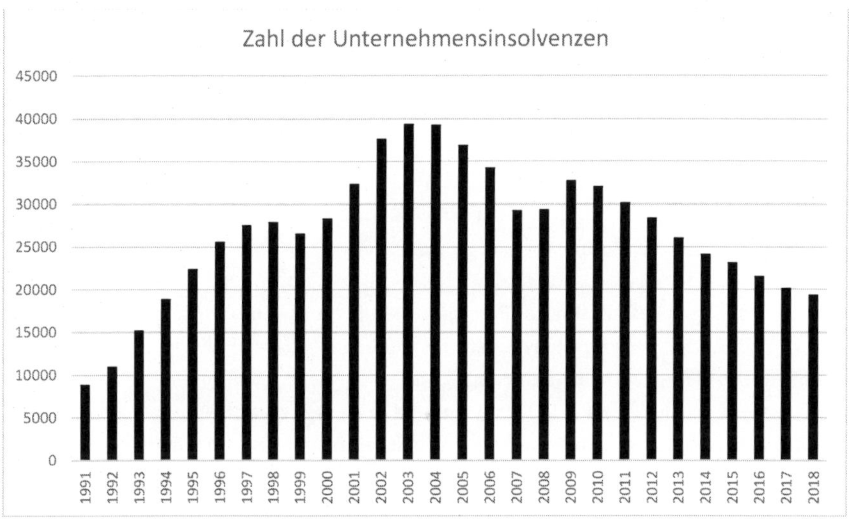

Darst. 2.101: Zahl der Unternehmensinsolvenzen ab 1991
(Quelle: DESTATIS Statistisches Bundesamt, Insolvenzen, Wiesbaden 2019, https://www.destatis.de/DE/Themen/Branchen-Unternehmen/Unternehmen/Gewerbemeldungen-Insolvenzen/Tabellen/lrins01.html, Abruf am 12.12.2019.)

Die hohe Zahl von Unternehmensinsolvenzen verursacht – neben vielen Einzelschicksalen – grundsätzlich einen **enormen Schaden für eine Volkswirtschaft**. Nicht nur, dass im Falle einer Insolvenz für viele abhängig Beschäftigte **keine Beträge in die Sozialversicherungskassen** mehr eingezahlt werden, die Unselbständigen erhalten in sehr vielen Fällen **Unterstützungsleistungen des Staates**. Die „Liquiditätsschere" geht somit deutlich auseinander. Auch die Folgewirkungen einer Arbeitslosigkeit infolge einer Insolvenz sind nicht zu unterschätzen: Ein (deutlich) niedrigeres Einkommen bei den betroffenen Personen führt zu einer Art „**Kettenreaktion**": Übliche Ausgaben, erst recht größere Anschaffungen, die u. a. die Binnennachfrage ausmachen, werden nicht mehr getätigt, sodass weitere Arbeitsplätze auch in anderen Branchen entfallen oder zumindest gefährdet sind. Die jetzt entlassenen Arbeitskräfte reduzieren ihrerseits ebenfalls die Ausgaben usw. Neben den fehlenden **Einkommensteuern** muss der Staat **auch auf Umsatzsteueraufkommen verzichten**. Da beide Steuern zusammen etwa zwei Drittel des Gesamtsteueraufkommens ausmachen, wird schnell klar, wie empfindlich Rückgänge bei diesen beiden Steuerarten die öffentlichen Kassen treffen.

In Einzelfällen können sich aus Insolvenzen nachteilige Folgen für die Marktwirtschaft ergeben; nämlich dann, wenn es zu **Konzentrationen auf bestimmten Märkten** kommt und der fehlende Wettbewerb zu steigenden Preisen führt.

Weitere Belastungen resultieren aus den **individuellen Konsequenzen** der Arbeitslosigkeit infolge einer Insolvenz. Hoffiller weist auf psychosoziale Folgen von Arbeitslosigkeit wie Depressivität, Angstsymptome, Schlaflosigkeit und Konzentrationsstörungen bis hin zu körperlichen Beeinträchtigungen wie beispielsweise Magersucht oder Übergewichtigkeit hin. Insbesondere die Einnahme von Schlaf- und Beruhigungsmitteln in der akuten Phase verschlimmert die Problematik bis hin zu Suchtgefahren.[63] Schwierigkeiten bei der zeitlichen Strukturierung des Tages, Verlust des beruflichen Status, (alle Angehörigen belastende) Veränderungen des Familienlebens, Verlust von sozialen Kontakten, Qualifikationsaberkennung, Identitätskrisen, Perspektivlosigkeit sowie eine Störung des Selbstvertrauens und des Selbstwertgefühls schaffen erhebliche, oft auch existentielle Probleme[64], die oft in Arztbesuchen oder (längeren) Krankenhausaufenthalten münden. Diese Maßnahmen werden **von den Krankenkassen und den Rentenversicherungen, also letztlich den öffentlichen Kassen, aber auch den Arbeitnehmern und Unternehmern über ihre Beiträge finanziert**.

Zusammenfassend lässt sich feststellen, dass es **im Falle einer Insolvenz sowohl auf individueller als auch auf gesellschaftlicher Ebene zu einer Kumulierung gravierender negativer Effekte** kommt.

[63] Vgl. HOFFILLER, R.: Der Unternehmer in der Insolvenz: Eine erste explorative Studie, Hamburg 2012, S. 33.

[64] Vgl. HOFMANN, W, THEYMANN, W.: Wenn Personalabbau unvermeidlich wird – Outplacement als sozialverträglicher Lösungsweg? In: REFA-Nachrichten, Heft 3, 2002, S. 26.

Im Gegensatz dazu stehen **positive Konsequenzen einer derartigen Marktbereinigung**, bei dem sich die Zahl der Anbieter auf einem Markt verringert. Es handelt sich um einen Marktmechanismus, der ein sogenanntes Überangebot eliminiert.[65] Diese Anbieter produzieren Sachgüter und Dienstleistungen, die zu teuer offeriert werden oder aus diversen Gründen[66] nicht (mehr) verkäuflich sind oder verkauft werden dürfen. Eine Marktbereinigung im Sinne eines Strukturwandels ist i. d. R. erwünscht und wird in vielen Fällen auch unterstützt, wenn sie beispielsweise die Außenwirtschaftsposition eines Staates, letztlich verbunden mit dem Ziel der Wiedererlangung der Zahlungsfähigkeit eines Schuldnerlandes, wiederherstellen soll[67] oder die Existenz zukunftsträchtiger Unternehmen ermöglicht.

Auch wenn positive Effekte einer Marktbereinigung durch Insolvenzen auftreten (können), so sind immer erhebliche negative Auswirkungen für die Gesellschaft und letztlich ihre Kassen zu konstatieren.

Es stellt sich daher die Frage, ob eine Insolvenz nicht vermieden werden kann und prophylaktische Maßnahmen nicht so rechtzeitig ergriffen werden können, dass eine Insolvenz vermieden wird resp. vermieden werden kann. Diese Frage führt unmittelbar zu den **Gründen einer Insolvenz**. Eine Untersuchung der Deutschen Ausgleichsbank führt folgende **Ursachen für Geschäftsaufgaben** an:

[65] Vgl. MÜLLER, M., STURM, R.: Wirtschaftspolitik kompakt, Wiesbaden 2010, S. 241.

[66] Beispielsweise weil sie – wie oftmals in der früheren DDR – technisch veraltet sind oder die Optik/das Design nicht (mehr) den Geschmack der Nachfrager trifft oder rechtliche und andere Rahmenbedingungen einen Verkauf nicht mehr zulassen.

[67] Vgl. SIEBOLD, TH.: Die sozialen Dimensionen der Strukturanpassung – eine Zwischenbilanz, Duisburg 1995, http://edoc.vifapol.de/opus/volltexte/2014/5529/pdf/report13.pdf, S. 2, Abruf am 05.01.2015.

- Finanzierungsmängel (68,6 %)
- Informationsdefizite (61 %)
- Qualifikationsmängel (48 %)
- Planungsmängel (30,1 %)
- Familienprobleme (29,9 %)
- Überschätzung der Betriebsleistung (20,9 %)
- Äußere Einflüsse (15,4 %)

Darst. 2.102: Ursachen für Geschäftsaufgaben (Mehrfachnennungen möglich)
(Quelle: Deutsche Ausgleichsbank 1996.)

In dieser Aufstellung fällt auf, dass es einen Punkt gibt, der eigentlich selbstverständlich sein sollte: **Planungsmängel**. Entweder wird in den untersuchten Unternehmen gar nicht, schlecht oder falsch geplant. Diesen Eindruck vermittelt auch eine neuere Studie von 2006:

- Fehlendes Controlling (79 %)
- Finanzierungslücken (76 %)
- Unzureichendes Debitorenmanagement (64 %)
- Autoritäre, rigide Führung (57 %)
- Ungenügende Transparenz und Kommunikation (44 %)
- Investitionsfehler (42 %)
- Falsche Produktionsplanung (41 %)
- Dominanz persönlicher über sachliche Motivation (33 %)
- Ungenügende Marktanpassung (29 %)
- Egozentrik, fehlende Außenorientierung (28 %)
- Mangel an strategischer Reflexion (27 %)
- Personalprobleme (25 %)
- Unkontrollierte Investition und Expansion (21 %)
- Zu viel Wechsel (21 %)

Darst. 2.103: Die wichtigsten Insolvenzursachen (Mehrfachnennungen möglich)
(Quelle: EULER HERMES KREDITVERSICHERUNGS-AG (HRSG.): Ursachen von Insolvenzen, Wirtschaft Konkret Nr. 414 in Zusammenarbeit mit dem ZIS Zentrum für Insolvenz und Sanierung an der Universität Mannheim e. V., Hamburg 2006, S. 20.)

Unter den 14 grundlegenden Insolvenzursachen fallen neben dem

- „fehlendem Controlling“ (wichtigste Unterpunkte: fehlende Unternehmensplanung, keine Kostenrechnung, kein Controlling),
- „Investitionsfehlern“ (wichtigster Unterpunkt: falsche Einschätzung des benötigten Investitionsvolumens), einer

- „falschen Produktionsplanung“ der
- „Mangel an strategischer Reflexion“ (wichtigster Unterpunkt: keine vom Tagesgeschäft freigestellte Person für Strategieüberlegungen)

auf. Auf die **Planungsfehler**, die auch vorab unter dem Sammelbegriff „Fehlendes Controlling“, „falsche Produktionsplanung“ und „Mangel an strategischer Reflexion“ zu finden sind, ist nun näher einzugehen. Im Einzelnen sind dies u. a.:[68]

- unstrukturiertes, unverbindliches und ungenaues Vorgehen infolge eines fehlenden Planungshandbuches inkl. eines Planungskalenders[69] und mangels Plausibilitätskontrollen der (Teil-) Planung,
- starrer Planungsansatz/fehlende Flexibilität der Planung (Planung ohne Szenario-/Sensitivitätsanalysen)[70], keine oder nicht zeitnahe Überarbeitung der Pläne (rollierende Planung)[71],
- suboptimales Planungsverfahren (z. B. Bottom-up-Prinzip statt Gegenstromverfahren)[72],
- mangelhafte Koordination der Teilpläne mit der Folge nicht beachteter Interdependenzen[73] sowie nicht integrierte GuV-/Bilanz- und Liquiditätsplanung,
- unsicheres und angemessenes Planungssystem (z. B. Verwendung simpler EXCEL-Anwendungen oder fehlerhafter, unübersichtlicher EXCEL-Lösungen statt eines – allerdings auch aufwändigeren – qualifizierteren Planungssystems wie bspw. LucaNet,
- nicht oder nicht genügend qualifizierte Planungsträger (Kompetenz, Linienerfahrung etc.)[74],
- fehlende Dokumentation der Planungsprämissen (Mikro-/Makroumwelt) und damit verhinderte Verplausibilisierung der Annahmen[75],
- unprofessionelle, auch unübersichtliche Präsentation der Planungsresultate (Layout, Formatierung, Herausstellen der Kernaussagen etc.)[76].

[68] Vgl. im Folgenden EBNER STOLZ: BWL-Basics: Der Jahresabschluss, seine Rechenwerke und Implikationen für die Business Planung, Frankfurt 2013, S. 15f., http://www.vc-germany.com/German_Venture_Club_e.V./Veranstaltungen_files/Handout%20-%20BWL-Basics.PDF, Abruf 22.11.2015.

[69] Auf diese beiden Punkte wird im Unterabschnitt 2.1.8 „Planungshandbuch“ näher eingegangen.

[70] Vgl. zu diesem Thema den Unter-Unterabschnitt 2.1.3.4 „Grundsatz der Flexibilität“.

[71] Vgl. Unter-Unterabschnitt 2.1.6.3.2 „Planungsrhythmus“.

[72] Die Planungsverfahren finden sich im Unterabschnitt 2.2.1 „Vertikale Koordination“.

[73] Die horizontale Koordination wird im Unterabschnitt 2.2.2 „Horizontale Koordination“ angesprochen, das hierarchische Planungssystem im Unter-Unterabschnitt 2.1.5.4 „Planung nach dem Integrationsgrad“.

[74] Auf die Qualifikation der Planungsträger wird im Unterabschnitt 2.1.7 „Planungsträger“ sowie im Unter-Unterabschnitt 2.1.7.10 „Auswahl der Planungsträger“ hingewiesen.

[75] Dieses Thema wird im Unter-Unterabschnitt 2.1.3.6 „Grundsatz der Kontrollierbarkeit“ aufgegriffen.

[76] Zu diesem Punkt finden sich Aussagen im Unter-Unterabschnitt 2.1.3.7 „Grundsatz der Einfachheit und Klarheit“.

Auch der Gesetzgeber in Deutschland hat diese Ursachen für Insolvenzen erkannt und am 05.03.1998 das am 01.05.1998 in Kraft getretene Gesetz zur Kontrolle und Transparenz im Unternehmensbereich (**KonTraG**) beschlossen. U. a. waren das AktG und das HGB von folgenden Änderungen betroffen:

- § 90 Abs. 1 Satz 1 AktG:
  § 90 Bericht an den Aufsichtsrat
  Abs. 1 Satz 1 Der Vorstand hat dem Aufsichtsrat zu berichten über
  1. die beabsichtigte Geschäftspolitik und andere grundsätzliche Frage der Unternehmensplanung (insbesondere die Finanz-, Investitions- und Personalplanung);

- § 91 Abs. 2 AktG:
  Abs. 2 Der Vorstand hat geeignete Maßnahmen zu treffen, insbesondere ein Überwachungssystem einzurichten, damit den Fortbestand der Gesellschaft gefährdende Entwicklungen früh erkannt werden.

- § 289 Abs. 1 HGB:
  Abs. 1 Im Lagebericht sind zumindest der Geschäftsverlauf und die Lage der Kapitalgesellschaft so darzustellen, dass ein den tatsächlichen Verhältnissen entsprechendes Bild vermittelt wird; **dabei ist auch auf die Risiken der zukünftigen Entwicklung einzugehen.**

- § 317 Abs. 2 HGB:
  ... Dabei ist auch zu **prüfen, ob die Chancen und Risiken der künftigen Entwicklung zutreffend dargestellt** sind.

- § 317 Abs. 4 HGB:
  Bei einer börsennotierten Aktiengesellschaft ist außerdem im Rahmen der Prüfung **zu beurteilen**, ob der Vorstand die ihm nach § 91 Abs. 2 des Aktiengesetzes obliegenden Maßnahmen in einer geeigneten Form getroffen hat und **ob das danach einzurichtende Überwachungssystem seine Aufgaben erfüllen kann**.

Darst. 2.104: Ausgewählte Änderungen (fett) bestehender Gesetze durch das KonTraG

Zwei Punkte sind bemerkenswert: Zum einen ist ein Überwachungssystem einzurichten. Damit können m. E. neben einer Revision nur eine **funktionsfähige Kostenrechnung**

und die Einrichtung eines Controllings mit entsprechendem Berichtswesen gemeint sein. Und zum anderen muss eine (Unternehmens-) **Planung** vorgenommen werden. Warum eine Planung (überlebens-) notwendig ist, wird schnell klar:

Da die Planung von Maßnahmen immer ein Ziel voraussetzt, wird ein **Handeln ohne Planung nur in Ausnahmefällen zu einer (maximalen) Zielerreichung** führen. Handeln ohne vorherige Planung bedeutet **Improvisation** und verlangt eine **außerordentliche Flexibilität**. Improvisieren bedeutet oft **Qualitätsverluste** und eine **Reduzierung der Produktivität**. Eine hohe **Flexibilität ist oft seitens der Produktionsfaktoren (Material, Betriebsmittel, Personal) nicht gegeben**.

Da eine globale Planung immer auch eine Abstimmung zwischen den Funktionsbereichen mit sich bringt, bedeutet dies im Umkehrschluss, dass ein betriebliches Handeln ohne Planung immer wieder zu **Engpässen bei den Produktionsfaktoren** und/oder den **Finanzen** bis hin zu einer möglichen Illiquidität führt. Würde man eventuell auftretenden Engpässen bei den Produktionsfaktoren durch jeweils hohe Reserven vorbeugen, wäre dies grob unwirtschaftlich.

Da eine Planung immer auch eine bewusste Auseinandersetzung mit der Zukunft ist, werden bei einer umfassenden Planung auch künftige Risiken eingeschätzt und in der Planung antizipiert. Planung ist insofern immer auch **Risikoprophylaxe**. Sind im Rahmen der zukunftsbezogenen Planung unterschiedliche **Szenarien** erkennbar, kann der Planende auf diese künftigen Umweltzustände eingehen und die Planung dementsprechend **flexibilisieren**. Dadurch wird vor allem die **Reaktionszeit auf veränderte Umweltzustände verkürzt**. Damit wird nicht unnötig auf Lager produziert und die neuen Kundenkreise können schneller befriedigt werden. **Planvolles Handeln wird erst durch Planung ermöglicht!**

Konkret sind u. a. folgende **Vorteile einer Unternehmensplanung** zu nennen:

- Jede Planung ist ein guter Anlass, die vorhandenen Strukturen (Aufbau und/oder Prozesse) zu überprüfen und ggf. zu modifizieren.
- Generell das frühzeitige Erkennen von Schwachstellen und Fehlentwicklungen oder anders formuliert: Minimierung der Abweichung eines künftigen Ist-Zustandes von den Soll-Vorgaben.
- Konkret die Vermeidung von überraschenden Unternehmensergebnissen zum Ende des Geschäftsjahres.
- Vorhersage der Liquiditätsentwicklung und (rechtzeitiges) Feststellen möglicher Liquiditätsengpässe und Finanzierungserfordernisse.

- Darstellung von Ergebnis- und Liquiditätsauswirkungen bei unterschiedlichen Szenarien (Worst Case, Best Case).
- Möglichkeiten zur Verbesserung des Ratings, d. h. relevanter Unternehmenskennzahlen bei bestehenden und potenziellen Kreditgebern, vor allem im Hinblick auf die Kreditkonditionen, und/oder bei einem angedachten Gang an die Börse (Hereinnahme neuen Eigenkapitals).
- Unternehmensplanung als unerlässliche Grundlage für Kreditverhandlungen.

Mittels einer Planung wird festgelegt, was konkret erreicht werden soll. Damit wird eine Transparenz geschaffen und zusätzlich adäquate Anreizsysteme für verantwortliche Mitarbeiter ermöglicht.[77] Mittels einer Planung sollen aber auch diverse Fragestellungen beantwortet werden. Typische Beispiele sind:

- Welchen Umsatz bzw. welche Umsatzerlöse[78] wird das Unternehmen im nächsten Monat/Quartal/Jahr/Jahren – je nach Planungszeitraum – erzielen?
- Mit welchen Kosten sind die vorgenannten Umsätze verbunden?
- Welches Ergebnis resultiert aus den Umsätzen und Kosten in den Planungszeiträumen?
- Welche Auswirkung haben die vorstehenden Erfolgsplanungen auf die Liquidität? Wird die unabdingbare Nebenbedingung des Mindestbestands an liquiden Mitteln (MBLM) jederzeit eingehalten?[79]
- Wie würden sich höhere Umsätze, allerdings mit geringeren Margen auf das Unternehmensergebnis auswirken?
- Welche Artikel sind auf kurzfristige Sicht aufgrund negativer Deckungsspannen (Deckungsbeiträge pro Stück) bzw. Deckungsbeiträge I (pro Erzeugniseinheit) Kandidaten für die cross-off list?
- Wie wird die Bilanz im nächsten Jahr/in den nächsten Jahren aussehen? Können im Hinblick auf die Finanzierungsgespräche mit Kreditgebern bestimmte Kennzahlen den Anforderungen (der potenziellen Kreditgeber) nicht genügen?
- Sind sogenannte Worst Case-Szenarien im Planungszeitraum denkbar? Mit welchen Ergebnissen muss das Unternehmen im Falle von Worst Case-, aber auch Best Case-Szenarien rechnen?

[77] Vgl. LORSON, P., QUICK, R., WURL, H. J.: Grundlagen des Controlling, Weinheim 2013, S. 215f.

[78] Infolge der (neuen) Definition der Umsatzerlöse gem. BilRUG 2015 muss zwischen den betrieblichen Umsätzen/Erlösen und den Umsatzerlösen nach § 277 Abs. 1 HGB streng unterschieden werden. Vgl. dazu die Ausführungen im Unter-Unterabschnitt 3.1.1.1 „Analyse der Erfolgserzielung“, Stichwort „Umsatzerlöse“.

[79] Vgl. zum Thema MBLM die Ausführungen im Paragrafen 2.3.3.3.2 „Ziele und Aufgaben der Finanzierung“.

Bevor eine Definition des Begriffs Planung vorgenommen wird, sollen zunächst einige Aussagen der Rechtsprechung zum vorgenannten Begriff wiedergegeben werden:[80]

- Es gibt keine objektive Planung.
- Daher würde das Erfordernis der objektiven Planung vom Gutachter/Gericht etwas Unmögliches verlangen (impossibilium nulla est obligatio).
- Eine auf zutreffender Tatsachengrundlage beruhende vertretbare Prognose darf nicht durch eine andere – ebenfalls notwendigerweise nur vertretbare – ersetzt werden. Eine Planung, von der die Geschäftsführung vernünftigerweise annimmt, dass sie realistisch ist, darf nicht durch andere – ebenfalls nur vertretbare – Annahme des Gerichts ersetzt werden.
- Art. 14 Abs. 1 GG schreibt weder eine bestimmte Methode der Unternehmensbewertung noch bestimmte Prognoseverfahren zur Einschätzung künftiger Erträge vor.
- Ein Gericht ist lediglich befugt, die grundsätzliche Geeignetheit und Vertretbarkeit der gewählten Methode zu prüfen.
- Die in die Zukunft gerichteten Planungen sind in erster Linie ein Ergebnis der jeweiligen unternehmerischen Entscheidung der für die Geschäftsführung verantwortlichen Personen.
- Die Planerwartungen müssen auf zutreffenden Informationen sowie daran orientierten, realistischen Annahmen aufbauen und dürfen nicht in sich widersprüchlich sein.
- Grundsätzlich sind Spruchverfahren gerade wegen der in tatsächlicher und rechtlicher Hinsicht besonders komplexen Bewertungsfragen einer erhöhten Gefahr ausgesetzt, nicht in angemessener Zeit abgeschlossen zu werden und dann das Gebot effektiven Rechtschutzes zu verletzen.[81]

Eine ausführliche Definition, was unter einer Planung zu verstehen ist, liefert Pepels: „Planung ist ein willensbildender, informationsverarbeitender und prinzipiell systematischer Entscheidungsprozess mit dem Ziel, zukünftige Entscheidungs- und Handlungsspielräume problemorientiert einzugrenzen und zu strukturieren. Planung wird von dazu legitimierten Aktoren [synonym: Planer, Planungsträger[82] – Anm. d. Verf.] durchgeführt. Das intendierte Resultat ist ein ratifizierter Plan bzw. ein System ratifizierter Pläne.“[83] Planung kann

---

[80] BVerfG zum Umtauschverhältnis Daimler/Chrysler, Beschluss der 3. Kammer des Ersten Senats vom 24.05.2012, 1 BvR 322/10, Rn 12, 13, 29, 30.

[81] Art. 2 Abs. 1 i. V. m. Art. 20 Abs. 3 GG.

[82] Der Begriff des Planungsträgers wird ausführlich im Unterabschnitt 2.1.7 „Planungsträger“ erläutert.

[83] PEPELS, W.: Produktmanagement: A. Neue Produkte am Markt einführen, B. Marken erfolgreich managen, C. Produktprogramme planen und kontrollieren, D. Strukturen und Prozesse implementieren, 7., Aufl., Berlin 2016, S. 680.

grundsätzlich als eine gegenwärtige gedankliche Vorwegnahme künftiger Aktivitäten umschrieben werden oder als Mittel zur Vorbereitung zukunftsbezogener Entscheidungen. Die zuletzt gewählte Formulierung könnte eine zweifache Entscheidung implizieren: Zum einen die Entscheidung zwischen verschiedenen Entscheidungsalternativen im Verlauf eines Planungsprozesses und zum anderen die Entscheidung, ob ein Plan (auch) tatsächlich umgesetzt/realisiert/ggf. ratifiziert wird.[84] Die hier verwendete Definition des Begriffs Planung[85], die den grundsätzlichen Entscheidungsprozess im Verlauf einer Planung beinhaltet, ist kürzer und einprägsamer als die vorstehend zitierte:

Planung ist ein systematisches, zukunftsbezogenes Ermitteln, Abwägen und Festlegen von Zielen sowie Maßnahmen, Mitteln und Wegen zur künftigen Zielerreichung in einem definierten (Planungs-) Zeitraum.

Darst. 2.105: Definition Planung

In Bezug auf die **operative Planung** erfährt der Planungsbegriff lediglich eine geringfügige Modifikation hinsichtlich des Planungszeitraums:

Planung ist ein systematisches, zukunftsbezogenes Ermitteln, Abwägen und Festlegen von Zielen sowie Maßnahmen, Mitteln und Wegen zur künftigen Zielerreichung in einem kurzfristigen (Planungs-) Zeitraum.

Darst. 2.106: Definition Operative Planung

Die vorstehenden Ausführungen haben deutlich gemacht, dass Planung immer eine Gratwanderung zwischen Bürokratie im Falle von übertriebener Planung – auch ohne jegliche Freiheitsgrade seitens der Planungsträger – z. B. durch Detailverliebtheit oder „Zahlenfriedhöfe“ einerseits und Improvisation mit der Tendenz zum Chaos ist. Einen möglichen Anhaltspunkt bietet die Beachtung des Grundsatzes der Wirtschaftlichkeit.[86]

[84] In diesem Zusammenhang wird oft von der „**Verabschiedung** eines Plans“ gesprochen. Der Begriff „Verabschiedung“ wird dann so interpretiert, dass sich die Entscheider im wahrsten Sinne des Wortes von der Planung verabschieden, d. h. die Planungsphase verlassen und in die Durch-/Umsetzungsphase eintreten.

[85] Vgl. WILD, J.: Grundlagen der Unternehmensplanung, 4. Aufl., Hamburg 1982, S. 13.

[86] Vgl. Unter-Unterabschnitt 2.1.3.5 „Grundsatz der Wirtschaftlichkeit“.

Ob die in einer Planung enthaltenen Ziele (Plangrößen) auch als Zielvorgabe für die Mitarbeiter (Sollgröße) dienen, hängt von der Art des Planungssystems[87] und der Ausprägung des Führungssystems ab. Somit **können die Plandaten** und die **Zielvorgabewerte übereinstimmen oder bewusst voneinander abweichen**.

In den vorstehenden Ausführungen ist bereits erkennbar, dass eine Planung, also auch die operative, grundsätzlich wichtige **Funktionen**[88] erfüllt:

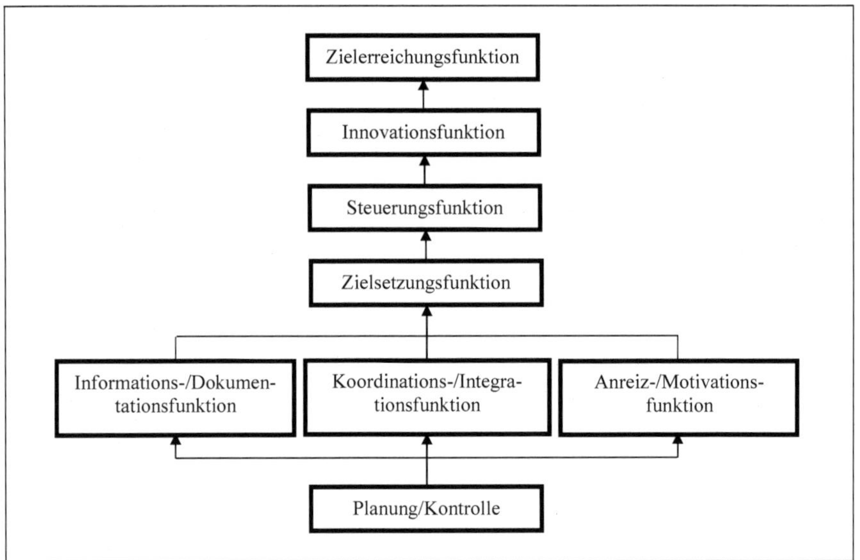

Darst. 2.107: Funktionen der Planung
(Vgl. TÖPFER, A.: Planungs- und Kontrollsysteme industrieller Unternehmungen, Berlin 1976, S. 97.)

Neben dieser Aufstellung von Töpfer werden in der Literatur weitere Kataloge an Funktionen beschrieben.[89] Als wesentliche Funktionen werden genannt:

---

[87] Die Planungsarten werden im Unterabschnitt 2.1.5 näher erläutert.

[88] Im Sinne von Auswirkungen, die durch eine Planung erreicht werden sollen.

[89] Vgl. u. a. BUCHNER, H.: Planung im turbulenten Umfeld, München 2002, S. 74, DILLERUP, R., STOI, R.: a. a. O., S. 347, HAMPRECHT, M.: Controlling von Konzernplanungssystemen: theoretische Ableitung und betriebliche Realität führungsstrukturabhängiger Ausprägungsmuster, Wiesbaden 1996, S. 41-43, HENTZE, J., BROSE, P., KAMMEL, A.: Unternehmensplanung, 2. Aufl., Bern 1993, S. 36ff., JUNG, R. H., HEINZEN, M., QUARG, S.: Allgemeine Managementlehre. Lehrbuch für die angewandte Unternehmens- und Personalführung, 7. Aufl., Berlin 2018, S. 135–138, PFOHL, H.-C., STÖLZLE, W., a. a. O., S. 80-119, RÜTH, D.: Planungssysteme der Industrie, Wiesbaden 1989, S. 126, WILD, J.: a. a. O., S. 18.

Die **Koordinations-/Integrationsfunktion** bezieht sowohl die horizontale als auch die vertikale Koordination/Integration mit ein. Auf der horizontalen Ebene findet die Abstimmung zwischen interdependenten Unternehmensteilbereichen oder Funktionsbereichen statt. Zum Beispiel wird der Beschaffungs- mit dem Absatzplan abgestimmt. Auf der vertikalen Ebene findet eine hierarchische Koordination von strategischer, taktischer und operativer Planung statt. Zum Beispiel werden operative Ziele mit taktischen Zielen abgestimmt.

Die **Anreiz-/Motivationsfunktion** soll einerseits Mitarbeiter durch Beteiligung am Planungsprozess und andererseits durch die gesetzten Vorgaben zur Erreichung des Plans motivieren.

Die **Innovationsfunktion** zielt darauf ab, neue Lösungswege in Problemsituationen zu finden.

Das Unternehmen ist ständigen Veränderungen der Umwelt ausgesetzt. Durch die **Flexibilitätsfunktion** greift die Planung diese ungewissen Zustände auf und entwirft alternative Handlungsmöglichkeiten, wodurch das Unternehmen sich an verändernde Umweltbedingungen anpassen soll.

Mit Hilfe der **Sicherungsfunktion** der Planung sollen mögliche Risiken in der Umwelt frühzeitig erkannt und deren Auswirkungen auf das Unternehmen abgeschwächt oder gar verhindert werden.

Die **Optimierungsfunktion** der Planung hängt mit dem Entscheidungsbezug zusammen. Aus den zur Auswahl stehenden Handlungsalternativen soll durch systematisches Vorgehen die optimale Entscheidung getroffen werden.

Welche Funktionen die Planung im Speziellen erfüllen soll, hängt vom Zweck der Unternehmensplanung, der Funktionsaufteilung zwischen Planung, Organisation und Controlling sowie von der zugrundeliegenden Organisationstheorie ab.[90]

Von dem Planungsbegriff abzugrenzen ist die **Prognose**[91] (engl. forecast). Während der Planungsprozess mit den Entscheidungen über Ziele sowie Maßnahmen, Mittel und Wege

---

[90] Auf das Thema Prognose wird ausführlicher bei WÖRDENWEBER, M.: Unternehmensplanung und Kontrolle, 3. Aufl., Norderstedt 2022 (geplant), S. 245–248, eingegangen. Vgl. auch FINK, C. A.: Prozessorientierte Unternehmensplanung: Analyse, Konzeption und Praxisbeispiele, Dissertation an der Universität Stuttgart, Wiesbaden 2003, S. 119.

[91] Von griech. πρόγνωσις (prognosis) = Vorherwissen, Voraussicht.

(zur Zielerreichung) abschließt, handelt es sich bei der Prognose um eine Voraussage, mit welcher Wahrscheinlichkeit ein bestimmtes Ereignis oder ein Zustand[92] eintritt. Genauer:

> Bei einer Prognose handelt es sich um die Voraussage über das mit einer bestimmten Wahrscheinlichkeit verbundene Eintreffen eines künftigen Ereignisses in einem definierten Zeitraum oder zu einem festgelegten Zeitpunkt, die auf praktischen Erfahrungen und/oder theoretischen Erkenntnissen basiert. Ziel der systematischen Informationssuche und -verarbeitung im Rahmen einer Prognose ist die Reduktion der Unsicherheiten über zukünftige Entwicklungen.

Darst. 2.108: Definition Prognose
(Vgl. WEBER, J., LINDER, S.: Neugestaltung der Budgetierung mit Better oder Beyond Budgeting? Eine Bewertung der Konzepte. Reihe Advanced Controlling. Bd. 64, Vallendar 2008, S. 12, WEBER, K.: Prognose und Prognoseverfahren, in: GROCHLA, E., WITTMANN, W. (HRSG.): Handwörterbuch der Betriebswirtschaft. Bd. 2, 4. Aufl., Stuttgart 1975, Sp. 3188. WEBER, K.: Wirtschaftsprognostik, München 1990, S. 1.)

Diese Begriffsbestimmung ähnelt der Beschreibung des Planungsbegriffs, zumal auch sie zukunftsorientiert ist; die Planung verfolgt gegenüber der Prognose jedoch einen anderen Zweck: Sie enthält „... immer absichtsvolle und zielbezogene Elemente."[93] Eine **Prognose** hingegen bleibt passiv, d. h. sie hat lediglich abbildenden, **nicht** aber **gestaltenden** Charakter.[94] Eine Planung schließt (ex- oder implizit) immer Vorhersagen über künftige Ereignisse und/oder Zustände mit in die vorgenannten Entscheidungen ein.

Eine Prognose kann intern oder extern vorgenommen werden. Die Entscheidung darüber hängt nicht nur von den Kosten, sondern auch von der Qualität (Informationsgehalt und Sicherheitsgrad)[95] der Prognose ab. Die vorgenannten Kriterien stehen (oft) in einer wechselseitigen Abhängigkeit: eine höhere Qualität der Prognose ist meist mit höheren Kosten verbunden. Das grundsätzliche **Problem** besteht also darin, dass ein (faktisch und theoretisch) nicht auflösbarer Widerspruch zwischen den i. d. R. hohen Anforderungen an die Qualität der Prognosen einerseits und den Restriktionen im Hinblick auf sichere und informative Prognosen existiert.

---

[92] Zustände werden auch Szenarien genannt. Planungen werden oft auch für verschiedene Szenarien wie den „worst case" und/oder den „best case" erstellt.

[93] ZIEGENBEIN, K.: Controlling, 10. Aufl., Herne 2011, S. 110.

[94] Vgl. FISCHER, J.: Qualitative Ziele in der Unternehmensplanung – Konzepte zur Verbesserung betriebswirtschaftlicher Problemlösungstechniken, Habilitationsschrift, Münster 1989, S. 20.

[95] Detailliertere Ausführungen zu diesem Thema finden sich beispielsweise bei WILD, J.: a. a. O., S. 138 (Determinanten der Prognosequalität).

Die **Prognoseverfahren** werden in den meisten Fällen, ausgehend von der Art der Datengewinnung und -verarbeitung, in zwei Gruppen aufgeteilt: in qualitative (auch subjektive, intuitive oder pragmatische genannt) und quantitative (auch als mathematisch-statistische, statistisch formale oder systematische bezeichnet). Die **qualitativen Prognoseverfahren**[96] beruhen auf subjektiven Einschätzungen auf Basis der Erfahrung oder Intuition von befragten Personen. Die Subjektivität stellt den entscheidenden Nachteil dieser Verfahren dar. Bei den **quantitativen Methoden** handelt es sich um weitgehend rationale, bedingte Prognosen, die sich logisch aus mathematisch-statistisch bearbeiteten Rechenoperationen quantitativer Daten ableiten.[97] Evident ist der starke Vergangenheitsbezug der Inputdaten. Zu beachten ist in diesem Kontext die sogenannte Zeitstabilitätshypothese, die besagt, dass unter (bewusstem) Verzicht auf die Analyse der einzelnen Komponenten diese zu einem Ursachenkomplex zusammengefasst gedacht werden und dessen in der Vergangenheit festgestellte Wirkung (Gesetzmäßigkeit) auch als gültig für die Zukunft angenommen wird. Insofern spiegeln die mathematisch-statistischen Methoden eine (stabile) exakte Genauigkeit wider, die insbesondere bei langfristigen Trends aufgrund der tatsächlichen Entwicklungen nicht gegeben ist und somit gegenüber der Realität eine Scheingenauigkeit vorspiegelt. Quantitative Verfahren lassen anders als qualitative Methoden i. d. R. keine Ursachenforschung zu. Erst die weitergehende Informationsbeschaffung führt z. B. zur Erkennung von Wirkungszusammenhängen.

Einen Spezialfall stellen **Früherkennungssysteme** dar. Sie wurden resp. werden konzipiert, da die Unternehmen Chancen und Risiken häufig viel zu spät erkennen. Ziel ist demzufolge die frühzeitige Erkennung, Diagnose und Weiterleitung von führungsrelevantem Wissen durch die Beobachtung und Analyse relevanter und noch nicht allgemein wahrnehmbarer Sachverhalte (Signale und Indikatoren).[98] Die zweite Generation von Früherkennungssystemen ist dadurch gekennzeichnet, dass zukünftige Veränderungen auf Basis mathematisch-statistischer Zusammenhänge mit Hilfe quantitativer Indikatoren angezeigt werden. Ausgangspunkt der sogenannten dritten Generation von Früherkennungssyste-

---

[96] Im Englischen meist als „subjective methods or judg(e)mental forecasting methods" benannt.

[97] Vgl. u. a. DILLERUP, R., STOI, R.: a. a. O., S. 760, JUNG, R. H., HEINZEN, M., QUARG, S.: a. a. O., S. 315.

[98] Vgl. KRYSTEK, U., MÜLLER-STEWENS, G.: Grundzüge einer strategischen Frühaufklärung, in: HAHN, D., TAYLOR, B. (HRSG.): Strategische Unternehmensplanung – Strategische Unternehmensführung, 9. Aufl., Berlin, Heidelberg, New York 2006, S. 175ff., BEA, F. X., HAAS, J.: Strategisches Management, 10 Aufl., S. 300, DILLERUP, R., STOI, R.: a. a. O., S. 761.

men, die verschiedentlich auch mit dem Begriff **Umweltscanning (Environmental Scanning)** gleichgesetzt werden,[99] ist das von Ansoff Mitte der 70er Jahre des letzten Jahrhunderts entwickelte Konzept der **Schwachen Signale**[100], die für ein **„strategisches Radar“** genutzt werden können. Schwache Signale sind oft auf strategisch relevante Veränderungen von Menschen zurückzuführen und beruhen auf Meinungen oder Äußerungen von Schlüsselpersonen oder -organisationen. Als Beispiel nennen Dillerup/Stoi die Äußerung des deutschen Umweltministers, den CO_2-Ausstoß langfristig reduzieren zu wollen. Dies hätte für die deutschen Automobilhersteller ein schwaches Signal sein können – wie sich heute herausstellt, war es eins –, die Entwicklung umweltfreundlicher Motoren voranzutreiben.[101] Denkbare Quellen zum Aufspüren von Signalen sind beispielsweise das Internet, Fernsehen, Tages- oder Fachzeitschriften, aber auch Manuskripte oder gar Literatur aus dem Genre Science-Fiction. Aus den Ausführungen ergibt sich, dass Früherkennungssysteme auch für Prognosen genutzt werden können.

Grundsätzlich sei auf das bekannte Phänomen der „self fulfilling prophecy“ (selbst erfüllende Prognose) hingewiesen, nachdem die Vorhersage eines (sehr) bekannten Experten bezüglich der künftigen Entwicklung einer Datenreihe (z. B. eines Aktienkurses) zu eben dieser Performance führt. Aber auch eine sich selbst widerlegende Prognose ist in einigen Fällen nicht auszuschließen. Beispielsweise etwa dann, wenn die prognostizierte negative Entwicklung bei den Betroffenen eine „Jetzt erst recht“-, „Das wollen wir doch mal sehen“- oder ähnliche Trotz-Reaktionen auslöst, die die vorhergesagte Tendenz in das Gegenteil verkehrt. Diese **Eigendynamik** von Prognosen kann bei geschickter Handhabung der Situation von der Unternehmensführung für zielgerichtete Ergebnisse des Unternehmens genutzt werden.[102]

Im Einzelnen sind folgende Prognoseverfahren zu nennen:

---

[99] Vgl. WELGE, M, AL-LAHAM, A., EULERICH, M.: Strategisches Management, 7. Aufl., Wiesbaden 2017, S. 306ff.

[100] ANSOFF, H. I.: Managing Surprise and Discontinuity – Strategic Response to Weak Signals, in: Zeitschrift für betriebswirtschaftliche Forschung, Nr. 28, 28. Jg., 1976, S. 129-152.

[101] Vermutlich hat Volkswagen AG diese schwachen Signale erkannt; allerdings mit der Erstellung von Programmen, die den tatsächlichen Schadstoffausstoß fehlerhaft ausweisen, die falsche Maßnahme getroffen.

[102] Vgl. BROCKHOFF, K.: Prognosen, in: BEA, F. X., DICHTL, E., SCHWEITZER, M. (HRSG.): Allgemeine Betriebswirtschaftslehre. Bd. 2. Führung, 10. Aufl., Stuttgart 2011, S. 762f.

Qualitative	Quantitative

• Eigene subjektive Einschätzungen
• Befragung von Experten (Händler, Wissenschaftler, Verkaufsaußendienst, Kundendienst, Verbraucher) einschl. Delphi-Methode
• Repräsentativbefragungen
• Kreativitätstechniken
  • systematisch-analytische
  • kreativ-intuitive
• Szenario-Technik
• Früherkennungssysteme (Dritte Generation)
	• Einfache Mittelwertbildung
	• Zeitreihenanalyse (Extrapolation)
	  • Gleitende Durchschnitte
	  • Gewogene gleitende Durchschnitte
	  • Regression
	    ▪ Einfach/multiple
	    ▪ Linear/nicht linear
	• Exponentielle Trendanalyse
	  • Exponentielle Glättung 1. Ordnung
	  • Exponentielle Glättung 2. Ordnung
	• Autoregressive stochastische Prozesse
	• Früherkennungssysteme (Zweite Generation)

Darst. 2.109: Prognoseverfahren

Auf die detaillierte Erläuterung dieser Techniken wird hier verzichtet und stattdessen auf die Fachliteratur verwiesen.[103]

[103] Als Auswahl seien hier genannt: BROCKHOFF, K.: a. a. O., S. 799ff., MERTENS, P., RÄSSLER, S. (HRSG.): Prognoserechnung, 7. Aufl., Heidelberg 2012, PERRIDON, L., STEINER, M., RATHGEBER, A. W.: Finanzwirtschaft der Unternehmung, 17. Aufl., München 2016, S. 671ff., VOGEL, J.: Prognose von Zeitreihen. Eine Einführung für Wirtschaftswissenschaftler, Wiesbaden 2015, WALZ, H., GRAMLICH, D.: Investitions- und Finanzplanung, 8. Aufl., Frankfurt am Main 2011, S. 176ff.

2.1.2 Kennzahlen

Bereits im Abschnitt 1.1 war festgestellt worden, dass *vor* der Planung von Maßnahmen die Festlegung der Ziele erfolgen muss. Unternehmensziele können sein:

- Gewinn
- Rentabilität
- Position in der Branche, Marktanteil
- Unabhängigkeit
- Umsatz
- Substanzerhaltung
- Soziale Verantwortung
- Umweltschutz

Darst. 2.110: Unternehmensziele
(Quelle: WELGE, M. K.: Planung, Unternehmensführung. Band 1. Planung, Stuttgart 1985, S. 59.)

Die **Planungsinhalte/Planungsgegenstände** (vgl. Unter-Unterabschnitt 2.1.5.6 „Planung nach den Planungsebenen") sind in vielen Fällen identisch mit den inhaltlich spezifizierten Zielen (Zielinhalten). Dies sind oft auch die für die Unternehmung entscheidenden **Kennzahlen**, anhand derer im Rahmen der Zielerreichungskontrolle (vgl. z. B. Unterabschnitte 2.2.5 „Kontrollgröße und Vergleichswert" und 2.5.1 „Grundlagen der operativen Kontrolle") mögliche Abweichungen festgestellt und dann ggf. eine Abweichungsanalyse vorgenommen werden muss.

In einem Unternehmen wird eine Vielzahl von Daten erfasst – gleich ob fakultativ oder extern oktroyiert. Diese Daten stammen in der Regel aus der Finanzbuchhaltung (Aufwand- und Ertragsrechnung), der Kosten- und Leistungsrechnung oder aus anderen betrieblichen Quellen (Statistiken). Neben den Zahlen aus diesen Rechenwerken liegt oft auch eine ganze Reihe qualitativer Daten vor. Diese Informationsflut stellt den Unternehmer vor ein großes Problem: Muss er doch, meist auch noch in kürzester Zeit, auf die „richtigen" Informationen zurückgreifen können, um die „richtigen" Entscheidungen[104] fällen zu können. Es kommt also darauf an, **möglichst schnell** auf **aussagekräftige**, im besten Falle **komprimierte Informationen** zurückgreifen zu können. Richtig bedeutet, dass die erhaltenen oder zu gewinnenden Informationen von den zu treffenden Entscheidungen abhängen, also entscheidungsrelevant sind.

Da die Entscheidungen nur im Kontext mit den vorgegebenen Zielen des Unternehmens getroffen werden können, dienen diese Informationen der **Messung betrieblicher Ziele** resp. der **Beurteilung zielgerichteter Maßnahmen/Aktivitäten**[105]. Dies setzt allerdings voraus, dass es sich um **quantitative Informationen** handelt.

Kennzahlen erfüllen die vorgenannten Vorgaben. Sie **verdeutlichen Zusammenhänge** in einem Unternehmen **in komprimierter Form**, **machen komplexe Sachverhalte**, auch zwischen betrieblichen Teilbereichen, **transparent** und **ermöglichen eine unternehmerische Gesamtschau**. Sie geben **Aufschluss** darüber, wie sich die **Entscheidungen der Unternehmensführung** im innerbetrieblichen Bereich (internes Benchmarking), im Zeit- (Zeitreihenanalyse) und zwischenbetrieblichen oder Branchenvergleich (externes Benchmarking) ausgewirkt haben. Sie dienen somit der **Kontrolle vergangener Maßnahmen** und daran anschließend (quasi zu Beginn eines neuen Planungs- und Entscheidungsprozesses) der **Planung künftiger Aktivitäten**.

In diesem Zusammenhang sei ausdrücklich darauf hingewiesen, dass eine **isolierte Betrachtung einer Kennzahl nicht aussagekräftig** ist. Die Bewertung einer Kennzahl (im Sinne von gut oder schlecht bzw. besser oder schlechter) ist nur im Rahmen einer **vergleichenden Betrachtung** (Soll-Ist-Abgleich oder Plan-Ist-Abgleich, Zeitreihenanalyse, internes oder externes Benchmarking) sinnvoll.[106]

Die wesentlichen Aufgaben von Kennzahlen finden sich abschließend in folgender Übersicht:

---

[104] Die Beurteilung, ob eine „richtige" Entscheidung getroffen wurde, ist nur in Verbindung mit dem Ziel/den Zielen des Unternehmers bzw. dessen legitimierten Aktoren möglich.

[105] Die oben angesprochenen Ziele bzw. Maßnahmen/Aktivitäten eines Unternehmens leiten sich her aus dem gesamten Fundus der Betriebswirtschaftslehre.

[106] Vgl. hierzu die Ausführungen in Unterabschnitt 2.2.6 „Bewertung von Kennzahlen und Benchmarking".

Kennzahlen

- liefern Informationen in komprimierter Form und verdeutlichen Sachverhalte;
- dienen der Planung zukünftiger Maßnahmen;
- ermöglichen die Kontrolle vergangener Aktivitäten;
- messen, in welchem Ausmaß die Ziele des Unternehmens erreicht worden sind;
- geben Aufschluss darüber, wie sich die Entscheidungen der Unternehmensführung in der Zeitreihenanalyse sowie im inner- und zwischenbetrieblichen Vergleich ausgewirkt haben.

Darst. 2.111: Aufgaben von Kennzahlen

Zusammengefasst lässt sich festhalten:

Unter Kennzahlen werden allgemein ziel- oder maßnahmen-/aktivitätsrelevante, konzentrierte, komprimierte, quantitative Informationen in Form von Grund- oder Verhältniszahlen mit einem ziel-, maßnahmen-/aktivitätsbezogenen Erkenntniswert verstanden.

Die im Controlling betrachteten Ziele und/oder Maßnahmen/Aktivitäten eines Unternehmens bzw. in einem Unternehmen entstammen dem gesamten betriebswirtschaftlichen Repertoire. Kennzahlen werden vom Controller im Rahmen der systematischen Steuerungsprozesse zur Steuerung (Planung und Kontrolle) von Zielen und/oder Maßnahmen/Aktivitäten eingesetzt.

Darst. 2.112: Kennzahlen (Definition)

Kennzahlen lassen sich nach verschiedenen Merkmalen systematisieren. Auf einige wenige soll näher eingegangen werden, da sie für die spätere Entwicklung, Anwendung und Interpretation von Kennzahlen von Bedeutung sind.

<table>
<tr><th>Systematisierungsmerkmal</th><th colspan="7">Arten betriebswirtschaftlicher Kennzahlen</th></tr>
<tr><td rowspan="2">betriebliche Funktionen</td><td colspan="7">Kennzahlen aus dem Bereich</td></tr>
<tr><td>Beschaffung</td><td>Lagerwirtschaft</td><td>Produktion</td><td colspan="2">Marketing</td><td>Personalwirtschaft</td><td>Rechnungswesen</td></tr>
<tr><td rowspan="2">statistisch-methodische Gesichtspunkte</td><td colspan="4">Absolute Zahlen</td><td colspan="3">Verhältniszahlen</td></tr>
<tr><td>Einzelzahlen</td><td>Summen</td><td>Differenzen</td><td>Mittelwerte</td><td>Beziehungszahlen</td><td>Gliederungszahlen</td><td>Indexzahlen</td></tr>
<tr><td>quantitative Struktur</td><td colspan="4">Gesamtgrößen</td><td colspan="3">Teilgrößen</td></tr>
<tr><td>zeitliche Struktur</td><td colspan="4">Zeitpunktgrößen</td><td colspan="3">Zeitraumgrößen</td></tr>
<tr><td>inhaltliche Struktur</td><td colspan="4">Wertgrößen</td><td colspan="3">Mengengrößen</td></tr>
<tr><td>Erkenntniswert</td><td colspan="4">Kennzahlen mit selbständigem Erkenntniswert</td><td colspan="3">Kennzahlen mit unselbständigem Erkenntniswert</td></tr>
<tr><td>Quellen im Rechnungswesen</td><td colspan="2">Finanzbuchhaltung</td><td colspan="3">Kostenrechnung</td><td colspan="2">Statistik</td></tr>
<tr><td>Elemente des Ökonomischen Prinzips</td><td colspan="2">Einsatzwerte</td><td colspan="3">Ergebniswerte</td><td colspan="2">Maßstäbe aus Beziehungen zwischen Einsatz- und Ergebniswerten</td></tr>
<tr><td>Gebiet der Aussage</td><td colspan="4">gesamtbetriebliche Kennzahlen</td><td colspan="3">teilbetriebliche Kennzahlen</td></tr>
<tr><td>Planungsgesichtspunkte</td><td colspan="4">Plan-Kennzahlen (zukunftsorientiert)</td><td colspan="3">Ist-Kennzahlen (vergangenheitsorientiert)</td></tr>
<tr><td>Zahl der beteiligten Unternehmen</td><td colspan="2">einzelbetriebliche Kennzahlen</td><td>Konzern-Kennzahlen</td><td colspan="2">Branchen-Kennzahlen (Richtzahlen)</td><td colspan="2">gesamtbetriebliche Kennzahlen</td></tr>
<tr><td>Umfang der Ermittlung</td><td colspan="4">Standard-Kennzahlen</td><td colspan="3">betriebsindividuelle Kennzahlen</td></tr>
<tr><td>Leistung des Betriebes</td><td colspan="2">Wirtschaftlichkeits-Kennzahlen</td><td colspan="3">Erfolgs-Kennzahlen</td><td colspan="2">Liquiditäts-Kennzahlen</td></tr>
</table>

Darst. 2.113: Systematisierung von Kennzahlen
(Vgl. MEYER, C.: Betriebswirtschaftliche Kennzahlen und Kennzahlensysteme, 6. Aufl., Sternenfels 2011, S. 23.)

Eine grundlegende Unterscheidung von Kennzahlen bezieht sich auf **statistisch-methodische Gesichtspunkte**. Neben **Grundzahlen**[107], die Einzelzahlen, Summen, Differenzen oder Mittelwerte[108] sein können, geht es um **Verhältniszahlen**[109]. Da absolute Zahlen, isoliert betrachtet, nur eine geringe Aussagekraft besitzen, werden in der Betriebswirtschaftslehre eher Verhältniszahlen verwendet, da sich hier bei zwei Zahlen, die in einem betriebswirtschaftlich sinnvollen Zusammenhang stehen, bei der Analyse wesentlich bessere Erkenntnisse liefern. Ein Beispiel hierfür sind Produktivitäts-Kennzahlen.

Verhältniszahlen werden unterteilt in

- Gliederungszahlen,
- Beziehungszahlen und
- Indexzahlen.

Gliederungszahlen liegen vor, wenn eine **Teilmasse zu einer Gesamtmasse** in Beziehung gesetzt wird. Also zum Beispiel Eigenkapital zum Gesamtkapital. Dieses Verhältnis heißt Eigenkapitalquote und wird als Prozentgröße angegeben.

Beziehungszahlen sind **sachlich unterschiedliche**, jedoch in einem **sinnvollen Zusammenhang** stehende Massen, die in Beziehung zueinander gebracht werden. Überwiegend handelt es sich bei den Verhältniszahlen um Beziehungszahlen. Als Beispiel sei hier die Personalaufwandsquote genannt, die sich aus der Relation von Personalaufwand (im Zähler) und Umsatzerlösen (im Nenner) ergibt.

Indexzahlen werden gebildet, indem **gleichartige**, aber **zeitlich verschiedene Massen zu einer als Basis definierten Masse** in Beziehung gesetzt werden. Das Anwendungsgebiet von Indexzahlen liegt in der **Zeitreihenanalyse**. So kann beispielsweise der Gewinn in seiner zeitlichen Entwicklung betrachtet werden. Entscheidend bei der Bildung von Indexreihen ist die **geeignete Wahl der Basisperiode**. Es darf sich nicht um eine Periode mit außergewöhnlichen Entwicklungen handeln, wie dies zum Beispiel im Jahr nach dem „Fall der Mauer“ (1990) war.[110]

---

[107] Auch absolute Zahlen genannt.

[108] Bei der Verwendung von Mittelwerten sei auf die Problematik von „Ausreißern“ hingewiesen, deretwegen oft statt des arithmetischen Mittels der Median gewählt wird. Vgl. BLEYMÜLLER, J., WEISSBACH, R., DÖRRE, A.: Statistik für Wirtschaftswissenschaftler, 18. Aufl., München 2020, S. 22; KOHN, W.: Statistik. Datenanalyse und Wahrscheinlichkeitsrechnung. Berlin 2004, S. 67.

[109] Diese werden auch als relative Zahlen bezeichnet.

[110] Im Jahr nach dem Zusammenbruch der Deutschen Demokratischen Republik (DDR) war es z. B. für Gebrauchtwarenhändler und Anbieter von Zitrusfrüchten relativ einfach, in den ostdeutschen Bundesländern zusätzliche

Insbesondere bei den Indexzahlen ist darauf zu achten, dass die betrachtete Größe **inhaltlich über mehrere Jahre konstant** sein muss. Dies kann **Aussagekraft** dieser Größe erheblich einschränken, wenn die inhaltliche Ausgestaltung nicht mehr zeitgemäß ist.[111]

Hinsichtlich der **inhaltlichen Struktur** von Kennzahlen ist eine Unterscheidung von **Wert- oder Mengengrößen** von wesentlicher Bedeutung. Während **Mengengrößen** anhand der Maßeinheiten (Bezugsgrößen) **eindeutig interpretierbar** sind, weil sich die Menge, gemessen in g, kg, t, mm, cm, m, km, ml, l, hl, kwh, qm, cbm, etc., ändert, ist eine Aussage bei **Wertgrößen**, die sich als **Produkt der Multiplikanden Preis und Menge** ergeben, **nicht ohne Weiteres** möglich. Ursache einer Steigerung der Wertgröße kann also eine Erhöhung der Menge oder des Preises oder beider Komponenten sein. Selbst wenn eine der beiden Größen sinkt, kann sich per Saldo noch eine Steigerung der Wertgröße ergeben, nämlich dann, wenn der andere Multiplikand eine größere Steigerung aufweist. So kann eine Umsatzsteigerung aus einer Erhöhung der Absatzmenge, einer Anhebung des Preises oder beider Komponenten resultieren. Eine Steigerung des Umsatzes ist selbst dann möglich, wenn die Absatzmenge beispielsweise um 10 % sinkt, der Preis jedoch um 20 % erhöht wurde.

Ein drittes wesentliches Merkmal betrifft die **zeitliche Struktur**. Kennzahlen können demnach **Zeitpunkt- oder Zeitraumgrößen** sein. Während sich Zeitpunktgrößen **auf einen bestimmten Zeitpunkt**, z. B. den Stichtag 31.12. beziehen und dementsprechend **nur für diesen Tag** Gültigkeit besitzen[112], resultieren Zeitraumgrößen aus den **Veränderungen während einer Periode**, z. B. eines Geschäftsjahres. Typische Zeitpunktgrößen sind die Bestandswerte (Aktiva, Passiva) der Bilanz; typische Zeitraumgrößen die Erfolgsgrößen (Aufwendungen, Erträge) der Gewinn- und Verlustrechnung.

Oben wurde formuliert, dass ein Entscheidungsträger, meist auch noch in kürzester Zeit auf die „richtigen" Informationen zurückgreifen können muss, um die „richtigen" Entscheidungen fällen zu können. Richtig bedeutet, dass die erhaltenen oder zu gewinnenden Informationen von den zu treffenden Entscheidungen abhängen, also entscheidungsorientiert sind.

Umsätze zu generieren, da viele Produkte in der sozialistischen Planwirtschaft (in den Vorjahren) nicht erhältlich waren.

[111] Dies stellt zum Beispiel bei einem Warenkorb, der der Messung der Inflationsrate zugrunde gelegt wird, ein gravierendes Problem dar, da sich das Konsum- und damit das Ausgabeverhalten der Haushalte immer wieder (und auch immer schneller) ändert. Das heißt, in regelmäßigen Abständen wird eine Anpassung des Warenkorbes erforderlich.

[112] Vgl. die Problematik der Liquiditätsgrade (Paragraf 1.6.2.2.2 in Band 2).

Bereits an dieser Aussage wird deutlich, dass es bestimmte Ansprüche gibt, die an eine Kennzahl zu stellen sind. Diese Ansprüche sind als (allgemeine) **Bewertungskriterien für die Güte einer Kennzahl** zu verstehen.

Die folgende Auflistung stellt eine Reihe von Bewertungskriterien vor, die im Folgenden näher erläutert werden.

- Zweckeignung
- Validität und Reliabilität (Formel bzw. Formelaufbau dem Informationsbedarf angepasst?)
- Inhaltliche und zeitliche Abbildungsmöglichkeit im Hinblick auf bestimmte Segmente (Bereiche, Kostenstellen)
- Fähigkeit zur Verdichtung von Sachverhalten
- Klarheit und Verständlichkeit
- Kosten-Nutzen-Aspekt (Wirtschaftlichkeit in Bezug auf die Erhebung, Analyse und Weitergabe der Daten)

Darst. 2.114: Bewertungskriterien bei Kennzahlen und Kennzahlensystemen

Ein erstes Bewertungskriterium einer Kennzahl ist ihre **Zweckeignung**. Sie muss die Informationen hervorbringen, die **zur Erreichung der Unternehmensziele und zur Lösung betrieblicher Probleme zweckmäßig** sind. Zudem müssen sie geeignet sein, die Aufgaben zu erfüllen, die aus den Zielen und Problemen hervorgehen. **Voraussetzungen eines Kennzahleneinsatzes sind demnach die Ziel- und Problemerkenntnis sowie die Aufgabendefinition**.

- Kenntnis der Unternehmensziele und der daraus abgeleiteten Unterziele
- Erkenntnis der betrieblichen Probleme
- Definition der zu lösenden Aufgaben
- Operationalisierung und Quantifizierbarkeit von Unternehmenszielen, betriebswirtschaftlichen Problemen und abgeleiteten Aufgaben

Darst. 2.115: Voraussetzungen für die Definition von Kennzahlen und Kennzahlensystemen

Aus der Aufgabendefinition resultiert der Informationsbedarf, den es mit einer Kennzahl zu decken gilt. Der Informationsbedarf gibt folglich Auskunft über den Erfüllungsgrad der Aufgabe. Wird z. B. ein Umsatzrückgang oder das Nachkommen von Zahlungsverpflichtungen als Problem definiert, müssen entsprechende, zu lösende Aufgaben festgelegt werden. Die in diesem Beispiel festzulegenden Aufgaben wären Umsatz- und Liquiditätserhaltung. Den benötigten Informationsbedarf über den Status der Umsätze und der Liquidität liefern die Summenzahlen Umsatz bzw. der Bestand an liquiden Mitteln. Eine Kennzahl sollte möglichst nur dann zur Anwendung kommen, wenn ihr Aussageinhalt den Informationsbedarf deckt.

Eine weitere Voraussetzung für den Einsatz aussagekräftiger Kennzahlen ist die **Operationalisierung** und **Quantifizierbarkeit** von Unternehmenszielen, betriebswirtschaftlichen Problemen und abgeleiteten Aufgaben. So müssen **Ziele, Probleme und Aufgaben durch Wert- oder Mengengrößen abgebildet und gemessen** werden können.

Zudem muss die Formel bzw. müssen die Formelelemente einer Kennzahl dem Informationsbedarf angepasst sein. Auch der **Formelaufbau**, die Konstruktion, ist **in Abhängigkeit des Informationsbedarfs** zu erstellen. Neben der richtigen Konstruktion einer Zahl ist die **Beständigkeit ihrer Berechnung** von großer Bedeutung (Stichwort **Reliabilität**). Durch fehlerhafte Berechnungen entstehen mangelhafte Informationen, die wiederum zu Fehlhandlungen führen können. Zudem sind Zeitvergleiche durch Kennzahlen, die unterschiedlich berechnet wurden, kaum aussagekräftig. Daneben müssen die relevanten Daten zur Berechnung einzelner Kennzahlen in gleichbleibender Qualität (Stichwort: **Validität**) vorliegen, um eine dauerhafte Qualität der Berechnung und somit auch der Informationen zu gewährleisten.

Es besteht eine Fülle von Abbildungsmöglichkeiten für Kennzahlen. Sie müssen nicht nur aus Wirtschaftlichkeitsgründen für mehrere Kostenstellen (z. B. Geschäftsbereiche, Abteilungen) abzubilden sein, sondern auch um einzelne Kostenstellen miteinander zu vergleichen. Aussagen über Erfolg oder Misserfolg einzelner Teilbereiche des Unternehmens werden somit erleichtert. Brauchbare Zahlen können betriebliche Tatbestände von der obersten Unternehmensebene bis zur untersten Ebene abbilden. So kann mit dem Umsatz nicht nur der Gesamtumsatz eines Unternehmens ermittelt werden, sondern auch der Umsatz jedes einzelnen Kunden. Ebenso können geeignete Zahlen sowohl die Vergangenheit als auch die Zukunft darstellen. Voraussetzung für einen Zeitvergleich mit Kennzahlen ist ein einheitlicher Zeitbezug. Die **inhaltliche und zeitliche Abbildungsmöglichkeit** einer Kennzahl soll als weiteres Bewertungskriterium dienen.

Eine der Hauptfunktionen einer Kennzahl ist die komprimierte Darstellung von komplexen Sachverhalten. Kennzahlen „sollen das Wesentliche in konzentrierter Form abbilden und dennoch vollständig sein.“[113] So können auf relativ einfache Weise komplizierte betriebliche Gegebenheiten, Strukturen und Prozesse mit ihnen abgebildet werden, um somit einen umfassenden Überblick zu gewährleisten. Als weiteres Bewertungskriterium von Kennzahlen gilt daher die **Fähigkeit, einen Sachverhalt in verdichteter Darstellung abzubilden** sowie ausreichend Informationen bereitzustellen.

Eine **klare und verständliche Kennzahlendefinition** ermöglicht nicht nur eine gute Kommunizierbarkeit und das Ausschließen von möglichen Fehlinterpretationen, sondern auch einen besseren Umgang durch den Nutzer. Sind ihm die Ursache-Wirkungs-Beziehungen und Zusammenhänge der Kennzahl und deren Komponenten klar und verständlich, kann er dadurch Nutzen für seine Arbeit ziehen. Zudem steigt die Qualität der Interpretationen und Informationen über betriebliche Tatbestände. Folglich kann die Verständlichkeit der Zusammenhänge einer Kennzahl als ein weiteres Kriterium zur Bewertung herangezogen werden.

Die Ermittlung jeder Einzelkennzahl unterliegt der Forderung nach **Wirtschaftlichkeit**. Folglich werden sie nur erhoben, wenn der daraus gewonnene Nutzen größer ist als der Aufwand der Erhebung, Aufbereitung, Aus- und Bewertung einschließlich Weitergabe. Demnach muss das Verhältnis zwischen Kosten der Informationsbeschaffung und -nutzung angemessen sein. Als Aufwand sind nicht nur die monetären, sondern auch die zeitlichen Inanspruchnahmen aufzuführen, um die Informationsbeschaffung, -interpretation

[113] Vgl. HORVÁTH & PARTNERS (HRSG.): Das Controllingkonzept (im Folgenden mit „Controllingkonzept“ abgekürzt). Der Weg zu einem wirkungsvollen Controllingsystem, 8. Aufl., München 2016, S. 234.

und -übermittlung sicherzustellen. Dementsprechend kann die Forderung nach wirtschaftlicher Ermittlung und Nutzung von Kennzahlen als Bewertungskriterium dienen.

Zusammenfassend kann festgehalten werden, dass viele Eigenschaften zur Bewertung von Kennzahlen herangezogen werden können. Zudem bestimmen die Bewertungskriterien entsprechend dem Grad ihrer Erreichung insgesamt die Informationsqualität von Kennzahlen. In welcher **Priorität** die einzelnen Merkmale zu erfüllen sind, ist **abhängig vom jeweiligen Informationsbedarf sowie vom notwendigen Anspruchsniveau**.

Neben den vorab diskutierten Voraussetzungen aussagekräftiger Kennzahlen stechen die sog. **Key Performance Indicators (KPIs)** hervor. Das sind Kennzahlen, die für den Erfolg des Unternehmens entscheidend sind (Effektivität).

> Bei einem Key-Performance-Indicator (KPI) handelt es sich um eine besondere Kennzahl, mit der der Fortschritt oder der Erfüllungsgrad bedeutsamer Ziele eines Unternehmens gemessen wird. Der KPI ist in diesem Kontext ein kritischer (Schlüssel-)Faktor für den Unternehmenserfolg. Er misst somit die Effektivität einer Maßnahme zur Erreichung entscheidender Unternehmensziele.

Darst. 2.116: Key-Performance-Indicator (KPI)

Entscheidend sind somit erst einmal die Ziele des Unternehmens;[114] danach erfolgt die Auswahl derjenigen Kennzahlen, mittels derer die Zielerreichung am besten abgebildet werden kann.

Die **Auswahl dieser Kennzahlen** ist **kein einmaliger Vorgang**! Von Zeit zu Zeit müssen die Entscheidung bezüglich der Kennzahlenauswahl überprüft werden, weil sich die Makroumwelt und/oder die Mikroumwelt des Unternehmens ändern kann und wird – und das in immer kürzeren Zeitabständen. Insbesondere bei zunehmendem Unternehmenswachstum kann es sinnvoll sein, einige Kennzahlen mehr aufzunehmen.

Aber auch die Prüfung, ob Kennzahlen eliminiert werden können, ist eine wiederkehrende Aufgabe. So können sich Kennzahlen als wenig brauchbar im Hinblick auf eine bestmögliche Wiedergabe des Ziels erweisen. Es kann sich aber auch herausstellen, dass die Er-

[114] Die Planung (und Kontrolle) von Zielen wird ausführlich u. a. bei WÖRDENWEBER, M.: Unternehmensplanung, a. a. O., S. 267–316, erläutert.

mittlung und Aufbereitung von Informationen zur Berechnung einer Kennzahl viel zu aufwendig ist und diese möglicherweise schon nicht mehr mit der notwendigen Sorgfalt oder gar nicht mehr berechnet wurden bzw. werden.

Die Ursachen für „**Wildwuchs**" können unterschiedlicher Natur sein:[115]

- **Sammelwahn**: Sammeln ist eine Tätigkeit, die glücklich machen und Sinn stiften kann. Jedes neue Objekt wird begierig aufgegriffen. Im Laufe der Zeit wächst eine beachtliche Sammlung heran, die den Sammler mit Stolz erfüllt. Dieses Phänomen trifft nicht nur auf natürliche Personen, sondern auch auf Organisationen wie das Unternehmen zu. Dort quellen Mailboxen, Festplatten und Datenbanken über. „Ausgemistet" wird eher selten und wenn, dann nur, weil das Medium (wirklich) nicht mehr handelbar ist. Vielleicht könnte irgendein Datensatz – abgesehen von rechtlichen Erfordernissen – doch irgendwann einmal noch gebraucht werden. In Bezug auf Kennzahlen kommt hier dem Controller eine besondere Verantwortung zu!
- **Kontrollwahn**: Unsicherheiten und Risiken sind Teil unseres Lebens. Der Mensch tendiert dazu, diese minimieren und im Extremfall *alle* Situationen und Umstände im Griff haben zu wollen. Ein ausgeprägtes Sicherheits- und Kontrollbedürfnis bedeutet in diesem Fall, alles und jedes zu beobachten und zu überwachen. Und dieses Verhalten führt oft zu einem gut ausgebauten oder überdimensionierten Kontrollsystem mit einer unüberschaubaren Vielzahl von Daten. Auf diese Weise wird versucht, einen möglichst großen Teil der Verantwortung auf ein System zu projizieren.
- **Macht der Gewohnheit**: Gewohnheit und Standardisierung gehören häufig zusammen. Dinge, die einem leicht von der Hand gehen, werden gerne bevorzugt erledigt. Denn diese Handlungen brauchen nicht hinterfragt zu werden. Vor allem aber muss nichts neu entschieden werden. Denn Entscheidungen zu fällen, ist i. d. R. mit Unsicherheiten und Risiken verbunden. Also erscheint es einfacher und auch bequemer, standardisierte und gewohnte Aufgaben zu erledigen. – Sicher, gewohnte und (gut) trainierte Abläufe tragen meist zu hoher Effizienz bei. Aber sind diese Arbeiten überhaupt (noch) notwendig? Diese Frage wird viel zu oft gar nicht (erst) gestellt. Denn damit ist ein Ausbrechen aus der gemütlichen Routine verbunden. Derartige Arbeiten (und Kennzahlen) beziehen ihre Daseinsberechtigung allein aus ihrer Historie. Und Historie ver- und behindert oft die Zukunft, d. h. notwendige Anpassungen.

[115] Vgl. im Folgenden OSSOLA-HARING, C., SCHLAGETER, A., SCHÖNING, S.: 11 Irrtümer über Kennzahlen. Mit den richtigen Zahlen führen, Wiesbaden 2016, S. 90–91.

- **Natürlichkeit der Unordnung**: Dem Naturgesetz der Entropie[116] folgend strebt jedes System den Zustand maximaler Unordnung an. Unzählige Schreibtische in Unternehmen, nicht nur in Zeiten der Covid-19-Pandemie, sind stumme Zeugen für diesen Grundsatz. Auch Läger und Produktionsräumlichkeiten, aber auch Datenbankstrukturen, Laufwerksverzeichnisse (Ordner) und Mailordner sind häufig davon betroffen. In Bezug auf die Zunahme von Kennzahlen und das Wachstum von Kennzahlensystemen bedeutet dies, dass die Wahrscheinlichkeit sinkt, Ordnung und Überblick zu behalten. Die Entropie ist dann geeignet, den „Wildwuchs" voranzubringen.

Ziel und Grenzen der Kennzahlenanalyse

Es ist nicht das Ziel der Kennzahlenanalyse im ersten Anlauf zu umfassenden und abgesicherten Urteilen über die eigene Unternehmung zu gelangen. Vielmehr geht es darum, mit Hilfe des hier in Grundzügen vorgestellten Instrumentariums **Auffälligkeiten und Besonderheiten zu erkennen**, die es dann ermöglichen, entsprechend sachkundige Fragen zu stellen und gezielt weitere Informationen heranzuziehen, die schließlich das Urteil abrunden und es vielleicht überhaupt erst ermöglichen.

Doch beinhaltet das Arbeiten mit Kennzahlen auch Probleme. Derjenige, der Kennzahlen nutzt, muss sich über ihre Stärken, aber auch über ihre Schwachstellen genau im Klaren sein. "Wie ein Skalpell nur in die Hände eines erfahrenen Chirurgen gehört, so erfordert auch das Arbeiten mit Kennzahlen umfassende betriebswirtschaftliche Erfahrung."[117] Die Kennzahlenanalyse lässt **nur begrenzte Aussagen** auf bestimmte Fragestellungen zu, die stets kritisch zu werten sind. Trotz allem hilft die operative Unternehmensanalyse auf Basis von Kennzahlen bei der Beurteilung der Rentabilität, der Wirtschaftlichkeit, der Produktivität und der Liquidität und lässt erste Einblicke in die Ertrags-, Vermögens- und Finanzlage zu, die zu weiteren Fragen und Analysen führen sollten.

[116] Physikalisch ist die Entropie eine fundamentale thermodynamische Zustandsgröße [Joule pro Kelvin]. Alle in einem System spontan ablaufenden Prozesse (z. B. Vermischung, Wärmeleitung, chemische Reaktion oder Umwandlung von mechanischer in thermische Energie durch Reibung) bewirken eine Zunahme seiner Entropie. So wird etwa beim Schmelzen von Eis die geordnete Eiskristallstruktur in eine ungeordnete Bewegung einzelner Wassermoleküle überführt. (Die Entropie des Wassers im Eiswürfel nimmt dabei zu.) Dementsprechend kann Entropie umgangssprachlich als „Maß für die Unkenntnis der Zustände aller einzelnen Teilchen" (BECKER, R.: Theorie der Wärme, Heidelberg 2013, S. 253.), verstanden werden. Vereinfachend wird Entropie als „Maß für Unordnung" angesehen.

[117] HOFMANN, R.: Bilanzkennzahlen, Industrielle Bilanzanalyse und Bilanzkritik, 3. Aufl., Opladen 1973, S. 365.

Auswahl der Kennzahlen

Ein modernes Controlling bedeutet mehrdimensionales **Controlling von Wert-, Mengen- und Zeitgrößen**. Lange Zeit **standen ausschließlich Wertgrößen im Vordergrund, zumal das klassische Rechnungswesen primär eine Wertrechnung** ist. In der betrieblichen Praxis zeigt sich jedoch, dass alle Formen von Daten und somit **auch Mengen- und Zeitdaten von hoher eigenständiger Bedeutung für Planung, Kontrolle und Steuerung sind. Mengen- und Zeitdaten sind sogar in vielen Fällen schneller, kostengünstiger, direkter und aussagefähiger als Wertdaten**. Das Controlling kann sich also nicht allein auf das Management von Wertgrößen und schon gar nicht auf die Kostenkontrolle begrenzen. Controller müssen Kennzahlen aus allen Bereichen kennen, beherrschen und situativ und im Mix einsetzen können.

Anliegen dieser beiden Bände zum Thema „Operatives Controlling" ist es, die **bedeutendsten Kennzahlen vorzustellen und die Ableitung und daraus resultierend die Aussagefähigkeit und Problematik dieses Zahlenmaterials dem Controller nahe zu bringen. Die Kenntnis und die Interpretation der Kennzahlen sollen helfen, ein qualitatives inhaltliches Unternehmenscontrolling durchführen zu können.** Dem Controller wird ein Instrument an die Hand gegeben, mit dessen Hilfe er in der Lage ist, **zeitsparend, aber dennoch effektiv die vergangene, gegenwärtige und künftige Situation der Unternehmung beurteilen bzw. abschätzen zu können.** Aus der Fülle von Kennzahlen der betriebswirtschaftlichen Theorie und Praxis wird ein für die Unternehmensanalyse relevanter Kennziffernkatalog ausgewählt und vorgestellt. Die Nennung von gebräuchlichen Synonymen für einzelne Kennziffern trägt zu mehr terminologischer Klarheit bei. Ferner sollen die folgenden Ausführungen Denkanstöße liefern, um Controllingkennzahlen leistungsfähiger zu konzipieren und effizienter nutzen zu können.

Bei der Auswahl der Kennziffern stehen **kleine und mittlere Unternehmen** (KMU) im Mittelpunkt der Betrachtung. Es werden Kenngrößen ausgewählt, die als weitgehend repräsentativ für die Performancemessung im modernen Management mittelständischer Unternehmen anzusehen sind.

Da in deutschen KMU die **handelsrechtliche Rechnungslegung** die zentrale Informationsbasis für das externe und interne Rechnungswesen darstellt, soll diese als Grundlage der Datenaufbereitung und Kennzahlenermittlung herangezogen werden. Nichtsdestotrotz wären die internationalen Rechnungslegungsstandards aufgrund ihrer investororientierten Perspektive näher an betriebswirtschaftlichen Controllingmodellen ausgerichtet. Doch sind die IAS/IFRS eher bei kapitalmarktorientierten Unternehmen und Konzernen zu finden. Auch die IFRS für KMU haben in Deutschland noch keine Verbreitung gefunden.

Basis der Datengenerierung soll in erster Linie die externe Rechnungslegung auf Basis des deutschen Handelsrechts sein, die um eine interne Sichtweise und **interne Datenquellen** erweitert werden soll. Adressaten des Kapitels sind insofern nicht – wie in den klassischen Lehrbüchern zur Jahresabschlussanalyse – der externe Bilanzanalyst, sondern der interne Controller und/oder der Manager, die entsprechend problemlos auf weitere erforderliche interne Informationsmaterialien zurückgreifen können. Neben den genannten internen Adressaten kommen in KMU ebenso die Gesellschafter als Interessenten der Kennzahlenanalyse in Frage. Gesellschafter von KMU weisen üblicherweise andere Prioritäten auf als anonyme Kapitalmarktteilnehmer bei börsennotierten Kapitalgesellschaften. Die Unterschiede liegen dabei zum einen im Umfang und zum anderen in der Relevanz bestimmter Informationen. So haben die Kapitalgeber von Familienunternehmen im Gegensatz zu anonymen Publikumsgesellschaften in den meisten Fällen direkten und uneingeschränkten Zugang zu unternehmensinternen Informationen. Aber auch in Bezug auf die Informationsinteressen unterscheiden sich die Gesellschafter von Familienunternehmen essentiell von Kapitalmarktinvestoren. Gesellschafter von Familienunternehmen legen Wert auf leicht nachvollziehbare und gut verständliche Kenngrößen, z. B. Eigenkapitalquote, (Finanz-)Verbindlichkeiten oder liquide Mittel. Komplexe und als schwer nachvollziehbar eingestufte Daten wie latente Steuern, Leasing oder Pensionsrückstellungen werden hingegen als eher unwichtig eingestuft.[118]

2.1.3 Planungsgrundsätze

Eine solide und zukunftsfähige Planung ist für den Erfolg eines Unternehmens unerlässlich. Sie bildet die Grundlage für weitere Entscheidungen über die angedachte Entwicklung eines Unternehmens oder seiner Teilbereiche. Da jedes Unternehmen einzigartig ist, ist jede Planung individuell vorzunehmen. Bei einer Planung handelt es sich i. d. R. um einen komplizierten und anspruchsvollen Prozess. Vor diesem Hintergrund stellt sich die Frage, welchen wesentlichen Grundsätzen eine erfolgreiche Planung entsprechen muss. Zunächst sollen die rechtlichen Rahmenbedingungen für Planungen vorgestellt werden.

118 REUTHER, F., FINK, CH.: Besonderheiten der Bilanzierung in Familienunternehmen in: Betriebs-Berater (Zeitschrift) 2010, S. 363–367.

2.1.3.1 Rechtliche Grundlagen

Grundsätzlich bleiben die Rechtsvorschriften zum Thema Planungsrecht vage, da konkrete Vorgaben hier sehr tief in die unternehmerische Freiheit (u. a. abgeleitet aus der Berufsfreiheit des Art. 12 GG[119]) und die Eigentumsrechte des Art. 14 GG[120] eingreifen würden. Ein Eingriff in den Schutzbereich des Grundrechts setzt in Deutschland eine entsprechende Rechtfertigung voraus. Hier kommen vor allem der Arbeitnehmerschutz und der Gläubigerschutz in Betracht.

Es existieren vor allem für die größeren Gesellschaften gesetzliche Vorgaben. Maßgebend für eine ordnungsgemäße Planung ist hierbei die Sorgfaltspflicht, die für Aktiengesellschaften in § 93 AktG geregelt ist. Diese gibt allerdings keine Auskunft darüber, welchen Grundsätzen eine Planung entsprechen muss.[121] Gemäß § 93 Abs. 1 S. 1 AktG haben die Vorstandsmitglieder „... bei ihrer Geschäftsführung die Sorgfalt eines ordentlichen und gewissenhaften Geschäftsleiters anzuwenden.“[122]

Eine ähnliche Regelung findet sich auch im GmbHG. Dort ist vor allem § 43 Abs. 1 S. 1 GmbHG einschlägig. „Die Geschäftsführer haben in Angelegenheiten der Gesellschaft die Sorgfalt eines ordentlichen Geschäftsmannes anzuwenden.“[123]

Diese sehr allgemein formulierten Auflagen des Gesetzgebers lassen relativ viel Freiraum für Interpretationen. Dennoch sollte von einem ordentlichen Geschäftsmann erwartet werden können, zumindest eine grobe Planung vorzunehmen. Der BGH konkretisiert den „Sorgfaltsmaßstab“ des Gesetzes in einem Urteil vom 28.10.1971 dabei wie folgt: „ ... den Anspruch, den man an einen selbstständigen, treuhänderischen Verwalter fremden Vermögens stellen kann.“[124]
Darüber hinaus existieren mehrere Rechtsvorschriften, welche die Haftung im Falle einer Pflichtverletzung festlegen. Bei der GmbH wird diese unter § 43 Abs. 2 S. 1 GmbHG geregelt: „Geschäftsführer, welche ihre Obliegenheiten verletzen, haften der Gesellschaft solidarisch für den entstandenen Schaden.“[125]

---

[119] Art. 12 GG der Bundesrepublik Deutschland.

[120] Art. 14 GG der Bundesrepublik Deutschland.

[121] Vgl. INSTITUT DER UNTERNEHMENSBERATER: Grundsätze ordnungsgemäßer Planung, V. 2.1, 2007, S. 8.

[122] § 93 Abs. 1 S. 1 AktG.

[123] § 43 Abs. 1 S. 1 GmbHG.

[124] BGH-Urteil vom 28.10.1971, AZ: II ZR 49/70.

[125] § 43 Abs. 2 S. 1 GmbHG.

Ähnliche Regelungen finden sich auch für andere Gesellschaftsformen, alle infrage kommenden Rechtsformen hier abzuhandeln würde jedoch den Rahmen dieser Ausarbeitung sprengen.

Zu den eher konkreten Vorgaben des Gesetzgebers gehört § 289 Abs. 1 S. 4 HGB, der große sowie mittelgroße Kapitalgesellschaften dazu verpflichtet, einen Lagebericht zu erstellen: Sie haben „...die voraussichtliche Entwicklung mit ihren wesentlichen Chancen und Risiken zu beurteilen und zu erläutern; zugrundeliegende Annahmen sind anzugeben.“[126] Das Handelsgesetz verpflichtet betroffene Gesellschaften also dazu, sich mit der zukünftigen Entwicklung auseinander zu setzen. Im Rahmen einer Unternehmensplanung ist genau dies ein wichtiger Teilaspekt.

Des Weiteren verpflichtet der Gesetzgeber durch § 90 Abs. 1 S. 1 Nr. 1 AktG den Vorstand dazu „...dem Aufsichtsrat [...] über die beabsichtigte Geschäftspolitik und andere grundsätzliche Fragen der Unternehmensplanung (insbesondere Finanz-, Investitions- und Personalplanung) [zu berichten], wobei auf Abweichungen der tatsächlichen Entwicklung .... einzugehen ist.“[127] Es wird also nicht nur eine umfassende Planung verlangt, sondern auch eine regelmäßige Kontrolle der Abweichungen von den Zielvorgaben. Gerade die Kontrollierbarkeit einer Planung führt zu einer Reihe von Formalitäten, die im Unternehmen geklärt werden müssen. Auf diesen Punkt wird zu einem späteren Zeitpunkt genauer eingegangen.

In der Kommentierung zu diesem Paragrafen unterscheidet der Gesetzgeber „die kurzfristige, die mittelfristige (Mehrjahresplan) und die langfristige (Unternehmensplan)“ Planung. Die Legislative sieht es als Selbstverständlichkeit an, dass ein Unternehmen wenigstens eine kurzfristige Budgetplanung erstellt.[128]

Da die gesetzlichen Vorschriften nicht für alle Unternehmen verbindlich sind, bleibt eine Planung in den meisten Fällen fakultativ, selbst wenn das Unternehmen ohne diese auf Dauer wohl kaum bestehen wird.[129] Aus diesem Grund empfiehlt es sich nicht, nur nach Vorgaben zu planen, die sich in irgendeiner Art und Weise aus dem Gesetz ableiten lassen.

Es existieren unterschiedliche Ansichten darüber, auf welchen Grundsätzen eine solide Planung fußen sollte. In vielen Fällen werden Unter-/Überordnungen nicht beachtet oder

---

[126] § 289 Abs. 1 S. 4 HGB.

[127] § 90 Abs. 1 S. 1 Nr. 1 AktG.

[128] Vgl. BDU E. V.: Grundsätze ordnungsgemäßer Planung (GoP), 3. Aufl., Bonn 2009, S. 9.

[129] Vgl. hierzu Unterabschnitt 2.1.1 “Notwendigkeit der Planung, Planungsbegriff und Prognose”.

Grundsätze genannt, die nicht grundlegend für eine Planung sind. Als Planungsgrundsätze werden hier daher nur die folgenden näher betrachtet:

- Vollständigkeit
- Genauigkeit
- Flexibilität/Elastizität
- Wirtschaftlichkeit
- Kontrollierbarkeit
- Einfachheit und Klarheit
- Realisierbarkeit

Darst. 2.117: Grundsätze der Planung

2.1.3.2 Grundsatz der Vollständigkeit

Die Vollständigkeit der Planung soll gewährleisten, dass **alle relevanten Sachverhalte** im Planungsprozess berücksichtigt werden.[130] Dies umfasst auch die Einbeziehung der voraussichtlichen zukünftigen Entwicklungen. Primär bezieht sich dieser Grundsatz auf die Planungsbreite und nicht auf die Planungstiefe.[131] Jede unvollständige Planung, die für die Entscheidung bedeutsame Information außen vor lässt, muss als mangelhaft eingestuft werden.

An dieser Stelle wird zwischen **der sachlichen und der zeitlichen Vollständigkeit** unterschieden.[132] Mit **zeitlicher Vollständigkeit** ist gemeint, dass die Vollständigkeit auf den Planungszeitraum selbst bezogen wird. Dies hat zur Konsequenz, dass geprüft werden muss, ob eine Planung kontinuierlich/wiederholt durchgeführt werden muss oder ob es sich um eine einmalige Planung handelt. Sofern die Langfristigkeit der Planung nur auf die generelle Planungsdauer der fortlaufenden Planung Bezug nimmt, muss sichergestellt sein, dass in dem zu betrachtenden Planungszeitraum des anstehenden Planungsproblems keine Lücken auftreten.

---

[130] Vgl. ebenda.

[131] Vgl. KORNDÖRFER, W.: Unternehmensführungslehre. Einführung – Entscheidungslogik – Soziale Komponenten, 8. Aufl., Wiesbaden 1995, S. 107.

[132] Vgl. etwa HANS, L., WARSCHBURGER, V.: Controlling, 3. Aufl., München 2009, S. 28.

Im Unterabschnitt 2.2.3 „Zeitliche Koordination" wird noch einmal kurz auf die Flexibilität der Planung eingegangen und dort explizit sowohl die rollende/rollierende als auch die revolvierende Planung vorgestellt.

Um alle relevanten Sachverhalte abzudecken, muss die Planung im Hinblick auf die **sachliche Vollständigkeit** alle betroffenen Bereiche innerhalb des Unternehmens mit einbeziehen. Daher bietet es sich an, entlang des Wertschöpfungsprozesses zu planen. Der **Prozessbezug** wird in der Literatur gelegentlich als eigener Grundsatz angesehen.[133] Prinzipiell kann dieser jedoch als Teilaspekt der Vollständigkeit betrachtet werden. Dahinter steht die Forderung, alle für die Leistungserstellung relevanten Bereiche im Planungsprozess zu berücksichtigen und sich am Prozessablauf zu orientieren. Dies beinhaltet auch die Berücksichtigung der gegenseitigen Abhängigkeiten der verschiedenen Teilpläne, die auch als „**Simultanität der Planung**" bezeichnet wird.[134] Das folgende Schaubild zeigt beispielhaft die Verknüpfung der einzelnen Teilplanungen und erklärt insofern, wie wichtig die Abstimmung der Teilbereiche (**Koordination**) für eine fundierte Planung ist.

[133] HOMBURG, C.: Quantitative Betriebswirtschaftslehre, 3. Aufl., Wiesbaden 2000, S. 3.

[134] Vgl. EHRMANN, H.: Unternehmensplanung, a. a. O., S. 44.

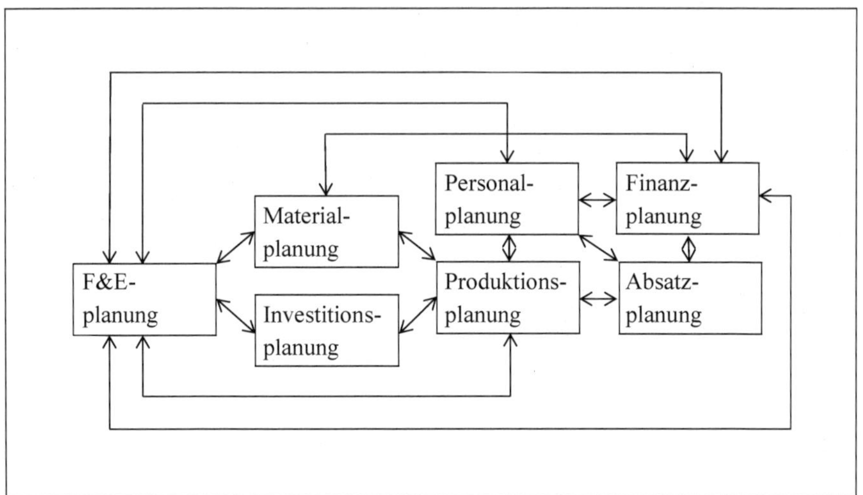

Darst. 2.118: Planungsinterdependenzen ausgewählter Teilplanungen

Grundsätzlich spielen bei den mittelfristigen, besonders aber bei den kurzfristigen Planungen die betrieblichen **Engpässe** eine wichtige Rolle. Je kurzfristiger eine betriebliche Planung erfolgt, desto stärker muss sie sich an den Engpässen orientieren; d. h. nach dem von Gutenberg aufgestellten **Ausgleichsgesetz der Planung**[135] muss mit dem Teilbereich begonnen werden, der den Engpass (**Minimumsektor**) des Unternehmens bildet. Dies ist angesichts zunehmenden Wettbewerbs – auch infolge der Globalisierung der Wirtschaft – in aller Regel der Absatzmarkt[136]. Dies hat zur Folge, dass für eine zuverlässige Produktionsplanung erst die Daten der Absatzplanung vorliegen müssen. Gleichzeitig wird sich die Produktion mit dem Vertrieb darüber verständigen müssen, ob die angepeilte Absatzmenge unter Berücksichtigung der vorhandenen Kapazitäten realisierbar ist. Ähnliche Rückkopplungen sind auch zwischen den anderen Abteilungen notwendig.

Als größten Vorteil einer prozessbezogenen Planung kann dabei vor allem die Effizienz der Planung in Bezug auf die dafür aufgewendete Zeit betrachtet werden. Wäre z. B. bereits eine Personalplanung durchgeführt worden, bevor die eigentliche Absatzmenge sowie Produktionsmenge feststehen, hätte diese von Grund auf neu erstellt werden müssen.

[135] Vgl. GUTENBERG, E.: Grundlagen der Betriebswirtschaftslehre, Bd. 1: Die Produktion (im Folgenden mit „Produktion" abgekürzt), 24. Aufl., Berlin, Heidelberg, New York 1983, S. 163ff.

[136] In sanierungsbedürftigen Firmen vordergründig der Finanzbereich; in einer Nachkriegszeit oder bei inneren Unruhen ist regelmäßig die Produktion der Engpass.

Die Prozessausrichtung stellt somit eine wichtige Herangehensweise an den Planungsprozess dar, um der gegenseitigen Abhängigkeit von Teilplänen verschiedener Organisationsteile gerecht zu werden.

Grundsätzlich sind (weitere) mögliche Engpässe ebenfalls im Rahmen der Vollständigkeit aufzudecken. Dadurch soll vor allem die strategische Planung auf Erschwernisse ausgerichtet werden, die für eine erfolgreiche Entwicklung des Betriebes hinderlich sind. Dabei sollten diese Hinderlichkeiten je nach Dringlichkeit der Reihe nach abgebaut werden.

2.1.3.3 Grundsatz der Genauigkeit

Die Planung sollte zwingend eine bestimmte **Genauigkeit** aufweisen. Dahinter steht jedoch nicht die Forderung nach absoluter Genauigkeit. Dies ist in der Praxis auch nahezu unmöglich, da oft Prognosen in die Planung einfließen, die sich zukünftig als falsch erweisen können. Vielmehr sollte gerade so genau geplant werden, wie es zur Zielerfüllung als notwendig angesehen wird. Angestrebt wird also eine relative und ausreichende Genauigkeit.[137] Trotz der gewünschten Genauigkeit darf nie vergessen werden, dass eine Planung, je weiter sie in die Zukunft ragt, auf umso unsichereren Zukunftsinformationen (Prognosen) basiert.

Welches Maß an Genauigkeit die einzelnen Teilpläne tatsächlich aufweisen sollten, hängt daher vom **Planungshorizont** ab. So ist eine langfristige Planung im Gegensatz zur mittelfristigen, vor allem aber zur kurzfristigen Planung eine Grobplanung, auf die bezüglich der Genauigkeit nicht so viel Wert gelegt wird. Im Gegensatz dazu setzt die kurzfristige Planung als Feinplanung eine hohe Genauigkeit voraus. Zur Lösung diverser kurzfristiger Planungsprobleme werden oft mathematische Verfahren wie z. B. die Lineare Programmierung eingesetzt.

[137] Vgl. KORNDÖRFER, W.: a. a. O., S. 107.

2.1.3.4 Grundsatz der Flexibilität

Grundsätzlich neigt jede Planung dazu, gegenüber sich ändernden Situationen für unbeweglich und starr gehalten zu werden. Dieser Annahme steht das **Postulat der elastischen Planung**, welches auch als **Grundsatz der flexiblen Planung** oder **Grundsatz der Elastizität** bezeichnet werden kann, entgegen. Planung wurde im vorherigen Unterabschnitt als prospektives Denkhandeln beschrieben. Dementsprechend muss ein gelungener Plan **für eventuell eintretende Änderungen der im Entscheidungsprozess[138] unterstellten in- (Unternehmens-) und externen (Umwelt-) Bedingungen alternative Ziele und die zur Zielerreichung erforderlichen Maßnahmen bereithalten**. Gewisse Abweichungen **zwischen prognostizierten und (später) tatsächlich eintretenden Umweltzuständen** sind nahezu unvermeidlich und reichen von kleinen Fehlprognosen bis hin zu unvorstellbaren Abweichungen (z. B. die Wirtschaftskrise 2007). Für international agierende Unternehmen sind insbesondere schwankende Wechselkurse von großer Bedeutung, da diese erheblichen Auswirkungen auf die Finanz- und Ertragslage haben können. Daher muss die Planung so flexibel gestaltet sein, dass sie sich an externe und interne Schwankungen anpassen kann.[139]

In der Praxis sind folgende Möglichkeiten denkbar, um das Postulat der flexiblen Planung zu erfüllen:

- Vorhaltung von Reserven
- Aufstellung von Eventualplänen
- Planrevisionen (rollierende, vor allem revolvierende Planung)
- Hinausschieben der Planungsentscheidung

Darst. 2.119: Alternativen einer elastischen Planung

[138] Vgl. Darst. 1.102 „Führungsprozess".

[139] Vgl. EHRMANN, H.: Unternehmensplanung, a. a. O., S. 45.

Eine erste Möglichkeit besteht darin, **Reserven anzulegen**. Dies können Kapazitäts-, Zeit- oder Liquiditätsreserven sein. Konkret bedeutet dies u. a. Personal, Maschinen und Werkstoffe oder finanzielle Mittel bereitzustellen. Zwar kann und sollten die Reserven so angelegt sein, dass sie ihrerseits eine möglichst gute Anpassung ermöglichen. Statt Personal selbst vorzuhalten, sollte ein Rahmenvertrag mit einer Personalüberlassungsfirma abgeschlossen werden. Oder die bankseitige Zurverfügungstellung eines Kreditrahmens, bei dem die einzelnen Mittelabrufe flexibel getätigt werden können. Oder z. B. die Wahl einer Duozweck- statt Monozweckmaschine. Grundsätzlich gilt aber für alle (nicht genutzten) Reserven, dass sie die **Rentabilität des Unternehmens negativ beeinflussen**, da beispielsweise der angesprochene Kreditrahmen wegen der flexiblen Inanspruchnahme einen höheren Zins beinhaltet oder die Abschreibung für die Zweizweckmaschine aufgrund der höheren Anschaffungskosten größer ist als diejenige der Einzweckmaschine.

Eine zweite, oft gewählte Möglichkeit besteht darin, für verschieden denkbare Situationen sogenannte **Eventualpläne**, die auch **„Schubladenpläne“** genannt werden, aufzustellen. Diese Eventualpläne antizipieren künftige Umweltzustände, die sich aufzunehmen „lohnen“. Mit „lohnen“ sind vier Situationen gemeint: Im ersten Fall liegen die **Wahrscheinlichkeiten für das Eintreten zweier oder mehrere Umweltzustände** so **nah beieinander**, dass mit dem Eintreten (auch) der Alternative(n) fast zu rechnen ist. Das Unternehmen würde bei gleichen Wahrscheinlichkeiten für zwei oder mehr Umweltzuständen **diejenige priorisieren, bei der der Erwartungswert (s. u.) der größte ist**. Als Beispiel für (fast) gleiche Wahrscheinlichkeiten bei zwei Umweltzuständen können hier Wahlen gelten, bei denen das eine „Lager“ für eine für das Unternehmen günstige Position eintritt (z. B. Ausbau der günstigeren, aber unsicheren Kernkraft), das andere „Lager“ eine gegenteilige Auffassung (z. B. Ausbau der deutlich teureren, aber sichereren regenerativen Energien) vertritt. Betreibt das Unternehmen in dieser Situation Atommeiler, so sollte es bei einem absehbaren, annähernden Gleichstand zwischen den Parteiblöcken tunlichst eine Alternativplanung vornehmen. Bei einem Unterlassen der Eventualplanung und einem Gewinn der Wahlen durch die Parteien, die auf regenerative Energien setzen, ist das Unternehmen nahezu chancenlos; zumindest kann es sich nicht schnell und reibungslos genug auf die sich ändernden Umweltbedingungen einstellen. In einem zweiten Fall **können sich die Wahrscheinlichkeiten für das Eintreten eines Umweltzustandes drastisch** (meist auch noch schnell) erhöhen. D. h. hinsichtlich der Wahrscheinlichkeit ist eine **hohe Volatilität** anzunehmen oder festzustellen. Werden derartige Trends ersichtlich, sollte möglichst rasch eine Eventualplanung vorgenommen werden. Als Beispiel können (tendenziell populistische?) Gesetzesänderungen gelten oder z. B. konkret bevorstehende Streiks der Lokführer. Steht zum Beispiel als Incentivemaßnahme eines Unternehmens ein gemeinsamer Besuch eines Fußballspiels per Zug auf dem Programm, sollte vorsorglich eine alternative Anreise geplant werden. Eine dritte Lage sieht so aus, dass die **Wahrscheinlichkeiten eher im unteren Bereich liegen oder** eine Umweltsituation als nahezu **unwahrscheinlich** gilt, die **Auswirkungen** im Falle eines Eintritts aber **gravierend** sind. Mit gravierend sind beispielsweise extreme Kosten oder erhebliche finanzielle Mittel gemeint. Als Beispiel sei der Unfall im Atomkraftwerk Fukushima (Japan) 2011 angeführt. Zwar galt und gilt ein Atomunfall in dieser Größenordnung (INES-Stufe 7 mit der Freisetzung von mehr als 10.000 Terabecquerel radioaktiven Materials) als sehr unwahrscheinlich[140], die – nicht nur materiellen – Schäden (z. B. in Form von Schadensersatz) gehen in die Milliarden.[141] Entscheidend sind also nicht nur die Wahrscheinlichkeiten, sondern die **Erwartungswerte**[142] für das Eintreten eines Umweltzustandes. Angenommen, die Wahrscheinlichkeit für das Eintreten eines ursächlichen Erdbebens der aufgetretenen Stärke läge bei 0,0002 %, der Schaden bei 180 Mrd. €, ergibt sich daraus ein Erwartungswert von 3,6 Mio. €. Eine vierte Situation besteht aus der Kombination der zweiten mit der dritten Situation, d. h. die **Wahrscheinlichkeit eines Umweltzustandes, der einen hohen Erwartungswert aufweist, könnte sich gravierend (und meist auch noch rasch) ändern**. – In der Praxis werden oft **drei mögliche Szenarien** angedacht: Der für das Unternehmen bestmögliche Verlauf stellt dabei den „**Best Case**“ dar, der ungünstigste Verlauf den „**Worst Case**“. Dazwischen befindet sich als weitere Versionen eine Planung für den „**Normalfall**“. Voraussetzung hierfür ist das frühzeitige Erkennen dieser Risiken und ebenso möglicher Chancen.

Eine dritte Alternative besteht in der **laufenden Planrevision**. Indem die verabschiedeten Pläne revidiert werden, kann jederzeit eine eventuell auftretende Änderung der prognostizierten Daten berücksichtigt werden. Neben der **rollierenden (rollende, „überlappende“) Planung** wird hier vor allem die **revolvierende Planung** empfohlen. Das Merkmal der revolvierenden Planung ist die Konkretisierung und Fortschreibung von Plänen um einen weiteren Teil-Zeitraum am Ende des vorhergehenden Gesamt-Zeitraumes, der dem abgelaufenen Teil-Zeitraum entspricht. M. a. W.: Sobald das Ende des letzten fein geplanten Teil-Zeitraumes erreicht ist, wird der entsprechende Zeitraum an das (bisherige) Planungsende des gesamten Planungszeitraums angehängt, so dass der gesamte Planungszeitraum in seiner zeitlichen Ausdehnung nicht verändert wird. Zudem werden bei der revolvierenden Planung im Zuge des „Vortriebs“ sämtliche Planungsprämissen einschl.

[140] Die Wahrscheinlichkeit für das dann in dieser Stärke aufgetretene, ursächliche Tōhoku-Erdbeben (am 11.03.2011) war relativ gering.

[141] Die derzeitigen Schätzungen liegen zwischen 150 und 190 Mrd. Euro.

[142] Ein Erwartungswert ist das Produkt aus Wahrscheinlichkeit und der Merkmalsausprägung.

Prognosen überprüft. Ein Beispiel für einen revolvierenden (dreimonatigen) Finanzplan findet sich im Paragrafen 2.1.6.3.2 „Planungsrhythmus“.

Bei der vierten Möglichkeit wird eine bestimmte **Entscheidung solange wie möglich hinausgeschoben**, um alle in der Zwischenzeit noch eintretenden Änderungen und/oder Verbesserungen der Datenlage in die Entscheidung mit einfließen zu lassen. Damit wird die Entscheidung qualitativ besser. Insbesondere bei weitreichenden, nicht oder kaum revidierbaren Entscheidungen ist ein Hinauszögern der Entscheidung eine gute Alternative. Allerdings darf nicht verkannt werden, dass eine späte Festlegung nicht nur langfristige Inkonsequenzen mit sich bringen kann, sondern auch die Zahl der Handlungsalternativen insofern eingeschränkt wird, als nur noch bestimmte Alternativen kurzfristig umsetzbar sind.

2.1.3.5 Grundsatz der Wirtschaftlichkeit

Der grundsätzlichen Forderung nach Genauigkeit sowie Vollständigkeit und Flexibilität steht der Grundsatz der **Wirtschaftlichkeit** als einschränkende Bedingung gegenüber:

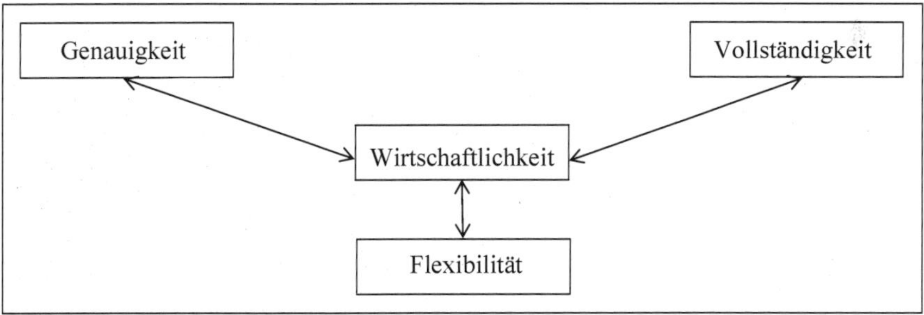

Darst. 2.120: Interdependenzen zwischen verschiedenen Grundsätzen der Planung

Der Nutzen der Planung endet an dem Punkt, an dem der durch die Planung erzielte Ertrag (auch in Form von Aufwandsvermeidung) den durch die Planung verursachten Aufwendungen entspricht.[143] Da diese Größen in der Praxis jedoch sehr schwer zu erfassen sind und die Erfassung selbst gar den Planungsaufwand weiter ansteigen lässt, lassen sich keine

[143] Vgl. KORNDÖRFER, W.: a. a. O., S. 109.

exakten Vorgaben definieren. Vielmehr sollten die Planungsträger darauf bedacht sein, nur dort zu planen, wo es unbedingt notwendig erscheint. Des Weiteren empfiehlt es sich, die Planung nur so vollständig und umfassend durchzuführen, wie es für den jeweiligen Sachverhalt als nötig empfunden wird.[144].

2.1.3.6 Grundsatz der Kontrollierbarkeit

Der gesamte Planungsprozess hat nur dann eine Existenzberechtigung, wenn sich der Planende einen Eindruck von dem Grad der Zielerreichung verschaffen kann. Aus diesem Grund muss eine Planung dem Grundsatz der **Kontrollierbarkeit** entsprechen. Ehrmann unterscheidet dabei zwischen formalen und inhaltlichen Aspekten.[145] Unter **formalen Gesichtspunkten** ist wichtig, dass bei der Planung nach einem „systematischen Charakter" vorgegangen wird.[146] Auch Mag deckt diesen Aspekt durch seine Forderung nach einem „methodisch-systematischen Vorgehen" ab.[147] Durch die Etablierung eines einheitlichen Systems wird die Planung nicht nur für eventuelle Adressaten nachvollziehbarer (siehe Unter-Unterabschnitt 2.1.3.1 „Rechtliche Grundlagen"), die Kontrolle wird dadurch auch erst richtig ermöglicht. In diesem Sinne bietet es sich ab einer gewissen Größe des Unternehmens an, ein **Planungshandbuch** zu führen, in dem u. a. die Planungsmethoden, Planungsträger, Planungszeiträume etc. vorgegeben werden.[148] In diesem können sowohl formale Anforderungen an die Planung festgehalten werden als auch die **inhaltlichen Bestandteile** der jeweiligen Teilpläne. Quantifizierbare Größen eignen sich unter dem Aspekt der Kontrollierbarkeit am besten.[149] In diesem Zusammenhang ist auf gute mathematisch-statistische Kenntnisse hinzuweisen, denn oft wird mit Skalen gearbeitet, die nicht metrisch sind, sondern nur ordinalskaliert. Nur bei metrischen Skalen (Verhältnis-[150] oder Intervallskala[151]) sind die Differenzen gleich, während schon bei ordinalskalierten Größen[152] größer/kleiner-Relationen zu erkennen sind.

[144] Vgl. ebenda, S. 54.

[145] Vgl. EHRMANN, H.: Unternehmensplanung, a. a. O., S. 45.

[146] Vgl. HOMBURG, C., a. a. O., S. 3.

[147] Vgl. MAG, W.: Unternehmensplanung, München 1995, S. 4.

[148] Auf das Thema „Planungshandbuch" wird im gleichnamigen Unterabschnitt 2.1.7 ausführlich eingegangen.

[149] Vgl. EHRMANN, H.: Unternehmensplanung, a. a. O., S. 45.

[150] Beispiele: Alter, Geschwindigkeiten, Längen, Temperatur in Kelvin.

[151] Beispiele: IQ-Skala, Jahreszahlen, Temperatur in Celsius.

[152] Beispiele: Bundesligatabelle, Energieeffizienzklassen, Kundenzufriedenheitswerte, Schulnoten, Umweltverträglichkeitsklassen.

Die regelmäßige Gegenüberstellung von Plan- (je nach Größe auch beschäftigungsbereinigt Soll-) und Ist-Zustand lassen frühzeitig eine eventuelle Verfehlung der Planziele erkennen, so dass bei Bedarf geeignete Maßnahmen ergriffen werden können, um dieser entgegenzuwirken.

2.1.3.7 Grundsatz der Einfachheit und Klarheit

Durch den Grundsatz der **Einfachheit** soll sichergestellt werden, dass die Planung, d. h. die Ziele und die zur Zielerreichung vorgesehenen Maßnahmen für jeden Mitarbeiter im Unternehmen, vom Top-Management bis hin zum „einfachen Werker" möglichst einfach formuliert werden. Dadurch wird es den Adressaten auf allen Ebenen ermöglicht, die Pläne sofort zu verstehen und ihre Tätigkeit auf die Planerreichung auszurichten. Des Weiteren wird durch eine leicht verständliche Formulierung der Vorgaben die Planung für alle Empfänger greifbarer, was eine höhere Zielakzeptanz mit sich bringt. So wird ein Fertigungsmitarbeiter in der Holzindustrie die Forderung nach einer „Verringerung des Materialausschuss durch Verwendung der neuen Fräsvorlage Nr. 3534" gegenüber wahrscheinlich offener sein als einer „Senkung von Herstellkosten durch die Verringerung der Materialeinzelkosten." **Klar** meint, dass die Planungsziele und -maßnahmen in sich widerspruchsfrei und speziell die Begriffe eindeutig sind und keinen Spielraum für Interpretationen lassen. Wenn also bspw. die abzusetzende Menge angesprochen werden soll, ist der Begriff „Absatz" richtig und nicht „Umsatz" (als Wertgröße).

Darüber hinaus sollten sowohl die geplanten Ziele wie auch die festgelegten Maßnahmen gewissenhaft **dokumentiert** werden, um diese jederzeit nachprüfen zu können. Da die Dokumentation aller wesentlichen Geschäftsvorgänge jedoch als allgemeiner Grundsatz unternehmerischen Handelns bezeichnet werden könnte, wird an dieser Stelle nicht näher darauf eingegangen.

2.1.3.8 Grundsatz der Realisierbarkeit

Die **Realisierbarkeit** der Planung kann als ein selbstverständlicher Grundsatz angesehen werden, bei welchem ein Unternehmen darauf bedacht sein sollte, mit der Planung realisierbare Vorgaben und damit realistische Pläne zu generieren.[153] Dies bedeutet, dass grundsätzlich nur Planbares/Vorausschaubares geplant werden darf. Darüber hinaus müssen die Ziele so operationalisiert sein, dass sie unter Einsatz mindestens normaler, ggf. erhöhter, jedoch nicht zu hoher Mittel und Mühen erreichbar sind. Zu hoch gesteckte Ziele haben bei einem Scheitern der Pläne i. d. R. Auswirkungen auf die Motivationslage der Mitarbeiter.[154]

2.1.4 Planungsproblematik

Für das Controlling sind folgende Merkmale der Planung von Bedeutung:[155]

- Die Planung ist ein Informationsverarbeitungsvorgang.
- Die Planung ist als Systemgestaltung zu sehen.
- Die Planung dient der Anpassung an die Umweltänderungen.
- Die Planung ist eine Abfolge von Planungsphasen.
- Die Planung muss geplant werden.
- Die Planung ist ein Instrument der Koordination, muss aber selbst koordiniert werden.

Dadurch, dass Informationen im gesamten Unternehmen systematisch ermittelt, erfasst, gespeichert, verarbeitet und an verschiedene Stellen weitergegeben werden, ist die Planung ein komplexer Informationsverarbeitungsprozess. Entscheidend ist, dass die Informationen nur dann für die Planung relevant sind, wenn sie zukunftsbezogen sind. Die (notwendige) Anpassung an die Umweltänderungen kann bedeuten, dass zukünftige Gefüge- und Prozessstrukturen (Aufbau- und Prozessorganisation) in der Unternehmung festlegt werden müssen.

[153] Vgl. EHRMANN, H.: Unternehmensplanung, a. a. O., S. 45f.

[154] Vgl. THOMMEN, J.-P., ACHLEITNER, A.-K., GILBERT, D., ET AL.: Allgemeine Betriebswirtschaftslehre. Umfassende Einführung aus managementorientierter Sicht, 9. Aufl., Wiesbaden 2020, S. 559.

[155] Vgl. ebenda, S. 558, HORVÁTH, P., GLEICH, R., SEITER, M.: Controlling, 14. Aufl., München 2019, S. 76.

Der Controller steht bei der Planung vor einem grundsätzlichen Problem: Die Notwendigkeit zur Planung wächst mit zunehmender Komplexität, während die Möglichkeit eingeengt wird, in diesen umfassenden und komplexen Zusammenhängen überhaupt planerisch vorzugehen. Umso wichtiger ist es, in der konkreten Situation die Vor- und Nachteile der Planung abzuwägen.

Mit Hilfe der Planung sollen Unsicherheiten bewältigt werden. Da dem Controller nicht alle relevanten Informationen zur Verfügung stehen, stellt das Erkennen und Vorhersagen der Entscheidungskonsequenzen eine (theoretisch) unlösbare Aufgabe dar. In diesem Zusammenhang sind Techniken zu berücksichtigen, die der Erhebung und Bewältigung der auftretenden Planungsunsicherheiten und Risiken dienen.[156] Letztlich muss sich der Planende, auch wenn verschiedene Szenarien wie der „worst case" und/oder „best case" denkbar sind, im Rahmen des Entscheidungsprozesses für *einen* konkreten Plan entscheiden, der im Unternehmen durch-/umgesetzt werden soll.

2.1.5 Planungsarten

Bevor die operative Planung – ausgehend von der Definition in Unterabschnitt 2.1.1 „Notwendigkeit der Planung, Planungsbegriff und Prognose" – näher beschrieben wird, soll zunächst grundsätzlich auf die unterschiedlichen **Planungsarten** eingegangen werden.

In den Unternehmen gibt es nicht *die* Planung. Planung findet dezentralistisch oder zentralistisch, auf verschiedenen Ebenen, für unterschiedliche Zeiträume oder in den einzelnen Funktionsbereichen usw. statt. Damit bieten sich unterschiedliche Klassifizierungen für die unternehmerischen Planungsarten und die damit verbundenen Planungsaktivitäten an:[157]

[156] Vgl. HORVÁTH, P., GLEICH, R., SEITER, M.: a. a. O., S. 76.

[157] Vgl. im Folgenden EHRMANN, H.: Unternehmensplanung, a. a. O., S. 35ff., DILLERUP, R., STOI, R.: a. a. O., S. 313.

- Planung nach der Datensituation
- Planung nach dem Inhalt
- Planung nach den Funktionsbereichen
- Planung nach dem Integrationsgrad
- Planung nach dem Zeitraum
- Planung nach den Planungsebenen

Darst. 2.121: Planungsarten

2.1.5.1 Planung nach der Datensituation

Bei der **Planung nach der Datensituation** stellt sich die Frage nach dem Sicherheitsgrad der Umweltzustände bzw. der Vollkommenheit des Informationssystems. Demnach sind folgende Sicherheitsgrade zu unterscheiden:

- Sicherheit,
- Risiko oder
- Unsicherheit.

Sicherheit bedeutet, dass das prognostizierte Ereignis/der vorausgesagte Zustand mit einer 100%igen Wahrscheinlichkeit eintritt (sicheres Ereignis). Sowohl beim Risiko als auch bei der Unsicherheit sind mehrere Datenkonstellationen denkbar. Bei einem Risiko können den einzelnen Situationen (objektiv oder subjektiv) Wahrscheinlichkeiten zugeordnet werden; bei Unsicherheit sind den Ereignissen oder Umweltzuständen keine Wahrscheinlichkeiten zuordenbar. In den beiden letztgenannten Fällen wird der Planer auf entsprechende Lösungsvorschläge zurückgreifen, wie sie die Entscheidungstheorie anbietet.

2.1.5.2 Planung nach dem Inhalt

Bei der **Planung nach dem Inhalt** kann es sich um eine

- Zielplanung,[158]
- Grundsatzplanung,[159]
- Strategieplanung oder
- Maßnahmenplanung

handeln.

Die **Zielplanung** berücksichtigt die Ziele bzw. die Zieldimensionen, nach denen geplant werden soll. Kosiol hat die beiden Hauptziele, **Sachziele** und **Formalziele**, in den Vordergrund gestellt.[160] Diese Aufteilung wurde von einem großen Teil der Lehre und Praxis übernommen; allerdings wird die Zielproblematik inzwischen differenzierter betrachtet, da andere Ziele ebenfalls in den Fokus der Planer gerückt sind. Letztere sind nicht ohne Weiteres den beiden Kategorien zuzuordnen.

- **Sachzielorientierte Planung**: Das Sachziel[161] bezieht sich auf die Leistungssphäre eines Wirtschaftssubjektes bzw. auf den Beitrag eines Unternehmens zur Bedarfsdeckung, also auf reale Objekte und Aktivitäten, z. B. die Herstellung einer bestimmten Anzahl eines Produktes oder den Wechsel einer Fertigungstechnologie. Die Planung bestimmt die dafür erforderlichen Programme und Maßnahmen.
- **Formalzielorientierte Planung**: Das Formalziel[162] bezieht sich auf die Finanzsphäre bzw. die finanziellen Auswirkungen von Handlungen, z. B. Liquidität, Umsatz bzw. Umsatzerlöse,[163] Rentabilität, Kosten oder Gewinn. Hierbei bezieht sich die Planung auf Erfolgs- und Liquiditätsaspekte bzw. die Erreichung einer Wertsteigerung.

---

[158] Die Planung (und Kontrolle) von Zielen wird ausführlich bei WÖRDENWEBER, M.: Unternehmensplanung, a. a. O., S. 267–316 besprochen.

[159] Die Grundsatzplanung ist Gegenstand des normativen Managements. Siehe etwa WÖRDENWEBER, M.: Normatives Management, a. a. O., S. 1–21.

[160] KOSIOL, E.: Die Unternehmung als wirtschaftliches Aktionszentrum, Reinbek 1972, S. 54, S. 223, DAMBROWSKI, J.: Budgetierungssysteme in der deutschen Unternehmenspraxis, Darmstadt 1986, S. 23ff.

[161] Synonym: Leistungsziel (Output-Ziel).

[162] Gleichbedeutend mit ökonomischem oder Wertziel.

[163] Infolge der (neuen) Definition der Umsatzerlöse gem. BilRUG 2015 muss zwischen den betrieblichen Umsätzen/Erlösen und den Umsatzerlösen nach § 277 Abs. 1 HGB streng unterschieden werden. Vgl. dazu die Ausführungen im Unter-Unterabschnitt 3.1.1.1 „Analyse der Erfolgserzielung“, Stichwort „Umsatzerlöse“.

Während die sachzielorientierte Planung als **Aktionsplanung** bezeichnet wird, wird die formalzielorientierte mit **Budgetierung** gleichgesetzt.[164]

Bei der Planung sind grundsätzlich beide Zieldimensionen zu berücksichtigen. Dies wird auch deutlich, wenn der Zusammenhang zwischen der sach- und formalzielorientierten Planung visualisiert wird:

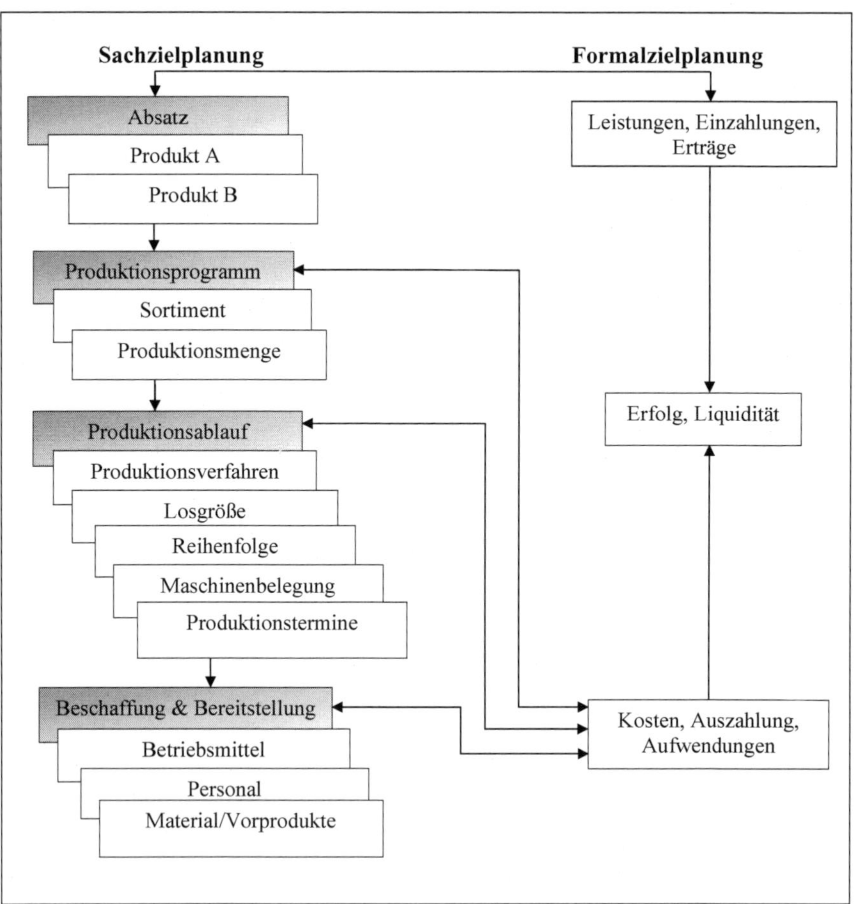

Darst. 2.122: Zusammenhang zwischen sach- und formalzielorientierter Planung
(Vgl. HAMMER, R.: a. a. O., S. 195.)

[164] Vgl. HAMMER, R.: Unternehmensplanung. Planung und Führung, 9. Aufl., Berlin, München, Boston 2015, S. 194.

Um die Erfolgsziele, denen ein anderer Stellenwert zugemessen wird, hervorzuheben sowie deutlich und eindeutiger zwischen **Finanzzielen**, die auf die Liquidität (Auszahlungen, Einzahlungen) abstellen, und **Erfolgszielen**, die auf der Ebene von Aufwendungen und Erträgen oder Kosten und Leistungen agieren, zu differenzieren, verwendet Schierenbeck die Einteilung **Leistungsziele**, Erfolgsziele und Finanzziele.[165] Aber auch diese sinnvolle Dreiteilung erfasst nicht weitere Ziele, wie sie nach heutigem Verständnis beispielsweise im Public oder Gesundheits-Management als Outcome oder Impact definiert werden. Das Ergebnis einer Produktion ist der Output, der eine Auswirkung auf den Kunden hat und nicht mit dem Output eines Betriebes gleichgesetzt werden kann. Diese Auswirkung auf den Kunden heißt **Outcome**. Gleichzeitig hat der Outcome Auswirkungen auf die gesamte Gesellschaft. Dies ist der **Impact**. Diese Differenzierung ist wichtig, um das Ergebnis einer Leistungserstellung aus unterschiedlichen Sichten beurteilen zu können.[166] Besteht beispielsweise der Output eines Unternehmens aus einer Betreuung, Beratung oder Gesundheitsleistung, hat diese Leistung eine Auswirkung auf den Kunden/Patienten in Form eines Wohlfühlens, einer Sicherheit, Gesundung, Linderung oder Selbsterkenntnis. Auch wenn der Betrieb eine aus seiner Sicht 100%ige Leistung erbracht hat, kann der Kunde/Patient eine durchaus abweichende Auffassung vertreten. Die Betreuung eines Kunden/Patienten hat darüber Auswirkungen auf seine Umgebung und sogar auf die Gesellschaft. Wurde also beispielsweise eine an der Spanischen Grippe erkrankte Person 1918 in einem britischen Krankenhaus behandelt, wobei gleichzeitig eine Quarantäne verordnet wurde, kann medizinisch eine erfolgreiche Behandlung durchgeführt und eine sinnvolle Entscheidung getroffen worden sein. Dennoch wäre der Patient möglicherweise unzufrieden, weil er für einen bestimmten Zeitraum seiner Freiheit beraubt wurde und keinerlei Besuch empfangen durfte. Für sämtliche Menschen in seiner Umgebung, ja theoretisch für die gesamte Bevölkerung wäre die Behandlung einschließlich Quarantäne ein wichtiger Schutz, also absolut positiv zu bewerten.[167]

Neben den vorstehend genannten **gesellschaftlichen Zielen** bleiben bei den erstgenannten Klassifikationen weitere, heute weitgehend akzeptierte Ziele wie **technische, soziale, ökologische, sonstige gesellschaftliche und kulturelle** unberücksichtigt. Soziale, ökologische und sonstige gesellschaftliche Ziele können unter dem Begriff **„nachhaltigkeitsbezogene Ziele“** subsumiert werden. Letztere und weitere werteorientierten Ziele werden

[165] Vgl. SCHIERENBECK, H., WÖHLE, C. B.: Grundzüge der Betriebswirtschaftslehre. 19. Aufl., Berlin, Boston 2016, S. 78.

[166] So kann ein Unternehmen eine objektiv korrekte Leistung erbracht haben, die der Kunde subjektiv als schlecht empfindet. So gesehen ist nicht der Output, sondern der Outcome entscheidend. Aus Marketingsicht ist es daher wünschenswert, dass der Kunde eine objektiv gut erbrachte Leistung auch gut bewertet.

[167] Durch Quarantänemaßnahmen (vor dem Betreten des Landes musste jede einreisende Person ca. 40 Tage in Quarantäne) wurde Australien 1918 vor dem Übertritt der Spanischen Grippe geschützt.

hier unter dem Terminus „**ethische Ziele**“ Ziele zusammengefasst. Auf die Berücksichtigung von mehr als nur Sach- und Formalzielen wies bereits die Balanced Scorecard hin.[168]

2.1.5.3 Planung nach den Funktionsbereichen

Die **Planungen nach den Funktionsbereichen** können folgende sein:

- Beschaffungsplanung
- Innerbetriebliche Logistikplanung
- Produktionsplanung
- Marketing- einschl. Vertriebs- und Absatzplanung
- Personalplanung
- Finanzierungsplanung
- Investitionsplanung
- Kostenplanung
- Ergebnisplanung
- usw.

Darst. 2.123: Bereichsplanungen

[168] Vgl. KAPLAN, R. S., NORTON, D. P.: The Balanced Scorecard, Boston 1996, KAPLAN, R. S., Norton, D. P.: The Balanced Scorecard – Measures That Drive Performance, in: Harvard Business Review, January-February 1992, p. 71-79, HORVÁTH & PARTNERS (HRSG.): Balanced Scorecard umsetzen, 5. Aufl., Stuttgart 2013.

In den vorgenannten Bereichsplanungen ist die **Lagerplanung** nicht explizit enthalten, da eine Lagerplanung im Beschaffungs- oder Produktionsbereich oder innerhalb der innerbetrieblichen Logistik erstellt werden kann.

Die Planung nach den Funktionsbereichen beantwortet nicht die Frage, ob die Planungen isoliert durchgeführt werden oder ob eine Koordination bzw. Integration der einzelnen Planung erfolgt.

2.1.5.4 Planung nach dem Integrationsgrad

Die Frage nach dem **Integrationsgrad der Planung** ist identisch mit dem Thema **Ganzheitlichkeit der Planung**. Es geht darum, ob eine integrierte Gesamtplanung vorgenommen wird oder eine nicht integrierte Teilplanung vorliegt. Die **integrierte Gesamtplanung** wird auch als **synoptische** (ganzheitliche) **Planung** oder **Gesamtunternehmensplanung** bezeichnet; die **nicht integrierte Teilplanung** als **inkrementale** (bruchstückhafte). Eine integrierte Gesamtplanung bezieht alle Bereiche des Unternehmens unter völliger gegenseitiger Abstimmung in sachlicher und zeitlicher Sicht ein. „Eine **zentralistische Unternehmensplanung** zu praktizieren, bedeutet mit einer integrierten Unternehmensplanung zu arbeiten.“[169] Eine perfekte zentralistische Unternehmensplanung heißt eine totale **Simultanplanung**/-optimierung vorzunehmen. Mit einer integrierten Gesamtplanung wird dem Problem des **Partikularismus** begegnet, denn Partikularismus bedeutet, dass der Gewinn des Unternehmens aufgrund mangelhafter Abstimmung der einzelnen Bereiche und starken Eigeninteressen eines jeden Bereichs (Jeder will das Beste für seinen Bereich = Zentrifugalkräfte) reduziert wird. Insgesamt ergibt sich durch eine integrierte Gesamtplanung eine in sich geschlossene Unternehmenspolitik. Eine zentralistische Unternehmensplanung mit mehrperiodigen totalen Optimierungsmodellen ist jedoch aus vielerlei Gründen wie z. B. mangelnde Langfristigkeit, Datenkonformität, Planungselastizität, Planungsstimulanz nicht praktikabel.[170] Weitere Hemmnisse sind u. a. die fehlende Datenbankanbindung, die fehlende Planungsfunktionalität sowie die mangelhaften Unterstützung des gesamten Planungsprozesses.[171] Aus diesen Gründen verfügt nicht einmal

[169] EHRMANN, H.: Unternehmensplanung, a. a. O., S. 78.

[170] Vgl. KOCH, H.: a. a. O., S. 35ff.

[171] Vgl. ICV INTERNATIONALER CONTROLLER VEREIN E. V.: Noch viel Raum zur Verbesserung der Planung, München, Würzburg 2015. Laut ICV wird die Umsetzung von Advanced-Planning-Ansätzen durch die immer noch weit verbreitete Nutzung von Microsoft Excel®, das 90 % der befragten Unternehmen für die Planung einsetzen, erschwert.

jedes fünfte Unternehmen über ein – mehr oder weniger – vollständig integriertes Planungsmodell, welches durch eine treiberbasierte Planung oder die Simulation von Ergebnisveränderungen weiter optimiert werden kann.[172] Bei einer nicht integrierten Teilplanung, die gleichbedeutend mit einer **dezentralistischen Planung** ist, werden die einzelnen Unternehmensbereiche (relativ) isoliert geplant. Es kann sich hier um Teilbereichsplanungen, z. B. für Geschäfts- oder Funktionsbereiche oder Stellen handeln. Die Nachteile einer dezentralistischen Planung stellen die Vorteile einer zentralistischen Planung (s. o.) dar.

Beide Systeme sind aufgrund ihrer Mängel in der Praxis nicht anwendbar. Die Kombination, ein mittlerer Dezentralisierungsgrad, beinhaltet daher sowohl zentralistische als auch dezentralistische Elemente. Dies wird als **hierarchische Unternehmensplanung** bezeichnet. Das System der hierarchischen Unternehmensplanung[173] hat sich in der Unternehmenspraxis weitestgehend durchgesetzt. Es treten zwar verschiedene Varianten im Detail auf. Im Kern jedoch ist ihnen die Integration des Planungs- und Kontrollsystems in das hierarchische Stellengefüge der Unternehmensorganisation gemeinsam. Damit verbunden sind die Vornahme von Teilplanungen und die Koordination derselben.

2.1.5.5 Planung nach dem Zeitraum

Der Zeithorizont der Planung (und Kontrolle) bezieht sich auf den **Zeitraum**, für den ein Plan erstellt wird und über den er sich erstreckt. Die **Planung nach dem Zeitraum** kann in eine

- langfristige für Zeiträume von über fünf Jahren bis über zehn Jahre,
- mittelfristige für Zeiträume zwischen einem und fünf Jahren und
- kurzfristige Planungen für Zeiträume bis zu einem Jahr.

unterschieden werden.

Die im Unternehmen konkret verwendeten Zeithorizonte, insbesondere bei den langfristigen Plänen, sind in den verschiedenen Branchen, ja sogar in den einzelnen Unternehmen eines Zweiges recht unterschiedlich.

[172] Vgl. ICV INTERNATIONALER CONTROLLER VEREIN E. V.: a. a. O.

[173] Vgl. KOCH, H.: a. a. O., S. 47ff.

Kurzfristige Pläne können im Extremfall für den unmittelbar folgenden Zeitraum von weniger als einer Stunde erstellt werden. In diesem Fall dürfte es sich eher um eine **Improvisation** als eine Planung handeln. Improvisation stellt dann einen Planersatz dar: sie wird beim Eintritt unerwarteter Situationen angewendet. Improvisation kann aber auch dann als Planungsergänzung infrage kommen, wenn eine Planung nicht lohnt.[174]

Je weiter in die Zukunft geplant wird, desto größer sind die Unsicherheiten in Bezug auf die in der Zukunft liegenden Sachverhalte als bei Ereignissen, die für die nahe Zukunft geplant sind. Daher nehmen die Bedeutung von Prognosen und die Anforderungen an deren Qualität (Informationsgehalt und Sicherheitsgrad) mit längeren Planungszeiträumen zu, zumal die langfristig getroffenen Entscheidungen nur mit erheblichen Mühen und meist nicht kurzfristig revidierbar sind. Wie in Unterabschnitt 2.1.1 „Notwendigkeit der Planung, Planungsbegriff und Prognose" bereits ausgeführt wurde, steigen die Kosten mit zunehmender Qualität der (Prognose-) Daten. Deshalb ist es unter Kosten-Nutzen-Aspekten eher nicht sinnvoll, weit in der Zukunft liegende Ereignisse oder Zustände exakt zu planen. Je länger der Planungshorizont, desto weniger detailliert sind die entsprechenden Pläne. Dies bedeutet auch, dass sich die Toleranzgrenzen im Rahmen der Kontrolle der Planung und Umsetzung mit zunehmendem Zeithorizont vergrößern.

Grundsätzlich spielen bei den mittelfristigen, besonders aber bei den kurzfristigen Planungen die betrieblichen **Engpässe** eine wichtige Rolle. Je kurzfristiger eine betriebliche Planung erfolgt, desto stärker muss sie sich an den Engpässen orientieren; d. h. nach dem von Gutenberg aufgestellten **Ausgleichsgesetz der Planung**[175] muss mit dem Teilbereich begonnen werden, der den Engpass (**Minimumsektor**) des Unternehmens bildet. Dies ist angesichts zunehmenden Wettbewerbs – auch infolge der Globalisierung der Wirtschaft – in aller Regel der Absatzmarkt[176]. Langfristig sollte sich ein Unternehmen bemühen, diese Engpasssituation zu beseitigen.

Große betriebliche Unterschiede und unternehmensspezifische Festlegungen der Planungszeiträume lassen „zur Charakterisierung der unterschiedlichen Anforderungen und Aufgaben von Planung und Kontrolle eine Differenzierung nach [Handlungs-/Planungs- – Anm. d. Verf.] Ebenen besser geeignet" erscheinen.[177] Auch die u. U. irreführende Be-

---

[174] Vgl. KOCH, H.: a. a. O., S. 12.

[175] Vgl. GUTENBERG, E.: Produktion, a. a. O., S. 163ff.

[176] In sanierungsbedürftigen Firmen vordergründig der Finanzbereich; in einer Nachkriegszeit oder bei inneren Unruhen ist regelmäßig die Produktion der Engpass.

[177] Vgl. DILLERUP, R., STOI, R.: a. a. O., S. 327.

schreibung der strategischen Planung als langfristige (s. der nachfolgende Unter-Unterabschnitt) führt dazu, im Hinblick auf eine konsequente Handlungsorientierung die Planungsebenen der Sache nach zu unterscheiden.[178] Letztere werden nachfolgend dargestellt.

2.1.5.6 Planung nach den Planungsebenen

Die Unterscheidung der **Planungsebenen** (Handlungsebenen) erfolgt nach der **Tragweite der getroffenen Entscheidungen** (Ziele und Maßnahmen) und „dem Ausmaß der geplanten Systemänderung“[179]. Die drei Planungsebenen (strategisch, taktisch, operativ)[180] bilden entsprechend der hierarchischen Unternehmensplanung[181] eine Rangfolge/Rangordnung, wobei die übergeordnete Ebene jeweils die Basis für die nachfolgende Ebene ist.

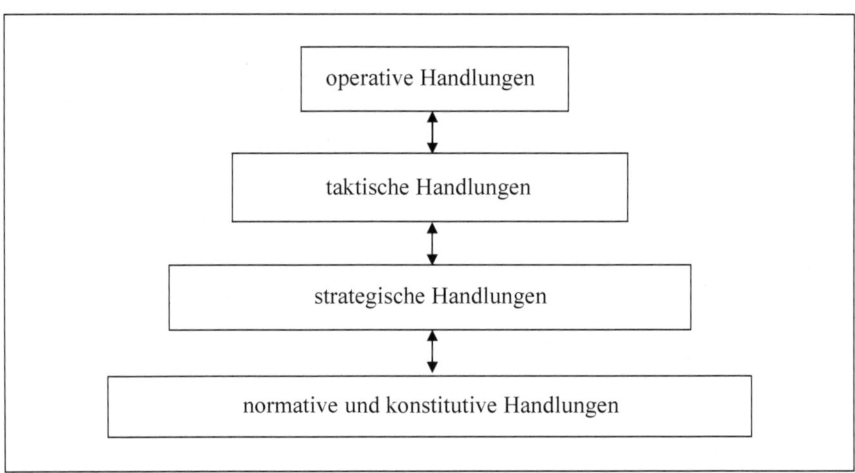

Darst. 2.124: Handlungsebenen

[178] Vgl. STEINMANN, H., SCHREYÖGG, G., KOCH, J.: Management. Grundlagen der Unternehmensführung. Konzepte – Funktionen – Fallstudien, 7. Aufl., Wiesbaden 2013, S. 155.

[179] Ebenda. Die einzelnen Planungsebenen (Handlungsebenen) werden ausführlich bei Wördenweber (WÖRDENWEBER, M.: Unternehmensplanung, a. a. O., S. 46–50.) beschrieben.

[180] In der betriebswirtschaftlichen Literatur werden die taktische und die operative Planung nicht einheitlich definiert. Es finden sich Autoren, die die operative Planung der untersten hierarchischen Planungsebenen zuordnen, während andere Autoren die taktische Planung auf dieser Planungsebene ansiedeln.

[181] Vgl. Unter-Unterabschnitt 2.1.5.4 „Planung nach dem Integrationsgrad“.

Allerdings ist es denkbar, dass insbesondere die operative Ebene aufgrund ihrer zeitlichen und „räumlichen“ (z. B. zum Kunden oder zu den Mitarbeitern) Nähe und damit besserer Einschätzung der gegenwärtigen Situation und der Prognosemöglichkeiten eine Korrektur der übergeordneten Pläne den Anstoß für eine Überarbeitung der übergeordneten Pläne liefert.[182] Die Handlungsebenen stellen das oberste Strukturierungsmerkmal für das gesamte Führungssystem dar.[183]

Neben den konstitutiven Entscheidungen liefert die **normative Planung**, die aus der Unternehmensphilosophie abgeleitet wird, den **äußeren Rahmen für alle Teilplanungen** des Unternehmens. Die dort getroffenen Entscheidungen gelten für das ganze Unternehmen prinzipiell **unbefristet**, d. h. bis auf Widerruf. Die Unternehmensphilosophie beinhaltet die allgemeinen Zielvorstellungen, Werte und Verhaltensnormen. Sie bildet die Grundlage für die Bestimmung konkreter Zielsysteme. In der Unternehmens- oder Management-Philosophie (**Leitbild**) spiegeln sich die Wertvorstellungen und Motivationen der Entscheider, ebenso wider wie die Einschätzung von Gegebenheiten und Entwicklungstendenzen der Umwelt. In der angelsächsischen Literatur findet sich dafür der Ausdruck „**Mission Statements**“. Sie beschreiben keinen Ist-Zustand, sondern eine zukunftsbezogene Vorstellung, die sogar eine „**Vision**“, ein ehrgeiziges, fast idealistisches Ziel enthalten kann.

In der **strategischen Planung** wird grob skizziert, welche Maßnahmen wann und wie durchgeführt werden sollen, um die unternehmenspolitischen Zielvorstellungen zu verwirklichen. Sofern sich die strategische Planung oft auf einen Zeitraum von fünf bis zehn Jahren bezieht, kann sie als **langfristige Planung** charakterisiert werden. Diese Gleichsetzung von strategisch und langfristig ist jedoch mit Vorsicht zu genießen. Strategische Pläne können einen relativ kurzen Zeithorizont aufweisen, ohne dass sie gleich als operative Pläne zu charakterisieren wären. Bspw. dann, wenn einem Unternehmen ein anderes überraschend, etwa aus der Insolvenzmasse, angeboten wird.[184] Auch eine – zumindest für die Öffentlichkeit – unerwartete Fusion oder sehr zeitnaher Austausch der Geschäftsbereiche in einer Krise kann ein ähnlich kurzfristiges Unterfangen sein. Durch den grundsätzlich langen Zeithorizont lassen die tendenziell qualitativ ausgerichteten Pläne mit geringem Detaillierungsgrad ein hohes Maß an Toleranz im Rahmen der Kontrolle zu. Der strategische Planungsprozess bezieht sich vornehmlich auf Entscheidungen mit langfristigen Auswirkungen. Dazu gehören das Schmieden von strategischen Allianzen mit Kunden,

[182] Vgl. hierzu insbesondere den Unter-Unterabschnitt 2.1.3.4 „Grundsatz der Flexibilität“.

[183] Vgl. u. a. KÜPPER, H.-U., FRIEDL, G., HOFMANN, C. ET AL.: a. a. O., S. 136–138.

[184] In manchen Fällen ist das sogar der bisherige Wettbewerber. So wurde bspw. 2006 die Hornitex Gruppe Gebr. Künnemeyer GmbH & Co. KG mit 1.400 Mitarbeitern im Zuge des Insolvenzverfahrens an die Sonae Indústria, Meia, Portugal veräußert, zu der zu diesem Zeitpunkt auch der bisherige Konkurrenz Glunz AG gehörte.

Lieferanten und Wettbewerbern sowie das Aufspüren von künftigen Erfolgspotenzialen. Weiter können Gegenstand derartiger Entscheidungen umfangreiche Werbestrategien, preispolitische Maßnahmen von grundlegender Bedeutung, Geschäftsfelder, Produkt-, Produktprogramm-[185] und/oder Marktbearbeitungsstrategien, Standorte (für Verwaltung, Produktion, Lager, Vertrieb), die Erweiterung von Produktionsanlagen im Ausland oder auch Kostensenkungsprojekte sein. Rechtsformen von Tochtergesellschaften und Joint Ventures, Unternehmensstrukturen sowie der Führungsstil gehören ebenso dazu. Typische strategische Untersuchungsmethoden sind die SWOT-Analyse oder die Produktlebenszyklusanalyse. Dabei soll die strategische Planung festlegen, was zu tun ist, um

- Chancen zu erkennen und zu nutzen
- Risiken möglichst zu vermeiden
- Stärken zu erhalten und auszubauen
- Schwächen zu mindern und zu beseitigen.[186]

Die strategische Planung erstreckt sich nicht nur auf das Unternehmen, sondern auch auf dessen Teilbereiche und Funktionen. Sie ist als Prozess zu verstehen und fällt in den Aufgaben- und Verantwortungsbereich der Unternehmensleitung.[187] In der Literatur ist vereinzelt zu lesen, dass „Entscheidungen über die Effektivität als strategische Aufgabe“ gelten.[188] Dieser Auffassung kann nicht gefolgt werden, da die Effektivität nicht ausschließlich der strategischen Planung zugeordnet werden kann. Die Forderung nach Effektivität, die besagt, die richtigen Dinge zu tun,[189] ist ebenfalls bei der taktischen und operativen Planung essenziell.

In der strategischen Planung geht es um die Sicherung und die Entwicklung neuer Erfolgspotenziale bzw. um die Erreichung von Wettbewerbsvorteilen. Die **taktische Planung** ist darauf ausgerichtet, die strategischen Vorstrukturierungen und Abgrenzungen inhaltlich (durch mehrperiodige Ziele und Maßnahmen) zu konkretisieren, um die bestehenden und erkannten Erfolgspotenziale eines Unternehmens bestmöglich zu nutzen. Es geht hier neben den taktischen Zielen konkret um die Erstellung und Bewertung mittelfristiger Aktionsprogramme und Verfahrensregeln. Dazu gehören bspw. mittelfristige Beschaffungs-,

[185] Vgl. BAMBERGER, I., WRONA, TH.: Strategische Unternehmensführung. Strategien, Systeme, Prozesse, 2. Aufl., München 2012, S. 233ff.

[186] Vgl. HORVÁTH, P., GLEICH, R., SEITER, M.: a. a. O., S. 205.

[187] Siehe dazu auch WÖRDENWEBER, M.: Unternehmensplanung, a. a. O., S. 36 und S. 46–50.

[188] DILLERUP, R., STOI, R.: a. a. O., S. 36.

[189] That means: „Doing the right things.“ Not: “Doing the things right.”

Produktions-, Absatz-, Finanzierungs-, Investitions- und Personalausstattungs- und -entwicklungspläne[190] sowie mittelfristige Produktziele. Auch der Erhalt der Zahlungsfähigkeit ist ein wichtiger Bestandteil der taktischen Planungen. Zu den taktischen Planungen gehören oft auch Projekte.[191] Der Planungszeitraum liegt zwischen ein und drei Jahren. Insofern ist sie **mittelfristig** ausgelegt. In der Unternehmung ist die taktische Planung auf sachlich und zeitlich überschaubare (Teil-) Bereiche fokussiert. Deshalb müssen die Dependenzen und Interdependenzen zwischen den Bereichen berücksichtigt und die mittelfristigen Planungen der einzelnen Funktionsbereiche koordiniert werden. Gegenüber der strategischen Planung nehmen die Detailliertheit, Vollständigkeit und Genauigkeit zu. Die Toleranzgrenzen im Rahmen der Kontrolle (der Planung und Umsetzung) sind als mittel zu bezeichnen.

Die **operative Planung** ist eine sehr aufgegliederte und exakte Planung und erfolgt auf der untersten hierarchischen Planungsstufe i. d. R. durch die Leitung des jeweiligen Funktionsbereichs. Allerdings werden die Planungsaufgaben meist an die untergeordneten Linieninstanzen delegiert. Welche Stelle die einzelnen Arbeiten erledigt, hängt in erster Linie von der konkreten Aufbauorganisation ab. Auch die operative Planung besteht aus Ziel- und Maßnahmenplanungen, die durch eine Erlös- und Kostenplanung ergänzt werden. Auf dieser Planungsebene liegen das Produktionsprogramm, die erwartete Nachfrage und die Kapazitäten sowie weitere Ressourcen weitestgehend fest. Die Steuerung erfolgt durch die höhere Führungsebene. Der Planungszeitraum in der operativen Planung beträgt in der Regel ein Jahr. Die Fokussierung ist abteilungs- oder tätigkeitsbezogen. Die operative Planung beschäftigt sich auf der Basis der taktischen Planung mit kurzfristigen Zielen wie Kostenminimierung, Durchlaufzeitenminimierung, (in Abhängigkeit von übergeordneten Zielen) i. d. R. einperiodige und/oder stückbezogene Erfolgsziele sowie mit Aktionsprogrammen bzw. Teilaktionen und Verfahrensregeln, zu denen u. a. ein detaillierter Einkaufs-, Bestands-, Produktions-, Absatz- und Finanzplan gehören. Typische, zu klärende Probleme sind z. B. die Ablauf- einschließlich Produktionsreihenfolgeplanung, Losgrößenplanung, Bestellmengenoptimierung, Bestandsplanungen, Kapazitätsabstimmungen mit dem Ziel einer optimalen Kapazitätsauslastung, Insertionspläne (Inter- und Intramediaplanung), die Sicherung der Jahres-, Monats- und Tagesliquidität, die Personaleinsatzplanung einschl. der Urlaubsplanung der Mitarbeiter. In einer weiteren Unterte-

[190] Insbesondere die Schaffung eines qualifizierten Führungspersonals und Mitarbeiterstamms sind hier zu nennen.

[191] Ein Projekt ist ein einmaliges Vorhaben einer Aufgabenausführung. Unter Projektorganisation kann die Strukturierung von Systemen als Einzelvorhaben mit hohem Schwierigkeitsgrad und mit Risikobeziehung verstehen. Beispiele sind große Bauvorhaben, die Errichtung eines neuen Werkes, die Errichtung einer Niederlassung oder einer Tochtergesellschaft im Ausland, die Übernahme anderer Unternehmen, die Einführung eines Jahresarbeitszeitkontos etc.

lung werden Jahrespläne (z. B. Personal, Stellen), Monatspläne (z. B. im Vertrieb), Wochenpläne (z. B. in der Produktion, Logistik) oder gar Tagespläne (Personaleinsatzplanung, Cash Management) unterschieden. Der Detaillierungsgrad ist sehr hoch, die Vollständigkeit nahezu gegeben und die Planungsinhalte fast immer quantitativer Natur. In vielen Fällen ist "eine tiefgehende Aufspaltung in isolierte Planungsmodelle notwendig. [Es handelt sich oft um – Anm. d. Verf.] wohl-definierte Probleme, die in hohem Maße mit EDV-gestützten quantitativen Methoden“[192] gelöst werden können. Aufgrund der Realisationsnähe sind ihre Aussagen meist dokumentiert und auf Kontrollierbarkeit angelegt.[193]

Zusammenfassend ergibt sich folgende Abgrenzung der strategischen, taktischen und operativen Planung nach den Kriterien

- Zeitbezug,
- Rahmen/Basis der Planung,
- Ziele,
- Aktionsinhalte,
- Geltungsbereich,
- Verantwortlichkeit,
- Darstellungsart,
- Detailliertheit und
- Toleranzgrenzen:

[192] KÜPPER, H.-U., FRIEDL, G., HOFMANN, C. ET AL.: a. a. O., S. 138.

[193] Vgl. HAMMER, R.: a. a. O., S. 194.

Ebene	Strategisch	Taktisch	Operativ
Zeitbezug	langfristig, über 5 bis über 10 Jahre	mittelfristig, über 1 bis 5 Jahre	kurzfristig, bis 1 Jahr
Rahmen/Basis	normative Planung	strategische Planung	taktische Planung
Ziele	Erfolgspotenziale, Gewinnmaximierung, Kostenführerschaft, Preisführerschaft u. a.	Produktziele, Gewinnmaximierung Sicherung der Zahlungsfähigkeit	Erfolgs- und Finanzziele, Sicherung der Zahlungsfähigkeit
Aktionsinhalte	strategische Allianzen, Geschäftsfelder, Marktbearbeitungs-Strategien, Produkt-/ Produktprogramm-Entscheidungen, Werbestrategien, Standorte u. a.	mittelfristige Beschaffungs-, Produktions-, Absatz-, Finanzierungs-, Investitions-, Personalausstattungs- und entwicklungspläne u. a., Projekte	detaillierter Beschaffungs-, Bestands-, Produktions-, Absatz-, Finanzierungs-, Investitions-, Personaleinsatzplan, etc.
Geltungsbereich	(Gesamt-) Unternehmung	Funktionsbereich	Abteilung, Gruppe, Stelle
Verantwortlichkeit	Oberste Leitung (Top-Management), Geschäftsführung/ Vorstand	Mittlere Leitung (Middle-) Management), Bereichsleiter	Untere Leitung (Lower-Management), Abteilungs-, Gruppenleiter, Sachbearbeiter
Darstellungsart	qualitativ	eher quantitativ	quantitativ
Detailliertheit	gering	mittel	hoch
Toleranzgrenzen	hoch	mittel	gering

Darst. 2.125: Strategische, taktische und operative Planung und Kontrolle

Im Rahmen der operativen Planung müssen die Inhalte immer in Verbindung mit der **Budgetierung**[194] gesehen und überlegt werden. Auf der einen Seite lassen sich nur durch entsprechende Maßnahmen die Formalziele realisieren, auf der anderen Seite werden aus den durchgeführten Maßnahmen monetäre Ergebnisse realisiert. Maßnahmenpläne und Budgets müssen diesem Umstand Rechnung tragen. Zusätzlich müssen sie grundsätzlich untereinander vereinbar und aufeinander abgestimmt werden. In der Planungspraxis ist die operative Planung mit potenziellen Schwachstellen konfrontiert. Diese stehen in Verbindung mit dem nicht unbeträchtlichen Planungsaufwand und stellen somit den Nutzen der operativen Planung in Frage. Im Wesentlichen werden folgende **Kritikpunkte** genannt:

- In vielen Unternehmen wird die strategische und operative Planung unabhängig voneinander erstellt.
- Die operative Planung wird einseitig auf nur monetäre Größen ausgerichtet.
- Auf Grund zu langer Planungsprozesse und unzureichenden Anpassungen sind Aktualität und Flexibilität zu wenig gegeben.
- Der Nutzen der operativen Planung wird von den Mitarbeitern nicht gleichermaßen anerkannt.

Im Rahmen der Ausgestaltung des operativen Planungssystems und der Planungsprozesse gilt es diesen potenziellen Schwachstellen entgegenzuwirken.

Die Aufgabe der Geschäftsführung ist es, ein Planungssystem zu entwickeln, welches die drei Planungsebenen unter Berücksichtigung der normativen Vorgaben so zueinander in Beziehung setzt, dass eine Koordination und Integration der Planungen aller beteiligten Planer im Hinblick auf die Erreichung der Unternehmensziele möglich wird.[195]

Die Koordination der Planungsebenen gestaltet sich als schwierig, da die Ebenen unterschiedliche Ziele verfolgen. Die strategische Planung sucht primär Erfolgspotenziale, welche dann im Rahmen der weiteren Planung in konkrete Entscheidungsvorschläge umgesetzt werden, während sich die taktische und operative Planung an Erfolgs- und Finanzzielen orientieren.

---

[194] Siehe zum Thema Budgetierung ausführlich Abschnitt 2.4 „Budgetierung“.

[195] Vgl. BRÜHL, R.: Controlling. Grundlagen einer erfolgsorientierten Unternehmenssteuerung, 4. Aufl., München 2016, S. 22.

2.1.6 Koordination der Planung

Folgende vier verschiedene Arten der Koordination (**Koordinationsverfahren**) sind denkbar:[196]

- Die vertikale Koordination: Abstimmung der Pläne mit den über- und untergeordneten Stellen.
- Die horizontale Koordination: Planabstimmung mit den benachbarten Stellen auf einer Ebene.
- Die zeitliche Koordination: Abstimmung der verschiedenen Planungsschritte untereinander.
- Die Koordination der Verwendung nach: Abstimmung der Periodenplanung mit der Projektplanung.

2.1.6.1 Vertikale Koordination

Die Abstimmung zwischen den drei Planungsebenen (strategisch, taktisch, operativ) entsprechend der hierarchischen Unternehmensplanung wird als **vertikale oder unternehmenshierarchische Koordination** verstanden. Aus dem arbeitsteiligen zielgerichteten Aufgabenerfüllungssystem eines Unternehmens ergibt sich die Notwendigkeit der Koordination. Dieses System macht Aktionen erforderlich, um die organisatorischen Teilbereiche auf das Gesamtziel eines Unternehmens auszurichten. Da die einzelnen Hierarchieebenen als Folge des unterschiedlichen Detaillierungsgrades über einen entsprechenden Entscheidungsspielraum verfügen, besteht eine große Notwendigkeit für die vertikale Koordination.

[196] Vgl. PEEMÖLLER, V. H.: Controlling. Grundlagen und Einsatzgebiet, 5. Aufl., Herne, Berlin 2005, a. a. O., S. 217. Die Gliederungsstruktur ist in der Literatur nicht einheitlich: So ist die vertikale Koordination („Hierarchische Ableitung der Pläne" oder „Koordination von Plänen verschiedener Hierarchieebenen") und die horizontale Koordination mit der Simultan- und Sukzessivplanung beispielsweise bei DILLERUP, R., STOI, R.: a. a. O., S. 344ff. oder bei KÜPPER, H.-U., FRIEDL, G., HOFMANN, C. ET AL: a. a. O., S. 138 unter den Stichworten „Planziele", „Planungsträger", „Planungsprozesse" sowie „Planungsgegenstände und -ebenen" zu finden.

2.1.6.1.1 Maßnahmen zur Lösung des vertikalen Koordinationsproblems

Es liegen verschiedene Ansätze vor, um das Koordinationsproblem zu lösen. Diese gliedern sich in personenorientierte, strukturorientierte und technokratische Maßnahmen.[197] Unter **personenorientierten Maßnahmen** sind die Umsetzung eines partizipativen Führungsstils und eine Ausbildungsverbesserung der Mitarbeiter zu verstehen. **Strukturorientierte Maßnahmen** können die Bildung von Ausschüssen und anderen Organisationsformen sein.

Die Formalisierung von Planungs-, Kontroll- und Budgetierungssystemen zählen zu den **technokratischen Maßnahmen**. Im Prinzip handelt es sich um organisatorische Varianten der hierarchischen Planung. Die Verfahren, die in vertikaler Hinsicht genutzt werden, dienen der Abstimmung zwischen der Einzel- und der Gesamtplanung im Unternehmen. Die operative Planung basiert mittelbar auf der langfristigen und unmittelbar auf der mittelfristigen Planung, wobei sich der operative Teil überwiegend im ersten Jahr der Planung abspielt. Es gilt, hierbei den Planungszeitraum möglichst differenziert und sorgfältig zu gestalten. Dabei sollten alle Unternehmensbereiche in den Planungsprozess einbezogen werden. Bei der vertikalen Koordination wird zwischen verschiedenen **Planungsverfahren**, auch **Planungsrichtungen** oder **Planungsprinzipien** genannt, unterschieden:[198]

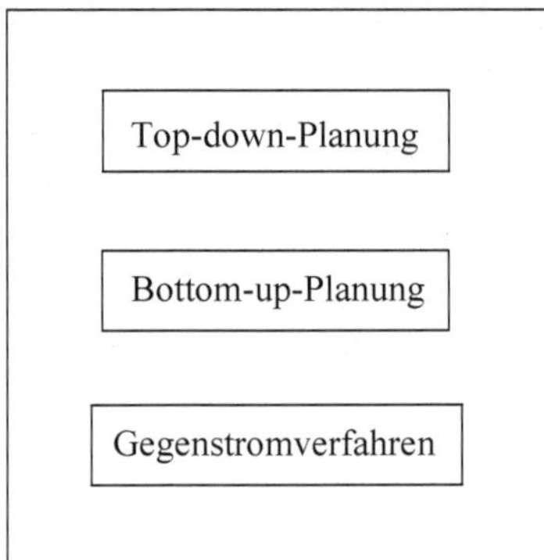

Darst. 2.126: Planungsverfahren

[197] Vgl. FUCHS-WEGNER, G., WELGE, M.: Kriterien und Auswahl von Organisationskonzepten, in: Zeitschrift für Organisation, 1974, S. 79.

[198] Vgl. SCHROETER, B.: Operatives Controlling, Wiesbaden 2002, S. 311.

2.1.6.1.2 Top-down-Planung

In der **Top-down-Variante**, die auch als **retrograde Planung**[199] bezeichnet wird, werden auf Geschäftsführungsebene strategische Zielvorgaben aufgestellt. Die Planung erfolgt infolgedessen von der strategischen bis zur operativen Ebene von oben nach unten. Die Unternehmensführung formuliert langfristige Ziele und stellt sie in sogenannte Gesamt- bzw. Rahmenpläne ein. Diese Rahmenpläne werden den darunterliegenden Ebenen als Oberziele vorgegeben und von ihnen in Teilpläne zerlegt und weiter präzisiert. Somit wird gewährleistet, dass gleichzeitig eine weitgehende Ausrichtung aller Planungsebenen auf die Oberziele/die Unternehmensziele erreicht wird. Dieses Verfahren gewährleistet eine Zielkonvergenz der Teilpläne mit der Unternehmensgesamtplanung.[200] Der Vorteil des Top-down-Vorgehens liegt darin, dass die Zielsetzungen aller Teilpläne der Zielsetzung des gesamten Unternehmens entsprechen.[201] Als Voraussetzung dafür gilt die Erreichbarkeit des Oberziels, denn es besteht eine latente Gefahr, dass Ergebnisse eingefordert werden, die sich nachher auf der Arbeitsebene als nicht umsetzbar erweisen.[202] Dazu kann es beispielweise kommen, wenn die vorgelagerte der nachgelagerten Ebene Plandaten vorgibt, die diese nicht erfüllen kann. Da eine vertikale Interdependenz der Pläne vorherrscht, kann es hierbei zu Einschränkungen des Arbeitsablaufes kommen. Um dieses Problem zu umgehen, muss die übergeordnete Planungsebene dafür sorgen, dass die untere Ebene immer aktuell informiert ist, was jedoch in der Regel mit einem hohen Aufwand verbunden ist. Als weiterer Nachteil der retrograden Planung ist anzuführen, dass bei den unteren Planungsebenen der Eindruck entstehen kann „verplant" zu werden. Deshalb ist anzuzweifeln, ob die unteren Planungsebenen auf Anfragen offen und ehrlich informieren. Aufgrund dieser Tatsache kann die Planungsqualität in erheblichem Maße beeinträchtigt werden.[203]

Die Top-down-Planung kann dahingehend abgewandelt werden, dass sich die Planung der einzelnen Planungsobjekte eines Unternehmens am Engpassfaktor wie z. B. dem Absatz ausrichten. Das Mengengerüst des Absatzes, welches entsprechend der Produkthierarchie aufgelöst wurde, dient hierbei als Vorgabe für die Mengengerüstplanung der anderen,

---

[199] Vgl. z. B. DILLERUP, R., STOI, R.: a. a. O., S. 344, EHRMANN, H.: Unternehmensplanung, a. a. O., S. 82.

[200] Vgl. PFOHL, H. C., STÖLZLE, W.: a. a. O., S. 134.

[201] Vgl. KUSSMAUL, H.: Betriebswirtschaftslehre. Eine Einführung für Einsteiger und Existenzgründer, 8. Aufl., München 2016, S. 28.

[202] Vgl. SPRAUL, A., OESER, J.: Controlling. Unternehmenssteuerung, Controlling-Werkzeuge, Unternehmensplanung, Managementinformationssysteme, Strategische Ausrichtung, Stuttgart 2004, S. 29.

[203] Vgl. KUSSMAUL, H.: a. a. O, S. 28.

nachfolgenden Zweck- und Verwaltungsaufgaben wie z. B. dem des Einkaufs, der Fertigung oder des Personalwesens.[204]

Die Planungsrichtung der vertikalen Koordination lässt sich wie folgt veranschaulichen:

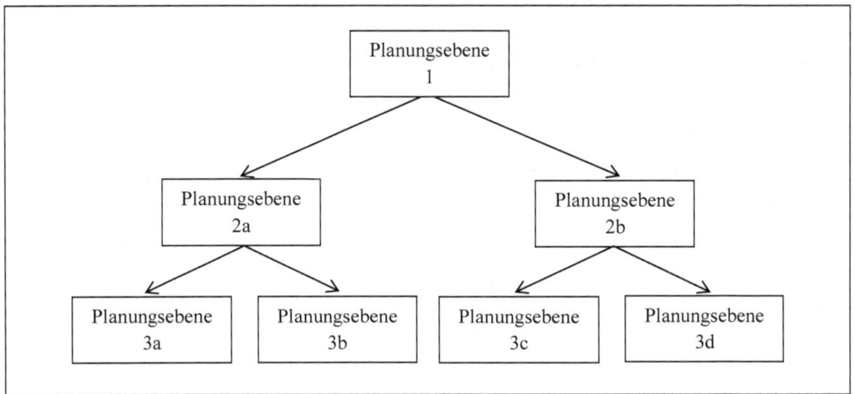

Darst. 2.127: Top-down-Planung

2.1.6.1.3 Bottom-up-Planung

Als Antithese zur Top-down-Planung wird die **Bottom-up-Planung** definiert, die auch als **progressive Planung** bezeichnet wird.[205] Hierbei werden die Planansätze der Teilpläne in den Fachabteilungen von den Mitarbeitern formuliert und in mehreren Iterationsschritten von der operativen Ebene nach oben zu einem Gesamtplan bzw. Gesamtziel aggregiert.[206]

Dabei werden die Pläne in jeder Stufe koordiniert, zusammengefasst und weitergegeben, bis die oberste Planungsebene erreicht wird. Ein großer Vorteil der progressiven Planung ist, dass nicht nur die Realistik der Planungsprämissen, sondern auch die Motivation der Planungsträger erhöht wird, da die Planung unmittelbar von den Mitarbeitern der unteren Planungsebenen ausgeht.

[204] Vgl. SCHROETER, B.: a. a. O, S. 312.

[205] Vgl. PFOHL, H. C., STÖLZLE, W.: a. a. O, S. 134.

[206] Vgl. FISCHER, T. M., MÖLLER, K., SCHULTZE, W.: Controlling. Grundlagen, Instrumente und Entwicklungsperspektiven, 2. Aufl., Stuttgart 2015, S. 449.

Die operative Planung beruht bei dieser Vorgehensweise auf einer breiten Informationsgrundlage, da die Beteiligten sofortigen Zugang zu allen nötigen Auskünften haben und sich somit mit den, von ihnen ausgearbeiteten Planinhalten identifizieren. Ein wesentlicher Nachteil der Bottom-up-Planung ist darin zu sehen, dass sich die Teilpläne, die der übergeordneten Planungsebene eingereicht werden, inhaltlich widersprechen können bzw. sich nicht gleichzeitig realisieren lassen können. Außerdem wird in der Unternehmenspraxis bei der progressiven Planung, die Planerstellung häufig an den Plänen der Vorperioden ausgerichtet. Diese Vergangenheitsorientierung steht jedoch im Widerspruch zu der eigentlichen Zukunftsorientierung der Planung. Zudem ist nicht auszuschließen, dass die unteren Stellen „mauern", d. h. sie geben nur leicht erreichbare Pläne ab. In diesem Fall werden erhebliche Potenziale „verschenkt". Die Bottom-up-Planungsrichtung gilt mit einer Gesamtprozessdauer von rund drei Monaten als sehr zeitintensiv. Eine Ursache liegt in der Datenbereitstellung, also der Vorgabe von Ist-Daten, der Eingabe von Plan-Daten und das Einsammeln von Plan-Daten aus unterschiedlichen Unternehmensbereichen. Daraus resultiert auch ein enormes Einsparpotenzial im Bereich der Datenbereitstellung.

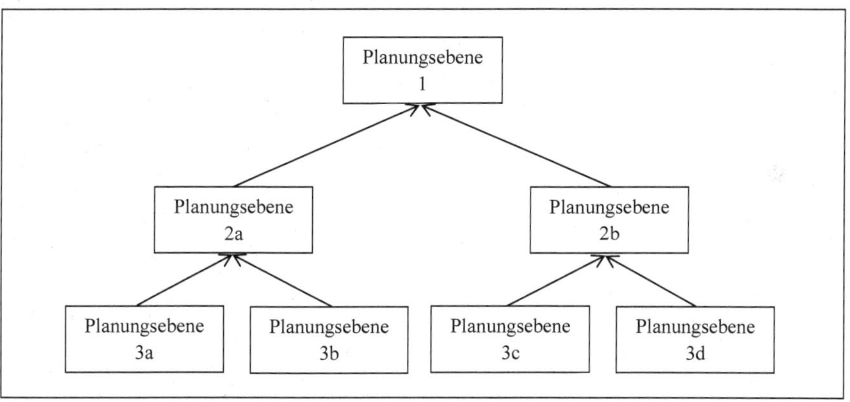

Darst. 2.128: Bottom-up-Planung

Das Bottom-up-Prinzip kann z. B. bei der Gemeinkostenplanung der einzelnen Bereiche sehr sinnvoll eingesetzt werden, weil hier ein sehr breites Wissen über die Ursachen des Gemeinkostenanfalls vorzufinden ist. Sollten sich nach der Zusammenfassung der einzelnen Gemeinkostenplanungen Abweichungen zu den Vorstellungen der Unternehmensführung ergeben, besteht die Möglichkeit eine absolute oder prozentuale Gemeinkostenkürzung vorzunehmen oder für einzelne Gemeinkostenarten eine Überarbeitung der Bereichsgemeinkostenplanung zu verfügen.[207]

2.1.6.1.4 Gegenstromverfahren

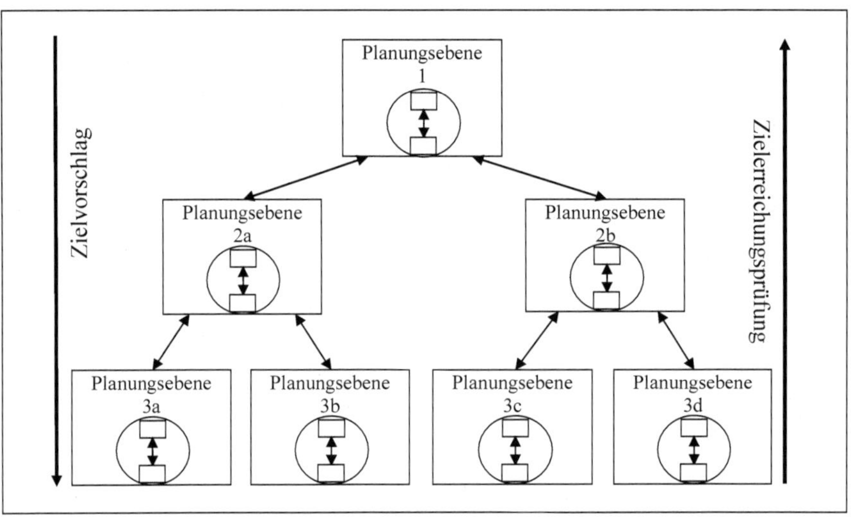

Darst. 2.129: Gegenstromverfahren

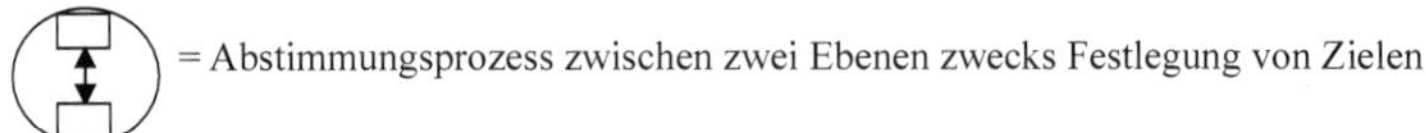

Ein geeignetes Instrument, um die Nachteile der retrograden und der progressiven Planung weitgehend auszuschalten und ihre jeweiligen Vorteile zu nutzen, ist das sogenannte **Gegenstromverfahren**, auch **interaktives Planungssystem** oder **zirkuläre Planung**[208] genannt. Diese Planungsphilosophie besteht aus einem Top-down-Vorlauf und einem Bottom-up-Rücklauf. Mittels Gegenstromverfahren soll das logische Zirkelproblem der Planung gelöst werden, nach dem über untergeordnete Pläne (Ziele und Maßnahmen) nicht ohne Kenntnis der übergeordneten Pläne (Ziele und Maßnahmen) entschieden werden

[207] Vgl. SCHROETER, B.: a. a. O, S. 312f.

[208] Vgl. DILLERUP, R., STOI, R.: a. a. O., S. 345. STRAUB, TH.: Einführung in die Allgemeine Betriebswirtschaftslehre, 3. Aufl., München 2020, S. 426.

kann und vice versa. Aus diesem Grund ist das Gegenstromverfahren schon aus logischen Gründen den beiden anderen überlegen.

Primär wird Top-down geplant: Die Unternehmensführung, also die oberste Planungsebene, erstellt zunächst einen vorläufigen Rahmenplan, von dem die vorläufigen Teilpläne abgeleitet werden. Mitglieder von mindestens zwei Führungsebenen stimmen dabei in mehreren sogenannten Planungskonferenzen ihre Ziel- und Zielerreichungsvorstellungen ab. Dies ist die Grundlage für die (vorläufige) Planverabschiedung.[209] Beginnend mit der untersten Planungsebene erfolgt daraufhin im progressiven Verfahren Bottom-up die stufenweise Erarbeitung sowie die Zusammenfassung der Teilpläne. Beispiel: Der Absatz im Inland je Verkaufsgebiet und der Absatz im Ausland je Land werden zum Gesamtabsatz zusammengefasst. Nach dem Rücklauf entscheidet die Unternehmensleitung über das Gesamtsystem der Teilpläne und nimmt eventuelle Anpassungen der ursprünglichen Ziele und Pläne vor. In der Praxis sind häufig mehrere Iterationen zu beobachten, bis der endgültige Gesamtunternehmensplan feststeht. Der Impuls der Gegenstromplanung muss nicht zwingend von oben, sondern kann auch von unten erfolgen. Das Gegenstromverfahren hilft, Zielkonflikte und Suboptima zu vermeiden: Führt die Top-down-Planung zu einem unrealistischen Ziel auf der Mitarbeiterebene, die Bottom-up-Planung zu vorsichtigen, sehr defensiven Zielen, die die Marktposition des Unternehmens schwächen, wird mit dem Gegenstromverfahren ein Interessenausgleich versucht. Die einzelnen Durchläufe müssen jedoch nicht unbedingt zu einer Plankonvergenz führen. Im Zweifel wird häufig eher durch hierarchische Macht als durch Qualität von Argumenten entschieden. Dann dominiert das Top-down-Prinzip. Der Abstimmungsprozess könnte dann wie folgt aussehen:

[209] Vgl. FISCHER, T. M., MÖLLER, K., SCHULTZE, W.: a. a. O, S. 74.

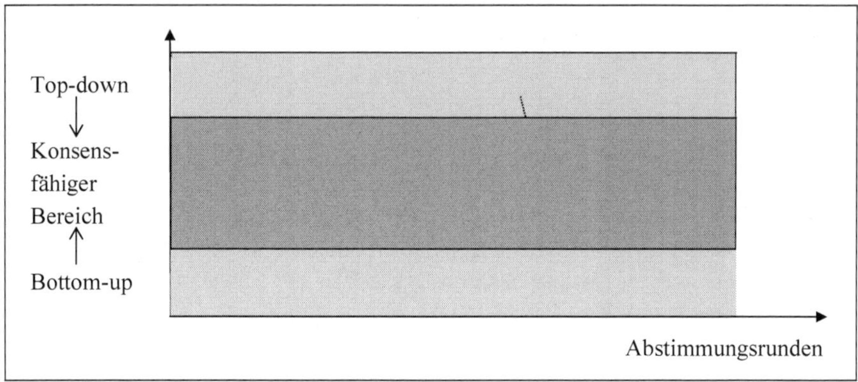

Darst. 2.130: Abstimmungsrunden zwischen zwei Hierarchiestufen bei stärkerer Durchsetzungskraft des Vorgesetzten

Grundsätzlich gewährleistet dieses interaktive Planungssystem, dass die Pläne realisierbar erscheinen. Letztlich erhöht sich auch die Motivation der (unteren) hierarchischen Ebenen, da sie an der Planung beteiligt werden. Gleichzeitig **entspricht das Gegenstromverfahren drei zentralen Führungsgrundsätzen**:[210]

- Jede Führungskraft sollte die Maßnahmen (Aktionen) in ihrem unmittelbaren Verantwortungsbereich aus Motivationsgründen selbst planen und gleicherweise die Planung nachgeordneter Instanzen steuern und integrieren.
- Die Planung sollte arbeitsteilig durchgeführt werden. Neben die zentrale Planung und Koordination durch einen zentralen Planungsstab der Unternehmensführung tritt die dezentrale Planung der betroffenen Linieninstanzen. Die Planungsarbeiten sind so zu delegieren, dass das im Unternehmen vorhandene Planungswissen optimal genutzt wird.
- Es sollte strikt differenziert werden zwischen der Erstellung der dezentralen Pläne (Entwicklung und Konkretisierung) einerseits und der Koordination/Integration der Pläne sowie der Entscheidung und Durch-/Umsetzung der Pläne andererseits.

Als Nachteil des Gegenstromverfahrens ist die relativ hohe Zeitintensität im Zuge der Planungsrunden zu sehen.

[210] Vgl. WILD, J.: a. a. O., S. 196.

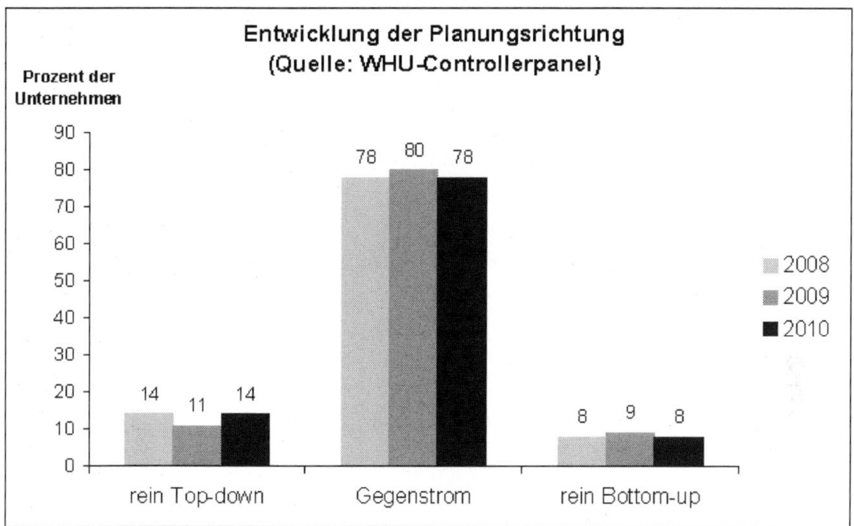

Darst. 2.131: Verbreitung unterschiedlicher Planungsrichtungen
(In Anlehnung an WEBER, J., SCHÄFFER, U.: a. a. O., S. 262.)

Wie die vorstehende Grafik zeigt, ist das Gegenstromverfahren laut einer Erhebung der WHU das am häufigsten praktizierte Planungsverfahren:

Die Verbreitung des Gegenstromverfahrens lässt sich auch mit der Führungskonzeption des **Management by Objectives** (MbO) begründen. Im Rahmen des MbO wird eine Kombination aus Top-down-Planung und Gegenstromverfahren praktiziert; zumindest über ein bis zwei Hierarchieebenen. Dieses Führungsprinzip geht von der Ausrichtung allen unternehmerischen Handelns im Hinblick auf die Erreichung der Unternehmensziele aus. Die von der oberen Ebene angedachten Planungsziele (nicht unbedingt Maßnahmen (!), um der untergeordneten Ebene Handlungsspielräume zu lassen) werden mit der unmittelbar tieferliegenden Ebene diskutiert. Ergebnis ist ein System abgestimmter Planungsziele. Die Bedeutung dieser Führungstechnik ergibt sich aus der Symbiose einer praxisgerechten Unternehmensführung mit verhaltenstheoretischen Erkenntnissen.

2.1.6.2 Horizontale Koordination

Durch die Überschneidung der Aufgaben und der daraus resultierenden erforderlichen Zusammenarbeit der einzelnen Teilbereiche einer Ebene sowie der wechselseitigen Abhängigkeit der Teilpläne ergibt sich die Notwendigkeit der **horizontalen Koordination**. Kurz gesagt: Es geht um die inhaltliche Abstimmung der einzelnen Teilpläne. In welchem Ausmaß eine horizontale Koordination erforderlich ist, hängt davon ab, wie die Organisationsstruktur des Unternehmens aufgebaut ist.

Autonom aufgestellte Sparten benötigen keine bzw. bei wechselseitigem Leistungsverkehr nur geringe Anpassungen, wohingegen eine funktionale Gliederung einen sehr hohen Anpassungsbedarf hat.[211] Die nachfolgende Darstellung zeigt ein funktional gegliedertes Planungssystem.[212]

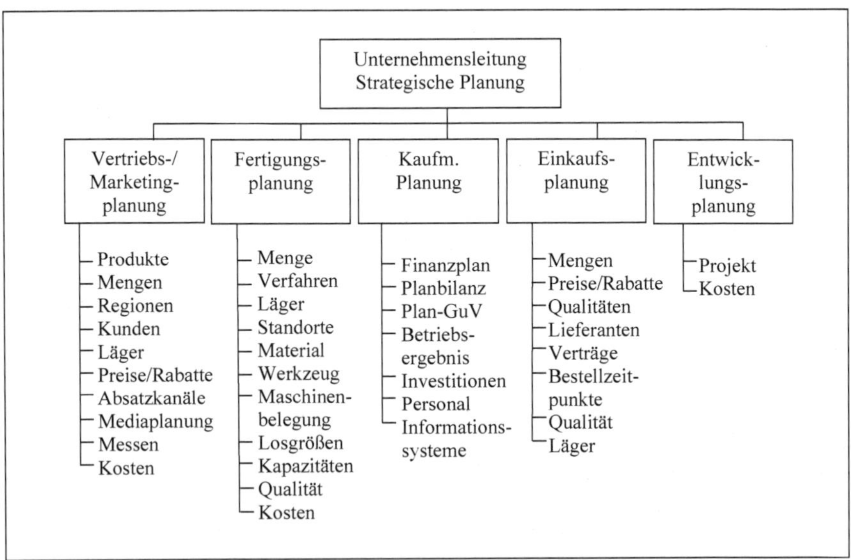

Darst. 2.132: Funktional gegliedertes Planungssystem

[211] Vgl. PEEMÖLLER, V. H.: a. a. O., S. 220.

[212] Vgl. PFEIL, B.: Planungshandbuch. Mit 40 Muster-Formularen, Landsberg 1990.

Das folgende Beispiel zeigt die Interessenkonflikte zwischen den Teilbereichen auf: Die Fertigungsabteilung hat großes Interesse daran, wenige Produkte in großen Serien herzustellen, um die Stückkosten zu verringern. Dagegen wird sich die Vertriebsabteilung für kleine Serien und ein großes Sortiment einsetzen, um dadurch eine stärkere Position (höherer Marktanteil) auf dem Absatzmarkt zu erlangen. Die Personalabteilung wird in Zeiten schwacher Nachfrage die Meinung vertreten, dass Produkte auf Lager produziert werden sollten, um nicht kurzfristig hochqualifiziertes Personal entlassen und dieses später bei anziehender Nachfrage wieder mühevoll suchen zu müssen. Jedoch wird sich die Finanzabteilung mit großer Sicherheit gegen eine Produktion auf Lager aussprechen, weil aus einer Lagerhaltung eine unproduktive Kapitalbindung resultieren würde.

Ein weiteres Beispiel soll die Interdependenzen einzelner Teilbereiche und ihrer Teilpläne verdeutlichen: In der Regel kann eine Finanzplanung nicht aufgestellt werden, ohne die Absatzplanung und die damit verbundenen voraussichtlichen Umsätze zu kennen. Andersherum kann beispielsweise die Realisierung einer Werbekampagne davon abhängig gemacht werden, ob die finanziellen Mittel dafür verfügbar sind. Um diese Information zu erhalten, müsste die Finanzplanung aufgestellt sein, die ihrerseits aber eine fertig gestellte Absatzplanung erfordert.

Solche Interdependenzen sind typisch und können in vielen Teilbereichen des Unternehmens auftreten. Die horizontale Koordination der Planung kann als Simultan- oder Sukzessivplanung ausgestaltet sein:

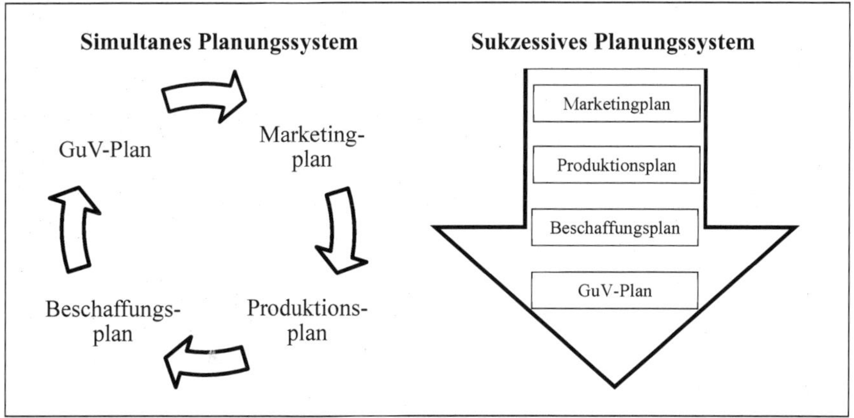

Darst. 2.133: Simultanes und sukzessives Planungssystem
(HÄRDLER, J. (HRSG.): Betriebswirtschaftslehre für Ingenieure. Lehr- und Praxisbuch für Ingenieure und Wirtschaftsingenieure, 3. Aufl., Leipzig 2007, S. 560.)

2.1.6.2.1 Simultanplanung

Mit Hilfe der **Simultanplanung**, auf die bereits im Unter-Unterabschnitt 2.1.5.4 „Planung nach dem Integrationsgrad“ ausführlich eingegangen wurde, wird versucht, das Interdependenzproblem zu lösen, indem alle Teilbereiche des Betriebs gleichzeitig zueinander geplant und durch Iterationsschleifen aufeinander abgestimmt werden.[213]

Die interdependenten Planungsgruppen werden über das Resultat der Teilplanungen informiert, dadurch erfolgt eine Planungsanpassung, die erneut den involvierten Planungsträgern mitgeteilt wird. Hierbei können sich zeitgleich retrograde sowie progressive Planungsstrukturen entwickeln, welche solange durchlaufen werden, bis das Endresultat den gewünschten Ansprüchen entspricht. Obwohl sich in den letzten Jahren die Computertechnologie sowie die Leistungsfähigkeit der Optimierungssoftware stark entwickelt haben, kann die Simultanplanung wegen der Planungskomplexität nur bei wenig umfangreichen Gesamtproblemen angewendet und somit empfohlen werden. Die Kosten für die notwendige Informationsversorgung und die rechentechnischen Lösungen sind meist zu hoch. Des Weiteren ist es unmöglich, das Planungsmodell mit seinen unzähligen Entscheidungsvariablen den ständigen Veränderungen der Planungssituation anzupassen.[214] Insofern ist die Aussagekraft für die Praxis begrenzt.

2.1.6.2.2 Sukzessivplanung

Die **Sukzessivplanung** ist in der Praxis wesentlich bedeutsamer als die Simultanplanung. Bei der Sukzessivplanung werden die betrieblichen Teilpläne zeitlich nacheinander, also schrittweise, aufgestellt. Das sogenannte „Ausgleichsgesetz der Planung“[215] liefert eine Empfehlung zur Reihenfolge der Planung. Die operative Planung hat, diesem Gesetz entsprechend, **vom sogenannten Minimumsektor auszugehen**. Der Minimumsektor ist der Unternehmensbereich, der andere betriebliche Teilbereiche in deren Handeln einschränkt

[213] Vgl. JOOS-SACHSE, TH.: Controlling, Kostenrechnung und Kostenmanagement. Grundlagen – Instrumente – Neue Ansätze, 4. Aufl., Wiesbaden 2006, S. 46.

[214] Vgl. KLEIN, R., SCHOLL, A.: Planung und Entscheidung, 2. Aufl., München 2011, S. 234.

[215] Vgl. hierzu die Ausführungen im Unter-Unterabschnitt 2.1.5.5 „Planung nach dem Zeitraum“.

und stellt somit die Restriktionen für die anderen Teilpläne dar.[216] Es ist Aufgabe der strategischen Planung, diesen Minimumsektor zu beseitigen. Da die Märkte nicht mehr unbegrenzt aufnahmefähig sind, stellt der Absatzbereich den restriktiven Teilbereich der operativen Planung dar. Die Planung muss in diesem Fall also vom Absatzplan ausgehen. Der Absatzplan ist die Basis für den Produktionsplan, dieser wiederum ist das Fundament für den Beschaffungsplan. Diese schrittweise Planung setzt voraus, dass jeder Teilbereich über den nachfolgenden sachkundig informiert ist. So können z. B. in einem Absatzplan nicht erreichbare Bedingungen hinsichtlich der Fertigungskapazitäten angenommen worden sein. Diese falschen Annahmen können erst bei der Produktionsplanung aufgedeckt werden und dann dazu führen, dass der Absatzplan revidiert werden muss.

Es ist aber auch denkbar, dass andere Teilbereiche des Unternehmens den Minimumsektor darstellen. Wenn z. B. ein finanziell sanierungsbedürftiges Unternehmen weniger anbieten kann als der Markt nachfragt, stellt dementsprechend der Finanzbereich den restriktiven Teilbereich (Minimumsektor) dar. Bestehende Interdependenzen werden mittels des sukzessiven Verfahrens vernachlässigt.[217] Es ist also abzuwägen, bis zu welchem Komplexitätsgrad es angemessen ist, eine simultane Planung durchzuführen und ab welchem Komplexitätsgrad eine sukzessive Planung sinnvoller wäre.

2.1.6.3 Zeitliche Koordination

Unter der **zeitlichen Koordination der Planung** wird die **Abstimmung und Integration der Ziel- und Maßnahmenplanungen unterschiedlicher Fristigkeiten (kurz-, mittel- und langfristige Planung)** verstanden. Hierbei ist zu differenzieren, ob zeitlich unterschiedliche Planungshorizonte koordiniert werden sollen, oder ob sich die zeitliche Verknüpfung auf jeweils denselben Planungshorizont bezieht.[218] Infolgedessen soll auf zwei Punkte näher eingegangen werden, und zwar auf die

- Koordination bzw. Integration von Plänen mit unterschiedlichen Zeithorizonten und den
- Planungsrhythmus, d. h. die Frequenz der Teilplanungen.

[216] Vgl. DEIMEL, K., HEUPEL, T., WILTINGER, K.: Controlling, München 2013, S. 76.
[217] Vgl. JOOS- SACHSE, T.: a. a. O, S. 46.
[218] Vgl. GAITANIDES, M., a. a. O., Sp. 2258ff.

2.1.6.3.1 Koordination von Plänen mit unterschiedlichen Zeithorizonten

Wenn in einem Unternehmen alle drei Planungsarten, also die langfristige, die mittelfristige sowie die kurzfristige Planung nebeneinander bestehen, entsteht – unabhängig von der Frage des Planungsrhythmus – das **Problem der zeitlichen Verknüpfung/Verkettung**.

Es sind hierbei drei grundsätzliche Alternativen denkbar:

- Prinzip der Reihung,
- Prinzip der Staffelung,
- Prinzip der Schachtelung.

Aus einer induktiven Vorgehensweise ergibt sich das **Prinzip der Reihung**. Bei diesem Prinzip werden Pläne mit gleicher oder unterschiedlicher Fristigkeit lückenlos hintereinandergeschaltet. Zuerst erfolgt die Entwicklung eines kurzfristigen Plans, dieser ist die Basis für die mittel- und langfristige Planung. Die Ausgangszahlen des mittelfristigen Plans sind die Endzahlen des kurzfristigen Plans. Wiederum sind die Ausgangszahlen des langfristigen Plans die Endzahlen des mittelfristigen Plans. Eine Überlappung der Pläne findet nicht statt.[219] Die Folge ist, dass sowohl der kurz- als auch der mittelfristige Plan auch nicht ansatzweise in die übergeordneten Pläne integriert sind.

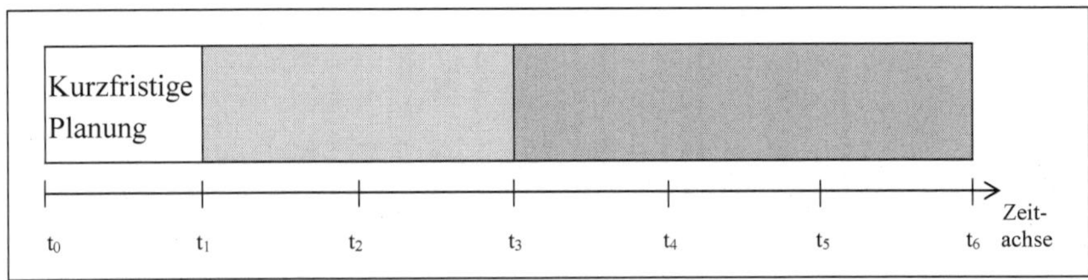

Darst. 2.134: Prinzip der Reihung

Wenn Pläne miteinander verbunden werden, wird von einer **Staffelung** gesprochen. Bei diesem Prinzip überlappt der letzte Teil eines Planes gleichzeitig den ersten Teil des Folgeplanes.

[219] Vgl. EHRMANN, H.: Unternehmensplanung, a. a. O., S. 297.

Dieser Fall liegt vor, wenn beispielsweise das zweite Halbjahr eines kurzfristigen Plans gleichzeitig das erste Halbjahr des mittelfristigen Plans ist. Wiederum kann das vierte Jahr des mittelfristigen Plans das erste Jahr des langfristigen Plans darstellen.

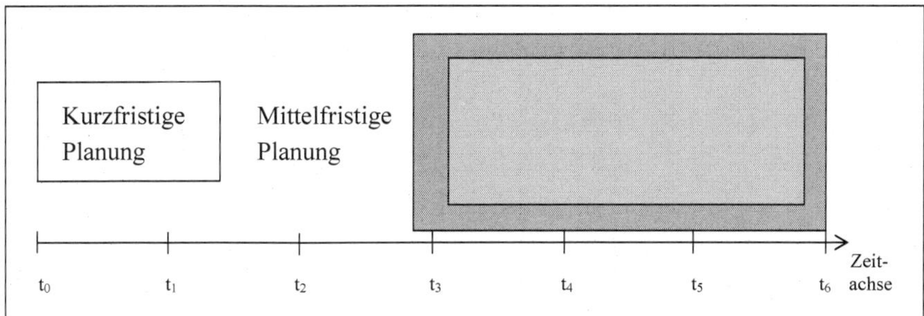

Darst. 2.135: Prinzip der Staffelung

Bei einer **Schachtelung** beginnen die kurz-, mittel-, sowie langfristigen Planungen zum gleichen Zeitpunkt. In der langfristigen Planung ist die mittel- und kurzfristige Planung eingebettet. Es wird von einer deduktiven Vorgehensweise gesprochen. Als erstes wird die langfristige Planung durchgeführt und in die mittelfristige Planung integriert. Die kurzfristige Planung wird wiederum in die mittelfristige Planung eingebettet.[220]

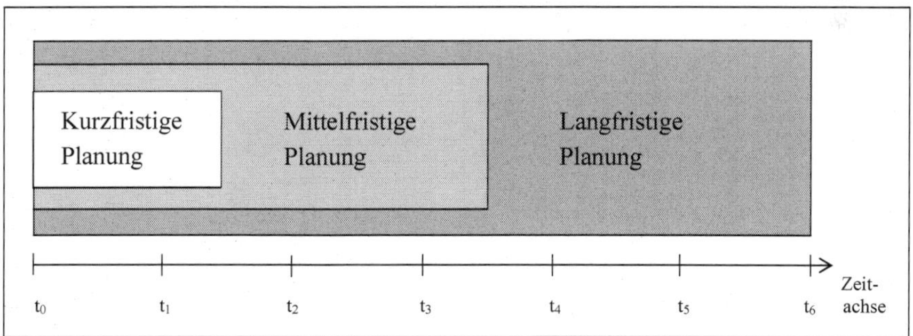

Darst. 2.136: Prinzip der Schachtelung

Es ist anzumerken, dass **nur bei der Schachtelung eine zeitlich vollständige Integration der Planungsstufen** vorliegt, da jeder längerfristige Plan stets den kürzerfristigen Plan

[220] Vgl. HAMMER, R.: a. a. O, S. 81.

übergreift. Für die unternehmerische Praxis ist deshalb das Prinzip der **Schachtelung die einzige brauchbare Verkettungsform**.[221]

In der vorstehenden schematischen Abbildung beginnen alle drei Pläne zum Zeitpunkt t_0, also beispielsweise zum 01.01. eines Jahres. Die Frage ist jetzt, wann konkret die drei Pläne erstellt werden. Dies geschieht im Vorjahr, und zwar wie folgt.[222]

Die **strategische Planung** sollte spätestens in der ersten Hälfte des Wirtschaftsjahres[223] abgeschlossen sein. Diese langfristige Planung wird üblicherweise in Jahren[224] angegeben. Der Planungszeitraum beginnt mit dem nächsten Wirtschaftsjahr und endet am Planungshorizont. Dieser Planungszeitraum umfasst bei drei Planungsebenen (strategisch, taktisch, operativ) etwa fünf bis zehn Jahre, bei zwei Planungsebenen (strategisch, operative) drei Jahre bis ca. zehn Jahre.[225]

Sofern mit drei Planungsebenen gearbeitet wird, sollte die **taktische Planung** spätestens zu Beginn des letzten Tertials eines Wirtschaftsjahres beendet sein. Der Planungszeitraum umfasst bei drei Planungsebenen (strategisch, taktisch, operativ) ein bis fünf Jahre, bei zwei Planungsebenen (strategisch, operative) entfällt die taktische Planung.[226]

Die **operative Planung** inklusive der Budgetierung bezieht sich auf das erste Planjahr der taktischen bzw. strategischen Planung.[227] Wie bereits zuvor im Zusammenhang mit der Planungsproblematik erörtert, sollte die operative Planung erst so spät wie möglich erfolgen, also erst frühestens in der zweiten Jahreshälfte des laufenden Wirtschaftsjahres, jedenfalls nach Vorlage der strategischen bzw. taktischen Planung starten, um zeitnah noch möglichst viele relevante Daten zu erhalten.

[221] Vgl. MAG, W.: a. a. O., S. 110.

[222] Diese Planung wird üblicherweise in einem Planungskalender festgehalten. Dieser wird im Rahmen des Planungshandbuchs im gleichlautenden Abschnitt 2.1.8 ausführlicher erläutert.

[223] Dies ist bei Wirtschaftsjahren, die nicht identisch mit dem Kalenderjahr sind, nicht der 30.06.

[224] In Kalenderjahren, wenn das Wirtschaftsjahr dem Kalenderjahr entspricht.

[225] Zur strategischen Planung sei auf die Ausführungen im Abschnitt 1.1 „Grundlagen des Controllings“ verwiesen.

[226] Die taktische Planung wird ebenfalls im Abschnitt 1.1 „Grundlagen des Controllings“ erläutert.

[227] Je nach Zahl der Planungsebenen. Die operative Planung wird grob im Abschnitt 1.1 „Grundlagen des Controllings“ und ausführlicher in den speziellen Abschnitten 2.4 „Operative Funktionsbereichsplanungen und bereichsübergreifende Planung“ sowie 2.5 „Budgetierung“ erläutert.

2.1.6.3.2 Planungsrhythmus

Der Planungsrhythmus legt fest, wann und wie oft Pläne erarbeitet (geprüft und verabschiedet), überarbeitet und fortgeschrieben werden. Gaitanides unterscheidet im Hinblick auf Planwiederholungen zwischen einer rollierenden[228] und einer revolvierenden[229] Planung.[230] Daneben wird in der Literatur die recht einfach zu handhabende serielle Planung[231] genannt. Während eine rollierende Planung eine Planung gleicher Fristigkeit, aber unterschiedlicher Detailliertheit meint, nimmt eine revolvierende Planung keine Aktualisierung bzw. Fortschreibung vor, sondern enthält auch die deutlich aufwändigere Prüfung des gesamten Planungsansatzes und die rückwirkende Überarbeitung der Prämissen. Damit wird das gesamte Planungssystem zyklisch überprüft und modifiziert.

Bei einer **seriellen Planung** schließt sich der folgende Plan (gleicher Fristigkeit) ohne Überlappung unmittelbar an den vorherigen Plan an. Die im vorhergehenden Plan festgelegten Ziele und Maßnahmen werden wie vorgesehen durchgeführt. Das Prinzip veranschaulicht die folgende Abbildung.

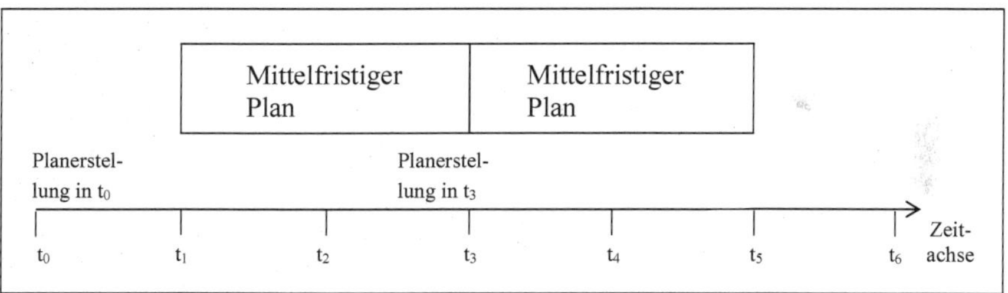

Darst. 2.137: Serielle Planung am Beispiel einer mittelfristigen Planung mit zweiperiodigem Planungshorizont

Eine Überarbeitung findet während der laufenden Planumsetzung nicht statt. Auch die Anschlussplanung kann die im Zuge der Kontrolle der Planung und Durch-/Umsetzung festgestellten Abweichungen und die daraus zu ziehenden Schlüsse, wenn überhaupt, nur partiell umsetzen, und auch nur dann, wenn diese vor Ablauf des Planhorizontes bereits

[228] Auch **rollende, gleitende oder überlappende Planung** genannt. Vgl. GAITANIDES, M., a. a. O., Sp. 2263f.

[229] Vereinzelt findet sich auch der Begriff „**rekursive Planung**".

[230] Vgl. DWORSKI, E. A.: Flexibilisierung der Budgetierung mit Rolling Forecasts und Relativen Zielen, Diss. Universität Stuttgart, München 2011, S. 58.

[231] Vgl. KÜPPER, H.-U., FRIEDL, G., HOFMANN, C. ET AL: a. a. O., S. 407. Synonym: „**anschließende Planung**"; z. B. bei DILLERUP, R., STOI, R.: a. a. O., S. 349.

offenbart wurden. Eine vollständige Kontrolle des „alten“ Plans ist erst – oft sehr viel – später (wegen der Zeit für die Kontrollarbeiten) nach Realisation dieses Plans möglich. Vor allem wegen der mangelnden zeitnahen Aktualisierung stellt die serielle Planung keine vernünftige Methode dar.

Das Merkmal der **rollierenden Planung** ist die Konkretisierung und Fortschreibung von Plänen um einen weiteren Zeitraum am Ende des bereits abgelaufenen Zeitraums. Bei der rollenden Planung wird eine regelmäßige Fortschreibung und Konkretisierung der einzelnen Planperioden durchgeführt. Dabei wird der operative Plan in einen näher liegenden, kurzfristigen Zeitraum (z. B. mehrere Wochen) und in einen nachfolgenden, längerfristigen Abschnitt (z. B. mehrere Monate) aufgeteilt. Der kurzfristige Zeitabschnitt kann ebenso wie der längerfristige weiter in Teilabschnitte (z. B. Wochen oder Monate) unterteilt sein (s. die nachfolgende Abbildung). Der näher in der Zukunft liegende Planungszeitraum wird dabei fein und detailliert ausgeführt, während der weiter in der Zukunft liegende Planungszeitraum grober geplant wird. Nach Ablauf des ersten, fein geplanten Zeitabschnitts wird ein Teilabschnitt, der der Dauer des bisherigen, kurzfristigen Plans entspricht, des sich direkt anschließenden, bisher nur grob geplanten Zeitraums einer Feinplanung unterzogen, wobei während der (neuen) Feinplanung neue Erkenntnisse mit in die Planung einfließen. An den letzten Teilabschnitt des längerfristigen Zeitabschnitts wird jetzt ein Planungszeitraum angehängt, der zwar dem neuen feingeplanten Zeitraum entspricht, jedoch nur grob geplant wird. Auf diese Weise bleibt der Planungszeitraum mit den längerfristigen Teilabschnitten immer gleich lang, während der kurzfristige Zeitraum mit seinen Teilabschnitten solange schrumpft, bis ein vorher längerfristiger Teilabschnitt nunmehr als kurzfristiger Planungszeitraum neu geplant wird. Die Feinplanung, die Aktualisierung und der „Vortrieb“ der Planung um einen vorab definierten Zeitraum erfolgen somit in einem festgelegten Rhythmus. Hinsichtlich eines dreimonatigen Finanzplans könnte die Planung beispielsweise im ersten Monat (kurzfristiger Zeitraum) wöchentlich und danach (längerfristiger Abschnitt) mit zwei grob zu planenden Monaten ausgeführt werden. Die folgende Darstellung zeigt einen dreimonatigen rollierenden Finanzplan.

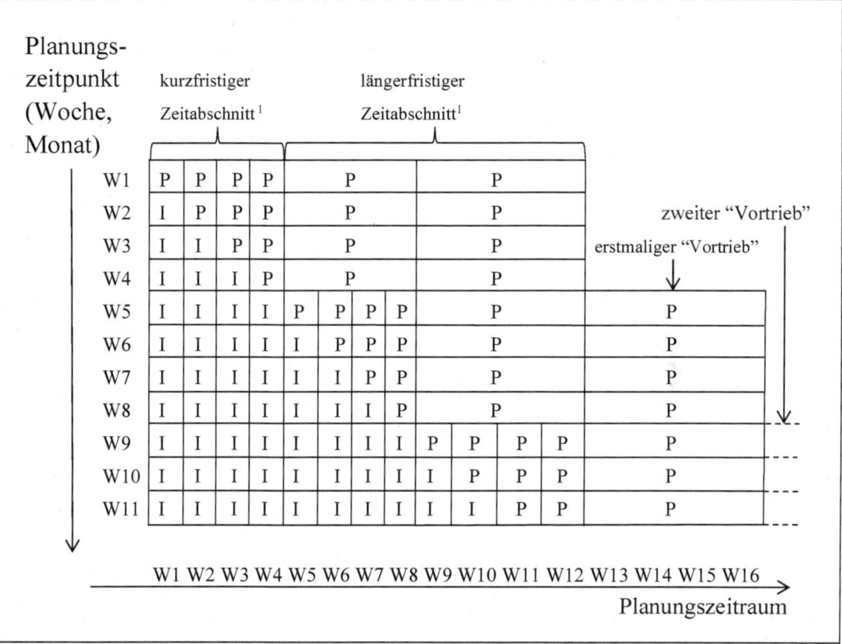

W1	P	P	P	P	P				P				
W2	I	P	P	P	P				P				
W3	I	I	P	P	P				P				
W4	I	I	I	P	P				P				
W5	I	I	I	I	P	P	P	P	P				P
W6	I	I	I	I	I	P	P	P	P				P
W7	I	I	I	I	I	I	P	P	P				P
W8	I	I	I	I	I	I	I	P	P				P
W9	I	I	I	I	I	I	I	I	P	P	P	P	P
W10	I	I	I	I	I	I	I	I	I	P	P	P	P
W11	I	I	I	I	I	I	I	I	I	I	P	P	P

Darst. 2.138: Rollierender (dreimonatiger) Finanzplan (Beispiel)
(Legende:
W = Woche, M = Monat
P = Plan, I = Ist
[1] = Zu Beginn der Planungszyklen.)

Die **revolvierende Planung** gleicht im grundsätzlichen Vorgehen der rollierenden Planung. Sie zeichnet sich allerdings durch eine höhere Planungsfrequenz und eine gesteigerte Kontrollfrequenz der zeitlich geschachtelten Pläne aus. Es erfolgt ebenfalls eine Ableitung der kurzfristigen Planung aus der längerfristigen Planung. Die Pläne werden rhythmisch überprüft, aktualisiert und erweitert. Die Aktualisierung betrifft aber nicht nur die Fortschreibung (Vortrieb). „Vielmehr wird geprüft, ob angesichts der Daten der verlängerten Bezugszeit der gesamte Planungsansatz noch gültig ist."[232] Das heißt, dass auch die Planungsprämissen und der Einfluss aufgrund neuer Erkenntnisse auf die Teilpläne geprüft werden. Der Planungsprozess wird nicht nur einmal im Jahr durchgeführt, sondern erfolgt mehrmals innerhalb eines Jahres und verlängert den nachgelagerten Planungshorizont um den abgelaufenen Teilabschnitt.[233] Somit weisen alle Planungsabschnitte immer

[232] GAITANIDES, M., a. a. O., Sp. 2265.

[233] Vgl. DILLERUP, R., STOI, R.: a. a. O., S. 359.

die gleiche Länge auf. (Beim rollierenden Verfahren schrumpft der kurzfristige Zeitraum solange, bis ein neuer Vortrieb nach Ablauf des *gesamten* kurzfristigen Zeitraums erfolgt.) Durch den Vortrieb bereits nach einem Teilabschnitt wird die – auch bei der rollierenden Planung – „Jahresendproblematik“[234] gelöst. Damit ist die in der Praxis oft vorkommende Neigung gemeint, durch gezielte Vor- oder Nachverlagerung von budgetrelevanten Vorgängen, z. B. Verschiebung von Umsätzen oder Kosten, die Zielerreichung herzustellen oder „Reserven“ für zukünftige Planungen zu legen.[235] Der entscheidende Vorteil des revolvierenden Prinzips ist eine verstärkte Aktualisierung der Planung unter Berücksichtigung der neuesten Informationen. Jedoch ist dabei auch ein höherer Planungs- und Kontrollaufwand erforderlich.

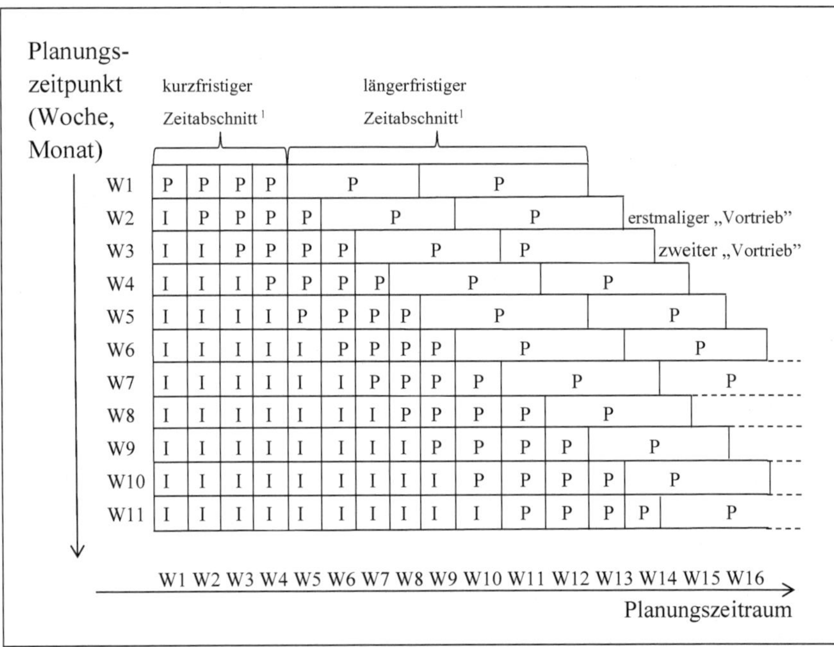

Darst. 2.139: Revolvierender (dreimonatiger) Finanzplan (Beispiel)
(Legende:
W = Woche, M = Monat
P = Plan, I = Ist
[1] = Zu Beginn der Planungszyklen.)

---

[234] Vgl. DILLERUP, R., STOI, R.: a. a. O., S. 359.

[235] Vgl. RATHNOW, P.: Management weltweit. Mit praxiserprobten Instrumenten zu Spitzenleistungen, München 2010, S. 43.

2.1.6.4 Koordination der Verwendung nach

Die operative Planung im Unternehmen umfasst zunächst bestimmte Zeiträume. Als wichtigste Größen sind Umsatz, Gewinn und Kosten zu nennen, die innerhalb dieser Zeiträume geplant werden. Die einzelnen Abteilungen des Unternehmens leiten ihre Pläne aus den betrieblichen Gesamtplänen ab. Daraus entstehen jährliche Pläne für die organisatorischen Einheiten. Jedoch gibt es in Unternehmen Vorhaben, die sich über mehrere Zeiträume erstrecken. Projekte dieser Art müssen besonders behandelt werden. Spezielle, auf bestimmte **Projekte** bezogene Pläne, werden entweder aus den definierten Zielen des Gesamtplans abgeleitet oder resultieren aus der Umfeldveränderung des Unternehmens. Es muss eine organische Implementierung in die periodenbezogenen Pläne erfolgen.

Die Projektplanung muss u. a. folgende Grundsätze erfüllen:

- Projektergebnis und -aufwand müssen der jeweiligen Periodenplanung zuzuordnen sein.
- Bei mehreren Projekten müssen die Beziehungen zwischen diesen Vorhaben in der Projektplanung verdeutlicht werden.
- Es muss eine Kontroll- und Nachkalkulation an bestimmten Leistungsabschnitten gewährleistet werden.[236]

Die folgende Grafik stellt mögliche Zusammenhänge dar:

Periodenbezogene Planung / Projektbezogene Planung	**Abteilungspläne**					**Gesamtplan**
	Vertrieb	Produktion	Beschaffung	F&E	Verwaltung	
Marktuntersuchung	X					X
Investitionen		X	X	X		X
Lagerneubau	X		X			X
EDV- Einführung				X	X	X
Einrichtung Tochtergesellschaft	X	X	X	X	X	X

Darst. 2.140: Zusammenhang zwischen Projekt- und Periodenplanung
(In Anlehnung an PEEMÖLLER, V. H.: a. a. O, S. 226.)

[236] Vgl. PEEMÖLLER, V. H.: a. a. O, S. 226.

2.1.7 Merkmale und Elemente eines Plans

Planung bedeutet eine bestimmte Methode der Willensentscheidung.[237] Planung wurde oben als eine gegenwärtige gedankliche Vorwegnahme künftiger Aktivitäten umschrieben oder als Mittel zur Vorbereitung zukunftsbezogener Entscheidungen. Die zuletzt gewählte Formulierung könnte eine zweifache Entscheidung implizieren: Zum einen die Entscheidung zwischen verschiedenen Entscheidungsalternativen im Verlauf eines Planungsprozesses und zum anderen die Entscheidung, ob ein Plan (auch) tatsächlich umgesetzt/realisiert/ggf. ratifiziert wird. Die hier verwendete Definition des Begriffs Planung enthält den grundsätzlichen Entscheidungsprozess im Verlauf einer Planung.

Planung ist ein systematisches, zukunftsbezogenes Ermitteln, Abwägen und Festlegen von Zielen sowie Maßnahmen, Mitteln und Wegen zur künftigen Zielerreichung in einem definierten (Planungs-) Zeitraum.

Darst. 2.141: Definition Planung

Das Ergebnis einer Planung ist der **Plan** oder ein **Plansystem**, das aus mehreren Einzelplänen besteht.

Ein Plan enthält die gewählten Entscheidungen hinsichtlich der Ziele und der Maßnahmen zur Zielerreichung in einem definierten (Planungs-) Zeitraum und benennt die jeweils verantwortlichen Aufgabenträger.

Darst. 2.142: Definition Plan

Um Pläne zu einem späteren Zeitpunkt überprüfen zu können, werden sie in der Regel **schriftlich** verfasst.

Pläne können anhand von (mindestens) sieben Merkmalen unterschieden werden:

[237] Vgl. KOCH, H., a. a. O., S. 12ff.

- Umfang
- Zieldimension
- Tiefe des Plans
- Datensituation
- Maßeinheit
- Handlungsebene
- Zeitrahmen

Darst. 2.143: Merkmale eines Plans

Hinsichtlich des **Umfangs** von Plänen wird zwischen Teilplänen und Gesamtplänen unterschieden. Sie können als **Gesamtpläne** für die gesamte Unternehmung Gültigkeit besitzen oder sich als **Teilpläne** auf einzelne Bereiche des Unternehmens beziehen. Letztere können sich je nach der Organisation des Unternehmens auf Funktionsbereiche (F&E, Beschaffung, Produktion, Vertrieb, Controlling, Personal, EDV etc.) oder nach anderen Kriterien gestaltete Geltungsbereiche beziehen. Typische Teilpläne sind Forschungs-, Beschaffungs-, Produktions-, Absatz- und Personalpläne sowie Finanz-, Kapitalbedarfs- und Erfolgspläne. Bei sukzessiver Planung muss nach dem von Gutenberg aufgestellten **Ausgleichsgesetz der Planung**[238] mit dem Teilbereich begonnen werden, der den Engpass (**Minimumsektor**) des Unternehmens bildet. Dies ist angesichts zunehmenden Wettbewerbs – auch infolge der Globalisierung der Wirtschaft – in aller Regel der Absatzmarkt. Diese Pläne können beliebig weiter differenziert werden, wodurch sich der Planungsumfang dementsprechend verringert. Entscheidend ist, dass die Pläne sowohl vertikal (zwischen den Planungsebenen) als auch horizontal (innerhalb einer Handlungsebene) miteinander abgestimmt wurden. Für die Erstellung des Plans und/oder dessen Realisation ist die im Plan benannte Führungskraft oder Stelle verantwortlich.

Wie im Unter-Unterabschnitt 2.1.5.2 „Planung nach dem Inhalt" erläutert, berücksichtigt die Zielplanung berücksichtigt die Ziele bzw. die **Zieldimensionen**, nach denen geplant

[238] Vgl. GUTENBERG, E.: Produktion, a. a. O., S. 163ff.

werden soll. Häufig werden die beiden Hauptziele, **Sachziele** und **Formalziele**, genannt.[239] Diese Aufteilung wurde von einem großen Teil der Lehre und Praxis übernommen; allerdings wird die Zielproblematik inzwischen differenzierter betrachtet, da andere Ziele (s. u.) ebenfalls in den Fokus der Planer gerückt sind. Letztere sind nicht ohne Weiteres den beiden Kategorien zuzuordnen. Um die Erfolgsziele, denen ein anderer Stellenwert zugemessen wird, hervorzuheben sowie deutlich und eindeutiger zwischen **Finanzzielen**, die auf die Liquidität (Auszahlungen, Einzahlungen) abstellen, und **Erfolgszielen**, die auf der Ebene von Aufwendungen und Erträgen oder Kosten und Leistungen agieren, zu differenzieren, verwendet Schierenbeck die Einteilung **Leistungsziele**, Erfolgsziele und Finanzziele.[240] Aber auch diese sinnvolle Dreiteilung erfasst nicht weitere Ziele, wie sie nach heutigem Verständnis beispielsweise im Public oder Gesundheits-Management als Outcome oder Impact definiert werden. Neben den vorstehend genannten **gesellschaftlichen Zielen** bleiben bei den erstgenannten Klassifikationen weitere, heute weitgehend akzeptierte Ziele wie **technische, soziale, ökologische, sonstige gesellschaftliche und kulturelle** unberücksichtigt. Soziale, ökologische und sonstige gesellschaftliche Ziele können unter dem Begriff „**nachhaltigkeitsbezogene Ziele**" subsumiert werden. Letztere und weitere werteorientierten Ziele werden hier unter dem Terminus „**ethische Ziele**" Ziele zusammengefasst. Auf die Berücksichtigung von mehr als nur Sach- und Formalzielen wies bereits die Balanced Scorecard hin.

Die **Tiefe des Plans** bezieht sich auf den **Grad der Detailliertheit**. Während auf der Ebene des Gesamtunternehmens bzw. bei strategischen Planungen der Geschäftsbereiche meist eine Grob- bzw. Umrissplanung stattfindet, erfolgt auf den unteren Ebenen dann die Detail- bzw. Feinplanung.[241] Grobpläne gehen nicht so sehr „in die Tiefe", d. h. detaillierte Einzelheiten werden außen vor gelassen. Sie geben den Rahmen vor, innerhalb dessen sich die Detailpläne bewegen müssen. Erst die Feinpläne enthalten die Einzelheiten. Sie sind im Sinne der Realisierung eindeutig(er). So würde bspw. ein grober Absatzplan die Menge eines unternehmensweit zu vertreibenden Produktes festlegen, während die Feinplanung die abzusetzenden Mengen auf die einzelnen Vertriebsregionen aufteilt.

Die **Datensituation** befasst sich mit der **Sicherheit** der Pläne. Entsprechend den Eintrittswahrscheinlichkeiten zwischen 0 und 100 % sind folgende Sicherheitsgrade zu unterscheiden:

---

[239] Vgl. zu den Begriffen „Formal- und Sachziel" die Ausführungen im Unter-Unterabschnitt 2.1.5.2 „Planung nach dem Inhalt".

[240] Vgl. SCHIERENBECK, H., WÖHLE, C. B.: a. a. O., S. 78.

[241] Vgl. HENTZE, J., BROSE, P., KAMMEL, A.: a. a. O., S. 51.

- Sicherheit,
- Risiko oder
- Unsicherheit.[242]

Hinsichtlich der inhaltlichen Struktur von (Kenn-) Zahlen ist eine Unterscheidung von **Wert- oder Mengengrößen** von wesentlicher Bedeutung. Während **Mengengrößen** anhand der **Maßeinheiten** (Bezugsgrößen) im Hinblick auf die Umsetzung und Kontrolle **eindeutig interpretierbar** sind, weil sich die Menge, gemessen in g, kg, t, mm, cm, m, km, ml, l, hl, kwh, qm, cbm, etc., ändert, ist eine Aussage bei **Wertgrößen**, die sich als **Produkt der Multiplikanden Preis und Menge**[243] ergeben, **nicht ohne Weiteres** möglich. Ursache einer Steigerung der Wertgröße kann also eine Erhöhung der Menge oder des Preises oder beider Komponenten sein. Selbst wenn eine der beiden Größen sinkt, kann sich per Saldo noch eine Steigerung der Wertgröße ergeben, nämlich dann, wenn der andere Multiplikand eine größere Steigerung aufweist. So kann eine Umsatzsteigerung aus einer Erhöhung der Absatzmenge, einer Anhebung des Preises oder beider Komponenten resultieren. Eine Steigerung des Umsatzes ist selbst dann möglich, wenn die Absatzmenge beispielsweise um 10 % sinkt, der Preis jedoch um 20 % erhöht wurde.

Im Unterabschnitt 2.1.5.6 „Planung nach den Planungsebenen“ wurden vier **Handlungsebenen** mit fünf **Handlungsfeldern** anhand der Tragweite der Entscheidungen unterschieden: Auf der Basis der konstitutiven und normativen Entscheidungen der Unternehmensführung finden strategische, taktische und operative Planungen statt.[244] Diese **Handlungsebenen** oder **Planungsebenen** oder schlicht **Ebenen** dürfen nicht mit den **Führungsebenen im institutionellen Sinne** (Top-Management, Middle-Management, Lower-Management)[245] verwechselt werden![246]

Der **Zeitrahmen** der Planung (und Kontrolle) bezieht sich auf den **Zeitraum**, für den ein Plan erstellt wird und über den er sich erstreckt. Ein Plan kann

[242] Die einzelnen Sicherheitsgrade werden im Unter-Unterabschnitt 2.1.5.1 „Planung nach der Datensituation“ weiter erläutert.

[243] Die Maßeinheit ist hier eine Währung.

[244] In der Literatur finden sich auch nur die beiden Planungshorizonte (operativ und strategisch); die taktische Planung fehlt. Vereinzelt werden auch die Bezeichnungen für den mittelfristigen Planungszeitraum vertauscht: dann steht „operativ“ für „taktisch“; analog ist dann für den kurzfristigen Planungszeitraum „taktisch“ statt „operativ“ zu finden. Vertreter der letztgenannten Auffassung sind beispielsweise Koch (KOCH, H.: a. a. O., S. 49.) oder Ehrmann (EHRMANN, H.: Unternehmensplanung, 6. Aufl., Ludwigshafen (Rhein) 2013, S. 36.).

[245] Eine Führungsebene ist eine Organisationsebene innerhalb einer hierarchischen Struktur (Aufbauorganisation), auf der die Führungskräfte ähnlich weitreichende Entscheidungen treffen.

[246] Vgl. hierzu die Ausführungen bei WÖRDENWEBER, M.: Unternehmensplanung, a. a. O., S. 53–62.

- langfristig Zeiträume von über fünf Jahren bis über zehn Jahre,
- mittelfristig Zeiträume zwischen einem und fünf Jahren und
- kurzfristig Zeiträume bis zu einem Jahr.

abdecken.[247]

Je weiter in die Zukunft geplant wird, desto größer sind die Unsicherheiten in Bezug auf die in der Zukunft liegenden Sachverhalte als bei Ereignissen, die für die nahe Zukunft geplant sind. Daher nehmen die Bedeutung von Prognosen und die Anforderungen an deren Qualität (Informationsgehalt und Sicherheitsgrad) mit längeren Planungszeiträumen zu, zumal die langfristig getroffenen Entscheidungen nur mit erheblichen Mühen und meist nicht kurzfristig revidierbar sind. Wie in Unterabschnitt 2.1.1 „Notwendigkeit der Planung, Planungsbegriff und Prognose“ bereits ausgeführt wurde, steigen die Kosten mit zunehmender Qualität der (Prognose-) Daten. Deshalb ist es unter Kosten-Nutzen-Aspekten eher nicht sinnvoll, weit in der Zukunft liegende Ereignisse oder Zustände exakt zu planen. Je länger der Planungshorizont, desto weniger detailliert sind die entsprechenden Pläne. Dies bedeutet auch, dass sich die Toleranzgrenzen im Rahmen der Kontrolle der Planung und Umsetzung mit zunehmendem Zeithorizont vergrößern.

Vor allem die operative Planung ist durchführungsbezogen. Um die operativen Zielsetzungen zu erreichen, ist es erforderlich, so präzise und detailliert wie möglich und nötig, unter Berücksichtigung von Machbarkeit und Wirtschaftlichkeit, vier Fragen, die auch als die 4 „R“ bezeichnet werden, zu beantworten. Dies soll sicherstellen, dass für die zu planenden Elemente grundsätzlich folgende Bedingungen als erfüllt gelten:

- die **richtigen Gegenstände** (z. B. Produkte),
- in der **richtigen** (benötigten) **Menge,**
- zur **richtigen Zeit** (wann),
- am **richtigen Ort** (wo, z. B. welcher Absatzmarkt, welcher Bankplatz?) bereitzustellen
- unter **Beachtung der** gegebenen **Restriktionen** (z. B. Marketingbudgets, Mindestreserve).

[247] Vgl. ausführlicher im Unter-Unterabschnitt 2.1.5.5 “Planung nach dem Zeitraum”.

Es ergeben sich weitergehend folgende **Planelemente (Planstruktur)**, die in einer vollständigen Planung mindestens enthalten sein müssen.[248] Sie sind hier als Fragen formuliert:

- warum (Problemstellung)?
- was (Planungsgegenstand)?
- unter welchen Voraussetzungen (Prämissen)?
- wieviel (Menge)?
- wo, bis wohin (Ort)?
- wann, bis wann (Zeit)?
- womit (Ressourcen, Budget, Personal)?
- wer (Planersteller und/oder Ausführungsverantwortlicher)?
- wem berichtend (Ergebnis-, Ausführungs-, Budgetkontrolle)?

Darst. 2.144: Elemente eines Plans

Diese kurzgefassten Planelemente können durch folgende Fragestellungen verdeutlicht werden:

[248] Vgl. WILD, J.: a. a. O., S. 49ff., ROBBINS, S. P., COULTER, M., FISCHER, I.: Management. Grundlagen der Unternehmensführung, 12. Aufl., Hallbergmoos 2017, S. 223f., EHRMANN, H.: Unternehmensplanung, a. a. O., S. 293f.

Fragestellung:	**Planungsinhalt:**
Warum?	Worin lag oder liegt das Problem? Wie stark war/ ist die Plan- bzw. Soll-Ist-Abweichung? Was waren die Gründe dafür?
Was soll erreicht werden?	Fixierung von Sollvorstellungen (Zielvorstellungen), ohne die endgültige Sollvorgabe festzulegen.
Wie können die Zielvorstellungen erreicht werden?	Suche nach Alternativen zu Realisierung der Zielvorstellungen; Maßnahmensuche und Maßnahmenbeschreibung.
Unter welchen Voraussetzungen?	Unter welchen Bedingungen/Annahmen ist der aufgestellte Plan erreichbar?
Womit können die Zielvorstellungen erreicht werden?	Festlegung der sachlichen und personellen Ressourcen unter Berücksichtigung des Knappheitsgrades.
Wann sollen die Zielvorstellungen erreicht werden?	Festlegung der Termine, zu denen die Zielvorstellungen erreicht werden sollen und Fixierung der Termine, zu denen die einzelnen Planungsphasen beendet sein sollen.
Wo, bis wohin?	Wo bzw. bis wohin soll die Leistung erbracht werden.
Wer ist für die einzelnen Phasen der Planung verantwortlich?	Zuweisung von Planungsaufgaben an einzelne Personen.
Wer ist für die Ausführung des Plans verantwortlich?	Zuweisung von Durchführungsaufgaben an bestimmte Personen oder Stellen.
Wem berichtend?	Wer im Unternehmen soll die Informationen bezüglich der Ausführung, der Ergebnisse und des Budgets erhalten?

Darst. 2.145: Fragestellungen im Rahmen eines Plans
(Vgl. HAMMER, R.: a. a. O., S. 196.)

2.1.8 Planungsträger

Während es in kleinen Unternehmen meist nur eine planungsverantwortliche Person gibt, bedarf es ab einer gewissen Unternehmensgröße aufgrund der Komplexität der Planung vieler Planungsträger. Die Unternehmensführung kann nicht (mehr) alle anstehenden Planungsaufgaben selbst lösen und ist daher gezwungen, bestimmte Aufgaben teilweise oder vollständig an andere Personen oder organisatorische Einheiten zu delegieren. In diesem Unterabschnitt soll daher die Frage diskutiert werden, **wer** im Unternehmen Planungsaufgaben übernehmen kann und sollte. Es geht nicht darum, welche Mitarbeiter oder Instanzen in die Planung involviert werden, sondern darum, wer für eine bestimmte Planungsaufgabe **verantwortlich** zeichnet.[249] Diese Personen und Instanzen stellen die **Planungsträger** oder **Planungsorgane**[250] des Unternehmens dar. Aufgrund des engen Zusammenhangs zwischen Planung und Kontrolle[251] können Planungs- und Kontrollträger in vielen Unternehmen identisch sein.

Als Planungsträger werden Personen oder organisatorische Einheiten bezeichnet, denen Planungskompetenzen übertragen worden sind.

Darst. 2.146: Definition Planungsträger

Grundsätzlich beschreibt die **Kompetenz** die Fähigkeiten und Fertigkeiten einer Person.[252] Abweichend von der vorstehenden Definition beinhalten **Kompetenzen im organisatorischen Sinne** alle Rechte und Befugnisse (Entscheidungs- und Weisungsbefugnisse), die einer Person zur Erfüllung seiner Aufgaben zugeordnet sind.

---

[249] Anders Dillerup/Stoi, Krupp, Küpper/Friedl/Hofmann et. al. und Reihlen, die auch Personen, die am Planungsprozess mitwirken wie z. B. Informanten zu den Planungsträgern rechnen (DILLERUP, R., STOI, R.: a. a. O., S. 342, KRUPP, A. D.: Unternehmensplanung und Kontrolle. Kompakt, Norderstedt 2013, S. 7, KÜPPER, H.-U., FRIEDL, G., HOFMANN, C. ET AL: a. a. O., S. 134, REIHLEN, M.: Entwicklungsfähige Planungssysteme: Grundlagen, Konzepte und Anwendungen zur Bewältigung von Innovationsproblemen, Diss. Uni Köln, Wiesbaden 1997, S. 31). Die gelegentlich zu findende Formulierung (z. B. bei Ehrmann und Jung/Heinzen/Quarg), es handele sich um „Personen, denen Planungsaufgaben zugeordnet werden“, lässt den Leser im Unklaren, ob es sich um die Mitwirkung im Zuge der Erstellung einer Planung oder die Verantwortung für einen fertig erstellten Plan handelt (EHRMANN, H.: Unternehmensplanung, a. a. O., S. 38, JUNG, R. H., HEINZEN, M., QUARG, S.: a. a. O., S. 139.).

[250] Siehe etwa DILLERUP, R., STOI, R.: a. a. O., S. 342, FRIEDL, B.: Controlling, 2. Aufl., Konstanz, München 2013, S. 157.

[251] Vgl. Unterabschnitt 2.2.1 „Zusammenhang zwischen Planung und Kontrolle“.

[252] Vgl. WÖRDENWEBER; M.: Unternehmensplanung, a. a. O., S. 64 –76.

> Planungskompetenz bedeutet, dass ein Planungsträger alle Rechte und Befugnisse (Entscheidungs- und Weisungsbefugnisse) erhält, die zur Erfüllung seiner Planungsaufgabe erforderlich sind.

Darst. 2.147: Planungskompetenz

Zu den Rechten gehört die Erstellung des Plans einschließlich der Entscheidung über die endgültig vorzulegende Fassung und viele Einzelentscheidungen wie die Terminierung der Planungsarbeiten und die Abgrenzung der Planinhalte (soweit nicht ex ante vorgegeben) sowie die Auswahl geeigneter Planungs- und Prognoseverfahren etc. Weisungen sind beispielsweise im Rahmen der Informationseinholung zu erteilen.

Die Entscheidungen in der Optimierungs- und Auswahlphase eines Planungsprozesses[253] dürfen nicht mit der **Ratifizierung** eines Plans verwechselt werden. In vielen Unternehmen ist es üblich, dass eine andere, oft höhere Instanz die vorgelegten Pläne genehmigen muss.

Wer im Unternehmen als Planungsträger infrage kommt, hängt von mehreren Faktoren ab, in erster Linie von

- der organisatorischen Struktur des Unternehmens[254]
- optimale Distanz zum Planungsgegenstand[255]
- der Wertigkeit (Bedeutung) eines Plans für das Unternehmen
- der Art der Planung (zentral oder dezentral)
- dem planungsrelevanten Wissen der Planungsträger[256].

Mit der Aufbauorganisation des Unternehmens eng verbunden sind die Fragen der potentiellen Planungsträger und der Aufbauorganisation der Planung[257]. So konzentriert die funktionale Organisation die Planungskompetenz in der Unternehmensspitze. Daher sind der Unternehmensleitung oft Planungsstäbe zugeordnet. Die divisionale Organisation ei-

[253] Siehe die Phasen eines Führungsprozesses (Darst. 1.102 „Führungsprozess").

[254] Vgl. BAIER, P.: Praxishandbuch Controlling, 2. Aufl., München 2008, S. 360.

[255] Vgl. PFOHL, H.-C., STÖLZLE, W.: a. a. O., S. 194.

[256] Vgl. EHRMANN, H.: Unternehmensplanung, a. a. O., S. 38.

[257] Weitere Erläuterungen zur Aufbauorganisation der Planung finden sich bspw. bei HILL, W.: Stichwort „Planungsmanagement", in: SZYPERSKI, N. (HRSG.): Handwörterbuch der Planung, Stuttgart 1989, Sp. 1458.

nes Unternehmens führt zu einer Verlagerung der Planungsaufgaben in die Sparten, während zentral nur noch spartenübergreifende Planungen vorgenommen werden.[258] Abstimmungsprobleme zwischen zentraler und dezentralen Planungen sind oft die Folge und müssen daher a priori geklärt werden.

Die Frage des Zentralisationsgrades wurde bereits im Unter-Unterabschnitt 2.1.1.4 „Planung nach dem Integrationsgrad“ diskutiert. In diesem Zusammenhang geht es auch um die Partizipation (und damit auch die Motivation) der Mitarbeiter. Die Motivation steigt in den meisten Fällen mit dem Grad der Mitwirkungs- und (Mit-) Entscheidungsmöglichkeiten. In diesem Zusammenhang sei auf die Auseinandersetzung mit den Planungsverfahren (Planungsprinzipien, Planungsrichtungen) im Unter-Unterabschnitt 2.1.6.1 „Vertikale Koordination“ verwiesen.

Zum planungsrelevanten Wissen der Planungsträger zählt neben der **Fach- die Methodenkompetenz**. Zur Fachkompetenz gehören die folgenden Punkte:[259]

- Breite, Tiefe und Aktualität des stellenbezogenen Fachwissens
- Sprachkenntnisse
- Mediale Fähigkeiten
- Fachübergreifende Sachkenntnis
- Systemverständnis.

Die Methodenkompetenz bezieht sich auf folgende Sachverhalte:[260]

- Abstraktes, logisches Denkvermögen
- Fähigkeit, Zusammenhänge zu erkennen
- Erkennen methodischer Alternativen
- Beherrschung von Organisationstechniken
- Anwendung von Problemlösungstechniken.

Darüber hinaus sollte der Planungsträger auch weitere Fähigkeiten mitbringen, wie sie generell von Führungskräften erwartet werden. Die Gesamtheit der Kompetenzen wird als Handlungskompetenz[261] bezeichnet.

---

[258] Vgl. BEA, F. X., HAAS, J.: a. a. O., S. 63.

[259] Vgl. WÖRDENWEBER, M.: Unternehmensplanung, a. a. O., S. 67 –68.

[260] Vgl. ebenda, S. 69.

[261] Vgl. ebenda, S. 67.

Optimale Distanz bedeutet, dass die Planungsträger zwar über ausreichende Detailkenntnisse des Planungsgegenstandes verfügen, andererseits aber auch eine gewisse Distanz einhalten, um die notwendige Übersicht und Neutralität sicherzustellen.[262]

Als Planungsträger stehen zur Auswahl:[263]

- Selbstplanung
- Unternehmensführung
- Zentrale Planungsträger
- Controller
- Bereichsleitungen
- Planungsorgane entlang der Linie
- Planungsteams
- Ausschüsse und Kommissionen
- Externe Planungsträger

Darst. 2.148: Planungsträger

Zunächst werden zwei Planungsträger, die als zwei Extreme angesehen werden können, vorgestellt. Einmal die Selbstplanung, das heißt jeder Mitarbeiter ist Planungsträger und plant seinen eigenen Aufgabenbereich, und als anderes Extrem die Planung durch die Unternehmensleitung als alleiniger Planungsträger. Anschließend werden weitere potenzielle Planungsträger vorgestellt, da die beiden Planungsorgane – bis auf den Ausnahmefall der Kleinstunternehmung – aus wichtigen Gründen nicht infrage kommen.

[262] Vgl. DILLERUP, R., STOI, R.: a. a. O., S. 342.

[263] Vgl. DILLERUP, R., STOI, R.: a. a. O., S. 343, EHRMANN, H.: Unternehmensplanung, a. a. O., S. 38ff., FRIEDL, B.: Controlling, a. a. O., S. 157, FÜRTJES, H.-T.: Planungsorgane, in: SZYPERSKI, N. (HRSG.): Handwörterbuch der Planung, Stuttgart 1989, Sp. 1464ff., PFOHL, H.-C., STÖLZLE, W.: a. a. O., S. 199f.

2.1.8.1 Selbstplanung

Wenn jede Person eines Unternehmens die vollständige Planung für ihren eigenen Aufgabenbereich vornehmen würde, fiele die Planung für diesen Bereich ideal aus, denn die planende Person kann ihre Expertise und Erfahrung für ihren Arbeitsplatz einbringen.[264] Sie ist mit den wichtigsten Einflussgrößen ihrer Aufgaben vertraut. Die Motivation eines einzelnen Mitarbeiters wäre sehr hoch, denn er möchte seine selbstgesteckten Ziele erreichen. Die Planung eines Einzelnen hängt jedoch stark von der Planung vieler anderer Personen ab. Je mehr Mitarbeiter an der Planung beteiligt sind, desto höher ist die Abstimmungsarbeit. Dieser hohe Koordinierungsaufwand hätte eine zeitaufwändige und unwirtschaftliche Planung zur Folge. Eine Abstimmung der planenden Personen ist in diesem Umfang für ein Unternehmen nahezu unmöglich.

2.1.8.2 Unternehmensführung

Die gesamte Planung könnte auch von der Unternehmensleitung übernommen werden. Dabei könnte diese von einer zentralen Planungsabteilung, einem zentralen Controlling oder von Planungsstäben unterstützt werden. Das Aufgabenspektrum der obersten Führungsebene wäre jedoch deutlich überschritten. Die Hauptaufgaben der Unternehmensleitung sind unter anderem das Festlegen wichtiger Unternehmensziele und der Strategie sowie die Vorgabe einer Unternehmenspolitik. Somit sollte die Unternehmensleitung auch nur die Planungen tätigen, die im direkten Bezug zu diesen Führungsaufgaben stehen.[265] Demnach ist ihr die strategische Planung zuzuordnen, die einen langfristigen Charakter (Tragweite) bei einem Planungszeitraum von fünf bis zehn oder mehr Jahren aufweist.[266] Die strategische Planung ist gesamtunternehmensbezogen und hat eine geringe Detailliertheit. Bei der strategischen Planung geht es um die Schaffung von Erfolgspotenzialen, indem beispielsweise die Produkt- und Marktstrategien, Geschäftsfelder und Standorte erarbeitet und ausgewählt werden.

---

[264] Vgl. EHRMANN, H., a. a. O., S. 39.

[265] Vgl. ebenda.

[266] Vgl. Unter-Unterabschnitt 2.1.5.6 „Planung nach den Planungsebenen“.

2.1.8.3 Zentrale Planungsträger

Als Planungsträger eines Unternehmens können auch zentrale Planungsbereiche fungieren. Diese Form der Planung hat den Vorteil, dass sie von Planungsfachleuten durchgeführt wird. Ferner kann die Abstimmung der planenden Personen direkt in der Abteilung oder am Arbeitsplatz erfolgen. Zeitaufwändige Kontaktaufnahmen und Diskussionen entfallen. Daher kann die zentrale Planung als einfachste angesehen werden.[267] Zentrale Planungsbereiche müssen dennoch eng mit den einzelnen Fachabteilungen zusammenarbeiten. Sie sind auf die Weitergabe von Informationen angewiesen.

Planung durch eine zentrale Planungsabteilung

Die Planung kann als funktionaler Teilbereich in die Organisation des Unternehmens eingefügt werden. Eine Eingliederung dieser Abteilung auf hoher Führungsebene ist ratsam. So kann sichergestellt werden, dass die Fachbereiche der zentralen Planungsabteilung schnell und direkt Auskunft geben und die Planung nicht langwierig und umständlich wird. Es muss aber darauf geachtet werden, dass die Planungsabteilung mit der ihr zugewiesenen Autorität angemessen umgeht. Eine weitere Gefahr besteht darin, dass eine zentrale Planungsabteilung zu schwerfällig wird. Die Fachabteilungen mit ihren Spezialisten benötigen Freiraum für fachliche Themen. Nur in Bezug auf die Planungsmethoden gemäß ihrer eigenen Fachkompetenz kann die zentrale Planungsabteilung richtungsweisend auftreten.[268] Als weiterer Vorteil kann die erleichterte Koordinierung der einzelnen Pläne vermerkt werden.

Planung durch einen Planungsstab

Stäbe haben keine Weisungs- und Entscheidungsbefugnis. Sie zeichnen sich durch ihre unterstützende und beratende Funktion gegenüber der vorgesetzten Instanz aus. Ein Planungsstab hilft bei den Planungstätigkeiten, der Planungskoordinierung und bei der Informationsbeschaffung. Er kann als Generalstabsstelle direkt der Unternehmensführung untergeordnet werden, um sie in der strategischen Planung zu unterstützen. Dabei kann er auch verantwortlich für Studien und Beurteilungen von Themen sein, die für die Unternehmensleitung interessant sind. Auch einzelnen Abteilungen kann ein Planungsstab, dann allerdings dezentral, angegliedert werden. An dieser Stelle überprüft und beurteilt

[267] Vgl. BUSSIEK, J.: Wie entsteht eine Unternehmensplanung? 2. Aufl., Wiesbaden 1991, S. 182.

[268] Vgl. EHRMANN, H., a. a. O., S. 40.

der Stab die von den Abteilungen entwickelten Teilpläne. Dabei koordiniert er die verschiedenen Pläne und integriert sie in einen gesamtheitlichen Plan. Überdies gibt er Anregungen zur Planung und macht Verbesserungspotenziale ausfindig. Dafür stellt der (dezentrale) Stab Methodenkompetenz in Bezug auf die Planung bereit.

2.1.8.4 Controller

Sofern in einem Unternehmen weder Planungsabteilungen noch -stäbe existieren, übernimmt das Controlling die Planungsaufgaben im Sinne einer Unterstützung der Unternehmensführung, indem es in der Planungsphase entscheidungsrelevante Methoden, Techniken und Informationen bereitstellt und die funktionsübergreifende Koordination der Teilpläne übernimmt.[269] Zu den einzelnen Aufgaben gehören nach Ehrmann:[270]

- Mitwirkung bei der Situationsanalyse
- beratende Mitwirkung bei der Festlegung von strategischen, taktischen und operativen Zielen
- Erarbeitung von Strategien
- Festlegung von Planungsmethoden
- Hilfestellung bei der Erstellung von Teilplänen (Ziele und Maßnahmen)
- Koordinierung der Teilpläne
- Fixierung der Termine für die Planungsaktivitäten
- Terminüberwachung der Planaufstellung
- Ermittlung von Planabweichungen
- ständige Beobachtung der Planziele
- permanente Überprüfung der Planung im Hinblick auf Verbesserungsmöglichkeiten
- Ausarbeitung von Richtlinien für die Planung und deren Dokumentation in einem Planungshandbuch

Je nach Bedeutung des Controllings für das Unternehmen und organisatorischer Verankerung im Unternehmen kann die vorstehende Auflistung verlängert werden.

Zwischen Zentral- und Bereichscontrolling soll hier nicht weiter differenziert werden.

[269] Vgl. die Aufgaben des Controllings, wie sie im Abschnitt 1.1 „Grundlagen des Controllings“ geschildert werden.

[270] Vgl. EHRMANN; H.: Unternehmensplanung, a. a. O., S. 41.

2.1.8.5 Bereichsleiter

Werks-/Betriebsleiter, (Haupt-) Abteilungsleiter und Ressortchefs im kaufmännischen Sektor gehören als Bereichsleiter zum Middle-Management[271]. Das Middle-Management ist dem Topmanagement unterstellt und bildet somit die mittlere Führungsebene. Das Middle-Management erhält zum einen Anweisungen und Entscheidungen vom Top-Management, muss aber gleichzeitig auch das ihm untergeordnete Lower-Management berücksichtigen und in dessen Sinne verantwortlich handeln und entscheiden.[272] Sie setzen die vom Top-Management getroffenen Entscheidungen in eine **taktische Planung** um und geben somit die von der ersten Führungsebene erhaltenen Vorgaben in konkretisierter Weise an die untere Führungsebene und die Realisationsstellen weiter.

Ausgangspunkt der taktischen, funktionsbezogenen Planung (Zeitraum 1-5 Jahre) ist die strategische Planung, die inhaltlich konkretisiert wird. Sie weist eine stärkere quantitative Ausrichtung auf als die strategische Planung. Gegenüber der strategischen Planung nehmen die Detailliertheit, Vollständigkeit und Genauigkeit zu. Es geht hier neben den taktischen Zielen konkret um die Erstellung und Bewertung mittelfristiger Aktionsprogramme und Verfahrensregeln, also beispielsweise mittelfristige Beschaffungs-, Produktions-, Absatz-, Finanzierungs-, Investitions- und Personalausstattungs- und -entwicklungspläne sowie mittelfristige Produktplanungen. Sowohl der Detaillierungsgrad der Pläne als auch die Toleranzgrenzen bei der Kontrolle sind als mittel zu bezeichnen.

Wird die taktische Planung von den einzelnen Bereichsleitern übernommen, ergeben sich viele Vorteile. Sie kennen ihre untergeordneten Bereiche sehr gut und haben die für die Planung notwendigen Informationen schnell zur Hand. Aufwendig wird es aber, die in den einzelnen Unternehmensbereichen entwickelten Teilpläne miteinander abzustimmen.[273]

---

[271] Zum Thema „Middle-Management" sei auf den gleichnamigen Unterabschnitt bei Wördenweber verwiesen: WÖRDENWEBER; M.: Unternehmensplanung, a. a. O., S. 58–59.

[272] Vgl. OLFERT, K., PISCHULTI, H.: Unternehmensführung, 7. Aufl., Herne 2017, S. 47.

[273] Vgl. die Ausführungen zur horizontalen Koordination im gleichnamigen Unterabschnitt 2.1.6.2.

2.1.8.6 Planungsträger entlang der Linie

Die Bereichsleiter werden zur Durchführung ihrer Planungsaufgaben i. d. R. ihre Linieninstanzen gemäß der bestehenden Unternehmensorganisation (Aufbauorganisation) einschalten. Über die hierarchischen Beziehungen wird bestimmt, wer wem Aufgaben im Planungsprozess übergeben kann.

Die Übernahme der bestehenden Weisungsrechte auf die unteren Instanzen, beginnend bei den den Bereichsleitern unterstellten Abteilungsleitern, weist einige Vorteile auf. Es wird festgelegt, dass ein übergeordneter Planungsträger für die Koordination der an der Planung beteiligten Personen seines untergliederten Bereiches verantwortlich ist. Die ihm zugewiesene Kompetenz lässt es zu, auch bei unterschiedlichen Zielen und Erwartungen seiner Mitarbeiter einen einheitlichen Plan durchzusetzen. Dadurch wird das Konfliktpotenzial erheblich reduziert. Auf der anderen Seite hat ein übergeordneter Planungsträger die Möglichkeit, Planungsaufgaben zu delegieren und andere Planungsträger mit erforderlichen Weisungsrechten auszustatten. Bei einer dezentralen Planung ist aufgrund der hohen Anzahl an einzelnen Planungsträgern dafür Sorge zu tragen, dass eine überschneidungsfreie Festlegung der Aufgaben und Verantwortungen vollzogen wird.[274]

Für die Führungskräfte ist es unbedingt ratsam, auch die unterstellten Mitarbeiter mit in den Planungsprozess einzubeziehen und sie nicht ausschließlich als Informationsgeber heranzuziehen. Die Motivation der Mitarbeiter hängt stark von ihrer Mitwirkungs- und Entscheidungskompetenz ab (s. o.). Die am Einliniensystem orientierte Organisation der Planungsträger ist einfacher als eine Orientierung am Mehrliniensystem.[275] Bei einem Mehrliniensystem erhalten untergliederte Stellen von mehreren Leitungsstellen Anweisungen. Eine Koordination der Planungsträger wäre in dieser Struktur sehr mühsam.[276] Findet die Unternehmensplanung auf allen Hierarchieebenen statt, ist es empfehlenswert, abwärts der Linie von einer langfristigen zu einer kurzfristigen Ausrichtung der Planung überzugehen.[277]

Als Beispiel für Planungsträger entlang der Linie sei der Bereichsleiter Marketing herausgegriffen, der innerhalb des Marketing-Mix den Abteilungsleiter Kommunikation mit der

[274] Vgl. BAIER, P.: a. a. O., S. 362.

[275] Vgl. ebenda, S. 395f.

[276] Vgl. VAHS, D.: Organisation. Ein Lehr- und Managementbuch, 10. Aufl., Stuttgart 2019, S. 108f.

[277] Vgl. KÜPPER, H., FRIEDL, G., HOFMANN, C. ET AL.: a. a. O., S. 156.

operativen Planung der Kommunikation beauftragt und der seinerzeit entsprechende Kompetenzen für die operative Planung der Werbung dem Sachgebietsleiter Werbung übergibt. Letzterer betraut einen Spezialisten in seinem Team mit der operativen Planung der Internet-Werbung.

2.1.8.7 Planungsteams

Planungsteams werden i. d. R. **fallweise, für Planungen mit einmaligem Charakter** zusammengestellt, während **Ausschüsse und Kommissionen** dauerhafte Einrichtungen sind. Planungsteams bestehen aus Spezialisten verschiedener Fachgebiete. Die Gruppenmitglieder von Planungsteams können aus gleichen oder unterschiedlichen Hierarchieebenen stammen. Nach Erledigung der Planungsaufgabe werden sie meist wieder aufgelöst. Ist in den Planungsteams auch die Unternehmensführung zugegen, dann werden dort in aller Regel auch die Pläne genehmigt. Planungsteams können unterschiedliche Aufgaben zugewiesen werden. Beispielsweise können sie für sehr bedeutende Projekte wie z. B. Fusionen, Unternehmenszukäufe, die Abwehr sogenannter feindlicher Übernahmen, den Aufbau von Landesgesellschaften im Ausland oder die Konzeptionierung anderer größerer Projekte gebildet werden. Insbesondere bei Unternehmenszusammenschlüssen ist der Planungsaufwand erheblich, wenn das erworbene Unternehmen in einen bestehenden Betrieb eingegliedert werden muss. Für die Planung bei Unternehmenszusammenschlüssen bietet sich die Möglichkeit an, unternehmensübergreifende Planungsinstanzen zu bilden, bei denen die Beteiligten über gute interne Kenntnisse bezüglich der Planungen in den beiden Unternehmen verfügen. Auch Themengebiete wie die Problemanalyse, Szenarioanalysen, Alternativensuche oder bedeutsame Prognosen können ihnen übertragen werden.[278]

2.1.8.8 Ausschüsse und Kommissionen

Ausschüsse und Kommissionen, auch Komitees genannt, werden dauerhaft und somit als feste Institutionen für die Planung im Unternehmen angelegt. Die Mitglieder sind meist

[278] Vgl. KÜPPER, H.-U., FRIEDL, G., HOFMANN, C. ET AL: a. a. O., S. 397.

Mitarbeiter oder Leiter organisatorischer Einheiten und auf verschiedenen Hierarchieebenen. Ausschüsse und Kommissionen werden von der Unternehmensführung oder vom Controlling geleitet oder moderiert. Der Vorteil dieser heterogenen Zusammensetzung ist, dass sowohl die Interessen der einzelnen Bereiche als auch die gesamtbetrieblichen Interessen vertreten sind. Den Ausschüssen und Kommissionen wird ein hohes Maß an Kompetenz zugesprochen. Sie werden hauptsächlich zur Planungsvorbereitung, zur Koordinierung der einzelnen Teilpläne und deren Abstimmung mit dem Gesamtplan gebildet. Die Ausarbeitung von Einzelplänen wird von ihnen in der Regel nicht übernommen. Die Ausschüsse oder Kommissionen treten in der Regel zu den vom Leiter dieser Planungsrunde bestimmten Zeitpunkten zusammen. Oft kommt es hier zu Konflikten bei der Terminierung, zumal Mitarbeiter unterschiedlicher Hierarchiestufen in diesem Gremium vertreten sind. Sind dann bestimmte Mitarbeiter nicht anwesend oder werden diese durch bisher nicht involvierte Personen vertreten, leidet darunter die Qualität der Planungsergebnisse. Weitere wichtige Punkte sind eine straffe Organisation der Sitzungen (ggf. Zeitlimit setzen), eine gute Vorbereitung der Teilnehmer und eine effiziente Gesprächsführung, da derartige Treffen oft hohe Kosten verursachen. Spezielle Treffen können beispielsweise vor Planungsbeginn, nach Erstellung der Vorpläne und zur Genehmigung der erstellten Pläne stattfinden.[279]

2.1.8.9 Externe Planungsträger

Externe Planungsorgane können Unternehmensberater, Wirtschaftsprüfer, Experten von Unternehmensverbänden oder der Muttergesellschaft sowie Marktforschungsinstitute sein. Es gibt verschiedene Gründe, warum ein Unternehmen bei der Planung die Hilfe von externen Stellen in Anspruch nimmt. Oft ist es der Mangel an geschultem Personal, der die Unternehmen zu dieser Handlung zwingt. Besonders kleinen Unternehmen ist es oft nicht möglich, eigene Planungsgremien zu schaffen und dafür notwendige Fachkräfte einzustellen. Aber auch mittleren und großen Unternehmen fehlt insbesondere für Sonderplanungen oft das nötige Know-how.[280] Somit können allein rein wirtschaftliche Gründe für einen externen Planungsträger sprechen. Hin und wieder werden aber auch Unternehmensberater aus „politischen" Gründen eingeschaltet. Handelt es sich beispielsweise um Pro-

[279] Vgl. EHRMANN, H.: a. a. O., S. 42.

[280] Vgl. HAMMER, R., a. a. O., S. 94.

jekte, die ein hohes Konfliktpotenzial beinhalten oder bei denen gar von vornherein Konflikte, z. B. mit den Mitarbeitern/den Gewerkschaften „vorprogrammiert" sind,[281] empfiehlt es sich häufig, externe Berater mit einer Planung zu beauftragen. Diese können nicht nur zwischen den Parteien vermitteln, sondern wirken oft auch als „Prügelknabe", wenn sie die für die Betroffenen negativen Folgen, die zu erwarten sind, verkünden. Externe Berater fungieren gelegentlich auch als „Eisbrecher", indem sie zunächst für die Mitarbeiter „grausame" Vorstellungen entwickeln, die dann in abgeschwächter Form von der Geschäftsführung übernommen werden. Die Geschäftsführung wird in beiden Fällen somit mehr oder weniger „aus der Schusslinie genommen". Ein weiterer Vorteil in Bezug auf die Einschaltung externer Planungsorgane ist folgender: Bei der Entwicklung neuer Planungskonzepte oder der Überprüfung bestehender Planungskonzepte kann eine externe und objektive Meinung sehr hilfreich sein und wirkt der Betriebsblindheit entgegen. Allerdings mangelt es den externen Beratern an spezieller betrieblicher Erfahrung und Kenntnis. Dieser Mangel muss durch die Zuarbeit von Mitarbeitern des Betriebes kompensiert werden. Ein grundsätzliches Problem besteht darin, dass die externe Planung bei den internen Mitarbeitern auf wenig Akzeptanz stößt. Auch wenn die Planung plausibel und realistisch ist, kommt es nicht selten vor, dass sich einige Mitarbeiter ihr widersetzen.[282]

2.1.8.10 Auswahl der Planungsträger

Wer im Unternehmen als Planungsträger infrage kommt, hängt von verschiedenen Faktoren ab; in erster Linie von

- der Art der Planung,
- der Aufbauorganisation der Unternehmung, und – oft noch wichtiger –
- der Prozessorganisation des Unternehmens,
- den Anforderungen an den mit der Planung zu beauftragenden Planungsträger,
- den Kompetenzen des Planungsträgers.[283]

[281] Zum Beispiel Neuorganisationen oder Betriebsstillegungen oder „Sparprogramme".

[282] Vgl. BUSSIEK, J.: a. a. O., S. 182.

[283] Die Kompetenz beschreibt die Fähigkeiten und Fertigkeiten einer Person. Die Kompetenz kann sich ggf. auch auf eine Personengruppe oder Institution beziehen. Vgl. WÖRDENWEBER, M.: Unternehmensplanung, a. a. O., S. 64–76.

Der passende Planungsträger muss bestimmte Anforderungen erfüllen, die die Planungsaufgabe mit sich bringt. Um aus einer Vielzahl von potenziellen Planungsträgern den oder die Richtigen zu finden, bietet es sich an, die Potenziale der Personen einzuschätzen und auszuwerten. Im Rahmen eines fachgerechten **Auditverfahrens** lassen sich die Anforderungen mit den vorhandenen Kompetenzen besonders gut abgleichen, da verschiedene Einschätzungsquellen kombiniert werden können. Im Folgenden wird genauer auf vier mögliche, nachstehend aufgelistete Einschätzungsquellen eingegangen.[284]

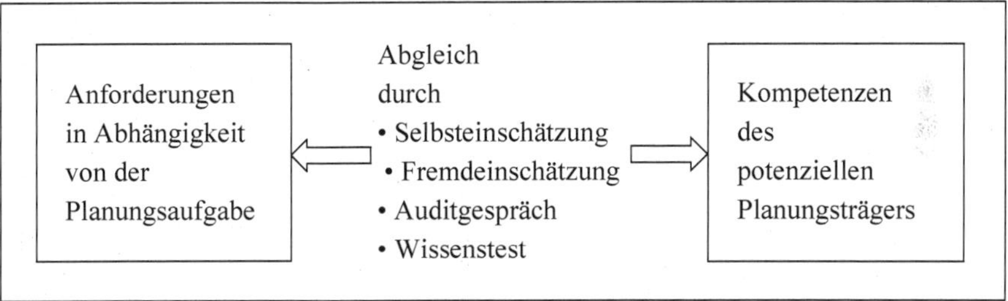

Darst. 2.149: Auswahl eines Planungsträgers

Bei der **Selbsteinschätzung** wird die Eintaxierung der Fähigkeiten des potenziellen Planungsträgers anhand von skalierten Fragebögen durch ihn selbst erhoben. Bei dieser Art von Beurteilung ist zu erwähnen, dass sie bei den meisten Teilnehmern einen Reflexionsprozess bezüglich der persönlichen Fähigkeiten auslöst und infolgedessen stärkt dies die Selbstkompetenz.

Eine **Fremdeinschätzung** beruht auf einer Bewertung des potenziellen Planungsträgers durch den unmittelbaren Vorgesetzten oder eine andere Führungskraft, die den künftigen Planungsträger aus eigenen Erfahrungen oder aufgrund von Unterlagen, z. B. Personalakten einschl. einschlägiger Gutachten beurteilen kann.

Das **Auditgespräch** dient zur zuverlässigen Einschätzung des gesamten Kompetenzspektrums. Insbesondere auf die Sozialkompetenz und die Selbstkompetenz wird hier besonderen Wert gelegt. Die Gesprächsrunden eines Audits können verschiedene Formen annehmen, da diese abhängig von der Anzahl der potenziellen Planungsträger ist. Bei mehreren Kandidaten empfehlen sich weniger Vieraugengespräche als Gespräche zwischen dem Probanden und zwei Beurteilenden geführt, wobei einer der beiden beteiligten „Gutachter“ lediglich als Schriftführer fungieren kann, damit bei der vergleichenden Bewertung

[284] Im Folgenden in Anlehnung an ANWANDER, A.: Strategien erfolgreich verwirklichen, 2. Aufl., Berlin, Heidelberg 2002, S. 240ff.

durch nur eine Person subjektive Verzerrungen reduziert werden können. Bei einer kleineren Zahl potenzieller Planungsträger bietet es sich an, entweder während des Gesprächs oder (vor oder nach dem Gespräch) additiv seine Arbeitsprobe zu verlangen.

Durch den **Wissenstest** werden die kognitiven Fähigkeiten eingeschätzt sowie die Fach- und ein Teil der Methodenkompetenz überprüft.

Als Ergebnis dieser Einschätzungen können vier Planertypen unterschieden werden. Die Grundeinstellung zur Planung lässt sich aus zwei Merkmalen ableiten:

- den (bisher) erworbenen planungsspezifischen Kompetenzen und
- der (bisherigen) planungsspezifischen Weiterbildung.

Sie verdeutlichen die Einschätzung potenzieller Planungsträger gegenüber der Sinnhaftigkeit der Planung und deren Einstellung zur Notwendigkeit einer aktiven Gestaltung der Realität.[285] Durch die Kombination der jeweiligen Merkmalsausprägungen ergeben sich folgende Planertypen:

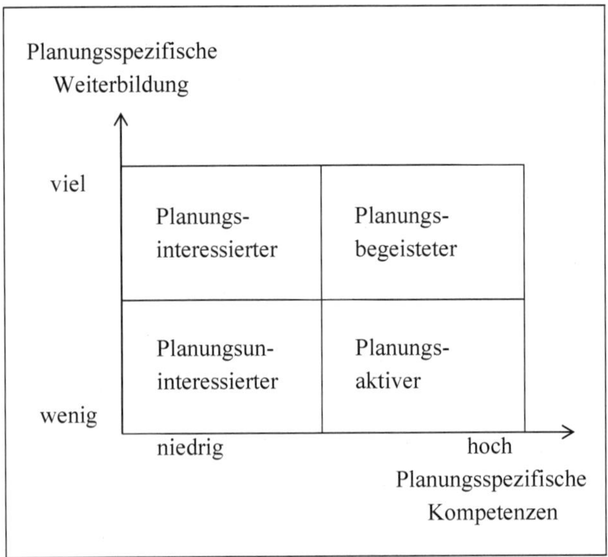

Darst. 2.150: Planertypen

[285] Vgl. WEBER, J., SCHÄFFER, U.: a. a. O., S. 280–281.

Der „Planungsuninteressierte" fällt durch (bisher) niedrige planungsspezifische Kompetenzen und wenig planungsspezifische Weiterbildung auf. Er lehnt vermutlich sowohl die Planung als auch den Zwang, die Realität aktiv zu gestalten, ab. Planungen hält er für überflüssige Bürokratie. Diskontinuitäten, wie dies die schnellen Veränderungen im Markt zeigen, könnten für ihn ein unausweichliches Übel bedeuten, dem er sich nicht stellen will. Möglicherweise muss er als „Chaot" eingestuft werden. Es ist allerdings nicht auszuschließen, dass diese Person ein Meister der Flexibilität ist. Ob er auch als „Planungsverweigerer" gilt, müsste geprüft werden, wenn er an der Planung beteiligt werden sollte.

Der „Planungsinteressierte" hat sich bisher an planungsspezifischen Weiterbildungsmaßnahmen beteiligt, ohne dass seine derzeitigen planungsspezifischen Kompetenzen als hoch eingestuft werden können. Insofern müsste bei Bedarf geklärt werden, ob die mangelnden Kompetenzen nicht durch eine spezifische Weiterbildung behoben werden können.

Der „Planungsaktive" verfügt zwar über die notwendigen Kompetenzen, lässt aber den Drang zur Weiterbildung im Bereich der planungsspezifischen Kompetenzen vermissen. Hier müsste ggf. nachgefragt werden, warum dieser Mitarbeiter keine Weiterbildung betreibt.

Der optimale Kandidat für die Position eines Planungsträgers ist der „Planungsbegeisterte". Er bildet sich nicht nur in hohem Maße weiter, sondern verfügt bereits jetzt über hohe planungsspezifische Kompetenzen. Er versteht die Notwendigkeit der Planung. Die aktive Gestaltung der Realität ist für ihn eine ständige Herausforderung, der er sich gerne stellt. Dies gilt insbesondere für Diskontinuitäten, wie sie im Markt auftreten. Der „Planungsbegeisterte" will aktiv die Zukunft des Unternehmens mitgestalten. Eine gut strukturierte und detaillierte Planung ist für ihn eine Selbstverständlichkeit. Denkbar ist aber auch, dass es sich bei dem „Planungsbegeisterten" um jemanden handelt, der „alles und jedes" regeln will und dementsprechend als Bürokrat eingestuft werden muss.

Nichtsdestotrotz empfiehlt es sich, Planungsbegeisterte in die engere Wahl zu nehmen wenn es darum geht einen Planungsträger auszuwählen, da dieser vollkommen von der Idee der Planung überzeugt ist, und diese möglichst gut abstimmen wird und auch die Notwendigkeit der aktiven Gestaltung der Realität sieht. Voraussetzung dafür ist natürlich, dass der potenzielle Planungsträger in diesem Zusammenhang auch die anderen Anforderungen z. B. die erforderlichen Kompetenzen mitbringt.

In einem letzten Schritt werden die Aufgaben den einzelnen an der Planung Beteiligten zugeordnet. Die nachfolgende Darstellung zeigt ein stark vereinfachtes Beispiel für eine hierarchische Unternehmensplanung:

Planungsträger / Aufgaben	Leiter der Funktionsbereiche[1]	Controller	Geschäfts-führung
Konzeption des Planungs-systems		x	
Genehmigung des Planungssystems			x
Durchführung der Planung	x	x[2]	x
Plausibilitätsprüfungen		x	
Genehmigung der Pläne			x
Modifikation der Planung[3]	x		
Prüfung der Plan-änderungen		x	
Genehmigung der geänderten Pläne			x

Darst. 2.151: Planungsträger und ihre Funktionen im Rahmen der Unternehmensplanung (Beispiel)

[1] Und weitere beteiligte Linienmanager.
[2] Hilfestellung (z. B. Moderation) und Koordination der Tätigkeiten
[3] Z. B. Aktualisierung im Rahmen der rollierenden Planung

2.1.9 Planungshandbuch

2.1.9.1 Aufgaben eines Planungshandbuchs

Immer dann, wenn

- eine Planung regelmäßig, also als Daueraufgabe, durchgeführt wird und/oder
- eine Planung aufgrund ihrer Komplexität arbeitsteilig erfolgt,

ergibt sich die Notwendigkeit, eine Planung zu planen bzw. eine Planungsorganisation zu gestalten. Die Planung der Planung wird als **Metaplanung** bezeichnet. Ihre wesentlichen drei Aufgaben sind die die Gestaltung, Lenkung und Analyse der Planung.[286] Diese Aufgaben sind in der im nachstehenden Unter-Unterabschnitt gezeigten Gliederung eines Planungshandbuchs deutlich erkennbar. Die **institutionelle Sichtweise** eines Planungssystems spiegelt sich in der **Organisation der Planung** wider. Hier handelt es sich um dauerhafte Regelungen, die

- das Planungssystem,
- die Planungsträger,
- den Planungsablauf,
- die Planungsinstrumente und ggf.
- ein Planungslexikon

zum Inhalt haben. Diese Planungsorganisation muss einerseits vor der Durchführung der Planung (präsituativ) abgeschlossen sein; andererseits muss sie fortwährend im Hinblick auf Änderungen bei den vorgenannten Punkten (z. B. andere Planungsträger) aktualisiert werden.

Diese Regelungen werden in **Richtlinien** festgehalten, die alle an der Planung Beteiligten, also nicht nur die Planungsträger[287], über die Ziele und Absichten der Planung sowie die

[286] Vgl. DILLERUP, R., STOI, R.: a. a. O., S. 359, HILL, W.: a. a. O., Sp. 1457ff., TÖPFER, A.: Stichwort „Planungssystemkonzeptionen“, in: SZYPERSKI, N. (HRSG.): Handwörterbuch der Planung, Stuttgart 1989, Sp. 1516.

[287] Zum Begriff des Planungsträgers siehe den vorstehenden Unterabschnitt.

zu verfolgenden Prinzipien (als Teil des Planungssystems) informiert, sondern auch Regelungen zu den oben aufgelisteten Punkten enthält. Gleichzeitig legen sie im Rahmen des Planungssystems fest, für welche Bereiche, Gebäude, Materialien, Personen, Projekte oder Maßnahmen sie Gültigkeit besitzen. Möglicherweise enthalten die Richtlinien Regelungen im Fall von Ausnahmesituationen oder bei beabsichtigten Abweichungen. Richtlinien können darüber hinaus auch Sanktionen bei Nichtbefolgung derselben beinhalten.

Aus dem Gesagten lassen sich folgende Funktionen von Richtlinien bzw. eines Planungshandbuches ableiten:

- Zielerreichungsfunktion
- Koordinations-/Integrationsfunktion
- Lenkungsfunktion
- Anreiz-/Motivationsfunktion
- Informations-/Dokumentationsfunktion

Darst. 2.152: Funktionen des Planungshandbuchs

Die **Zielerreichungsfunktion** zielt darauf ab, dass durch das Befolgen der Richtlinien im Planungshandbuch eine optimale Planung im Unternehmen ohne zeitliche Verzögerungen erreicht wird.

Die **Koordinations-/Integrationsfunktion** bezieht sowohl die horizontale als auch die vertikale Koordination/Integration mit ein. Auf der horizontalen Ebene findet die Abstimmung zwischen interdependenten Unternehmensteilbereichen oder Funktionsbereichen statt. Zum Beispiel wird der Beschaffungs- mit dem Absatzplan abgestimmt. Auf der vertikalen Ebene findet eine hierarchische Koordination von strategischer, taktischer und operativer Planung statt. Zum Beispiel werden operative Ziele mit strategischen Zielen abgestimmt.

Mit **Lenkungsfunktion** ist das zielorientierte, gelenkte Handeln aller an der Planung Beteiligten innerhalb eines ggf. zugestandenen Freiraums bezeichnet (s. u. „Formalisierung“). Die Lenkung erfolgt über verbindliche Regelungen in Bezug auf das Planungssystem, die Planungsträger, den Planungsablauf und die Planungsinstrumente.

Über die **Anreiz-/Motivationsfunktion** sollen alle betroffenen Mitarbeiter zur Planung anregt und motiviert werden.

Die **Informations- und Dokumentationsfunktion** erfüllt das Planungshandbuch insofern, als es eine Darstellung aller Weisungen, Regelungen und Definitionen enthält und somit – auch in Form eines Nachschlagewerks – als Hilfestellung für alle Planenden dient.

Welche Funktionen ein Planungshandbuch im Speziellen erfüllen soll, hängt vom Zweck der Unternehmensplanung, der Funktionsaufteilung zwischen Planung, Organisation und Controlling sowie von der zugrundeliegenden Organisationstheorie ab.

Die Richtlinien dienen zum einen der Formalisierung, zum anderen der Standardisierung. Die **Formalisierung** bezieht sich auf die formale Ausgestaltung des Planungssystems. Ziel ist es, allen an der Planung Beteiligten ein übersichtliches, verlässliches und geschlossenes Instrumentarium anzubieten. Insbesondere in internationalen Unternehmen, die mit einer Vielzahl ausländischer Tochterunternehmen in (teilweise sehr) heterogenen Staaten agieren, gilt ein hoher Standardisierungs- und Formalisierungsgrad der Planung und des Rechnungswesens als entscheidende Voraussetzung zur Handhabung der Komplexität und der Steuerbarkeit des Konzerns. Trotz aller Formalisierung muss den Planungsträgern ein gewisser Freiraum eingeräumt werden, damit diese eigene Gedanken in die Planung einbringen können und nicht zu stark eingeengt werden. Die Formalisierung soll eine maximale Transparenz bewirken. Mit der Standardisierung soll eine Vereinheitlichung der Planung erreicht werden. Regelmäßig wiederkehrende, gleiche Planungsaufgaben sollen auch jeweils auf die gleiche Art und Weise erledigt werden. Im Einzelnen sind die Vereinheitlichung der verwendeten Begriffe (Planungssprache), Verfahren (Planungsmethoden), Arbeitsunterlagen und Hilfsmittel gemeint. Auch die Konzeption einheitlicher Planungsrichtlinien wird mit der Standardisierung angesprochen. Auch hier gilt es, dem Planungsträger einen ausreichenden Spielraum für seine Eigeninitiative und Kreativität zu gewähren.[288]

---

[288] Vgl. BAMBERGER, I., WRONA, TH.: Planung, in: BREUER, W., GÜRTLER, M. (HRSG.): Internationales Management. Betriebswirtschaftslehre der internationalen Unternehmung, Wiesbaden 2003, S. 57-110, EHRMANN, H.: Unternehmensplanung, a. a. O., S. 236.

Im Hinblick auf die beiden vorgenannten Punkte wird dem Unternehmen dringend angeraten, evtl. bestehende Richtlinien zu überarbeiten, sie systematisch zu dokumentieren und allen an der Planung Beteiligten zugänglich zu machen. Dies geschieht zweckmäßigerweise in einem **Planungshandbuch**. Speziell dem neuen Mitarbeiter im Unternehmen, der Planungsaufgaben wahrnehmen soll, bietet sich mit dem Planungshandbuch ein hervorragendes Instrument, um sich mit den wesentlichen Begriffen und Inhalten der Planung im Unternehmen vertraut zu machen.

> Ein Planungshandbuch stellt eine aussagekräftige und umfassende Dokumentation aller dauerhaften Regelungen dar, die die systematische und in sich stimmige Durchführung aller Planungsaktivitäten im Unternehmen zum Ziel haben.

Darst. 2.153: Planungshandbuch

Der projektartige Charakter der Planung und die allgemeine Unternehmensdynamik haben zur Folge, dass der Planungsprozess sowie die Aufgaben, Ziele und Inhalte der Unternehmensplanung oft nur rudimentär dokumentiert sind. Die Konsequenz ist, dass die Planungsvorbereitung neben der eigentlichen Planung mit einem unverhältnismäßigen Aufwand wieder erneut konzipiert werden muss. In diesem Fall besteht die Gefahr, dass sich Planungsprobleme und -fehler in den Planungsprozessen wiederholen.[289] Daher ist die Anlage eines Planungshandbuchs nur zu empfehlen. Da – wie oben bereits angedeutet – Änderungen und Aktualisierungen im Unternehmen „an der Tagesordnung sind“ kann das Planungshandbuch nichts Statisches sein. Insofern muss das Planungshandbuch als **Working Paper** betrachtet werden, welches die neuesten Planungserkenntnisse laufend übernimmt, aber auch als Diskussionsgrundlage für alle Planungsträger.

2.1.9.2 Aufbau und Inhalt eines Planungshandbuchs

Im Planungshandbuch werden die **Aufgaben und Ziele der Planung**, auch der Teilpläne, schriftlich festgehalten. Es enthält zudem Antworten auf folgende Fragen:

[289] Vgl. WANICZEK, M.: Unternehmensplanung neu: Vom teuren Managementprozess zum wirkungsvollen Steuerungsinstrument, Wien 2008, S. 123.

- warum (Notwendigkeit der Planung)?
- was (Planungsgegenstände/-inhalte)?
- wie (Vorgehensweise, Planungsverfahren/-methoden und -modelle)?
- unter welchen Voraussetzungen (Prämissen)?
- wie oft (Planungshäufigkeit)?
- wann, bis wann (Planungsbeginn, Ablieferungsdatum)?
- womit (Ressourcen, Budget, Personal)?
- wer (Planungsträger und alle anderen an der Planung Beteiligten)?
- wem berichtend (Ergebnis-, Ausführungs-, Budgetkontrolle)?

Darst. 2.154: Elemente eines Planungshandbuchs

Darüber hinaus enthält ein Planungshandbuch oft auch Stellenbeschreibungen und Funktionsdiagramme sowie neben Planungsformularen und der zu verwendenden organisatorischen Hilfsmittel ein Planungslexikon.

Das Planungshandbuch kann wie folgt aufgebaut sein:[290]

[290] Vgl. BERSCHIN, H. H.: Handbuch Controlling. Systematisches Planen, Führen, Steuern, Überwachen des Unternehmens und seiner Abteilungen, München 1989, S. 105f., DÜROLF, P.: Das Planungshandbuch als Controllinginstrument, Darmstadt 1988, S. 179f., EHRMANN, H.: Planungshandbuch, a. a. O., S. 116f.

1	Einleitung
2	Allgemeine Hinweise zum Planungshandbuch
3	Planungsphilosophie
4	Planungsverfahren
5	Planungsträger und weitere an der Planung Beteiligte
6	Inhalt und Umfang der Planung
7	Zeitliche Koordination/Planungskalender
8	Informationsversorgung
9	Dokumentation der durchgeführten Planung
10	Planungslexikon

Darst. 2.155: Gliederung eines Planungshandbuchs

Auf die einzelnen Bestandteile des Planungshandbuchs soll im Folgenden näher eingegangen werden.

In der **Einleitung** wird auf die Funktion/die Aufgaben des Planungshandbuchs und insbesondere die Notwendigkeit der Planung hingewiesen, wie sie im Unterabschnitt 2.1.1 „Notwendigkeit der Planung, Planungsbegriff und Prognose“ abgehandelt wird. Es muss deutlich gemacht werden, dass die Unternehmensleitung vorbehaltlos hinter dem im Planungshandbuch dokumentierten Planungssystem steht (Autorisierung). Aus Sicht des Controllings ist die Identifikation der Unternehmensführung mit der vorgelegten Planungsorganisation ein wesentliches Anliegen.[291] Gleichzeitig sollte die Verbindlichkeit der Regelungen herausgestellt werden.

[291] Vgl. DÜROLF, P.: a. a. O., S. 174.

In diesem Kapitel sollte neben den Möglichkeiten aber auch auf die Grenzen der Planung hingewiesen werden. Vgl. hierzu u. a. den Unterabschnitt 2.1.4 „Planungsproblematik". Mit Hilfe der Planung sollen Unsicherheiten bewältigt werden. Da dem Controller nicht alle relevanten Informationen zur Verfügung stehen, stellt das Erkennen und Vorhersagen der Entscheidungskonsequenzen eine (theoretisch) unlösbare Aufgabe dar. In diesem Zusammenhang sind Techniken zu berücksichtigen, die der Erhebung und Bewältigung der auftretenden Planungsunsicherheiten und Risiken dienen.[292] Letztlich muss sich der Planende, auch wenn verschiedene Szenarien wie der „worst case" und/oder „best case" denkbar sind, im Rahmen des Entscheidungsprozesses für *einen* konkreten Plan entscheiden, der im Unternehmen durch-/umgesetzt werden soll.

Im Kapitel „**Allgemeine Hinweise zum Planungshandbuch**" soll der Benutzer mit dem Aufbau und der Handhabung des Planungshandbuches so detailliert wie möglich vertraut gemacht werden. Es soll ihm erläutert werden, was er finden kann, wie er bestimmte wichtige Informationen ansteuern kann. Die Gefahr besteht darin, dass vom Benutzer nur die ihn unmittelbar betreffenden Teilpläne gelesen werden und die Beschreibung des Gesamtsystems übergangen wird. Dieser Gefahr kann entgegengewirkt werden, indem die Erläuterung der Zusammenhänge unmittelbar vor die Darstellung der Einzelpläne gesetzt wird, oder auf die Bedeutung der Kenntnis der Gesamtzusammenhänge aufmerksam gemacht wird.

In diesem Kapitel werden auch die grundlegenden Merkmale und Elemente eines Plans erläutert, wie dies im Unterabschnitt 2.1.5 „Merkmale und Elemente eines Plans" nachzulesen ist.

Sofern im Unternehmen eine **Planungssoftware** eingesetzt wird, lehnt sich das Handbuch eng an die vorgegebene Planungssoftware an bzw. geht auch auf diese näher ein und beschreibt dann u. a. die Festlegung frei wählbarer Parameter.

Ein wichtiger Punkt in diesem Kapitel betrifft die **Neuerungen** (gegenüber der vorherigen Auflage des Planungshandbuchs). Diese Novitäten sollten kurz gefasst werden mit dem Hinweis auf eine ausführliche Behandlung an der entsprechenden Stelle.[293] Änderungen betreffen beispielsweise

[292] Vgl. HORVÁTH, P., GLEICH, R., SEITER, M.: a. a. O., S. 205.

[293] Zu den weiteren Erläuterungen gehören u. a. die Fragen der Wirksamkeit (ab wann: unterjährig oder erst im Folgejahr/in den Folgejahren?), der periodischen Abgrenzungen und der Konsequenzen dieser Veränderungen.

- die bisherige Planungsphilosophie,
- neue Geschäftsfelder oder Geschäftsfelder/Bereiche wie z. B. Akquisitionen oder andere Großprojekte, die ein besonderes Monitoring erfordern und deshalb separat geplant werden müssen,
- weitere organisatorische Veränderungen (Aufbau oder Prozesse),
- neue Produkte,
- weitere Abwandlungen des Planungsverfahrens,
- den Detaillierungsgrad (grober oder detaillierter),
- weitere Änderungen bei den Planungsträgern,
- den Austausch, den Wegfall oder die Hinzunahme interner oder externer Informationslieferanten.

Darüber hinaus enthält dieses Kapitel Benutzerhinweise zum Änderungsdienst, zu Auskunftsmöglichkeiten bei Fragen, zur Anlaufstelle für Verbesserungsvorschläge, sowie Aussagen dazu, ob das Planungshandbuch nur zur persönlichen Verwendung bestimmt ist, und/oder in der Abteilung für alle Abteilungsmitglieder zur Einsichtnahme offen liegt. Des Weiteren sollte auch die Rückgabepflicht für die persönlichen Exemplare bei Ausscheiden der Empfänger aus dem Empfängerkreis geregelt werden.[294]

Die **Planungsphilosophie** befasst sich mit den Grundsätzen der Planung im Allgemeinen sowie speziell mit den Grundsätzen der Planung im Unternehmen. Erstere werden ausführlich im Unterabschnitt 2.1.3 „Planungsgrundsätze“ vorgestellt. Die Ausgestaltung der Grundsätze der Planung im Unternehmen hängt u. a. von verschiedenen externen und internen Kontextfaktoren wie z. B. der Unternehmensgröße, dem Grad der Internationalisierung, der kulturellen Struktur der Mitarbeiterschaft, der Art und Dynamik des Wettbewerbs in der Branche oder der Branche selbst ab. U. a. muss die Frage beantwortet werden, ob Pläne aufgestellt und Kontrollen durchgeführt werden, um bspw. innovative Lösungen zu finden, die Mitarbeiter zu motivieren, die Leistung des Unternehmens zu steigern oder lediglich Regelungen zu erlassen, die das Zusammenspiel der Beteiligten reglementiert und u. U. jegliche Diskussion „im Keim ersticken“ und mögliche Konflikte vermeiden soll. „Zahlreiche im Rahmen der Planung auftretenden Konflikte sind nicht auf Sachfragen, sondern auf Werthaltungen zurückzuführen.“[295] In diesem Zusammenhang ist eine Verknüpfung mit der Unternehmensphilosophie und den Unternehmensleitlinien angezeigt. Den Betroffenen wird neben diesen Rahmenbedingungen für die Planung das Planungsmodell vorgestellt. Dieses enthält in groben Zügen das Planungssystem, d. h. das

[294] Vgl. DÜROLF, P.: a. a. O., S. 177f.

[295] DILLERUP, R., STOI, R.: a. a. O., S. 359.

Planungsverfahren, den Gesamtplan sowie die einzelnen strategischen, ggf. taktischen und operativen Teilpläne[296].

Im Kapitel **Planungsverfahren** wird zunächst Bezug genommen auf das bereits im obigen Kapitel „Planungsphilosophie“ in groben Zügen vorgestellte Planungssystem. Auch wenn eine integrierte Unternehmensplanung, die in ihrer vollendeten Ausgestaltung eine Simultanplanung ist und damit alle Interdependenzen berücksichtigen würde, angestrebt wird, wird diese aus unterschiedlichen Gründen[297] nur von einem Fünftel der befragten Unternehmen[298] praktiziert. Insofern erfolgt hier eine Festlegung der **vertikalen**[299] **Koordination** zwischen den drei Planungsebenen (strategisch, taktisch, operativ) im Rahmen einer **hierarchischen Unternehmensplanung**. Die Notwendigkeit der Koordination ergibt sich aus dem arbeitsteiligen zielgerichteten Aufgabenerfüllungssystem des Unternehmens. Dieses System macht Aktionen erforderlich, um die organisatorischen Teilbereiche auf das Gesamtziel eines Unternehmens auszurichten. Da die einzelnen Hierarchieebenen als Folge des unterschiedlichen Detaillierungsgrades über einen entsprechenden Entscheidungsspielraum verfügen, besteht eine große Notwendigkeit für die vertikale Koordination. Eine vertikale Koordination wird über sogenannte Planungsverfahren, auch als Planungsrichtung bezeichnet, erreicht. Zur Auswahl stehen hier die drei im Unter-Unterabschnitt 2.1.6.1 „Vertikale Koordination“ beschriebenen Verfahren.

In dem Kapitel über die **Planungsträger und weitere an der Planung Beteiligte** werden die Planungsträger und die zuliefernden Organe und ihre Aufgaben benannt. Weiterhin geht es um den Aufgabeninhalt, die Kompetenzen und die kooperierenden Stellen. Letztere können beispielsweise die Marktforschung, der Außendienst, die volkswirtschaftliche Stabsstelle oder die IT-Abteilung sein. Die potenziellen Planungsträger sowie die Auswahl derselben einschl. der erforderlichen Kompetenzen werden im Unterschnitt 2.1.7 „Planungsträger“ ausführlich beschrieben. Die Kompetenzen können über denkbare Rechte wie das

- Auftragsrecht,
- Informationsrecht,
- Auswahl- und Entscheidungsrecht,

[296] Vgl. bspw. Abschnitt 2.3 „Operative Funktionsbereichsplanungen und bereichsübergreifende Planung“.

[297] Die einzelnen Begründungen finden sich im Unter-Unterabschnitt 2.1.5.4 „Planung nach dem Integrationsgrad“ bzw. im Unter-Unterabschnitt 2.1.6.2.1 „Simultanplanung“.

[298] Vgl. ICV INTERNATIONALER CONTROLLER VEREIN E. V.: a. a. O. Laut ICV wird die Umsetzung von Advanced-Planning-Ansätzen durch die immer noch weit verbreitete Nutzung von Microsoft Excel®, das 90 % der befragten Unternehmen für die Planung einsetzen, erschwert.

[299] Zu den vertikalen Koordinierungsmöglichkeiten gehören das in Unter-Unterabschnitt 2.1.6.1 „Vertikale Koordination“ beschriebene Top-down-, Bottom-up- und das Gegenstromverfahren.

- Einspruchs- und Genehmigungsrecht,
- Kontrollrecht sowie
- Vorschlags- und Beratungsrecht

abgebildet werden.[300]

Hinsichtlich des Auswahl- und Entscheidungsrechts ist auf zwei unterschiedliche Entscheidungen Bezug zu nehmen. Sowohl hier als auch nachstehend wird angesprochen, wer im Unternehmen die endgültige Fassung von Plänen zu verantworten hat, wer – auch im Rahmen der Zusammenarbeit mit anderen an der Planung Beteiligten – detailliert zu beschreibende einzelne Auswahl- und Entscheidungsrechte besitzt und wer welche Pläne genehmigt. In der Regel wird es so sein, dass die jeweils höhere Planungsebene die Pläne der untergeordneten Instanz genehmigt. Im Falle der Geschäftsführung ist in bestimmten Fällen eine Genehmigung seitens der Eigentümer/Anteilseigner oder im Falle von Aktiengesellschaften seitens des Aufsichtsrates einzuholen.

Im Kapitel **Inhalt und Umfang der Planung** wird zunächst Bezug genommen auf das bereits im obigen Kapitel „Planungsphilosophie" in groben Zügen vorgestellte Planungssystem mit der Gesamtarchitektur der Pläne sowie die Einzelpläne. Wie vorab geschrieben ist eine integrierte Unternehmensplanung (Simultanplanung) aus unterschiedlichen Gründen meist nicht praktikabel. Insofern muss im Rahmen einer **hierarchischen Unternehmensplanung** auch eine Festlegung der **horizontalen Koordination**[301] erfolgen. Daneben sind in der Praxis aber auch (noch) rein dezentralistische Unternehmensplanungen zu beobachten, bei denen ebenfalls eine sorgfältige Abstimmung der Einzelpläne und eine Koordination durch die Unternehmensführung erforderlich werden. In beiden Fällen müssen neben dem Gesamtplan die Einzelpläne[302] hinsichtlich ihrer Zielsetzung, der Input- und Outputdaten[303], der Planprämissen etc. beschrieben werden.[304] Des Weiteren werden die Planungsebenen[305] differenziert und der Planungshorizont[306] bestimmt. Während die Zerlegung komplexer Teilaufgaben u. a. Gegenstand der **Aufbauorganisation der Planung** sind, wird die Kombination einzelnen Planungsaktivitäten zu Planungsprozessen sowie –

[300] Vgl. EHRMANN, H.: Unternehmensplanung, a. a. O., S. 74. Dort finden sich auf S. 75f. auch zwei Beispiele für ein Aufgaben- und Kompetenzbild.

[301] Zu den horizontalen Koordinationsalternativen zählen die in Unterabschnitt 2.2.2 „Horizontale Koordination" erwähnte Simultanplanung sowie die Sukzessivplanung in Form der hierarchischen Unternehmensplanung.

[302] Siehe Unterabschnitt 2.1.5.3 „Planung nach den Funktionsbereichen".

[303] Vgl. Unterabschnitt 2.1.5.2 „Planung nach dem Inhalt".

[304] Vgl. HORVÁTH, P., GLEICH, R., VOGGENREITER, D.: Controlling umsetzen: Fallstudien, Lösungen und Basiswissen, 5. Aufl., Stuttgart 2012, S. 89.

[305] Die Planungsebenen werden im Unterabschnitt 2.1.5.6 „Planung nach den Planungsebenen" unterschieden.

[306] Auf den Planungshorizont wird im Unterabschnitt 2.1.5.5 Planung nach dem Zeitraum" näher eingegangen.

neben der zeitlichen Abstimmung – ihre räumliche Koordination durch die **Ablauforganisation der Planung** geregelt.[307]

Zu den zentralen Planungsarbeiten gehören neben der Festlegung der horizontalen Koordination die Initiierung bzw. der Entwurf von Formularen, die Festlegung von Unter- und Obergrenzen der Planinhalte und ggf. eine Konkretisierung der Planungsgrundsätze. Insbesondere Wertgrenzen dienen der Steuerung des Detaillierungsniveaus zur Vereinfachung der Planung ebenso wie der Beachtung der einzuholenden Genehmigungen genehmigungspflichtiger Geschäftsvorgänge aufgrund interner (z. B. Geschäftsordnung für die Geschäftsführung) oder externer Regularien (z. B. Aktiengesetz in Bezug auf die Beteiligung des Aufsichtsrates).[308] Des Weiteren werden die planungsrelevanten Prämissen (z. B. prozentuale Veränderung des Bruttoinlandsprodukts, Inflationsrate, Lohn- und Gehaltserhöhungen, Senkungen oder (wahrscheinlicher) Erhöhungen der Sozialversicherungsausgaben, Steigerungen bei den Materialkosten, Änderungen der Wechselkursrelationen, Zinsniveau für die Finanzierung von Investitionsvorhaben oder die Anlage von Zahlungsüberschüssen) zentral, oft von der volkswirtschaftlichen Abteilung, festgelegt. Die dezentralen Planungsarbeiten bestehen in der Ausarbeitung der Planentwürfe, der Teilnahme an Koordinierungsmaßnahmen, der Mitarbeit bei Planrevisionen sowie Vorschläge und Anregungen zwecks Verbesserung der unternehmerischen Planung.[309]

Die vorgenannten Wertgrenzen spielen auch eine Rolle im **Umgang mit Ungewissheiten**. Im Rahmen eines ganzheitlichen **Risikomanagements** werden Risikoklassen für unternehmerische Tatbestände und Aktivitäten definiert und identifiziert. Im Planungshandbuch sollte manifestiert werden, welche Risiken auf welcher Planungsebene eingegangen werden dürfen und wenn ja, nur mit welchen oder gar keinen Absicherungen oder grundsätzlich nicht.

Hinsichtlich des Aufbaus der Planung, vor allem der kurzfristigen, sollte geprüft werden, wie das **Rechnungswesen aufgebaut** ist. Hilfreich wäre es, die Planung korrespondierend zu erstellen. Dies erleichtert speziell einen Soll- bzw. Plan-Ist-Vergleich. Voraussetzung ist eine **formelle und materielle Identität** der Größen.[310] Liegen diese nicht vor, sollte geklärt werden, ob und wie das Rechnungswesen an die Erfordernisse der betriebswirtschaftlichen Steuerung (Planung und Kontrolle) angepasst werden kann.

---

[307] In Anlehnung an FRESE, E., GRAUMANN, M., TALAULICAR, T., ET AL.: Grundlagen der Organisation. Entscheidungsorientiertes Konzept der Organisationsgestaltung, 11. Aufl., Wiesbaden 2019, S. 127.

[308] Vgl. WANICZEK, M.: a. a. O., S. 124.

[309] Vgl. EHRMANN, H.: Unternehmensplanung, a. a. O., S. 117.

[310] Vgl. hierzu die Ausführungen im Unterabschnitt 2.2.5 „Kontrollgröße und Vergleichswert“.

Im Rahmen der **strategischen** Planung werden beispielsweise strategische Allianzen mit Kunden, Lieferanten, Wettbewerbern geprüft sowie Erfolgspotenziale zu entdecken versucht, welche dann im Rahmen der weiteren Planung in konkrete Entscheidungsvorschläge umgesetzt werden. Weitere typische langfristige Sachverhalte sind u. a. die Entwicklung einer Marktstrategie oder die Initiierung und Prüfung des Produktionsrahmenprogramms. In vielen Unternehmen bezieht sich die strategische Planung konkret auf die Neuausrichtung oder vorzunehmende Akquisitionen von Geschäftsbereichen, sofern vorhanden oder angedacht. Auch konzeptionelle Fragestellungen wie Verwaltungs-, Produktions-, und Vertriebsstandorte, Rechtsformen von Tochtergesellschaften und Joint Ventures, Unternehmensstrukturen sowie der Führungsstil gehören ebenso dazu.[311]

Ausgangspunkt der **taktischen,** funktionsbezogenen Planung ist die strategische Planung, die inhaltlich konkretisiert wird. Es geht hier neben den taktischen Zielen konkret um die Erstellung und Bewertung mittelfristiger Aktionsprogramme und Verfahrensregeln, also beispielsweise mittelfristige Beschaffungs-, Produktions-, Absatz-, Finanzierungs-, Investitions- und Personalausstattungs- und -entwicklungspläne sowie mittelfristige Produktplanungen.[312]

Aufgabe der **operativen Planung** ist es, die entsprechenden Vorgaben der übergeordneten Planung in detaillierte und (besser) kontrollierbare Daten umzusetzen. Ferner sind die taktischen und strategischen Projekte in die operative Planung einzubeziehen. Dabei werden die für die operative Planung relevanten Prämissen (s. o.) übernommen.[313]

Wie vorstehend bereits angeklungen ist, kann hier ggf. noch einmal verdeutlicht werden, wer im Unternehmen die endgültige Fassung von Plänen zu verantworten hat, wer – auch im Rahmen der Zusammenarbeit mit anderen an der Planung Beteiligten – detailliert zu beschreibende einzelne Auswahl- und Entscheidungsrechte besitzt und wer welche Pläne genehmigt.

Unter der **zeitlichen Koordination** der Planung wird die **Abstimmung und Integration der Ziele und Maßnahmenplanungen unterschiedlicher Fristigkeiten (kurz-, mittel- und langfristige Planung)** verstanden. Hierbei ist zu differenzieren, ob zeitlich unterschiedliche Planungshorizonte koordiniert werden sollen, oder ob sich die zeitliche Verknüpfung auf jeweils denselben Planungshorizont bezieht. Infolgedessen besteht bezüglich zweier Punkte Entscheidungsbedarf, und zwar hinsichtlich der

311 Weiterführende Erläuterungen finden sich im Abschnitt 1.1 „Grundlagen des Controllings".

312 Im Abschnitt 1.1 „Grundlagen des Controllings" wird näher auf die taktische Planung eingegangen.

313 Vgl. ebenda.

- **Koordination bzw. Integration von Plänen mit unterschiedlichen Zeithorizonten** und dem
- **Planungsrhythmus**, d. h. der Frequenz der Teilplanungen.

Auf die Koordination von Plänen mittels Reihung, Staffelung oder Schachtelung wird im Unter-Unterabschnitt 2.2.3.1 „Koordination von Plänen mit unterschiedlichen Zeithorizonten" näher eingegangen. Die serielle, rollierende oder revolvierende Planung als alternative Planungsrhythmen finden sich in den entsprechenden Ausführungen im Unter-Unterabschnitt 2.2.3.2 „Planungsrhythmus".

Der **Planungskalender** hält übersichtlich die Abfolge der einzelnen Planungsaktivitäten und damit verbunden die jeweiligen Anfangs- und Abgabetermine, daraus abgeleitet die Ausführungsdauern, das jeweilige Datum von Sitzungen der Planungskomitees bzw.-konferenzen, die Gültigkeitsdauer der Pläne (s. o. Planungshorizont) etc. fest. In diesem Plan ist ersichtlich, welche Aufgaben voneinander unabhängig und somit parallel durchgeführt werden können und welche Aktivitäten vor- oder nachgelagert sind. Aus Zeitersparnisgründen ist immer eine parallele Bearbeitung der Planungsaufgaben empfehlenswert. Die verbindliche Festlegung von Terminen für die Planung von Zielen und Maßnahmen und deren Verabschiedung ermöglicht einen schnellen und reibungslosen Ablauf der Planung.

Zur Darstellung der Abläufe kann beispielsweise ein Netzplan verwendet werden, um die einzelnen Tätigkeiten der Planungsträger und weiterer an der Planung Beteiligter grafisch ansprechend zu visualisieren, kritische Teilprozesse (Ereignisse, Vorgänge) zu offenbaren sowie Leer- und Pufferzeiten zu erkennen. Eine Verbesserung des Managements ***aller*** Planungsaufgaben wird dadurch jedoch nicht erreicht. Dazu müssten alle Planungsaktivitäten ***simultan*** im Hinblick auf die Interdependenzen und Ressourcen aufeinander abgestimmt werden.

Im Folgenden werden neben dem Netzplan vier weitere grafische Abbildungsmöglichkeiten der Teilprozesse vorgestellt:[314]

[314] Diese Instrumente zur Terminierungsaktivitäten finden sich bspw. bei GAITANIDES, M., Zeitliche Koordination, Konzepte zur, in: SZYPERSKI, N. (HRSG.): Handwörterbuch der Planung, Stuttgart 1989, Sp. 2269f.

- Balkendiagramm
- Teilprozessdiagramm (Flowchart-/Flussdiagramm)
- Fischgrätdiagramm
- Ablaufdiagramm (Gantt-Diagramm)
- Netzplan

Darst. 2.156: Darstellungsmöglichkeiten von Prozessen

Ein Planungsprozess im Unternehmen lässt sich grundsätzlich auch als Projekt begreifen. Sofern die Termine die **Meilensteine** darstellen, ist hierüber eine zeitnahe Kontrolle der Planung möglich.

Die **Planungsproblematik**, genauer das Dilemma der Terminplanung liegt darin, dass

- eine frühe Planung einschließlich Festlegung Sicherheit schafft über das zu verfolgende Ziel, aber auch zukünftige Entscheidungsspielräume einengt (konsequente Ausrichtung auf ein längerfristiges Ziel)
- eine späte Planung und Festlegung nicht nur langfristige Inkonsequenzen mit sich bringen kann, sondern auch die Zahl der Handlungsalternativen insofern einschränkt, als nur noch bestimmte Alternativen kurzfristig umsetzbar sind.

Der erforderliche **Zeitbedarf korreliert mit dem Detaillierungsgrad** der Pläne, d. h. eine grobe, meist langfristige Planung lässt sich wesentlich zügiger durchführen und kann deshalb durch den späteren Anfangstermin noch weitere und damit aktuelle Informationen verarbeiten. Auch insofern macht eine Untergliederung in strategische (meist langfristige), taktische (eher mittelfristige) und operative (kurzfristige) Planungen Sinn.

Ausgehend vom Endtermin, das ist i. d. R. der Zeitpunkt, in dem ein Plan (endgültig) verabschiedet, d. h. genehmigt wird, werden die einzelnen Planungsschritte festgelegt und die

Termine gesetzt, zu denen die einzelnen Teilplanungen abgeschlossen und die dazu erforderlichen Zulieferarbeiten erledigt sein müssen. Spätestens zu Beginn des neuen Kalenderjahres muss die Planung in Gänze vorliegen und verabschiedet sein.[315]

Die **strategische Planung** sollte spätestens in der ersten Hälfte des Wirtschaftsjahres[316] abgeschlossen sein. Diese langfristige Planung wird üblicherweise in Jahren[317] angegeben. Der Planungszeitraum beginnt mit dem nächsten Wirtschaftsjahr und endet am Planungshorizont. Dieser Planungszeitraum umfasst bei drei Planungsebenen (strategisch, taktisch, operativ) etwa fünf bis zehn Jahre, bei zwei Planungsebenen (strategisch, operative) drei Jahre bis ca. zehn Jahre.[318]

Sofern mit drei Planungsebenen gearbeitet wird, sollte die **taktische Planung** spätestens zu Beginn des letzten Tertials eines Wirtschaftsjahres beendet sein. Der Planungszeitraum umfasst bei drei Planungsebenen (strategisch, taktisch, operativ) ein bis fünf Jahre, bei zwei Planungsebenen (strategisch, operative) entfällt die taktische Planung.[319]

Die **operative Planung** inklusive der Budgetierung bezieht sich auf das erste Planjahr der taktischen bzw. strategischen Planung.[320] Wie bereits zuvor im Zusammenhang mit der Planungsproblematik erörtert, sollte die operative Planung erst so spät wie möglich erfolgen, also erst frühestens in der zweiten Jahreshälfte des laufenden Wirtschaftsjahres, jedenfalls nach Vorlage der strategischen bzw. taktischen Planung starten, um zeitnah noch möglichst viele relevante Daten zu erhalten.

Wegen der Vielzahl der eingebundenen Personen können Zeitverzögerungen bei der Bearbeitung der Planungsaufgaben eintreten. Problematisch sind insbesondere Verzögerungen in einer frühen Phase des Planungsprozesses, da diese die termingerechte Fertigstellung aller folgenden Planungsstufen und -schritte gefährden, da einige Teilpläne aufeinander aufbauen bzw. miteinander verzahnt sind. Daher ist der Einbau einer gewissen **Zeitreserve**, gerade zu Beginn des Planungsprozesses, während der gesamten Dauer der Planung dringend zu empfehlen.

[315] Vgl. SCHELD, G. A.: Grundlagen, a. a. O., S. 202.

[316] Dies ist bei Wirtschaftsjahren, die nicht identisch mit dem Kalenderjahr sind, nicht der 30.06.

[317] In Kalenderjahren, wenn das Wirtschaftsjahr dem Kalenderjahr entspricht.

[318] Zur strategischen Planung sei auf die Ausführungen im Abschnitt 1.1 „Grundlagen des Controllings“ verwiesen.

[319] Die taktische Planung wird ebenfalls im Abschnitt 1.1 „Grundlagen des Controllings“ erläutert.

[320] Je nach Zahl der Planungsebenen. Die operative Planung wird grob im Abschnitt 1.1 „Grundlagen des Controllings“ und ausführlicher in den speziellen Abschnitten 2.4 „Operative Funktionsbereichsplanungen und bereichsübergreifende Planung“ sowie 2.5 „Budgetierung“ erläutert.

Ein erstes Beispiel für einen integrierten Planungskalender sieht so aus:

Monat		
1	**Strategische Planung** (5-10 Jahre)	
	Aufgabe: Erarbeitung strategischer Ziele und Maßnahmen	
	Ziel: Beschluss der Geschäftsführung/ggf. des Aufsichtsrates bzw. der Eigentümer	
	Unternehmenspolitik	Strategische Geschäftsfelder
2	(auch Balanced Scorecard)	
	Geschäftsfeldentwicklungen	Strategische Programme
	Produktentwicklungen	
	Absatzpotenziale	Strategische Projekte
3	Umsatzpotenziale	
	Gewinn- und Rentabilitäts-erwartungen	Strategische Maßnahmen/Aktionen
		⬇
4	**Taktische Planung** (2-4 Jahre)	
	Aufgabe: Erarbeitung taktischer Ziele und Maßnahmen, Koordination der Bereichs-Planungen, Rückkopplung mit den strategischen Vorgaben	
	Ziel: Beschlussfassung der Geschäftsführung	
5	Produktkosten	Produktplanung
	Personalkosten	Absatzplanung
	Engpassprüfung	Produktionsplanung
	Management-Erfolgsrechnung (MER)	Beschaffungsplanung
6		Investitionsplanung
		Finanzplanung
		Personalplanung
		Projekte (auch F&E)
7		⬇
	Operative Planung ($\leq$ 1 Jahr)	
	Aufgabe: Erarbeitung operativer Pläne (Ziele und Maßnahmen), Kooperation der operativen Teilpläne, Abgleich mit den strategischen und taktischen Vorgaben	
8	Ziel: Beschluss der Funktionsbereichsleitungen	
	Vertriebsplanung (Verkaufsziele,	Betriebsergebnisrechnung
	Werbeaktionen, Außendienst,	Erfolgsrechnung
	Außendienst, Umsatz,	Handelsbilanz
9	Marketingbudget)	Steuerbilanz
	Kostenplanung (Produktkosten,	Liquiditätsplanung
	Strukturkosten, Standardkosten,	
	Leistungsstandards,	Umsatzbudget
10	Kostenstellenbudgets)	Investitionsbudget
		Produktionsbudget
		Materialkostenbudget
		Fertigungslohnbudget
11		Gemeinkostenbudgets (Material-, Fertigungs-Verwaltungs-, Vertriebsgemeinkosten)
12		

Darst. 2.157: Beispiel für einen integrierten Planungskalender

Als zweites Beispiel für einen Planungskalender ist nachfolgend der zeitliche Ablauf der Planung bei der Siemens AG wiedergegeben:

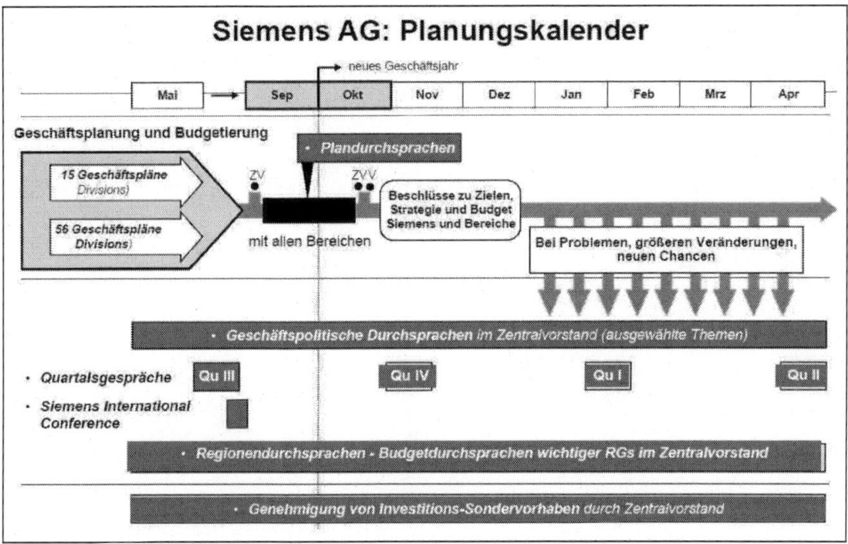

Darst. 2.158: Planungskalender der Siemens AG
(MIROW, M.: Strategie zwischen Führung und Autonomie, Vortrag zum St. Galler Forum für Unternehmensführung am 09.09.2011, http://www.ifb.unisg.ch/~/media/Internet/Content/Dateien/InstituteUndCenters/IfB/FFU/Mirow.ashx, Abruf am 22.11.2015).

Das Thema **Informationsversorgung** kann – was die unternehmensinterne Übermittlung speziell von z. B. Plänen betrifft – unter den Punkten „Planungsträger und weitere an der Planung Beteiligte“, „Ablauforganisation der Planung“ oder „Planungskalender“ abgehandelt werden. Sinnvoll erscheint jedoch ein eigenes Kapitel mit der Überschrift „Informationsversorgung“, um dort auch grundlegende Aspekte der Informationsversorgung ansprechen zu können. Hier geht es zum einen um die

- **Informationsbedarfsermittlung,**
- **Informationsgewinnung,**
- **Be- und Verarbeitung** sowie
- **Speicherung**, zum anderen auch um die
- **Weitergabe von Informationen** innerhalb des Unternehmens.

Während das erste Thema meist im Rahmen der **Marktforschung** abgehandelt wird, finden sich die Prozesse zur Weiterleitung von Informationen unter den Stichworten **Berichtswesen** oder **Informationssystem**. Die Informationsbe- und -verarbeitung (Informationsaufbereitung) wird häufig in dem Wissensgebiet der **Statistik** ausführlich beschrieben. Die vorab beschriebenen Funktionen können unter dem Begriff **Informationsmanagement** zusammengefasst werden.

Informationsmanagement umfasst das zielgerichtete, systematische Planen, Organisieren und Kontrollieren von Information und Kommunikation.

Darst. 2.159: Informationsmanagement

Auf diese wird im Folgenden näher eingegangen. Vorab sind jedoch der Begriff „Informationen“ und die Gütekriterien für Informationen näher zu betrachten.

Jede Planung setzt die zielgerichtete Bedarfsermittlung, Aufnahme sowie die Be- und Verarbeitung, oft auch (nachfolgend) die Weitergabe der im Unternehmen be- und verarbeiteten Informationen, z. B. durch eine volkswirtschaftliche Stabsstelle, voraus.

Informationen sind Daten, die für den Empfänger eine bestimmte, ggf. individuelle Bedeutung besitzen und damit als Grundlage von Entscheidungen dienen können.

Darst. 2.160: Informationen

Das Dilemma besteht darin, aus der Menge der verfügbaren Informationen diejenigen herauszufiltern, die für die Planung „brauchbar“ sind. Brauchbar bedeutet, dass die Informationen generell mindestens folgenden **Ansprüchen (Qualitätskategorien, Gütekriterien)** entsprechen müssen. Mindestens heißt, dass es je nach Anforderungsprofil der Aufgabe bzw. des Adressaten der Information weitere Kriterien geben kann. Zu den Qualitätskriterien für Informationen zählen:

- Problemrelevanz (Zweckorientiertheit, Relevanz der Informationen)
- Informationsgehalt (mit seinen drei Bestimmungsgrößen: Allgemeinheit, Präzision und Bedingtheit der Aussage)
- Vollständigkeit
- Wahrscheinlichkeit (Grad der Sicherheit)
- Reliabilität (Zuverlässigkeit der Information bzw. des Informanten)
- Überprüfbarkeit (Möglichkeit der Überprüfung des Wahrheitsgehalts der Information bzw. des Informanten)
- Aktualität (Alter bzw. Neuigkeitsgrad von Informationen)
- Zeitliche Verfügbarkeit (Rechtzeitige Information an den Informationsempfänger

Darst. 2.161: Qualitätskriterien für Informationen

Zwischen diesen Qualitätskriterien bestehen einige **Interdependenzen**. Beispielsweise trifft dies auf den Zusammenhang zwischen Vollständigkeit, Relevanz und Kosten zu. So ist auf der einen Seite oftmals eine Entscheidung zwischen der Relevanz bzw. den relevanten Daten und der Vollständigkeit derselben zu treffen. Auf der anderen Seite begrenzen die Kosten das Streben nach vollständiger Information, so dass letztendlich auch hier eine **Abwägung unter Kosten-Nutzen-Aspekten** vorgenommen werden muss.

Ein ähnliches Spannungsfeld ergibt sich aus einer möglichst zeitnahen Information einerseits und möglichst zuverlässigen und/oder vollständigen Informationen andererseits.

Als drittes Spannungsfeld sei die Beziehung zwischen der Reliabilität (Zuverlässigkeit) und der Validität (Genauigkeit) genannt. Maßstab für die Genauigkeit einer Information ist bei Intervallschätzungen die Breite des Konfidenzintervalls, innerhalb dessen der gesuchte „wahre“ Wert liegt. Sicherheitsgrad (Signifikanzniveau) und Genauigkeitsgrad hängen voneinander ab, so dass bei gegebenem Untersuchungsplan der Sicherheitsgrad zu Lasten der Genauigkeit bzw. umgekehrt erhöht werden kann. Sollen beide Werte höheren

Anforderungen genügen, ist der Untersuchungsplan zu ändern, eine Erhöhung des Stichprobenumfangs vorzunehmen. Letzteres ist dann allerdings mit höheren Kosten verbunden.

Die vorstehenden Aspekte sind grundsätzlich sowohl bei Primär-(orginären) als auch bei Sekundär-(derivativen) Informationen zu beachten, gleich ob sie aus internen oder externen Quellen stammen.

Das Planungshandbuch kann resp. sollte auf die vorstehenden grundsätzlichen Aspekte sowie die nachstehenden Punkte hinweisen.

Im Rahmen der **Informationsbedarfsermittlung** kann auf die bekannten 4 „R“ zurückgegriffen werden:

- die **r**ichtige Art von Informationen,
- die **r**ichtige Menge von Informationen,
- der **r**ichtige Zeitpunkt für die Vorlage der Informationen,
- der **r**ichtige Ort der Ablieferung von Informationen (Informationsempfänger).

Im Rahmen der Informationsbedarfsermittlung werden die für eine Planung objektiv erforderlichen Informationen bestimmt.

Darst. 2.162: Informationsbedarfsermittlung

Der Informationsbedarf wird definiert durch die Art, Qualität und Menge an Informationen, die ein Entscheidungsträger aus objektiver Sicht bis zu einem bestimmten Zeitpunkt für das Treffen einer Entscheidung benötigt.

Darst. 2.163: Informationsbedarf

(Vgl. DILLERUP, R., STOI, R.: Unternehmensführung. Management & Leadership, 5. Aufl., München 2016, S. 756, PICOT, A., REICHWALD, R., WIGAND, R. ET AL..: Die grenzenlose Unternehmung – Information, Organisation & Führung, 6. Aufl., Wiesbaden 2020, S. 42, SZYPERSKI, N.: Informationsbedarf, in: GROCHLA, E. (HRSG.): Handwörterbuch der Organisation, 2. Aufl., Stuttgart 1980, S. 904.)

Die **Datengewinnung** kann auf folgenden Wegen erfolgen:[321]

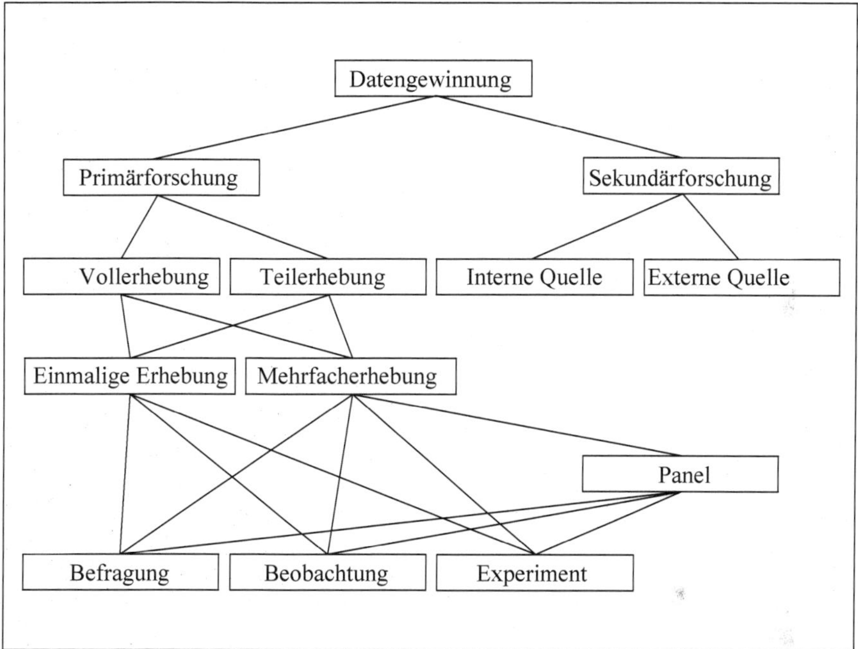

Darst. 2.164: Methoden der Datengewinnung

Das **Panel** stellt insofern einen Sonderfall der Mehrfacherhebung dar, als eine Erhebung

- eines prinzipiell identischen Untersuchungsgegenstandes
- bei einem bestimmten, gleichbleibenden Kreis von Rezipienten
- über einen bestimmten, längeren Zeitraum,
- i. d. R. in einem regelmäßigen zeitlichen Abstand
- in der gleichen Art und Weise

[321] Vgl. etwa FRETER, H.: Marketing – Die Einführung mit Übungen, München 2004, S. 44ff., MEFFERT, H., BURMANN, C., KIRCHGEORG, M., EISENBEISS, M.: Marketing. Grundlagen marktorientierter Unternehmensführung. Konzepte – Instrumente – Praxisbeispiele, 13. Aufl., Wiesbaden 2019, S. 158ff., KOTLER, PH., ARMSTRONG, G., HARRIS, L. ET AL.: Grundlagen des Marketing, 7. Aufl., München 2019, S. 200–222, WEIS, H. CHR., STEINMETZ, P.: Marktforschung, 8. Aufl., Herne 2012, S. 62ff.

durchgeführt wird. Der Unterschied zu einer Mehrfachbefragung liegt darin, dass es sich nicht um denselben Personenkreis handelt und somit eine zeitraumbezogene, dynamische Marktveränderung, speziell des Konsumentenverhaltens, festgestellt werden kann.

In Abhängigkeit vom Informationsbedarf und unter Berücksichtigung sowohl der Gütekriterien (s. o.) als auch der Wirtschaftlichkeit (Kosten-/Nutzen-Aspekt) sind eine Vielzahl von Vorgehensweisen möglich. In Bezug auf die detaillierte Darstellung der einzelnen Datengewinnungsmethoden und die Abwägung zwischen den verschiedenen Verfahren sei auf die einschlägige Fachliteratur verwiesen.[322]

Neben den Methoden zur Datengewinnung von Einzelinformationen ist im Rahmen der Informationsversorgung auch auf **Analyse-Methoden** wie die SWOT-Analyse, Umweltanalyse und Unternehmensanalyse etc. hinzuweisen.

Bei der **Informationsbe- und -verarbeitung** (Informationsaufbereitung) sind einige wesentliche Anforderungen zu beachten.[323]

- Viele Aufbereitungskriterien sind im Voraus nicht bekannt und werden erst bei der Benutzung deutlich.
- Der Benutzer sollte deshalb die Form der Aufbereitung mitbestimmen dürfen.
- Die Informationsversorgung sollte schon bei der Aufbereitung der Informationen eine Beurteilung über deren vermutlichen Nutzen aufzeigen. So kann sie dem Benutzer Impulse geben.
- Der Informationsstand des Benutzers sollte bei der Aufbereitung berücksichtigt werden.
- Die Informationsaufbereitung ist mit der Speicherung und Ausgabe abzustimmen.

Die gewonnenen und be- und verarbeiteten Informationen können für eigene Zwecke verwendet oder an andere Personen weitergegeben werden, um dort ihrerseits in deren weitere Arbeit einzufließen. Auch diese Arbeiten, z. B. Pläne werden ggf. **an andere Stellen im Unternehmen weitergeleitet**. Diese Prozesse sind Bestandteile eines **Informationssystems**, welches seinerseits ein Teil des Informationsmanagements darstellt.

---

[322] Etwa ALTOBELLI, C. F.: Marktforschung: Methoden – Anwendungen – Praxisbeispiele, 3. Aufl., Konstanz 2017, HERRMANN, A., HOMBURG, CHR., KLARMANN, A., Handbuch Marktforschung: Methoden – Anwendungen – Praxisbeispiele, 3. Aufl., Wiesbaden 2014, KOCH, J., GEBHARDT, P., RIEDMÜLLER, F.: Marktforschung. Grundlagen und praktische Anwendungen, 7. Aufl., Berlin, Boston 2016, KUSS, A., WILDNER, R., KREIS, H.: Marktforschung: Grundlagen der Datenerhebung und Datenanalyse, 6. Aufl., Wiesbaden 2018.

[323] Vgl. HORVÁTH, P., GLEICH, R., SEITER, M.: Controlling, 14. Aufl., München 2019, S. 194, 200, 203.

Unter einem Informationssystem wird das zielgerichtete, systematische Planen, Organisieren und Kontrollieren von Informationsprozessen verstanden.

Darst. 2.165: Informationssystem

Im Planungshandbuch kann, sofern dies wie oben beschrieben nicht an anderer Stelle erfolgt, das **Informationssystem der Planung** dargelegt werden. Bezüglich weitergehender Ausführungen zu den Themen Informationssysteme und **Informationstechnik** sei auf die einschlägige Fachliteratur verweisen.[324]

Eine besondere Form der Informationsübermittlung stellt das Berichtswesen dar.

Gegenstand des Berichtswesens ist die zielgerichtete Weitergabe von Informationen an unternehmensinterne oder -externe Personen oder Institutionen.

Darst. 2.166: Berichtswesen

Wie vorab erkennbar, kann sich das Berichtswesen an unternehmensinterne und -externe Stellen richten. Das **interne Berichtswesen** richtet sich ausschließlich an interne Berichtsempfänger.

Gegenstand des internen Berichtswesens ist die zielgerichtete Übermittlung verdichteter Informationen primär an Führungskräfte des Unternehmens.

Darst. 2.167: Internes Berichtswesen

Da nur **verdichtete Informationen** Gegenstand des internen Berichtswesens sind, werden originäre unbearbeitete Informationen nicht dazu gezählt. Durch die Be- und Verarbeitung werden bereits erhaltene Informationen umgeformt, zerlegt oder in neue Informationen umgewandelt. Bei Informationen im Rahmen des Berichtswesens handelt es sich somit um interne Primär- oder externe Sekundärinformationen.

[324] Etwa KRCMAR, H.: Informationsmanagement, 6. Aufl., Berlin, Heidelberg 2015, BRENNER, W., HILBERS, K.: Unternehmensführung und Informationssystem, 2. Aufl., Wiesbaden 2014.

Berichte sollten folgende Merkmale aufweisen:[325]

- Berichtszweck: Warum bzw. wozu soll berichtet werden?
- Berichtssender: Wer erstattet den Bericht? Ansprechpartner für den Berichtsempfänger
- Berichtsempfänger: Wem ist der Bericht geschuldet?
- Berichtsart: Welche Art von Bericht (wie) soll berichtet werden?
- Berichtsinhalt: Was ist Gegenstand des Berichts?
- Berichtstermin: Bis wann ist der Bericht an den Empfänger abzuliefern?

Darst. 2.168: Elemente eines Berichts

Berichte dienen vor allem der Planung und sowohl der Kontrolle der Realisierung der Pläne als auch der Planung selbst. Je genauer der Berichtszweck bestimmt werden kann, umso besser kann der Informationsbedarf des Empfängers befriedigt werden. Ein Bericht versorgt die Planungsträger bzw. Entscheider der einzelnen Führungsebenen entsprechend ihrer Aufgaben in der gewünschten Häufigkeit und Verdichtung mit Informationen. Gewöhnlich werden Berichte an Planungsträger und Entscheider höherer Führungsebenen stärker verdichtet und seltener aktualisiert, gleichwohl sie i. d. R. globaler sind.[326]

Als Berichte kommen je nach dem Grund ihrer Erstellung und ihres Erstellungsrhythmus **Standardberichte** (in regelmäßigen Abständen), **Abweichungsberichte** (beim Überschreiten von vorgegebenen Toleranzgrenzen[327] und vor allem im Rahmen der Kontrolle) und **Bedarfsberichte** (auf Anfrage) in Betracht.[328]

[325] Vgl. BLOHM, H.: Die Gestaltung des betrieblichen Berichtswesens als Problem der Leitungsorganisation, Herne, Berlin 1974, S. 13, SCHROETER, B.: a. a. O., S. 330ff.

[326] Vgl. DILLERUP, R., STOI, R.: a. a. O., S. 767.

[327] Zu diesem Thema vgl. die Darlegungen im Unterabschnitt 2.5.3 „Darstellung und Bewertung von Abweichungen".

[328] Diese Berichtsarten werden ausführlich etwa bei KÜPPER, H.-U., FRIEDL, G., HOFMANN, C. ET AL: a. a. O., S. 231f. und HORVÁTH, P., GLEICH, R., SEITER, M.: a. a. O., S. 330–331 beschrieben.

Im Hinblick auf eine verbesserte Informationsverwendung sollten folgende **Grundsätze der Berichterstellung** beachtet werden:[329]

- Grundsatz der Relevanz
- Grundsatz der Vollständigkeit
- Grundsatz der Genauigkeit
- Grundsatz der Einfachheit und Klarheit
- Grundsatz der Kontinuität

Darst. 2.169: Grundsätze der Berichterstellung

Der **Grundsatz der Relevanz** bedeutet, dass die Informationen im Sinne einer **Empfängerorientierung** den Anforderungen der Planungsträger bzw. Entscheider entsprechend bereitgestellt werden. Hier ist die Verknüpfung mit den anderen Grundsätzen „Vollständigkeit" und „Einfachheit und Klarheit" dahingehend zu beachten, dass der Berichtsempfänger weder mit Informationen überfrachtet wird noch einen Teil der relevanten Informationen infolge einer zwar übersichtlichen, aber zu knappen Darstellung als fehlend moniert noch eine zielgenaue Ansprache des Planungsträgers unterbleibt. Somit ist auf den Informationsstand des Empfängers abzustellen.

Hinsichtlich des **Grundsatzes der Vollständigkeit** kann auf die Hinweise im Unter-Unterabschnitt 2.1.3.2 „Grundsatz der Vollständigkeit" verwiesen werden.

Gleiches gilt für die **Grundsätze der Genauigkeit** (Unter-Unterabschnitt 2.1.3.3 „Grundsatz der Genauigkeit") und **der Kontrollierbarkeit** (vgl. Unter-Unterabschnitt 2.1.3.6 „Grundsatz der Kontrollierbarkeit").

[329] Vgl. auch SCHELD, G. A.: Grundlagen, a. a. O., S. 158f., 161ff., KÜPPER, H.-U., FRIEDL, G., HOFMANN, C. ET AL: a. a. O., S. 235ff., KOCH, R.: Betriebliches Berichtswesen als Informations- und Steuerungsinstrument, Frankfurt 1994, S. 225ff., MERTENS, P., MEIER, M. C.: Integrierte Informationsverarbeitung 2 – Planungs- und Kontrollsysteme in der Industrie, 10. Aufl., Wiesbaden 2009, S. 86f.

Der **Grundsatz der Einfachheit und Klarheit**[330] zielt auf die Verständlichkeit und Erfassbarkeit der Berichtsinhalte ab. Wie bereits vorab erwähnt, sollte der Text auf den Berichtsempfänger abgestimmt sein. Grundsätzlich sind u. a. folgende Regeln hilfreich:

- eindeutige Terminologie,
- Erklärung von Zusammenhängen und Bedeutungen,
- Register der verwendeten Abkürzungen und Symbole,
- einfache (nicht Umgangs-!) Sprache
- klare/logische hierarchische Strukturen bei längeren Texten
- optische Trennung von Übersichts- und Detailinformationen,
- Verdichtung der Informationen zur Reduktion der Anzahl der Daten (Komplexität) ohne Einschränkung der Vollständigkeit, Genauigkeit oder Kontrollierbarkeit
- optische Trennung von Übersichts- und Detailinformationen,
- Visualisierungen statt Text oder Zahlenanhäufungen,
- Hervorhebung von key words[331] oder außergewöhnlichen Aspekten (z. B. durch Fettdruck, Unterstreichung, Farben oder Symbole)
- Angabe von Vergleichsgrößen im Text oder in Darstellungen zur Relativierung und somit besseren Beurteilung von Sachverhalten.[332]

Nach Durchführung der Planung und der Genehmigung der strategischen, taktischen und operativen Pläne sollten zumindest letztere, die zugrunde gelegten Prämissen, die angewandten Planungsmethoden und -verfahren sowie die während der Planung aufgetretenen Probleme in einer **Dokumentation der durchgeführten Planung**, ggf. mehreren Dokumentationen für die jeweilige Planungsebene festgehalten werden. Ziel dieser Nachweise ist es, eine nachlesbare Grundlage für die Kontrolle der Planung und die Lösung der bereits aufgetretenen Probleme schaffen. Erkennbare Defizite in der Metaplanung sind der Auslöser für eine Überarbeitung des Planungshandbuchs. Als Ablageort bietet sich das (interne) Data Warehouse an, in dem die Daten und Berichte aus allen betrieblichen Bereichen gesammelt werden. Um eine effiziente Nutzung des durch einen hohen Komplexitätsgrads gekennzeichneten Data Warehouse zu erreichen, empfiehlt sich das Konzept der Data Marts, bei dem die Daten und Berichte für eine bestimmte Klasse von Anwendungen bzw. für eine bestimmte Nutzergruppe so zusammengefasst werden, dass eine effektive und schnelle Abfrage der Daten und Berichte ermöglicht wird.

---

330 Vgl. Unter-Unterabschnitt 2.1.3.7 „Grundsatz der Einfachheit und Klarheit".

331 Das sind Schlüsselwörter oder „Textanker".

332 Vgl. hierzu auch die Ausführungen im Unterabschnitt 3.1.3 „Bewertung von Kennzahlen und Benchmarking".

Den Abschluss eines Planungshandbuchs sollte ein **Planungslexikon** bilden, welches die zentralen Begriffe der Planung definitionsartig erläutert. Ein von allen beherrschtes gemeinsames Vokabular übt eine integrative Wirkung aus. Deshalb ist eine alphabetisch geordnete Erklärung zentraler Begriffe des Planungssystems, welche bei Bedarf präzisiert und ergänzt werden muss, erforderlich. Der Umfang eines solchen Lexikons hängt im Wesentlichen von folgenden drei Faktoren ab:

- von der Komplexität des Unternehmens und damit des Planungssystems,
- vom Erfahrungs- und Wissensstand der in die Planung involvierten Personen,
- von zur Verfügung stehenden, aktuellen Planungssoftware, die eine möglichst integrierte Unternehmensplanung zulässt.

Letztlich ergibt sich der „richtige“ Umfang auf Dauer indirekt durch Beschwerden über zu viel Erklärung selbstverständlicher Begriffe und Klagen über fehlende Informationen.[333]

2.1.10 Grenzen der Planung

Jede noch so gut gemeinte Planung stößt irgendwann an ihre Grenzen. Zu diesen gehören:[334]

[333] Vgl. DÜROLF, P.: a. a. O., S. 287.

[334] Vgl. DIEDRICH, A.: Modul: Betriebswirtschaftslehre BWL 1 A, Veranstaltungsteil: Grundlagen der Betriebswirtschaftslehre, Themenbereich: Planung, Folie 22, http://wirtschaft.fh-duesseldorf.de/fileadmin/personen/professoren/diedrich/Downloads/BWL_1A_Planung_WS_2012..pdf, Abruf 23.11.2015, DILLERUP, R., STOI, R.: a. a. O., S. 377–378.

- Kosten- und Zeitrestriktionen
- Organisatorische Grenzen
- Informationsgrenzen
- Kontrollgrenzen
- Implementierungsgrenzen
- Normativer Rahmen
- Personenbezogene Grenzen

Darst. 2.170: Grenzen der Planung

Die **Kosten- und Zeitrestriktionen** liegen u. a. in den zur Verfügung stehenden Budgets, den terminlichen Vorgaben und der Beachtung des Grundsatzes der Wirtschaftlichkeit (Kosten-Nutzen-Relation). So können bspw. Strategien wegen des starren zeitlichen Rahmens nicht flexibel angepasst oder zahlreiche Initiativen aus Zeitmangel nicht koordiniert werden.

Organisatorische Grenzen zeigen sich oft in wenig adaptiven Organisationen, die schnelle Koordinationsprozesse verhindern. Die Bedeutung der Adaptionsfähigkeit ergibt sich aus den immer schnelleren und kurzfristigeren Entwicklungen in der Umwelt des Unternehmens neben kürzeren Trendzyklen, auf die das Unternehmen, z. B. in Bezug auf Harmonisierung der Strategien verschiedener Bereiche oder hinsichtlich der Zielvereinbarungen mit Führungskräften reagieren muss. Oft wird die Kreativität des Einzelnen durch ein formalisiertes Vorgehen oder die Flexibilität durch eine verbindliche Festlegung von Alternativen eingeschränkt. Ein weiterer Punkt ist bspw. ein leistungsfähiges Projektmanagement. Zuletzt sei noch auf häufig wenig effiziente Besprechungen hingewiesen, die nicht institutionalisiert und schlecht organisiert sind und sich zu oft auf operative Sachverhalte beschränken. In allen Fällen sind optimierte Kommunikationswege eine wichtige Voraussetzung. So lassen sich Planung und Kontrolle effizienter verzahnen, wenn Planer und Kontrolleure einheitlich strukturierte Medien wie Formulare, Tabellen, Bildschirmmasken und Software nutzen können. Gleiches gilt für die verwendeten Methoden und

Techniken. Damit wird das Verständnis der Planungsinhalte, das Zusammenführen verschiedener Pläne und der Abgleich von Kontrollgröße(n) und Vergleichswerte (n) erleichtert. Die derzeitige Praxis sieht jedoch anders aus: Eine überwältigende Mehrheit der Unternehmen setzt Microsoft Excel bei der Planung ein. Die Verwendung dieser Tabellenkalkulationsprogramme ist insofern sehr problematisch, als in vielen Fällen eine fehlende Anbindung zu vor- und nachgelagerten Stellen zu konstatieren ist. Auch eine Datenharmonisierung in Form eines Abgleichs und der Anpassung von Daten aus unterschiedlichen Datenquellen ist standardmäßig nicht vorgesehen und muss daher manuell vorgenommen werden. Die Folge der schwachen Datenintegration sind Datenredundanzen und Fehler, wenn identische oder ähnliche Werte z. B. an unterschiedlichen Stellen der Tabellen unterschiedlich gepflegt sind.[335]

Die **Informationsgrenzen** ergeben sich aus Trendbrüchen, Prognosefehlern (auch durch falsche Prognosemethoden), fehlenden Daten (auch aus Gründen des Datenschutzes), aber auch veralteten Kommunikationsmitteln etc. Im Einzelnen sind u. a. zu nennen die sogenannte Zeitstabilitätshypothese bei der Ableitung zukünftiger Entwicklungen aus Daten der Vergangenheit.

Die **Kontrollgrenzen** finden sich in der Messbarkeit, der Kausalität, den Wirkungsverzögerungen, der Qualität des Datenmaterials, der Kompetenzen der Planungsträger usw. begründet.

Als **Implementierungsgrenzen** sind u. a. unternehmensinterne Widerstände und die Akzeptanz unter den Mitarbeitern sowie die Möglichkeiten der IT-seitigen Systemintegration und -verarbeitung (z. B. fehlende Kommunikationsplattform für Beteiligte, die gemeinsam an einem Balanced Scorecard-Projekt arbeiten) zu nennen.

Der **normative Rahmen** einer Unternehmung, d. h. das Selbstverständnis, die Werte, Normen und Weltbilder des Unternehmens und damit auch die gelebte Unternehmenskultur, der auf den Vorstellungen der Unternehmensführung und damit auch auf den Anschauungen von Share- und Stakeholdern beruht, beeinflusst das Verhalten der an der Planung beteiligten Personen. Ein prägnantes, wenn auch negatives Beispiel ist die Unternehmenskultur der Volkswagen AG, die zunächst zu fehlerhaften Planungen und letztlich zu den

[335] Vgl. SCHÖN, D.: Planung und Reporting – Grundlagen, Business Intelligence, Mobile BI und Big-Data-Analytics, 3. Aufl., Wiesbaden 2018, S. 322.

skandalösen Manipulationen von Abgastests führte, um letztlich die geplanten Ziele einzuhalten. Als Grund für diese – teilweise strafbaren – Handlungen wurde beispielsweise von einem Ingenieur die Angst vor dem Vorstandsvorsitzenden Winterkorn genannt.[336]

Alle vorgenannten Restriktionen werden von den **personenbezogenen Grenzen** überlagert, die bei den an der Planung Beteiligten in der Fach- und Methodenkompetenz[337] und – speziell bei den Planungsträgern – in der Linienerfahrung zu sehen sind. Zudem verfügen Personen nur über eine unvollkommene Rationalität und begrenzte intellektuelle Fähigkeiten zur Prognose und Beurteilung zukünftiger Umweltzustände. Eine optimale Planung kann explizit durch eine mangelnde Motivation verhindert werden. Ein weiter zu beobachtendes Phänomen ist der Ressortegoismus, wobei Linienmanager ihren eigenen Verantwortungsbereich dezentral optimieren und/oder ggf. ihren Machtbereich ausbauen und/oder schlicht ihre Macht gegenüber anderen Bereichen demonstrieren, ohne das gesamtunternehmensbezogene Optimum zu suchen.

[336] Vgl. HÄGLER, M., BAUCHMÜLLER, M.: VW-Ingenieure manipulierten aus Angst vor Winterkorn, in: Süddeutsche Zeitung vom 08.11.2015, http://www.sueddeutsche.de/wirtschaft/abgas-skandal-vw-ingenieure-manipulierten-aus-angst-vor-winterkorn-1.2727745, Abruf am 27.11.2015. Ähnlich äußert sich Kiel in einem Interview der Wirtschaftswoche Online: „Das Geschäftsmodell von Volkswagen ist sehr gut und dort arbeiten sicher viele Menschen mit einem starken Charakter, aber trotzdem herrschte dort eine Kultur der Angst, in der solche Skandale gedeihen konnten.“ (KIEL, F.: Chefs brauchen Moral und Anstand, in: Wirtschaftswoche vom 22.10.2015, Abruf 24.10.2015.).

[337] Zur Fachkompetenz gehören die folgenden Punkte: Breite, Tiefe und Aktualität des stellenbezogenen Fachwissens, Sprachkenntnisse, Mediale Fähigkeiten, Fachübergreifende Sachkenntnis, Systemverständnis. Die Methodenkompetenz bezieht sich auf folgende Sachverhalte: Abstraktes, logisches Denkvermögen, Fähigkeit, Zusammenhänge zu erkennen, Erkennen methodischer Alternativen, Beherrschung von Organisationstechniken, Anwendung von Problemlösungstechniken. Vgl. WÖRDENWEBER, M.: Unternehmensplanung, a. a. O., S. 67–69.

2.2 Grundlagen der Kontrolle

2.2.1 Zusammenhang von Planung und Kontrolle

Bereits in Darst. 1.102 wurde der Führungsprozess mit den fünf Teilprozessen (Anregungsphase, Such- und Orientierungsphase, Optimierungs- und Auswahlphase, Durch-/Umsetzungsphase, Kontrollphase) dargestellt, an dessen Ende die Kontrolle der Planung und Realisation stattfindet. Dieser prozessualen Betrachtung liegen die vier Aufgaben des Managements Planung, Organisation, Kontrolle und Personalführung[338] zugrunde. Bereits im Abschnitt 1.1 „Grundlagen des Controllings" wurde auf die enge Verknüpfung zwischen der Planung und Umsetzung (der Planung) einerseits und der Kontrolle andererseits hingewiesen sowie im Kontext der controllingtypische, entscheidungsorientierte Regelkreis vorgestellt.

Das Zusammenspiel von Planung und Kontrolle auf der Basis der drei Planungsebenen (strategisch, taktisch, operativ)[339] verdeutlicht die nachstehende Abbildung.

[338] Die einzelnen Managementaufgaben werden u. a. beschrieben bei WÖRDENWEBER, M.: Unternehmensplanung, a. a. O., S. 37–41.

[339] Die drei Planungsebenen wurden ausführlich im Unter-Unterabschnitt 2.2.4.6 „Planung nach den Planungsebenen" erläutert.

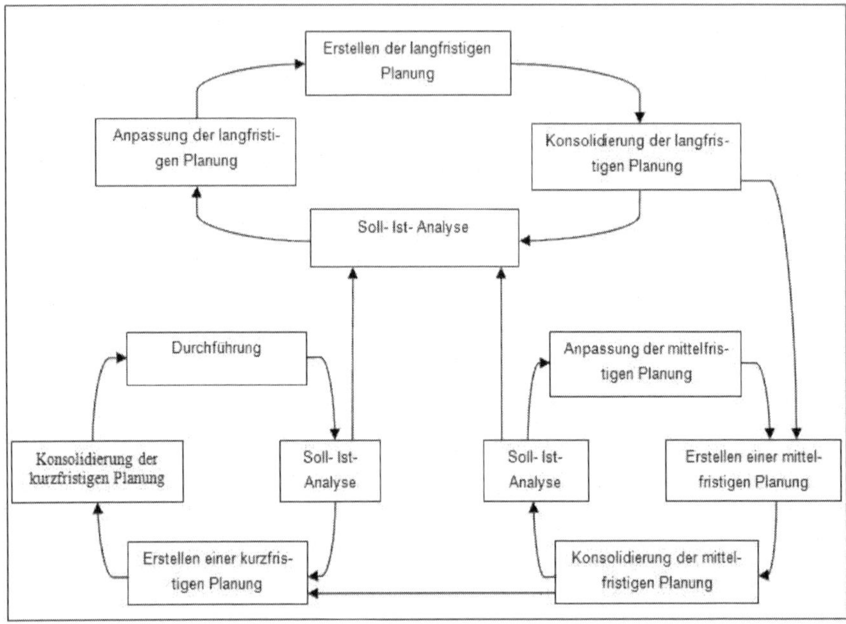

Darst. 2.201: Zusammenspiel von kurz-, mittel- und langfristiger Planung
(Vgl. PEEMÖLLER, V. H.: Controlling. Grundlagen und Einsatzgebiet, 5. Aufl., Herne, Berlin 2005, S. 224.)

Die Kontrolle unterliegt dem Aufgabenbereich des Controllings und/oder der internen Revision. Mittels einer Kontrolle soll zum einen untersucht werden, **ob die in der Planung festgelegten Ziele die richtigen waren (Zielkontrolle) und ob diese Ziele erreicht wurden (Zielerreichungskontrolle)** und **die dazu eingesetzten bereichsübergreifenden und bereichsspezifischen Maßnahmen effektiv und effizient** (Produktivität oder Wirtschaftlichkeit) **eingesetzt wurden.** Kontrolle meint also sowohl das Beurteilen von in der Vergangenheit erfolgten zielbezogenen Entscheidungen hinsichtlich der Ziele als auch der Maßnahmen-Entscheidungen auf der Basis der eingetretenen Ist-Situation im Hinblick auf die Unternehmensziele. Zum anderen wird die **Planung selbst überprüft**, d. h. ob die Methoden und Techniken der Planung beherrscht wurden. Erst durch die Kontrolle kann eine wirksame Erfolgsmessung vorgenommen werden und eine realistische(re) Einschätzung der tatsächlichen Situation erfolgen.

Eine Kontrolle kann und darf allerdings nicht damit enden, dass nur die Abweichungen erkannt werden. Sie muss auch ihren Ursachen auf den Grund gehen. Das heißt, die **Analyse der Abweichungsursachen** ist ebenfalls essenzieller Bestandteil einer Kontrolle.

Eine Planung muss durch die Kontrolle ergänzt werden, da sie zur **Ungewissheitsreduktion** notwendig ist. Denn folgende Ungewissheiten hatten bestanden und können (in vergleichbaren Situationen) auch bei zukünftigen Planungen bestehen. Z. B.:

- Waren die Annahmen richtig und sind während der Planrealisierung keine unvorhergesehenen Ereignisse aufgetreten?
- Wurden die Zielwirkungen der geplanten Maßnahmen richtig geschätzt?
- Waren die Mittel wie vorgesehen verfügbar und wurden sie eingesetzt?
- Haben sich die Beteiligten planmäßig verhalten?

Zusammengefasst lässt sich die ergebnisorientierte Kontrolle wie folgt definieren:[340]

> Kontrolle ist ein systematischer, zielgerichteter und informationsgewinnender Vorgang zum beurteilenden Vergleich von zwei oder mehreren zu kontrollierenden Größen, wobei es sich bei einer der Größen um die Kontrollgröße, bei der (den) anderen um den (die) Vergleichswert(e) handelt. Eine Kontrolle beinhaltet immer eine Analyse der Abweichungsursachen.

Darst. 2.203: Definition Kontrolle

Neben der externen Prüfung (externe Revision z. B. durch Wirtschaftsprüfung, steuerliche Außenprüfung) und/oder der internen Prüfung ((Innen- bzw. Konzern-)Revision) ist die Kontrolle die zweite Teilfunktion der **Überwachung**. Die Differenzierung zwischen den Unterbegriffen Prüfung und Kontrolle erfolgt i. d. R. nach der Beziehung des Überwachenden oder einer überwachenden Organisationseinheit zum Überwachungsobjekt. Damit wird die Frage der Abhängigkeit bzw. **Unabhängigkeit der/des Überwachenden** angesprochen. **Kontrolle** ist eine Form der Überwachung, die direkt oder indirekt von der in den Realisationsprozess einbezogenen Personen bzw. Organisationseinheiten durchgeführt wird, d. h. die kontrollierenden Mitarbeiter gehören dem zu kontrollierenden Überwachungsobjekt (Prozess oder Verantwortungsbereich) an. Eine **Revision** findet durch

340 Vgl. ALBERS, S., HERRMANN, A.: Handbuch Produktmanagement: Strategieentwicklung – Produktplanung – Organisation – Kontrolle, 3. Aufl., Wiesbaden 2007, S. 818, GÄLWEILER, A.: Strategische Unternehmensführung, 3. Aufl., Frankfurt a. M., New York 2005, S. 204, SCHÄFFER; U.: Kontrolle als Lernprozess, Wiesbaden 2001, SCHELD, G. A.: Grundlagen, a. a. O., S. 27.

Personen oder Organisationseinheiten statt, die von dem zu überwachenden Prozess oder Verantwortungsbereich weder direkt noch indirekt abhängig sind. Die Revision kann durch eigene Mitarbeiter des Unternehmens (interne Revision) oder fremde Personen erfolgen. Bei der externen Revision sollen sowohl externe als auch interne Koalitionsteilnehmer geschützt werden; bei der internen Revision steht jedoch der Schutz der Unternehmung im Vordergrund. Eine zweite Unterscheidung ergibt sich aus dem **Zeitpunkt der Überwachungstätigkeit**. Während die Revision immer eine ex post-orientierte Überwachung darstellt, kann eine Kontrolle auch (schon) prozessbegleitend erfolgen.

Genauso wie die Planung ist die Kontrolle sowohl Voraussetzung als auch Instrument der Koordination. Beide sind jeweils eigenständige Instrumente der Führung, die aber im Kern völlig verschiedene Tätigkeiten beinhalten. Trotzdem ist die Planung und Kontrolle als **Einheit** zu behandeln. Die Soll-Größe, die durch die Planung definiert und vorgegeben wird, hat eine überragende Bedeutung und ist mit der Ist-Größe über Rückkopplungsvorgänge untrennbar verbunden. Angesichts der engen Verbindung und Interaktion wäre eine getrennte Analyse von Planungs- und Kontrollvorgängen sinnlos. Jede im Planungsprozess vorhandene Teilphase ist mit Kontrollen verknüpft. Trotz der engen Verbindung sollten Planungs- und Kontrollaufgaben verschiedenen Aufgabenträgern zugeordnet werden, um die Unabhängigkeit der Kontrolle zu gewährleisten. Grundsätzlich ist die Kontrolle – insbesondere die strategische Kontrolle – eine Führungsaufgabe. Die Unternehmensführung kann die zahlreichen Kontrollaufgaben nicht selbst ausführen. Daher werden die Kontrollen an geeignete interne[341] oder externe[342] Stellen delegiert.

Detaillierte Ausführungen zur Kontrolle der operativen Planung und deren Umsetzung finden sich im Abschnitt 2.6 „Operative Kontrolle".

2.2.2 Kontrollprozess

Die Kontrolle kann als **Prozess** mit folgenden fünf Phasen begriffen werden:[343]

---

341 Als interne Stellen kommen das Controlling, eigens eingerichtete Stäbe, zentrale Kontrollbereiche sowie Ausschüsse und Kommissionen infrage.

342 Externe Stellen wie Unternehmensberater, Wirtschaftsprüfer und ggf. Ratingagenturen weisen zwar den Vorteil der Objektivität und meist Branchenkenntnisse auf, die ein externes Benchmarking ermöglichen, gelten jedoch als „unternehmensfern", weil sie mit den Interna (und damit den Besonderheiten des Unternehmens) nicht vertraut sind.

343 Vgl. KÜPPER, H.-U., FRIEDL, G., HOFMANN, C. ET AL.: a. a. O., S. 262f.

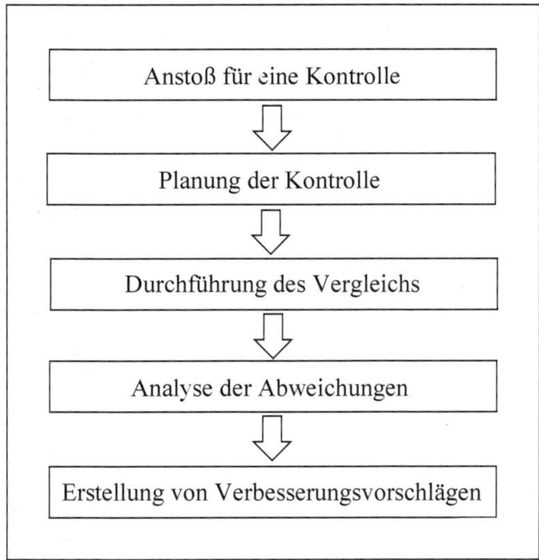

Darst. 2.204: Kontrollprozess

Der **Anstoß für eine Kontrolle** kann vielfältig sein. Es kann sich um extern oktroyierte Kontrollen handeln, z. B. aufgrund gesetzlicher Vorschriften[344], oder um fakultative Kontrollen, die den Mitarbeitern im Sinne der Zielerreichung oder auf der Basis des grundsätzlichen Postulats der Produktivität bzw. Wirtschaftlichkeit (Effizienz) wichtig und richtig erscheinen. Kontrollen können systematisch oder sporadisch vorgenommen werden. Das Erkennen von Kontrollanlässen und die Entscheidung darüber, welche Objekte (Kontrollobjekte)[345] wann[346] beleuchtet werden sollen, stellt den Ausgang einer jeden Kontrolle dar. Folglich setzt die Notwendigkeit einer Kontrolle einen Kontrollprozess frei.

Mit der **Festlegung von Kontrollgröße und Vergleichswert**[347] kann ein Vergleich vorgenommen werden. Gleichzeitig wird **geplant** und entschieden, **wie (Kontrollverfahren) und durch wen** die Kontrolle erfolgen soll, d.h. es werden die **Kontrollkompetenzen** geregelt.

---

[344] Beispielsweise die Vorschriften zum Organkredit in § 15 KWG.

[345] Vgl. dazu den Unterabschnitt 2.2.4 „Kontrollobjekte".

[346] Vgl. zur Frage, wann eine Kontrolle vorgenommen werden soll, den folgenden Unterabschnitt 2.2.3 „Kontrollzeitpunkte".

[347] Vgl. Unterabschnitt 2.2.5 „Kontrollgröße und Vergleichswert".

Bei der **Durchführung des Vergleichs** werden die Normgröße (Benchmarking) und die zu beurteilende Größe ermittelt sowie die mögliche Abweichung zwischen beiden ermittelt.[348] Die Normgröße kann über die Planung oder die gesetzlichen Vorschriften unmittelbar vorgegeben sein.

Anschließend erfolgt die **Analyse der Abweichungen**.[349] Hier soll die Bedeutung der Abweichungen für die Unternehmensziele bzw. für die rechtlichen Vorgaben bewertet werden sowie eine Auswahl an zu analysierenden Abweichungen getroffen werden. Die Abweichungsanalyse soll alle notwendigen Informationen über die Ursachen der festgestellten Abweichungen liefern, sodass anschließend die Entwicklung geeigneter Anpassungsmaßnahmen, durch die die Abweichungen in Zukunft vermieden oder verringert werden sollen, erfolgen kann.

Da in der letzten Kontrollphase **Verbessungsvorschläge**, d. h. neue Ideen, Lösungsvorschläge und Korrekturmaßnahmen im Hinblick auf die entdeckten Abweichungen von den vorgegebenen Zielen **ausgearbeitet,** aber auch die Ziele selbst überprüft werden, kann von einem neuen Planungsprozess gesprochen werden. Hier wird die Brücke zur Planung bzw. zum Planungsprozess evident.

Auf die wichtigsten Phasen des Kontrollprozesses wird in den folgenden Unterabschnitten detailliert eingegangen.

---

[348] Vgl. Unterabschnitt 2.2.6 „Bewertung von Kennzahlen und Benchmarking“.

[349] Vgl. Unterabschnitt 2.2.7 „Darstellung und Bewertung von Abweichungen“.

2.2.3 Kontrollzeitpunkte

Kontrollen sollten eine Kombination aus Feedback- und Feedforward-Kontrollen sein.[350] Die **Feedback-Kontrolle,** auch ex post- oder Endkontrolle genannt, ist eine Ergebniskontrolle (Soll-Ist-Vergleich) und setzt am Abschluss der Durch-/Umsetzungsphase (eines Führungsprozesses) an. Es erfolgt eine Rückkopplung mit einer anschließenden Abweichungsanalyse. Die Reihenfolge der einzelnen Schritte zeigt die nachstehende Darstellung.

1. Bestimmung der Soll-Größe	→	Planziele oder Budgetgrößen
2. Ermittlung des Ist-Wertes	→	u. a. Rechnungswesen/Marktforschung/interne Statistiken
3. Soll-Ist-Vergleich	→	Zielerreichungsgrad/Budgeterfüllungsgrad
4. Abweichungsanalyse		Ursachen für Abweichungen
5. Berichterstattung		

Darst. 2.205: Phasen der Feedback-Kontrolle

Auf der Basis der festgestellten Planungs- und Auswertungsfehler sowie der Realisationsfehler (s. u.), aus denen die Planenden ihre Schlussfolgerungen gezogen und Korrekturvorschläge erarbeitet haben und der neuen Rahmenbedingungen wird eine neue Planungsrunde für den nächsten Planungszeitraum initiiert. M. a. W.: Eine ermittelte Soll-Ist-Abweichung stellt eine Anregung dar, **die irrigen Prämissen, verfehlten Ziele und die falschen Maßnahmen, Verfahren und Verhaltensweisen** (der Mitarbeiter) zu optimieren. Empfehlenswert ist in diesem Zusammenhang, auch die Ziele selbst zu überprüfen. Sie könnten zwischenzeitlich aufgrund der dynamischen Änderungen in der Umwelt des Unternehmens nicht mehr aktuell sein. Diese **Anregungsphase** ist bereits Teil eines neuen Planungs- und Kontrollprozesses. Diesen Regelkreis zeigt die folgende Abbildung:

[350] Vgl. BAETGE, J.: Überwachung, in: BITZ, M. ET AL. (HRSG.): Vahlens Kompendium der Betriebswirtschaftslehre, Bd. 2, 3. Aufl., München 1993, S. 182ff.

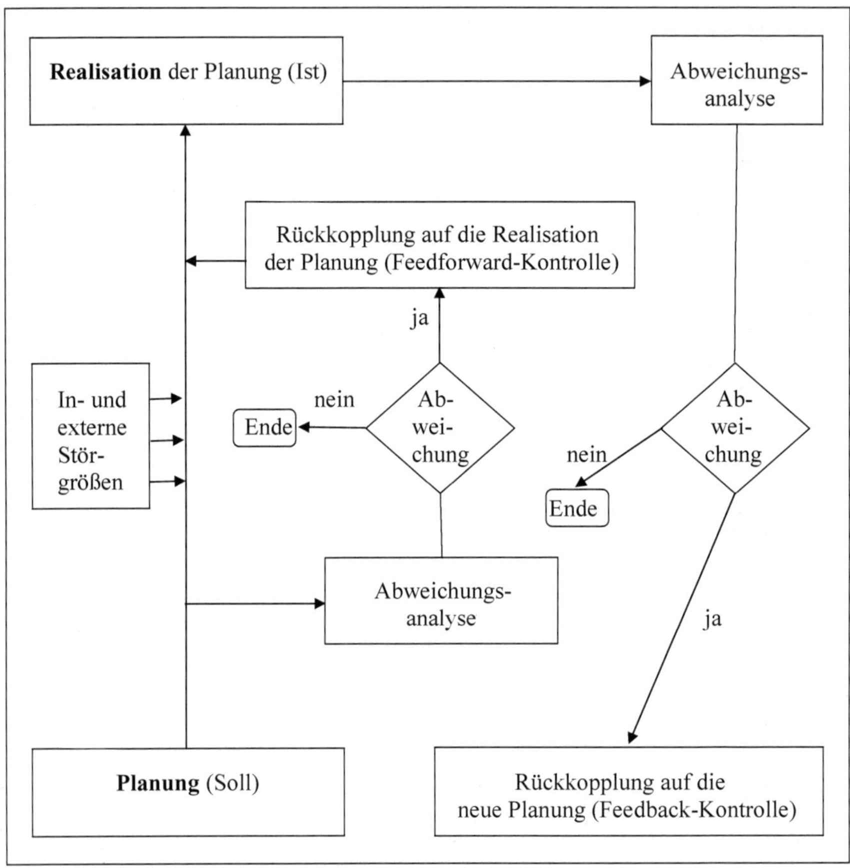

Darst. 2.206: Regelkreis der Kontrolle

Eine Realisationskontrolle macht vor allem im Rahmen der operativen Planung Sinn, weniger in Bezug auf die strategische Planung. Der Grund liegt darin, dass die Erkenntnisse hinsichtlich einer Fehlentwicklung im Sinne einer strategischen Kontrolle viel zu spät erhalten werden, d. h. notwendige Informationen für Rückkopplungen (Plankorrekturen, Neuplanungen) können nur aus den Ergebnissen längst realisierter Maßnahmen gewonnen werden. Entscheidend ist hier der Timelag zwischen dem Realisationszeitpunkt einer Maßnahme und dessen Wirkung. Denkbar wäre auch eine Übereinstimmung zwischen Ist und Soll, beispielsweise deshalb, weil sich die falschen Prämissen und die fehlerhafte Umsetzung in ihren Auswirkungen kompensieren. Da es speziell bei der strategischen Planung um weitreichende Entscheidungen geht, ist eine Realisationskontrolle im Rahmen eines strategischen Führungsprozesses sehr problematisch. Sofern auf die nachfolgend beschriebene Feedforward-Kontrolle als ex ante-Planrevision verzichtet würde, bliebe als Reaktion auf festgestellte Fehlentwicklungen nur (noch) ein Krisenmanagement.[351] Dennoch ist in vielen Bereichen, so bspw. im Finanzwesen, die Feedback-Kontrolle die einzig durchführbare Kontrollart.

Da die Feedback-Kontrolle – wie vorstehend beschrieben – im Rahmen der strategischen Planung wenig sinnvoll ist, stellt die adaptive Kontrolle, auch **Feedforward-Kontrolle**, Planfortschritts- Zwischen-, Synchron- oder ex ante-Kontrolle genannt, eine entscheidende Alternative dar.[352] Diese prüft bereits während der Realisationsphase anhand von bereits verfügbaren Informationen, ob das vorgegebene Ziel (z. B. Kostenlimit, Umsatzgröße) erreichbar erscheint.[353] Hierbei wird die Gefahr von verspäteten Rückkopplungsinformationen vermieden. Abweichungen können rechtzeitig erkannt und Maßnahmen ergriffen werden. Bedingung bei dieser Kontrollform ist allerdings, dass die Pläne in sinnvolle Abschnitte („Meilensteine“) gegliedert werden können, so dass nach jedem Abschnitt eine erneute Kontrolle durchgeführt werden kann. Insofern ist die operative Feedback-Kontrolle als adaptive Kontrolle für die strategische Planung und Realisierung ein hervorragendes Instrument. Die Feedforward-Kontrolle darf jedoch nicht mit der strategischen (oder taktischen) Kontrolle verwechselt werden, welche (lediglich) der Frage nachgeht, ob der gewählte strategische (oder taktische) Kurs richtig ist. Eine zeitgleiche Kontrolle findet häufig im Zusammenhang mit dem „Management by walking around“ statt. Hier „besucht“ der Vorgesetzte seine Mitarbeiter, um (u. a.) aktuell aufgetretene oder auftretende Probleme zu besprechen.[354]

---

[351] Vgl. STEINMANN, H., SCHREYÖGG, G., KOCH, J.: a. a. O., S. 249. So war es bspw. bei den Airlines nach dem islamistischen Terroranschlag am 11.09.2001 sinnlos, weiter an den Jahreszielen festzuhalten.

[352] Vgl. CORSTEN, H., CORSTEN, M.: Einführung in das Strategische Management, Konstanz, München 2012, S. 238.

[353] Vgl. STEINMANN, H., SCHREYÖGG, G., KOCH, J.: a. a. O., S. 357.

[354] Vgl. ROBBINS, S. P., COULTER, M., FISCHER, I.: a. a. O., S. 276.

Zusammengefasst zeigen sich folgende Abgrenzungen zwischen der Feedback- und der Feedforward-Kontrolle:

Kriterien	Feedforward-Kontrolle	Feedback-Kontrolle
Mechanismus	Vorkopplung	Rückkopplung
Zeitbezug	ex ante	ex post
Wirkung	Verhinderung möglicher Fehlentwicklungen	Aufdeckung eingetretener Fehlentwicklungen/Prüfung der Er-Reichbarkeit bzw. Gültigkeit der Pläne
Eignung primär für	strategische und taktische und Realisation	operative Planung Planung und Realisation

Darst. 2.207: Feedback- und Feedforward-Kontrolle

2.2.4 Kontrollobjekte

Dieser Unterabschnitt befasst sich mit der Frage, **was kontrolliert werden soll**: die Objekte der Kontrolle. In der Literatur finden sich zu diesem Thema neben verschiedenen Begriffen[355] sehr unterschiedliche Kataloge von drei oder vier Kontrollobjekten, die nur in seltenen Fällen Gemeinsamkeiten aufweisen. Einzig das Kontrollobjekt „Ergebnis“ findet sich in allen Zusammenstellungen. Hier soll eine Liste von **fünf Kontrollobjekten** besprochen werden:

[355] In der Literatur finden sich hierfür auch die Begriffe Arten oder Formen der Objekte oder Typen von Objekten.

- Prämissen
- Verfahren
- Verhalten
- Ergebnis
- Ziele

Darst. 2.208: Objekte der Kontrolle

Da eine Maßnahmen-Planung nach der Anregungsphase[356] mit den Voraussetzungen für die Planung beginnt, ist es naheliegend eine **Prämissenkontrolle** durchzuführen. Sinn dieser Kontrolle ist die Prüfung, ob und inwieweit die Entscheidungsgrundlagen (Prämissen bezüglich der internen und externen Entwicklungen) noch zutreffen, d. h. ob sie dem derzeitigen Erkenntnisstand entsprechen. Insbesondere ist zu prüfen, ob die damaligen Prognosen im Hinblick auf die künftigen Umweltzustände noch als gültig angesehen werden können. Haben sich die Prämissen geändert, muss geklärt werden, inwieweit die gewählten Maßnahmen im Sinne der Zielerreichung noch sinnvoll umsetzbar sind. Im Rahmen einer strategischen Planung sollte dieser Aspekt bei Erreichen bestimmter Kontrollpunkte (Meilensteine) eruiert werden. Als Beispiel sei der prognostizierte Ausgang einer Bundestagswahl bei konträren Vorstellungen der Parteien hinsichtlich eines für die Unternehmung wirtschaftlich sehr bedeutsamen Sachverhalts.

Bei den **Verfahrenskontrollen** handelt es sich um einen primär prozessorientierten Abgleich der im Planungsprozess verwendeten Techniken und Verfahren neben den Entscheidungs-, Durch- und Umsetzungsprozessen mit den seinerzeit vorgesehenen Verfahrensweisen. Diese Überwachung schließt die Informationsprozesse mit ein. In erster Linie wird die Ordnungs-, Zweck- und Planmäßigkeit der Prozessabläufe inspiziert.[357] Darüber hinaus wird kontrolliert, ob die vorgesehenen und später verwirklichten Prozesse optimal im Sinne der Zielerreichung waren, d. h. ob nicht alternative, bessere Methoden und Techniken hätten vorgesehen und eingesetzt werden sollen. Nicht zuletzt sei in diesem Zusammenhang auf die so genannten Metakontrollen (Kontrollen der Kontrolle) hingewiesen,

[356] Die Phasen des Planungsprozesses sind in Darst. 1.102 „Führungsprozess" aufgelistet.

[357] Vgl. FRIEDL, B.: Controlling, a. a. O., S. 183.

die die Eignung der angedachten und/oder durchgeführten Kontrollprozesse im Unternehmen infrage stellt. Als Beispiel sei ein beobachteter Kommissionierungsvorgang genannt, der einem ex ante ingenieurmäßig entwickelten Ablauf gegenübergestellt wird.

Gegenstand von personenbezogenen **Verhaltenskontrollen** ist die Beurteilung, ob der Mitarbeiter die unter den jeweiligen Bedingungen geeigneten Maßnahmen ergriffen hat.[358] Hierbei muss analysiert werden, inwieweit die Abweichung von den Zielen im Verantwortungsbereich des Mitarbeiters lag oder ob die Nichterreichung auf Ursachen außerhalb seines Einflussbereiches zurückzuführen ist. Denkbar wären Änderungen der Rahmenbedingungen als auch unrealistische Zielvorgaben, planerische Mängel und Fehler bei der Auswahl der Planenden.[359] Das Verhalten der Mitarbeiter kann direkt oder indirekt (über die Arbeitsergebnisse mit Rückschluss auf das Verhalten) überprüft werden.[360] Die vorgenannten Kontrollen dienen vor allem der Leistungsbeurteilung der Mitarbeiter. Als Beispiel sei das Verhalten des Mitarbeiters bei der aufgezeichneten telefonischen Beschwerde eines Kunden im Vergleich zum a priori trainierten Verhalten in derartigen Situationen angeführt.

Die mit Abstand wichtigste Kontrolle bezieht sich auf das Ergebnis. Nachdem im Zuge der Suche nach Abweichungsursachen mögliche Prämissen-, Verfahrens- oder Verhaltensfehler ausgeschlossen bzw. erkannt worden sind, bleibt noch die **Ergebniskontrolle**, die letztlich auf eine **Kontrolle der gewählten Maßnahmen** abzielt (**Maßnahmenkontrolle**). Um die Wirkung der durchgeführten Aktivitäten zu erkennen, wird eine geplante Größe (Planwert), ein vorgegebener Wert (Soll-Größe) oder ein anderer Vergleichswert mit der Kontrollgröße, das ist der Ist-Wert, verglichen.[361] Festgestellt werden soll, in welchem Ausmaß das Ziel mittels der unternehmerischen Aktivitäten erreicht wurde. Sie umfassen begriffssystematisch auch die bereits oben beschriebenen Feedforward-Kontrollen, die eine Art zwischenzeitlicher Ergebniskontrollen darstellen. Die Ergebniskontrolle spielt eine große Rolle bei der Beurteilung der Leistung von Mitarbeitern. Generell besteht der Nachteil von Ergebniskontrollen darin, dass die ermittelten Abweichungen – vor allem im Rahmen der taktischen und strategischen Planung – zu spät erkannt werden, so dass es kaum noch möglich ist, entscheidende Korrekturmaßnahmen zu ergreifen.[362] Als Beispiel

[358] Vgl. SIEGWART, H., MENZL, I.: Kontrolle als Führungsaufgabe, Bern, Stuttgart 1978, S. 107.

[359] Vgl. DILLERUP, R., STOI, R.: a. a. O., S. 415.

[360] Vgl. JUNG, R. H., HEINZEN, M., QUARG, S.: a. a. O., S. 180–181.

[361] Auf die Begriffe Kontrollgröße und Vergleichswert wird im nachfolgenden Unterabschnitt eingegangen. Vergleichswerte werden im Rahmen der vergleichenden Betrachtung ausführlich im Unterabschnitt 1.7.6 „Bewertung von Kennzahlen und Benchmarking“ vorgestellt.

[362] Vgl. die Ausführungen zur Feedback-Kontrolle im vorangegangenen Unterabschnitt.

sei der Vergleich der geplanten und der tatsächlichen Kosten des Bauvorhabens Flughafen Berlin-Brandenburg „Willy Brandt“ genannt.

Eine letzte Kontrolle muss den Zielen gewidmet sein. Der Führungsprozess bezog sich auf Ziele und die Maßnahmen zur Zielerreichung.[363] Die bisher beschriebenen Kontrollen waren auf die geplanten und realisierten Aktivitäten bzw. deren Prämissen, Ergebnisse, Verfahren und das Verhalten der Mitarbeiter ausgerichtet. Es wurde nicht geklärt, ob die Ziele an sich die richtigen waren. So macht es beispielsweise keinen Sinn, bei einem Start-up-Unternehmen im ersten Geschäftsjahr ein anspruchsvolles Gewinnziel oder gar das Ziel „Gewinnmaximierung“ vorzugeben. Es wird in den ersten Jahren eher darauf ankommen, Kunden zu generieren und zu wachsen, wie das bspw. bei Amazon oder Zalando der Fall war, selbst wenn mehr oder weniger hohe Verluste zu verzeichnen waren. Als Ziele wären in dieser Situation dann wohl Umsatzwachstum oder Marktanteilssteigerung zu nennen, die im Rahmen der **Zielkontrolle** auf den Prüfstand zu stellen sind.

2.2.5 Kontrollgröße und Vergleichswert

Grundsätzlich werden im Rahmen einer Kontrolle (mindestens) zwei unterschiedliche Werte miteinander verglichen. Eine der beiden Größen wird als **Maßstabs- oder Normgröße (Vergleichswert)** definiert.[364] Es kann sich auch um mehrere Vergleichswerte handeln.[365] Diese können zum Beispiel eine Plan-/Prognose-, Soll- oder eine Istgröße[366] sein. Die Wahl des (der) Vergleichswertes (-werte) liegt beim zuständigen Entscheider. Die andere Größe ist die **Kontrollgröße (zu kontrollierende/zu prüfende Größe)**.

In diesem Kontext stellt sich die Frage, anhand welcher Größe die Verantwortlichen gemessen werden sollen. Im Prinzip müsste es zwei Budgets geben bzw. im Unternehmen mit **(mindestens) zwei Größen** gearbeitet werden.[367] Eine Soll-Größe, die einen **Vorgabecharakter** hat. Diese Größe dient als „Messlatte“ (Ausmaß der Zielerreichung). Sie

---

[363] Vgl. die Phasen des Führungsprozesses (Darst. 1.102), die sowohl für die Ziele als auch die Maßnahmen (zur Zielerreichung durchlaufen werden müssen.

[364] Vgl. BREDE, H.: Kontrolle, betriebliche, in: GROCHLA, E., WITTMANN, W.: Handwörterbuch der Betriebswirtschaft, Bd. 2, 4. Aufl., Stuttgart 1975, Sp. 2218.

[365] Dies ist der Fall, wenn eine Kontrollgröße mit mehreren Werten (z. B. Soll- oder Branchendurchschnittswert) verglichen werden soll.

[366] Auch diese können wiederum verschiedene sein; z. B. eine vergangene Ist-Größe im Rahmen des zeitlichen Vergleichs oder ein Branchendurchschnittswert.

[367] Vgl. hierzu auch die Ausführungen im Unterabschnitt 2.2.6 „Bewertung von Kennzahlen und Benchmarking“.

muss **nicht zwangsläufig ein Plan-Wert,** der eine **prognostizierte Größe** darstellt, **bzw. mit diesem identisch sein**. Zum einen kann sich ein Zielerreichungsvorgabewert von einem (internen) Wert für die Planung unterscheiden, zum anderen ist auch denkbar, dass der Planende unterschiedliche Planwerte ansetzt, nämlich dann, wenn er z. B. mit unterschiedlichen Szenarien wie „worst case" oder „best case" oder einem realistischen Wert arbeitet. In diesem Fall wäre es nicht von Vorteil, dem Ausführenden den niedrigen worst case-Planwert vorzugeben, wenn ein „höherer" (Soll-) Wert erreicht werden kann – und sollte. Daher wird – soweit differenziert werden muss – von **Plan-Werten/-Größen** einerseits und **Soll-Größen/-Werten** andererseits gesprochen.

Bereits während der Realisierung kann – insb. bei größeren Projekten – ein zwischenzeitlicher **Soll-Wird-Vergleich** angestellt werden.

Als **Vergleichswerte**, die als **Beurteilungsmaßstäbe** oder **Vorgabewerte** dienen, kommen im Rahmen der zeitlichen Bewertung (**Zeitreihenanalyse**) grundsätzlich Istwerte einer (**Ist-Ist-Vergleich**) oder mehrerer Vorperioden, eines anderen Unternehmungsbereichs oder von Tochterunternehmen innerhalb eines Konzerns (**internes Benchmarking**), einer anderen Unternehmung in der gleichen oder einer fremden Branche (**externes Benchmarking**) oder Soll- oder Planwerte (**Soll-Ist-Vergleich oder Plan-Ist-Vergleich**), die in der Planung oder anderen Richtlinien als zu erreichende Werte vorgegeben sind, in Betracht[368]:

Ein grundsätzliches Problem stellt die **Zweckeignung und Aussagekraft** der zu verwendenden/zu erhebenden Daten dar. Obwohl längst nicht alle Informationen zur Unternehmensanalyse aus dem Rechnungswesen stammen, haben das **interne und das externe Rechnungswesen** einschließlich der vorgeschriebenen Buchführung, Bilanz und Ergebnisrechnung doch **eine besondere Bedeutung im Rahmen der qualifizierten Kennzahlenanalyse**. Zu beachten ist allerdings, dass allenfalls ein ökonomisch nicht versierter Manager die vergangene, gegenwärtige und künftige wirtschaftliche Lage und Entwicklung seines Unternehmens allein aus dem Jahresabschluss erfahren will. **Jahresabschlüsse zeigen nur ein unvollständiges und auch nicht immer richtiges Bild über die „wirkliche" wirtschaftliche und finanzielle Situation und Entwicklung der Unternehmung**. Selbst wenn bilanzpolitische Verzerrungen eliminiert sind, ersetzen Bilanz und Gewinn- und Verlustrechnung keine internen Berichte, schon weil in solchen Berichten neben differenzierten Kennzahlen über Vergangenheitsdaten direkte Prognosen über deren wahrschein-

[368] Vgl. hierzu die detaillierteren Ausführungen in Unterabschnitt 2.2.6 „Bewertung von Kennzahlen und Benchmarking".

liche Fortentwicklung nicht fehlen dürfen, sind doch erst auf dieser Grundlage Unternehmensentscheidungen sinnvoll möglich. Obwohl die **Buchhaltung und der Jahresabschluss den handels- und steuerrechtlichen Vorschriften entsprechen**, so **genügen beide** in der Regel **nicht ohne Aufbereitung als Ausgangsbasis einer qualifizierten Unternehmensanalyse.**[369] Die erforderliche **Datenaufbereitung** umfasst die **Verdichtung und Umgestaltung der Bilanz und Gewinn- und Verlustrechnung** zur besseren Beurteilung der Unternehmung und zur Herstellung der Vergleichbarkeit verschiedener Abschlüsse. Die Datenaufbereitung wird daher im Abschnitt 3.1 „Datenaufbereitung" *vor* der Diskussion gesamtbetrieblicher Kennzahlen detailliert beschrieben.

Ein Vergleich zwischen Kontrollgröße und Normgröße ist nur dann sinnvoll, wenn die **materielle Identität** (der beiden Größen) als zwingende Voraussetzung gegeben ist. Diese definitorische Identität, die sich z. B. auf die Zusammensetzung einer Formel bezieht, garantiert, dass Kontrollgröße und Vergleichswert auf die gleiche Weise ermittelt, abgegrenzt und zusammengesetzt sind. Im Rahmen der Zeitreihenanalyse ist eine weitere Bedingung zu beachten: Die **materielle Kontinuität**[370] fordert, dass die Kontrollgröße als eingetretener Istwert **zu jedem Zeitpunkt** auf die gleiche Weise ermittelt, abgegrenzt und zusammengesetzt ist. Als Beispiel sei hier die jährlich vom Statistischen Bundesamt ermittelte Inflationsrate genannt, der ein bestimmter Warenkorb zugrunde liegt.

Empfehlenswert ist im Rahmen des Vergleichs von Kontroll- und Maßstabsgröße auch eine **formelle Identität**. Diese besagt, dass sowohl für die Kontrollgröße als auch den Vergleichswert die gleichen Begriffe verwendet werden (sollten). Die formelle Identität vereinfacht die Vergleichbarkeit, insbesondere beim Benchmarking, erheblich, ist aber keine zwingende Voraussetzung. Entscheidend ist die materielle Identität, die – insbesondere beim externen Benchmarking und gleichlautenden Begrifflichkeiten – sorgsam zu prüfen ist.

Die verschiedenen Möglichkeiten **vergleichenden Bewertung (Benchmarking)** werden im nachfolgenden Unterabschnitt vertieft.

---

[369] In diesem Zusammenhang ist u. a. auf die Angleichung des HGB durch das BilRUG 2015 an das angelsächsische Rechnungswesen hinzuweisen. So werden bspw. in den Umsatzerlösen betriebliche und nicht-betriebliche Erträge und Aufwendungen ausgewiesen. Vgl. dazu die Ausführungen im Unter-Unterabschnitt 3.1.1.1 „Analyse der Erfolgserzielung", Stichwort „Umsatzerlöse".

[370] Vgl. die materielle Kontinuität im Rahmen der Grundsätze ordnungsgemäßer Buchführung (GoB).

2.2.6 Bewertung von Kennzahlen und Benchmarking

Nachdem die im Abschnitt 2.1.2 „Kennzahlen" diskutierten Probleme im Hinblick auf die Voraussetzungen für die Definition von Kennzahlen und Kennzahlensystemen (Darst. 2.115) geklärt und die Bewertungskriterien für Kennzahlen und Kennzahlensystemen (Darst. 2.114) eingehalten worden sind, steht noch die Vornahme der Datenaufbereitung (Abschnitt 3.1) im Raum. Unter der Annahme, dass auch diese Aufgabe erledigt ist, sollte es möglich sein, die aufbereiteten Istzahlen näher zu analysieren.

Bei diesen Kennzahlen handelt es sich zunächst um, statische Größen, die so nicht bewertbar sind: Es lässt sich keine Aussage darüber ableiten, ob die konkrete Ausprägung des Kriteriums/der Kennzahl gut oder schlecht ist. Es **fehlt ein Bezugspunkt**. Dementsprechend werden im Rahmen einer Kontrolle (mindestens) zwei unterschiedliche Werte miteinander verglichen.[371] Eine der beiden Größen wird als **Maßstabs- oder Normgröße (Vergleichswert)** definiert. Es kann sich auch um mehrere Vergleichswerte handeln.[372] Diese können zum Beispiel eine Plan-/Prognose-, Soll- oder eine Istgröße[373] sein. Die Wahl des (der) Vergleichswertes (-werte) liegt beim zuständigen Entscheider. Die andere Größe ist die **Kontrollgröße (zu kontrollierende/zu prüfende Größe)**.

Eine **vergleichende Bewertung** wird als **Benchmarking** bezeichnet.

> Unter einer vergleichenden Bewertung (Benchmarking) versteht die Betriebswirtschaftslehre einen systematischen und in der Regel wiederkehrenden Prozess der Soll-Wird-Vergleiche, Soll-Ist- bzw. Plan-Ist-Vergleiche, der zeitlichen Bewertung (Zeitreihenanalyse) oder des Vergleichens von Unternehmenszielen und/oder diversen Objekten zwischen Organisationseinheiten eines Unternehmens oder zwischen Unternehmen oder Unternehmenseinheiten einer Gruppe (internes Benchmarking) oder mit einem fremden Unternehmen bzw. seinen Organisationseinheiten (externes Benchmarking) in qualitativer und/oder quantitativer Hinsicht.

Darst. 2.209: Definition Benchmarking

[371] Vgl. zum Folgenden den vorangehenden Abschnitt 2.2.5 „Kontrollgröße und Vergleichswert".

[372] Dies ist der Fall, wenn eine Kontrollgröße mit mehreren Werten (z. B. Soll- oder Branchendurchschnittswert) verglichen werden soll.

[373] Auch diese können wiederum verschiedene sein; z. B. eine vergangene Ist-Größe im Rahmen des zeitlichen Vergleichs oder ein Branchendurchschnittswert.

Die drei Vergleichsmöglichkeiten (Grundtypen des Benchmarkings) werden in der folgenden Darstellung veranschaulicht:

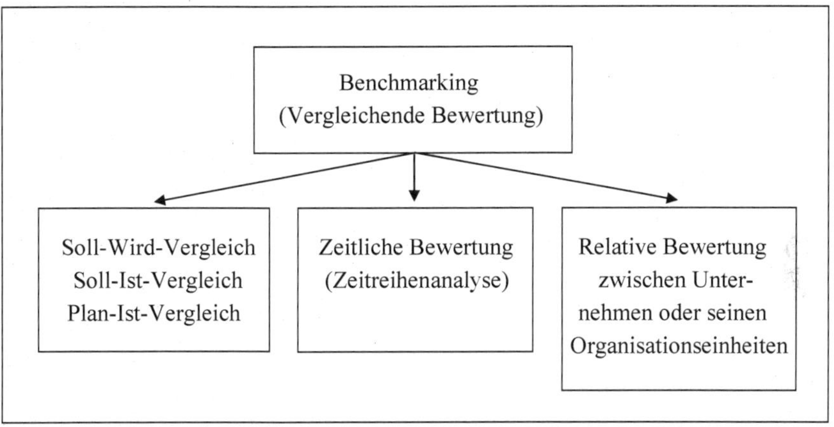

Darst. 2.210: Vergleichende Betrachtung der konkreten Ausprägungen eines Merkmals

Bereits während der Realisierung kann – insb. bei größeren Projekten – ein zwischenzeitlicher **Soll-Wird-Vergleich** angestellt werden. Dabei wird die **angestrebte Zielgröße (Soll) mit dem für sie prognostizierten Ist-Wert (Wird)** verglichen.

$$\text{Soll-Wird-Vergleich} = \frac{\text{Soll-Größe}}{\text{Wird-Größe}}$$

Darst. 2.211: Soll-Wird-Vergleich als Quotient
(Gelegentlich wird diese Kennzahl auch als Prozentzahl angegeben. In diesem Fall wird der Quotient mit 100 multipliziert.)

Somit können bei lang andauernden Projekten **Planfortschrittskontrollen**, bspw. bei Erreichung a priori definierter Meilensteine, durchgeführt werden. Auf der Basis der bisherigen Durch-/Umsetzung der Maßnahmen und den zusätzlichen Informationen lässt sich die Zielerreichung besser voraussagen. Eine **Abweichungsanalyse** ermöglicht bereits vor der endgültigen Realisierung einen Einblick in künftig zu erwartende Chancen und Risiken.[374] Bei Abweichungen zwischen dem Soll- Wert und dem Wird-Wert (Forecast) können noch während der Realisationsphase des Projekts notwendige Korrekturmaßnahmen wie z. B. Aufstockung der Investitionssumme, Personaleinstellungsstopp, kurzfristige Produktionskapazitätsanpassung eingeleitet werden.[375]

Der Soll-Ist-Vergleich **stellt eine aktuell ermittelte Ist-Größe einer vorher geplanten Vorgabegröße (Soll-Größe) gegenüber**; z. B. als Quotient[376]:

$$\text{Soll-Ist-Vergleich} = \frac{\text{Soll-Größe}}{\text{Ist-Größe}}$$

Darst. 2.212: Soll-Ist-Vergleich als Quotient

(Gelegentlich wird diese Kennzahl auch als Prozentzahl angegeben. In diesem Fall wird der Quotient mit 100 multipliziert.)

Gradwerte unter 1 (bzw. 100 % bei Prozentzahlen) geben eine Unwirtschaftlichkeit oder Wirtschaftlichkeit an, je nachdem, ob es sich im Zähler und Nenner um Aufwands- oder Ertragsgrößen handelt (s. u.). Gleiches gilt vice versa für konkrete Ausprägungen der Kennzahl über 1 (bzw. 100 % bei Prozentzahlen).

Die Abweichung des Ist-Wertes von der Soll-Größe kann auch als prozentuale Abweichung berechnet werden:

$$\text{Relative Soll-Ist-Abweichung (in \%)} = \frac{\text{Ist-Größe ./. Soll-Größe}}{\text{Soll-Größe}} \cdot 100$$

Darst. 2.213: Relative Soll-Ist-Abweichung (in %)

---

[374] Vgl. BAUM, H.-G., COENENBERG, A., GÜNTHER, TH.: Strategisches Controlling, 5. Aufl., Stuttgart 2013, S. 373.

[375] Vgl. BEHRENS, R., FEUERLOHN, B.: Angewandtes Unternehmens-Controlling. Operative Systeme der Planung, Kontrolle und Entscheidung, Berlin, Boston 2018, S. 139.

[376] In der Literatur finden sich zuweilen auch Quotienten, bei denen Nenner und Zähler vertauscht sind. Da fast immer von einem Soll-Ist-Vergleich gesprochen wird, soll diese Reihenfolge (von oben nach unten gelesen) verwendet werden.

Soll-Ist-Vergleiche werden oft im Rahmen der **Wirtschaftlichkeitskontrolle** angewendet. Beispiele sind die Soll-Ist-Wirtschaftlichkeit des Aufwandes und des Ertrages[377] innerhalb eines definierten Zeitraumes[378]:

$$\text{Soll-Ist-Wirtschaftlichkeit des Aufwandes} = \frac{\text{Soll-Aufwand}}{\text{Ist-Aufwand}}$$

Darst. 2.214: Soll-Ist-Wirtschaftlichkeit des Aufwandes

Gradwerte unter 1 (bzw. 100 % bei Prozentzahlen) geben eine Unwirtschaftlichkeit an; konkrete Ausprägungen der Kennzahl über 1 (bzw. 100 % bei Prozentzahlen) eine Wirtschaftlichkeit.

$$\text{Soll-Ist-Wirtschaftlichkeit des Ertrages} = \frac{\text{Soll-Ertrag}}{\text{Ist-Ertrag}}$$

Darst. 2.215: Soll-Ist-Wirtschaftlichkeit des Ertrages

Gradwerte über 1 (bzw. 100 % bei Prozentzahlen) geben eine Unwirtschaftlichkeit an; konkrete Ausprägungen der Kennzahl unter 1 (bzw. 100 % bei Prozentzahlen) eine Wirtschaftlichkeit.

Die Soll-Größe hat in der Tat einen **Vorgabecharakter**, d. h. die Größe dient als „Messlatte“ (Ausmaß der Zielerreichung). Sie muss **nicht zwangsläufig ein Plan-Wert,** der eine **prognostizierte Größe** darstellt, **bzw. mit diesem identisch sein**. Zum einen kann sich ein Zielerreichungsvorgabewert von einem (internen) Wert für die Planung unterscheiden, zum anderen ist auch denkbar, dass der Planende unterschiedliche Planwerte ansetzt, nämlich dann, wenn er z. B. mit unterschiedlichen Szenarien wie „worst case“ oder „best case“

[377] Vgl. RAHN, H.-J., MINTERT, S.: Unternehmensführung, 10. Aufl., Herne 2019, S. 387. Für Zwecke der betrieblichen Kontrolle (Kosten- und Leistungsrechnung) werden anstelle der buchhalterischen Erfolgsgrößen Aufwand und Ertrag die kostenrechnerischen Größen Kosten und Leistungen angesetzt.

[378] Finanzbuchhaltung/Bilanzierung: Geschäftsjahr; Kostenrechnung: Monat.

oder einem realistischen Wert arbeitet. In diesem Fall wäre es nicht von Vorteil, dem Ausführenden den niedrigen worst case-Planwert vorzugeben, wenn ein „höherer" (Soll-) Wert erreicht werden kann – und sollte.

Ein grundlegendes Problem der **Soll-Ist-** oder **Plan-Ist-Vergleiche** stellt die **Subjektivität** dar. Die erste Frage lautet: Welche der infrage kommenden Kontrollgrößen soll der Planende auswählen, d. h. welche Soll-Größe soll als Vorgabe gelten? Der subjektive Charakter zeigt sich auch bei der zweiten Festlegung: Welches Ausmaß (Höhe o. ä.) soll die Vergleichsgröße haben, um messbar und damit vergleichbar zu sein, d. h. wann ist die konkrete Ausprägung des Vergleichswertes (Plan- oder Soll-Größe) als „gut" oder „schlecht" im Vergleich zum Ist-Wert der Kontrollgröße einzustufen? Denn die Plan- oder Sollgröße kann sich ausschließlich an internen Ressourcen und Vorstellungen ausgerichtet haben. Eine Orientierung können historische Daten (vgl. die Zeitreihenanalyse) oder Werte im Rahmen des internen oder externen Benchmarkings liefern. Die Einbeziehung von Daten interner oder externer Vergleichsquellen (s. u.) erweist sich als deutlich bessere Lösung, da bei einer subjektiven Festlegung von Plan- oder Sollgrößen die Gefahr besteht, eine katastrophale Situation mit einer weniger katastrophalen Situation zu vergleichen.

Die einfachste Form einer vergleichenden Bewertung ist die die zeitliche Gegenüberstellung von zwei Ist-Werten als **Ist-Ist-Vergleich zweier Perioden**. Hier ist die Kontrollgröße der Istwert des gerade abgeschlossenen Zeitraums, der Vergleichswert der des vorherigen. Der Ist-Ist-Vergleich lässt sich als Quotient oder als prozentuale Veränderung darstellen:

$$\text{Ist-Ist-Vergleich} = \frac{\text{Ist-Größe der gerade abgelaufenen Planungsperiode}}{\text{Ist-Größe des vorherigen Planungszeitraums}}$$

Darst. 2.216: Soll-Ist-Vergleich als Quotient

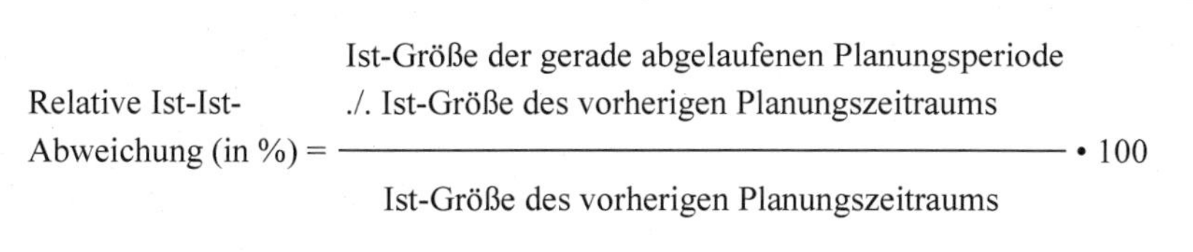

$$\text{Relative Ist-Ist-Abweichung (in \%)} = \frac{\text{Ist-Größe der gerade abgelaufenen Planungsperiode ./. Ist-Größe des vorherigen Planungszeitraums}}{\text{Ist-Größe des vorherigen Planungszeitraums}} \cdot 100$$

Darst. 2.217: Ist-Ist-Abweichung (in %)

Eine Erweiterung der zeitlichen Bewertung auf mehr als zwei Perioden findet in Form einer **Zeitreihenanalyse** statt. Es ist ein **Ist-Ist-Vergleich von mehr als zwei Perioden**. Hier wird eine Kennzahl im Zeitablauf dargestellt, wobei die konkrete Ausprägung einer Kennzahl in einer **Referenzperiode** als **100 %** gesetzt wird. Im Zuge einer Berechnung mittels Dreisatz ergeben sich für konkrete andere Ausprägungen dieser Kennzahl in späteren Perioden Werte, die über oder unter oder genau 100 % betragen. Liegen die Werte über 100 %, liegt eine Steigerung / Vergrößerung der betrachteten Kennzahl vor; bei Werten unter 100 % eine Minderung / Verkleinerung. Die Zeitreihenanalyse zeigt also nur eine **Tendenzaussage**, eine tendenzielle Verbesserung um x %-Punkte („besser um x %-Punkte") oder Verschlechterung um („schlechter um x %-Punkte") oder einen Gleichstand an. Eine Aussage, ob die berechneten Werte, dies gilt auch für die 100 % in der Referenzperiode, als **gut oder schlecht** einzustufen sind, **ist nicht möglich**. Es fehlt die markt- resp. wettbewerbsbezogene Betrachtung. So kann sich die Kontrollgröße (signifikant) verbessert haben, was zwar „gut" ist. Aber es lässt keine Beurteilung der gefundenen Merkmalsausprägung der Kontrollgröße im Vergleich zu den Konkurrenten zu. Dafür empfiehlt sich die relative Bewertung in zwischen Unternehmensteilen oder zwischen Unternehmen. Letztere können auch externe sein.

Handelt es sich bei der Kontrollgröße bspw. um einen zusammengesetzten Wert wie dies etwa bei der Inflationsrate der Fall ist, sei ausdrücklich auf das oben bereits formulierte Postulat der materiellen (inhaltlichen) und formellen Identität hingewiesen.

Die folgende Übersicht gibt die **Variablen des Benchmarkings** sowie deren **Ausprägungen bei einer vergleichenden Bewertung zwischen Organisationseinheiten eines Unternehmens oder zwischen Unternehmen oder Unternehmenseinheiten einer Gruppe (internes Benchmarking) oder mit einem fremden Unternehmen bzw. seinen Organisationseinheiten (externes Benchmarking)** wieder.

Variable	Ausprägung der Variable
Objekt	Daten, Produkte, Methoden, Prozesse, Strategien
Unter-nehmens-ziel	Kosten, Flexibilität, Qualität, Kundenzufriedenheit, Stakeholder-orientierung, ethische Werte einschl. ökologischer und sozialer, Unternehmenswert, Gewinn, Rentabilität, Marktanteil, Unabhängigkeit
„Sparrings-partner“	andere Geschäftsbereiche oder Unternehmen der Gruppe/des Konzerns/der Holding, Wettbewerber, branchenfremde Unternehmen

Darst. 2.218: Variablen des Benchmarkings

Zu den Daten gehören insbesondere die Kennzahlen. Bei den Produkten sei beispielhaft auf die Verzinsung von Sparbriefen hingewiesen, wenn die Eigenkapitalrentabilität extern verglichen werden soll.

Hinsichtlich der „Sparringspartner“ lassen sich weisungsbezogen zwei Grundtypen des Benchmarkings unterscheiden:

- Internes Benchmarking
- Externes Benchmarking
  - Wettbewerbsorientiertes Benchmarking
    - Verdecktes wettbewerbsorientiertes Benchmarking
    - Kooperatives wettbewerbsorientiertes Benchmarking
  - Funktionales Benchmarking

Darst. 2.219: Weisungsbezogene Differenzierung der „Sparringspartner“ des Benchmarkings

Internes Benchmarking liegt vor, wenn der Benchmarking-Partner („Sparringspartner“) aus demselben Unternehmen stammt (andere Geschäftsbereiche, Abteilungen oder Werke) oder wenn es sich um Unternehmen der Gruppe/des Konzerns/der Holding handelt.

Darst. 2.220: Internes Benchmarking

Das interne Benchmarking wird auch mit dem Begriff **Best of Company** umschrieben.

Der **Vorteil** des internen Benchmarkings liegt in dem relativ problemlosen Zugang zu den benötigten Informationen (Möglichkeit der (An-) Weisung), der relativ schnellen Fertigstellung und der hohen Präzision des Vergleichs durch z. B. gleiche Definitionen von Kennzahlen (materielle und formelle Identität). Ein weiterer Vorteil ergibt sich daraus, dass die beteiligten Unternehmen oder Unternehmensteile mit dem Instrument Benchmarking vertraut werden. Die **Empfehlung** lautet daher, zunächst Erfahrungen mit dem internen Benchmarking zu sammeln, bevor Benchmarking-Projekte mit Externen begonnen werden.

Das nachfolgende Beispiel möge das interne Benchmarking illustrieren. In der Branche der Finanzierungsberater und -vermittler agiert ein Franchise-System, die Finkomp AG, bundesweit. Sie verfügt über mehrere Standorte in Deutschland und kann die einzelnen Standorte gut vergleichen, da diese identische, standardisierte Leistungen anbieten. Für fünf ausgewählte Städte wurden folgende Daten erhoben:[379]

Stadt	Beratertage	Provisionserträge (€)	Kosten (€)	Zusatzkosten (€)	Gewinn (€)	Mitbewerber	Bewertungssterne[1]
Berlin	8.096	3.957.125	3.238.388	3.300	715.437	58	4,3
Bielefeld	10.122	4.982.894	4.048.894	52.800	881.200	20	4,2
Paderborn	14.838	7.039.540	5.935.333	190.300	913.907	4	4,7
Rostock	9.332	4.490.378	3.732.800	34.700	722.878	23	3,9
Würzburg	5.645	2.751.835	2.258.162	53.900	439.773	5	3,6
Summe	48.033	23.221.772	19.213.577	335.000	3.673.195	–	Ø 4,1

Darst. 2.221: Kosten- und Leistungsübersicht fünf ausgewählter Standorte des Finanzberaters Finkomp AG
[1] Von fünf möglichen.

[379] Vgl. HUBERT, B.: a. a. O., S. 202.

Die Konzernleitung erkennt auf einen Blick, dass der Standort Würzburg am schlechtesten abschneidet, während die Standorte Bielefeld und Paderborn zu den Besten gehören. Kennzeichnend ist, dass die Standorte Bielefeld und Paderborn die höchste Zahl durchgeführter Beratungstage und die höchsten Gewinne aufweisen. Flankiert wird dies v. a. in Paderborn durch besonders gute Bewertungen. Offensichtlich zahlt sich bei den beiden letztgenannten Standorten die hohe Beratungsintensität und/oder personalkostenintensive Feiertags-, Wochenenden- und Abendstundentermine, verbunden mit enormen Kosten und Zusatzkosten, aus. Paderborn hat offensichtlich (auch) von der geringen Zahl an Mitbewerbern profitiert, wohingegen dieses Kriterium in Würzburg nicht „durchschlagend" war. Erstaunlich ist, dass Berlin trotz der enormen Zahl an Mitbewerbern noch ein gerade akzeptables Ergebnis abliefern konnte. Das mag daran liegen, dass die Zahl der potenziellen Kunden ebenfalls recht hoch ist. Hier fehlen offensichtlich noch weitere Daten und/oder Relationen (Verhältniszahlen), um die Plausibilität bestimmter Vermutungen/Schlussfolgerungen zu erhöhen. Wird bspw. Die Wirtschaftlichkeitskennzahl „Gesamtkosten/Provisionserträge • 100" gebildet, so ergeben sich z. B. 81 % für Berlin, 87 % (!) für Paderborn und 84 % für Würzburg. Unter Wirtschaftlichkeitsaspekten ist Paderborn das Schlusslicht (trotz höchstem Gewinn). Hier muss vorab augenscheinlich seitens der Konzernleitung festgelegt werden, worin das Unternehmensziel liegt: In einer hohen Rentabilität oder einem maximalen Gewinn? Vergleicht man die vorstehende Kennzahl, fällt die niedrigste Quote in Berlin auf. War hier möglicherweise der Einsatz der Marketinginstrumente effektiver und/oder effizienter? Und wie ist das Kriterium „Bewertungssterne" als Qualitätsmerkmal zu gewichten – v. a. aus langfristiger Perspektive, denn der Aufbau eines sehr guten Images ist mühsam und kostet oft große Summen. So ist die niedrige Bewertungszahl in Würzburg zu hinterfragen. Eines der möglichen Probleme könnte in fehlenden Kompetenzen der Mitarbeiter liegen. Denkbar wäre auch ein nicht optimaler Marketing-Mix. In dieser Kurzanalyse bleiben noch einige Fragen offen, auf die entsprechende Antworten zu finden sind. Hilfreich ist hier sicherlich ein Workshop der Standorte Paderborn und Würzburg.

Die **Grenzen** des internen Benchmarkings resultieren aus der Wahrscheinlichkeit, dass Potenziale verschenkt werden, da externe „Sparringspartner" hinsichtlich der Objekte (Daten einschließlich Kennzahlen, Produkte, Methoden, Prozesse, Strategien) bessere Ausprägungen vorweisen können.

Ein weiteres Problem können die zu erhebenden Daten hinsichtlich ihrer Zweckeignung und Aussagekraft darstellen. Auf die notwendige Datenaufbereitung wurde bereits im vorhergehenden Unterabschnitt hingewiesen.

Bevor auf das externe Benchmarking näher eingegangen sind, sollen zunächst ähnliche Formen der vergleichenden Betrachtung voneinander abgegrenzt werden.

Beim **Reverse Engineering** werden Produkteigenschaften, Funktionalität und Leistungsfähigkeit mit gleichartigen Produkten oder Dienstleistungen von Wettbewerbern verglichen. Um die einzelnen Merkmale und Merkmalsausprägungen besser bewerten zu können, werden die Konkurrenzprodukte in ihre Einzelteile zerlegt.

Im Rahmen der **Konkurrenzanalyse** (z. B. als SWOT-Analyse) werden die Ausprägungen vorher definierter Kriterien des eigenen Unternehmens mit denen der Wettbewerber verglichen.

Das **externe Benchmarking** als Weiterentwicklung der traditionellen Konkurrenzanalyse untersucht nicht nur die Konkurrenten, sondern auch branchenübergreifend die Ausprägungen vorher festgelegter Kriterien des eigenen Unternehmens und die der Besten in fremden Branchen. Ziel der Untersuchung können darüber hinaus neben Objekten, Methoden und Prozessen auch weitere Unternehmensziele wie z. B. Kosten, Qualität, Kundenzufriedenheit, Flexibilität und Zeit sein.[1]

Darst. 2.222: Reverse Engineering, Konkurrenzanalyse und Benchmarking

[1] Vgl. HORVÁTH, P., HERTER, R. N.: Benchmarking – Vergleich mit den Besten der Besten, in: Controlling, 4. Jg., 1992, S. 4-11.

Externes Benchmarking wurde im Prinzip zu allen Zeiten betrieben. Das Vergleichen mit anderen und „Abschauen“ von Techniken und Methoden bis hin zur Spionage findet sich in allen Disziplinen.[380] Im Bereich der BWL existieren Verbindungen zum Reverse Engineering und in der Konkurrenzanalyse.

Sofern im Rahmen des Benchmarkings direkte Konkurrenzunternehmen als Partner ausgewählt werden, wird dieser Vorgang als **wettbewerbsorientiertes Benchmarking** (**Best of Industry**) bezeichnet.

[380] Ein historischer Überblick zum Benchmarking findet sich ausführlich bei WATSON, G. H.: Benchmarking – vom Besten lernen, Landsberg 1993, S. 23ff.

Beim wettbewerbsorientierten Benchmarking ist der Benchmarking-Partner („Sparringspartner“) ein direkter Konkurrent.

Darst. 2.223: Wettbewerbsorientiertes Benchmarking

Wettbewerbsorientiertes Benchmarking kann **verdeckt** oder **kooperativ** erfolgen:

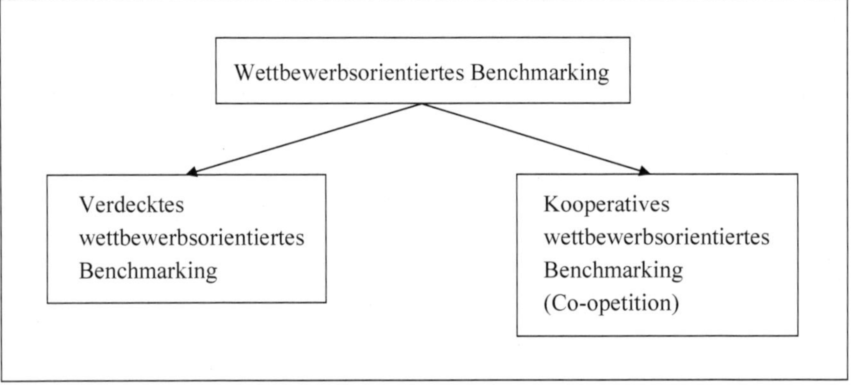

Darst. 2.224: Formen des wettbewerbsorientierten Benchmarkings

Bei der Analyse von Zahlen, auch Kennzahlen, insb. beim verdeckten wettbewerbsorientierten Benchmarking ist auf das Problem der qualifizierten (Kenn-) Zahlenanalyse hinzuweisen. Da bei dieser Form des Benchmarkings **nicht auf die Zahlen des internen Rechnungswesens zurückgegriffen werden** kann, müssen i. d. R. die Daten aus den veröffentlichten Jahresabschlüssen der Wettbewerber entnommen werden. Diese zeigen – wie schon oben angemerkt – nur ein unvollständiges und auch nicht immer richtiges Bild über die „wirkliche“ wirtschaftliche und finanzielle Situation und Entwicklung der Unternehmung. Daher sind die veröffentlichten handelsrechtlichen Daten wie im vorstehenden Unterabschnitt beschrieben aufzubereiten.[381]

Beim **kooperativen Benchmarking** geht es darum, in der gleichen Branche Partner zu finden, die davon überzeugt sind, dass die „… Absichten redlich sind und zu beiderseitigem Nutzen führen.“[382]

[381] Eine solche kann im Abschnitt 3.1 „Datenaufbereitung“ nachgelesen werden.

[382] Vgl. KARLÖF, B., OSTBLOM, S. Das Benchmarking Konzept: Wegweiser zur Spitzenleistung in Qualität und Produktivität, München 1994, S. 124.

Beispiele für ein kooperatives Benchmarking finden sich sowohl in der Automobilindustrie als auch in der ostwestfälischen Möbelwirtschaft. Die „**Co-opetition**" (Cooperation = Zusammenarbeit und Competition = Wettbewerb) macht zum Beispiel dann Sinn, wenn zwei Unternehmen zwar national Konkurrenten sind, international aber gegen weitaus größere Wettbewerber agieren müssen.

Die Wahl des „richtigen" Benchmarking-Partners hängt in erster Linie von den Unternehmenszielen und Objekten ab und nicht von den höchsten Unternehmensrenditen, dem Image oder ähnlichen Kriterien des Wettbewerbers.

Wesentliches Merkmal beim funktionalen Benchmarking ist der Vergleich einer Funktion des eigenen Unternehmens mit der gleichen oder sehr ähnlichen Funktion in einem anderen oder in mehreren anderen Unternehmen, die in keiner Konkurrenzbeziehung zum eigenen Unternehmen stehen.

Darst. 2.225: Funktionales Benchmarking

Möglicherweise gelingt die Beschaffung relevanter Informationen beim funktionalen Benchmarking besser, da die Vergleichspartner nicht derselben Branche angehören. (**Best of World**). Auch profitieren beide Partner vom Benchmarking erheblich, da es sich um logisch gleichartige Betriebsabläufe handelt und branchenübergreifende Lernprozesse (explizit) erlaubt und gewünscht sind.[383]

Insofern besteht beim funktionalen Benchmarking das **größte Potenzial für eine bessere Performance** im eigenen Unternehmen bzw. des eigenen Unternehmens, mit dem Ergebnis, dass (direkte) Konkurrenten nicht nur eingeholt, sondern überholt werden können.[384]

Bei einem Betriebsvergleich (beim internen und externen Benchmarking) muss mit (erheblichen) **Problemen** gerechnet werden. Dies liegt an den **Störungsfaktoren**, die, soweit möglich, eliminiert werden müssen. Zu diesen potenziellen Störungsfaktoren gehört u. a. die Wertschöpfungskette[385], insb. die Produktionsprogramme und die Produktionsbedingungen, die bei den zu vergleichenden Unternehmen (sehr) unterschiedlich sein kann. In

[383] Vgl. HUCH, B., BEHME, W., OHLENDORF, TH.: Rechnungswesen-orientiertes Controlling, 4. Aufl., Heidelberg 2004, S. 414–415.

[384] Vgl. HOFFJAN, A., Cost Benchmarking als Instrument des strategischen Kostenmanagements, in: Zeitschrift für Planung, 6. Jg., 1995, S. 160.

[385] Zum Thema „Wertschöpfungskette" siehe die Ausführungen im Unterabschnitt 3.2.9 „Wertschöpfung".

diesen Fällen lässt sich nur eine Aussage darüber treffen, ob der eigene Betrieb besser oder schlechter liegt, nicht aber über die **Qualität der Kennzahl**, z. B. der Wirtschaftlichkeit.[386] Denkbare Störungsfaktoren sind in der nachfolgenden Tabelle aufgelistet.

- uneinheitliches Produktionsprogramm (qualitativ, quantitativ)
- unterschiedliche Produktionsverfahren
- unterschiedliche Wert(schöpfungs)ketten, insb.
  - unterschiedliche Produktionstiefe (Zahl der Produktionsstufen zwischen Rohstoff und Fertigerzeugnis)
  - Unterschiede im Grad der Selbstversorgung
- Differenzen in der Betriebsgröße
- unterschiedliche Mitarbeiterstruktur
- Standort (mit Einfluss insb. auf Nutzung der vorhandenen Infrastruktur (auch Transportkosten), innovatives Milieu, Personalkosten, Qualität und Quantität der Arbeitskräfte, ökologische Anforderungen, Nähe zum Absatzmarkt, Belastung durch Steuern und Abgaben)
- unterschiedlicher Beschäftigungsgrad
- Rechtsform des Unternehmens (insb. mit Einfluss auf Bewertung, Steuerbelastung, (KSt, ESt, SolZ, GewSt), Verrechnung des kalk. Unternehmerlohns)

Darst. 2.226: Störungsfaktoren beim zwischenbetrieblichen Vergleich von Kennzahlen
(Vgl. MEYER, C.: Betriebswirtschaftliche Kennzahlen und Kennzahlen-Systeme, 6. Aufl. Sternenfels 2011, S. 76.)

Die **Durchführung eines Benchmarking-Prozesses** lässt sich gut anhand der nachstehenden Abbildung erläutern.

[386] STELLING, J.: Kostenmanagement und Controlling, 3. Aufl., München 2008, S. 90.

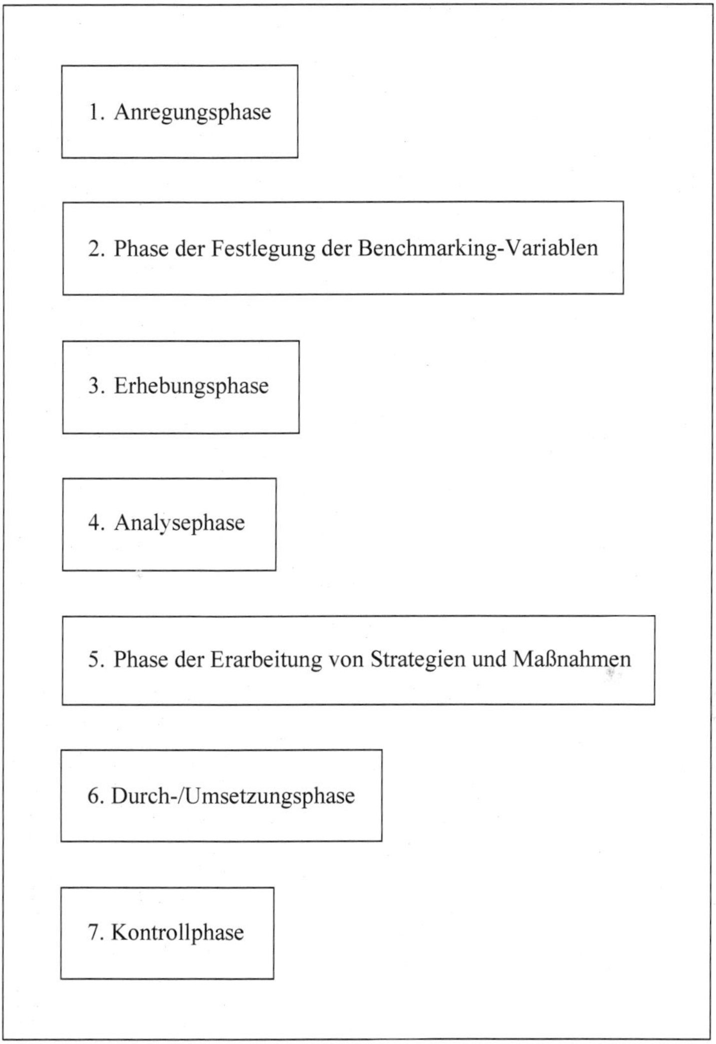

1. Anregungsphase

2. Phase der Festlegung der Benchmarking-Variablen

3. Erhebungsphase

4. Analysephase

5. Phase der Erarbeitung von Strategien und Maßnahmen

6. Durch-/Umsetzungsphase

7. Kontrollphase

Darst. 2.227: Benchmarking-Prozess

Die Planungsphase besteht aus der **Anregungsphase** und der **Phase der Festlegung der Benchmarking-Variablen**. Ausgangspunkt eines Benchmarking-Prozesses sind z. B.

Abweichungen von den (internen) Plan- und/oder Sollwerten im Rahmen der Abweichungsanalyse[387], die einen Vergleich zu Wettbewerbern nicht beinhalten. Denkbar ist auch schlicht die Suche nach Kontrollgrößen für die Zielplanung und nach Vergleichswerten (Maßstabs- oder Normgrößen) für die spätere Kontrolle.[388] Einen Benchmarking-Prozess können bspw. neben schlechten Kostenträgerergebnissen aber auch enttäuschende Umfragen oder negative Presseveröffentlichungen initiieren. Zu Beginn einer Benchmarking-Untersuchung wird zunächst das Ziel der Analyse (Definition der Variablen, s. Darst. 2.218) definiert. Im Einzelnen sind dies folgende Aufgaben:

- Festlegung der zu analysierende Objekte
- Festlegung der zu analysierenden Unternehmensziele
- Festlegung der zu analysierenden „Sparringspartner“
- Festlegung der Erhebungsmethode

Darst. 2.228: Aufgaben in der Planungsphase des Benchmarking-Prozesses

Nach der Erhebung der Daten (**Erhebungsphase**) werden die Ergebnisse ausgewertet und die Leistungslücken im Vergleich mit dem „Sparringspartner“ ermittelt. In dieser **Analysephase** erfolgt sowohl eine vergleichende Analyse als auch eine Ursachenanalyse. Im nächsten Schritt (**Phase der Erarbeitung von Strategien und Maßnahmen**) ist es jetzt möglich, Aktionspläne zu erstellen, die alle relevanten Elemente eines Plans (Planstruktur) enthalten.[389] Diese Prozessstufe beinhaltet die Suche nach geeigneten Maßnahmen zur Behebung der Defizite (negative Abweichungen) sowie zum Erhalt und Ausbau der Stärken (positive Abweichungen). Im besten Fall lassen sich Wettbewerbsvorteile generieren oder zumindest verteidigen. Abschließend findet die Auswahl der am besten geeigneten Maßnahmen statt. Alle bisherigen Schritte des Benchmarking-Prozesses werden **dokumentiert**, um später erkannte Defizite beheben zu können. Insbesondere werden die gefundenen Ergebnisse schriftlich festgehalten, um sie den Entscheidungsträgern zur Beschlussfassung vorlegen zu können. In diesen Unterlagen finden sich

[387] Vgl. Unterabschnitt 2.2.8 „Abweichungsanalysen“.

[388] Die beiden Begriffe werden im vorigen Unterabschnitt 2.3.5 „Kontrollgröße und Vergleichswerte“ erklärt.

[389] Vgl. Unterabschnitt 2.1.7 „Merkmale und Elemente eines Plans“.

- Vorschläge zum Auf- und Ausbau von Stärken (v. a. bei den Kernkompetenzen) sowie Abbau von Schwächen (z. B. fehlendes Beschwerdemanagement),
- Eliminierung von Aktivitäten ohne Wertschöpfung,
- Anregungen zur Automatisierung von Routinevorgängen und
- weitere konkrete Verbesserungsansätze und -vorschläge (z. B. im Rahmen der Erfahrungs-/Lernkurve, betriebliches Vorschlagswesen).[390]

Die Phase der Erarbeitung von Strategien und Maßnahmen stellt gleichzeitig den Beginn eines neuen Führungsprozesses dar, der mit der Planungsphase beginnt.[391] Nach der Verabschiedung des Plans wird dieser umgesetzt. Diese **Durch-/Umsetzungsphase** umfasst die Verabschiedung der vorgeschlagenen Maßnahme(n), die Kommunikation und Umsetzung der beschlossenen Aktivität(en). In der **Kontrollphase** befassen sich die Verantwortlichen mit der Wirksamkeitsprüfung der durchgeführten Maßnahmen hinsichtlich der Effektivität und Effizienz. Die abschließende Kontrolle sollte bei Feststellung von Abweichungen zu den Plan- und/oder Sollgrößen einen neuen Führungsprozess, beginnend mit der Planungs- und Entscheidungsphase auslösen.

2.2.7 Darstellung und Bewertung von Abweichungen

Die Darstellung der Abweichungen kann auf vier verschiedene Arten erfolgen:[392]:

- Absolute Abweichungen
- Kumulierte Abweichungen
- Relative Abweichungen
- Selektive Abweichungen

Darst. 2.229: Darstellung der Abweichungen

[390] Vgl. ZIEGENBEIN, K.: a. a. O., S. 175.

[391] Vgl. hierzu die Ausführungen im Abschnitt 1.1 „Grundlagen des Controllings".

[392] Vgl. TAUBERGER, A.: Controlling für die öffentliche Verwaltung, München 2008, S. 66.

Ein absoluter Abweichungsbetrag gibt einen Eindruck von der Größenordnung der Abweichung wieder. Die Aussagekraft einer **absoluten Abweichung** ist allerdings beschränkt, da keine Relativierung mit anderen (Bezugs-) Größen erfolgt.

Beispiel 1: Ist-Umsatz: 3,8 Mrd. € ↔ Soll-Umsatz: 3,9 Mrd. €
Absolute Abweichung: – 100 Mio. €

Beispiel 2: Ist-Umsatz: 180 Mio. € ↔ Soll-Umsatz: 280 Mio. €
Absolute Abweichung: – 100 Mio. €

Während die (negative) Abweichung im ersten Beispiel nur eine (relativ) geringfügige Umsatzabweichung bedeutet, stellt die Abweichung im zweiten Fall für das Unternehmen schon eine enorme Umsatzeinbuße dar.

Aus diesem Grunde ist eine Darstellung mittels einer **relativen Abweichung** meist sinnvoller. Als Abweichung in Relation zu einer *anderen* Größe im Nenner bietet sie den Vorteil der besseren Vergleichbarkeit, des Erkennens von Veränderungen und bei der Erfassung von Zusammenhängen. Bei der relativen Darstellung ist immer zu prüfen, ob sich bei der Basisgröße eine Veränderung ergeben hat.[393] Relative Abweichungen werden meist in Prozentzahlen ausgedrückt.

Beispiel 1 (gleiche Grundzahl „Umsatz“):
Ist-Umsatz: 180 Mio. € ↔ Soll-Umsatz: 280 Mio. €
Relative Abweichung: − 35,71 % (= (180 € – 280 €) ÷ 280 • 100)

Beispiel 2 (Beziehungszahl „Umsatzrendite“):
Ist-Gewinn: 26,8 Mio. € ↔ Plan-Gewinn: 8,6 Mio. €
bei einem Plan-Umsatz von 3,8 Mrd. €
Relative Abweichung: + 0,48 % (= (26,8 € – 8,6 €) ÷ 3800 • 100)

Selektive Abweichungen beziehen sich auf Abweichungen in Bezug auf bestimmte zeitliche Abschnitte. Es werden Größen bestimmter Zeitabschnitte miteinander verglichen. Der Vorteil dieser Abweichungsdarstellung liegt darin, dass aus den jeweiligen Unterschieden die Abweichungsursachen besser herausgearbeitet werden können. Dies gilt z. B. im Fall der Herausrechnung von Projekten. Insbesondere bei Schwankungen im Zeitablauf wie z. B. Saisons oder Konjunkturzyklen ist die Vergleichbarkeit deutlich verbessert.

393 Vgl. PEEMÖLLER, V. H.: a. a. O., S. 324ff.

Beispiel: Ist-Gewinn im 2. Quartal des Vorjahres: 6,8 Mio. € ↔ Ist-Gewinn im 2. Quartal des laufenden Jahres: 6,6 Mio. €

Kumulative Abweichungen geben an, wie weit die Zielgröße über mehrere Zeiträume hinweg verfehlt wurde und wie hoch die Differenz zum Ende des Planungshorizonts sein wird. Kumulative Abweichungen erlauben eine bessere Prognose der am Ende des Planungszeitraums zu erwartenden Zielabweichung.[394] Zu beachten ist, dass zwischenzeitliche Schwankungen ggf. kompensiert wurden. Die Anwendung kumulativer Abweichungen ist speziell bei Feedforward-Kontrollen zu empfehlen.

Beispiel: Die kumulierte Budgetausschöpfung der ersten acht Monate liegt bei 90 %. Am Jahresende wird das Budget zu 135 % ausgenutzt sein.

Die **Bedeutung einer Abweichung** für die Verantwortlichen kann sehr unterschiedlich sein. Nicht nur wegen einer eventuellen zielabhängigen Vergütung, sondern auch wegen der Notwendigkeit, bestimmte Maßnahmen zwecks Gegensteuerung zu ergreifen. Ebenso hängt die Frage, wie häufig eingegriffen werden muss, von der **Gewichtung der Abweichung** ab. Zu diesem Zweck werden **Toleranzgrenzen** für die zu kontrollierende(n) Größe(n) festgelegt. Dabei ist abzuwägen, ob sie in einem angemessenen Verhältnis zur Messgenauigkeit stehen und ob sie den Verantwortlichen gestatten, das gesetzte Ziel (Soll- oder Plangröße) auch bei Abweichungen noch in vertretbarer Zeit zu erreichen.[395] Die in der Vergangenheit ermittelte durchschnittliche absolute oder relative Abweichung ist ebenfalls zu beachten.

Eine Abweichungsanalyse und die Suche nach Gegensteuerungsmaßnahmen erfolgt, sobald eine vorab definierte Toleranzschwelle über- oder unterschritten wird.

Grundsätzlich wird zwischen linearen und nicht-linearen Toleranzgrenzen unterschieden:

[394] Vgl. SPECHT, O., SCHWEER, H., CEYP, M.: Markt- und ergebnisorientierte Unternehmensführung für Ingenieure + Informatiker, 6. Aufl., München 2005, S. 546.

[395] Vgl. PEEMÖLLER, V. H.: a. a. O., S. 325.

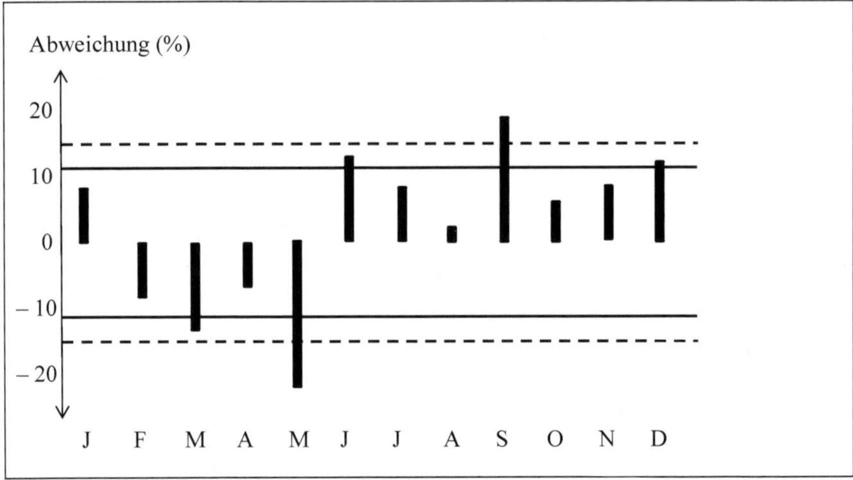

Darst. 2.230: Lineare Toleranzgrenzen (Beispiel)

Lineare Toleranzgrenzen werden in der Regel für Einzelgrößen wie Umsatz, Personalkosten, Anzahl der Beschwerden etc. vorgegeben.

Es ist empfehlenswert, Toleranzgrenzen für Einzelgrößen **mit gestuften Zuständigkeiten/Verantwortlichkeiten** anzugeben. Diese Möglichkeit ist in der vorstehenden Abbildung vorgesehen. Gelten die durchgezogenen Linien für den Verantwortlichen oder den Controller, können die gestrichelten Linien die Toleranzgrenze für den Vorgesetzten des Verantwortlichen oder die Unternehmensleitung gedacht sein. Denkbar ist auch der Einsatz zweier Toleranzgrenzen bei Verwendung eines **Dashboards für Führungskräfte**. So könnte bei Überschreiten der oberen durchgezogenen Linie bzw. bei einer Unterschreitung der unteren durchgezogenen Linie der Regler, z. B. eine Ampel, von grün auf gelb schalten, und bei Überschreiten der oberen gestrichelten Linie bzw. bei einer Unterschreitung der unteren gestrichelten Linie auf rot.

Nachstehend ist ein Praxisbeispiel für den Stromverbrauch in der Fertigung eines großen Unternehmens im Bereich der Nahrungsmittelindustrie wiedergegeben. In dieser Planung sind auch selektive Abweichungen enthalten, indem jedem Monats-Wert der Verbrauch des Vormonats gegenübergestellt wurde. Die Toleranzgrenze für den monatlichen Stromverbrauch in der Fertigung liegt bei 300 kWh.

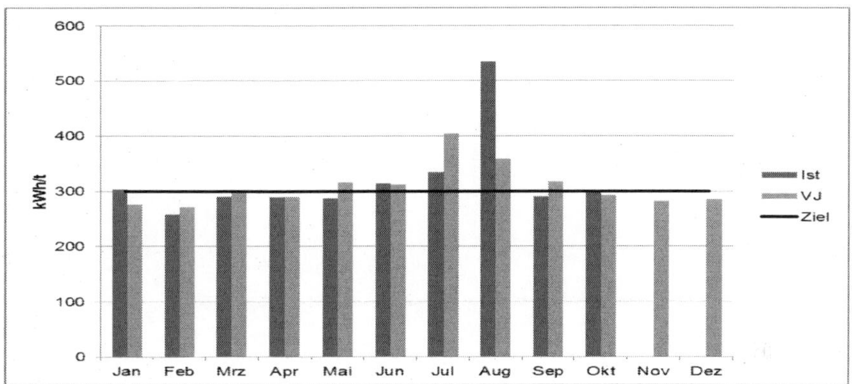

Darst. 2.231: Stromverbrauch in der Fertigung 2020 (Ist-Ist-Vergleich mit linearer Toleranzgrenze und selektiven Abweichungen)
(Anmerkung: Ist-Verbrauch des Jahres 2020 bis einschließlich 31.10.2020)
(Legende: Ist = Ist-Werte des Jahres 2020
VJ = Ist-Werte des Vorjahres
Ziel = Toleranzgrenze für den monatlichen Stromverbrauch in der Fertigung)

Nicht-lineare Toleranzgrenzen werden in der Regel für kumulierte Werte wie Umsatz, Materialeinzelkosten etc. verwendet. In diesem Zusammenhang ist zu beachten, dass sich unterschiedliche Einzelwerte im Zeitablauf ausgleichen können. Ein anderer Anwendungsfall bezieht sich auf Schwankungen der Daten im Zeitablauf wie dies z. B. bei Saisons oder Konjunkturzyklen der Fall ist. Hier würden die Toleranzgrenzen mit Hilfe mathematisch-statistischer Verfahren dem Kurvenverlauf der untersuchten Kontrollgröße nachempfunden.

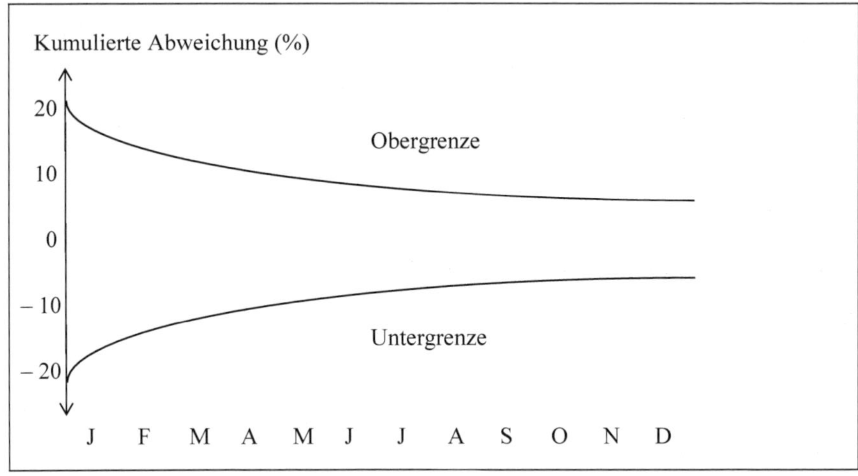

Darst. 2.232: Nicht-lineare Toleranzgrenzen (Beispiel)

Eine besondere Rolle spielt die **Bedeutung der Abweichung für das Betriebsergebnis/den Erfolg**. Insofern empfiehlt es sich, neben den Toleranzgrenzen auch eine Gewichtung der Abweichung nach der Wirkung auf das Betriebsergebnis/den Erfolg vorzunehmen und eine entsprechende Rangfolge zu entwickeln.

Toleranzgrenzen fließen in die Entwicklung eines **Management-Cockpits (Dashboards)** ein, denn die Toleranzgrenzen entscheiden u. a. darüber, welche farbliche oder andersartige Anzeige bei der Überschreitung von Toleranzgrenzen erfolgt. In diesem Zusammenhang sei noch einmal auf die Toleranzgrenzen mit gestuften Zuständigkeiten verwiesen, die hier ebenfalls zur Anwendung kommen.

2.2.8 Abweichungsursachenanalyse

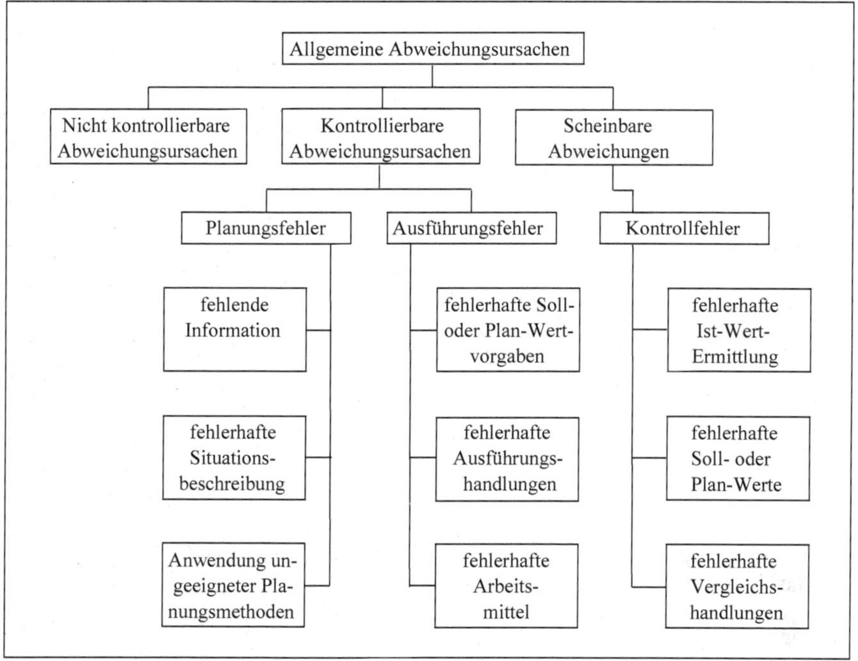

Darst. 2.233: Allgemeine Abweichungsursachen
(In Anlehnung an PEEMÖLLER, V. H.: a. a. O., S. 339.)

Die Kontrolle der operativen Planung beschäftigt sich mit der **Abweichungsermittlung** in Form von Soll-Ist- oder Plan-Ist-Abgleichen hinsichtlich der Ziele (oft als Kennzahlen einschließlich Budgets festgelegt) und Maßnahmen[396] sowie der **Abweichungsanalyse**. Ziel einer Abweichungsanalyse ist das **Aufspüren der Störgrößen**, die zur der Abweichungsermittlung geführt haben. Ist die **Ursache der Abweichungen** bekannt, kann daraus eine verbesserte Prognose für die nächste Planungsrunde resultieren. Die Ursachenermittlung ermöglicht nicht nur den Einsatz präventiver Maßnahmen, sondern auch eine elastische (flexible) Planung.

[396] Für die zukünftige Planung ist es wichtig, nicht nur negative, sondern auch positive Abweichungen aufzuzeigen.

Die Abweichungen werden mit der Planung oder mit der Realisation der Planung rückgekoppelt. Der Bezug auf die Planung bedeutet, dass die Planung auf **Planungs- und Auswertungsfehler** geprüft wird, denn schon daraus können sich Soll-Ist- bzw. Plan-Ist-Abweichungen ergeben.

Die Ursache von **Planungsfehlern** liegt darin begründet, dass die Umweltsituationen falsch beschrieben wurden. So können bestimmte Annahmen z. B. betreffend die Marktentwicklungen, das zukünftige Verhalten der Marktteilnehmer, der denkbare Einsatz der eigenen Marketinginstrumente oder die Entwicklung der Umwelten (Natur, Wirtschaft, Gesellschaft, Technologie, Recht und Politik) und daraus resultierend falsche Einschätzungen von Kosten- und Erlösfunktionen und Ähnlichem waren falsch.[397] Möglicherweise waren aber auch die Zweckeignung und die Aussagekraft der ausgewählten Kennzahlen nicht gegeben. Obwohl die Buchhaltung und der Jahresabschluss den handels- und steuerrechtlichen Vorschriften entsprechen, so genügen beide in der Regel nicht ohne Aufbereitung als Ausgangsbasis einer qualifizierten Unternehmensanalyse.[398] Die erforderliche Datenaufbereitung umfasst die Verdichtung und Umgestaltung der Bilanz und Gewinn- und Verlustrechnung zur besseren Beurteilung der Unternehmung und zur Herstellung der Vergleichbarkeit verschiedener Abschlüsse. Die Datenaufbereitung wird daher *vor* der Diskussion gesamtbetrieblicher Kennzahlen im Unterabschnitt 3.1.2 „Datenaufbereitung" detailliert beschrieben. Die Frage ist nicht nur, wie die Kennzahlen beschaffen sein müssen, d. h. welche Anforderungen an sie zu stellen sind[399], sondern welches die „richtige" Kennzahl ist. Es ist also zu klären, welche Kennzahl die „richtigen" Informationen liefert, um die „richtigen" Entscheidungen[400] fällen zu können. Die Betriebswirtschaftslehre resp. das operative Controlling bietet hierzu eine Vielzahl von operativen Kennzahlen an, die im Abschnitt 3.2 „Gesamtbetriebliche Kennzahlenanalyse" auf gesamtbetrieblicher Ebene und im Kapitel 1 von Band 2 „Operative Kennzahlenanalyse in den Funktionsbereichen" für die einzelnen Funktionsbereiche vorgestellt und bewertet werden.

Auswertungsfehler beruhen auf Messfehlern, Rechenfehlern und Fehlbuchungen, falschen Interpretationen oder ähnlich verursachten Fehlern.

---

[397] An dieser Stelle sei auf das Thema „Prämissenkontrolle" im Unterabschnitt 1.7.4 „Kontrollobjekte" hingewiesen.

[398] In diesem Zusammenhang ist u. a. auf die Angleichung des HGB an das angelsächsische Rechnungswesen hinzuweisen. So werden bspw. in den Umsatzerlösen betriebliche und nicht-betriebliche Erträge und Aufwendungen ausgewiesen. Vgl. dazu die Ausführungen im Unter-Unterabschnitt 3.1.1.1 „Analyse der Erfolgserzielung", Stichwort „Umsatzerlöse".

[399] Die Anforderungen, die an Kennzahlen zu stellen sind, wurden bereits im Unterabschnitt 2.1.2 „Kennzahlen" erläutert.

[400] Die Beurteilung, ob eine „richtige" Entscheidung getroffen wurde, ist nur in Verbindung mit dem Ziel/den Zielen des Unternehmers bzw. dessen legitimierten Aktoren möglich.

Des Weiteren werden die Abweichungen rückgekoppelt mit der Realisation der Planung. Hier handelt es sich um sogenannte **Realisationsfehler**, die durch **beabsichtigtes** (vgl. Prinzipal-Agent-Theorie) oder **unbeabsichtigtes Fehlverhalten** entstanden sind.[401] Zu den – aus Unternehmenssicht – unbeabsichtigten Fehlern gehören einerseits die nicht oder falsch eingeschätzten externen Störgrößen, andererseits aber auch die internen Fehler, verursacht durch die Produktionsfaktoren Arbeit (Mitarbeiter), Betriebsmittel (Anlagen, Maschinen und sonstige Geräte) und Werkstoffe.

Bei der Abweichungsanalyse sind einige Punkte zu beachten, u. a. die **sachliche Kongruenz**[402], die oben als materielle und formelle Identität bezeichnet wurde. Für die operative Kontrolle bedeutet dies:

- Das Budget als Soll-Größe sollte die gleichen Mengengrößen wie die Ist-Rechnung aufweisen. Anderenfalls ist im Falle einer Beschäftigungsabweichung ein modifiziertes Budget als neue Vorgabegröße zu berechnen.[403]
- Gleiches gilt für die Strukturen.
- Auch die Bezeichnungen der einzelnen Positionen und Konten müssen identisch sein.

Sofern mit der Abweichungsermittlung und -analyse eine dritte Stelle, z. B. das Controlling beauftragt ist, muss für die Weiterleitung der Auswertungen an die betroffenen Verantwortlichen (Personen, Instanzen oder (Kosten-) Stellen) Sorge getragen werden.

[401] Auf die Verhaltenskontrollen wurde bereits im Unterabschnitt 2.3.4 „Kontrollobjekte" näher eingegangen.

[402] Vgl. ESCHENBACH, R., SILLER, H., Controlling professionell. Gut gerüstet für digitale Herausforderungen, 3. Aufl., Stuttgart 2019, S. 282.

[403] Vgl. hierzu die Ausführungen zur Abweichungsanalyse in der (flexiblen) Plankostenrechnung.

2.3 Operative Funktionsbereichsplanungen und bereichsübergreifende Planung

Nachdem in den vorherigen Abschnitten einige Grundlagen sowie Verfahren und Methoden zur Koordination der operativen Planung erläutert wurden, wird in diesem Abschnitt die Aufstellung von Teilplänen in einzelnen Bereichen des Unternehmens beschrieben. Dazu werden im Rahmen dieser Ausarbeitung operative Teilpläne für die Bereiche Marketing[404], Produktion, Beschaffung, Personal, Investition und Finanzen erstellt.

2.3.1 Koordination der Teilpläne

Die Koordination der Teilpläne sollte durch eine bereichsunabhängige Person erfolgen. Am besten dafür geeignet scheint ein **Controller**, weil er keine spezifischen Ressort-(Eigen-) Interessen verfolgt, sondern allein die Unternehmensführung bei ihren Aufgaben unterstützen und seinen Dienst zum Wohle des Gesamtunternehmens leisten soll. Um eine erfolgreiche operative Planung zu ermöglichen ist es wichtig, dass der Controller zunächst das Gespräch mit den einzelnen Teilbereichen eines Unternehmens sucht. In den Gesprächen sollten –**ausgehend vom Minimumsektor**[405] – sowohl die Gesamtziele, wie z. B. Absatz, Umsatz und/oder Gewinn des Unternehmens innerhalb eines Jahres, als auch die Zusammenarbeit der einzelnen Bereiche besprochen werden. Daraufhin sollten die Abteilungen im Rahmen ihrer Möglichkeiten Teilpläne zur Erreichung des Gesamtziels erstellen. Die Aufgabe des Controllers ist hierbei neben der **Hilfestellung bei den einzelnen Teilplanungen** und **Überprüfung derselben**, spätestens im Rahmen der **Koordination der einzelnen Teilpläne zu einem Gesamtplan**, in der das (die) Unternehmensziel(e) bestmöglich erreicht werden sollen. Dabei können sowohl das Abschätzen **externer Störfaktoren** wie z. B. Kriege, Probleme bei der Rohstoffbeschaffung, Gesetzgebung, Änderung der Wechselkurse usw. als auch **kurzfristig veränderte interne Planungsprämissen** wie beispielweise Kapazitätsengpässe[406] durch einen gänzlich unerwarteten Totalausfall einer Maschine oder möglicherweise aufgrund von Zusatzaufträgen durch den Kunden

[404] Das Marketing als bewusst marktorientierte Führung des Unternehmens umfasst den Vertrieb, der seinerseits den Absatz beinhaltet. Zur Abgrenzung vgl. MEFFERT, H., BURMANN, C., KIRCHGEORG, M., EISENBEISS, M.: a. a. O., S. 10–17.

[405] Siehe hierzu die Ausführungen im Unter-Unterabschnitt 1.2.2.2 „Sukzessivplanung".

[406] Im Rahmen der operativen Planung gelten die Kapazitäten im Prinzip als gegeben und kurzfristig nicht veränderbar.

zu Problemen bei der Erreichung der einzelnen Teilpläne führen. Aus diesem Grund sollten Controller möglichst genaue Kenntnisse über die Leistungsfähigkeit aller Abteilungen eines Unternehmens besitzen.

Die Zusammenfügung der einzelnen Teilpläne in eine Unternehmensplanung wird durch **Planungsrichtlinien**[407] deutlich erleichtert. Idealerweise sind für jeden Unternehmensbereich entsprechende Handbücher vorhanden. Diese Richtlinien werden *vor* dem Planungsdurchlauf für die operative Planung bzw. die Teilpläne festgelegt. Die Aufgaben des Controllers erweitern sich somit um die **Abfassung von verbindlichen Planungsrichtlinien, deren ständiger Aktualisierung und der Überwachung**, ob sie **von allen** am Planungsprozess **Beteiligten eingehalten werden**.

Eine erfolgreiche Koordination der Teilbereiche kann nur funktionieren, wenn die einzelnen Abteilungen sich gegenseitig beraten und unterstützen, um nicht nur Teilziele zu erreichen, sondern auch den Gesamterfolg des Unternehmens mit einem vordefinierten Gesamtziel zu sichern. Unter Umständen muss der Controller in dieser Situation, insbesondere bei Konflikten, die Rolle eines **Moderators** einnehmen.

Voraussetzungen für eine erfolgreiche Koordination der Teilpläne sind u. a.:

- Verbindliche Planungsrichtlinien, insbesondere das Einhalten dieser Vorgaben hinsichtlich Planungsablauf und Zeit zwecks Erstellung der Teilpläne und der
- Wille der involvierten (Teil-) Bereiche, sich unter Mitwirkung des Controllers auf einen gemeinsamen, d. h. einen miteinander abgestimmten Gesamtplan zu einigen. Dies setzt – abgesehen von Engpasssituationen – das Zurückstellen von Ressortegoismen voraus.

Je nach Wichtigkeit einzelner Ziele oder beim Auftreten von Engpässen können unterschiedliche Teilpläne, wie z. B. die Liquidität als bestimmende Größe in einem Unternehmen, im Mittelpunkt stehen.[408] Hier sei noch einmal auf das Ausgleichgesetz der Planung verwiesen.[409]

---

[407] Planungsrichtlinien informieren alle in eine Planung involvierten Personen und Stellen über die Ziele, die Prinzipien und die Durchführung des Planungsprozesses. Gleichzeitig legen sie fest, für welche Bereiche, Personen, Projekte, Gebäude, Materialien und Maßnahmen sie Gültigkeit besitzen. Möglicherweise enthalten die Planungsrichtlinien Regelungen bei beabsichtigten Abweichungen in Ausnahmesituationen.

[408] Vgl. PREISSLER, P. R.: Controlling, 15. Aufl., München 2020, S. 56–57.

[409] Siehe hierzu die Ausführungen im Unter-Unterabschnitt 1.2.2.2 „Sukzessivplanung“.

2.3.2 Funktionsbereichsplanungen

2.3.2.1 Operativer Absatzplan

Der Absatzplan sollte als Ausgangspunkt der weiteren Planung in den übrigen Teilbereichen dienen. Der Grund dafür ist, dass die Märkte nahezu gesättigt sind und deshalb der **Absatzbereich den restriktiven Teilbereich der Planung** darstellt. Im Rahmen eines **Absatz-/Umsatz- und Ergebnisplans** sind folgende Fragen zu beantworten:[410]

- Welche Produkte sollen vertrieben werden (**Sortiment**)?
- Mit welcher **Stückzahl** sollen die einzelnen Produkte veräußert werden?
- An welche **Zielgruppe(n)** sollen die Produkte verkauft werden?
- In welche **Absatzregion** sollen die Produkte geliefert werden?
- In welchem **Zeitraum** bzw. zu welchem **Zeitpunkt** sollen die Produkte abgesetzt werden?
- Wie soll die produktspezifische, ggf. regional differenzierte **Preisstellung** aussehen?
- In welcher Höhe werden die **Kosten** bei den Produkten angesetzt?
- Welchen **Ergebnisbeitrag** liefert jedes einzelne Produkt?

Darst. 2.301: Fragen im Rahmen der Erstellung eines Absatz-, Umsatz- und Ergebnisplans

[410] Vgl. EHRMANN, H.: a. a. O, S. 319f.

Die Beantwortung dieser Fragen ist notwendig, da der **lang- und mittelfristige Absatz-, Umsatz- und Ergebnisplan Grundlage für Kapazitätsanpassungen** und somit maßgeblich für die **Investitions- und Desinvestitionsplanung** sowie für die **Produktions-, Beschaffungs- und Finanzplanung** ist. Der **kurzfristige (operative) Absatz-, Umsatz- und Ergebnisplan** stellt die Basis für den **Umfang und die zeitliche Verteilung der Produktion** sowie für die kurzfristige **Finanzplanung** und **Budgetierung** dar. Der Begriff **Absatzplan** ist wesentlich knapper gefasst:

> Ein Absatzplan ist eine mengenmäßige Aufstellung der erwarteten Waren- und Dienstleistungsverkäufe in einem bestimmten Zeitraum. Eine weitergehende Unterteilung unterscheidet zwischen einem strategischen, taktischen und operativen Absatzplan. Der operative Absatzplan kann zeitlich noch weiter differenziert werden. Im Fall international agierender Unternehmen ist oft eine weitere Untergliederung nach Vertriebsregionen sinnvoll.

Darst. 2.302: Definition Absatzplan

Ein – auch für die anderen Funktionsbereiche – nutzbarer Absatzplan enthält die Mengen[411] eines jeden Artikels, mindestens aber jeder Produktgruppe. In einigen Branchen wird der Absatz für einzelne Aufträge bzw. Auftragsarten geplant. Im Großhandel kann es sinnvoll sein, für typische Kunden (Musterkunden) zu planen. Speziell bei Dienstleistern empfiehlt sich die Verwendung vorab definierter typischer Projekte (Musterprojekte).

Enthält ein Absatzplan wertmäßige Größen[412], handelt es sich um einen **Umsatzplan**.

Die Zahlen eines Absatzplans stellen immer eine Prognose[413] dar. Sie entstammt folgenden Quellen:

- Aus historischen (Verkaufs-) Daten, die mittels mathematisch-statistischer Verfahren eine Voraussage künftiger Entwicklungen ermöglichen. Es handelt sich somit um eine **Entwicklungsprognose**.
- Aus den Unterlagen des Vertriebs: Er prognostiziert die Verkaufszahlen nach deren Einschätzung.

[411] Gleich in welcher Maßeinheit (Stück, l, hl, kg, m, qm, cbm, h, min usw.) diese angegeben werden.

[412] Eine wertmäßige Größe besteht aus einer Mengen- und Preiskomponente (Menge x Preis).

[413] Der Begriff Prognose wurde in Darst. 2.108 definiert.

- Aus der Marktforschung: In einer Marktstudie (Primär- oder Sekundärforschung) werden die aktuellen und potenziellen Käufer nach ihren Kaufabsichten befragt.

Bevor auf den operativen Absatz- bzw. Umsatzplan näher eingegangen wird, soll zunächst der operative **Absatzplanungsprozess** näher beleuchtet werden. Er umfasst folgende Arbeitsschritte:[414]

1. Übernahme der Ergebnisse der strategischen und taktischen **Umweltenanalyse** wie z. B. die Prognosen betreffend den Markt, die Marktteilnehmer, die Instrumente und die Umwelt (Natur, Wirtschaft, Gesellschaft, Technologie, Politik und Recht) in die operative (Szenario-) Planung.
2. Untersuchung der Abnahmefähigkeit des Marktes/der Märkte (prognostiziertes **Marktvolumen**) und des Verhaltens der Wettbewerber, z. B. mithilfe von Markt-, Branchen- oder Konkurrenzanalysen.
3. Analyse des bisherigen eigenen Absatzes (**tatsächliches Absatzvolumen**) aller in der vergangenen Planperiode veräußerten Artikel unter Nutzung von Absatzstatistiken, Kennzahlen und sonstigen Dokumenten.
4. Überprüfung und Bewertung der **Kundenstrukturen**.
5. Erstellung von **Absatzprognosen aller in Betracht gezogenen Produkte** unter Verwendung der vorgenannten drei Quellen.
6. Abgleich zwischen **Absatzpotenzial** und **Leistungspotenzial** des Unternehmens.
7. Aufstellung des Absatzplans, mindestens differenziert nach Produkten, ggf. nach Produktgruppen sowie zeitlich nach Monat, Quartal und Jahr. Eine regionale Untergliederung ist vor allem dann sinnvoll, wenn die Unternehmung in unterschiedliche Länder mit möglicherweise divergierenden Szenarien liefert oder über Produktionsstätten in anderen Staaten verfügt.
8. Abstimmung des Absatzplans mit den Plänen anderer Teilbereiche wie z. B. Produktion, Finanzierung und Personal *und* mit den taktischen und/oder strategischen Zielen. Bei absehbarer Nichterfüllbarkeit des bisher beabsichtigten Absatzplans beginnt der Absatzplanungsprozess von Neuem. Er endet, ggf. nach mehreren Planungsrunden, mit der
9. Verabschiedung des Absatzplans.

Darst. 2.303: Absatzplanungsprozess

[414] Vgl. EHRMANN, H.: a. a. O, S. 320f.

Nachdem die für die Erstellung eines Absatzplanes relevanten Abläufe und Ergebnisse erläutert wurden, kann nun ein operativer Jahresabsatzplan aufgestellt werden. Der Jahresabsatzplan sollte, da dieser in der Regel die Basis für die übrigen Teilpläne im Unternehmen ist, für jedes Unternehmen so frühzeitig wie möglich im Laufe des Jahres erstellt werden, damit ein verbindlicher Absatzplan für das Folgejahr spätestens bis November verabschiedet werden kann.

Der Jahresabsatzplan wird anhand eines Beispiels näher beschrieben. Dazu wird das fiktive Unternehmen „Design-Bäder GmbH“, Grohausen, genutzt. Dieses Unternehmen wird im Laufe dieser Ausarbeitung zur Veranschaulichung von Kennzahlen dienen. Die Design-Bäder GmbH ist ein Unternehmen, das sich auf die Herstellung und den Verkauf von Badewannen, Duschkabinen, Waschbecken, wasserführende Armaturen, Brausen und deren Zubehör sowie Accessoires spezialisiert hat. Das Unternehmen besteht seit 15 Jahren und hat sich mittlerweile gut auf dem Markt etabliert. Die Design-Bäder GmbH unterteilt ihre Produkte für die Absatzplanung in zwei Gruppen. Zur Produktgruppe A gehören sämtliche Ausführungen von Badewannen, Duschkabinen und Waschbecken und zur Produktgruppe B alle Typen von wasserführenden Armaturen, Brausen sowie Zubehör. Accessoires sollen erst später angeboten werden.

In der folgenden Darstellung wird ein Ausschnitt des operativen Jahresabsatzplans für die Jahre 2019, 2020 und 2021 der Design-Bäder GmbH dargestellt. Aus darstellungstechnischen Gründen wird im Absatzplan nur je ein Produkt der beiden Produktgruppen gezeigt.

Für die Jahre 2019 und 2020 wurden die Ist-Absatzmengen erfasst. Für 2021 hat der Vertrieb die Soll-Absatzmenge prognostiziert. Die Absatzmenge wird mit Mengeneinheit (ME) und dessen Wert (Umsatz) in Tausend Euro (T€) dargestellt. Der Preis für das Produkt Duschwanne flach „Malediven“ (Produktgruppe A) liegt durchschnittlich bei etwa 200 € und für die Brause „Amazonas“ (Produktgruppe B) bei durchschnittlich ca. 100 €.

Design-Bäder GmbH		Ist				Plan	
		2019		2020		2021	
		(ME)	(T€)	(ME)	(T€)	(ME)	(T€)
...							
Duschwanne „Malediven“	I	800	160	700	140	650	130
	A	500	100	450	90	430	86
	G	**1300**	**260**	**1150**	**230**	**1080**	**216**
Brause „Amazonas“	I	1000	100	1200	120	1300	130
	A	600	60	700	70	900	90
	G	**1600**	**160**	**1900**	**190**	**2200**	**220**

Darst. 2.304: Jahresabsätze und -umsätze der Design-Bäder GmbH (Ausschnitt)
(Legende:
I = Inland
A = Ausland
G = Gesamt
ME = Mengeneinheit
T = Tausend)

Die Design-Bäder GmbH hat im Jahr 2019 insgesamt 1.300 Mengeneinheiten in Wert von 260.000 € der Duschwanne „Malediven“ und bezüglich der Brause „Amazonas“ 1.600 ME in Höhe von 160.000 € umgesetzt. Im Jahr 2020 war für die Duschwanne sowohl im Inland als auch im Ausland eine reduzierte Nachfrage zu verzeichnen. Jedoch konnte die Absatzmenge für die Brause im Gegensatz zum Vorjahr um ca. 19 % verbessert werden. Aus diesem Grund wird die geplante Absatzmenge für 2021 im Vergleich zum Vorjahr für die Duschwanne etwas niedriger (1.080 ME) und für die Brause höher (2.200 ME) angesetzt.

Falls gewünscht könnte im nächsten Schritt der Absatzplan der Design-Bäder GmbH für das Jahr 2021

- zeitlich (pro Woche, Monat, Quartal),
- sachlich (detaillierter nach Produktvarianten[415], gröber nach Produktgruppen),
- räumlich (pro Verkaufsgebiet im Inland oder Ausland),

[415] Bei der Duschwanne wären beispielsweise flache, halb hohe und hohe Duschwannen oder rechteckige Duschwannen in verschiedenen Größen oder in verschiedenen Formen denkbar.

- nach Branchen,
- nach Absatzmittlern,
- nach Distributionskanälen oder
- nach Kundengruppen

differenziert werden. In der nachfolgenden Tabelle werden die Absatzzahlen für das Jahr 2021 der Design-Bäder GmbH für die Duschwanne und die Brause neben dem Ausland auch in die inländischen Verkaufsgebiete Nord, Mitte, Süd und West aufgeteilt. Dabei können die Preise je Mengeneinheit sowohl zwischen In- und Ausland als auch teilweise zwischen den einzelnen Verkaufsgebieten im Inland variieren.

<table>
<tr><th colspan="2" rowspan="2">Design-Bäder GmbH</th><th rowspan="2">Gesamt</th><th rowspan="2">Ausland</th><th rowspan="2">Inland Gesamt</th><th colspan="4">Verkaufsgebiete Inland</th></tr>
<tr><th>Nord</th><th>Mitte</th><th>Süd</th><th>West</th></tr>
<tr><td>...</td><td></td><td></td><td></td><td></td><td></td><td></td><td></td><td></td></tr>
<tr><td rowspan="2">Duschwanne „Malediven“</td><td>(ME)</td><td>1080</td><td>430</td><td>650</td><td>100</td><td>200</td><td>250</td><td>100</td></tr>
<tr><td>(T€)</td><td>216</td><td>86</td><td>130</td><td>20</td><td>40</td><td>50</td><td>20</td></tr>
<tr><td>...</td><td></td><td></td><td></td><td></td><td></td><td></td><td></td><td></td></tr>
<tr><td>...</td><td></td><td></td><td></td><td></td><td></td><td></td><td></td><td></td></tr>
<tr><td rowspan="2">Brause „Amazonas“</td><td>(ME)</td><td>2200</td><td>900</td><td>1300</td><td>250</td><td>300</td><td>400</td><td>350</td></tr>
<tr><td>(T€)</td><td>220</td><td>90</td><td>130</td><td>25</td><td>30</td><td>40</td><td>35</td></tr>
</table>

Darst. 2.305: Jahresabsätze und -umsätze der Design-Bäder GmbH mit Unterteilung der inländischen Verkaufsgebiete (Ausschnitt)
(Legende:
ME = Mengeneinheit
T = Tausend)

Die Design-Bäder GmbH setzt die Mehrzahl der beiden Produkte im Inland, vor allem in der Mitte und im Süden, ab. Zudem wird im Inland mehr verkauft als im Ausland. So sollen von der Duschwanne 200 ME in der Mitte und 250 ME im Süden veräußert werden. Von der Brause sollen 300 ME in der Mitte und 400 ME im Süden abgesetzt werden. Außerdem sollen 350 ME der Brause im Westen verkauft werden. Die Absatzmenge kann je nach Gebiet oder Region unterschiedlich ausfallen.

Nach der räumlichen Unterteilung des Jahresabsatzplans erfolgt nun die zeitlich differenziertere Darstellung der Ab- und Umsätze der Design-Bäder GmbH. Der Jahresplan wird in die zwölf Monate untergliedert.

Design-Bäder GmbH	Duschwanne „Malediven"					Brause „Amazonas"				
	Plan		Ist		Abw.	Plan		Ist		Abw.
	(ME)	(T€)	(ME)	(T€)		(ME)	(T€)	(ME)	(T€)	
Jan.	20	4				130	13			
Febr.	20	4				120	12			
März	50	10				160	16			
Apr.	90	18				190	19			
Mai	100	20				200	20			
Juni	170	34				250	25			
Juli	200	40				230	23			
Aug.	160	32				260	26			
Sept.	130	26				200	20			
Okt.	40	8				170	17			
Nov.	40	8				130	13			
Dez.	60	12				160	16			
Summe	**1080**	**216**				**2200**	**220**			

Darst. 2.306: Jahresabsätze und -umsätze der Design-Bäder GmbH mit zeitlicher Untergliederung (Ausschnitt)
(Legende:
Abw. = Abweichung (in ME)
ME = Mengeneinheit
T = Tausend)

In der vorstehenden Tabelle wurden bereits die „Ist"-Spalten sowie die Abweichungsspalte für die spätere Kontrolle (Soll-Ist-Vergleich) angelegt.

2.3.2.2 Operativer Produktionsplan

Nachdem ein mit allen Teilbereichen abgestimmter Absatzplan verabschiedet wurde, kann nun ein operativer Produktionsplan im Rahmen der strategischen und taktischen Produktionsplanung erstellt werden. Zu beachten ist vorab, dass vorgesehene **Veränderungen des Outsourcings** mengenmäßig berücksichtigt werden. Erhöht sich im Planjahr der Umfang der Auslagerungen, werden Kapazitäten freigesetzt und die Einkaufsmengen im Beschaffungsbereich steigen. Die operative Produktionsplanung besteht aus mehreren Teilplänen und zwar der **Produktionsprogramm-, Materialbedarfs-, Termin- und Kapazitätsplanung**, wobei der Materialbedarfsplan eng mit der Materialwirtschaft abzustimmen ist. Zunächst ist zu klären, was unter einer **Produktionsprogrammplanung,** kurz auch **Programmplanung,** zu verstehen ist.

> Ergebnis einer Produktionsprogrammplanung ist eine Aufstellung der von einem Unternehmen in einer oder mehreren Planperioden nach Art und Menge herzustellenden Erzeugnisse, und zwar so, dass unter Berücksichtigung des derzeitigen bzw. erwarteten Zustandes des Produktionssystems die vorgegebenen planungszeitraumbezogenen Erfolgsziele bestmöglich erreicht werden.

Darst. 2.307: Produktionsprogrammplanung (Definition)

Als **Erfolgsziel** gilt gemeinhin die Maximierung des Gewinns oder der Rentabilität. Diese Ziele werden erreicht über

- die Bestimmung eines optimalen Fertigungsprogramms,
- eine wirtschaftliche Fertigung (das kann eine kostenminimale Fertigung sein),
- die Minimierung der Durchlaufzeiten und eine
- maximale Kapazitätsauslastung.[416]

In keinem Fall geht es bei der Produktionsprogrammplanung um die Festlegung des Sortiments, welches sich bei Industriebetrieben um die **Handelsware**[417] vom Produktionsprogramm unterscheidet.

---

[416] Vgl. die Ausführungen bei WÖRDENWEBER, M.: Operatives Controlling, a. a. O., Unterabschnitt 1.3.1 „Aufgaben des Produktions-Controllings“.

[417] Zugekaufte Fertigfabrikate.

Diese allgemeine Beschreibung beinhaltet neben der grundlegenden Leistungsbeschreibung des Unternehmens (Unternehmensphilosophie)[418] die strategische, taktische und operative Produktionsprogrammplanung. Die hier interessierende operative Produktionsprogrammplanung[419] bezieht sich auf einen kurzfristigen Planungszeitraum von maximal einem Jahr. **Ausgangspunkt** ist neben der **operativen Absatzplanung** die **taktische Programmplanung**, in der festlegt wurde, welche Erzeugnisse grundsätzlich in das mittelfristige Leistungsprogramm aufgenommen werden.

Ergebnis einer operativen Produktionsprogrammplanung ist eine Aufstellung der von einem Unternehmen in einem kurzfristigem Zeitraum von bis zu einem Jahr nach Art und Menge herzustellenden Erzeugnisse einschließlich der Halbfertigfabrikate, und zwar so, dass unter Berücksichtigung der Absatzmöglichkeiten der Produkte und des derzeitigen bzw. erwarteten Zustandes des Produktionssystems der höchste Grad der Zielerreichung bewirkt wird.

Darst. 2.308: Operative Produktionsprogrammplanung (Definition)

Statt des Gewinns wird als kurzfristiges Erfolgsziel – die fixen Kosten sind nicht relevant – der **Deckungsbeitrag aller Produktarten** gewählt.

Hinweis: Die Halbfertigfabrikate können auch Baugruppen enthalten, die für mehrere Enderzeugnisse genutzt werden.

Die operative Produktionsprogrammplanung geht davon aus, dass sowohl die **Fertigungs- als auch Personalkapazitäten determiniert** sind.

Die **Aufgabe der operativen Programmplanung** liegt darin, die vorliegenden und prognostizierten Kundenaufträge und die für den künftigen Absatz geplanten Lageraufträge termingerecht in den Produktionsplan einzuordnen.[420] Die operative Programmplanung geht von gegebenen Preisen und Kostenfunktionen für die Produktion der Erzeugnisse

---

[418] Welche Leistungen soll das Unternehmen grundsätzlich auf dem Markt anbieten?

[419] In der Literatur wird vereinzelt auf eine Unterscheidung zwischen Produktionsprogramm und Fertigungsprogramm hingewiesen. (Vgl. LINGNAU, V.: Variantenmanagement: Produktionsplanung im Rahmen einer Produktdifferenzierungsstrategie, Berlin 1994, S. 104.) Demnach handelt es sich bei einem Fertigungsprogramm um ein auf die Teilbereiche der Fertigung heruntergebrochenes Produktionsprogramm, unter Beachtung der Einzelkapazitäten. (Vgl. REFA VERBAND FÜR ARBEITSSTUDIEN UND BETRIEBSORGANISATION E. V. (HRSG.): Methodenlehre der Betriebsorganisation: Lexikon der Betriebsorganisation, München 1993, S. 77.)

[420] Vgl. SCHNEIDER, H. M., BUZACOTT, J. A., RÜCKER, T.: Operative Produktionsplanung und -steuerung, München 2005, S. 21.

sowie bekannten Kapazitätsbelastungen je Erzeugniseinheit aus.[421] Die Preise sind aus zwei Gründen unabdingbar. Grundsätzlich ist zu klären, ob die Produkte überhaupt produziert werden sollen. Das setzt einen positiven Stückdeckungsbeitrag (Deckungsspanne, Deckungsbeitrag pro Stück; nachfolgend mit *db* abgekürzt)[422] voraus. Ein positiver Deckungsbeitrag pro Stück ist auch Voraussetzung für eine Optimierung bei Engpasssituationen (hier: in der Fertigung[423]). Denn grundsätzlich lautet das Postulat, die gegebenen Kapazitäten (erfolgs-) zielgerecht auszulasten.[424] Aus diesem Grund kann hier von einer engen Wechselbeziehung zwischen der Absatz- und Produktionsprogrammplanung gesprochen werden. Obwohl beide Planungen sich auf den wirtschaftlichen Erfolg des Unternehmens orientieren, streben diese jedoch unterschiedliche Zielvorstellungen an. So könnte das Ziel der operativen Absatzplanung eine möglichst kundenspezifische und eine an den Markt mengenmäßig angepasste Produktion sein. Bei der Produktionsprogrammplanung wird dagegen eine möglichst konstante Beschäftigung bei hoher Kapazitätsauslastung, wie z. B. bei der Massenfertigung anvisiert.

Die Entscheidung über ein konkretes Produktionsprogramm hängt in erster Linie von der **Art und Zahl der Engpässe** im Fertigungsbereich und darüber hinaus von der **Art und Zahl** alternativ möglicher **Produktionsprozesse** (einsetzbarer Maschinen und/oder realisierbarer Intensitätsstufen) ab. Im Folgenden soll nur auf die denkbaren Kapazitätssituationen eingegangen werden.

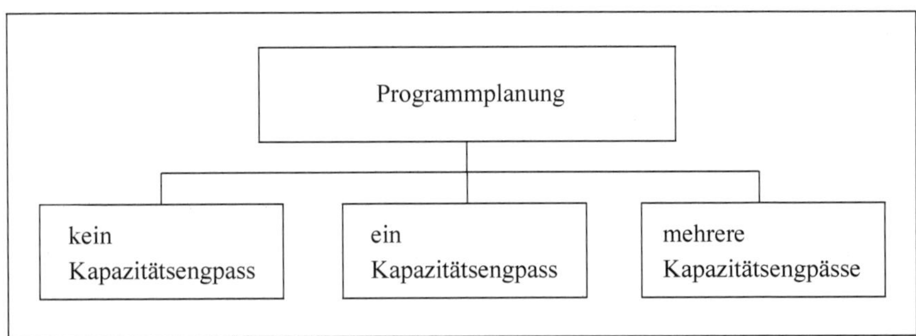

Darst. 2.309: Produktionsprogrammplanung bei ausgewählten Kapazitätssituationen

[421] Vgl. ADAM, D.: Produktionspolitik, 6. Aufl., Wiesbaden 1990, S. 341.

[422] Der Stückdeckungsbeitrag *db* ist als Differenz zwischen dem Preis eines Produkts (p) und den variablen Kosten pro Erzeugniseinheit (k_v) definiert.

[423] Ein Fertigungsengpass entsteht, wenn die Kapazitäten nicht ausreichen, um die maximal absetzbare Menge zu produzieren.

[424] Vgl. ADAM, D.: Produktionsmanagement, 9. Aufl., Wiesbaden 1998, S. 215.

Anhand der Design-Bäder GmbH soll – ausgehend von dem Ziel der Gewinnmaximierung – zunächst der Fall der Programmplanung bei freien Kapazitäten (kein Fertigungsengpass) betrachtet werden. Es gilt die Prämisse, dass die variablen Produktionskosten je Erzeugnis, unabhängig vom Einsatz alternativer Maschinen sowie unabhängig von der Fertigungsintensität und/oder der Produktionsmenge, für jede Erzeugnisart konstant sind. In das Produktionsprogramm werden alle Produkte mit den maximal absetzbaren Mengen aufgenommen, die einen positiven Stückdeckungsbeitrag *db* (zur Deckung der fixen Kosten) besitzen. Dagegen werden Erzeugnisse mit einem negativen Stückdeckungsbeitrag nicht produziert. Letztere würden den Gewinn mindern bzw. einen etwaigen Verlust vergrößern. Abweichend von dem bisherigen Beispiel der Design-Bäder GmbH werden jetzt acht Produkte (Nr. 1 bis 8) untersucht, wobei je vier aus den beiden Artikelgruppen A und B stammen. Es liegt bei allen Produkten eine zweistufige Fertigung (Einsatz zweier Universalmaschinen) vor. Eine Fertigungsminute in der Produktionsstufe 1 verursacht bei allen Produkten variable Stückkosten in Höhe von 6,00 €/min. Die Kosten der Stufe 2 liegen bei 8,00 € pro Minute. Während die Produktionsstufe 1 über eine Kapazität von 3.500 Minuten im Monat verfügt, sind dies bei der zweiten Maschine 5.000 Minuten. Die maximalen Absatzmengen der einzelnen Erzeugnisarten sind in der nachfolgenden Tabelle aufgelistet:

Erzeugnis	Maximale Absatzmenge (ME)
1	60
2	40
3	50
4	80
5	140
6	150
7	180
8	170

Darst. 2.310: Erzeugnisart und maximale Absatzmengen (Beispiel)

Die Preise, die Materialkosten, der Zeitbedarf pro ME in den beiden Produktionsstufen sowie die variablen Kosten und die Stückdeckungsbeiträge *db* können der nachfolgenden Darstellung entnommen werden.

Erzeugnis Nr.	Produktionszeit (min/ME)		Fertigungskosten (€/ME)	Materialkosten (€/ME)	Variable Kosten (€/ME)	Preis (€/ ME)	**db (€/ME)**
	Stufe 1	Stufe 2					
	Sp. 2	Sp. 3	Sp. 4	Sp. 5	6 = 4+5	Sp. 7	**8 = 7-6**
Produktgruppe A							
1	6	15	156	35	191	200	**+9**
2	10	14	172	30	202	210	**+8**
3	7	12	138	43	181	170	**–11**
4	8	16	176	50	226	240	**+14**
Produktgruppe B							
5	5	2	46	30	76	90	**+14**
6	6	9	108	25	133	110	**–23**
7	5	7	86	32	118	130	**+12**
8	2	3	36	40	76	85	**+9**

Darst. 2.311: Ermittlung der Stückdeckungsbeiträge für ausgewählte Produkte aus den Produktgruppen A und B der Design-Bäder GmbH

Zu untersuchen ist, welche von den acht Produkten mit welcher Menge konkret produziert werden sollen.

Grundsätzlich sind im vorliegenden Fall zwei Fragen, und zwar in dieser Reihenfolge, zu klären:

1. Welche der Produkte verfügen über einen positiven Stückdeckungsbeitrag? Denn nur dann lohnt es sich, diese überhaupt zu produzieren.
2. Können alle Produkte mit einem positiven Stückdeckungsbeitrag gefertigt werden, d. h. ist die gegebene die Kapazität ausreichend dimensioniert?

Die Produktion des Erzeugnisses 1 aus der Produktgruppe A verursacht in Stufe 1 bei einer Produktionszeit von sechs Minuten für jede Erzeugniseinheit variable Stückkosten in Höhe von 36 € (= 6 min • 6 €/min) und in Stufe 2 bei einer Bearbeitungszeit von 15 Minuten variable Stückkosten in Höhe von 120 € (= 15 min • 8 €/min). Somit entstehen für das Erzeugnis 1 aus der Produktgruppe A Fertigungskosten in Höhe von 156 € (= 30 € + 120 €) pro ME und Materialkosten von 40 € je Stück. Da der Preis pro Artikeleinheit bei 200 € liegt, kann mit dem Erzeugnis 1 aus der Produktgruppe A ein positiver Stückdeckungsbeitrag *db* in Höhe von 9 € (= 200 € – 191 €) erzielt werden. Für die Produktion eines Erzeugnisses 7 aus der Produktionsgruppe B Fertigungskosten in Höhe von 86 € (= 5 min • 6 €/min + 7 min • 8 €/min) und Materialkosten von 32 € pro Produkteinheit, sodass sich die variablen Kosten sich auf 118 € pro Erzeugniseinheit belaufen. Das Produkt wird für 130 € verkauft. Daraus folgt ein positiver Deckungsbeitrag pro Stück *db* in Höhe von 12 € (= 130 € – 118 €). Das Erzeugnis 3 aus der Produktgruppe A und das Erzeugnis 6 aus der Produktgruppe B werden nicht produziert, weil diese eine negative Deckungsspanne *db* aufweisen. Während sich bei den Erzeugnissen 1, 2 und 4 der Produktgruppe A, sowie den Erzeugnissen 5, 7 und 8 der Produktgruppe B positive Stückdeckungsbeiträge *db* ergeben, können bei diesen (vermutlich) die maximal absetzbaren Mengen hergestellt werden. Voraussetzung dafür ist – und deshalb noch die vorsichtige Formulierung „vermutlich" –, dass die Fertigungskapazitäten der beiden Produktionsstufen sowohl für alle Artikel der Produktgruppe A als auf für B ausreichen. Es gilt jetzt, die Auslastung der gegebenen Fertigungskapazitäten zu überprüfen.

Erzeugnis Nr.	Maximale Absatzmenge (ME)	Produktionszeit (min/ME)		Produktionszeit insgesamt (min)	
		Stufe 1	Stufe 2	Stufe 1	Stufe 2
	Sp. 2	Sp. 3	Sp. 4	5= 2•3	6= 2•4
Produktgruppe A					
1	60	6	15	360	900
2	40	10	14	400	560
4	80	8	16	640	1280
Summe (∑)	-	-	-	**1400**	**2740**
Produktgruppe B					
5	140	5	2	700	280
7	180	5	7	900	1260
8	170	2	3	340	510
Summe (∑)	-	-	-	**1940**	**2050**

Darst. 2.312: Ermittlung der Produktionszeiten für die Produkte mit positiven Stückdeckungsbeiträgen (Beispiel)

Aus der vorstehenden Tabelle ergibt sich, dass die drei Erzeugnisse Nr. 1, 2 und 4 der Produktgruppe A in der Fertigungsstufe 1 zusammen 1.400 Minuten, die drei der Produktgruppe B zusammen 1.940 Minuten, insgesamt 3.340 Minuten benötigen. Damit wird die vorgegebene Kapazität von 3.500 Minuten nicht überschritten. In der Fertigungsstufe 2 werden insgesamt 4.790 Minuten an Produktionszeit gebraucht; davon 2.740 Minuten für die drei Erzeugnisse der Produktgruppe A und 2.050 Minuten für die Artikel 5, 7 und 8 der Produktgruppe B. Auch hier ist die Maschine nicht voll ausgelastet. Somit liegen alle Erzeugnisse beider Produktgruppen unter den determinierten Fertigungskapazitäten, sodass die Design-Bäder GmbH die benötigten Mengen produzieren kann.

2.3.2.3 Operativer Beschaffungsplan

Eine wichtige Rolle nimmt in der Praxis die Beschaffung von Roh-, Hilfs- und Betriebsstoffen ein. Die benötigten Faktoren müssen – in Abstimmung mit der Marketing- und Produktionsplanung – in der erforderlichen Menge und Qualität rechtzeitig sowie möglichst kostengünstig bereitstehen. Der Einkaufsleiter steht mit der „operativen Materialplanung" verschiedenen Optimierungsproblemen gegenüber. Um das Problem hoher Lagerhaltungskosten und Kapitalbindungszinsen zu umgehen, wird häufig versucht, auf die sogenannte „Just-in-Time-Produktion" auszuweichen. Die gelieferten Güter gehen hier im Idealfall direkt in die Produktion ein, so dass sich erhebliche Kostenvorteile erzielen lassen. Allerdings nehmen mit der Bestellhäufigkeit auch die Bestell- und Lieferkosten zu. Eine optimale Bestellmenge kann z. B. mit der Losgrößenformel von Andler[425] berechnet werden.

Bei der operativen Einkaufsplanung müssen Lieferanten ausgewählt werden, die ein hohes Maß an Flexibilität und Zuverlässigkeit aufweisen, um einen reibungslosen Materialfluss zu gewährleisten.[426]

Dies ist besonders bei der „Just-in-Time-Produktion" unumgänglich. Häufig wird die gesamte Optimierung bezüglich der Beschaffung unter dem Begriff „Supply Chain Management" abgehandelt.[427]

Die Entscheidung über ein konkretes Produktionsprogramm hing in erster Linie von der **Art und Zahl der Engpässe** im Fertigungsbereich und darüber hinaus von der **Art und Zahl** alternativ möglicher **Produktionsprozesse** (einsetzbarer Maschinen und/oder realisierbarer Intensitätsstufen) ab.[428] Insofern kann die Beschaffungsplanung erst erfolgen, wenn das Produktionsprogramm feststeht.

[425] Die klassische Losformel oder Losgrößenformel von Andler wird im Unterparagrafen 1.1.2.2.5.2 von Band 2 „Menge" unter dem Stichwort „optimale Bestellmenge" ausführlich erläutert.

[426] Zu diesem Zweck ist das sogenannte Lieferantenaudit hilfreich, welches im Paragrafen 1.1.2.2.3 von Band 2 „Lieferantenaudit" abgehandelt wird.

[427] Das Supply Chain Management wird im Unterabschnitt 1.2.1 von Band 2 „Vorbemerkungen" beschrieben.

[428] Vgl. hierzu die Ausführungen im Unter-Unterabschnitt 2.3.2.2 „Operativer Produktionsplan".

Für die Beispielfirma Design-Bäder GmbH bedeutet dies, dass für die sechs zu produzierenden Produkte Nr. 1, 2, 4, 5, 7 und 8 die **notwendigen Faktoreinsatzmengen** (außer Personal und Maschinen)[429] bestimmt werden müssen.

Bei der Herstellung von Badewannen, Duschkabinen, Waschbecken, wasserführenden Armaturen, Brausen usw. werden hauptsächlich die Materialien Keramik, Edelstahl, Glas und Kunststoff verwendet. Die Materialien werden am Markt in Kilogramm gehandelt. Der Gesamtbedarf der einzelnen Materialien lässt sich auf der Grundlage der geplanten Absatz- bzw. Fertigungsmenge in Verbindung mit den **Stücklisten** der einzelnen Produkte ermitteln.

Im Zuge der Beschaffungsplanung muss ermittelt werden, welche Material-Lagerbestände am Ende des Geschäftsjahres vorliegen sollen, wie viele Erzeugnisse produziert werden sollen und welche Materialbestände zu Beginn des Geschäftsjahres vorhanden sind.

Sollte sich die Produktion nicht gleichmäßig über das Jahr verteilen, muss das Management entscheiden, ob man die Beschaffungsmenge konstant hält und die Bestände verändert oder die Beschaffungsmenge der Fertigung periodisch anpasst. Durch die breite Akzeptanz der Just-in-time-Produktion versuchen die meisten Manager jedoch ihre Bestände im Jahresverlauf möglichst niedrig zu halten.

Für die sechs zu produzierenden Erzeugnisse ergeben sich vereinfacht folgende Materialbedarfe. (Auf die detaillierte Darstellung der einzelnen Faktoreinsatzrelationen (s. Stücklisten) bei der Ermittlung der budgetierten Materialeinsatzmengen gemäß Produktionsplan wird hier verzichtet.)

[429] Die Personalplanung wird separat, hier im Unter-Unterabschnitt 2.4.3.1 „Operativer Personalplan“, vorgenommen. Die Investitionsplanung, die ebenfalls getrennt erfolgt, wird im Unter-Unterabschnitt 2.4.3.2 „Investitionsplan“ behandelt.

Materialart	Keramik	Edelstahl	Glas	Kunststoff
Budgetierte Materialeinsatz-Mengen (kg)	13.600	7. 100	4.100	870
Geplanter Endbestand zum 31.12.2021 (kg)	1.600	800	600	120
Erforderliche Menge (kg)	15.200	7.900	4.700	990
Abzüglich Anfangsbestand am 01.01.2021 (kg)	1.400	1.100	600	70
Budgetierte Beschaffungs-enge (kg)	13.800	6.800	4.100	920

Darst. 2.313: Materialplanung der Design-Bäder GmbH

2.3.3 Bereichsübergreifende Planung

2.3.3.1 Operative Personalplanung

Nachdem in der Funktionsbereichsplanung die Absatz-, Produktionsprogramm- und Beschaffungsplanung näher erläutert wurden, geht es hier bei der bereichsübergreifenden Planung zunächst nur um die Personalplanung. Die **operative Personalplanung** ist kurzfristig angelegt, in der Regel für den Zeitraum eines Geschäftsjahres und beinhaltet **personalwirtschaftliche Maßnahmen und Aktionen**, die in diesem Zeitraum durchgeführt werden. Die Personalplanung ist ein Teil der Unternehmensplanung und unter anderem eng mit den Unternehmensteilplanungen wie der Absatz-, Produktions- und Finanzplanung verbunden. Demnach muss sich die Personalplanung an den anderen Teilplänen orientieren.[430] Die **Aufgabe** der operativen Personalplanung ist es, den zukünftigen Personalbedarf zu ermitteln und die Bereitstellung der Arbeitskräfte in der erforderlichen Anzahl, zum richtigen Zeitpunkt, am richtigen Ort sowie mit den richtigen Qualifikationen,

[430] Vgl. WICKEL-KIRSCH, S., JANUSCH, M., KNORR, E.: Personalwirtschaft. Grundlagen der Personalarbeit im Unternehmen, Wiesbaden 2008, S. 11.

die zum Ausüben der betrieblichen Funktionen wie z. B. einkaufen, produzieren, absetzen, verwalten usw. nötig sind. Diese sollten eingehalten werden, denn personale Engpässe oder zu viel Personal gefährden die unternehmerische Zielerreichung.

Die operative Personalplanung umfasst folgende **Teilplanungen**:

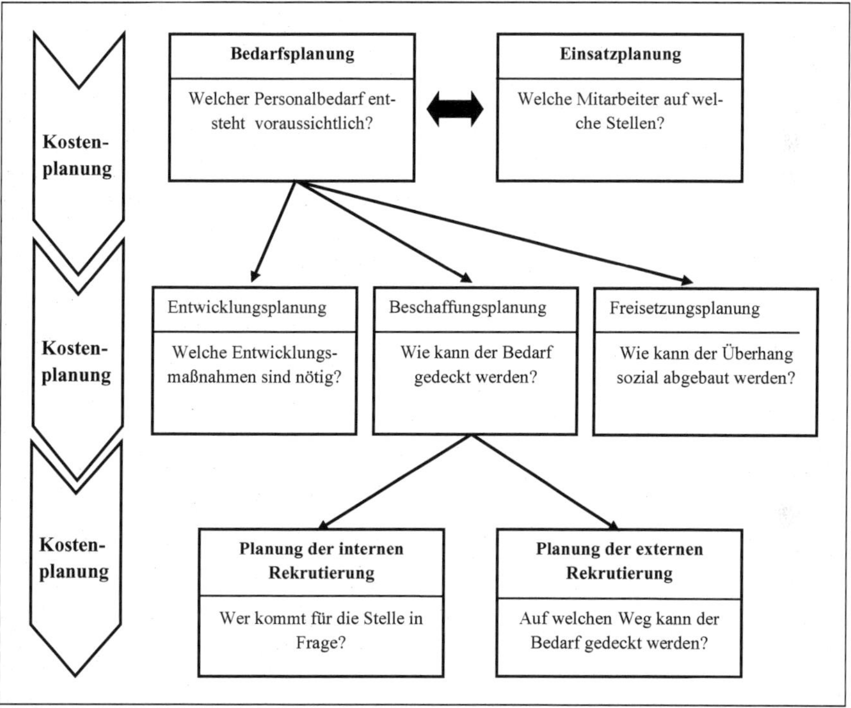

Darst. 2.314: Aspekte der Personalplanung
(In Anlehnung an WICKEL-KIRSCH, S., JANUSCH, M., KNORR, E.: a. a. O.: S. 12.)

- **Personalbeschaffungsplanung:** Was ist zu tun, damit dem Unternehmen das benötigte Personal in der erforderlichen Anzahl, zum richtigen Zeitpunkt, am richtigen Ort sowie mit den richtigen Qualifikationen zur Verfügung steht? Die Personalbeschaffungsplanung setzt immer eine **Personalbedarfsplanung** voraus.
- **Personalfreisetzungsplanung**: Wie kann ein evtl. vorhandener Personalüberhang sozial verträglich abgebaut werden?

- **Personalentwicklungsplanung**[431]: Wie lässt sich die Leistungsfähigkeit der Mitarbeiter durch Erweiterung und Neuerwerb von Qualifikationen sowie die Planung der Aus- und Weiterbildung verbessern? Auch hier ist eine zunächst eine **Bedarfsplanung** vorzunehmen.
- **Personaleinsatzplanung**: Welche Arbeitsplätze sind welchen Mitarbeitern zuzuordnen?
- **Planung der Personalkosten:** Welche Kosten sind mit den geplanten Maßnahmen und Aktionen verbunden?

Die vorstehenden Teilplanungen stützen sich auf folgende Daten und Methoden:

- Kennzahlen aus der Personalwirtschaft:[432] Etwa Kosten-Kennzahlen, Personalintensitäten, Verhältnis-Kennzahlen wie Umsatz pro Mitarbeiter und Kennzahlen aus der Personalstatistik,
- Prognosemethoden und -techniken z. B. für die Schätzung des Personalbedarfs oder der Personalkosten,
- Scoring-Modelle[433], insbesondere für die Bewertung und Auswahl der Mitarbeiter im Rahmen der Personalbeschaffung und
- Organigramme und Stellenbeschreibung, wie z. B. die Bedarfsplanung und die Personaleinsatzplanung.

Die **Personalbedarfsplanung** beobachtet zum einen die heutigen und zukünftigen Unternehmensaktivitäten sowie die damit verbundenen Arbeitsprozesse und zum anderen beantwortet sie die Frage, welcher Personalbedarf vorrausichtlich in welcher Qualität, Quantität und zu welchem Zeitpunkt entsteht. Die Bedarfsplanung steht bei der Personalplanung im Vordergrund, da diese grundlegende Werte für die anderen Teilpläne vorgibt.

Bei der **Personaleinsatzplanung** werden die Mitarbeiter den vorhandenen Arbeitsplätzen zugeordnet und sichergestellt, dass die Anforderungen mit den Fähigkeiten und dem Wissen der Mitarbeiter übereinstimmen. Dabei sollte eine Unter- oder Überforderung der Mitarbeiter vermieden werden, da beides zu einem Leistungs- und Motivationsabfall führen kann.

---

[431] Vgl. hierzu die Ausarbeitung zum Thema Personalentwicklung im Unterabschnitt 1.7.6 von Band 2 „Weitere personalbezogene Kennzahlen".

[432] Diese Kennzahlen werden im Abschnitt 1.7 von Band 2 „Mitarbeiterperspektive/Personal-Controlling" ausführlich vorgestellt.

[433] Die Anwendung dieses Entscheidungsmodells im Rahmen der Bewertung und Auswahl von Mitarbeitern wird im Unterabschnitt 1.7.6 von Band 2 „Weitere personalbezogene Kennzahlen" ausführlich erläutert.

Die **Personalbeschaffungsplanung** beantwortet die Frage, wie der heutige und zukünftige Personalbedarf bestmöglich gedeckt werden kann. Dabei berücksichtigt die Bedarfsplanung einerseits die Bedarfsdeckung mit den bereits vorhandenen Mitarbeitern (interne Rekrutierung) und anderseits mit den am Arbeitsmarkt vorhandenen Arbeitskräften (externe Rekrutierung). Bei der externen Rekrutierung werden die neuen Mitarbeiter z. B. über Anzeigenschaltung, Agentur für Arbeit oder Personalberater gesucht.

Die **Personalfreisetzungsplanung** ist Personalabbau und wird durchgeführt, wenn die Personalbedarfsplanung eine nicht nur kurzfristige Überdeckung von Personal ausweist. Dabei versuchen die Unternehmen, einerseits die Kosten sowie andererseits die Interessen und Bedürfnisse der Mitarbeiter zu berücksichtigen, um eine sozial verträgliche Lösung für beide Seiten zu erzielen.

Bei der **Personalentwicklungsplanung** soll die strategiegeleitete und bedarfsgerechte Qualifizierung von Mitarbeitern gefördert werden. Dabei stellt sich die Frage, welche Kompetenzen und Qualifikationen Mitarbeiter haben und ob sie damit den Anforderungen gerecht werden, die Aufgaben bestmöglich und wertschöpfend zu erfüllen. Diese können mithilfe von internen und externen Maßnahmen zur Aus- und Weiterbildung durchgeführt werden.

Die **Personalkosten** beziehen sich auf sämtliche Aktivitäten der jeweiligen Teilplanungen. Es geht um die Kosten personalwirtschaftlicher Entscheidungen und Handlungen der jeweiligen Teilpläne. Ziel ist die Steuerung der Personalkosten im Sinne einer Kostenminimierung und die Suche nach Wegen zur Kosteneinsparung.

Ermittlung des Personalbedarfs

Solange es nicht Unternehmen gibt, in den nur Roboter und Maschinen arbeiten, sind Mitarbeiter zur Leistungserbringung unentbehrlich. Jedoch müssen diese aus einer Vielzahl von Gründen im Laufe der Zeit ersetzt werden, z. B. wegen Austritt aus Altersgründen, Invalidität oder Kündigung. Es kann zudem Neubedarf entstehen, wenn das Unternehmen entweder aufgrund besserer Auftragslage sich erweitert, strukturell verändert. Verschlechtert sich die Auftragslage müssen Mitarbeiter (ggf.) freigestellt werden. Die Aufgabe der **Personalbedarfsplanung** ist es, diese Schwankungen im Personalbestand zu erfassen und ihnen planerisch entgegenzuwirken. Dabei sollten auch die zukünftigen Entwicklungen wie die unternehmerische Gesamtstrategie sowie die strategischen, taktischen und operativen Ziele der einzelnen Teilbereiche wie z. B. Vertrieb, Produktion oder Personal, die sich auf die Höhe des benötigten Personals auswirken können, berücksichtigt werden.

Dazu gehören auch unternehmensexterne Einflüsse, die aus Änderungen der technischen, politischen, rechtlichen und gesellschaftlichen Rahmenbedingungen resultieren. Die operative Personalbedarfsplanung wird dabei zur Feststellung des Netto-Personalbedarfs in quantitativer, qualitativer und zeitlicher Hinsicht genutzt und dient damit zur Erreichung der gesamtbetrieblichen Ziele. Das Ergebnis einer Personalbedarfsplanung ergibt eine Über- oder Unterdeckung an Personal, entweder für das gesamte Unternehmen oder für einzelne Teilbereiche. Die Ermittlung des Netto-Personalbedarfs erfolgt prinzipiell in drei Schritten:[434]

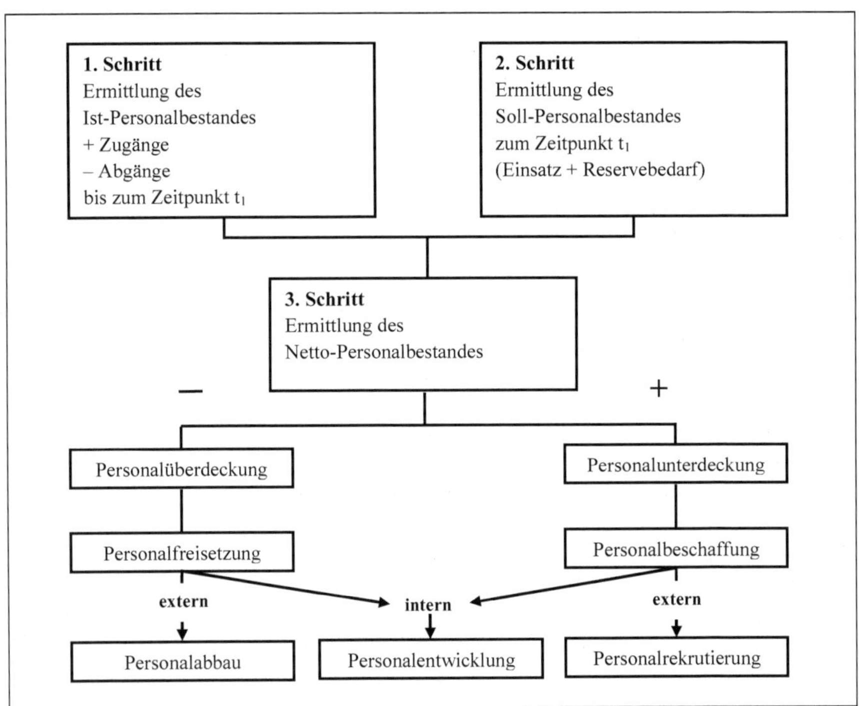

Darst. 2.315: Ermittlung des Netto-Personalbedarfs
(In Anlehnung an HAMMER, R.: a. a. O., S. 215.)

[434] Vgl. HAMMER, R.: a. a. O., S. 214.

1. **Ermittlung des Ist-Personalbestandes**
   Im ersten Schritt erfolgt die stichtagsbezogene Ermittlung des aktuellen Personalbestandes, wobei hier auch von der **Diagnosefunktion der Personalbedarfsplanung** gesprochen wird. Dazu wird der Personalbestand vermehrt um die Zugänge und vermindert um die Abgänge für den Zeitpunkt t_1 ermittelt. Dabei sollten sowohl vorhersehbare Einflussfaktoren auf den Personalbestand wie z. B. absehbare Pensionierungen, bereits angesprochene Kündigungen und Rückkehrer aus der Elternkarenz als auch unvorhersehbare Faktoren auf den Personalbestand wie z. B. spontane Kündigungen, frühzeitige Pensionierungen oder eventuell notwendige Neueinstellungen berücksichtigt werden.

2. **Ermittlung des Soll-Personalbestandes**
   Im zweiten Schritt wird der Soll-Personalbestand (Brutto-Personalbedarf) mit Hilfe des aktuellen Personalbestandes für die Zukunft prognostiziert, wobei nur sicher geltende Informationen wie z. B. bereits feststehende Kündigungen berücksichtigt werden. Dazu wird der Soll-Personalbestand, unter Beachtung von Einsatz- und Reservebedarf zum Zeitpunkt t_1 ermittelt. Dafür sollte zuvor einerseits eine zuverlässige Bezugsgröße wie eine Kennzahl definiert werden und andererseits eine Methode gewählt werden, die die Entwicklung der Bezugsgröße adäquat prognostizieren kann bzw. diese Entwicklung des Weiteren in qualitative und quantitative Personalbedarfszahlen umwandeln kann.

3. **Ermittlung des Netto-Personalbedarfs**
   Abschließend erfolgt im dritten Schritt die Ermittlung des Netto-Personalbestandes, indem vom Soll-Personalbestand der Ist-Personalbestand subtrahiert wird. Ist das Ergebnis positiv (+), dann wird von einer **Personalunterdeckung** gesprochen und es ist weiteres Personal, also eine Personalbeschaffung, notwendig. Dies kann entweder extern durch Personalrekrutierung oder intern mit Hilfe von Personalentwicklung geschehen. Ist das Ergebnis jedoch negativ (−), so wird von einer **Personalüberdeckung** gesprochen und es ist zu viel Personal vorhanden; somit erfolgen Maßnahmen der Personalfreisetzung. Dies kann ebenfalls extern durch Personalabbau oder intern durch Personalentwicklung durchgeführt werden.

Es kann festgehalten werde, dass unter dem Brutto-Personalbedarf der gesamte Personalbedarf in einem bestimmten Zeitraum zu verstehen ist. Der Netto-Personalbedarf bezieht sich hingegen auf die zusätzlich notwendigen Mitarbeiter bzw. die freizusetzenden Mitarbeiter. Bei der Erstellung des Personalplans sind immer die Auswirkungen der bereits im letzten Planungszeitraum beschlossenen Maßnahmen, wie z. B. Personalfreisetzung oder Personalentwicklung, zu berücksichtigen.

Die vorab dargelegten Sachverhalte sollen jetzt am Beispiel der Design-Bäder GmbH verdeutlich werden. Das Unternehmen plant zum Ende des Jahres 2021 einen Personalbestand in Höhe von 300 Mitarbeitern sowie einen Reservebedarf von zwölf Mitarbeitern. Der Personalbestand zum Anfang des Jahres beträgt 305 Mitarbeiter. Im Laufe des Jahres werden folgende Veränderungen erwartet: Zehn Mitarbeiter verlassen aus altersbedingten Gründen das Unternehmen, fünf Mitarbeiter kehren aus ihrer Elternzeit zurück. Statistisch werden Kündigungen von acht Mitarbeitern erweitert. Auch die Streichung von vier Stellen aufgrund einer weitergehenden Automatisierung der Arbeit ist zu berücksichtigen.

	Personalbestand Anfang des Jahres	305
–	Altersbedingte Abgänge	10
+	Rückkehr aus Elternzeit	5
–	Statistisch erwartete Kündigungen	8
–	Streichung aufgrund Automatisierung	4
=	voraussichtlicher Ist-Personalbestand Ende des Jahres	288
–	Soll-Personalbestand Ende des Jahres	312
=	Personalunterdeckung	24

Darst. 2.316: Ermittlung des Netto-Personalbedarfs 2021 der Design-Bäder GmbH (Beispiel)

Aus den Ausgangsdaten ergibt sich ein Soll-Personalbestand in Höhe von 312 Mitarbeitern (300 Einsatz – Mitarbeiter + 12 Reserve-Mitarbeiter). Die vorstehende Berechnung ermittelt einen voraussichtlichen Ist-Personalbestand von 288 Mitarbeitern. Daraus ergibt sich ein Netto-Personalbestand in Höhe von 24 Mitarbeitern (312 Mitarbeiter – 288 Mitarbeiter). Es besteht in diesem Fall eine Personalunterdeckung, die mit Hilfe von Personalbeschaffung entweder extern durch Personalrekrutierung oder intern durch Personalentwicklung ausgeglichen werden kann.

2.3.3.2 Investitionsplan

Zu den strategischen (und taktischen) Entscheidungen, die kurzfristige Auswirkungen auf den operativen Bereich haben, gehören u. a. die **Investitionen.**

Investitionen sind **Kapitalverwendungsentscheidungen**. Dabei ist zwischen lang-, mittel- und kurzfristigen Kapitalanlagen zu unterscheiden. Lang- und mittelfristige Kapitalverwendungen werden als das **Strukturvermögen** einer Unternehmung bezeichnet. Zu diesen gehören das Anlagevermögen (immaterielle Güter, Sach- und Finanzanlagen) und die längerfristigen Teile des Umlaufvermögens.[435] Zu den Investitionen gehören zudem die **Aufwendungen für Forschung und Entwicklung.**[436]

Reale Substanzerhaltung bedeutet, dass in jedem Jahr mindestens so viel investiert werden muss, wie kalkulatorisch (nicht finanzbuchhalterisch!) im Jahr abgeschrieben wird. Die in den eventuell zu entrichtenden Leasingraten enthaltenen fiktiven Abschreibungen sollten mit angesetzt werden.

Zu beachten ist, dass Investitionen **kalkulatorische Abschreibungen und Zinsen** nach sich ziehen, die in der budgetierten Betriebsergebnisrechnung (Plan-KER) und Erfolgsrechnung (Plan-GuV) sowie im budgetierten Finanzplan (Plan-Kapitalflussrechnung) zu berücksichtigen sind.[437] Folgen einer Investition sind – unabhängig von der Auslastung der Kapazität – auch Steigerungen des **Fixkosten**blocks. Bei sinkenden Beschäftigungen entstehen **Leerkosten**. Das sind Fixkosten, die aufgrund fehlender Beschäftigung nicht kompensiert werden können und sowohl das Betriebsergebnis als auch die Erfolgsrechnung belasten.

Bei Planung mehrerer Investitionen in absehbarer Zeit lässt sich etwa zu Beginn des IV. Vorjahresquartals aus der Unternehmensstrategie ein **Investitionsprogramm** für das nächste Planjahr erstellen. Dieses Programm enthält u. a. alle geplanten Investitionsobjekte mit den damit verbundenen Auszahlungen und der erwarteten Rentabilität (s. u.). Zur Aufstellung eines aussagekräftigen Investitionsprogrammes müssen die einzelnen Investitionsobjekte optimal geplant werden. Ein Investitionsprogramm ist nur durch Anpassung

[435] Zum Begriff „Investitionen“ vgl. die Ausführungen im Abschnitt 1.5 von Band 2 „Investitions-Controlling“.

[436] Nach dem Handelsgesetzbuch sind Ausgaben für die Entwicklung als immaterielle Vermögensgegenstände aktivierungsfähig (Wahlrecht gemäß § 255 Abs. 2a S. 1 HGB), gehören also zum Anlagevermögen.

[437] Vgl. hierzu die Ausführungen im Unterabschnitt 2.4.3 „Gesamtbudgets“.

des Investitionsplans an den Finanzplan oder andersherum durchführbar, wodurch auch die Planansätze der Funktionsbereiche angepasst werden.

Die Investitionsplanung enthält etwa die nachfolgend erläuterten Schritte: Zuerst wird die Erforderlichkeit einer Investition durch eine Markt- und Betriebsanalyse bestimmt, woraufhin mögliche Alternativen gesucht und beschrieben werden können. Im nächsten Schritt soll die Vorteilhaftigkeit einer Investition mithilfe von statischen und dynamischen Verfahren der Investitionsrechnung ermittelt werden. Zu den statischen Methoden gehören die Kostenvergleichsrechnung, Gewinnvergleichsrechnung, Rentabilitätsvergleichsrechnung und die statische Amortisationsrechnung.[438] Dynamische Verfahren sind die Kapitalbarwert- und Kapitalendwertmethode, die interne Zinsfußmethode und die dynamische Amortisationsrechnung. Auf eine ausführlichere Erläuterung der dynamischen Verfahren wird im Rahmen des operativen Controllings verzichtet. Nachdem durch diese Berechnungen die quantitativen Kriterien wie z. B. Anschaffungsauszahlung a_0, die durchschnittlichen jährlichen Einzahlungsüberschüsse $e - a$, der Kapitalwert C_0 bei unterstelltem Kalkulationszinsfuß i, die Kapitalwertrate KWR sowie ggf. der interne Zinsfuß i_R ermittelt wurden, können nun nicht quantifizierbare Faktoren diskutiert werden. Dazu gehören technische, wirtschaftliche, rechtliche, soziale, psychologische und Umweltkriterien. Letztere werden dem nachstehenden Investitionsplan angefügt.

[438] Die statischen Investitionsrechnungsverfahren werden in den Unterabschnitten 1.5.1 bis 1.5.4 von Band 2 ausführlich erläutert.

Investitionsplan	**Zeitraum 2021-2024**		**Datum:**		
Investitionsobjekt	a_0 (€)	Ø $(e-a)$ (€)	C_0 (€)	KWR (%)	i_R (%)
Forschung im Geschäftsbereich II					
Entgeltlich erworbene Konzession					
Grundstück					
Erweiterungsbau					
Technische Anlage X					
Maschine Y_1					
Maschine Y_2					
LKW-Fernverkehr					
Anteile an Fa. XY					
Beteiligung an Fa. Z					

Darst. 2.317: Formular für einen Investitionsplan (Beispiel)

Legende:
a_0 = Anschaffungsauszahlung (Kapitaleinsatz)
Ø $(e-a)$ = durchschnittlicher Einzahlungsüberschuss mit e = Einzahlungen des Investitionsobjekts und a = Auszahlungen des Investitionsobjekts
C_0 = Kapitalwert
KWR = Kapitalwertrate (Kapitalwert dividiert durch den Kapitaleinsatz)
i_R = Interner Zinsfuß

Für die Design-Bäder GmbH gehören zu den Investitionen beispielsweise Ausgaben für Erweiterungsbauten, den Fuhrpark, die Gießerei, die Galvanik, Polier- und Drehautomaten, Anlagen für Pulverbeschichtung und Nasslackierung usw., aber auch Aufwendungen für Forschung und Entwicklung.

2.3.3.3 Finanzplanung

2.3.3.3.1 Einführung in die Finanzierung

Bereits im Abschnitt 2.1.1 „Notwendigkeit der Planung, Planungsbegriff und Prognose“ wurde auf die nach wie vor hohe Zahl von Unternehmensinsolvenzen[439] und deren negative Folgen für die Gesellschaft hingewiesen. Als wichtigste Insolvenzursachen wurden Finanzierungslücken bzw. Finanzierungsfehler herausgearbeitet.[440] Das **Finanzmanagement** ist nicht nur deshalb eine der wesentlichen Aufgaben der Geschäftsführung eines jeden Unternehmens. In Anlehnung an den Managementbegriff[441] kann Finanzmanagement als **finanzielle[442] oder finanzwirtschaftliche[443] Unternehmensführung** beschrieben werden.

Das Finanzmanagement umfasst alle Aktivitäten zur zielorientierten Entwicklung, Gestaltung und Steuerung der Finanzwirtschaft eines sozialen Systems.

Darst. 2.318: Definition Finanzmanagement

Die **Finanzwirtschaft** oder **Finanzierung** betrifft nicht nur Unternehmen, sondern generell alle sozialen Systeme. In der Tat findet Finanzmanagement im funktionalen und/oder institutionellen Sinne in allen sozialen Gebilden statt, unabhängig davon, ob es sich um Unternehmen oder andere Organisationen handelt und unabhängig davon, ob sie nach Gewinn streben oder andere Ziele[444] verfolgen. Auch NPOs sind grundsätzlich bemüht, ihre finanzwirtschaftlichen Ziele zu erreichen, vor allem, um ihre Aufgaben im Hinblick auf die Ziele der Organisation optimal erfüllen zu können. Beispielsweise ist in gemeinnützigen Organisationen der sorgfältige und effiziente Einsatz von Spenden und anderen Zuwendungen, gerade im Interesse der Finanzierenden, von besonderer Bedeutung. Somit ist

[439] Siehe Darst. 2.101 „Zahl der Unternehmensinsolvenzen ab 1991“.

[440] Siehe die Darst. 2.102 „Ursachen für Geschäftsaufgaben“ und Darst. 2.103 „Die wichtigsten Insolvenzursachen“.

[441] Vgl. die Ausführungen bei WÖRDENWEBER, M.: Unternehmensplanung, a. a. O., S. 30–36.

[442] Vgl. GUSERL, R., PERNSTEINER, H.: Finanzmanagement. Grundlagen – Konzepte – Umsetzung, 2. Aufl., Wiesbaden 2015, S. 1, 83.

[443] Vgl. OLFERT, K.: Finanzierung, 17. Aufl., Herne 2017, S. 25.

[444] Vgl. NPO = Non-Profit-Organizations.

Finanzmanagement auch in Sportvereinen, Museen, gemeinnützigen Krankenhäusern, kirchlichen/religiösen Vereinigungen/Einrichtungen, Parteien, Verbänden, militärischen Institutionen etc. notwendig.

Finanzierung ist eine globale finanzwirtschaftliche Aufgabe. Die gesamten Betriebsprozesse sind finanzwirtschaftlich so zu organisieren, dass unter **Wahrung der Liquidität** des Unternehmens Aufnahme und Anlage von Finanzmitteln optimal gesteuert werden. Dem steht nicht entgegen, dass für zusätzliche Investitionen auch die Finanzierung gesichert sein muss und im Einzelfall durch eine geplante Investition spezielle Finanzierungsaktivitäten erforderlich und ausgelöst werden.

Finanzierung umfasst nach heute vorherrschendem Verständnis mehr als Kapitalaufbringung oder Kapitalbeschaffung:[445]

Finanzierung beinhaltet alle Formen der externen und internen Geld- und Kapitalbereitstellung und zugleich Kapitalfreisetzung, Kapitalrückzahlung und Kapitalumschichtungen, insgesamt alle qualitativen und quantitativen Kapitalveränderungen, ob sie nun aus einer Bilanz erkennbar sind oder nicht.

Darst. 2.319: Definition Finanzierung

Aus den unterschiedlichen Zielsetzungen in den einzelnen Teilbereichen der unternehmerischen Rechnungen (Investitionen/Finanzierung, Finanzbuchhaltung, Kosten- und Leistungsrechnung) resultiert die Notwendigkeit, mit divergierenden ökonomischen Größen zu rechnen. Der folgende Überblick zeigt die bestandsändernden Strömungsgrößen:

[445] Vgl. BECKER, H. P. PEPPMEIER, A.: Investition und Finanzierung. Grundlagen der betrieblichen Finanzwirtschaft, 8. Aufl., Wiesbaden 2018, S. 125f.

Bestandserhöhende Strömungsgrößen	Bestandsmindernde Strömungsgrößen	Unternehmerische Rechnungen
Einzahlung	Auszahlung	Investition/Finanzierung
Einnahme	Ausgabe	Investition/Finanzierung
Ertrag	Aufwand	Finanzbuchhaltung
Leistung	Kosten	Betriebsbuchhaltung

Darst. 2.320: Strömungsgrößen und unternehmerische Rechnungen

In der Finanzbuchhaltung wird bekanntlich zwischen **liquiditätswirksamen** und **nicht liquiditätswirksamen** Vorgängen unterschieden. Insbesondere die zeitliche Erfolgsabgrenzung (periodengerechte Abgrenzung der Erfolgsvorgänge) in der Finanzbuchhaltung erfordert die vorgenannte Trennung, da Aufwendungen und Erträge dem Geschäftsjahr zugerechnet werden müssen, in dem sie verursacht wurden. Insofern kann es zu einem Auseinanderklaffen von Zahlungsvorgängen und deren Erfolgswirkungen kommen, wenn Zahlungsvorgänge (oder Teile davon) und die Erfolgswirkungen (oder Teile davon) unterschiedlichen Abrechnungszeiträumen zuzuordnen sind.

Für Liquiditätsplanungen als Teilaufgabe des finanzwirtschaftlichen Sektors sind primär **Ein- und Auszahlungen** relevant.

Eine Auszahlung stellt eine Verminderung des Zahlungsmittelbestandes dar.

Darst. 2.321: Definition Auszahlung

Der Zahlungsmittelbestand setzt sich zusammen aus den Kassenbeständen und den jederzeit verfügbaren Bankguthaben (Sichtguthaben).[446]

[446] Es sei darauf hingewiesen, dass sich der Begriff der „flüssigen Mittel“ hier von dem, wie er bei der Berechnung der Liquiditätsgrade benutzt wird, unterscheidet: Bei den Liquiditätsgraden werden nur das Kontokorrentguthaben und der Kassenbestand als flüssige Mittel bezeichnet.

In manchen Lehrbüchern ist die Auszahlung als Abgang von **liquiden Mitteln** definiert. Diese Festlegung kann irreführend sein, da im Rahmen der Liquiditätsplanung zu den liquiden Mitteln nicht nur der Zahlungsmittelbestand zählt, sondern auch der freie nicht ausgeschöpfte Kreditrahmen. Letzterer kann bei (unvorhergesehenen) Liquiditätsengpässen ausgezahlt werden. Die verfügbaren liquiden Mittel gehen damit bei freien Kreditlinien mehr oder weniger deutlich über den in der Bilanz ausgewiesenen Bestand an liquiden Mitteln hinaus. Aus dem gesamten Jahresabschluss, vorzugsweise in der Bilanz, ist der Umfang der nicht in Anspruch genommenen Kreditlinien nicht zu erkennen.

Das Geldvermögen, welches als **Einnahme** oder **Ausgabe** für die Finanzplanung nur unmittelbar eine Rolle spielt, umfasst neben dem Zahlungsmittelbestand auch die Forderungen und Verbindlichkeiten. Dies wird anhand der Bestimmung von Ausgaben und Einnahmen deutlich:

Ausgabe = Auszahlung + Forderungsabnahme + Schuldenzunahme

Darst. 2.322: Definition Ausgabe

Ausgaben sind Veränderungen des Saldos aus Zahlungsmitteln, Forderungen und Verbindlichkeiten. Sie stehen den güterwirtschaftlichen Strömen (einschließlich Leistungen) zwischen Umwelt und Unternehmen gegenüber. Sie sind das wertmäßige Äquivalent der ein- und ausgehenden Güterströme. Daher führen Ausgaben zu Habenbuchungen auf den betreffenden Konten. Dies bedeutet auch, dass sich bei den Ausgaben rein finanzwirtschaftliche Vorgänge saldieren. Beispiel: Vergabe eines Darlehens an einen Kunden: Auszahlung und Forderungszunahme; mit der Konsequenz, dass sich das Geldvermögen nicht ändert und somit keine Ausgabe vorliegt.

Die Betrachtung von Forderungen und Verbindlichkeiten ist im Rahmen der Finanzplanung insofern indirekt von Bedeutung, als sie die zukünftigen Zahlungszeitpunkte und ggf. -höhen determinieren.

Eine Einzahlung stellt eine Erhöhung des Zahlungsmittelbestandes dar.

Darst. 2.323: Definition Einzahlung

Einnahme = Einzahlung + Forderungszunahme + Schuldenabnahme

Darst. 2.324: Definition Einnahme

Einnahmen sind Veränderungen des Saldos aus Zahlungsmitteln, Forderungen und Verbindlichkeiten. Sie stehen den güterwirtschaftlichen Strömen (einschließlich Leistungen) zwischen Umwelt und Unternehmen gegenüber. Sie sind das wertmäßige Äquivalent der ein- und ausgehenden Güterströme. Daher führen Einnahmen zu Sollbuchungen auf den betreffenden Konten. Dies bedeutet auch, dass sich bei den Ausgaben rein finanzwirtschaftliche Vorgänge saldieren. Beispiel: Aufnahme eines Kredits: Einzahlung und Schuldenzunahme; mit der Folge, dass sich das Geldvermögen nicht ändert und somit keine Einnahme festzustellen ist.

2.3.3.3.2 Ziele und Aufgaben der Finanzierung

Einleitend wurde im vorstehenden Paragrafen auf die hohe Zahl von Insolvenzen[447] hingewiesen. Sobald beim zuständigen Amtsgericht ein Insolvenzantrag (seitens des Gläubigers oder Schuldners) eingegangen ist, prüft das Gericht gem. § 5 InsO, ob der Antrag zulässig und ausreichend begründet ist.[448] Ein begründeter Antrag liegt dann vor, wenn einer der drei Eröffnungsgründe vorliegt:

- **Zahlungsunfähigkeit** (§ 17 InsO): Der Schuldner ist zahlungsunfähig, wenn er nicht in der Lage ist, die fälligen Zahlungsverpflichtungen zu erfüllen (§ 17 Abs. 2 InsO).[449]
- **drohende Zahlungsunfähigkeit** (§ 18 InsO): Das Unternehmen wird voraussichtlich zum Zeitpunkt der Fälligkeit seiner Schulden nicht in der Lage sein, diese zu begleichen.
- **Überschuldung** (§ 19 InsO): Das Vermögen des Unternehmens deckt nicht mehr die Schulden. Wichtig ist, dass Vermögen in diesem Sinne nicht mit ihren Bilanzwerten

[447] Das Wort Insolvenz entstammt dem Lateinischen solvere = lösen, zahlen, abtragen, losmachen, befreien.

[448] Vgl. § 14 InsO.

[449] Der Zeitpunkt der Zahlungsunfähigkeit ist hier nur sehr ungenau definiert. Aufgrund der Rechtsprechung des BGH vom 18.07.2013 (Az.: IX ZR 143/12) gibt es hier präzisere Anhaltspunkte, wann eine Zahlungsunfähigkeit vorliegt oder ob es sich lediglich um eine Zahlungsstockung handelt. Demnach ist zahlungsunfähig, wenn über einen Zeitraum von drei Wochen mindestens 10 % seiner fälligen Verbindlichkeiten nicht begleichen kann.

anzusetzen sind, sondern mit ihren tatsächlichen Werten. Diese können (etwa im Falle von stillen Reserven) zum Teil recht deutlich voneinander abweichen.

Ein Insolvenzgrund kann auch dann vorliegen, wenn das Unternehmen Gewinne erwirtschaftet[450] oder weder überschuldet noch zahlungsunfähig ist[451].

An dieser Stelle sei ausdrücklich auf den Straftatbestand der Insolvenzverschleppung hingewiesen. Wenn einer der drei vorgenannten Insolvenzgründe vorliegt, hat die Unternehmung bzw. deren Vertreter (bei der GmbH also der oder die Geschäftsführer) unverzüglich einen Insolvenzantrag zu stellen. Erfolgt dies nicht oder nicht rechtzeitig, so müssen die Verantwortlichen für diese Insolvenzverschleppung mit einer Verurteilung rechnen. Das Strafmaß liegt bei bis zu drei Jahren Freiheitsentzug oder Geldstrafe.[452] Auch die Fahrlässigkeit ist strafbar.[453]

Neben weiteren Ableitungen aus Herleitungen aus unterschiedlichen juristischen Quellen schreibt eine Norm die Notwendigkeit einer Finanzplanung expressis verbis vor. In § 90 Abs. 1 S. 1 ist zu lesen, dass der Vorstand dem Aufsichtsrat über „die beabsichtigte Geschäftspolitik und andere grundsätzliche Fragen der Unternehmensplanung (insbesondere die **Finanz-**, Investitions- und Personal**planung**)“ zu berichten hat.

Die wesentlichen **Aufgaben einer** solchen **Finanzplanung** sind:

- Planung erwarteter Ein- und Auszahlungen
- Aufstellung eines vorläufigen Finanzplanes und Ermittlung des Finanzmittelbedarfs- oder Finanzmittelüberschusses
- Bestimmung von Maßnahmen zur Deckung des Finanzmittelbedarfs
- Aufstellung eines finalen Finanzplanes

Darst. 2.325: Aufgaben der Finanzplanung

---

450 So war die Flexstrom AG bei Anmeldung zur Insolvenz wegen Zahlungsunfähigkeit am 12.04.2013 laut Geschäftsführung zwar „profitabel, aber nicht mehr liquide“. Für 2012 wurde ein Vorsteuerergebnis von über 20 Mio. € gemeldet.

451 Am 02.05.2015 stellte die Solar-Fabrik AG einen Insolvenzantrag wegen „drohender Zahlungsunfähigkeit“ (im zweiten Quartal des Jahres 2015), obwohl laut Presseerklärung des Vorstands das Unternehmen „derzeit weder überschuldet noch zahlungsunfähig sei“ (Quelle: http://www.n-tv.de/wirtschaft/Solar-Fabrik-meldet-Insolvenz-an-article14436201.html., Abruf am 29.09.2015.)

452 § 15a Abs. 4 InsO. Ausnahme: Die Insolvenzverschleppung bei Krankenkassen ist in § 307a SGB V geregelt.

453 § 15a Abs. 5 InsO.

Nicht nur aus Gründen der persönlichen Haftung ist es daher erforderlich eine **gegenwarts- und zukunftsbezogene Liquiditätsrechnung** bzw. **Finanzplanungsrechnung**[454] zu erstellen. Dazu mehr im nachfolgenden Paragrafen.

Aus dem Vorstehenden ergibt sich das Ziel, für eine jederzeit ausreichende Liquidität zu sorgen.

> Liquidität ist Fähigkeit, jederzeit den Zahlungsverpflichtungen termin- und betragsgenau nachkommen zu können.

Darst. 2.326: Definition Liquidität

Formal ausgedrückt müssen folgende Bedingungen gelten:

$$LM_0 + \sum_{t=0}^{T} e_t \geq \sum_{t=0}^{T} a_t \qquad \text{für alle } T \in \mathbb{N}$$

mit: LM_0 = Anfangsbestand an liquiden Mitteln
e_t = Einzahlungen zum Zeitpunkt t
a_t = Auszahlungen zum Zeitpunkt t
T = Zeitpunkt (oft: Planungshorizont (Ende der Planperiode))

Darst. 2.327: Formale Liquiditätsbedingung

Bei der vorstehenden Bedingung steht die Liquidität in einem bestimmten Zeitraum (von t = 0 bis T) im Fokus der Betrachtung. Diese wird auch als **Periodenliquidität** bezeichnet. Die Liquidität zu einem bestimmten Zeitpunkt (meist stichtagsbezogen), wie in der Definition beschrieben, wird **Momentanliquidität** genannt.

Die zukunftsorientierte Planung der Liquidität bedeutet, Prognosen über die künftige Entwicklung von Ein- und Auszahlungen abzuliefern. So ist nicht mit Sicherheit vorhersehbar, welche Einzahlungen wann eingehen. Aber auch die Auszahlungen können, sofern nicht bereits Zahlungsziele vereinbart wurden, nicht allesamt vorherbestimmt werden, da

[454] Die beiden Begriffe „Liquiditätsrechnung“ und „Finanzplanungsrechnung“ werden im folgenden Paragrafen differenziert.

u. U. unerwartete Auszahlungen zu tätigen sind. Aus diesem Grunde erscheint es sinnvoll, einen gewissen **Puffer (Zahlungskraftreserve) einzuplanen**, der seinerseits von dem Sicherheitsstreben bzw. der Risikobereitschaft der Unternehmung beeinflusst wird. Insofern ist ein **Mindestbestand an liquiden Mitteln (MBLM)** die konkret anzustrebende Größe. Entspricht der Liquiditätssaldo dem MBLM, wird von einer **optimalen Liquidität** gesprochen.[455] Liegt der Liquiditätssaldo unter dem MBLM, handelt es sich um eine Unterliquidität; wenn er darüber liegt um Überliquidität. Sowohl eine Unterliquidität als auch eine Überliquidität sind zu vermeiden: Bei der Unterliquidität *können* sich Zahlungsschwierigkeiten bis hin zur Insolvenz ergeben. Aus der Unterliquidität kann eine **gefährdete Liquidität** resultieren, wenn es dem Unternehmen nicht gelingt, die absehbare Unterliquidität (Liquiditätssaldo < MBLM) durch Maßnahmen des Finanzmanagements auszugleichen.[456] Bei einer Überliquidität würden zu viele liquide Mittel bereitgehalten, insbesondere (hohe) Zahlungsmittelbestände stellen ökonomisch eine Verschwendung und einen Verstoß gegen das Ziel der Rentabilitätsmaximierung (s. u.) dar, da Zahlungsmittelbestände, wenn überhaupt, nur minimal verzinst werden. In diesem Fall stellen die Erhaltung einer optimalen Liquidität und die Rentabilitätsmaximierung konkurrierende Ziele (Zielkonflikt) dar. Im Ergebnis handelt es sich beim dem Liquiditätsziel weder um eine Maximierungs- noch um eine Minimierungsaufgabe, sondern um ein **Satisfaktionsziel. Liquiditätssicherung in Höhe des MBLM ist somit eine unabdingbare Nebenbedingung** bei der Erreichung der unternehmerischen Ziele wie Maximierung des Shareholder Value, der Rentabilitätsmaximierung oder der Gewinnmaximierung.[457] So hält Witte in Bezug auf das Ziel Gewinnmaximierung letztendlich fest: „Unter Respektierung der Liquiditätsbedingung können die unternehmungspolitischen Entscheidungen in Richtung auf den höchstmöglichen Gewinn getroffen werden.“[458] Eine derartige Verknüpfung sagt nicht über den Stellenwert der beiden Ziele aus. Es kann durchaus eine Herausforderung sein, die Bedingung der Liquiditätssicherung einzuhalten, so dass das Ziel der Rentabilitäts- oder Gewinnmaximierung zurücktritt, obwohl es maximal erfüllt werden soll.

Neben der Forderung, jederzeit für eine ausreichende Liquidität Sorge zu tragen, werden in der Literatur häufig drei weitere Anforderungen genannt, die sich in erwerbswirtschaft-

[455] Damit ist die Liquidität ein Punktziel. Vgl. WÖRDENWEBER, M.: Unternehmenplanung, a. a. O., S. 299.

[456] Gelingt ein Ausgleich wird von einer ungefährdeten Liquidität gesprochen.

[457] Vgl. BEA, F. X.: Kritische Untersuchungen über den Geltungsbereich des Prinzips der Gewinnmaximierung, Berlin 1968, S. 38, GÜMBEL, R.: Nebenbedingungen und Varianten der Gewinnmaximierung, Zeitschrift für betriebswirtschaftliche Forschung, Nr. 15, 1963, S. 12-21, KOSIOL, E.: Finanzplanung und Liquidität, ZfhF, 7. Jg., 1955, S. 271, ORTH, L.: Die kurzfristige Finanzplanung industrieller Unternehmungen, Köln, Opladen 1961, S. 28.

[458] WITTE, E.: Die Liquiditätspolitik der Unternehmung, Tübingen 1963, S. 19.

lichen Unternehmen als zentrale Ziele aus der langfristigen Steigerung des Unternehmenswertes (Konzept des Shareholder Value) unter Berücksichtigung der Interessen der Stakeholder ableiten lassen.[459]

- Liquiditätsziel
- Rentabilitätsziel
- Sicherheitsstreben
- Unabhängigkeitsstreben

Darst. 2.328: Finanzierungsziele

Das Rentabilitätsziel stellt sich rational als Extremalziel dar; die **Rentabilitätsmaximierung** spiegelt direkt das Konzept des Shareholder Value wider. Die Rentabilität informiert über die Höhe der Verzinsung des eingesetzten Kapitals. Die ist also ein Maßstab für die Effizienz des Kapitaleinsatzes.[460]

Das **Sicherheitsstreben** stellt ähnlich wie die Liquiditätsbedingung ein Satisfaktionsziel, dar. Es geht darum, eine vom Unternehmen gewünschte Sicherheit zu erreichen bzw. im Umkehrschluss bestimmte Risiken auszuschließen. Letztlich ist die Festlegung des Sicherheitspuffers (Zahlungskraftreserve) und damit des MBLM **Ausdruck der persönlichen Risikobereitschaft** der handelnden Akteure. Um der Gefahr eines nicht geplanten, aber denkbaren Zahlungsmittelabgangs zu begegnen, wird auf die Verfügung möglicher finanzieller Mittel verzichtet. Damit würde die mögliche maximale Erreichung des Rentabilitätsziels eingeschränkt.

Aufgrund vielfältiger, oft persönlicher Erfahrungen ist die Unabhängigkeit von den Finanzierenden eine nicht verhandelbare Größe. Diese Umstände können beispielsweise im Rahmen der Prolongation von Krediten seitens einer Bank dergestalt eingetreten sein, dass das finanzierende Institut – meist in für das Unternehmen entscheidenden Situationen –

[459] Vgl. z. B. FRANKE, G., HAX, H.: Finanzwirtschaft des Unternehmens und Kapitalmarkt, 6. Aufl., Berlin, Heidelberg 2009, S. 8f., PERRIDON, L., STEINER, M., RATHGEBER, A. W.: a. a. O., S. 11ff.

[460] Vgl. hierzu die weitergehenden Ausführungen im Unterabschnitt 1.6.1 „Rentabilitätskennzahlen“ des zweiten Bandes.

Auflagen (z. B. weitere Kreditsicherheiten) gemacht hat, die das Unternehmen nicht erfüllen kann oder die die weiteren Handlungsspielräume des Unternehmens erheblich einschränken. Die Bedingungen der Bank können so weit gehen, dass sie Mitspracherechte bei unternehmerischen Entscheidungen fordert.[461] Folgerichtig wird das **Unabhängigkeitsstreben** in ein operationalisiertes Ziel mit einem **Verschuldungsgrad** (Verhältnis von Fremdkapital zu Eigenkapital) von z. B. 60 %, der nicht unterschritten werden darf, überführt. Auch hier ergäbe sich bei gleichrangigen Zielen ein Zielkonflikt, denn durch eine nicht durchgeführte Fremdfinanzierung wird auf eine Steigerung der Rentabilität verzichtet. Ähnlich wie bei der Liquiditätsbedingungen oder bei dem Sicherheitsstreben handelt es sich auch hier weder um eine Maximierungs- noch um eine Minimierungsaufgabe, sondern um ein **Satisfaktionsziel**. Die Einhaltung eines bestimmten Verschuldungsgrades ist somit eine **unabdingbare Nebenbedingung** bei der Erreichung der unternehmerischen Ziele wie Maximierung des Shareholder Value, der Rentabilitätsmaximierung oder der Gewinnmaximierung.

2.3.3.3.3 Kapitalbedarfsermittlung

Bereits im vorstehenden Paragrafen wurde auf die Notwendigkeit einer Finanzplanungsrechnung als zukunftsorientierte Liquiditätsrechnung hingewiesen. Mittels einer Finanzplanung wird der kurz- sowie mittel- und langfristige Kapitalbedarf ermittelt. Kapitalbedarfe können grundsätzlich kurz-, mittel- und langfristig finanziert werden.[462] Insofern ist einerseits zwischen den (Finanz-) Planungszeiträumen und andererseits zwischen den Kapitalbindungsdauern zu unterscheiden. Ein **Kapitalbedarf** resultiert aus dem **Überschuss der Auszahlungen über die Einzahlungen abzüglich eines etwaigen Anfangsbestandes an liquiden Mitteln.**[463]

Formal lässt sich der Kapitalbedarf beschreiben als

---

[461] Als Beispiel sei die Weigerung der beteiligten Banken im Fall Conergy AG genannt, die Anfang Juli 2013 den Einstieg eines neuen Investors bei Conergy abgelehnt hatten. Unmittelbar darauf am 05.07.2913 stellte der Vorstand einen Insolvenzantrag beim Amtsgericht Hamburg. (Quelle: http://www.abendblatt.de/hamburg/article 117780394/Banken-verweigern-Conergy-neue-Kredite.html; Abruf am 30.09.2015.)

[462] Auf die zeitlich unterschiedlichen Finanzierungsformen wird hier nicht weiter eingegangen.

[463] Vgl. DÄUMLER, K.-D., GRABE, J.: Betriebliche Finanzwirtschaft. Mit Fragen und Aufgaben, Antworten und Lösungen, Tests und Tabellen, 10. Aufl., Herne, Berlin 2013, S. 42ff.

$$K_T = \sum_{t=0}^{T} a_t - \sum_{t=0}^{T} e_t - LM_0 \qquad \text{für alle } t, T \in \mathbb{N}$$

mit: K_T = Kapitalbedarf im Zeitpunkt T
e_t = Einzahlungen zum Zeitpunkt t
a_t = Auszahlungen zum Zeitpunkt t
T = Zeitpunkt (oft: Planungshorizont (Ende der Planperiode))
LM_0 = Anfangsbestand an liquiden Mitteln

Darst. 2.329: Kapitalbedarf (formale Darstellung)

Konkreter ist die folgende Definition von Kapitalbedarf:

Der Kapitalbedarf stellt die Differenz zwischen den vom Beginn des Planungszeitraums bis zum Zeitpunkt T kumulierten Auszahlungen aus der Investition in Sachanlagen und immaterielles Anlagevermögen, aus der Erhöhung des Betriebskapitals (permanentes working capital) sowie den früheren Finanzdispositionen und den im gleichen Zeitraum kumulierten Einzahlungen aus der Veräußerung der zum Absatz vorgesehenen Betriebsleistungen, dem Verkauf von Sachanlagen und immateriellem Anlagevermögen und aus früheren Finanzdispositionen abzüglich eines eventuellen Anfangsbestandes an liquiden Mitteln.

Darst. 2.330: Definition Kapitalbedarf

Grundsätzlich hängt die Höhe des Kapitalbedarfs in einem Planungszeitraum ab

- von dem Ausmaß der Einzahlungen und Auszahlungen und
- von der zeitlichen Distanz zwischen den Einzahlungen und den Auszahlungen.

Diesen Sachverhalt verdeutlich die nachstehende Abbildung:

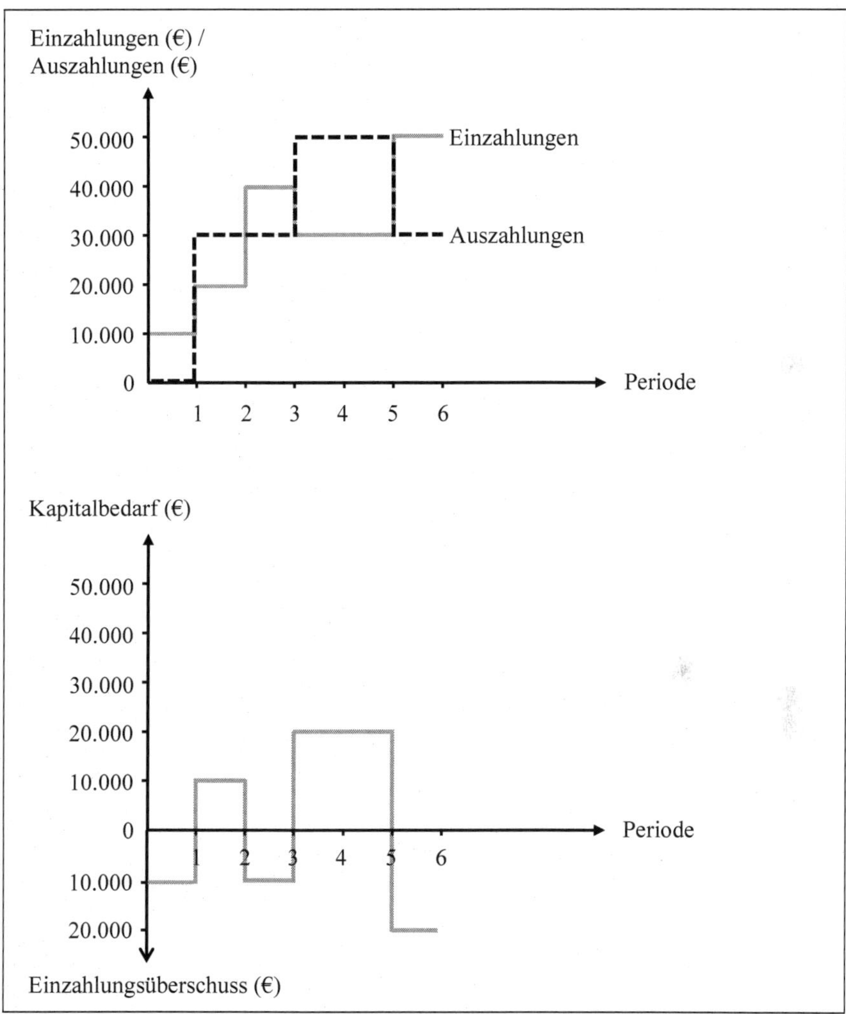

Darst. 2.331: Kapitalbedarf (Beispiel)

Der Kapitalbedarf ist also auf Zeitpunkt bezogen (in der formalen Darstellung ist dies *T*) und verändert sich mit diesem. Ein besonderes Augenmerk muss auf die maximalen Kapitalbedarfe (in der vorstehenden Abbildung sind diese in den Perioden 4 und 5 erkennbar) gerichtet werden. Bei Überschreiten einer bestimmten Grenze (Verschuldungsobergrenze) könnte u. U. die Liquidität nicht mehr gewährleistet sein.

Neben der Sicherstellung der Liquidität dient die Finanzplanungsrechnung dazu, unter Rentabilitätsgesichtspunkten eine möglichst kostengünstige Deckung (Finanzierung) der Kapitalbedarfe zu erreichen. Dafür muss die Höhe des Kapitalbedarfs zu den einzelnen Zeitpunkten genau bekannt sein.

Aktivitäten in der **Finanzsphäre** eines Unternehmens lösen Interaktionen mit den Personen und Instanzen des Kapitalmarktes, diese sind die Unternehmensinhaber und die Fremdkapitalgeber, oder Subventionsgebern aus oder resultieren aus den Abgaben an den Fiskus. Beispiele sind Kapitalaufnahme, Kreditaufnahme, Gewinnausschüttung, Steuerzahlungen, Kapitalherabsetzung, Kreditrückzahlung oder Subventionen. Da keine Interdependenzen zu den Leistungsbereichen des Unternehmens bestehen, ist die Ermittlung des Kapitalbedarfs für den Finanzbereich problemlos.

Der Kapitalbedarf im **güterwirtschaftlichen Bereich** bezieht sich auf die Beschaffungs- und Absatzmärkte des Unternehmens. Neben güterwirtschaftlichen Aktionsparametern sind finanzwirtschaftliche näher zu betrachten.

Güterwirtschaftliche Aktionsparameter betreffen Entscheidungen im Unternehmen wie die Beschaffung und Bereitstellung der Produktionsfaktoren (Betriebsmittel, Werkstoffe, Personal), die Lagerung, die Prozesse der Leistungserstellung und -verwertung und andere betriebliche Realfunktionen. Die vorstehenden Entscheidungen haben jeweils eine spezifische Art und Weise von Ein- und Auszahlungen zur Folge. Es sind nicht nur die güterwirtschaftlichen Entscheidungen (an sich) von Bedeutung, sondern die damit verbundenen **finanzwirtschaftlichen Aktionsparameter**. Damit sind folgende gemeint:

- Einzahlungen in Verbindung mit Kundenkrediten[464] (Vereinbarungen über die Zahlungsart und Zahlungstermine, Einschätzungen bezüglich der Zielinanspruchnahme und ggf. der Überschreitung der vereinbarten Zahlungstermine)
- Auszahlungen in Verbindung mit Lieferantenkrediten[465] (Vereinbarungen über die Zahlungsart und Zahlungstermine, Entscheidungen über die Zielinanspruchnahme und ggf. Überschreitung der vereinbarten Zahlungstermine).

Die Beschaffung und Bereitstellung von Produktionsfaktoren und die damit verbundenen Auszahlungen können prozessual wie folgt strukturiert werden:

---

[464] Zum Thema Kundenkredite bzw. Kundenkreditdauer kann auf die entsprechenden Ausführungen im Unterabschnitt 1.4.17 „Forderungslaufzeit“ im zweiten Band verwiesen werden.

[465] Das Thema Lieferantenkreditdauer wird im gleichnamigen Unter-Unterabschnitt 1.1.2.3 des zweiten Bandes noch einmal als konkrete Kennzahl diskutiert.

- Produktbezogene Grundprozesse
(Auszahlungen für den Verbrauch von Repetierfaktoren, die ohne Zwischenlagerung in die Produkte eingehen)

- Vorratsprozesse
(Auszahlungen für Verbrauchsgüter, deren Bereitstellungszeitpunkt vor dem Einsatzzeitpunkt liegt)

- Prozesse der Betriebsmittelnutzung
(Auszahlungen für die Beschaffung und Bereitstellung einsatzfähiger Betriebsmittel)

- Prozesse der Beschaffung und Bereitstellung von Personal
(Auszahlungen für geeignete Mitarbeiter)

- Nicht produktbezogene Grundprozesse
(Auszahlungen für Planung, Realisierung und Kontrolle, F&E u. a. m.)

Darst. 2.332: Güterwirtschaftliche Prozesse und Auszahlungen

Dem gelegentlich vorgetragenen Vorschlag, den einzelnen Prozessarten Einzahlungen zuzuordnen, wird nicht gefolgt, da die (späteren) Einzahlungen Ergebnis der Kombination der Produktionsfaktoren sind und der Veräußerung der betrieblichen Leistungen auf dem Absatzmarkt sind. Eine Aufteilung der Einzahlungen auf einzelne Prozessarten ist daher weder zulässig noch i. d. R. möglich. Zudem existiert kein funktionaler Zusammenhang zwischen dem Faktoreinsatz und den Einzahlungen.

Der güterwirtschaftliche und finanzwirtschaftliche Ablauf kann hinsichtlich der Kapitalbindungsdauer schematisch wie folgt dargestellt werden:

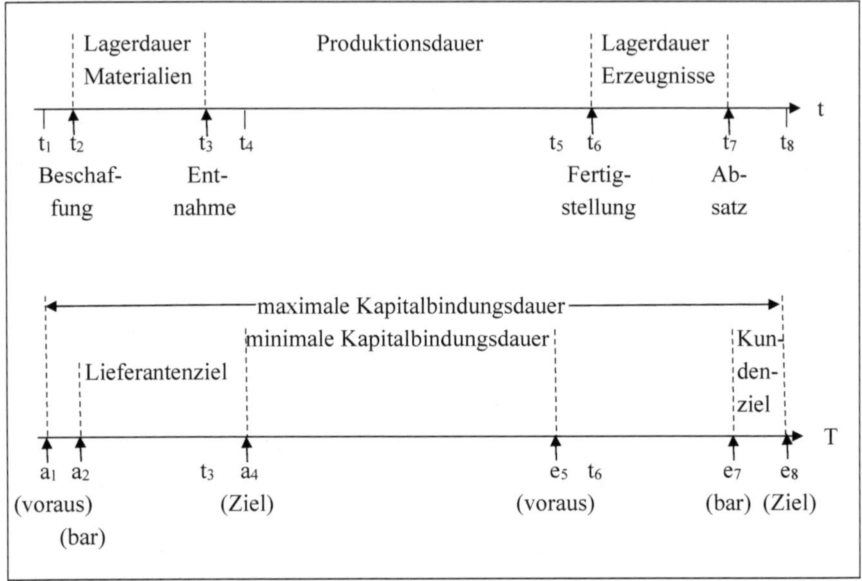

Darst. 2.333: Güterwirtschaftlicher und finanzwirtschaftlicher Ablauf mit Kapitalbindungsdauer

Die Kapitalbindungsdauer der eingesetzten Materialien ermittelt sich dann wie folgt:

durchschnittliche Lagerdauer der Roh-, Hilfs- und Betriebsstoffe
\+ durchschnittlich in Anspruch genommenes Lieferantenziel
\+ durchschnittliche Produktionsdauer (einschließlich Transportdauer
\+ durchschnittliche Lagerdauer der unfertigen und fertigen Erzeugnisse
\+ durchschnittliche Kundenkreditdauer (Zeitraum zwischen Rechnungserstellung und tatsächlichem Zahlungseingang)

Darst. 2.334: Berechnung der Kapitalbindungsdauer eingesetzter Materialien

Der Kapitalbedarf im güterwirtschaftlichen Sektor ist vor allem von folgenden Faktoren abhängig:[466]

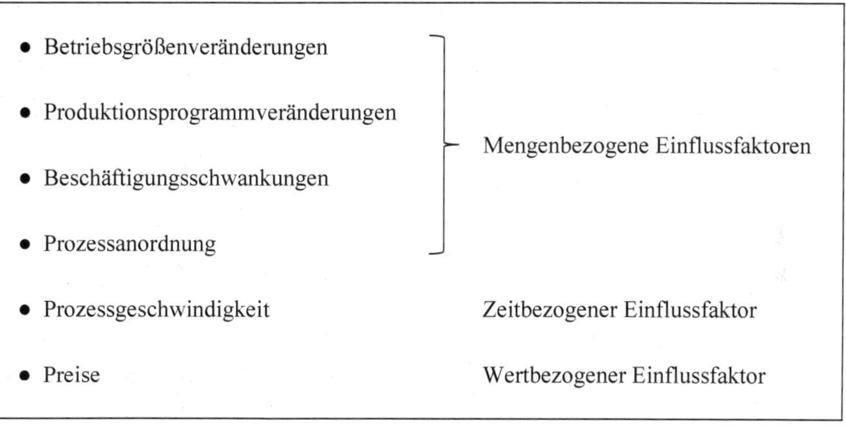

Darst. 2.335: Determinanten des güterwirtschaftlichen Kapitalbedarfs

Eine Änderung der **Betriebsgröße** hat aufgrund der nicht beliebigen Teilbarkeit der Produktionsfaktoren i. d. R. keine proportionale Änderung des Kapitalbedarfs zur Folge. Kapazitätserweiterungen führen nicht nur zu sogenannten sprungfixen Kosten, sondern auch im Finanzbereich zu einem sprunghaften Anstieg des Kapitalbedarfs. Eine Reduzierung der vorhandenen Kapazität bewirkt oft keinen verminderten Zahlungsbedarf.

Beabsichtigte Änderungen des **Produktionsprogramms** bewirken ex ante Auszahlungen für F&E, später Auszahlungen für ggf. erforderliche neue Betriebsmittel, Umstellungen der Produktionsverfahren und -prozesse, u. U. weitere (andere) Bestände an Werkstoffen etc. Hinsichtlich der Anlagen ist zu klären, ob die bisher im Unternehmen vorhandene Kapazität zur Produktion neuer Produkte ausreicht oder nicht. Eine Reduzierung der Beschäftigung führt oft nur zu geringeren Auszahlungen in Bezug auf das Umlaufvermögen. Des Weiteren ist zu prüfen, ob zwischen den bisher gefertigten Produkten und dem/den neuen Substitutionseffekte bestehen. Ist dem so, führt der Produktkannibalismus dazu, dass sich die Ein- und Auszahlungen des alten Produktes verringern. Möglicherweise erreicht das alte Produkt nicht mehr die aus Fixkostendeckungssicht erforderlichen Stückzahlen.

[466] Vgl. EHRMANN, H.: Unternehmensplanung, a. a. O., S. 476, HILDMANN, G., FISCHER, J.: Finanzierung – Intensivtraining, Wiesbaden 2002, S. 28ff., JUNG, H.: Allgemeine Betriebswirtschaftslehre, 12. Aufl., München 2010, S. 716ff., OLFERT, K., a. a. O., S. 76ff.

Unternehmen mit relativ geringen **Beschäftigungsschwankungen** benötigen regelmäßig einen geringeren Kapitalbedarf als solche mit stärker schwankenden Beschäftigungsgraden. In der Produktion stehen in diesem Fall drei Arten der Anpassung zur Auswahl. Die kosten- und liquiditätsmäßig günstigste Variante ist die **zeitliche Anpassung**. Hier wird die Arbeitszeit variiert, ohne dass sich die Zahl der Arbeitsplätze oder die Prozessgeschwindigkeit ändert. Der Kapitalbedarf stellt sich beim Umlaufvermögen und bei den Löhnen proportional dar, sofern nicht Überstundenzuschläge o. Ä. gezahlt werden. Eine **intensitätsmäßige Anpassung** wird über die Veränderung der Prozessgeschwindigkeit (s. u.) erreicht. Die Zahl der Arbeitsplätze und die Arbeitszeit bleiben konstant. Ceteris paribus führt eine Erhöhung der Intensität zu höheren Ausschussquoten, einem höheren Verschleiß der Betriebsmittel und einer stärkeren Ermüdung der Mitarbeiter, was seinerseits höhere Ausschussmengen oder Erkrankungen infolge Überbeanspruchung (und damit Ausfälle) zur Folge haben kann. Als Beispiel mag die Geschwindigkeit beim Führen eines Kraftfahrzeugs dienen, bei dem der Verbrauch, der Verschleiß des Kfz und die Ermüdung des Fahrers mit zunehmender Geschwindigkeit überproportional zunehmen. Als letzte und teuerste Möglichkeit bietet sich die **quantitative Anpassung** an. Die Beschaffung zusätzlicher Anlagen und die Beschäftigung neuer Mitarbeiter (mit festem Gehalt) führen nicht nur zu sogenannten sprungfixen Kosten, sondern auch in der Finanzsphäre zu einem sprunghaften Anstieg des Kapitalbedarfs. Eine Reduzierung dieser Kapazität, sofern dies überhaupt kurzfristig möglich ist, kann aufgrund der niedrigeren Beschäftigung die Auszahlungen nur gering im Bereich der nicht mehr benötigten Werkstoffe senken.

Die **Prozessanordnung** wird insbesondere im Zusammenhang mit den produktbezogenen Grundprozessen erörtert. Während ein Prozess, u. a. sind dies die Prozesse der Beschaffung und Lagerung der Materialien, der Produktion und Lagerung und des Absatzes der Erzeugnisse, Auszahlungen verursacht, werden die Einzahlungen erst mit oder nach dem Absatz des Produktes generiert. Dies bedeutet, dass das Ziel der Rentabilitätsmaximierung auch das Unterziel der Kapitalkostenminimierung beinhaltet und somit eine liquiditätsoptimale Anordnung der betrieblichen Prozesse anzustreben ist. Die Prozesse lassen sich

- zeitlich nacheinander (nicht überlappend)
- zeitlich nebeneinander/gleichzeitig mehrmals (vollständig überlappend) oder
- zeitlich gestaffelt (partiell überlappend)

durchführen.

Sofern abweichend von dem Vorherigen ein (Gesamt-) Prozess, verstanden als der Durchlauf eines Produktes von der Beschaffung der benötigten Werkstoffe bis hin zu seinem Absatz unterstellt wird, können folgende Aussagen getroffen werden:

Der Kapitalbedarf der **zeitlich nacheinander angeordneten Prozesse** weist ein relativ niedriges Niveau auf, da den Auszahlungen für den jeweils neu zu beginnenden Prozess entsprechende Einzahlungen aus dem beendeten Prozess gegenüberstehen. Der Kapitalbedarf ist zwar niedriger als bei den zeitlich parallel verlaufenden Prozessen; die Chance auf einen hohen Unternehmenserfolg allerdings auch, da ja immer nur *ein* Prozess durchlaufen wird.

Bei **zeitlich nebeneinander verlaufenden Prozessen** starten und enden mehrere Prozesse zum gleichen Zeitpunkt. Bei dieser Vorgehensweise ist ein erheblicher Kapitalbedarf zu Beginn der parallel verlaufenden Prozesse vonnöten. Alle Auszahlungen fallen mehr oder weniger deutlich vor den Einzahlungen an, die erst mit dem Absatz der Produkte zu erwarten sind. In diesem Fall steigt das Liquiditätsrisiko erheblich an, wobei gleichzeitig die Chancen auf ein – im Vergleich zu den beiden anderen Prozessvarianten – deutlich höheres Betriebsergebnis in einem identischen Zeitfenster gegeben sind. Unter ökonomischen Gesichtspunkten positiv zu vermerken ist, dass in den Auszahlungen zu Prozessbeginn auftragsfixe Umrüstkosten enthalten sind. Diese lassen aufgrund des Zusammenfassens von Grundprozessen die Selbstkosten eines Erzeugnisses (Stückkosten) infolge der Fixkostendegression (Verteilung der Fixkosten auf eine größere Produktionsmenge) sinken (deutlich) sinken.

Eine **zeitliche Staffelung** der Gesamtprozesse liegt vor, wenn ein neuer Prozess gestartet wird, bevor der laufende Prozess beendet worden ist. Der Kapitalbedarf, aber auch die Erwartung eines hohen Gewinns wird sich bei dieser Prozessanordnung im Vergleich zu den parallel verlaufenden Prozessen deutlich verringern. Die Extremwerte des Kapitalbedarfs liegen auf einem deutlich niedrigeren Niveau, da die zu verbuchenden Einzahlungen aus abgeschlossenen Prozessen die Auszahlungen beginnender Prozesse kompensieren können. – Bei zeitlich gestaffelt angeordneten Prozessen kann eine Verminderung des Kapitalbedarfs erreicht werden, wenn eine erhöhte Prozessgeschwindigkeit (s. u.) die Einzahlungen vorverlagert.

In der vergleichenden Bewertung zeigt sich ein Konflikt zwischen den beiden Alternativen „zeitlich nebeneinander verlaufende Prozesse“ und „zeitliche Staffelung der Prozesse“: Während die erste Variante mit hohen Kapitalbedarfen und tendenziell hohen Gewinnerwartungen verbunden ist, benötigt die zweite Alternative deutlich weniger Kapital, wird aber auch ein niedrigeres Betriebsergebnis erwarten lassen. An dieser Stelle zeigt sich ein Zielkonflikt zwischen dem Liquiditätsrisiko und der Rentabilitätsmaximierung.[467] Letztlich kann dieses Spannungsverhältnis nur so aufgelöst werden, dass eine Rentabilitätsmaximierung unter der Nebenbedingung der Einhaltung eines vorab definierten subjektiven Sicherheitsstandards – sofern eine evtl. angedachte Fremdfinanzierung in der beabsichtigten Höhe überhaupt zu realisieren ist.

Die **Prozessgeschwindigkeit**[468] beeinflusst die Dauer der Kapitalbindung und somit auch die Höhe des Kapitalbedarfs. Je größer die Prozessgeschwindigkeit ist, umso näher liegen die Auszahlungen und die Einzahlungen zeitlich beieinander, was eine Minderung des Kapitalbedarfs zur Folge haben sollte. Der Kapitalbedarf kann sich in Abhängigkeit von der Prozessanordnung grundsätzlich unterschiedlich entwickeln:

- Bei zeitlich nebeneinander angeordneten Prozessen nimmt die Dauer der Kapitalbindung ab, wenn die Prozessgeschwindigkeit erhöht wird. Der Kapitalbedarf vermindert sich aber nur dann, wenn freiwerdende Kapazitäten anderweitig genutzt werden können.
- Bei zeitlich gestaffelt angeordneten Prozessen kann eine Verminderung des Kapitalbedarfs erreicht werden, wenn eine erhöhte Prozessgeschwindigkeit (s. u.) die Einzahlungen vorverlagert.

Im güterwirtschaftlichen Bereich ist eine Beschleunigung der Prozessgeschwindigkeit vor allem mittels Verkürzung der Verweilzeiten bei der Fertigung[469] und Lagerung[470] erreichbar.

In der finanzwirtschaftlichen Sphäre induziert ein verändertes Zahlungsverhalten eine Verbesserung der Prozessgeschwindigkeit. Infrage kommen hier eine verzögerte Auszahlung und/oder eine frühere Einzahlung seitens der Kunden. Welches Instrument erfolgreich im Sinne einer Verringerung des Kapitalbedarfs ist, hängt in erster Linie von den marktlichen Gegebenheiten ab. In der Regel ist ein Widerstand auf Seiten der Lieferanten gegen verspätete Zahlungen oder vorverlegte Fälligkeiten in den Ausgangsrechnungen zu

---

[467] Vgl. die Ausführungen in dem vorherigen Paragrafen.

[468] Unter Prozessgeschwindigkeit wird der zeitliche Bedarf verstanden, den der einzelne betriebliche Prozess benötigt.

[469] Vgl. die Erläuterungen zur Fertigungsdauer im Unter-Unterabschnitt 1.3.3.1 „Optimierung der Durchlaufzeit" (in der Produktion) im zweiten Band.

[470] Vgl. die Ausführungen zur Durchlaufzeit eines Produktes im Unternehmen im Unterabschnitt 3.2.8 „Optimierung der Durchlaufzeit".

erwarten. Auf die z. T. gravierenden Nachteile einer Verlängerung der Lieferantenkreditdauer wird im gleichnamigen Unter-Unterabschnitt 1.1.2.3 im zweiten Band ausführlich eingegangen.

Der **Preis** ist ein wertbezogener Einflussfaktor des Kapitalbedarfs, der die Höhe desselben tangiert. Fallen die Preise der zu beschaffenden Produktionsfaktoren, dann mindert sich auch der Kapitalbedarf, da die Auszahlungen für eine bestimmte Bezugsmenge sinken. Bei Preissteigerungen treten entgegengesetzte Effekte ein.

2.3.3.3.4 Arten der Liquiditätsrechnung

Liquiditätsrechnungen können für die Vergangenheit und für die Zukunft erstellt werden. *Zukunftsbezogene* Liquiditätsrechnungen werden auch **Finanzplanungsrechnungen** genannt (Stichwort „Plan“). In der folgenden Übersicht findet sich die detaillierte Auflistung unterschiedlicher Liquiditätsrechnungen.

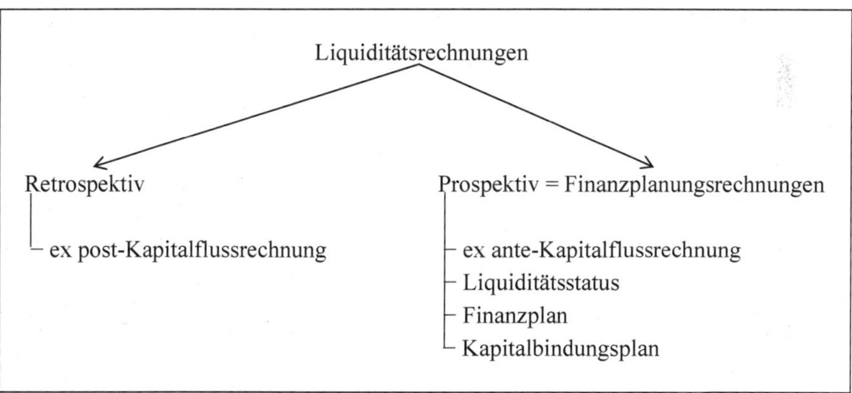

Darst. 2.336: Liquiditätsrechnungen

Üblicherweise werden bei den Finanzplanungsrechnungen der **Liquiditätsstatus**, der **Finanzplan** und der **Kapitalbindungsplan** voneinander abgegrenzt.[471] Zu den Liquiditätsrechnungen gehören auch noch die Kapitalflussrechnungen, die sowohl retrospektiv als auch prospektiv erstellt werden können bzw. müssen[472].

Hinweis: Generell wird für liquiditäts- oder zahlungsstromorientierte Rechnungen auch der Terminus **Cashflow-Rechnung** verwendet. Strenggenommen ist diese begriffliche Gleichsetzung nicht korrekt, da cashflow (engl.) mit Geldzufluss, Zahlungsfluss, Kapitalfluss übersetzt wird und eine Cashflow-Rechnung somit eine Kapitalflussrechnung wäre. Tatsächlich wird der Cashflow-Begriff allgemeiner und nicht nur, wie beispielsweise in den IAS/IFRS als Kapitalflussrechnung gefordert, gebraucht. Eine Cashflow-Rechnung i. w. S. umfasst alle Arten von Liquiditätsrechnungen einschließlich der Finanzplanungsrechnungen.

Liquidität war oben definiert worden als die Fähigkeit, jederzeit den Zahlungsverpflichtungen termin- und betragsgenau nachkommen zu können.

Jederzeit bedeutet, dass die Liquiditätsbedingungen für die nächsten Tag, für das laufende Jahr und darüber hinaus gelten und erfüllen sind. Dementsprechend werden die Finanzen für unterschiedliche Zeiträume geplant. Die Ziele der unterschiedlichen Planungen basieren zwar alle auf dem Postulat der Liquidität, unterscheiden sich aber dennoch hinsichtlich der konkreten Zielsetzungen und der Planungsmethoden.

[471] Ähnlich u. a. DÄUMLER, K.-D., GRABE, J.: a. a. O., S. 49f., , PERRIDON, L., STEINER, M., RATHGEBER, A. W.: a. a. O., S. 669f., WALZ, H., GRAMLICH, D.: a. a. O., S. 223.

[472] § 297 Abs. 1 S. 2 regelt die Kapitalflussrechnung (ex post) für den Konzernabschluss eines kapitalmarktorientierten Mutterunternehmens. Da die Kapitalflussrechnung im HGB nicht definiert wird, hat das Deutsche Rechnungslegungsstandards Committee e. V. die DRS 2 „Kapitalflussrechnung“ mit Regeln zur Aufstellung und Offenlegung erstellt, die sich im Wesentlichen an den jeweiligen IAS (IAS 7) und US-GAAP (SFAS 95) orientieren.

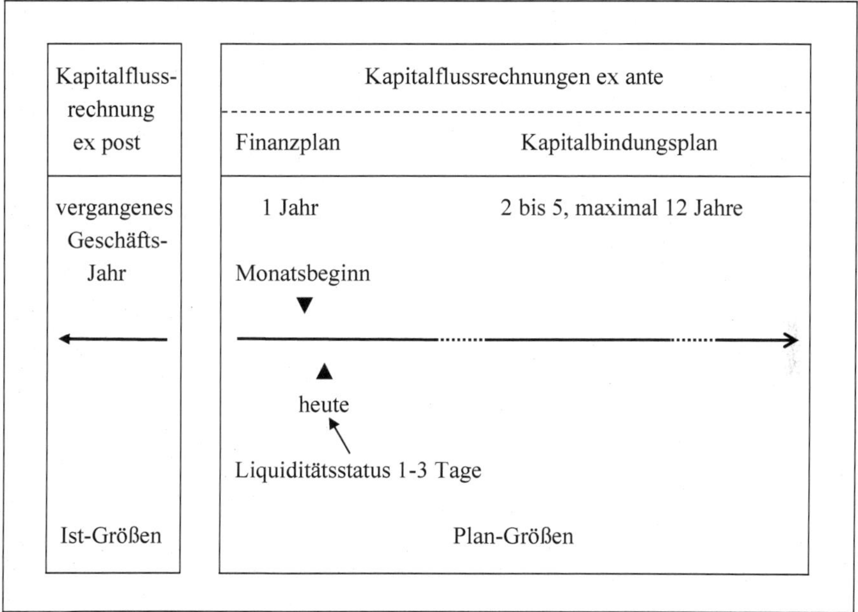

Darst. 2.337: Zeitbezug der Liquiditätsrechnungen

Im Rahmen der **operativen Planung** sind die **kurzfristige ex ante-Kapitalflussrechnung**, vor allem aber der **Liquiditätsstatus** und der **Finanzplan** näher zu beleuchten. Um eine Abgrenzung der beiden letztgenannten Finanzplanungsrechnungen zu der Kapitalflussrechnung und dem Kapitalbindungsplan zu ermöglichen, werden diese zunächst vorgestellt.

2.3.3.3.4.1 Kapitalflussrechnung

Bei der **Kapitalflussrechnung** handelt es sich zum einen um eine liquiditätsorientierte Zeitraumrechnung, die **ex post** den Jahresabschluss ergänzt. Sie soll den in- und externen Adressaten einer Bilanz Informationen über zahlungswirksame Vorgänge liefern, die weder aus der Bilanz noch aus der Gewinn- und Verlustrechnung (GuV) in dieser Form nicht zu gewonnen werden können. Die Kapitalflussrechnung analysiert Geschehnisse, die die Finanzlage maßgeblich beeinflussen, ohne jedoch unmittelbar bzw. in derselben Periode erfolgswirksam zu sein. Im Gegensatz zur zeitpunktbezogenen Bilanz enthält sie nicht Bestandspositionen (Schulden und Vermögen), sondern weist Bestandsveränderungen bzw. die zugrunde liegenden Bewegungen (Umsätze) aus. Im Vergleich zur (ebenfalls zeitraumbezogenen) GuV, die sich nur auf erfolgswirksame Vorgänge bezieht, werden in der Kapitalflussrechnung auch die erfolgsunabhängigen Bewegungen erfasst. Sie soll die Investitions- und Finanzierungsvorgänge und ihren Einfluss auf die Liquidität offenlegen.[473] **Prospektive** Kapitalflussrechnungen als Plan für künftige Perioden werden selten publiziert, obwohl sie die Entscheidungen potenzieller Kapitalanleger verbessern können.

2.3.3.3.4.2 Exkurs: Kapitalbindungsplan

Der **Kapitelbindungsplan**, auch prospektive Bewegungsbilanz genannt,[474] als Instrument der **längerfristigen, taktischen oder strategischen Finanzplanung** soll die Liquidität bei größtmöglicher Rentabilität über mehrere Jahre sicherstellen. Es geht in erster Linie darum, etwaige **fundamentale finanzwirtschaftliche Ungleichgewichte zu erkennen und** mittels geeigneter Maßnahmen im Vorfeld **zu verhindern**. Im Einzelnen werden mit der mittel- und langfristigen Finanzplanung die nachstehenden Ziele verfolgt:[475]

- Darstellung der finanzwirksamen Konsequenzen bedeutsamer taktischer und strategischer Kapitalverwendungsentscheidungen
- Grundlage für mittel- und langfristige Finanzierungsentscheidungen
- Sicherung des strukturellen finanzwirtschaftlichen Gleichgewichts

Darst. 2.338: Hauptziele der mittel- und langfristigen Finanzplanung

[473] Vgl. PERRIDON, L., STEINER, M., RATHGEBER, A. W.: a. a. O., S. 639f.

[474] Vgl. ZANTOW, R., DINAUER, J., SCHAEFFLER, CH.: Finanzwirtschaft des Unternehmens, 4. Aufl., München 2016, S. 504.

[475] Vgl. WALZ, H., GRAMLICH, D.: a. a. O., S. 244f.

Zu den taktischen und strategischen Kapitalverwendungsentscheidungen gehören **Investitionen**[476], also zielgerichtete Auszahlungen für das Strukturvermögen und Aufwendungen für F&E sowie **Auszahlungen im Marketing-Mix**[477] **mit mittel- oder langfristigen Auswirkungen**. Letztendlich ist entscheidend, ob und wenn ja, in welcher Höhe sich die Auszahlungen rentieren. Insofern kann und muss aufgrund der Auszahlungsgrößen, die im Rahmen der Erstellung eines Kapitalbindungsplans erhoben werden, eine **Investitionsrechnung** erfolgen. Würde im Rahmen einer Wirtschaftlichkeitsrechnung festgestellt, dass sich eine Ausgabe nicht lohnt, kann i. d. R. auf die Ausgabe verzichtet werden. Dies ist dann der Fall, wenn die Mittelrückflüsse die zugehörigen, meist vorab zu tätigenden Auszahlungen nicht kompensieren werden. Insofern macht es Sinn, eine Investitionsrechnung als zu durchlaufenden Prozess in die Erstellung eines Kapitalbindungsplans „einzubauen". **Der Kapitalbindungsplan zeigt daher, ob das Unternehmen mittel- und langfristig (im Leistungsbereich) erfolgreich arbeitet**, also nicht mehr nur liquide ist, sondern auch Gewinne erwirtschaftet. (Im Gegensatz dazu treten bei dem noch zu besprechenden Liquiditätsstatus und (kurzfristigen) Finanzplan die erfolgswirtschaftlichen Auswirkungen in den Hintergrund.)

Da für die Investitionen und andere gewichtige Maßnahmen mit einer längerfristigen Tragweite Auszahlungen in größerem Umfang erforderlich sind, muss die Kapitelherkunft ebenfalls längerfristig eingeplant werden. Entweder indem im Unternehmen über einen längerfristigen Zeitraum ein ausreichendes Liquiditätspolster geschaffen wird oder Kreditaufnahmen erforderlich werden, die eine mehrjährige Tilgung nach sich ziehen. Im Vergleich zu noch vorzustellenden (kurzfristigen) Finanzplan handelt es sich beim Kapitalbindungsplan um **fundamentale Finanzierungsentscheidungen**, die sich nicht mit rein kurzfristig umsetzbaren, meist vom Umfang her beschränkten Maßnahmen, bewerkstelligen lassen.

Werden längerfristig verfügbare Bestände an liquiden Mitteln angehäuft, muss für diese aus Rentabilitätsgründen eine alternative und dem Sicherheitsaspekt (s. o.) äquivalente Anlage gesucht werden.

Letztlich sind die mittel- und langfristigen Auszahlungen und die längerfristigen Einzahlungen in ein strukturelles „Gleichgewicht" zu bringen.

---

[476] Vgl. die Ausführungen zum Thema „Investition" im Abschnitt 1.5 „Investitions-Controlling" des zweiten Bandes.

[477] Zum Beispiel aufwendige Werbekampagnen, Maßnahmen der Produkt- oder Vertriebspolitik.

Da es sich bei den Anfangsbeständen an liquiden Mitteln um relative geringe Summen im Vergleich zu den Ein- und Auszahlungen eines Geschäftsjahres dreht, werden die **Anfangsbestände an liquiden Mitteln bei einem Kapitalbindungsplan nicht einbezogen**. Zudem ergäbe sich bei einem Prognosefehler zu Beginn einer Periode das Problem, dass dieser Fehler sich durch alle weiteren Perioden „ziehen" würde. In diesem Fall wäre jede weitere Jahresplanung fehlerhaft.

Der Planungszeitraum bei einem Kapitalbindungsplan ist i. d. R. in **Teilperioden von einem Geschäftsjahr** untergliedert und umfasst mindestens zwei, oft fünf oder sieben, maximal 12 Jahre. Die einzelnen Perioden werden nur aneinandergereiht. Für jedes einzelne Jahr muss (isoliert) die vorstehende Gleichgewichtsbedingung (Einzahlungen = Auszahlungen) gelten. Daraus folgt, dass das strukturelle finanzwirtschaftliche Gleichgewicht nur in Bezug auf die Periodenliquidität der (einzelnen) Jahre überwacht werden kann.

Im Gegensatz zum Liquiditätsstatus und zum Finanzplan wird der Kapitalbindungsplan in **Kontoform** aufgestellt. Ähnlich der Bilanz finden sich auf der linken Seite die Kapitalverwendungen (geplante Auszahlungen) und auf der rechten Seite die Kapitalherkunft (geplante Einzahlungen) aus Innen- und Außenfinanzierung.

Es ist hilfreich und naheliegend[478], aber nicht zwingend Voraussetzung, wenn als Ausgangspunkt für die Aufstellung eines Kapitalbindungsplans **Planbilanzen** für die folgenden Geschäftsjahre vorliegen und verwendet werden können. Denn dann lassen sich die Veränderungen in letztlich finanzwirksamen Bilanzpositionen zweier aufeinander folgender Perioden ermitteln. Das Ergebnis, in Kontoform dargestellt, ergibt eine prospektive **Veränderungsbilanz.**[479] Sie beinhaltet die für jede Bestandsposition errechnete Differenz zwischen den identisch bezeichneten Bilanzwerten einer Periode n und des Vorjahres n-1.

Sofern eine Veränderungsbilanz erstellt wurde, kann daraus ein Kapitalbindungsplan entwickelt werden. Die Transformation erfolgt wie nachstehend beschrieben:

---

[478] Naheliegend insofern, als die Unternehmensplanung ohnehin die Erstellung von Plan-Bilanzen künftiger Geschäftsjahre beinhaltet.

[479] Vgl. ZANTOW, R., DINAUER, J., SCHAEFFLER, CH.: a. a. O., S. 504.

Mittelverwendung	Mittelherkunft
Aktiva-Zunahmen (A+) Passiva-Abnahmen (P−)	Aktiva-Abnahmen (A−) Passiva-Zunahmen (P+)
∑ Mittelverwendung	∑ Mittelherkunft

Darst. 2.339: Transformationsregeln zur Aufstellung eines Kapitalbindungsplans

Der Aufbau und der Inhalt eines Kapitalbindungsplans können wie in der nachfolgenden Tabelle wiedergegeben gestaltet werden.[480]

Ergibt sich aus dem Absatz betrieblicher Leistungen nach Finanzierung von Ersatzinvestitionen sowie Steuerzahlungen und ggf. Ausschüttungen an die Anteilseigner ein Einzahlungsüberschuss, kann dieser zur weiteren Tilgung von Krediten, für Erweiterungsinvestitionen und anderen rentablen Finanzanlagen dienen.

Ein **leistungswirtschaftliches Einzahlungsdefizit** (Auszahlungsüberschuss) ergibt sich, wenn die Einzahlungen aus dem Absatz betrieblicher Leistungen die Auszahlungen für Ersatzinvestitionen, Steuerzahlungen und ggf. Vergütungen für die Zurverfügungstellung des Eigenkapitals nicht ausreichen. Sofern dieser Fall wiederholt, also über mehrere Jahre, eintritt, führt dies zu einem Verlust an Zahlungskraft, Liquiditäts- und Finanzierungsreserven. Ein **strukturelles Einzahlungsdefizit** zeigt an, dass das Geschäftsmodell/die mittel- und langfristige Geschäftspolitik nicht taugt – aus welchen Gründen auch immer. Eine Insolvenz ist häufig „vorprogrammiert", sofern keine taktischen und/oder strategischen Gegenmaßnahmen ergriffen werden. **Temporäre Auszahlungsüberschüsse** können über Einzahlungen im Rahmen der Außenfinanzierung durch Aufnahme neuer Kredite oder Eigenkapitalerhöhungen ausgeglichen werden.

[480] Vgl. WALZ, H., GRAMLICH, D.: a. a. O., S. 250.

Geplante Einzahlungen	Geplante Auszahlungen
1 Leistungssphäre 1.1 Investitionen in das Anlagevermögen außer Finanzanlagen 1.2 Erhöhung des Umlaufvermögens 2 Finanzsphäre 2.1 Finanzanlagen einschl. Kreditvergaben 2.2 Definanzierung 2.2.1 Rückzahlung von Eigenkapital 2.2.2 Rückführung von Fremdkapital 2.2.3 Zahlung gewinnabhängiger Steuern 2.2.4 Gewinnausschüttung	3 Innenfinanzierung 3.1 Leistungssphäre 3.1.1 Einzahlungsüberschuss aus dem Absatz betrieblicher Leistungen 3.1.2 Veräußerung von Gegenständen des Anlagevermögens außer Finanzanlagen 3.1.3 Veräußerung von Gegenständen des Umlaufvermögens 3.2 Finanzsphäre 3.2.1 Anlageerträge 3.2.2 Anlagerückflüsse 3.2.3 Verkauf Finanzaktiva 4 Außenfinanzierung 4.1 Einlagenfinanzierung 4.2 Beteiligungsfinanzierung 4.3 Kreditaufnahme 4.4 Mischfinanzierung 4.5 Weitere (z. B. Subventionen)
∑ Planauszahlungen	∑ Planeinzahlungen
Saldo: Einzahlungsüberschuss oder	Saldo: Auszahlungsüberschuss

Darst. 2.340: Aufbau und Inhalt eines Kapitalbindungsplans

Im Rahmen einer Existenzgründung empfiehlt sich eher eine **mittelfristige Liquiditätsplanung**, da für zeitlich weiterreichende Zeiträume zu wenige Erfahrungen vorliegen und die nahe Zukunft oft eine höhere Priorität genießt. Sofern eine Plan-GuV bereits erstellt worden ist, lässt sich eine mittelfristige Liquiditätsplanung relativ einfach erstellen, sofern der Cashflow aus der Finanzierungstätigkeit und der Cashflow aus der In- und Desinvestitionstätigkeit separat geplant wurden. Der Cashflow aus der Finanzierungstätigkeit umfasst Einzahlungen aus Kapitalerhöhungen, Auszahlungen an die Eigentümer, Einzahlungen aus der Aufnahme von Finanzverbindlichkeiten sowie Auszahlungen für die Tilgung von Finanzverbindlichkeiten.[481] Der Cashflow aus der In- und Desinvestitionstätigkeit betrifft Auszahlungen für Brutto-Investitionen in das Anlagevermögen und/ oder Einzahlungen aus der Veräußerung von Anlagevermögen.

Ein Beispiel für eine dreijährige Liquiditätsplanung ist nachfolgend dargestellt:

	1. Jahr Ein-/Auszahlungen (€)	2. Jahr Ein-/Auszahlungen (€)	3. Jahr Ein-/Auszahlungen (€)
Jahresüberschuss	−3.100	5.600	12.000
+ Abschreibungen	11.000	11.300	11.500
− Cashflow aus der Finanztätigkeit	2.500	2.700	12.800
− Cashflow aus der In- und Desinvestitionstätigkeit	0	5.200	800
= Liquiditätsüberschuss	5.400	9.000	9.900

Darst. 2.341: Mittelfristige Liquiditätsplanung (Beispiel)

[481] Vgl. Darst. 1.650 im Band 2 von WÖRDENWEBER, M.: Operatives Controlling, a. a. O.

2.3.3.3.4.3 Liquiditätsstatus

Der **Liquiditätsstatus** wird erstellt, um die gegenwärtige bzw. aktuelle Liquidität festzustellen. Er dient der täglichen Feinsteuerung der Liquidität. Diese Aufgabe wird oft von sogenannten Finanzdisponenten übernommen. I. e. S. bezieht sich der Begriff „aktuelle Liquidität" auf den heutigen Planungstag[482], i. w. S. umfasst der Liquiditätsstatus einen Zeitraum von bis zu drei Tagen. Grundsätzlich sind der Aufbau, Umfang und Bearbeitungsprozess eines Liquiditätsstatus weder genormt noch gesetzlich fixiert. Hinsichtlich des Umfangs werden drei Typen unterschieden:

- Liquiditätsstatus Typ 1: Ermittlung des Liquiditätssaldos aus folgenden Positionen:
  Anfangsbestand an liquiden Mitteln am Planungstag
  +/– bereits am Planungstag erfolgte Ein- und Auszahlungen
  +/– weitere am Planungstag erwartete Ein- und Auszahlungen.

- Liquiditätsstatus Typ 2: Ermittlung des Liquiditätssaldos unter Berücksichtigung der zinsmäßigen Wertstellung (Valuta), zusätzliche Durchführung eines Soll-Ist-Vergleichs und Darlegung vorgeschlagener Ausgleichsmaßnahmen bei Unter- oder Überliquidität.

- Liquiditätsstatus Typ 3: Der Liquiditätsstatus vom Typ 2 wird um eine 3- bis 5-Tage-Vorausschau einschließlich daraus abzuleitender Aktivitäten im Hinblick auf eine Unter- oder Überliquidität erweitert.

Die Überprüfung der Liquidität am Planungstag kann beispielsweise anhand des nachstehenden Tableaus erfolgen.[483]

---

[482] Vgl. etwa LACHNIT, L.: Finanzplanung, in: GERKE, W., STEINER, M. (HRSG.): Handwörterbuch des Bank- und Finanzwesens, 3. Aufl., Stuttgart 2001, Sp. 889, 893, MATSCHKE, M., HERING, TH., KLINGELHÖFER, H.: Finanzanalyse und Finanzplanung, München, Wien 2002, S. 144ff.

[483] Vgl. PRÄTSCH, J., SCHIKORRA, U., LUDWIG, E.: a. a. O., S. 235, WALZ, H., GRAMLICH, D.: a. a. O., S. 225.

Positionen	I Kassenbestand			II Giroguthaben			III nicht ausgenutzter Kreditrahmen			∑ I + II + III
	Zentrale	Filiale …	∑	Bank A	Bank …	∑	Bank A	Bank …	∑	
1 Zahlungsmittelanfangsbestand am Planungstag										
2 Bereits erfolgte Einzahlungen am Planungstag										
3 Bereits erfolgte Auszahlungen am Planungstag										
4 Liquiditätssaldo I (1+2–3)										
5 Noch erwartete „sichere" Einzahlungen										
6 Unumgängliche Auszahlungen										
7 Liquiditätssaldo II (4+5–6)										
8 Ausgleichsmaßnahmen bei Unterliquidität										
9 Ausgleichsmaßnahmen bei Überliquidität										
10 Korrigierter Zahlungsmittelstand (7+8 oder 7–9)										

Darst. 2.342: Grundstruktur der Erfassung des Liquiditätsstatus

Ziel dieser kurzfristigen Finanzplanung mittels Liquiditätsstatus ist immer das Erreichen des MBLM. Ist ein **Defizit an liquiden Mitteln** oder ein erkennbar, müssen geeignete **Gegenmaßnahmen** wie

- die Umbuchung überschüssiger Guthaben bei anderen Banken,
- die Einreichung von Schecks zur Gutschrift,
- Bareinzahlungen (Reduzierung der Kassenbestände) oder
- der Aufschub geplanter Auszahlungen

ergriffen werden. Eine Kompensation durch sogenannte near-money-assets[484] am selben Tag ist i. d. R. nicht möglich. Ebenso wenig die Anpassung der Kreditlinien.

Ist ein **Überschuss an liquiden Mitteln** feststellbar, kommen weitere nicht zwingende Zahlungen in Frage (bspw. Zahlungen per Vorkasse bei verhandeltem Nachlass) oder eine kurzfristige Mittelanlage, z. B. als Tages- oder Tagegelder, im Rahmen des **Cash Managements** infrage.

Im Rahmen des Cash Managements sind die sogenannten **Cut-off times (COT)** der Banken zu beachten. Als Cut-off time oder „Buchungsschnitt" wird ein fixer Zeitpunkt (Uhrzeit) an einem Tag bezeichnet, bis zu denen ein Überweisungsauftrag eingegangen sein muss, damit er am selben Tag noch ausgeführt wird. Im Auslandszahlungsverkehr sind darüber hinaus noch Banklaufzeiten von oft mehreren Tagen zu berücksichtigen. Bei multinationalen Transfers ist die Disposition dann komplexer, wenn ein Tausch von unterschiedlichen Währungen erfolgen muss.

Eine gewichtige Rolle spielt der Liquiditätsstatus im Bankensektor bei der tagesgenauen Überwachung der Zahlungsströme. Auch bei Unternehmen mit Filialen werden die täglichen Einzahlungen tagesgenau registriert, allein schon wegen der Organisation des Abtransports der Bargeldbestände und speziell, um die meistens mit der Überführung des Bargeldes beauftragten Security-Unternehmen zu überprüfen.

[484] Unter near-money-assets werden Vermögensgegenstände subsumiert, die kurzfristig ohne große finanzielle Einbußen in liquide Mittel transformiert werden können.

2.3.3.3.4.4 Finanzplan

Zu den operativen Finanzplanungen gehört ein – meist rollierender – (kurzfristiger) **Finanzplan**, der eine Fortentwicklung des Liquiditätsstatus darstellt. Ist der Liquiditätsstatus nur auf einen oder wenige Tage beschränkt, liefert der Finanzplan einen Überblick über die Entwicklung des Liquiditätssaldos und dessen Veränderungen durch prognostizierte Ein- und Auszahlungen für einen Zeitraum, der inhaltlich und zeitlich präzise planbar ist. Der kurzfristige Finanzplan erstreckt sich daher über einen **Zeitraum von bis zu einem Jahr**. (Die Erstellung eines (separaten) Finanzplans neben der Erfolgsrechnung ist notwendig, weil in den Erträgen und Aufwendungen aus der Finanzbuchhaltung auch liquiditätsunwirksame Buchungen enthalten sind.) Als minimaler Planungszeitraum wird häufig ein Zeitraum von drei bis vier Monaten angegeben. Für einen dreimonatigen Planungszeitraum spricht die Pflicht zur Ablieferung eines Quartals(finanz)berichts als Zwischenberichterstattung z. B. gem. § 51 Abs. 1 BörsO für die Frankfurter Wertpapierbörse (Deutsche Börse AG). Da, wie weiter unten zu sehen ist, der Viermonatszeitraum in zwei Teile (erste vier Wochen und direkt anschließend weitere drei Monate) aufgespalten wird, würde hier auch ein Überblick über ein Quartal gewährleistet.

Der Finanzplan ist ein Vorschauplan, der die finanzielle Entwicklung eines Unternehmens prognostiziert. An dieser Stelle kann bereits eine Abgrenzung zum **Finanzbudget (budgetierter Finanzplan (Plan-Kapitalflussrechnung))**[485] gezogen werden, welches ein verbindlicher Vorgabeplan zur Lenkung der Zahlungsströme ist.

Ziel eines Finanzplans **ist es, frühzeitig finanzwirtschaftliche Ungleichgewichte aufzudecken**, um prophylaktisch geeignete Maßnahmen zur Beseitigung des Ungleichgewichts ergreifen zu können. Zu diesen gehören ausdrücklich nicht diejenigen Entscheidungen, die eine Veränderung des leistungswirtschaftlichen Bereichs bewirken.

Erkannte **Liquiditätsdefizite** können durch folgende Maßnahmen ausgeglichen werden:

- Veräußerung von Near-money-assets (Liquiditätsreserve im engeren Sinn)
- Inanspruchnahme der nicht ausgenutzten Kreditlinien[486]
- Außenfinanzierung in Form von neuen Krediten durch Banken oder Lieferanten

---

[485] Vgl. Unter-Unterabschnitt 2.4.3.4 „Budgetierter Finanzplan (Plan-Kapitalflussrechnung)“.

[486] Als Kreditlinie wird der von einer Bank (zumeist) als Kontokorrentkredit maximal eingeräumte Betrag bezeichnet.

- Finanzierung durch Einlagen (Einlagen- und/oder Beteiligungsfinanzierung) (Finanzierungsreserve)
- Liquidisierung von weiteren Finanzaktiva wie z. B. Anleihen, Aktien oder das Factoring von Forderungen (weitere Liquiditätsreserve).

Sofern der Liquiditätsbedarf ausschließlich über ein Kontokorrentkonto (Kontokorrentkredit) gedeckt werden soll, muss vorab die **benötigte Kreditlinie** ermittelt werden. In der Abbildung 2.331 „Kapitalbedarf (Beispiel)“ wäre in der vierten und fünften Periode ein **Spitzenbedarf** erkennbar, wenn jeder Monat eine Periode darstellt. Dieser Spitzenbedarf in Höhe von 20.000 € stellt die bei ausschließlicher Deckung der Liquiditätslücke über ein Kontokorrentkonto benötigte Kreditlinie dar.

Da Kontokorrentkredite relativ teuer sind, sollten drei Punkte vorab geklärt werden:

- Kann der Spitzenbedarf zeitlich verschoben werden, indem z. B. Zahlungen für wenige Tage oder Wochen aufgeschoben werden, ohne dass Einzahlungen davon tangiert werden? Alternativ können vielleicht auch Einzahlungen vorgezogen werden, z. B. durch zusätzliche Vereinbarungen von Vorauskasse oder durch das Angebot eines (einmaligen) Skontos.
- Kann die Unterdeckung durch andere Maßnahmen als die Inanspruchnahme von Kontokorrentkrediten, gar bei ausgeweiteten Kreditlinien günstiger finanziert werden?
- Sofern ein **Sockelbedarf** über den gesamten Planungszeitraum und ggf. darüber benötigt wird: Ist es angesichts des zur Zeit der Planung vorherrschenden Zinsniveaus nicht evtl. günstiger, diesen Sockelbedarf mittel- oder langfristig zu finanzieren?

Im Falle der Ausweitung der Kreditlinie für kurzfristige Kredite (Kontokorrentkredite) muss geprüft werden, ob die festgelegte Verschuldungsobergrenze bzw. der Verschuldungsgrad entsprechend den Vorstellungen hinsichtlich der Unabhängigkeit von Finanzierern eingehalten wird.

Wenn über derartige Ausgleichsmaßnahmen eine Liquiditätssicherung nicht gelingt, kann ein strukturelles Ungleichgewicht vorliegen (vgl. die obigen Ausführungen zur gefährdeten Liquidität).

Liquiditätsüberschüsse werden im Rahmen des Cash Managements kurzfristig angelegt.

Ein Finanzplan kann **direkt** oder **indirekt** aufgestellt werden. Die nachfolgende Tabelle ist das Ergebnis einer direkten Ermittlung der Zahlungsströme.[487] Dabei wird hier vorgeschlagen, den Gesamtplanungszeitraum von einem Jahr wie folgt in drei Teilabschnitte zu zerlegen:[488]

Gesamtplanungs-zeitraum:	1 Jahr		
Teilplanungs-zeitraum:	Wochen 1 – 4 (1. Monat)	Wochen 5 – 20 (2. – 4. Monat)	Wochen 21 – 52 (5. – 12. Monat)
Ermittlung des Liquiditätssaldos:	täglich	wöchentlich	monatlich

Darst. 2.343: Kurzfristige Finanzplanung

Während für die ersten vier Wochen ein **tagesgenauer** Ausweis des Liquiditätssaldos erfolgt, wird für die Wochen 5 bis 20 (2. bis 4. Monat) ein Liquiditätssaldo für jede **einzelne Woche** ermittelt. Für die Wochen 21 bis 52 (5. bis 12. Monat) ist der Ausweis einer Periodenliquidität **pro Monat** ausreichend.

Wie schon oben kurz erwähnt, wird die Planung mittels eines rollenden Planes[489] fortlaufend aktualisiert. Dies bedeutet, dass die tagesgenaue Fortschreibung des Liquiditätssaldos nach Ablauf einer Woche erstmals zu einer Fortschreibung des Finanzplans führt: Die fünfte Woche, die bislang auf Wochenbasis den Liquiditätssaldo ermittelt hat, wird jetzt in eine tagesgenaue Planung überführt; d. h. jeder Tag der fünften Woche wird einzeln geplant und schließt mit einem Tages-Liquiditätssaldo ab. Nach Ablauf von vier Wochen ist der bisherige 2. Monat komplett in eine tägliche Finanzplanung eingebettet, so dass nunmehr der bisherige 5. Monat, der auf monatlicher Basis geplant worden war, in vier Wochen und dementsprechend einer wochenbezogenen Liquiditätsplanung unterzogen wird. Gleichzeitig wird nach Ablauf von vier Wochen ein 13. Monat an den bisherigen Finanzplan drangehängt, so dass der Finanzplan wieder aus insgesamt 12 Monaten besteht.

---

[487] Die indirekte Methode findet sich im Unter-Unterabschnitt 2.5.3.4 „Budgetierter Finanzplan".

[488] Vgl. auch WALZ, H., GRAMLICH, D.: a. a. O., S. 235.

[489] Die rollierende oder rollende Planung wurde bereits im Unter-Unterabschnitt 2.2.3.2 „Planungsrhythmus" ausführlich erläutert.

Nachdem das Prozedere der rollierenden, kurzfristigen Finanzplanung verdeutlicht wurde, stellt sich die Frage, wie ein Finanzplan konkret aufgebaut ist. Grundsätzlich besteht ein Finanzplan aus folgenden **Positionen**:

- Anfangsbestand an liquiden Mitteln,
- geplante Einzahlungen,
- geplante Auszahlungen,
- geplanter Endbestand an liquiden Mitteln.

Diese Positionen können je nach Bedarf weiter untergliedert werden, z. B. nach Produktgruppen, Absatzregionen oder Kunden (Einzahlungen) oder Kostenstellen, Zahlungsempfängern (Auszahlungen) sowie nach ertrags- bzw. aufwandsgleichen Zahlungen oder Funktionsbereichen.

Der geplante Endbestand an liquiden Mitteln kann sich auf alle Ein- und Auszahlungen ohne Ausgleichsmaßnahmen beziehen. Dieser Zwischensumme wird als **Liquiditätssaldo I** bezeichnet. Er wird mit dem MBLM abgeglichen. Zeigt sich eine Unter- oder Überliquidität, sollten eine oder mehrere der oben aufgeführten Maßnahmen ergriffen werden. Unter Berücksichtigung dieser Maßnahmen ergibt sich ein zweiter geplanter Endbestand an liquiden Mitteln, der **Liquiditätssaldo II** genannt wird.

Nachstehend ist ein Finanzplan beispielhaft abgebildet.[490]

[490] Weitere Gestaltungsvorschläge finden sich etwa bei WALZ, H., GRAMLICH, D.: a. a. O., S. 238, ZANTOW, R., DINAUER, J., SCHAEFFLER, CH.: a. a. O., S. 492, PERRIDON, L., STEINER, M., RATHGEBER, A. W.: a. a. O., S. 664.

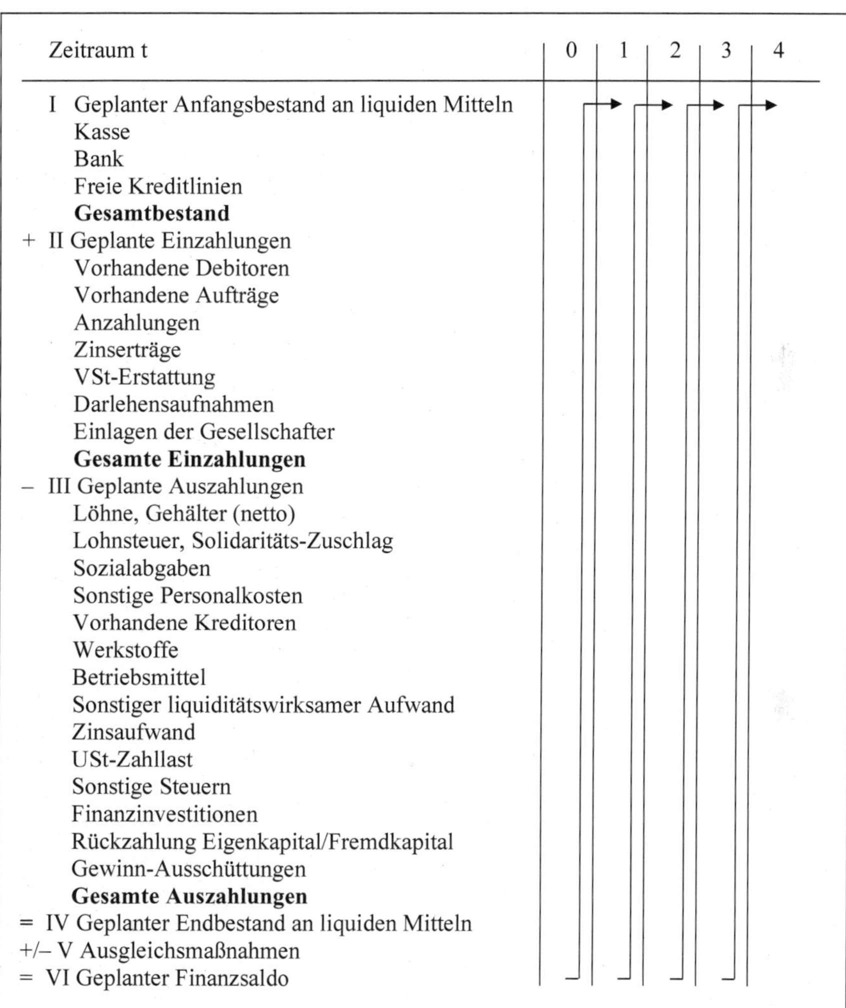

Zeitraum t	0	1	2	3	4
I Geplanter Anfangsbestand an liquiden Mitteln					
Kasse					
Bank					
Freie Kreditlinien					
Gesamtbestand					
+ II Geplante Einzahlungen					
Vorhandene Debitoren					
Vorhandene Aufträge					
Anzahlungen					
Zinserträge					
VSt-Erstattung					
Darlehensaufnahmen					
Einlagen der Gesellschafter					
Gesamte Einzahlungen					
– III Geplante Auszahlungen					
Löhne, Gehälter (netto)					
Lohnsteuer, Solidaritäts-Zuschlag					
Sozialabgaben					
Sonstige Personalkosten					
Vorhandene Kreditoren					
Werkstoffe					
Betriebsmittel					
Sonstiger liquiditätswirksamer Aufwand					
Zinsaufwand					
USt-Zahllast					
Sonstige Steuern					
Finanzinvestitionen					
Rückzahlung Eigenkapital/Fremdkapital					
Gewinn-Ausschüttungen					
Gesamte Auszahlungen					
= IV Geplanter Endbestand an liquiden Mitteln					
+/– V Ausgleichsmaßnahmen					
= VI Geplanter Finanzsaldo					

Darst. 2.344: Finanzplan

Der für die Erstellung des Finanzplans Verantwortliche ist i. d. R. auf die Zulieferung von **Informationen** verschiedener Bereiche oder Stellen des Unternehmens angewiesen. Diese Informationen müssen generell mindestens folgenden **Ansprüchen (Qualitätskategorien, Gütekriterien)** entsprechen, welche zu prüfen sind. Mindestens heißt, dass es je nach Anforderungsprofil der Aufgabe bzw. des Adressaten der Information weitere Kriterien geben kann. Zu den Gütekriterien zählen:

- Problemrelevanz (Zweckorientiertheit, Relevanz der Informationen)
- Informationsgehalt (mit seinen drei Bestimmungsgrößen: Allgemeinheit, Präzision und Bedingtheit der Aussage)
- Vollständigkeit
- Wahrscheinlichkeit (Grad der Sicherheit)
- Reliabilität (Zuverlässigkeit der Information bzw. des Informanten)
- Überprüfbarkeit (Möglichkeit der Überprüfung des Wahrheitsgehalts der Information bzw. des Informanten)
- Aktualität (Alter bzw. Neuigkeitsgrad von Informationen)
- Zeitliche Verfügbarkeit (Rechtzeitige Information an den Informationsempfänger)

Darst. 2.345: Qualitätskriterien für Informationen

Zwischen diesen Qualitätskriterien bestehen einige **Interdependenzen**. Beispielsweise trifft dies auf den Zusammenhang zwischen Vollständigkeit, Relevanz und Kosten zu. So ist auf der einen Seite oftmals eine Entscheidung zwischen der Relevanz bzw. den relevanten Daten und der Vollständigkeit derselben zu treffen. Auf der anderen Seite begrenzen die Kosten das Streben nach vollständiger Information, so dass letztendlich auch hier eine **Abwägung unter Kosten-Nutzen-Aspekten** vorgenommen werden muss.

Ein ähnliches Spannungsfeld ergibt sich aus einer möglichst zeitnahen Information einerseits und möglichst zuverlässigen und/oder vollständigen Informationen andererseits.

Als drittes Spannungsfeld sei die Beziehung zwischen der Reliabilität (Zuverlässigkeit) und der Validität (Genauigkeit/Gültigkeit) genannt.

Während sich die Auszahlungen im Leistungsbereich im Wesentlichen aus den Beschaffungs-, Produktions-, Personal- und Marketingplänen, im Finanzbereich aus den Investitions- und dem mittel- und langfristigen Kapitalbindungsplan größtenteils relativ sicher bestimmten Zahlungszeitpunkten zuordnen lassen, ist die Vorhersage der Einzahlungen mit deutlich mehr **Unsicherheiten** verbunden. Neben **Zins- und Währungsänderungsrisiken** sowohl bei den Ein- als auch bei den Auszahlungen, stellt insbesondere die **Prognose**[491] **der Zahlungseingänge, basierend auf den Forderungen aus der Umsatztätigkeit** und der **Zahlungsausgänge aufgrund der Rückstellungen** neben **grundsätzlich nicht konkret planbaren Ausgaben** das größte Problem dar.

Für die **Prognose** der Zahlungsein- und ausgänge steht eine Reihe von Methoden zur Verfügung. Diese wurden bereits im Unterabschnitt 2.1.1 „Notwendigkeit der Planung, Planungsbegriff und Prognose“ beschrieben.

Bei der Ableitung der Einzahlungen aus den Umsätzen sind drei Punkte zu beachten:

1. Die Umsätze selbst stellen eine Prognose (mit den entsprechend zugeordneten Wahrscheinlichkeiten) dar.
2. Die Zahlungszeitpunkte entsprechen zum einen nicht den Ausstellungsdaten der Rechnung, d. h. den umsatzsteuerlich relevanten Zeitpunkten. Letztere weichen mehr oder weniger deutlich von den im Rahmen der Kontrahierungspolitik vereinbarten Zahlungszielen ab, selbst dann, allerdings geringfügig, wenn Zahlung per Vorkasse vereinbart wird. Doch auch diese Zahlungsziele sind letztlich nicht relevant, soweit einerseits die Möglichkeit von Skontozahlungen (mit den entsprechenden Einbehalten seitens der zahlenden Kunden) eingeräumt wurde und diese genutzt wird und andererseits die Zahlungsziele (tatsächlich) überzogen werden.[492]
3. Grundsätzlich können Zahlungen im Zuge einer Insolvenz auch komplett ausfallen.

Liegen hinsichtlich des Zahlungsverhaltens für die Vergangenheit genügend Informationen vor, kann die Unsicherheit des Zahlungseingangs auf zwei Arten in den Planungen berücksichtigt werden. Entweder werden die einzelnen Einzahlungssummen zu den entsprechenden Zeitpunkten bzw. -räumen direkt geschätzt, wobei die Finanzplanung nicht zwingend konsistent mit den anderen Unternehmensplänen sein muss. Oder die Einzahlungen in einem bestimmten Zeitraum werden dahingehend untersucht, ob die Zahlung –

[491] Die Abgrenzung der Begriffe Planung und Prognose erfolgte bereits im Unterabschnitt 2.1.1 „Notwendigkeit der Planung, Planungsbegriff und Prognose“.

[492] Vgl. hierzu die Auseinandersetzung mit dem Thema „Forderungslaufzeit“ im gleichnamigen Unterabschnitt 1.4.17 des zweiten Bandes.

ausgehend vom Rechnungsdatum – im selben Monat, im folgenden Monat, im dritten Monat, später oder gar nicht erfolgt. Die Zahlung im selben Monat kann für die Ausgangsrechnungen (Umsätze) angenommen werden, bei denen Ware gegen Vorkasse geliefert oder Skonto „gezogen" wird.[493] Bei Zahlungen unter Abzug von Skonto ist letzterer zu berücksichtigen. Für Zahlungen per Vorkasse werden oft externe Dienstleister[494] genutzt, die ihrerseits fixe und/oder variable Gebühren berechnen. Diese Beträge werden bei der Überweisung der Kundengelder sofort einbehalten und müssen insofern berücksichtigt werden. Einzahlungen im nächsten Monat sind bei Einhaltung des Netto-Zahlungsziels von (max.) 30 Tagen zu erwarten. Bei Überziehungen der Netto-Zahlungsziele sind Einzahlungen – meist erst nach der zweiten Mahnung – frühestens im dritten Monat festzustellen. Oder gar nicht, wenn ein (endgültiger) Zahlungsausfall aufgrund der Erfahrungen mit einem bestimmten Prozentsatz einzuplanen ist. Gemäß der mit den Kunden gemachten Erfahrungen ist noch ein bestimmter Prozentsatz für Gutschriften (auch durch den Kunden)[495] oder Rechnungskorrekturen infolge von Warenrückgaben, Reklamationen etc. abzuziehen.

Beispielhaft soll für den Monat Dezember ein Einzahlungsplan aus dem Umsatzplan abgeleitet werden. Von den Ausgangrechnungen im Dezember (Umsatz 380.000 €) werden im selben Monat 10 % per Vorab-Überweisung ohne Payment-Anbieter, 30 % per Vorkasse unter Einschaltung eines externen Finanzdienstleisters (1,5 % Gebühr) und 10 % unter Abzug eines Skonto-Satzes von 2 % bezahlt. Der Rest des Umsatzes verteilt sich wie nachstehend angegeben auf die nachfolgenden Monate. Vereinfachend wird angenommen, dass im Falle von Zahlungseingängen im Durchschnitt 1 % an Gutschriften oder nachträglichen Rechnungskorrekturen von den Rechnungsbeträgen (Umsätzen) subtrahiert werden muss.

[493] Siehe die nachfolgenden Ausführungen zur Vorteilhaftigkeit einer Skontozahlung. Ausführliche Informationen zum Thema Skontozahlung sind im Unterabschnitt 1.4.17 „Forderungslaufzeit" des zweiten Bandes zu finden.

[494] Zu nennen sind hier beispielsweise Sofortüberweisung, GiroPay, PayPal, Amazon Payments, Google Checkout, ClickandBuy, Heidelpay, Payone, ogove.

[495] Beim Ausstellen einer Gutschrift durch den Kunden (Leistungsempfänger) ist die Rechnung gem. § 14 Abs. 4 S. 1 Nr. 10 UStG mit dem Wort „Gutschrift" zu versehen.

Es ergibt sich dann folgender Einzahlungsplan für den (geplanten) Umsatz in Höhe von 380.000 € im Dezember:

Einzahlungszeitraum	Anteil am Umsatz (%)	Zahlungseingang (€)
Dezember	50	185.440
Januar	20	75.240
Februar	25	94.050
später	3	11.286
nie	2	0
Summe	100	366.016

Darst. 2.346: Einzahlungsplan für den (geplanten) Umsatz in Höhe von 380.000 € im Dezember (Beispiel)

Die **Planung des Zahlungsausgangs** kann analog dem Vorgehen bei der Planung des Zahlungseingangs vorgenommen werden. Der Planungsaufwand kann allerdings hier eingeschränkt werden, sofern die Unternehmung über genügend Liquidität, also einschließlich nicht ausgenutzter Kreditlinien, verfügt, da die Auszahlungszeitpunkte optimiert werden können und sollten. Im Unter-Unterabschnitt 1.1.2.3 „Lieferantenkreditdauer" (Kreditorenziel, Kreditorenlaufzeit) des zweiten Bandes wird zusammenfassend eine zweistufige Strategie vorgeschlagen:

Stufe 1: Aushandeln der Zahlungsbedingungen

Ziel der Verhandlungen mit dem Lieferanten muss es sein, **eine Finanzierung zu erhalten, die günstiger als die Kreditierung über die Bank ist**. Ausgehend von der Betrachtung des Effektivzinssatzes bei Variation des Skontosatzes und der Differenz zwischen Netto-Zahlungsziel und Skontofrist zeigt sich, dass **vorrangig eine Erhöhung des Skontosatzes erreicht werden sollte, nachrangig auch eine Verlängerung des Netto-Zah-**

lungsziels. Dies belegt ebenfalls die Darstellung der Iso-Effektivzinssatz-Linien. Eine Erhöhung des Skontosatzes dürfte schwieriger durchzusetzen sein, da jede Erhöhung eine erhebliche Verteuerung (siehe Effektivzinssatz) beim Lieferanten nach sich zieht. Eine Erhöhung des Skontosatzes ist auf der Seite des Lieferanten relativ einfach und direkt zu interpretieren: Bei Ausnutzung des Skontos verringern sich seine Erlöse um genau diesen Prozentsatz (Nachlässe)! Zum Beispiel 2 % bei Zahlung innerhalb von 10 Tagen. Auf der anderen Seite könnte er den vorzeitig erhaltenen Betrag bis zum Netto-Zahlungsziel wieder anlegen oder entsprechend zur Reduzierung des Zinsaufwandes (Sollzinsen) bei der Bank einsetzen. Zum Beispiel Sollzinssatz 12 %; das sind dann per Dreisatz für 10 Tage 0,33 %. Der zeitanteilige Zinssatz liegt in der Regel immer deutlich unter dem Skontosatz. Daher wird eine Verlängerung des Netto-Zahlungsziels eher verhandelbar sein, insbesondere dann, wenn sich der Sollzinssatz auf einem relativ niedrigen Niveau befindet. (Der Sollzinssatz hängt neben dem allgemeinen Zinsniveau von der Bonität und Nachfragemacht des Bankkunden ab.) Wird beispielsweise das Netto-Zahlungsziel um ein Vierteljahr verlängert, erhöhen sich die Kosten des Lieferanten bei einem jährlichen Sollzinssatz von 12 % um 3 %. Im Allgemeinen ist es – von Ausnahmen wie den beschriebenen Nachfragern mit enormer Marktmacht abgesehen – eher so, dass sich der Kunde an die vorgegebenen Zahlungsbedingungen halten muss.

Stufe 2: Entscheidungsverhalten bei anstehenden Zahlungen an den Lieferanten

Optimal ist in den meisten Fällen (Ausnahme sind Nachfrager mit enormer Marktmacht, die ein extrem langes Netto-Zahlungsziel durchsetzen können) **eine Zahlung mit Skonto** zum Ende der vereinbarten Skontofrist. Wird seitens des Lieferanten **keine Skontozahlung eingeräumt** oder **wird der (vorrangig einzuhaltende) MBLM**[496] **unterschritten** (s. u.), wird eine **Rechnung gegen Ende des vereinbarten Netto-Zahlungsziels beglichen**.

Eine **Restriktion** bei der Zahlung mit Skonto ergibt sich (somit auch) aus dem mit der Bank vereinbarten Kreditrahmen. Ist er ausgeschöpft, kann eine weitergehende Skontozahlung nicht vorgenommen werden.

Die Einhaltung des Liquiditätsgrundsatzes des Unternehmens „Der MBLM (optimale Liquidität) darf nicht unterschritten werden!“ könnte einen **scheinbaren Zielkonflikt** offenbaren, wenn das uneingeschränkte Postulat *und* Ziel „Skontozahlung lohnt in (fast) jedem

[496] MBLM = Mindestbestand an liquiden Mitteln (optimale Liquidität). Der Mindestbestand an liquiden Mitteln setzt sich aus dem Kassenbestand, dem Bankguthaben (Kontokorrentguthaben, Sichtguthaben, Giralgeld) und dem freien, nicht ausgeschöpften Kreditrahmen zusammen.

Fall, da die Sollzinsen fast immer geringer sind als der Effektivzinssatz der Skontozahlung“ lauten würde und die konsequente Umsetzung zu einer Unterschreitung des MBLM führen, wenn der Kreditrahmen der Bank ausgeschöpft würde und dann keinerlei Liquiditätsreserven bei den Kreditinstituten mehr bestehen würden. Hier muss deutlich gemacht werden, dass es sich aus zwei Gründen um **keinen Zielkonflikt** handelt. Zum einen handelt es sich bei dem **Liquiditätsgrundsatz** um kein Ziel, sondern eine **Nebenbedingung**, die zum anderen **unabdingbar** ist. Anders ausgedrückt: Es macht keinen Sinn, (Unternehmens-) Renditen über die maximale Ausnutzung der Skontozahlungsmöglichkeiten zu erhöhen, wenn gleichzeitig die Liquidität des Unternehmens gefährdet wird (Insolvenzrisiko). In diesem Zusammenhang wird auch klar, dass die **Sicherung des Unternehmens kein Ziel** darstellt, sondern eine **weiter gefasste (globale), unabdingbare Nebenbedingung des unternehmerischen Handelns** ist.

In einer konkreten Entscheidungssituation ist zunächst der Referenzzinssatz, hier der Sollzinssatz der Banken, der mit dem Effektivzinssatz im Hinblick auf die Frage „Vorrangig Zahlung mit Skonto oder nicht?“ verglichen werden muss. Es soll von einem Sollzinssatz in Höhe von 12 % ausgegangen werden. (Die nachstehend beschriebene Entscheidung erfolgt bei anderen Sollzinssätzen analog.) Auf der Basis der 12 % Iso-Effektivzinssatz-Linie zeigt sich, dass die Nutzung des Skontos dann nicht lohnt, wenn bei einem angenommenen Sollzinssatz von 12 % und einem Skontosatz von 1 % die Differenz zwischen Netto-Zahlungsziel und Skontofrist weniger als 40 Tage beträgt oder bei einem Skontosatz von 2 % weniger als 60 Tage beträgt. Anders ausgedrückt: Beträgt bei einem angenommenen Sollzinssatz von 12 % und einem Skontosatz von 1 % die Differenz zwischen Netto-Zahlungsziel und Skontofrist mehr als 40 Tage oder bei einem Skontosatz von 2 % mehr als 60 Tage, wäre eine Zahlung am Ende des Netto-Zahlungszeitraums sinnvoller. Es stellt sich allerdings die Frage, ob derart lange Netto-Zahlungsziele verhandelbar sind. Im Allgemeinen dürfte dies nicht der Fall sein.

Gemäß der mit den Lieferanten gemachten Erfahrungen ist noch ein bestimmter Prozentsatz für Gutschriften (auch durch uns, den Kunden) oder Rechnungskorrekturen infolge von Warenrückgaben, Reklamationen etc. abzuziehen.

Die vorab beschriebenen Unsicherheiten bei der Planung der Ein- und Auszahlungen induzieren folgende Konsequenzen für die Finanzplanung:

- Die Prognosemethoden sind wegen der Zeitstabilitätshypothese nur mit Vorsicht anzuwenden, auch wenn sie die Validität der Planung erhöhen.
- Je größer die Konfidenzintervalle/die Sicherheitsniveaus bei der Schätzung von Ein- und Auszahlungen, desto höher müssen die Liquiditätsreserven und damit der MBLM sein.
- Laufende Planüberarbeitungen, z. B. in Form eines rollierenden Plans sind unumgänglich.
- Zu detaillierte Finanzplanungen vermitteln den Eindruck von Sicherheit (Scheingenauigkeit), die de facto nicht gegeben ist.

2.4 Budgetierung

2.4.1 Einführung in die Budgetierung

Im traditionellen betriebswirtschaftlichen Sinne ist unter dem Budgetbegriff die Zuordnung von finanziellen Ressourcen zu organisatorischen Bereichen zu verstehen. Beispielhaft seien das Einkaufs- und Beschaffungsbudget, das Budget für Forschung und Entwicklung oder das Produktions- und Absatzbudget genannt.

In der operativen Planung wird das **Budget** erst durch den Budgetierungsprozess erstellt.

> Ein Budget ist ein kurzfristiger, formalzielorientierter, schriftlich fixierter und in monetären Größen definierter Plan, der einem Verantwortungsbereich für eine Periode mit einem bestimmten Verbindlichkeitsgrad vorgegeben wird.

Darst. 2.401: Definition Budget
(Ähnlich HAMMER, R.: a. a. O., S 228, HORVÁTH, P., GLEICH, R., SEITER, M: a. a. O., S. 213.)

Aus dem vorstehenden ist abzuleiten, dass es sich bei den Budgetgrößen um **Soll-Werte** und nicht um Plan-Werte handelt; es sei denn, die Vorgabewerte werden identisch als Plangrößen in die Planung übernommen.[497]

Verantwortungsbereiche können Kostenstellen, Werke, Funktionsbereiche, Abteilungen u. Ä. oder Projekte sein. Anzumerken ist, dass für jede Planungsebene Budgets bestimmt werden können, deren Verbindlichkeitsgrad in operativer Planungstiefe zunimmt. Dementsprechend gelten die Budgetvorgaben im operativen Bereich i. d. R. als unumstößlich.

[497] Damit sind auch unterschiedliche Szenarios bei der Planung (worst case, best case, realistisch) ausgeschlossen.

Die Budgetierung ist ein betriebswirtschaftlicher Führungsprozess[1], der sämtliche Aktivitäten im Hinblick auf die Erstellung, Verabschiedung, Durch- und Umsetzung sowie Kontrolle einzelner Budgets sowie des Budgetsystems beinhaltet.

Darst. 2.402: Definition Budgetierung

[1] Mit den Phasen Anregung, Suche und Orientierung, Optimierung und Auswahl, Durch- und Umsetzung sowie Kontrolle (Vgl. hierzu die Ausführungen im Kapitel 1 „Einführung in das operative Controlling").

Das Budget, welches i. d. R. für ein Jahr erstellt wird, ist somit Ergebnis der Budgetierung. Da der **Budgetierungsprozess** sich aber **nicht nur auf die Erstellung und Kontrolle eines einzelnen (Bereichs-) Budgets** bezieht, sondern auf sämtliche Einzelbudgets im Unternehmen, ist ein weiteres Ergebnis des Budgetierungsprozesses die **Schaffung und Kontrolle eines in sich stimmigen Budgetsystems**.

Ein Budgetsystem ist die strukturierte Gesamtheit aller nach einheitlichen Richtlinien erstellter Einzelbudgets.

Darst. 2.403: Definition Budgetsystem

Ein Budgetsystem enthält i. d. R. sog. „Master Budgets" (Unternehmens-Gesamtbudgets) mit einem finanziellen Gesamtüberblick über alle operativen und finanziellen Maßnahmen des Unternehmens für einen kurzfristigen Planungszeitraum[498] sowie typischerweise einen budgetierten Finanzplan (Plan-Kapitalflussrechnung), eine budgetierte Betriebsergebnisrechnung (Plan-KER), eine budgetierte Erfolgsrechnung (Plan-GuV) und eine budgetierte Bilanz (Plan-Bilanz)[499] (s. Darst. 2.506).

Die operative Planung beinhaltet die Planung der einzelnen Unternehmensbereiche, die zur Konkretisierung der Bereichsziele dienen. Aber diese Ziele sind in vielen Fällen einander entgegengesetzt, wodurch Ziel- und Maßnahmenkonflikte entstehen. Die Bereichsziele müssen daher durch Abstimmungen zwischen den Bereichsleitern und dem Top-Management festgelegt werden. Ergebnis dieser Abstimmungsprozesse ist das Budget. Somit ist das Budget ein Leistungsvertrag zwischen dem Top-Management und der Bereichslei-

[498] Vgl. HORNGREN, C. T., FOSTER, G., DATAR, S. M. ET AL.: Cost Accounting: A Managerial Emphasis, 15th ed., Harlow 2015, S. 221.

[499] Vgl. PFAFF, D.: Budgetierung, in: KÜPPER, H.-U., WAGENHOFER, A.: Handwörterbuch Unternehmensrechnung und Controlling, 4. Aufl., Stuttgart 2002, Sp. 234f.

Operative Planung der Funktionsbereiche

- Umsatzpläne
- Werbepläne
- Forschungs- und Entwicklungspläne
- Personaleinsatzpläne
- Kostenpläne
- Produktions- und Dispositionspläne
- Beschaffungspläne
- Vorratspläne
- Ergebnispläne
- Finanzierungspläne

Einzelbudgets

- Prüfung, Korrektur und Genehmigung

Unternehmens-Gesamtbudgets

- Bilanz-Budget
- Ertrags-, Aufwands-, Erfolgs-Budget
- Finanzierungsbudget
- Ressourcen-Budget
- Potenzial-Budget

Budget-Kontrolle

- Monatlicher Budget-Ist-Vergleich und Analyse der Budget-Ist-Abweichungen sowohl der Einzel- als auch der Gesamtbudgets

Darst. 2.404: Zusammenhang zwischen den operativen Planungen der Funktionsbereiche und dem Budgetierungsprozess

tung. Im Rahmen eines Budgetierungsprozesses werden im Unternehmen regelmäßig Kosten und Erlöse geplant. Mittels Budget wird der finanzielle Rahmen zur Erreichung realistischer und gemeinsam zugestimmter Ziele festgehalten. Mit Hilfe des Budgets werden somit indirekt auch die Aktivitäten der Entscheidungsträger koordiniert. Ziele und Strategien werden in klar definierte finanzielle Vorgaben für das Gesamtunternehmen transformiert.[500] Das vorstehende Bild stellt den Zusammenhang zwischen den operativen Planungen der Funktionsbereiche und dem Budgetierungsprozess dar.

Aus den operativen Teilplanungen der Funktionsbereiche werden die Einzelbudgets abgeleitet. Im Anschluss daran wird das Unternehmens-Gesamtbudget (s. o. Budgetsystem) entwickelt. Der monatliche Budget-Ist-Vergleich und die regelmäßige Analyse der Abweichungen machen aus dem Budgetierungsprozess ein wirksames Führungsinstrument. Den detaillierteren Aufbau eines Budgetsystems veranschaulicht Horváth wie folgt:

[500] Vgl. ESCHENBACH, R., SILLER, H.: a. a. O., S. 261–263.

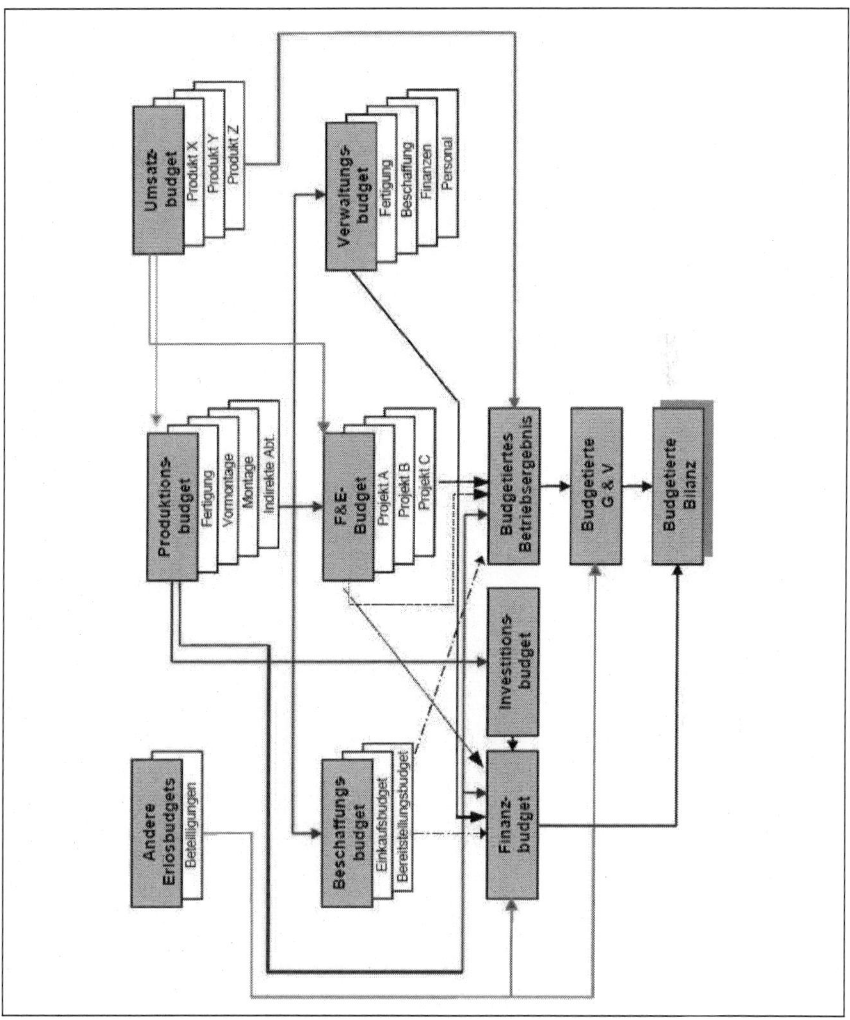

Darst. 2.405: Aufbau eines Budgetsystems
(HORVÁTH, P.: Controlling, 10. Aufl., München 2006, S. 220, abgewandelt siehe HORVÁTH, R., GLEICH, R., SEITER, M.: a. a. O., S. 137.)

Die Budgetierung soll ähnliche **Funktionen** wie die Planung[501] erfüllen:

[501] Vgl. die Vorstellung der Planungsfunktionen im Unterabschnitt 1.1.1 „Notwendigkeit der Planung und Planungsbegriff".

- Motivationsfunktion
- Prognosefunktion
- Allokationsfunktion
- Kommunikationsfunktion
- Vorgabefunktion
- Initiierungsfunktion
- Kontrollfunktion
- Koordinationsfunktion

Darst. 2.406: Funktionen der Budgetierung

Die **Motivationsfunktion** beruht auf der Annahme, dass die Mitarbeiter durch die Darstellung in quantitativer messbarer Form, – z. B. im Absatzbereich durch Umsatzstatistiken – stärker motiviert werden als durch Maßnahmenpläne. Die Beschränkung auf Vorgabegrößen – im Gegensatz zur zentralistischen Planung – lässt dem Management größere Entscheidungs- und Handlungsspielräume. Dies fördert dessen Eigeninitiative und Leistungsbereitschaft. Ein weiterer Motivationspunkt ist, dass durch die Einhaltung bzw. Erreichung eines Budgets die Grundlage für eine Leistungsbeurteilung gelegt wird.

Durch die **Prognosefunktion** werden zukünftige Umweltsituationen prognostiziert. Dieses reduziert Unsicherheiten in Entscheidungssituationen und führt dazu, dass knappe (finanzielle) Ressourcen des Unternehmens optimal eingesetzt werden.

Aufbauend auf den durchgeführten Prognosen werden die zumeist knappen Ressourcen des Unternehmens auf die Funktionsbereiche verteilt. Dies bedeutet eine **Allokationsfunktion** der Budgetierung.

Eine Budgetierung fördert die **Kommunikation** im Unternehmen, „da die Budgetabstimmung aufgrund der Delegation einen intensiveren Informationsaustausch zwischen den Unternehmensbereichen und der Zentrale notwendig macht.“[502]

Die Budgets haben Vorgabecharakter für die einzelnen Verantwortungsbereiche und erfüllen damit die **Vorgabefunktion**.

Um diese Vorgaben einzuhalten, also das Budgetziel zu erreichen sind entsprechende Maßnahmen zu initiieren (**Initiierungsfunktion**).

Im Anschluss an die Realisation von Maßnahmen werden entsprechende Kontrollen durchgeführt, um zu überprüfen, inwieweit die vorgegeben Budgetziele erreicht und die Vorgaben eingehalten wurden. Somit wird der Budgetierung auch eine **Kontrollfunktion** zugeschrieben.

Die **Koordinationsfunktion** der Budgetierung zeigt sich in der Koordination der einzelnen Teilbudgets zu einem in sich stimmigen Budgetsystems.[503]

Bei den einzelnen Funktionen muss allerdings beachtet werden, dass zwischen den Funktionen Unstimmigkeiten bzw. Konflikte entstehen können; beispielsweise zwischen der Planungs- und Koordinationsfunktion und der Motivationsfunktion.

2.4.2 Einzelbudgets

Nachfolgend wird anhand der Fa. Design-Bäder GmbH die Entwicklung und Erstellung einer budgetierten Erfolgsrechnung (Plan-GuV) als eines der vier Gesamtbudgets vorgestellt. Beispielhaft stehen hier die Beziehungen zwischen Umsatz, Beschaffung, Fertigung, Input- und Fertigwarenbeständen im Mittelpunkt.[504] Die folgende Abbildung zeigt vereinfachend das Budgetsystem der Design-Bäder GmbH. Die dort aufgeführten Einzelbudgets müssen zur Anfertigung der budgetierten Erfolgsrechnung aufgestellt (und verabschiedet) werden.

[502] Vgl. VOLKMANN, S., Darstellung und Anwendung eines Bewertungsmodells im Rahmen des Controllings unter Beachtung der IAS/IFRS, Diss. TU Berlin, Berlin 2005, S. 173.

[503] Vgl. COENENBERG, A., FISCHER, T., GÜNTHER, T.: Kostenrechnung und Kostenanalyse, 9. Aufl., Stuttgart 2016, KÜPPER, H.-U., FRIEDL, G., HOFMANN, C. ET AL.: a. a. O., S. 435.

[504] In Anlehnung an RICKARDS, R. C.: Budgetplanung kompakt, München 2007, S. 60.

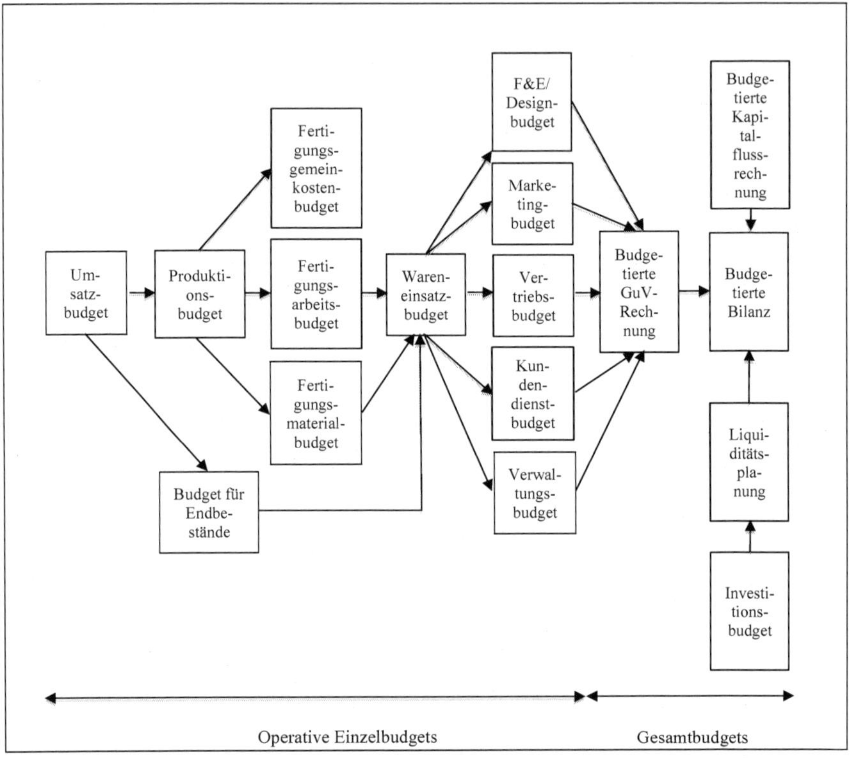

Darst. 2.407: Budgetsystem der Design-Bäder GmbH

Die operativen Einzelbudgets stellen den Rahmenplan zur Erreichung des jährlichen Gewinnziels dar. Angefangen bei Forschung und Entwicklung bis hin zur Verwaltung sind die verschiedenen Bereiche der Wertschöpfungskette in den Einzelbudgets vorhanden. Die im Geschäftsjahr benötigten Stückzahlen an Produkten ergeben sich aus der Addition von Absatz und Endbestand. Wird davon der Anfangsbestand subtrahiert, verbleibt die Ausbringungsmenge. Aus dem Produktionsbudget können dann die Budgets für Fertigungsmaterial, -arbeit und -gemeinkosten abgeleitet werden. Die Gesamtbudgets sind

- der budgetierte Finanzplan (Plan-Kapitalflussrechnung), der auf der Investitions- und Liquiditätsplanung (einschließlich der Auswirkungen operativer, taktischer und strategischer Maßnahmen auf die Entwicklung der Zahlungsmittelbestände) basiert,
- eine budgetierte Betriebsergebnisrechnung (Plan-KER),

- eine budgetierte Erfolgsrechnung (Plan-GuV) und
- eine budgetierte Bilanz (Plan-Bilanz).

Da hier die operative Planung vorgestellt wird und Investitionen längerfristige und strategische Maßnahmen darstellen, werden sie in diesem Rahmen nicht weiter berücksichtigt. Auf die Ermittlung einer budgetierten Betriebsergebnisrechnung kann hier verzichtet werden, da sich im Beispiel keine Unterschiede zwischen den handelsrechtlichen und kostenrechnerischen Strömungsgrößen ergeben.

Für die Erstellung einer budgetierten GuV-Rechnung der Design-Bäder GmbH für das Jahr 2021 werden zunächst folgende Einzelbudgets vorbereitet:

- Umsatzbudget
- Produktionsbudget
- Materialkostenbudget
- Fertigungslohnbudget
- F&E-/Designbudget
- Marketingbudget (einschl. Vertriebsbudget einschl. Kundendienstbudget)
- Verwaltungsbudget

Zur Vorbereitung des operativen Rahmenplans halten die meisten Unternehmen ihre **Richtlinien und Hinweise in einem Handbuch** fest. Die Details der Richtlinien können von Unternehmen zu Unternehmen variieren, doch charakteristisch für die traditionelle Budgetierung ist, dass das Umsatzbudget den Ausgangspunkt für die Budgeterstellung darstellt. In der Folge werden in logischer Reihenfolge die Einzelbudgets erstellt.

2.4.2.1 Umsatz-/Leistungsbudget

Das Umsatzbudget ist das Resultat eines komplexen Prozesses der Informationssammlung und Analyse. Da einige Teilbudgets sich vom Umsatzbudget ableiten, ist die Projizierung möglichst exakter Umsatzdaten auf der Basis der abzusetzenden Mengen von zentraler Bedeutung. Die Umsatzerwartungen der Design-Bäder GmbH sind in der folgenden Darstellung abgebildet. Der Einfachheit halber werden die Wachstumsraten das ganze Budgetjahr über konstant bleiben.

Umsatzerwartungen im Budgetjahr 2021						
Produkt-gruppe	Absatz-region	Netto-Umsatz 2020 (in T€)	Branchen-wachstum (in %)	Netto-Umsatz 2021 (real) (in T€)	Preis-steige-rungs-rate (in %)	Netto-Umsatz 2021 (nominal) (in T€)
A	Inland	16.753	7	17.926	4	18.643
	Ausland	5.589	9	6.093	2	6.214
B	Inland	11.169	7	11.951	4	12.429
	Ausland	3.726	9	4.062	2	4.143
Gesamtumsatz		37.238		40.031		41.429

Darst. 2.408: Umsatzerwartungen der Design-Bäder GmbH

Die Branchenwachstumsschätzungen für das Budgetjahr werden mit dem Netto-Umsatz aus dem Vorjahr multipliziert, um den Netto-Umsatz (real) zu berechnen. Der Netto-Umsatz (real) wird um die Schätzung der Preissteigerungsrate erhöht, um den Netto-Umsatz (nominal) für das Plan-Jahr zu erhalten.

2.4.2.2 Produktionsbudget

Zur Erstellung des Produktionsbudgets muss ermittelt werden, welche Lagerbestände am Ende des Geschäftsjahres vorliegen sollen, wie viele Produkte abgesetzt werden sollen und welche Bestände zu Beginn des Geschäftsjahres vorhanden sind.[505]

Sollte der Absatz sich nicht gleichmäßig über das Jahr verteilen, muss das Management entscheiden, ob die Ausbringungsmenge konstant gehalten werden soll und die Bestände verändert bleiben oder ob die Ausbringungsmenge dem Absatz periodisch anpasst wird. Durch die breite Akzeptanz der Just-in-time-Produktion versuchen die meisten Manager jedoch ihre Bestände im Jahresverlauf möglichst niedrig zu halten.[506]

[505] Vgl. FISCHER, T., MÖLLER, K., SCHULTZE, W., a. a. O., S. 434.

[506] Vgl. RICKARDS, R. C.: a. a. O., S. 69.

Produktionsleistung im Budgetjahr 2021		
	Produktgruppe A	Produktgruppe B
Budgetierter Absatz	875.000	700.000
Geplanter Endbestand zum 31.12.2021	55.000	35.000
Erforderliche Menge	930.000	735.000
Abzüglich Anfangsbestand am 01.01.2021	40.000	21.000
Budgetierte Produktion	890.000	714.000

Darst. 2.409: Produktionsleistung der Design-Bäder GmbH

2.4.2.3 Materialkostenbudget

Das Materialkostenbudget entspricht dem **Budget des Bereichs Materialwirtschaft**. Dies sind zum einen die Einzelkosten für die Beschaffungsobjekte der Materialwirtschaft, zum anderen die Gemeinkosten des Bereichs Materialwirtschaft. Letztere umfassen neben den Abschreibungen auf Anlagegüter des Materialbereichs auch Gemeinkosten wie etwa Personalkosten, die auf die verschiedenen Aufgaben der Materialwirtschaft zurückzuführen sind.[507]

Bei der Herstellung von Badewannen, Duschkabinen, Waschbecken, wasserführenden Armaturen, Brausen usw. werden hauptsächlich die Materialien Keramik, Edelstahl, Glas und Kunststoff verwendet. Die Materialien werden am Markt in Kilogramm gehandelt. Der Gesamtbedarf der einzelnen Materialien und den Materialkosten lassen sich auf der Grundlage der geplanten Absatz- bzw. Fertigungsmenge in Verbindung mit den Stücklisten der einzelnen Produkte ermitteln.

[507] Vgl. die Ausführungen zum "Materialbudget" im Paragrafen 1.1.2.2.4 „Materialeinkaufsvolumen" des zweiten Bandes (WÖRDENWEBER, M.: Operatives Controlling – Band 2. Operative Kennzahlenanalyse in den Funktionsbereichen – Ausgewählte Methoden und Techniken des operativen Controllings, 3. Aufl., Berlin 2021).

Materialeinzelkosten im Budgetjahr 2021				
	Keramik	Edelstahl	Glas	Kunststoff
Bedarf Produktgruppe A (kg)	135.000	70.000	40.000	8.900
Bedarf Produktgruppe B (kg)	83.000	55.000	19.000	3.500
Einkaufspreis (€/kg)	40	70	10	8
Materialkosten (€)	8.720.000	8.750.000	590.000	99.200

Darst. 2.410: Materialeinzelkosten der Design-Bäder GmbH

Insgesamt ergeben sich **Materialeinzelkosten** in Höhe von 18.159.200 €. Die **Materialgemeinkosten** werden unter Berücksichtigung der Abschreibungen mit 180.000 € ermittelt.

2.4.2.4 Fertigungslohnbudget

Die Kosten der Fertigungsarbeit sind abhängig von den Produkttypen, Produktionsmethoden, Stundenlöhnen und Neueinstellungen. In der folgenden Darstellung ist die budgetierte Berechnung für die Fertigungsarbeit zu sehen. Die Ausbringungsmengen einer jeden Produktgruppe werden mit den Fertigungsarbeitsstunden pro Mengeneinheit jeder Produktgruppe multipliziert und ergibt die Gesamtzahl der Fertigungsarbeitsstunden je Produktgruppe. Die Summe der Fertigungsarbeitsstunden je Produktgruppe werden mit den Stundenlöhnen der entsprechenden Produktgruppe multipliziert: Hieraus ergeben sich die budgetierten Fertigungslöhne für die jeweilige Produktgruppe sowie bei der Addition über sämtliche Produktgruppen das Fertigungslohnbudget.

Fertigungslöhne im Budgetjahr 2021					
	Ausbringungsmenge (ME)	Fertigungsarbeits-stunden (h/ME)	Gesamtzahl der Fertigungsarbeitsstunden (h)	Stundenlohn (€/h)	Fertigungslöhne pro Produktgruppe (€)
Produktgruppe A	143.609	1	107.707	58	6.246.996
Produktgruppe B	45.581	2	68.372	56	3.828.804
Summe			176.078		10.075.800

Darst. 2.411: Fertigungslohnbudget der Design-Bäder GmbH

2.4.2.5 Gemeinkostenbudget

Die jeweiligen Kosten für F&E/Design, Marketing, Verkauf, Kundendienst und Verwaltung werden hier als Pauschalsummen budgetiert. Im vorliegenden Fall wird angenommen, dass die Gemeinkosten nicht in Beziehung zur Fertigungskapazität oder Ausbringungsmenge stehen und somit fix sind. Sie unterliegen der langfristigen Disposition des Managements.[508]

Gemeinkosten im Budgetjahr 2021					
	Marketingbudget (€)	Vertriebsbudget (€)	Kundendienstbudget (€)	Verwaltungsbudget (€)	F&E-/ Designbudget (€)
Gehälter	90.000	180.000	170.000	855.000	306.000
Sonstiges	510.000	120.000	40.000	258.000	96.000
Summe	600.000	300.000	210.000	1.113.000	399.000

Darst. 2.412: Gemeinkostenbudget der Design-Bäder GmbH

[508] Vgl. RICKARDS, R. C.: a. a. O., S. 75.

2.4.2.6 Kostenplanung mit der Plankostenrechnung

2.4.2.6.1 Einführung in die Plankostenrechnung

Im Laufe der vergangenen Jahrzehnte hat die Kosten- und Leistungsrechnung erhebliche Veränderungen erfahren. Zum einen geht es nicht mehr nur um die Erfassung und Auswertung von Kosten, sondern vielmehr um die Planung und Kontrolle (Steuerung) von Kosten. Die Kostenrechnung als ein wesentliches Instrument des Controllings soll in bzw. für alle (Funktions-) Bereiche des Unternehmens Daten bereitstellen, die optimale unternehmenszielgerichtete Entscheidungen (Planung und Kontrolle) ermöglichen. Diese Anforderungen soll die **Plankostenrechnung**, die mit **Zukunftswerten** arbeitet, erfüllen.

> Bei der Plankostenrechnung handelt es sich um ein Kostenrechnungssystem, welches die Gesamtkosten eines Unternehmens für eine bestimmte Periode in der Zukunft nach Kostenarten, Kostenstellen und Kostenträgern differenziert plant. Die zu ermittelnden Plankosten ergeben sich als Produkt aus geplanten Mengen (Planmengen) und geplanten Faktorpreisen (Planpreisen).

Darst. 2.413: Begriff Plankostenrechnung

<u>Aufgaben und Inhalte der Plankostenrechnung</u>

Primäre **Aufgabe der Plankostenrechnung** ist die Kontrolle der Wirtschaftlichkeit. Dies geschieht, indem zunächst eine **Kostenplanung** für die einzelnen Verantwortungsbereiche erfolgt und nach der Durchführung/Umsetzung der geplanten Maßnahmen die **Kontrolle** der geplanten bzw. vorgegeben Kosten. Damit ersetzt die Plankostenrechnung nicht die Istkostenrechnung. Erst die Kombination von Plankostenrechnung und Istkostenrechnung ermöglich die oben angesprochene Wirtschaftlichkeitskontrolle. Die beiden Schritte „Planung der Kosten und Kontrolle der Kosten in den einzelnen Verantwortungsbereichen" werden (hier) getrennt behandelt. Die Planung der Kosten mittels Plankostenrechnung wird nachstehend erörtert, während die Kontrolle der Kosten in den einzelnen Verantwortungsbereichen im Unterabschnitt 2.6.5 „Kostenkontrolle in der Plankostenrechnung" vorgestellt wird.

Zu den weiteren Aufgaben der Plankostenrechnung gehören auch die kostenmäßige Analyse von Entscheidungsalternativen einschließlich der Vorkalkulation betrieblicher Leistungen sowie die Vorgabe von Soll- oder Plankosten zu den Aufgaben der Plankostenrechnung.

Im Einzelnen lassen sich folgende Aufgaben und Inhalte festhalten:[509]

- Planung des Leistungserstellungs- und Leistungsverwertungsprozesses (Maßnahmenplanung)
- Kalkulation der betrieblichen Leistungen
- Vorgabe von Plan- bzw. Sollgrößen
- Kontrolle der Wirtschaftlichkeit mittels Abweichungsanalysen
- Analyse der Abweichungsursachen
- Konsequenzen für die Verantwortungsbereiche im Hinblick auf künftige Kostenplanungen
- Sensibilisierung für ein stärkeres Kostenbewusstsein
- Darstellung der kostenmäßigen Auswirkungen bei Entscheidungsalternativen (Grundlage für Dispositionen)
- Unterstützung des Controllings im Unternehmen

Darst. 2.414: Aufgaben und Inhalte der Plankostenrechnung

Aufgrund der Interdependenzen mit anderen Teilbereichen des Unternehmens wie Absatz und Produktion erhält die Plankostenrechnung Daten wie Planleistungen und Einsatzmengen an Produktionsfaktoren und liefert ihrerseits Informationen für die budgetierte Betriebsergebnis- oder Erfolgsrechnung.

Wie in der vorstehenden Definition ersichtlich findet die **Abweichungsanalyse von Kostenvorgaben/-planungen in den einzelnen Kostenstellen,** die ein eindeutig und überschneidungsfrei nach Verantwortlichkeiten abgegrenzt sind, im Rahmen der Plankostenrechnung statt. Ziel der Plankostenrechnung ist es hier, den (Kostenstellen- oder Bereichs-) Verantwortlichen bei planmäßig ablaufenden betrieblichen Prozessen als erreichbar angesehene Kosten ex ante vorzugeben und diese später mit den tatsächlich angefallen Kosten zu vergleichen.

[509] Vgl. SCHELD, G. A.: Kostenrechnung im Industrieunternehmen. Bd. 3: Plankostenrechnung (im Folgenden mit „Plankostenrechnung“ abgekürzt), 3. Aufl., Büren 2018, S. 5–7.

Plan-Größen oder Soll-Größen

Vorwegnehmend wird im Rahmen der kritischen Betrachtung der operativen Budgetierung[510] die Frage aufgeworfen, anhand welcher Größe die Verantwortlichen gemessen werden sollen. Im Prinzip müsste es zwei Budgets geben bzw. im Unternehmen mit **(mindestens) zwei Größen** gearbeitet werden.[511] Eine Soll-Größe, die einen **Vorgabecharakter**[512] hat. Diese Größe dient als „Messlatte" (Ausmaß der Zielerreichung). Sie muss **nicht zwangsläufig ein Plan-Wert,**[513] der eine **prognostizierte Größe** darstellt, **bzw. mit diesem identisch sein**. Zum einen kann sich ein Zielerreichungsvorgabewert z. B. für einen Mitarbeiter oder eine Kostenstelle von einem (internen) Wert für die Planung unterscheiden, zum anderen ist auch denkbar, dass der Planende unterschiedliche Planwerte ansetzt, nämlich dann, wenn er z. B. mit unterschiedlichen Szenarien wie „worst case" oder „best case" oder einem realistischem Wert arbeitet. In diesem Fall wäre es nicht von Vorteil, dem Ausführenden den niedrigen worst case-Planwert vorzugeben, wenn ein „höherer" (Soll-) Wert erreicht werden kann – und sollte.

Plankosten können (auch) einen Vorgabecharakter haben, nämlich dann, wenn auf eine explizite Ansetzung von abweichenden Sollkosten verzichtet wird.

Die vorstehende Problematik wird in der Plankostenrechnung wie folgt – m. E. im Grundsatz unbefriedigend – gelöst: Der Ausdruck „**Plankosten**" wird nur für die **Kosten der geplanten Menge (Planbeschäftigung)** genutzt.[514] Dies ist auch schon in der obigen Definition erkennbar, in der die Begriffe Plankosten sowie Planmengen und Planpreise verwendet werden. Die Plankosten der von der Planbeschäftigung abweichenden Mengen, also auch die der tatsächlich produzierten (Ist-) Menge, werden in der Plankostenrechnung als „**Sollkosten**" tituliert.[515] Je nach Intention der Plankostenrechnung wäre dann der Begriff „Plankosten" oder „Sollkosten" nicht eindeutig bzw. falsch definiert. Sind bspw. die Plankosten die *geplanten* Kosten der geplanten Menge oder die im Sinne einer Zielvorgabe *zu erreichenden* Kosten der geplanten Menge, die nicht überschritten werden dürfen?

[510] Vgl. die Ausführungen im Unterabschnitt 2.4.4 „Kritische Betrachtung der operativen Budgetierung".

[511] Vgl. hierzu auch die Ausführungen im Unterabschnitt 3.1.3 „Bewertung von Kennzahlen".

[512] Es werden somit Verbrauchsnormen festgelegt.

[513] Die Plankostenrechnung ist als Teil**planung** in die Gesamtplanung der Unternehmung integriert. Siehe SCHELD, G. A.: Plankostenrechnung, a. a. O., S. 4.

[514] Vgl. u. a. HABERSTOCK, L.: Kostenrechnung II. (Grenz-) Plankostenrechnung mit Fragen, Aufgaben und Lösungen, 10. Aufl., Berlin 2008, S. 1, SCHERRER, G.: Kostenrechnung, 3. Aufl., Stuttgart 1999, S. 98.

[515] Vgl. etwa WEDELL, H., DILLING, A.: Grundlagen des Rechnungswesens. Lehrbuch und Online-Training mit über 50 Aufgaben. Buchführung und Jahresabschluss. Kosten- und Leistungsrechnung. Aufgaben und Lösungen, 18. Aufl., Herne, Berlin 2018, S. 447, HABERSTOCK, L.: Kostenrechnung II, a. a. O., S. 2, SCHERRER, G.: a. a. o., S. 108.

Diese zweifache Belegung des Begriffs „Sollkosten“ führt dazu, dass zum einen als erreichbar angesehene Kosten den dafür Verantwortlichen vorgegeben werden und später mit den tatsächlich angefallenen Kosten verglichen werden.[516] Die entsprechende Abweichungsanalyse wird als Soll-Ist-(Kosten-)Vergleich bezeichnet.[517] Zum anderen handelt es sich bei den Sollkosten in der Plankostenrechnung um diejenigen *geplanten* Kosten, die von der Planbeschäftigung abweichenden Mengen, also auch die der tatsächlich produzierten (Ist-) Menge, zugeordnet werden. Die entsprechende Abweichungsanalyse für diese zuletzt definierten Sollkosten sowie die Plankosten wird als Plan-Ist- (Kosten-) Vergleich bezeichnet.

Die Plankostenrechnung folgt in ihrem Aufbau dem allgemeinen Modell der Kostenrechnung. Auch hier findet sich die Einteilung in Kostenarten-, Kostenstellen- und Kostenträgerrechnung.[518]

Sofern für das Verständnis der folgenden Ausführungen einzelne Begriffe wie z. B. Aufwand/Kosten, Ertrag/Leistung, Kostenzurechnungsobjekte/Kostenträger/Leistungsobjekte, Kapazität, Beschäftigung und Beschäftigungsgrad, Einzel- und Gemeinkosten, variable/fixe Kosten oder Ist-, Normal- und Plankosten nicht oder nicht mehr oder nicht exakt bekannt sein sollten, können ausgewählte Grundlagen der Rechnungswesens bei Wördenweber im Kapitel 1 „Grundlagen der Kosten- und Leistungsrechnung“[519] nachgelesen werden.

Grundsätzlich lässt sich die Plankostenrechnung in folgende Teilbereiche untergliedern:

[516] Vgl. SCHELD, G. A.: Plankostenrechnung, a. a. O., S. 3, 5–6.

[517] Mit Sollkosten sind damit ausdrücklich nicht die Plankosten der von der Planbeschäftigung abweichenden Mengen, also auch die der tatsächlich produzierten (Ist-) Menge, gemeint! Das würde nur dann gelten, wenn die Plankosten bzw. die geplanten Sollkosten mit den den Verantwortlichen vorgegebenen Sollkosten übereinstimmen.

[518] Die Kostenträgerrechnung wird im Rahmen der Kostenplanung bzw. Budgetierung nicht weiter betrachtet.

[519] WÖRDENWEBER, M.: Kennzahlen und Verfahren der Kostenrechnung (im Folgenden mit „Kostenrechnung“ abgekürzt), Norderstedt 2020, S. 1–144.

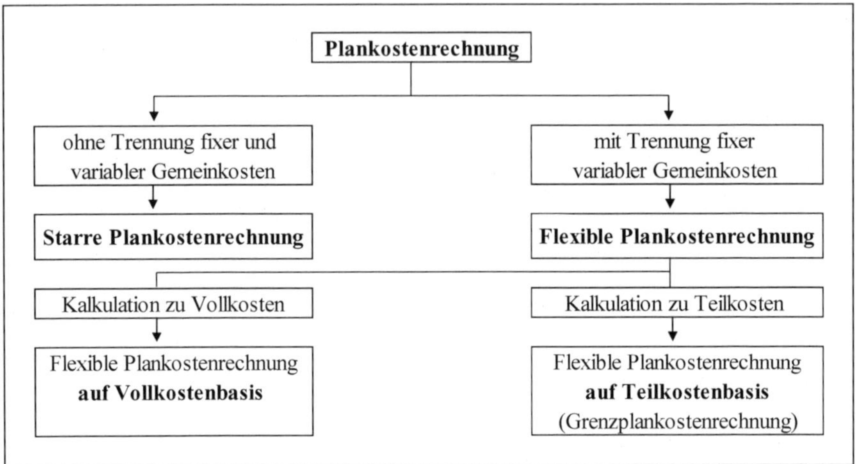

Darst. 2.415: Systeme der Plankostenrechnung

Wie die Kostenplanung in den einzelnen Systemen der Plankostenrechnung funktioniert, wird nachstehend erläutert.

2.4.2.6.2 Kostenplanung mit der starren Plankostenrechnung

In der Kostenrechnung wird zwischen der starren Plankostenrechnung, die eine Vollkostenrechnung ist, und den flexiblen Plankostenrechnungen unterschieden. Zunächst sei die Planung der Kosten mit Hilfe der **starren Plankostenrechnung** dargestellt.

Die einzelnen **Kosteneinflussgrößen**, insbesondere die Beschäftigung, aber auch Produktionsverfahren, intensitätsmäßige oder quantitative Anpassungen, Qualitätsänderungen bei den Produktionsfaktoren etc. finden bei der starren Plankostenrechnung **keinerlei Berücksichtigung**. Veränderungen der Kostenbestimmungsfaktoren werden nicht beachtet. **Eine Kostenauflösung/Zerlegung der Gesamtkosten in fixe und variable Bestandteile wird nicht vorgenommen.** Zudem wird die **Planbeschäftigung einer Kostenstelle (Beschäftigungsgrad) konstant** gehalten. Eine Anpassung der Plankosten an die Istbeschäftigung im Rahmen der (späteren) Kontrolle erfolgt nicht, da keine Sollkostenfunktion existiert. Deshalb wird sie auch „starre“ Plankostenrechnung genannt. Es wird lediglich nach

Kostenarten und Kostenstellen differenziert. In der Praxis wird die starre Plankostenrechnung so gut wie nicht mehr eingesetzt, da die Kostenkontrolle aufgrund der fehlenden Sollkosten nur als **völlig unbefriedigend** bezeichnet werden kann.

Sowohl die oben definierten Plankosten als auch Istkosten, die jeweils aus einer Mengen- und einer Preiskomponente bestehen, werden differenziert nach Einzel- und Gemeinkosten berechnet. Im Normalfall werden die Einzelkosten je Kostenträger und die Gemeinkosten kostenartenweise je Kostenstelle geplant. Die **Einzelkosten** ergeben sich durch Multiplikation der direkt den Kostenträgern zurechenbaren geplanten Verbrauchsmengen mit den Planpreisen. Hier werden oft die Stücklisten oder Rezepturen o. Ä. der Kostenträger zu Hilfe genommen, da diese die entsprechenden Verbrauchsmengen, oft auch schon mit den Planpreisen pro Bezugsgröße/Maßcinheit hinterlegt, enthalten. Die **Gemeinkosten** ergeben sich aus der Multiplikation der Planpreise mit den Planverbrauchsmengen, die nicht den einzelnen Erzeugniseinheiten zurechenbar sind, sondern über den „Umweg“ Kostenstellenrechnung auf die Kostenträgereinheit verteilt wurden. Bestimmte Gemeinkostenarten wie z. B. Gebühren oder Büromaterial werden nicht mengenmäßig, sondern direkt als Kosten geplant.[520] Entweder ist in diesen Fällen eine separate Mengenerfassung nicht möglich oder nicht wirtschaftlich.

Folgendes Beispiel verdeutlicht das Verfahren der starren Plankostenrechnung:

In einer Kostenstelle werden auf der Basis der vorab beschriebenen Vorgehensweise für einen bestimmten Planungszeitraum (Monat) für eine Planbeschäftigung (x^p) von 6.000 Stück Plankosten (K^p) in Höhe von 600.000,00 € ermittelt.

Die Kontrolle der geplanten bzw. vorgegebenen Kostenstellenkosten erfolgt im Unter-Unterabschnitt 2.6.5.1 „Kostenkontrolle in der starren Plankostenrechnung“.

[520] Vgl. SCHELD, G. A.: Plankostenrechnung, a. a. O., S. 51.

2.4.2.6.3 Kostenplanung mit der flexiblen Plankostenrechnung auf Vollkostenbasis

Die **flexiblen Plankostenrechnungssysteme** zeichnen sich dadurch aus, dass die Kostenplanung zwar für die Planbeschäftigung erfolgt; ihre konzeptionelle Eigenschaft ermöglicht es allerdings, **für jede von der Planbeschäftigung abweichende Beschäftigung angepasste Plankosten zu bestimmen**. D. h.: Während die starre Plankostenrechnung für die Plankosten (für das Kostenzurechnungsobjekt) lediglich für einen einzigen Beschäftigungsgrad, die Planbeschäftigung, ermittelt und in der Abrechnungsperiode keine Adaption der Plankosten an die jeweilige Ist-Beschäftigung erfolgt, ermöglicht die flexible Plankostenrechnung die Kostenplanung für jeden alternativen Beschäftigungsgrad.

Die Grundidee der flexiblen Plankostenrechnungen liegt primär in der **Kostenauflösung** (Kostenzerlegung) **in ihre fixen und variablen Bestandteile**, sodass einzelnen Kostenzurechnungsobjekten nicht nur eine einzige Kostengröße in Form von Plankosten vorgegeben werden, sondern vielmehr eine lineare Kostenfunktion[521], die für die unterschiedlichsten Ist-Beschäftigungsgrade die entsprechenden Soll-Kosten ermittelt und den Istkosten gegenüberzustellen.

Als Systeme der flexiblen Plankostenrechnung sind insbesondere die flexible Plankostenrechnung auf Vollkostenbasis und die auf Teilkosten basierende Plankostenrechnung zu unterscheiden. Letztere wird auch als Grenzplankostenrechnung hingestellt.

[521] Diese Voraussetzung korrespondiert mit der **einstufigen Kostenplanung**, anhand der nur für die Plan-Beschäftigung festgelegten Plankosten sich mit Hilfe der Verfahren der Kostenauflösung/Kostenaufspaltung/Kostenzerlegung die Sollkosten aller anderen Beschäftigungsgrade rechnerisch ableiten lassen. Die Linearitätsprämisse verhindert allerdings die Ermittlung nichtlinearer und unstetiger Sollkostenfunktionen, z. B. hinsichtlich intensitätsmäßiger und quantitativer Anpassungsprozesse. Mit Hilfe der **mehrstufigen Kostenplanung**, auch Stufenplanung oder **Stufenmethode** genannt, werden kostenstellen- und kostenartenweise Sollkosten für viele Beschäftigungsgrade oder Beschäftigungsintervalle separat ermittelt.

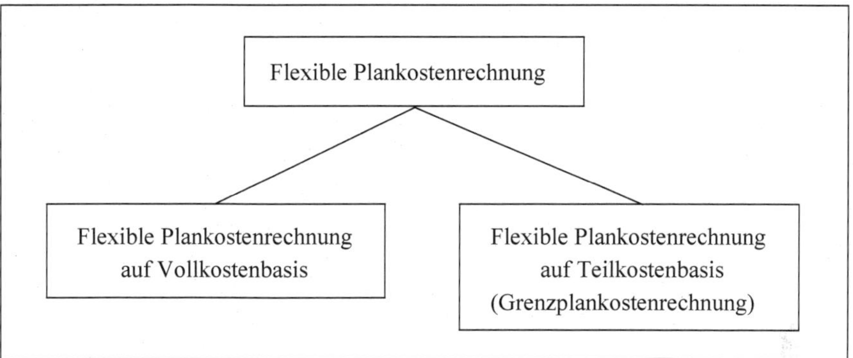

Darst. 2.416: Systeme der flexiblen Plankostenrechnung

Die wesentlichen Unterschiede zwischen diesen beiden Ausprägungen bestehen hauptsächlich bei der Zurechnung der Kosten auf die Kostenzurechnungsobjekte (Kostenträger i. w. S.).

An dieser Stelle sei darauf hingewiesen, dass es sich bei der hier zunächst vorzustellenden flexiblen Plankostenrechnung um eine **einfach-flexible Plankostenrechnung** handelt. Damit ist gemeint, dass die Sollkosten lediglich als Funktion der Planbeschäftigung, also *einer* Kosteneinflussgröße dargestellt wurden. Alle anderen Kostenbestimmungsfaktoren werden außer Acht gelassen bzw. es wird c. p. unterstellt, dass sie unverändert bleiben. Soll die spätere Kostenkontrolle jedoch noch präzisere Vergleichsmaßstäbe liefern, müssen die Sollkosten weiter untergliedert werden, sodass auch die kostenmäßigen Konsequenzen anderer Kosteneinflussgrößen erkannt werden. Dadurch geben die Sollkosten nicht mehr nur die Veränderung der Plankosten an, wenn die Istbeschäftigung von der Planbeschäftigung abweicht und alle anderen Kostenbestimmungsfaktoren unverändert bleiben. Ebenso spiegeln die Sollkosten dann die Plankostenveränderungen wider, falls weitere oder alle Kostenbestimmungsfaktoren im Istwert vom Planwert abweichen. Im Fall von mehr als einem Kostenbestimmungsfaktor wird von einer **mehrfach-flexiblen Plankostenrechnung** gesprochen. Werden alle Kosteneinflussgrößen einbezogen wird von einer **vollflexiblen Plankostenrechnung** gesprochen.[522]

Im Folgenden soll zunächst die **flexible Plankostenrechnung auf Vollkostenbasis** beschrieben werden.

[522] Vgl. HABERSTOCK, L.: Kostenrechnung II, a. a. O., S. 14f.

Wie in der nachstehenden Abbildung zu sehen ist, kann bei der flexiblen Plankostenrechnung auf Vollkostenbasis zwischen Kostenstellenrechnung und Kostenträgerrechnung unterschieden werden.

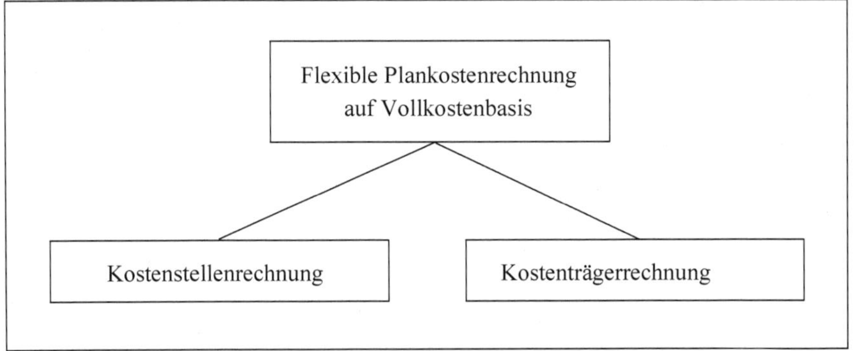

Darst. 2.417: Systeme der flexiblen Plankostenrechnung auf Vollkostenbasis

Die **Kostenstellenrechnung**, die hier bei der Planung und Kontrolle der Kosten verschiedener Verantwortungsbereiche im Fokus steht, nimmt eine explizite Trennung von fixen und variablen Kosten vor. In der Kostenträgerrechnung als **Kostenträgerstückrechnung** hingegen werden in die Verrechnungssätze auch die fixen Kosten einbezogen, indem die gesamten Plankosten durch die Planbeschäftigung dividiert werden. Demnach findet für Zwecke der Kalkulation (mit Gesamtkosten) keine Kostenauflösung fixer und variabler Bestandteile statt. Infolgedessen können die kalkulierten Gesamtkosten pro Stück nur eingeschränkt zur Entscheidung herangezogen werden. Eine Festlegung des Produktionsprogramms mit Selbstkosten führt zu falschen Ergebnissen.

Die Plankosten einer Kostenstelle werden wie folgt berechnet. Zunächst wird der der variable Plankostensatz k_v^p ermittelt, indem die gesamten variablen Kosten der Kostenstelle durch die Planbeschäftigung x^p dividiert werden.

$$k_v^p = \frac{K_v^p}{x^p}$$

Darst. 2.418: Variabler Plankostensatz k_v^p
Legende:
K_v^p = Variable Plankosten
x^p = Planbeschäftigung

Sofern die variablen Plankosten K_v^p nicht anderweitig bekannt sind, müssen die variablen Plankostensätze k_v^p kostenartenweise berechnet werden. Die gesamten Einzelkosten und ein Teil der Gemeinkosten sind bekanntlich (s. o.) abhängig von der Beschäftigung. Ist der **Produktionskoeffizient *PK*** (Verbrauchsmenge pro Erzeugniseinheit) einer Kostenart bekannt, kann die Verbrauchsmenge dieser Kostenart leicht bestimmt werden, indem der Produktionskoeffizient mit der Planbeschäftigung multipliziert wird. Die anschließende Multiplikation mit dem jeweiligen Planpreis ergibt den variablen Plankostensatz k_v^p einer Kostenart.

Für die Fixkosten ist die Kosteneinflussgröße Beschäftigung nicht von Bedeutung. Sie müssen, sofern es sich nicht um kostenstellenbezogene Fixkosten handelt, anhand geeigneter Schlüsselgrößen auf die Kostenstelle verrechnet werden.

Die gesamten Plankosten ergeben sich dann wie folgt:

$$K^p = K_f + PK \cdot p^p \cdot x^p = K_f + k_v^p \cdot x^p$$

Darst. 2.419: Plankosten K^p
Legende:
K_f = fixe Kosten
k_v^p = variabler Plankostensatz
PK = Produktionskoeffizient
p^p = Planpreis
x^p = Planbeschäftigung

Die Sollkosten (für beliebige Beschäftigungen x_i) einer Kostenstelle lassen sich jetzt einfach berechnen:

$$K^s = K_f + k_v^p \cdot x_i$$

Darst. 2.420: Sollkosten K^s

Legende:
K_f = fixe Kosten
k_v^p = variabler Plankostensatz
x_i = Beschäftigung

Beispiel:

In einer Kostenstelle werden auf der Basis der vorab beschriebenen Vorgehensweise für einen bestimmten Planungszeitraum (Monat) für eine Planbeschäftigung (x^p) von 6.000 Stück wie vorab beschrieben ein variabler Plankostensatz k_v^p in Höhe von 40 € je Erzeugniseinheit ermittelt. Die Fixkosten betragen 360.000 €.

Die gesamten Plankosten K^p ergeben sich gemäß der vorstehenden Formel wie folgt:

K^p = 360.000 € + 40 €/Stück • 6.000 Stück = 600.000 €

Die Sollkostenfunktion als Funktion der geplanten Kosten lautet dann:

$K^s(x) = 360.000 + 40 \cdot x$

Sie lässt sich wie folgt darstellen:

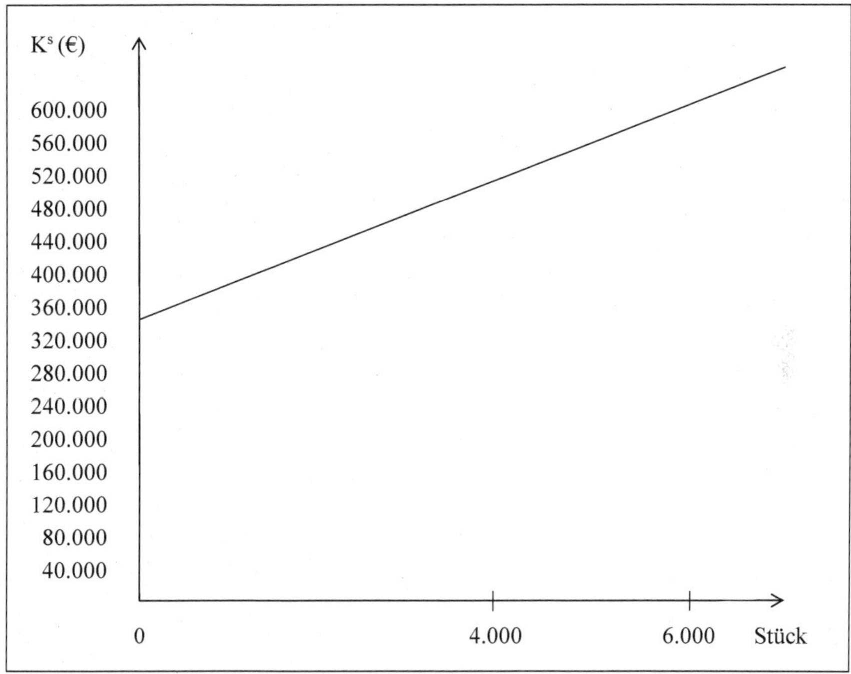

Darst. 2.421: Sollkostenfunktion (Beispiel)

Die flexible Plankostenrechnung auf Vollkostenbasis weist die folgenden Vor- und Nachteile auf:[523]

Vorteile:

- Es findet **eine wesentlich leistungsfähigere Kostenkontrolle** der Kostenstellen im Vergleich zur starren Plankostenrechnung statt (vgl. Unter-Unterabschnitt 2.5.5.2 „Kostenkontrolle in der flexiblen Plankostenrechnung auf Vollkostenbasis“).
- Die flexible Plankostenrechnung auf Vollkostenbasis stellt **aussagefähige Vorgabewerte** für das Management einschließlich der Kostenstellenverantwortlichen zur Verfügung.
- Sie eignet sich gut als **Grundlage für preispolitische Entscheidungen** und **erhöht die Genauigkeit der Kalkulation**.

[523] Vgl. HABERSTOCK, L.: Kostenrechnung II, a. a. O., S. 18.

Nachteile:

- Das **Fixkostenproblem** wird in der Kostenträgerrechnung resp. Kostenträgerstückrechnung **nicht gelöst**. Es wird somit weiter **gegen das Verursachungsprinzip verstoßen**. (vgl. die Ausführungen im Unter-Unterabschnitt 2.5.5.2 „Kostenkontrolle in der flexiblen Plankostenrechnung auf Vollkostenbasis")
- Insofern stellt die Kostenträgerstückrechnung nur eine **bedingte Lösung für die Kalkulation der betrieblichen Leistungen** und dementsprechend **für dispositive Zwecke** dar. Es besteht die Gefahr, dass **fehlerhafte Entscheidungen** über Produkteliminierungen getroffen werden. Produkte, die ihre vollen Kosten in einer Erfolgsrechnung nicht decken, werden ggf. unter kostenrechnerischen Aspekten eliminiert, obwohl der Deckungsbeitrag pro Stück positiv ist.
- Auch als **Lenkungsinstrument ist die Kostenträgerstückrechnung nur sehr eingeschränkt verwendbar**.
- Es ist ein **höherer Aufwand** als in der starren Plankostenrechnung festzustellen.
- Bei **häufig wechselnden Zusammensetzungen des Fertigungsprogramms** ist die flexible Plankostenrechnung auf Vollkostenbasis nur **mit erheblichem Aufwand** anwendbar.
- Grundsätzlich sieht die einfach-flexible Plankostenrechnung nur die eine Kosteneinflussgröße „Beschäftigung" vor. Dieses Problem ließe sich allerdings mit der mehrfach-flexiblen oder vollflexiblen Plankostenrechnung (weitestgehend) lösen; allerdings mit noch mehr Aufwand.

2.4.2.6.4 Kostenplanung mit der flexiblen Plankostenrechnung auf Teilkostenbasis (Grenzplankostenrechnung)

Die **flexible Plankostenrechnung auf Teilkostenbasis**, fortan kurz **Grenzplankostenrechnung**, stellt eine Fortentwicklung der flexiblen Plankostenrechnung auf Vollkostenbasis dar. Unter dem Namen **„Direct Costing"** findet sich in der amerikanischen Literatur sowohl die Deckungsbeitragsrechnung[524] als auch die Grenzplankostenrechnung[525].

Der Aufbau der Grenzplankostenrechnung entspricht weitgehend der auf Vollkosten basierenden flexiblen Plankostenrechnung. Der entscheidende Unterschied besteht darin,

[524] Vgl. EBERLEIN, J.: Betriebliches Rechnungswesen und Controlling, 2. Aufl., München 2010, S. 194.

[525] Vgl. COENENBERG, A., FISCHER, T., GÜNTHER, T.: a. a. O., S. 262f.

dass die **Kostenauflösung in fixe und variable Bestandteile von der Kostenarten- bis zur Kostenträgerrechnung beibehalten** wird. Die Vorgehensweise bei der Planung und Kontrolle der Kostenstellenkosten mittels Grenzplankostenrechnung ist identisch mit der wie sie bei der flexiblen Plankostenrechnung auf Basis der Vollkosten üblich ist – mit einem gravierenden Unterschied: Die **Fixkosten werden bei der Planung und Kontrolle der Kostenstellenkosten nicht berücksichtigt**. Auch bei der Grenzplankostenrechnung gelten **lineare Kostenverläufe** als **Prämisse**, weshalb statt von variablen Kosten auch von **proportionalen** gesprochen werden kann. Sie bilden gleichzeitig die Grenzkosten, da eine lineare Kostenfunktion unterstellt wird.

Auch wenn die Fixkosten bei der Planung und Kontrolle der Kostenstellenkosten außer Acht gelassen werden und die Beschäftigungsabweichung *BA* somit entfällt[526], heißt das nicht, dass diese im Unternehmen nicht analysiert werden müssen. Selbstverständlich ist die Prüfung der Fixkosten als Grundlage für z. B. langfristig wirksame Desinvestitions- und Stilllegungsentscheidungen bedeutsam. Hier stellt sich im Rahmen der Auslastungsanalyse die Frage nach den **Leerkosten** bzw. **Nutzkosten**. Diese Punkte gehören jedoch nicht zu den operativen Entscheidungen und werden daher hier nicht weiter vertieft.

Den vorigen Ausführungen folgend werden sowohl bei der Ermittlung von Kalkulationssätzen als auch bei der Bildung von Verrechungssätzen für innerbetriebliche Leistungen nur die variablen Plankosten einbezogen, wodurch die generelle **Vermeidung der Proportionalisierung von Fixkosten** (wie in der Kostenträgerstückrechnung innerhalb der flexiblen Plankostenrechnung auf Vollkostenbasis) erreicht wird.

Insbesondere bei **kurzfristigen Dispositionsaufgaben**, wie beispielsweise die Ermittlung von Preisuntergrenzen für Zusatzaufträge oder die Festlegung des gewinnmaximalen Produktionsprogramms, werden **nur die variablen Kosten als entscheidungsrelevante Parameter** berücksichtigt (s. o.) und den Kostenzurechnungsobjekten zugerechnet, womit der Teilkostencharakter dieses Systems zum Ausdruck kommt. Die Fixkosten werden demgegenüber als zeitraumbezogene Kosten en bloc in das Betriebsergebnis der Abrechnungsperiode übernommen und erst dort in das Entscheidungskalkül eingeschlossen.

Die Plankosten einer Kostenstelle werden wie folgt berechnet. Zunächst wird der variable Plankostensatz k_v^p wie bei dem Verfahren der flexiblen Plankostenrechnung auf Vollkostenbasis (s. o.) ermittelt.

---

526 Näheres hierzu Unter-Unterabschnitt 2.6.5.3 „Kostenkontrolle in der flexiblen Plankostenrechnung auf Teilkostenbasis (Grenzplankostenrechnung)“.

Für die Fixkosten ist die Kosteneinflussgröße Beschäftigung nicht von Bedeutung. Sie werden hier nicht weiter beachtet.

Die gesamten Plankosten K^p ergeben sich dann wie folgt:

$$K^p = PK \bullet p^p \bullet x^p = k_v^p \bullet x^p$$

Darst. 2.422: Plankosten K^p in der Grenzplankostenrechung

Legende:
k_v^p = variabler Plankostensatz
PK = Produktionskoeffizient
p^p = Planpreis
x^p = Planbeschäftigung

Die Sollkosten K^s (für beliebige Beschäftigungen x_i) einer Kostenstelle lassen sich jetzt einfach berechnen:

$$K^s = k_v^p \bullet x_i$$

Darst. 2.423: Sollkosten K^s

Legende:
k_v^p = variabler Plankostensatz
x_i = Beschäftigung

Nachstehend wird das Beispiel aus dem vorherigen Paragrafen fortgeführt.

In einer Kostenstelle werden auf der Basis der vorab beschriebenen Vorgehensweise für einen bestimmten Planungszeitraum (Monat) für eine Planbeschäftigung (x^p) von 6.000 Stück wie vorab beschrieben ein variabler Plankostensatz k_v^p in Höhe von 40 € je Erzeugniseinheit ermittelt. Die Fixkosten betragen 360.000 €.

Die gesamten Plankosten K^p ergeben sich gemäß der vorstehenden Formel wie folgt:

K^p = 40 €/Stück • 6.000 Stück = 240.000 €

Die Sollkostenfunktion als Funktion der geplanten Kosten lautet dann:

$K^s(x) = 40 \bullet x$

Sie lässt sich wie folgt darstellen:

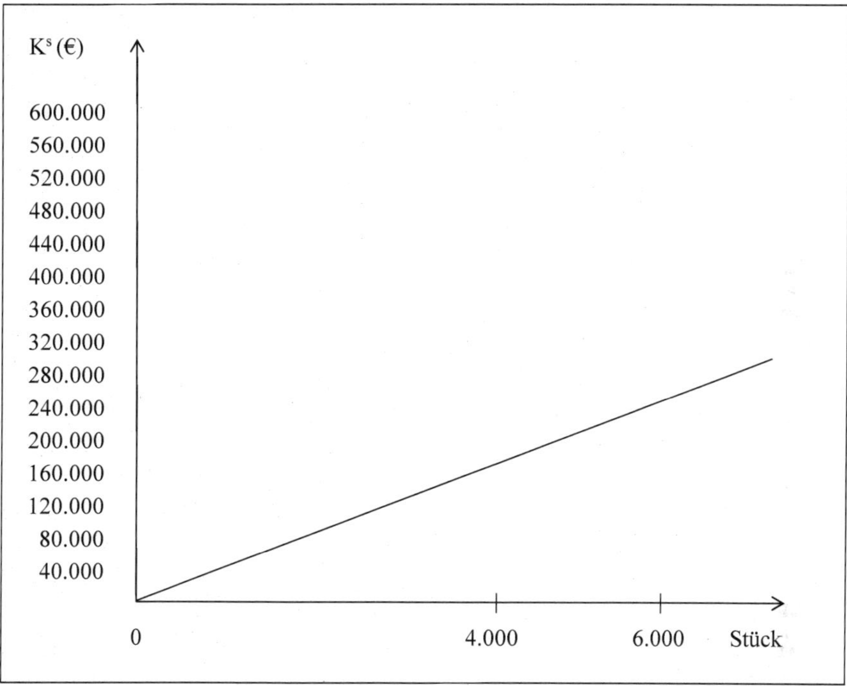

Darst. 2.424: Sollkostenfunktion (Beispiel)

Im Gegensatz zur Sollkostenfunktion in der flexiblen Plankostenrechnung auf Vollkostenbasis hat hier eine Niveauverschiebung um 360.000 € stattgefunden, da die Fixkosten nicht weiter beachtet werden. Die Steigung der Sollkostenfunktion ist identisch.

Die flexible Plankostenrechnung auf Teilkostenbasis (Grenzplankostenrechnung) weist die folgenden Vor- und Nachteile auf:[527]

Vorteile:

- Die Grenzplankostenrechnung vermeidet auf der einen Seite die Mängel der starren und flexiblen Plankostenrechnung auf Vollkostenbasis, entwickelt andererseits die Vorteile

[527] Vgl. SCHELD, G. A.: Plankostenrechnung, a. a. O., S. 34–35.

weiter. Von den Systemen der Plankostenrechnung **entspricht die Grenzplankostenrechnung am ehesten den Anforderungen der operativen Planung und Kontrolle** von Kostenstellen und Kostenträger im Hinblick auf die **Entscheidungsrelevanz von Kosten**.

- Insbesondere bei der **Kostenplanung und -kontrolle der Kostenstellen ist die Grenzplankosten sehr gut geeignet**, da sie diejenigen Kosten (Fixkosten) außen vor lässt, die der Kostenstellenleiter nicht zu verantworten hat. Mit Hilfe der Sollkostenfunktion kann die Verbrauchsabweichung (siehe Unter-Unterabschnitt 2.5.5.3 „Kostenkontrolle in der flexiblen Plankostenrechnung auf Teilkostenbasis (Grenzplankostenrechnung)") festgestellt werden. Da die Fixkosten nicht entscheidungsrelevant sind, entfällt die Beschäftigungsabweichung.
- Eine **Festlegung der Planbeschäftigung ist nicht erforderlich**.
- Die Möglichkeit einer **verursachungsgerechten Kalkulation der variablen Kostenträgerstückkosten auf der Basis von Grenzkosten für kurzfristige Dispositionen und zur Bestimmung der kurzfristigen Preisuntergrenze** ist ein weiterer Vorteil. Eine willkürliche Verrechnung der Fixkosten auf die Kostenträgereinheiten erfolgt nicht.
- Des Weiteren kann die Grenzplankostenrechnung organisatorisch wie die Istkostenrechnung **in die Gesamtbuchhaltung integrieren** lassen, wobei das Einkreis- und Zweikreissystem angewendet wird.[528]

Nachteile:

- Die Kostenspaltung/-zerlegung der Kosten in fixe und variable Bestandteile ist – im Vergleich zur starren Plankostenrechnung **sehr aufwendig**. Die Anforderungen an die Genauigkeit führen ebenfalls zu einer deutlich höheren Beanspruchung aller Beteiligten.
- Bei der **Erstellung der Bilanz**, insbesondere im Zusammenhang mit der Anfertigung einer Steuerbilanz, spielt die Bestandsbewertung der Produkte zu Herstellungskosten[529] wegen der bilanzpolitischen Spielräume eine zentrale Rolle. Diesen Beitrag kann die Grenzplankostenrechnung aus konzeptionellen Gründen nicht leisten, zumal es sich bei den Größen der Grenzplankostenrechnung um Planwerte und nicht um Istwerte handelt. Und wenn, dann ist eine Bestandsbewertung nur mit erheblichen Nebenrechnungen möglich.

---

[528] Vgl. KOCH, J.: Kosten- und Leistungsrechnung, 5. Aufl., München 1992, S. 213.

[529] Vgl. § 255 Abs. 2, 2a, 3 HGB. In diesen sind neben den Einzelkosten auch (variable und fixe) Gemeinkosten enthalten.

- Eine **Preiskalkulation für öffentliche Aufträge ist** systembedingt ebenfalls **nicht möglich**.
- Die Grenzplankostenrechnung kann eine Beschäftigungsabweichung im Vergleich zu den anderen beiden Plankostenrechnungssystemen **nicht mehr ermitteln**. Dieses Manko ist jedoch zu relativieren, da die Analyse der Beschäftigungsabweichungen ohnehin nicht im Vordergrund der Bemühungen steht. Sollten diese Informationen benötigt werden, muss auf die flexible Variante der Plankostenrechnung auf Vollkostenbasis zurückgegriffen werden.
- Ein großer **Kritikpunkt ist die Gefahr bewusster Preissenkungen, die *langfristig* zu einer Kostenunterdeckung führen**. Die Fixkosten werden dann nämlich nicht mehr verdient! Da der Preis jedoch vom Markt und nicht von den Kosten abhängt, ist dieser Kritikpunkt in dieser Form nicht gerechtfertigt. Es ist allerdings darauf zu achten, dass die **langfristigen Preisuntergrenzen nicht dauerhaft unterschritten werden**, da sonst die Fixkosten langfristig nicht gedeckt sind.
- Sofern den Produkten im Rahmen der mehrstufigen Deckungsbeitragsrechnung **produktbezogene Fixkosten** zuzurechnen sind, besteht die **Gefahr, dass verlustbringende Produkte** bei alleiniger Verwendung der Grenzplankostenrechnung mit ihren Grenzkosten als Entscheidungskriterium **zu lange im Sortiment verbleiben**.
- Grundsätzlich sieht die einfach-flexible Plankostenrechnung, egal um welche Variante es sich handelt, nur die eine Kosteneinflussgröße „Beschäftigung" vor. Dieses Problem der Vernachlässigung anderer Kosteneinflussgrößen wie z. B. Rezepturen, Produktionsverfahren, Seriengrößen, Änderungen in der Qualität ließe sich allerdings mit der mehrfach-flexiblen oder vollflexiblen Plankostenrechnung (weitestgehend) lösen; allerdings mit noch mehr Aufwand.

2.4.3 Gesamtbudgets

2.4.3.1 Budgetierte Betriebsergebnisrechnung (Plan-KER)

Die **Betriebsergebnisplanung** stellt die geplanten Kosten und Leistungen einer Periode gegenüber, um den betrieblichen Erfolg bzw. Misserfolg eines Unternehmens zu ermitteln. Diese Planung wird i. d. R. für ein Jahr vorgenommen und kann ggf. auf kürzere Teilperioden (Quartal, Monat) heruntergebrochen werden. Die Planung des Betriebsergebnisses setzt sich aus einer Vielzahl von Teilplänen zusammen, die aufgrund der Interdependenzen koordiniert und in einen Gesamtplan integriert werden. Wenn das erwartete Betriebsergebnis für die Unternehmensleitung nicht zufriedenstellend ist, müssen die geplanten operativen Maßnahmen überarbeitet werden, d. h. die einzelnen Funktionsbereichsplanungen müssen erneuert und der Gesamtplan angepasst werden. Es kann auch zu Rückkopplungen zur strategischen Ebene kommen, indem Entscheidungen über Produktionsprogramme, Investitionen und Marktstrategien überarbeitet werden. Das Betriebsergebnis ist das wichtigste Entscheidungskriterium zur Steuerung der betrieblichen Kosten und Leistungen eines Unternehmens.

In diesem Zusammenhang stellen die Kosten einen entscheidenden Einflussfaktor auf den betrieblichen Erfolg eines Unternehmens dar. Deshalb nimmt die Kostenplanung eine besondere Rolle ein. Die meisten Unternehmen verfolgen Kostensenkungsziele, wobei die Umsetzung nicht nur Aufgabe der Unternehmensleitung ist, sondern vielmehr die der einzelnen Mitarbeiter in den Funktionsbereichen. Das vorhandene Kostenpotenzial soll optimal genutzt und gestaltet werden.

Durch die Kostenplanung wird der Unternehmensleitung eine Vorschau auf die Kosten einer Planperiode als Entscheidungsgrundlage zur Verfügung gestellt. Kostenpläne werden für jeden Bereich einzeln erstellt, so dass es z. B. einen Beschaffungskostenplan, einen Produktionskostenplan und einen Personalkostenplan gibt.

2.4.3.2 Budgetierte Erfolgsrechnung (Plan-GuV)

Durch die handelsrechtliche Aufstellung der Gewinn- und Verlustrechnung[530] wird der Jahresüberschuss bzw. -fehlbetrag ermittelt. Demensprechend lässt sich die **Plan-GuV** durch die geplanten Erträge und Aufwendungen aufstellen. Dabei umfasst sie sowohl das geplante Betriebsergebnis lt. KLR (Plan-KER) als auch das erwartete, neutrale Ergebnis.

Die Plan-GuV zeigt der Unternehmensführung den erwarteten Jahresüberschuss bzw. -fehlbetrag an. Die strategischen Einflüsse sind dabei i. d. R. vernachlässigbar, da sie für die operative Ebene als gegeben angesehen werden. Bei strategischen Entscheidungen, die kurzfristige Auswirkungen auf den operativen Bereich haben, wie etwa Entscheidungen

[530] Vgl. § 275 HGB.

über Investitionen oder Desinvestitionen, muss die operative Planung dennoch überarbeitet werden. Demnach dient die Plan-GuV zur Bewertung der operativen Planung und deren Maßnahmen.

Die budgetierte GuV-Rechnung der Design-Bäder GmbH in der folgenden Darstellung beinhaltet bewusst keine Daten wie soziale Abgaben, Aufwendungen für Altersversorgung, Abschreibungen und Wertberichtigungen, Steuern, Zinsen und ähnliche Aufwendungen, um die Verbindungen zwischen den Einzelbudgets und der budgetierten GuV-Rechnung zu betonen.[531] In der Plan-GuV sind alle Einzelbudgets des Unterabschnitts

Budgetierte GuV-Rechnung[1] vom 01.01.2021 bis zum 31.12.2021			
1.	Umsatz[1] (€)		41.429.000
2.	Herstellungskosten der zur Erzielung der Umsätze[1] erbrachten Leistungen (€)		28.235.000
	Materialeinzelkosten	18.159.200	
	Fertigungslöhne	10.075.800	
	Abschreibungen	180.000	
3.	Bruttoergebnis vom Umsatz		13.014.000
	Vertriebskosten		
4.	Verkaufskosten (€)	300.000	
	Marketingkosten (€)	600.000	
	Kundendienstkosten (€)	210.000	
	Vertriebskosten gesamt (€)		1.100.000
5.	Allgemeine Verwaltungskosten (€)		1.113.000
6.	Sonstige betriebliche Erträge		0
7.	Sonstige betriebliche Aufwendungen		
	F&E-/Designkosten (€)		399.000
	Betriebsergebnis lt. GuV[1] (EBIT) (€)		10.402.000

Darst. 2.425: Budgetierte Erfolgsrechnung (Plan-GuV) der Design-Bäder GmbH

[1] Der Begriff „GuV-Rechnung" ist hier irreführend: Infolge der (neuen) Definition der Umsatzerlöse gem. BilRUG 2015 muss zwischen den betrieblichen Umsätzen/Erlösen und den Umsatzerlösen nach § 277 Abs. 1 HGB streng unterschieden werden. Vgl. dazu die Ausführungen im Unter-Unterabschnitt 3.1.1.1 „Analyse der Erfolgserzielung", Stichwort „Umsatzerlöse".

---

[531] Vgl. RICKARDS, R. C.: a. a. O., S. 77.

2.5.2 enthalten. Die vorletzte Spalte beinhaltet Gemeinkosten als sog. „davon-Summen“.

Das Betriebsergebnis lt. GuV (EBIT) in der budgetierten GuV-Rechnung kann als alternativer Startpunkt für den operativen Budgetierungsprozess benutzt werden. In dem Fall wird rückwärts gearbeitet und eine Zielkostengröße für jeden Posten aufgestellt, der zum Betriebsergebnis lt. GuV (EBIT) führt. In der Praxis gehen schätzungsweise 15 % aller Unternehmen so vor.[532]

2.4.3.3 Budgetierte Bilanz (Plan-Bilanz)

Eine Plan-Bilanz hat folgende Aufgaben zu erfüllen:

- Abbildung bilanzieller Auswirkungen der Maßnahmenplanung
- Vorgabewert für Planzwecke
- Wiedergabe bilanzpolitischer Aktivitäten
- Frühwarnfunktion im Hinblick auf drohende Schieflagen
- Information für externe Adressaten (z. B. Kreditgeber)

Darst. 2.426: Aufgaben der Plan-Bilanz

Aus den vorstehenden Aufgaben ist unter haftungsrechtlichen Gesichtspunkten[533] auf die Frühwarnfunktion kurz einzugehen. Geschäftsführer einer GmbH sind nach § 43 GmbHG und Vorstände einer AG nach § 91 Abs. 2 AktG gesetzlich zum Risikomanagement verpflichtet, um (bestandsgefährdende) Risiken vom Unternehmen fernzuhalten. Dieses Fernhalten ist als Risikoprophylaxe, also ex ante zu verstehen. Damit ist allein schon rein rechtlich die Notwendigkeit einer Bilanzplanung gegeben.

Die Bilanz wird nach dem handelsrechtlichen Gliederungsschema[534] nach Aktiva und Passiva aufgestellt. Durch Weiterentwicklung der Ausgangsbilanz des letzten Geschäftsjahres entsteht die **Planbilanz**. Diese hat einen ex-ante Charakter, d. h. sie gibt monetäre Größen, die im Planjahr erreicht werden sollen, vor. Zu den Aufgaben der Planbilanz gehören die Abbildung bilanzieller Auswirkungen der Maßnahmenplanung sowie die Ableitung von

[532] Vgl. RICKARDS, R. C.: a. a. O., S. 78.

[533] Vgl. z. B. für den Geschäftsführer der GmbH § 43 Abs. 2 GmbHG.

[534] Vgl. § 266 HGB.

bilanzpolitischen Maßnahmen. Außerdem liefert sie Informationen an externe Adressaten, wie z. B. Kreditgeber, über das angestrebte Bilanzergebnis der nächsten Planperiode.

Die Planbilanz ist eine zusammenfassende Planungsrechnung, weil in ihr sowohl die Ergebnisse des Finanzplans als auch des Erfolgsplans einfließen. Die Bilanzplanung ist der theoretische Abschluss der operativen Planung, wobei sie meist eine erneute Überarbeitung der operativen Teilpläne nach sich zieht.[535]

2.4.3.4 Budgetierter Finanzplan (Plan-Kapitalflussrechnung)

Während der **Finanzplan**[536] ein Vorschauplan ist, der die finanzielle Entwicklung eines Unternehmens prognostiziert,[537] handelt es sich bei dem **Finanzbudget (budgetierter Finanzplan (Plan-Kapitalflussrechnung))** um einen **verbindlichen Vorgabeplan** zur Lenkung der Zahlungsströme. Der prognostizierte Finanzplan dient als Grundlage für das Finanzbudget, denn die Budgetierung ist nur unter Einbeziehung realistischer Erwartungen sinnvoll möglich.

Im Sinne des Budgetbegriffs[538] stellt der budgetierte Finanzplan eine Vorgabe einer übergeordneten Instanz dar. Er gibt dem verantwortlichen Bereich in Form einer **Soll-Größe** vereinbarungsgemäß vor, in welchem Ausmaß Ein- und Auszahlungen innerhalb einer Planperiode zu realisieren sind.[539] Ähnlich wie beim MbO-Konzept steht es dem Verantwortungsbereich weitestgehend frei, wie (auf welche Art und Weise) er diese Soll-Vorgaben inhaltlich erreicht. Auch dieser Budgetierungsprozess schließt mit der Kontrolle des Finanzbudgets ab.

---

[535] Vgl. MICHEL, R. M., MICHEL, T. R.: Know-How des Budgetcontrolling, Heidelberg 1994, S. 118f.

[536] Vgl. Unter-Unterabschnitt 2.3.3.3 „Finanzplanung“.

[537] Es handelt sich demnach um Plan-Größen.

[538] Zur Definition des Begriffs „Budget“ siehe die Ausführungen im Unterabschnitt 2.4.1 „Einführung in die Budgetierung“.

[539] Vgl. BIEG, H., KUSSMAUL, H., WASCHBUSCH, G.: Finanzierung in Übungen, 4. Aufl., München 2017, S. 224ff, SCHIERENBECK, H., LISTER, M.: Value Controlling. Grundlagen Wertorientierter Unternehmensführung, 2. Aufl., München 2002, S. 403.

Sowohl bei dem Finanzplan als auch bei dem budgetierten Finanzplan handelt es sich um eine Aufstellung von Wertgrößen (Ein- und Auszahlungen)[540], die einerseits eine unrentable Überliquidität noch eine Unterliquidität resp. eine (eventuell) existenzgefährdende Illiquidität vermeidet. Dementsprechend muss das Controlling im Rahmen eines **Cash-Managements** dafür Sorge tragen, dass

- mögliche Liquiditätsengpässe oder überschüssige Zahlungsmittel rechtzeitig identifiziert werden und
- finanzwirtschaftliche Anpassungsmaßnahmen anregen, die eine Wahrung der Liquiditätsgrundsätze (bei erkennbaren Liquiditätsengpässen) ermöglichen oder im Sinne des Rentabilitätsziels überschüssige Liquidität optimal anlegen.

Die Erstellung eines budgetierten Finanzplans kann **direkt** über die Erfassung aller Ein- und Auszahlungen erfolgen, wie dies im Unter-Unterabschnitt 2.4.3.3 „Finanzplan" erfolgt ist, oder **indirekt**[541] als Ableitung aus der budgetierten Erfolgsrechnung (Plan-GuV)[542]. Da der Planungsrhythmus einer Bilanz ein jährlicher, ggf. ein quartalsmäßiger ist, kann mit relativ einfachen Mitteln der budgetierte Finanzplan aus der budgetierten Erfolgsrechnung abgeleitet werden.

Zunächst werden die Erträge und Aufwendungen des Unternehmens um jene Ertrags- und Aufwandspositionen korrigiert, die nicht zahlungswirksam sind.

Im nächsten Schritt sind alle erfolgsneutralen Veränderungen der Aktiva und Passiva zu notieren. Das sind alle nicht erfolgswirksamen Zahlungsvorgänge im Bereich des für die operative Tätigkeit erforderlichen kurzfristigen Vermögens und Kapitals (operativer Cashflow bzw. Cashflow auf der Basis des Working Capitals), im Bereich des langfristigen Vermögens (Investitions-Cashflow) und im Bereich des zu Finanzierungszwecken vorhandenen Kapitals (Finanzierungs-Cashflow).

[540] Nicht Einnahmen und Ausgaben! Die Unterschiede ergeben sich aus folgenden Gleichungen: Einnahmen = Einzahlungen + Forderungszugänge + Verbindlichkeitenabgänge bzw. Ausgaben = Auszahlungen + Forderungsabgänge + Verbindlichkeitenzugänge. Sowohl Forderungszugänge und -abgänge als auch Verbindlichkeitenabgänge und Verbindlichkeitenzugänge sind nicht unmittelbar zahlungswirksam.

[541] Vgl. in diesem Zusammenhang den Begriff „indirekter Finanzplan" z. B. bei HUTZSCHENREUTER, TH.: Allgemeine Betriebswirtschaftslehre. Grundlagen mit zahlreichen Praxisbeispielen, 6. Aufl., Wiesbaden 2015, S. 364f., MUSSNIG, W., BLEYER, M., GIERMAIER, G., RAUSCH, A.: Controlling für Führungskräfte. Analysieren – Bewerten – Entscheiden, 3. Aufl., Wien 2014, S. 304.

[542] Vgl. Unter-Unterabschnitt 2.4.3.2. „Budgetierte Erfolgsrechnung (Plan-GuV)".

Es ergibt sich folgendes Finanzbudget[543], das auch als **indirekte oder derivative Kapitalflussrechnung** bezeichnet wird, mit der Aufteilung in den

- Cashflow aus operativen Tätigkeiten, den
- Cashflow aus In- und Desinvestitionstätigkeiten und den
- Cashflow aus den Finanzierungsaktivitäten.

Die folgende Übersicht zeigt gleichzeitig die Ermittlung des Netto-Cashflows. Ein negativer Netto-Cashflow zeigt an, dass eine **Finanzlücke**, also ein **Finanzbedarf** besteht. Jetzt ist zu klären, wie die fehlenden Mittel beschafft werden sollen (z. B. Erhöhung des Kontokorrentkredits, Aufnahme von Darlehen, direkte und indirekte Kreditprolongation, Erhöhung des Eigenkapitals, Leasing (auch Sale-and-Lease-Back), Factoring, Verkauf von Beteiligungen etc., Verkauf nicht betriebsnotwendigen Vermögens, Verzicht oder zeitliches Verschieben von Investitionen, Senkung der Personalkosten, Erhöhung der Umschlagshäufigkeiten, Verkürzung des Zahlungsziels usw.). Ergibt sich ein **Zahlungsmittelüberschuss**, ist dieser rentabilitätssteigernd zu verwenden. Zum Beispiel durch die vorzeitige Tilgung von Krediten, Geldanlagen auf dem Kapitalmarkt, den Kauf von Wertpapieren und Beteiligungen u. Ä., das Vorziehen von Investitionen oder die Einräumung längerer Zahlungsziele[544].

Die Art, Dauer und das Ausmaß des Finanzmittelbedarfs bzw. des -überschusses determinieren die Wahl der Anpassungs-/Ausgleichsmaßnahmen.

Erst nach diesen Ausgleichs- bzw. Anpassungsmaßnahmen wird der Finanzplan endgültig fixiert und damit zu einem Finanzbudget.

543 Vgl. MUSSNIG, W., BLEYER, M., GIERMAIER, G., RAUSCH, A., a. a. O., S. 305.

544 Diese Maßnahme weist allerdings den Nachteil auf, dass eine spätere Rücknahme eines längeren Zahlungsziels oft mit (erheblichen) Schwierigkeiten verbunden ist.

	Jahresüberschuss/-fehlbetrag laut GuV
+	Abschreibungen
–	Zuschreibungen
+	Abgänge von (Rest-) Buchwerten
–	Erträge aus Anlagenveräußerungen
+	Dotierung von Rückstellungen
–	Auflösung von Rückstellungen
–	Erhöhung der Vorräte
+	Verminderung der Vorräte
+	Verminderung der Forderungen
–	Erhöhung der Forderungen
+	Zunahme der Verbindlichkeiten aus Lieferungen und Leistungen
–	Abnahme der Verbindlichkeiten aus Lieferungen und Leistungen
+	Verminderung Aktive Rechnungsabgrenzungen
–	Erhöhung Passiver Rechnungsabgrenzungsposten
+/–	Bildung/Auflösung Sonderposten mit Rücklagenanteil
	Cashflow aus operativen Tätigkeiten
+	Einzahlungen aus Abgängen des Anlagevermögens (Desinvestitionen)
–	Auszahlungen für Investitionen in Anlagevermögen
	Cashflow aus In- und Desinvestitionsaktivitäten
+	Einzahlungen aus Kapitalerhöhungen oder Privateinlagen
–	Verminderung durch Kapitalentnahmen/Privatentnahmen
–	Gewinnausschüttungen (z. B. Dividenden) an Gesellschafter
+	Einzahlungen aufgrund von Kreditaufnahmen
–	Auszahlungen aus der Rückführung von Krediten (Tilgungen)
	Cashflow aus Finanzierungsaktivitäten
=	**Netto Cashflow = Finanzmittelbedarf oder -überschuss**

Darst. 2.426: Finanzbudget/Ermittlung des Netto-Cashflows

2.4.4 Kritische Betrachtung der operativen Budgetierung

Die traditionelle Budgetierung hat auch ihre Schwachstellen.[545] Kritisiert wird vor allem, dass die traditionelle Budgetierung **absolute Zielgrößen** verwendet – eine Änderung der Umwelt ist z. B. nicht integriert, soweit sie nicht absehbar ist (Bsp. 11. September 2001). Außerdem wird ihr eine **hohe Inflexibilität** vorgeworfen; z. B. können **lukrative Projekte** unter Umständen **durch fehlende Budgets nicht aufgenommen** werden. Die Budgeterstellung erfordert große Ressourcenbindung, da ihre **Erstellung hohen Aufwand** verursacht. Die Abstimmungsprozesse sind zu aufwändig; eine vollständige Abstimmung ist nicht möglich oder zu teuer. Damit ist die Kosten-Nutzen-Relation ungünstig. Die **Stärken der traditionellen Budgetierung** wie die **Vollständigkeit, Detailliertheit, Führungs- und Vorgabewirkung** können sich auch zu Schwächen entwickeln. Die numerischen Festlegungen **täuschen eine Präzision vor**, die tatsächlich nicht gegeben ist. Die sich **verändernden bzw. veränderten, dynamischen Umwelt- und Organisationsstrukturen** zeigen auch die Schwächen der traditionellen Budgetierung.[546] Die Basisannahmen sind schnell überholt. Die Planung und Budgetierung von Absatzmengen sowie den nachfolgenden Größen wie Produktionsmengen, aber auch die Abschätzung von Wertgrößen wie Umsätze und Kosten ist kaum möglich, zumal viele Rahmenbedingungen wie das Zinsniveau, Wechselkurse und andere Umweltveränderungen nicht absehbar sind. Kritisiert wird zudem, dass die **entscheidenden Instanzen** detailliert erstellte **Budgets nachträglich pauschal korrigieren.**[547] Auch insofern ist eine **Identifikation mit dem Budget nur schwer erreichbar**. Die aus der Praxis stammenden kritischen Stimmen zur Budgetierung äußern, dass sich die **Budgetierung auf Kostenreduktion** und **nicht auf Wertschaffung konzentrieren** würde.

[545] Vgl. BARDY, R.: Controlling als Führungshilfe im Unternehmen, in: RKW (HRSG.): RKW-Handbuch Führungstechnik und Organisation, Loseblatt, Düsseldorf 1994, Kennzahl 5622, S. 13f.

[546] Vgl. FISCHER, T., MÖLLER, K., SCHULTZE, W.: a. a. O., S. 438.

[547] Vgl. PEEMÖLLER, V. H.: Controlling. Grundlagen und Einsatzgebiete, 4. Aufl., Herne, Berlin 2002, S. 217.

Eine andere Frage, die im Zusammenhang mit der Budgetierung auftritt, bezieht sich auf die **Zusammenhänge zwischen der budgetierten Vorgabe und der erzielten Leistung.**[548] Der zentrale Punkt ist die **Höhe der Zielvorgabe.**[549] Unterschreitet die Vorstellung der untergeordneten Instanz eine von der übergeordneten Instanz erwartete Zielerreichung, wie dies bei (ausschließlicher) Anwendung des Bottom-up-Prinzips befürchtet wird, wirkt die Vorgabe leistungsmindernd, denn der Verantwortliche wird sich nicht sonderlich anstrengen (müssen). Die erzielbare Leistung hätte hoher ausfallen können; es wurde „Potenzial verschenkt". Im umgekehrten Fall, oft bei alleiniger Anwendung des Top-down-Verfahrens, werden von der vorgesetzten Instanz derart hohe Vorgaben gemacht, die von den Verantwortlichen als nicht realisierbar angesehen werden. Die Folge ist eine Demotivation und Überforderung der Verantwortlichen. Die vorgenannten Verhaltensweisen sprechen dafür, dass **mittlere Vorgabewerte die höchste Motivation auslösen**. Damit ist gemeint, dass die Vorgabe über dem erwarteten Ergebnis liegt. Die Leistung steigt dann mit zunehmender Höhe so lange an, wie sie von den Verantwortlichen noch als realisierbar angesehen wird.[550] Das vorgegebene Ziel wirkt in Bezug auf intrinsische Anreize leistungssteigernd, da es zwar nur mit (erheblichen) Anstrengungen erreichbar ist, aber eben nicht als unerreichbar angesehen wird.

Die Höhe der Zielvorgabe ist vom individuellen Anspruchsniveau des Verantwortlichen (und dessen Leistungsfähigkeit) einerseits und dem Vorgesetzten andererseits abhängig. Die Bestimmung der optimalen Vorgabehöhe ist in der Praxis kaum möglich.

In diesem Kontext wird deutlich, dass es im Prinzip zwei Budgets geben müsste bzw. im Unternehmen mit **(mindestens) zwei Größen** gearbeitet werden müsste.[551] Eine Soll-Größe, die einen **Vorgabecharakter** hat, d. h. diese Größe dient als „Messlatte" (Ausmaß der Zielerreichung). Sie muss **nicht zwangsläufig ein Plan-Wert bzw. mit diesem identisch sein**. Zum einen kann sich ein Zielerreichungsvorgabewert von einem (internen) Wert für die Planung unterscheiden, zum anderen ist auch denkbar, dass der Planende unterschiedliche Planwerte ansetzt, nämlich dann, wenn er mit unterschiedlichen Szenarien wie „worst case" oder „best case" oder einem realistischen Wert arbeitet. In diesem

[548] Vgl. u. a. COENENBERG, A.: Zur Bedeutung der Anspruchsniveau-Theorie für die Ermittlung von Vorgabekosten, in: Der Betrieb, 23. Jg., Nr. 21, 1970, S. 1137ff., DAMBROWSKI, J.: a. a. O., S. 39ff., HÖLLER, H.: Verhaltenswirkungen betrieblicher Planungs- und Kontrollsysteme, München 1978, S. 89ff., HOFSTEDE, G. H.: The Game of Budget Control, London 2011, S. 39ff., LOCKE, E. A., LATHAM, G. P.: Goal Setting Theory, 1990, in: LOCKE, E. A., LATHAM, G. P. (ED.): New Developments in Goal Setting and Task Performance, New York, Hove 2013, S. 5.

[549] Vgl. u. a. LOCKE, E. A., LATHAM, G. P.: Goal Setting. A motivational technique that works! Englewood Cliffs 1984, S. 21ff.

[550] Vgl. DILLERUP, R., STOI, R.: a. a. O., S. 455.

[551] Vgl. hierzu auch die Ausführungen im Unterabschnitt 2.2.6 „Bewertung von Kennzahlen und Benchmarking".

Fall wäre es nicht von Vorteil, dem Verantwortlichen den niedrigen worst case-Planwert vorzugeben, wenn ein „höherer" (Soll-) Wert erreicht werden kann – und sollte. Daher soll – soweit differenziert werden muss – von **Plan-Werten/-Größen** und **Soll-Größen/-Werten** gesprochen werden. Streng genommen wird hier ein Auseinanderhalten von Prognose und Zielsetzung angesprochen. Dies trifft insbesondere auf das Budget zu, denn dieses soll zwei Zwecke erfüllen: Es gibt einmal eine – möglichst realistische – Prognose im Hinblick auf die zukünftige Entwicklung des Unternehmens oder einzelner Teilbereiche wieder. Zum anderen stellt es eine herausfordernde Vorgabe von monetären Zielen für die Verantwortungsbereich und die Mitarbeiter dar. Dieser Zielkonflikt verdeutlicht, dass eine Budgetierung nicht beide Funktionen gleichzeitig erfüllen kann. **Planung und Zielvorgabe sollten deshalb voneinander getrennt werden,** insbesondere dann, wenn die zu erreichenden Ziele im Rahmen des MbO zwischen unter- und übergeordneter Instanz vereinbart werden. Erfolgt die Messung der Verantwortlichen nicht mehr an der Erreichung der prognostizierten Daten, sondern an den Soll-Größen (Zielvorgaben), sollten beide Seiten, Unternehmen und Mitarbeiter, davon profitieren. Das Unternehmen, welches keine „Potenziale verschenkt" und herausforderndere Ziele erreicht und der Mitarbeiter, der aufgrund der besseren Leistung von einer höheren leistungsorientierten Vergütung profitiert.

Traditionell ist die Budgeteinhaltung bzw. -erreichung **Teil des Anreizsystems** und wird entsprechend belohnt. Die Planung wird im Unternehmen zwar als Vorausschau auf zu erwartende Zustände begriffen. Durch die Integration von Gegensteuerungsmaßnahmen zur Budgeteinhaltung treten an die Stelle von ungefilterten Erwartungen dagegen „politisch" motivierte Zielwerte, da die Belohnung des Managements an die Einhaltung der Budgets gekoppelt ist.[552] Die Einbeziehung der Gegensteuerungsmaßnahmen, die in Zukunft ergriffen werden sollen, verursacht damit eine Vermischung der Prognose mit den Ziel- und Wunschvorstellungen, die einen unbeeinflussten Blick auf die zukünftige Erwartung nicht zulässt.[553] Eine Bereitstellung von objektiven Informationen als Grundlage für effektive Entscheidungsprozesse ist folglich nicht erreichbar.[554]

So ist ebenfalls zu erklären, warum **Informationen bis zum Jahresende zurückgehalten werden**. Die Verantwortlichen versuchen damit, unangenehme Wahrheiten, z. B. aufgrund von Fehlentwicklungen, möglichst lange nicht offenlegen zu müssen, um dadurch

[552] Vgl. HORVÁTH & PARTNERS (HRSG.): Beyond Budgeting umsetzen. Erfolgreich planen mit Advanced Budgeting (im Folgenden mit „Beyond Budgeting" abgekürzt), Stuttgart 2004, S. 105, RIEG, R.: Planung und Budgetierung. Was wirklich funktioniert, Wiesbaden 2008, S. 105.

[553] Vgl. RIEG, R.: a. a. O., S. 82.

[554] Vgl. HORVÁTH & PARTNERS (HRSG.): Beyond Budgeting, a. a. O., S. 105.

zu vermeiden, sich mehrmals im Jahr in Begründungsnot zu bringen.[555] Wirkungsvolle Gegensteuerungsmaßnahmen werden somit viel zu spät oder gar nicht ergriffen und wertvolle Zeit verstreicht, ohne dass gehandelt wird.

Die Kombination aus Prognose und Motivation in den Instrumenten Planung und Budgetierung (s. o.) führt bei den Budgetverantwortlichen ferner dazu, dass die Budgets bei der Aufstellung durch den **Einbau von Puffern (Reserven)** verzerrt werden. Um im zukünftigen Geschäftsjahr im Soll-Ist-Vergleich positive Abweichungen zu realisieren, pauschale Budgetreduktionen von vornherein abzufangen und die (von den Vorgesetzten) hoch gesteckten Ziele möglichst zu erreichen, neigen viele Verantwortliche dazu, äußerst vorsichtig zu planen. Sie bauen sich zu diesem Zweck Reserven in die Budgets ein. Ein derart opportunistisches Verhalten beeinträchtigt sowohl die Planungseffektivität als auch die -effizienz erheblich.

Die Verwendung von Budgets scheint nicht unter diesen Kritikpunkten zu leiden; die Befragung nordamerikanischer Unternehmen ergab, dass 77 % der US-amerikanischen Unternehmen Budgets verwenden und nur 1% der Unternehmen plane definitiv den Ausstieg aus dem Budgetierungsprozess.[556] Dies liegt vor allen an den unbestreitbaren **Vorteilen der Budgetierung**:[557] Ein Budget führt zwangsläufig dazu, dass sich die Beteiligten mit der **Analyse von Zusammenhängen und zukünftigen Entwicklungen** auseinander setzen. Insbesondere die **Interdependenzen der unterschiedlichen Einflussgrößen werden offenbar**. **Potenziale und Schwachstellen** können explizit **benannt** werden. **Zukünftige Kostenbelastungen** werden schon im Zuge der Budgetierung **offengelegt**. Die **(kritische) Auseinandersetzung mit der Umlage von Gemeinkosten und der Verrechnung innerbetrieblicher Leistungen** wird indirekt bewirkt. Ähnliches gilt für die Behandlung von Fixkosten, insbesondere von Leerkosten bei rückläufiger Beschäftigung. Speziell die Techniken der rollierenden oder – besser – **revolvierenden Planung verbessern die Aussagefähigkeit der Budgetierung** aufgrund der damit verbundenen Aktualisierungen erheblich. Ein Budget ermöglicht die Festlegung operationalisierbarer Ziele. Die in der taktischen Planung festgelegten Ziele werden konkretisiert und detailliert. Aus diesen lassen sich Teilziele und Vorgaben für nachgeordnete organisatorische Einheiten ableiten. Letztere erhalten somit einen „Fahrplan", der ihnen letztlich ein Handeln (Disposition erfolgs- und liquiditätswirksamer Maßnahmen) im Sinne der gesamtunternehmerischen Zielsetzung ermöglicht. Nur **klar formulierte Ziele ermöglichen grundsätzlich**

[555] Vgl. GLEICH, R., HOFMANN, ST., LEYK, J.: Planungs- und Budgetierungsinstrumente. Innovative Ansätze und Best-Practice für den Managementprozess, Berlin 2006, S. 183.

[556] Vgl. EWERT, R., WAGENHOFER, A.: Interne Unternehmensrechnung, 8. Aufl., Berlin 2014, S. 403.

[557] Zum Folgenden vgl. PEEMÖLLER, V. H.: a. a. O., S. 217f.

erst eine Kontrolle (Soll/Ist) und Abweichungsanalyse. Das Budget ermöglicht eine quantifizierte **Koordination der Teilpläne**. Mittels Budgets, insbesondere bei Berücksichtigung des Postulats der elastischen Planung[558] wird eine Basis für Maßnahmen geschaffen, die bei Engpässen oder Krisensituationen (ggf. schnell) eingeleitet werden müssen. Damit können **künftige negative Abweichungen vermieden oder zumindest deren negative Auswirkungen reduziert** werden. Zuletzt ist festzuhalten, dass die (grundsätzliche) Kritik an der schwierigen Planbarkeit von Mengen- und Wertgrößen einschließlich der Prognose der Umweltbedingungen (künftigen Umweltzustände) des Unternehmens kein Grund ist, keine Planung und keine Budgetierung vorzunehmen!

[558] Vgl. Unter-Unterabschnitt 2.1.3.4 „Grundsatz der Flexibilität".

2.5 Operative Kontrolle

2.5.1 Grundlagen der operativen Kontrolle

Am Ende eines operativen Führungsprozesses[559] findet die **Kontrolle der operativen Planungen und der entsprechenden Realisationen** (Durch-/Umsetzungen) statt. Gegenstand der Kontrollen sind **ziel- und maßnahmenbezogen** sowohl die **bereichsübergreifenden als auch die bereichsspezifischen Planungen**. Zu diesen gehören neben den operativen Einzelbudgets auch die Master Budgets (Unternehmens-Gesamtbudgets) mit einem finanziellen Gesamtüberblick über alle operativen und finanziellen Maßnahmen des Unternehmens für einen kurzfristigen Planungszeitraum sowie typischerweise einen budgetierten Finanzplan (Plan-Kapitalflussrechnung), eine budgetierte Betriebsergebnisrechnung (Plan-KER), eine budgetierte Erfolgsrechnung (Plan-GuV) und eine budgetierte Bilanz (Plan-Bilanz) .

Grundsätzlich werden im Rahmen einer Kontrolle (mindestens) zwei unterschiedliche Werte miteinander verglichen.[560] Eine der beiden Größen wird als **Maßstabs- oder Normgröße (Vergleichswert)** definiert. Es kann sich auch um mehrere Vergleichswerte handeln.[561] Diese können zum Beispiel eine Plan-/Prognose-, Soll- oder eine Istgröße[562] sein. Die Wahl des (der) Vergleichswertes (-werte) liegt beim zuständigen Entscheider. Die andere Größe ist die **Kontrollgröße (zu kontrollierende/zu prüfende Größe)**.

Bereits bei der Vorstellung der Kontrollgrößen und Vergleichswerte[563] und auch im Rahmen der kritischen Betrachtung der operativen Budgetierung[564] wurde die Frage aufgeworfen, anhand welcher Größe die Verantwortlichen gemessen werden sollen. Im Prinzip müsste es zwei Budgets geben bzw. im Unternehmen mit **(mindestens) zwei Größen** gearbeitet werden.[565] Eine Soll-Größe, die einen **Vorgabecharakter** hat. Diese Größe dient

[559] Vgl. Darst. 1.102 „Führungsprozess".

[560] Vgl. die Ausführungen im Unterabschnitt 2.2.5 „Kontrollgröße und Vergleichswert".

[561] Dies ist der Fall, wenn eine Kontrollgröße mit mehreren Werten (z. B. Soll- oder Branchendurchschnittswert) verglichen werden soll.

[562] Auch diese können wiederum verschiedene sein; z. B. eine vergangene Ist-Größe im Rahmen des zeitlichen Vergleichs oder ein Branchendurchschnittswert.

[563] Siehe Unterabschnitt 2.2.5 „Kontrollgröße und Vergleichswert".

[564] Vgl. die Ausführungen im Unterabschnitt 2.4.4 „Kritische Betrachtung der operativen Budgetierung".

[565] Vgl. hierzu auch die Ausführungen im Unterabschnitt 2.2.6 „Bewertung von Kennzahlen und Benchmarking".

als „Messlatte“ (Ausmaß der Zielerreichung). Sie muss **nicht zwangsläufig ein Plan-Wert,** der eine **prognostizierte Größe** darstellt, **bzw. mit diesem identisch sein**. Zum einen kann sich ein Zielerreichungsvorgabewert von einem (internen) Wert für die Planung unterscheiden, zum anderen ist auch denkbar, dass der Planende unterschiedliche Planwerte ansetzt, nämlich dann, wenn er z. B. mit unterschiedlichen Szenarien wie „worst case“ oder „best case“ oder einem realistischen Wert arbeitet. In diesem Fall wäre es nicht von Vorteil, dem Ausführenden den niedrigen worst case-Planwert vorzugeben, wenn ein „höherer“ (Soll-) Wert erreicht werden kann – und sollte. Daher wird – soweit differenziert werden muss – von **Plan-Werten/-Größen** einerseits und **Soll-Größen/-Werten** andererseits gesprochen.

Auf die **Vergleichswerte**, die als **Beurteilungsmaßstäbe** oder **Vorgabewerte** dienen, wurde bereits im Unterabschnitt 2.2.5 „Kontrollgrößen und Vergleichswerte“ ausführlich eingegangen.

Kontrollen sollten eine Kombination aus Feedback- und Feedforward-Kontrollen sein.[566] Die operative **Feedback-Kontrolle,** auch ex post- oder Endkontrolle genannt, ist eine Ergebniskontrolle (Soll-Ist-Vergleich) und setzt am Abschluss des Planungsprozesses an. Es erfolgt eine Rückkopplung mit einer anschließenden Abweichungsanalyse. Die Reihenfolge der einzelnen Schritte entspricht der bereits im Unterabschnitt 2.2.3 „Kontrollzeitpunkte“ dargelegten Vorgehensweise. Eine Realisationskontrolle macht vor allem im Rahmen der operativen Planung Sinn, weniger in Bezug auf die strategische Planung. Entscheidend ist bei letzterer der Timelag zwischen dem Realisationszeitpunkt einer Maßnahme und dessen Wirkung. In vielen Bereichen, so bspw. im Finanzwesen, ist die Feedback-Kontrolle die einzig durchführbare Kontrollart.

Auf der Basis der festgestellten Planungs- und Auswertungsfehler sowie der Realisationsfehler (s. u.), aus denen die Planenden ihre Schlussfolgerungen gezogen und Korrekturvorschläge erarbeitet haben und der neuen Rahmenbedingungen wird eine neue operative Planungsrunde für den nächsten Planungszeitraum initiiert. M. a. W.: Eine ermittelte Soll-Ist-Abweichung stellt eine Anregung dar, **die irrigen Prämissen, verfehlten Ziele und die falschen Maßnahmen, Verfahren und Verhaltensweisen** (der Mitarbeiter) zu optimieren. Diese **Anregungsphase** ist bereits Teil eines neuen Planungs- und Kontrollprozesses. Diesen Regelkreis zeigt die nachstehende Abbildung.

[566] Vgl. zum Folgenden auch die allgemeinen Ausführungen in 2.2.3 „Kontrollzeitpunkte“.

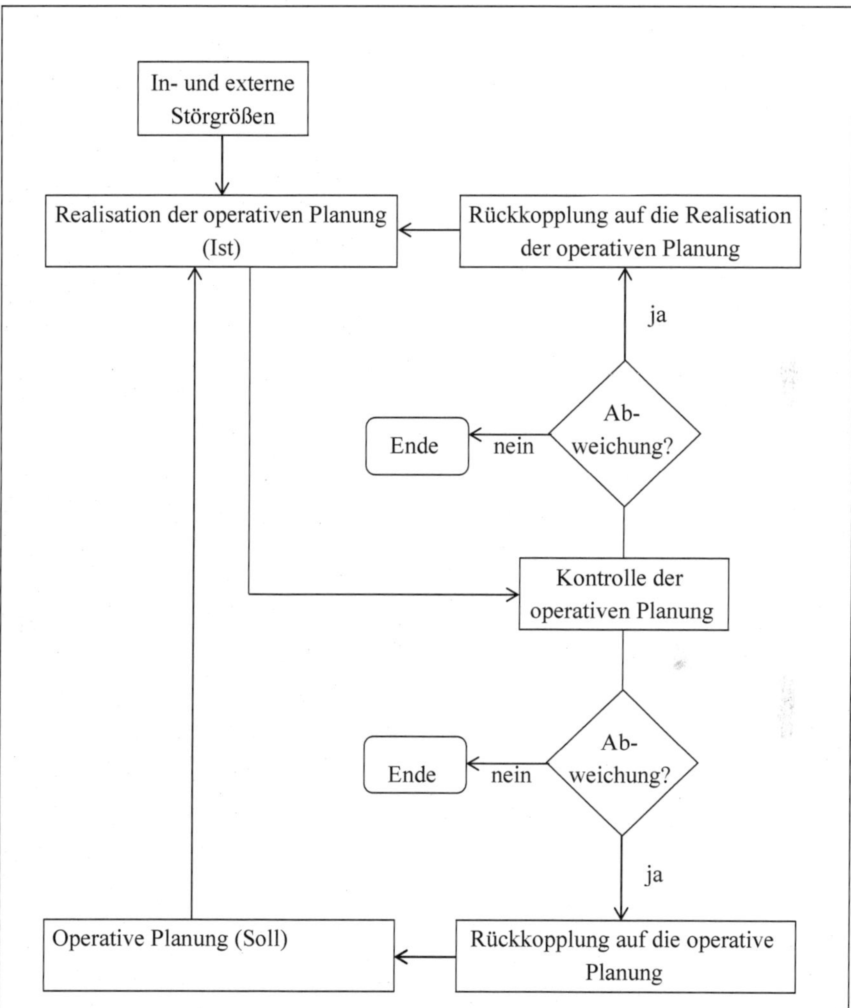

Darst. 2.501: Regelkreis der operativen Kontrolle

Da die Feedback-Kontrolle – wie vorstehend beschrieben – im Rahmen der strategischen Planung wenig sinnvoll ist, stellt die adaptive Kontrolle, auch **Feedforward-Kontrolle**, Planfortschritts- Zwischen-, Synchron- oder ex ante-Kontrolle genannt, eine entscheidende Alternative dar. Diese prüft bereits während der Realisationsphase anhand von bereits verfügbaren Informationen, ob das vorgegebene Ziel (z. B. Kostenlimit, Umsatzgröße) erreichbar erscheint.[567] Hierbei wird die Gefahr von verspäteten Rückkopplungsinformationen vermieden. Abweichungen können rechtzeitig erkannt und Maßnahmen ergriffen werden. Bedingung bei dieser Kontrollform ist allerdings, dass die Pläne in sinnvolle Abschnitte („Meilensteine“) gegliedert werden können, so dass nach jedem Abschnitt eine erneute Kontrolle durchgeführt werden kann. Insofern ist die **operative Feedback-Kontrolle als adaptive Kontrolle für die strategische Planung und Realisierung ein hervorragendes Instrument**. Die Feedforward-Kontrolle darf jedoch nicht mit der strategischen (oder taktischen) Kontrolle verwechselt werden, welche (lediglich) der Frage nachgeht, ob der gewählte strategische (oder taktische) Kurs richtig ist. Eine zeitgleiche Kontrolle findet häufig im Zusammenhang mit dem „Management by walking around“ statt. Hier „besucht“ der Vorgesetzte seine Mitarbeiter, um (u. a.) aktuell aufgetretene oder auftretende Probleme zu besprechen.[568]

Die **Budgetkontrolle** erfolgt zu den in den operativen Einzelplänen festgelegten Terminen, spätestens nach Beendigung des Budgetjahres. Sie dient der Feststellung des Zielerreichungsgrades der einzelnen Bereichs- und des gesamtbetrieblichen Budgets, die Beurteilung der Prozesse der Budgetierung und der Qualität der Budgetansätze.

Da die einzelnen Budgets auf den operativen Teilplanungen fußen bzw. monetäre Vorgaben auf der Basis vereinbarter[569] Sollgrößen darstellen, gelten die vorhergehenden Ausführungen grundsätzlich auch für die Budgetkontrolle.

2.5.2 Budgetkontrolle und Verhaltensweisen

Eine Budgetkontrolle bedeutet – stärker als eine alleinige Planvorgabe – immer auch eine **Überprüfung des Verhaltens der Budgetverantwortlichen**. Dies bedeutet gleichzeitig eine Beurteilung des Mitarbeiters. Daher ist es nicht unbedingt verwunderlich, dass bei den Betroffenen gegenüber Kontrollen und Kontrolleuren eine (bewusst oder unbewusst) ablehnende Einstellung vorzufinden ist. Das Konfliktpotenzial ist nicht zu unterschätzen.

[567] Vgl. STEINMANN, H., SCHREYÖGG, G., KOCH, J.: a. a. O., S. 357.

[568] Vgl. ROBBINS, S. P., COULTER, M., FISCHER, I.: a. a. O., S. 276.

[569] Unterstellt wird bei dieser Formulierung eine Planung mittels eines interaktiven Gegenstromverfahrens bzw. die Anwendung des MbO-Konzepts.

Die Wirkungsweise von (Soll- oder Plan-) Vorgaben hängt in hohem Maße von der Persönlichkeit des Verantwortlichen ab.[570] Nicht erwartete Reaktionen seitens der Budgetverantwortlichen sind einzukalkulieren.

In der Praxis zeigt sich häufig ein unerwünschtes **dysfunktionales Verhalten**, welches dadurch ausgelöst wird, dass sich der Betroffene „allein schon durch das Faktum des Kontrolliertwerdens nur allzu schnell in seiner Persönlichkeit angegriffen fühlt.“[571] Hier kollidieren die persönlichen Ziele und Bedürfnisse des Budgetverantwortlichen[572] mit den Zielen der Unternehmung. Eine denkbare Folge ist, dass der Kontrollierte durch sein Verhalten, den empfundenen Druck zu vermindern, zwar die Budgetvorgaben erreicht, jedoch so, dass er die übergeordneten Zielsetzungen der Unternehmung verletzt.[573] Letztlich führt das dysfunktionale Verhalten zu **dysfunktionalen Wirkungen**, die sich sowohl auf den Erfolg der Budgetkontrolle als auch auf den (Geschäfts-) Bereichserfolg und damit den Unternehmenserfolg niederschlagen. (Anmerkung: Auf den Zusammenhang zwischen der Gestaltung der Budgetkontrolle und dem Erfolg der Budgetkontrolle wird an dieser Stelle nicht weiter eingegangen.) Den Zusammenhang verdeutlicht die folgende Abbildung:

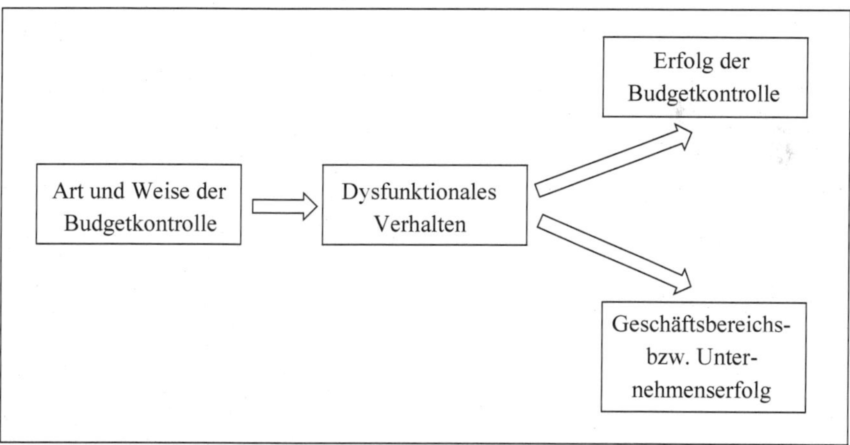

Darst. 2.502: Kontrolle und dysfunktionale Wirkungen

570 So fällt eine mögliche Reaktion bei intrinsisch motivierten Personen anders aus als bei extrinsisch motivierten.

571 SIEGWART, H.: Die Kontrolle als Mittel der Mitarbeiterführung, in: Die Unternehmung, Volume 33, 1979, Heft 4, S. 267.

572 Wie zum Beispiel Sicherheit, Karriere oder Betriebsklima.

573 Vgl. u. a. WEBB, R. A.: The Impact of Reputation and Variance Investigations on the Creation of Budget Slack, in: Accounting, Organizations and Society, Volume 27, 2002, Iss. 4–5, S. 361ff.

Das **dysfunktionale Verhalten** der Budgetverantwortlichen zeigt sich u. a. in folgenden Punkten:[574]

- Slack-Bildung
  - Zwecks Selbstschutz verabschieden die Verantwortlichen Budgets, die sie leicht und sicher erreichen können.
  - Um sich selbst abzusichern, vereinbaren die Budgetverantwortlichen mit ihren Mitarbeitern anspruchsvollere Budgetziele als mit ihrem Vorgesetzten.
- Vernachlässigung nicht-kontrollierbarer Bereiche
  - Manager geben sich in den Bereichen weniger Mühe, in denen sie von den Vorgesetzten nicht kontrolliert werden.
  - Die Kontrollierten arbeiten an – aus Unternehmensführungs-/Controllersicht –(eher) unwichtigen Dingen, nur weil sie von ihren Vorgesetzten in diesen Punkten kontrolliert werden.
  - Die Betroffenen neigen dazu, bestimmte Aufgaben zu ignorieren, weil sie ohnehin nicht kontrolliert werden.
- Informationsverzerrung
  - Auch wenn die Leistung von Verantwortlichen Inkonsistenzen aufweisen, sind sie bestrebt, diese schlüssig zu verkaufen.
  - Daten, die ein positives Licht auf ihre Leistung werfen, werden bei Berichten von den Managern an die kontrollierenden Personen in den Vordergrund gerückt.
  - Bei Berichten an ihre Vorgesetzten sind Manager bestrebt, schlechte Nachrichten zurückzuhalten.

Die ausgelösten Verhaltenswirkungen der kontrollierten Mitarbeiter hängen von folgenden **Faktoren** ab,[575] die gleichzeitig als im Vorfeld zu beachtende **Regeln** verstanden werden können.

- Entscheidungssituationen/Aufgaben:

---

574 KÜNKELE, J., SCHÄFFER, U.: Zur erfolgreichen Gestaltung der Kontrolle. European Business School Working Papers on Management Accounting & Control, No. 17, Oestrich-Winkel 2005, S. 30.

575 Vgl. DILLERUP, R. STOI, R.: a. a. O., S. 442f., KÜPPER, H.-U., FRIEDL, G., HOFMANN, C. ET AL: a. a. O., S. 84, 115–118, 257, insb. S. 434ff., SIEGWART, H., MENZL, I.: Kontrolle als Führungsaufgabe, Bern, Stuttgart 1978, S. 192ff., SJURTS, I.: Kontrolle, Controlling und Unternehmensführung. Theoretische Grundlagen und Problemlösungen für das strategische und operative Management, Wiesbaden 1995, S. 39ff., THIEME, H.-R.: Verhaltensbeeinflussung durch Kontrolle. Wirkungen von Kontrollmaßnahmen und Folgerungen für die Kontrollpraxis, Berlin 1982, S. 81ff., TREUTZ, W.: Betriebliche Kontrollsysteme. Struktur und Verhalten in der Betriebspraxis sowie ihre Bedeutung für die Unternehmensführung, Berlin 1974, S. 97ff., VON ROSENSTIEL, L., NERDINGER, F. W.: Grundlagen der Organisationspsychologie. Basiswissen und Anwendungshinweise, 7. Aufl., Stuttgart 2011, S. 244ff.

   - Die Art der Entscheidungssituationen resp. auszuführenden Aufgaben hat großen Einfluss auf die zur Verfügung stehenden Kontrollmöglichkeiten. Aufgrund der Problemstruktur wird zwischen **gut strukturierten Problemen** (well-structured problems) und **schlecht strukturierten Problemen** (ill-structured problems) differenziert. Diese Unterscheidung gibt vor, welche Art des Entscheidungsverfahrens zur Lösung des Problems zur Verfügung steht. Für gut strukturierte Probleme kann mit Hilfe eines analytischen Verfahrens eine optimale Lösung bestimmt werden. Für schlecht strukturierte Probleme gibt es keinen eindeutigen Lösungsweg. Aus diesem Grund ist eine Beurteilung der Qualität der gewählten Lösung nicht exakt möglich. Je größer die mit der Aufgabe verbundene Unsicherheit der Informationen ist, desto weniger wird der Betroffene bereit sein, Verantwortung für die Lösung bzw. die Ergebnisse zu übernehmen. Die Unsicherheit (des Verantwortlichen) in dieser Entscheidungssituation vergrößert sich, wenn eine analytische Lösungsmöglichkeit nicht gewählt werden kann.
   - Diese Situation verschärft sich, wenn die Ergebnisse durch den Verantwortlichen kaum oder gar nicht zu beeinflussen sind. In diesen Fällen empfehlen sich Verhaltenskontrollen, weil dabei die Anstrengung des Kontrollierten unter Berücksichtigung externer Einflüsse beurteilt wird.
   - Die Bedeutung der Aufgabe korreliert mit der Akzeptanz: Je höher der Verantwortliche die Bedeutung seiner Aufgabe einschätzt, umso eher akzeptiert er die Kontrollen.

- Art und Weise der Kontrolle:
   - Kontrollen sollten möglichst präzise, klar und verständlich sowie objektiv sein, um eine Gleichbehandlung aller Mitarbeiter zu gewährleisten und um als gerecht empfunden zu werden.
   - Budgetverantwortliche sollten nicht nur am Budgetierungsprozess beteiligt werden, sondern auch an der Kontrolle. So erhalten sie eine unmittelbare Information über die Erfolge oder Misserfolge ihres Handelns und können ihre eigene Leistung besser beurteilen.
   - Diese Kombination aus Eigen- und Fremdkontrolle ist auch der Beziehung zum Kontrolleur förderlich. Eine Fremdkontrolle gilt zwar als neutral und objektiv, kann aber zu Konflikten führen.
   - Verhaltenskontrollen können die spezifischen Umstände der Zielerreichung besser berücksichtigen als Ergebniskontrollen. Es ist allerdings nicht auszuschließen, dass der Kontrollierte die Kontrollen auf seine Persönlichkeit bezieht. Dies kann sich negativ auf das Selbstwertgefühl und seine Leistungsmotivation auswirken.

  - Die Häufigkeit der Kontrollen kann den Druck auf die Mitarbeiter erhöhen und Abwehrfunktionen hervorrufen. Allerdings wurde die Hypothese, dass die Kontrollintensität das Auftreten von dysfunktionalem Verhalten negativ beeinflusst, verworfen.[576] – Die Effektivität der Budgetkontrolle durch die Kontrollintensivität wurde hingegen positiv beeinflusst. Dies liegt wohl daran, dass regelmäßige Kontrollen akzeptiert werden, da sie nicht mehr als außergewöhnlich empfunden werden. Dementsprechend musste die Hypothese, dass die Kontrollintensität die Effektivität der Budgetkontrolle negativ beeinflusst, verworfen werden.
  - Gelingt es dem Unternehmen, herauszustellen, dass Kontrollen, insbesondere deren Ergebnisse nicht (primär) zur Überwachung der Budgetverantwortlichen benutzt werden, sondern für betriebliche Verbesserungen, steigt die Akzeptanz der Kontrollen durch die Mitarbeiter.

- Kompetenzen des Kontrolleurs:
  - Jeder Mitarbeiter, ob Führungskraft oder Sachbearbeiter, verfügt über verschiedenartige und unterschiedlich stark ausgeprägte Kompetenzen:

• Fachkompetenz
• Methodenkompetenz
• Führungs- und Sozialkompetenz
• Lernkompetenz
• Individual-/Personenkompetenz

Darst. 2.503: Kompetenzen der Mitarbeiter

Sie spielen eine große Rolle bei der Frage, wie sich (Budget-) Kontrollen auf das Verhalten des/der Verantwortlichen auswirken. Zum einen sind die Kompetenzen des Kontrolleurs als status quo zu beachten; zum anderen bietet sich kurz- oder mittelfristig die Chance, die Kompetenzen des Vorgesetzten im Rahmen der Personalentwicklung zu verbessern. Im Einzelnen sind folgende Punkte von Bedeutung:

[576] KÜNKELE, J., SCHÄFFER, U.: a. a. O., S. 23.

- Insbesondere die Auswirkungen von Verhaltenskontrollen werden durch die Kompetenzen des Kontrolleurs gesteuert. Speziell die Persönlichkeit und das Verhalten des Kontrolleurs sind entscheidend. In Bezug auf das Verhalten lassen sich tendenziell rational und emotional Handelnde unterscheiden. Emotional agierende Vorgesetzte können zwar ihre Mitarbeiter besser begeistern, aber auch schnell Aggressionen bei den Untergebenen hervorrufen, die oft Abwehr- oder Gegenreaktionen provozieren. Sachliche und konstruktive Kritik im Rahmen einer Kontrolle wirken nahezu immer leistungsfördernd.
- Zu den Führungs- und Sozialkompetenzen des Vorgesetzten gehören insbesondere die Führungseigenschaften, die sich darin zeigen, wie gut er seine Mitarbeiter von den (Budget-) Zielen seines Verantwortungsbereichs überzeugen kann.
- Eine wesentliche Komponente ist die fachliche Qualifikation des Vorgesetzten, die von den Kontrollierten anerkannt werden muss bzw. sollte.
- Erstrebenswert ist des Weiteren ein einwandfreies und gutes persönliches Verhältnis des Vorgesetzten zu seinen Mitarbeitern, welches sich u. a. in einer vertrauensvollen Zusammenarbeit, einem sicheren Urteilsvermögen und einer positiven Einstellung zur Förderung von Mitarbeitern äußert. Die beiden zuletzt genannten Punkte (Qualifikation und Verhältnis) unterstützen die Akzeptanz von Kontrollen.
- Grundsätzlich sollte der Kontrolleur darauf bedacht sein, durch seine Handlungen das Selbstwertgefühl der Mitarbeiter nicht herabzusetzen.

- Arbeitsumfeld des Kontrollierten:
  - Die Akzeptanz von Kontrollen seitens des Betroffenen steigt, wenn ein positives **Betriebsklima** gegeben ist. Die Abwehrhaltung gegenüber Kontrollen nimmt mit dem Misstrauen ab. Der Kontrollierte reagiert weniger sensibel auf Kontrollen. Ein positives Betriebsklima ist für die Beziehungen zwischen dem Kontrollierten und dem Kontrolleur förderlich. Für das Betriebsklima trägt in erster Linie der Vorgesetzte die Verantwortung (siehe Führungs- und Sozialkompetenz).
  - In der Regel akzeptieren die Mitarbeiter mit zunehmendem Wettbewerbs- und Konkurrenzdruck ein höheres Ausmaß an Kontrollen, da sie deren Notwendigkeit besser nachvollziehen können. Allerdings steigt in derartigen Situationen auch die emotionale Anspannung des Verantwortlichen und damit auch die Sensibilität gegenüber Kontrollen. Wichtig ist in diesem Zusammenhang, auf welche Art und Weise die Kontrollen erfolgen (s. o.).

- Kompetenzen des Kontrollierten:
  - Wie bereits bei dem Kontrolleur ausgeführt, spielen auch bei dem Kontrollierten die Kompetenzen eine große Rolle im Hinblick auf die Verhaltensweisen im Rahmen

von Kontrollen. Auch hier sind die Kompetenzen des Betroffenen einerseits als status quo zu beachten; andererseits bietet sich kurz- oder mittelfristig die Chance, die Kompetenzen des verantwortlichen Mitarbeiters im Rahmen der Personalentwicklung zu verbessern. Im Einzelnen sind folgende Punkte von Bedeutung:

- Je besser sich der Verantwortliche in seinem Aufgabenbereich auskennt und ihn beherrscht, desto sicherer ist er in der Ausführung seiner Aufgaben und desto geringer ist seine Angst vor Kontrollen.
- Die Einstellung des Kontrollierten gegenüber Kontrollen hängt stark von deren (bisherigen) Kompetenzen ab. Insbesondere die Motivation, die Persönlichkeit und die bisherigen Erfahrungen mit Kontrollen sind entscheidend.
- Betroffene Mitarbeiter, die eher extrinsisch, also durch äußere Gründe wie z. B. durch positive Beurteilungen, Incentives, Gehaltssteigerungen motiviert werden, lassen sich durch Kontrollen gezielt beeinflussen. Sie sind bemüht, negative Abweichungen zu vermeiden. Kontrollen empfinden sie als unangenehm. Die Angst vor Fehlern, die im Rahmen von Abweichungsermittlungen und -analysen entdeckt werden könnten, führt häufig zu einem übervorsichtigen und rechtfertigendem Verhalten. Dies kann auch die Entscheidungsfreudigkeit des Verantwortlichen mindern.
- Intrinsisch motivierte Personen hingegen handeln aus eigenem Antrieb. Handelt es sich um erfolgsorientierte (und – verschärfend wirkend – -gewohnte) Typen, ist deren Furcht vor Kontrollen weniger stark ausgeprägt. Sie empfinden Kontrollen eher als lästig und als Einschränkung ihres „Selbstbestimmungsrechts“.

Damit eine Beurteilung der Budgetverantwortlichen gerechtfertigt ist, sind folgende Regeln, die als **Budgetierungsgrundsätze** bezeichnet werden können, im Vorfeld zu beachten:

- Ein Budget muss einer verantwortlichen Person, Instanz oder (Kosten-)Stelle (Abteilung, Bereich usw.) klar und eindeutig zugeordnet sein (**Budgetverantwortlicher**).
- Budgets müssen **operationalisierbar** sein, d. h. Inhalt, Ausmaß[577] und Zeitbezug müssen exakt spezifiziert werden. Nur dann ist eine eindeutige Kontrolle der Zielerreichung möglich und eine Bewertung seitens des Kontrollierten nachvollziehbar.
- **Toleranzgrenzen** für Abweichungen[578] sind, sofern sie überhaupt zugelassen werden, inhaltlich und zeitlich genau zu bestimmen.

[577] Dies ist aufgrund der monetären Größen in der Regel gegeben.

[578] Siehe zum Thema „Toleranzgrenzen“ den nachfolgenden Unterabschnitt 2.2.7 „Darstellung und Bewertung von Abweichungen“.

- Ein Budget muss **flexibel** auf unerwartete Umweltzustände/Situationen, die von elementarer Bedeutung sind, reagieren können (vgl. Unter-Unterabschnitt 2.1.3.4 „Grundsatz der Flexibilität“). Im Übrigen bleibt das Budget als Zielvorgabe und Maßstab der Zielerreichung unverändert.
- Das **Zielniveau**/die Budgetvorgaben müssen herausfordernd (Soll-Größen), aber dennoch erreichbar sein.
- Ein Budget muss seitens des Budgetverantwortlichen **beeinflussbar** sein. Anderenfalls wirkt eine Zielvorgabe demotivierend.
- Budgetverantwortliche sollten **am Budgetierungsprozess beteiligt** werden, beispielsweise im Rahmen des MbO-Prinzips[579]. Damit wird die Identifikation des Betroffenen mit den vereinbarten Zielen gewährleistet. Allerdings ist zu bedenken, dass der Verantwortliche (bereits im Vorfeld) Informationen manipulieren kann.
- Zielvorgaben sollten **differenziert** ausgestaltet sein und nicht ausschließlich kurzfristig, bereichsorientiert und rein monetär formuliert sein. Auch qualitative und längerfristige Vorgaben sollten berücksichtigt werden. Hier sei insbesondere auf die Idee der Balanced Scorecard verwiesen.
- **Kontrollen** müssen **zeitnah und regelmäßig** (aber nicht übertrieben häufig) durchgeführt werden. Eine zeitnahe Kontrolle ermöglicht nicht nur eine schnellere Reaktion auf Abweichungen; auch „Erinnerungslücken“ treten seltener auf.

2.5.3 Darstellung und Bewertung von Abweichungen

Die Darstellung der Abweichungen kann auf vier verschiedene Arten erfolgen: Da diese schon in allgemeiner Form im gleichnamigen Unterabschnitt 2.3 5 beleuchtet wurden, soll hier nur noch auf Spezifika im Rahmen der operativen Kontrolle eingegangen werden. Dort findet sich auch ein Beispiel für (lineare) Toleranzgrenzen.

Eine ganz besondere Rolle spielt die **Bedeutung der Abweichung für das kurzfristige Betriebsergebnis/den Erfolg**. Insofern empfiehlt es sich, neben den Toleranzgrenzen auch eine Gewichtung der Abweichung nach der Wirkung auf das Betriebsergebnis/den Erfolg vorzunehmen und eine entsprechende Rangfolge zu entwickeln.

---

[579] MbO ist die Abkürzung für „Management by Objectives“. Es ist ein Führungsprinzip, bei dem die Führung durch Zielvereinbarungen erfolgt.

2.5.4 Kennzahlen und Abweichungsanalysen

Auch die Kontrolle der operativen Planung beschäftigt sich mit der **Abweichungsermittlung** in Form von Soll-Ist- oder Plan-Ist-Abgleichen hinsichtlich der Ziele (oft als Kennzahlen einschließlich Budgets festgelegt) und Maßnahmen[580] sowie der **Abweichungsanalyse**. Da auf die vorstehenden Punkte bereits allgemein im gleichlautenden Unterabschnitt 2.3.8 eingegangen wurde, sollen hier nur die Besonderheiten im Rahmen der operativen Kontrolle erläutert werden.

Bei der Abweichungsanalyse sind einige Punkte zu beachten, u. a. die sachliche Kongruenz:[581] In Bezug auf die operative Kontrolle bedeutet dies:

- Das Budget als Soll-Größe sollte die gleichen Mengengrößen wie die Ist-Rechnung aufweisen. Anderenfalls ist im Falle einer Beschäftigungsabweichung ein modifiziertes Budget als neue Vorgabegröße zu berechnen.[582]
- Gleiches gilt für die Strukturen.
- Auch die Bezeichnungen der einzelnen Positionen und Konten müssen identisch sein.

Die **Planungsinhalte/Planungsgegenstände** (vgl. Unter-Unterabschnitt 2.1.5.6 „Planung nach den Planungsebenen“) sind in vielen Fällen identisch mit den inhaltlich spezifizierten Zielen (Zielinhalten). Die unternehmerischen Ziele werden meist in Form von **Kennzahlen**[583] formuliert.

Die Frage ist nicht nur, wie die Kennzahlen beschaffen sein müssen, d. h. welche Anforderungen an sie zu stellen sind[584], sondern welches die „richtige“ Kennzahl ist. Es ist also zu klären, welche Kennzahl die „richtigen“ Informationen liefert, um die „richtigen“ Entscheidungen[585] fällen zu können. Die Betriebswirtschaftslehre resp. das operative Controlling bietet hierzu eine Vielzahl von operativen Kennzahlen an, die im Abschnitt 3.2 „Gesamtbetriebliche Kennzahlenanalyse“ auf gesamtbetrieblicher Ebene und im Kapitel 1 von

---

[580] Für die zukünftige Planung ist es wichtig, nicht nur negative, sondern auch positive Abweichungen aufzuzeigen.

[581] Vgl. ESCHENBACH, R., SILLER, H., a. a. O., S. 282.

[582] Vgl. hierzu die Ausführungen zur Abweichungsanalyse in der (flexiblen) Plankostenrechnung.

[583] Auf die Aufgaben und Zwecke von Kennzahlen wird im Unterabschnitt 2.1.3 „Einführung in die Kennzahlenanalyse“ ausführlich eingegangen.

[584] Die Anforderungen, die an Kennzahlen zu stellen sind, werden im Unterabschnitt 2.1.2 „Kennzahlen“ erläutert.

[585] Die Beurteilung, ob eine „richtige“ Entscheidung getroffen wurde, ist nur in Verbindung mit dem Ziel/den Zielen des Unternehmers bzw. dessen legitimierten Aktoren möglich.

Band 2 „Operative Kennzahlenanalyse in den Funktionsbereichen“ für die einzelnen Funktionsbereiche vorgestellt und bewertet werden.

Obwohl längst nicht alle Informationen zur operativen Unternehmensanalyse aus dem Rechnungswesen stammen, haben das **interne und das externe Rechnungswesen** einschließlich der vorgeschriebenen Buchführung, Bilanz und Ergebnisrechnung doch **eine besondere Bedeutung im Rahmen der qualifizierten Kennzahlenanalyse**. Zu beachten ist allerdings, dass allenfalls ein ökonomisch nicht versierter Manager die vergangene, gegenwärtige und künftige wirtschaftliche Lage und Entwicklung seines Unternehmens allein aus dem Jahresabschluss erfahren will. **Jahresabschlüsse zeigen nur ein unvollständiges und auch nicht immer richtiges Bild über die „wirkliche“ wirtschaftliche und finanzielle Situation und Entwicklung der Unternehmung**. Selbst wenn bilanzpolitische Verzerrungen eliminiert sind, ersetzen Bilanz und Gewinn- und Verlustrechnung keine internen Berichte, schon weil in solchen Berichten neben differenzierten Kennzahlen über Vergangenheitsdaten direkte Prognosen über deren wahrscheinliche Fortentwicklung nicht fehlen dürfen, sind doch erst auf dieser Grundlage Unternehmensentscheidungen sinnvoll möglich. Obwohl die **Buchhaltung und der Jahresabschluss den handels- und steuerrechtlichen Vorschriften entsprechen**, so **genügen beide** in der Regel **nicht ohne Aufbereitung als Ausgangsbasis einer qualifizierten Unternehmensanalyse**. Die erforderliche Datenaufbereitung umfasst die **Verdichtung und Umgestaltung der Bilanz und Gewinn- und Verlustrechnung** zur besseren Beurteilung der Unternehmung und zur Herstellung der Vergleichbarkeit verschiedener Abschlüsse. Die Datenaufbereitung wird daher *vor* der Diskussion gesamtbetrieblicher Kennzahlen im Unterabschnitt 3.1.2 „Datenaufbereitung“ detailliert beschrieben.

2.5.5 Kostenkontrolle in der Plankostenrechnung

2.5.5.1 Kostenkontrolle in der starren Plankostenrechnung

Bereits im Rahmen der Kostenplanung in der **starren Plankostenrechnung** (Paragraf 2.4.2.6.2 „Kostenplanung mit der starren Plankostenrechnung) wurde ausgeführt, dass die Planbeschäftigung einer Kostenstelle (Beschäftigungsgrad) konstant gehalten wird. Eine Anpassung der Plankosten an die Istbeschäftigung im Rahmen der Kontrolle erfolgt nicht, da keine Sollkostenfunktion existiert. In der Praxis wird die starre Plankostenrechnung so gut wie nicht mehr eingesetzt, da die Kostenkontrolle aufgrund der fehlenden Sollkosten nur als **völlig unbefriedigend** bezeichnet werden kann. Folgendes fortgeführte Beispiel verdeutlicht die Kontrolle der Kosten, d. h. die Abweichungsanalyse in der starren Plankostenrechnung:

Im Rahmen der Kostenplanung waren bei einer Planbeschäftigung (x^p) von 6.000 Stück die Plankosten (K^p) mit 600.000,00 € veranschlagt worden.

Es ergeben sich nach Ablauf der Planungsperiode folgende Ist-Werte:
Ist-Kosten (K^i): 650.000,00 €
Ist-Beschäftigung (x^i): 5.200 St.

Der **Plankostenverrechnungssatz** k^{pverr}, gelegentlich auch Plankalkulationssatz genannt, ergibt sich als Division von Plankosten und Planbeschäftigung:

$$k^{pverr} = \frac{K^p}{x^p}$$

Darst. 2.504: Plankostenverrechnungssatz k^{pverr}

Dieser entspricht bei der starren Plankostenrechnung einem Vollkostensatz, da zwischen den variablen und fixen Kosten nicht getrennt wird.

Ermittelt wird der Plankostenverrechnungssatz für das gesamte Unternehmen, wenn keine Kostenstellen vorhanden bzw. (im Einproduktfall) notwendig sind oder bei mehreren Kostenstellen im Zuge der Kostenstellenrechnung für jede einzelne Kostenstelle.

Konkret ergibt sich k^{pverr} in Höhe von 100 €/St. (= 600.000,00 € ÷ 6.000 St.).

Die **verrechneten Plankosten** K^{verr} sind die auf der Basis des ermittelten Plankostenverrechnungssatzes k^{pverr} ermittelten Kosten bei der Istbeschäftigung x^i:

$$K^{verr} = k^{pverr} \bullet x^i$$

Darst. 2.505: Verrechnete Plankosten K^{verr}

Konkret ergeben sich hier K^{verr} in Höhe von 520.000,00 € (= 100 €/St. • 5.200 St.)

Als **Gesamtabweichung** *GA* in der starren Plankostenrechnung ergibt sich folgende Differenz:

$$GA = K^i - K^{verr}$$

Darst. 2.506: Gesamtabweichung *GA* in der starren Plankostenrechnung

Konkret lässt sich eine Gesamtabweichung GA von 130.000,00 € (= 650.000,00 € – 520.000,00 €) berechnen.

An diesem Beispiel zeigt sich, dass in der vergangenen Periode eine Gesamtabweichung von insgesamt 130.000,00 € entstanden ist. Das Problem ist offensichtlich: Die Plankosten wurden zwar auf die Ist-Beschäftigung umgerechnet, aber eine Aufteilung in fixe und variable Kosten wurde nicht vorgenommen. Somit findet eine **Proportionalisierung der fixen Kosten** statt, d. h. es wird eine **völlige Proportionalität zwischen der Beschäftigung und den Plankosten** unterstellt. Dies ist schlicht **praxisfremd**. Auch ist hier nicht erkennbar, welcher Teil der Kostenüberschreitung (hier: 130.000,00 €) auf die geringere (Ist-) Beschäftigung zurückzuführen ist und welcher Teil eine echte Kostenüberschreitung bzw. Kosteneinsparung darstellt. Die errechneten Abweichungen sind praktisch nicht aussagefähig. **Die starre Plankostenrechnung ist für eine Abweichungsanalyse ungeeignet.**

Für Zwecke der aussagefähigen Kostenkontrolle ist es daher unumgänglich, die variablen und die fixen Kostenbestandteile zu kennen. Erst die **Zerlegung der Gesamtkosten in fixe und variable Kosten** ermöglicht die Berechnung von **Sollkosten**, die bei normalem wirtschaftlichen Verhalten die Kosten als Vorgabe-(Soll-) oder Plangröße beziffern, die sich bei einer bestimmten Ist-Beschäftigung ergeben sollten bzw. dürfen. Sollkosten sind geplante Gesamtkosten bei Ist-Beschäftigung. Anmerkung: Es zeigt sich, dass die Kostenrechnung an dieser Stelle nicht korrekt zwischen Plan- und Sollwerten differenziert.[586]

[586] Vgl. hierzu die Ausführungen in Unterabschnitt 2.5.1 „Grundlagen der operativen Kontrolle".

Statt von Sollkosten wäre es sinnvoller von Plankosten bei Plan-Beschäftigung bzw. von **Plankosten bei** (unterschiedlichen) **Ist-Beschäftigung(en)** zu reden.

Die Ermittlung von Sollkosten ist in der flexiblen Plankostenrechnung möglich, da sie eine Trennung in variable und fixe Kosten vornimmt.

2.5.5.2 Kostenkontrolle in der flexiblen Plankostenrechnung auf Vollkostenbasis

Die **Abweichungsanalyse** in der flexiblen Plankostenrechnung heißt, die Istkosten einer Kostenstelle mit den zugehörigen Sollkosten und den verrechneten Plankosten zu vergleichen. Die sich daraus ergebenden Differenzen stellen Abweichungen[587] dar, die als Verbrauchs- bzw. Beschäftigungsabweichung bezeichnet werden.

Als **Verbrauchsabweichung** VA wird die Differenz zwischen Soll- und Istkosten tituliert. Sie gibt die Kostenabweichung an, für die der Kostenstellenverantwortliche einstehen muss. Sie wird in einer reinen Mengenabweichung durch Planabweichungen bzw. durch Unwirtschaftlichkeiten verursacht. Es ist jedoch nicht die gesamte Verbrauchsabweichung als Unwirtschaftlichkeit anzusehen; die Unwirtschaftlichkeit stellt nur einen Teil der Verbrauchsabweichung dar, denn die Unwirtschaftlichkeit ist nur eine Kosteneinflussgröße von vielen. In der mehrfach-flexiblen oder vollflexiblen Plankostenrechnung[588] wird anderen Kosteneinflussgrößen als der Beschäftigung nachgegangen. In der hier betrachteten einfach-flexiblen Plankostenrechnung wird nur der Kosteneinflussfaktor „Beschäftigung“ betrachtet. Nach Feststellung einer Verbrauchsabweichung muss eine genaue Abweichungsanalyse zeigen, welche konkreten Ursachen die Abweichung hat und wer dafür verantwortlich zeichnet. Die detaillierte Analyse wird kostenartenweise vorgenommen. Die Ursachen sind fast immer auf Kostenstellenebene zu suchen und zu finden.[589] In der flexiblen Plankostenrechnung ist die Verbrauchsabweichung von entscheidender Bedeutung.

587 Generell sind Abweichungen (s. o.) Differenzen, die sich aus der Gegenüberstellung von Plan- und Istwerten resp. Soll- und Istwerten oder sonstigen Vergleichswerten (statt der Plan- oder Sollgrößen) ergeben.

588 Vgl. zu diesen Themen die Ausführungen im Paragrafen 2.4.2.6.3 „Kostenplanung mit der flexiblen Plankostenrechnung auf Vollkostenbasis“.

589 Vgl. SCHELD, G. A.: Plankostenrechnung, a. a. O., S. 30.

Verbrauchsabweichung VA = Istkosten K^i – Sollkosten K^s

Darst. 2.507: Verbrauchsabweichung VA

Die **Beschäftigungsabweichung *BA*** ist die zweite Abweichung, die näher betrachtet wird. Sie ist die Differenz zwischen den Sollkosten K^s und den verrechneten Plankosten K^{verr}. Sie zeigt an, welchen Anteil das Nichterreichen der Planbeschäftigung an der gesamten Abweichung hat. Ebenso gibt dieser Wert an, welche kostenmäßige Differenz zwischen der Kostenstellenrechnung und der Kostenträgerrechnung entsteht, wenn die verrechneten Plankosten K^{verr} statt der Sollkosten bei der Kostenvorgabe benutzt werden. Diese Differenz ist auf die bei den verrechneten Plankosten bzw. bei der Kostenträgerrechnung mit Vollkosten proportional zu viel oder zu wenig (je nach betrachteter Beschäftigung) verteilten/umgelegten Fixkosten zurückzuführen. Diese Abweichung stellt insofern den Kalkulationsfehler bei Anwendung der Vollkostenrechnung in der Kostenträgerrechnung innerhalb der flexiblen Plankostenrechnung (auf Vollkostenbasis) dar. Allein wenn die Plan- und Istbeschäftigung übereinstimmen, ergibt sich eine Beschäftigungsabweichung gleich Null.

Beschäftigungsabweichung BA = Sollkosten K^s – verrechnete Plankosten K^{verr}

Darst. 2.508: Beschäftigungsabweichung BA

Abweichungen, die auf unterschiedliche Beschäftigungen zurückzuführen sind, können vom Kostenstellenleiter nicht verantwortet werden. Sie rühren vom Markt her oder es handelt sich um **Dispositionsfehler** (des Managements, insbesondere der Vertriebsleitung) bei der Planung der Beschäftigung.

Die **mengenmäßige Gesamtabweichung** ist die Summe aus Verbrauchs- und Beschäftigungsabweichung.

Denkbar ist eine dritte Abweichung, die **Preisabweichung**. Sie entsteht, wenn bei der Berechnung der Istkosten andere Preise zugrunde gelegt werden als bei der Ermittlung der Plankosten.[590] Es handelt sich um die Istkosten mit Istpreisen und um die Istkosten mit Planpreisen. Dementsprechend resultiert die Preisabweichung aus der Differenz zwischen

[590] Siehe die näheren Erläuterungen bei WÖRDENWEBER, M.: Kostenrechnung, a. a. O., S. 138–141.

Planpreisen und Istpreisen, geplanten und tatsächlichen Preisen. Für diese Differenz kann die Beschaffung bzw. Einkaufsabteilung verantwortlich gemacht werden – es sei denn, es läge ein Übermittlungsfehler zwischen der Beschaffung und der Kostenplanung oder ein Bearbeitungsfehler in der Kostenplanung vor. Rechnerisch lässt sich die Preisabweichung als Differenz zwischen Istkosten mit Istpreisen und Istkosten mit Planpreisen oder als Differenz zwischen Plan- und Istpreis, multipliziert mit der tatsächlichen Beschäftigung x^i ermitteln.

Preisabweichung *PA* = Istkosten mit Istpreisen – Istkosten mit Planpreisen
= (Istpreis – Planpreis) • tatsächliche Beschäftigung

Darst. 2.509: Preisabweichung *PA*

Die Addition aller drei Abweichungen – Verbrauchsabweichung, Beschäftigungsabweichung und Preisabweichung – ergibt die **Gesamtabweichung *GA***.

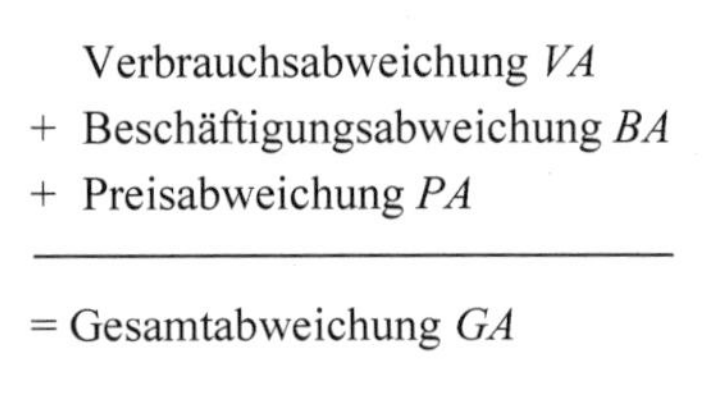

Darst. 2.510: Gesamtabweichung *GA*

Die Gesamtabweichung an sich ist wenig aussagekräftig. Wichtig ist die Aufspaltung in die einzelnen Abweichungen, von denen die Verbrauchsabweichung die zentrale Größe darstellt.

Sofern die Istkosten nicht mit Istpreisen, sondern gleich mit Planpreisen angesetzt werden, entfällt die Preisabweichung in den meisten Darstellungen (s. u.). Sie kann aber, falls gewünscht, dennoch aufgrund der obigen Formel separat berechnet werden.

In der Praxis als auch in einigen Lehrbüchern werden statt der Differenzen Soll – Ist die Spanne zwischen Ist und Soll berechnet. Bei der Darstellung und Interpretation der Abweichungen müssen dementsprechend die Vorzeichen beachtet werden.

Auf der Basis der im Paragrafen 2.4.2.6.3 „Kostenplanung mit der flexiblen Plankostenrechnung auf Vollkostenbasis“ vorgestellten Beispieldaten soll im Folgenden die Abweichungsanalyse erläutert werden. Der Datenkranz lautete:

In einer Kostenstelle werden auf der Basis der vorab beschriebenen Vorgehensweise für einen bestimmten Planungszeitraum (Monat) für eine Planbeschäftigung (x^p) von 6.000 Stück ein variabler Plankostensatz k_v^p in Höhe von 40 € je Erzeugniseinheit ermittelt. Die Fixkosten betragen 360.000 €.

Die gesamten Plankosten K^p ergeben sich gemäß der vorstehenden Formel wie folgt:

K^p = 360.000 € + 40 €/Stück • 6.000 Stück = 600.000 €

Die Sollkostenfunktion als Funktion der geplanten Kosten lautet dann:

$K^s(x) = 360.000 + 40 \cdot x$

Analog zur starren Plankostenrechnung können auch bei der flexiblen Plankostenrechnung auf Vollkostenbasis die verrechneten Plankosten K^{verr} ermittelt werden, indem der Plankostenverrechnungssatz mit allen möglichen Beschäftigungen multipliziert wird. Auch hier ergibt sich der Plankostenverrechnungssatz als Division der Plankosten K^p durch die Beschäftigung.

Konkret ergibt sich ein **Plankostenverrechnungssatz** k^{pverr} von 100 €/Stück (600.000 € dividiert durch 6.000 Stück).

Die Funktion der verrechneten Plankosten K^{verr} lautet dann:

$K^{verr}(x) = 100 \cdot x$

In der nachstehenden Grafik sind die Sollkostenfunktion und die Funktion der verrechneten Plankosten eingetragen.

Für eine tatsächliche Beschäftigung x^i = 1.500 Stück und Istkosten K^i von 480.000 €, bei der die Ist-Beschäftigung mit Planpreisen bewertet wurde, ergeben sich die beiden dargestellten Abweichungen: die Verbrauchsabweichung VA und die Beschäftigungsabweichung BA. Eine Preisabweichung ist nicht zu verzeichnen, da die Istkosten mit Planpreisen berechnet wurden.

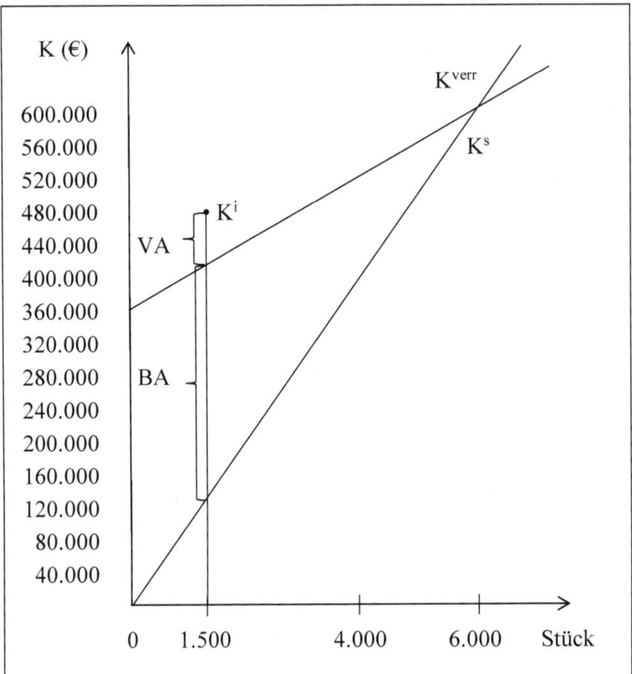

Darst. 2.511: Grafik einer flexiblen Plankostenrechnung auf Vollkostenbasis (Beispiel)

Die Verbrauchsabweichung VA berechnet sich wie folgt: Von den Istkosten mit Planpreisen K^i in Höhe von 480.000,00 € werden die Sollkosten bei Istbeschäftigung in Höhe von 420.000,00 € (360.000,00 € + 1.500 Stück • 40 €/Stück) subtrahiert. Die ermittelte Differenz in Höhe von 60.000 € (480.000 € – 420.000 €) ist die Verbrauchsabweichung.

Diese Verbrauchsabweichung ist weiter zu analysieren. Dabei ist insbesondere zu ergründen, ob es bei dem Einsatz von Produktionsfaktoren zu Abweichungen zwischen dem geplanten Einsatz bei Istbeschäftigung und dem Ist-Einsatz bei Istbeschäftigung – konstante Planpreise unterstellt – gekommen ist. Diese tiefergehende Analyse stellt den Übergang von der **einfach-flexiblen** zur **mehrfach-flexiblen Plankostenrechnung** dar. Bei dieser weitergehenden Untersuchung kann sich herausstellen, dass die **ursprünglich für die Kosten als verantwortlich angegebene Stelle (letztlich) nicht in allen Fällen für die Verbrauchsabweichung verantwortlich** zeichnet.

Die Beschäftigungsabweichung BA lässt sich wie folgt ermitteln: Von den Sollkosten bei Istbeschäftigung in Höhe von 420.000 € werden die verrechneten Plankosten K^{verr} in Höhe von 150.000 € (1.500 Stück • 100 €/Stück) abgezogen. Die sich dann ergebende Differenz in Höhe von 270.000 € ist die Beschäftigungsabweichung. Dieser Betrag resultiert daraus, dass die fixen Kosten proportional auf die Kostenträger verteilt wurden. Bei Unterbeschäftigung – wie im vorliegenden Fall – werden zu wenig Fixkosten auf die Kostenträger verrechnet. Die Folge ist eine positive Beschäftigungsabweichung. Bei Überbeschäftigung (die Istbeschäftigung liegt über der Planbeschäftigung) werden dagegen zu viele Fixkosten verteilt mit der Folge, dass sich eine negative Beschäftigung ergibt.

Die Beurteilung des Verfahrens der Kostenplanung mit der flexiblen Plankostenrechnung auf Vollkostenbasis erfolgte bereits ausführlich im Paragrafen 2.4.2.6.3 „Kostenplanung mit der flexiblen Plankostenrechnung auf Vollkostenbasis“.

2.5.5.3 Kostenkontrolle in der flexiblen Plankostenrechnung auf Teilkostenbasis (Grenzplankostenrechnung)

Die **Abweichungsanalyse** in der flexiblen Plankostenrechnung auf Teilkostenbasis bedeutet, die Istkosten einer Kostenstelle mit den zugehörigen Sollkosten und den verrechneten Plankosten zu vergleichen. Die sich daraus ergebenden Differenzen stellen Abweichungen dar, die als Verbrauchs- bzw. Beschäftigungsabweichung bezeichnet werden.

Auf der Basis der im Paragrafen 2.4.2.6.3 „Kostenplanung mit der flexiblen Plankostenrechnung auf Vollkostenbasis“ vorgestellten Beispieldaten soll im Folgenden die Abweichungsanalyse in der Grenzplankostenrechnung erläutert werden. Der Datenkranz lautete:

In einer Kostenstelle werden auf der Basis der vorab beschriebenen Vorgehensweise für einen bestimmten Planungszeitraum (Monat) für eine Planbeschäftigung (x^p) von 6.000 Stück ein variabler Plankostensatz k_v^p in Höhe von 40 € je Erzeugniseinheit ermittelt. Die Fixkosten, die hier allerdings nicht entscheidungsrelevant sind, betragen 360.000 €.

Die gesamten Plankosten K^p ergeben sich gemäß der vorstehenden Formel wie folgt:
K^p = 40 €/Stück • 6.000 Stück = 240.000 €

Die Sollkostenfunktion als Funktion der geplanten Kosten lautet dann:

$K^s(x) = 40 \cdot x$

Analog zur flexiblen Plankostenrechnung auf Vollkostenbasis können auch bei der flexiblen Plankostenrechnung auf Teilkostenbasis die verrechneten Plankosten K^{verr} ermittelt werden, indem der Plankostenverrechnungssatz mit allen möglichen Beschäftigungen multipliziert wird. Auch hier ergibt sich der Plankostenverrechnungssatz k^{pverr} als Division der Plankosten K^p durch die Planbeschäftigung x^p.

Konkret ergibt sich ein **Plankostenverrechnungssatz** k^{pverr} von 40 €/Stück (240.000 € dividiert durch 6.000 Stück).

Die Funktion der verrechneten Plankosten K^{verr} lautet dann:

$K^{verr}(x) = 40 \cdot x$

Damit sind die **Sollkostenfunktion und die Funktion der verrechneten Plankosten identisch:** $K^s(x) = K^{verr}(x)$.

In der nachstehenden Grafik sind die Sollkostenfunktion und die Funktion der verrechneten Plankosten eingetragen.

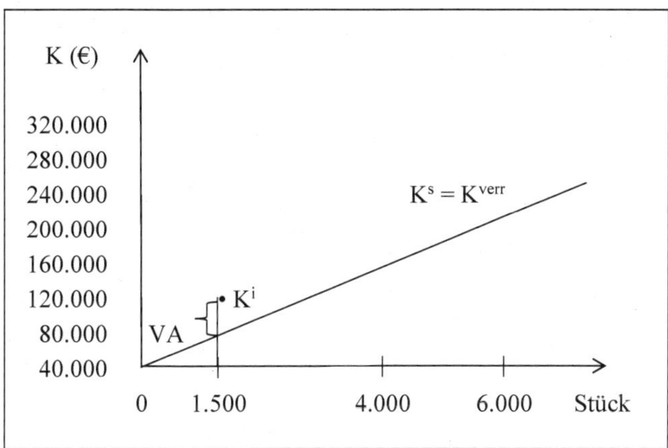

Darst. 2.512: Grafik einer Grenzplankostenrechnung (Beispiel)

Anmerkung: Die Sollkostenfunktion der Grenzplankostenrechnung verläuft parallel zur Sollkostenfunktion der flexiblen Plankostenrechnung auf Vollkostenbasis, allerdings versetzt um den Fixkostenblock in Höhe von 360.000 €, weil die Fixkosten im Rahmen der Grenzplankostenrechnung keine Berücksichtigung finden.

Für eine tatsächliche Beschäftigung x^i = 1.500 Stück und Istkosten K^i von 120.000 € (die Fixkosten fehlen hier!), bei der die Ist-Beschäftigung mit Planpreisen bewertet wurde, ergibt sich die dargestellte Abweichung: die Verbrauchsabweichung VA. Eine Preisabweichung ist nicht zu verzeichnen, da die Istkosten mit Planpreisen berechnet wurden.

Die Verbrauchsabweichung VA berechnet sich wie folgt: Von den Istkosten mit Planpreisen K^i in Höhe von 120.000,00 € werden die Sollkosten bei Istbeschäftigung in Höhe von 60.000 € (1.500 Stück • 40 €/Stück) subtrahiert. Die ermittelte Differenz in Höhe von 60.000 € (120.000 € – 60.000 €) ist die Verbrauchsabweichung. Das Ergebnis hier muss mit dem Resultat in der flexiblen Plankostenrechnung auf Vollkostenbasis identisch sein, da sowohl bei den Istkosten mit Planpreisen als auch bei den Sollkosten bei Istbeschäftigung die Fixkosten fehlen.

Wie bei der Plankostenrechnung auf Vollkostenbasis ist auch hier die Verbrauchsabweichung weiter zu analysieren. Dabei ist insbesondere zu ergründen, ob es bei dem Einsatz von Produktionsfaktoren zu Abweichungen zwischen dem geplanten Einsatz bei Istbeschäftigung und dem Ist-Einsatz bei Istbeschäftigung – konstante Planpreise unterstellt – gekommen ist. Diese tiefergehende Analyse stellt den Übergang von der **einfach-flexiblen** zur **mehrfach-flexiblen Plankostenrechnung** dar. Bei dieser weitergehenden Untersuchung kann sich herausstellen, dass die ursprünglich für die Kosten als verantwortlich angegebene Stelle (letztlich) nicht in allen Fällen für die Verbrauchsabweichung verantwortlich zeichnet.

Eine Beschäftigungsabweichung BA kann nicht ermittelt werden, da die Sollkosten bei Istbeschäftigung in Höhe von 60.000 € identisch sind mit den verrechneten Plankosten K^{verr} in Höhe von 60.000 € (1.500 Stück • 40 €/Stück).

Die Beurteilung des Verfahrens der Kostenplanung mit der Grenzplankostenrechnung erfolgte bereits ausführlich im Paragrafen 2.4.2.6.4 „Kostenplanung mit der flexiblen Plankostenrechnung auf Teilkostenbasis (Grenzplankostenrechnung)“.

3 Operative Kennzahlenanalyse auf Unternehmensebene

3.1 Datenaufbereitung

Bedeutung des Rechnungswesens

Obwohl längst nicht alle Informationen zur Unternehmensanalyse aus dem Rechnungswesen stammen, haben das **interne und das externe Rechnungswesen** einschließlich der vorgeschriebenen Buchführung, Bilanz und Ergebnisrechnung doch **eine besondere Bedeutung im Rahmen der qualifizierten Kennzahlenanalyse**. Sie sind die **Basis für zahlreiche wichtige und umfassende Kennzahlen und Kennzahlensysteme** und **eignen sich besonders für übergeordnete und funktionsübergreifende Controllingzwecke**, da **unterschiedliche Dimensionen und Betrachtungsweisen durch eine monetäre Bewertung überwunden werden**. Das Rechnungswesen liefert insoweit eine einheitliche Basis der Kommunikation und der Rechnung und spiegelt die Auswirkungen auf die Rentabilität, Wirtschaftlichkeit, Produktivität und Liquidität wider. Das Rechnungswesen stellt die Vergleichbarkeit her und ermöglicht die Verrechnung.

Das Rechnungswesen sollte als Kennzahlenbasis allerdings in den Fällen vermieden werden, in denen geeignete Messgrößen aus Mengen- und Zeitdaten für die eigenverantwortliche operative Planung, Kontrolle und Steuerung zur Verfügung stehen. In einigen anderen Fällen – und das macht die Prozesskostenrechnung deutlich – werden Kostendaten über Mengendaten erst richtig transparent.

Zu beachten ist ferner, dass allenfalls ein ökonomisch nicht versierter Geschäftsführer die vergangene, gegenwärtige und künftige wirtschaftliche Lage und Entwicklung seines Unternehmens allein aus dem Jahresabschluss erfahren will. **Jahresabschlüsse zeigen nur ein unvollständiges und auch nicht immer richtiges Bild über die „wirkliche" wirtschaftliche und finanzielle Situation und Entwicklung der Unternehmung**. Selbst wenn bilanzpolitische Verzerrungen eliminiert sind, ersetzen Bilanz und Gewinn- und Verlustrechnung keine internen Berichte, schon weil in solchen Berichten neben differenzierten Kennzahlen über Vergangenheitsdaten direkte Prognosen über deren wahrscheinliche Fortentwicklung nicht fehlen dürfen, sind doch erst auf dieser Grundlage Unternehmensentscheidungen sinnvoll möglich.

Notwendigkeit der Datenaufbereitung

Obwohl die **Buchhaltung und der Jahresabschluss den handels- und steuerrechtlichen Vorschriften entsprechen**, so **genügen beide** in der Regel **nicht ohne Aufbereitung als Ausgangsbasis einer qualifizierten Unternehmensanalyse**. Auch die schrittweise Anpassung der handelsrechtlichen Vorschriften an internationale Rechnungslegungsstandards, die Harmonisierung der internationalen Rechnungslegung oder der Wechsel von der HGB-Bilanzierung zur IAS/IFRS-Rechnungslegung machen eine Adjustierung der Abschlussposten in keiner Weise überflüssig. An dieser Stelle sei noch einmal auf die Bewertungskriterien für Kennzahlen und Kennzahlensysteme (Darst. 2.114) hingewiesen.

Bestimmte Datenaufbereitungsmaßnahmen sind notwendig, da die Buchführung und der Jahresabschluss nicht in allen Belangen den Anforderungen der Kennzahlenanalyse genügen.

Darst. 3.101: Notwendigkeit der Datenaufbereitung aus den Zahlen des externen Rechnungswesens

Ohne diese Aufbereitungen ist eine Unternehmensanalyse nur bedingt aussagefähig.

Die Datenaufbereitung umfasst die **Verdichtung und Umgestaltung der Bilanz und Gewinn- und Verlustrechnung** zur besseren Beurteilung der Unternehmung und zur Herstellung der Vergleichbarkeit verschiedener Abschlüsse. Das **Ergebnis einer Umstrukturierung des originären Abschlusses für Controllingzwecke** ist eine sogenannte **Strukturbilanz.**

Die Strukturbilanz ist das Ergebnis einer Umstrukturierung des originären (externen) Jahresabschlusses für Controllingzwecke.

Darst. 3.102: Strukturbilanz

Zwar hängt die Vorgehensweise bei der Aufbereitung teilweise auch von der jeweils spezifischen Fragestellung ab. Dennoch empfiehlt es sich zur Erleichterung der späteren Arbeit und zur Minimierung des Rechenaufwands bei manuellem Vorgehen, die notwendigen Aufbereitungen nicht für jedes Problem speziell, sondern in einer möglichst vielseitig verwendbaren Strukturbilanz vorzunehmen. Notwendige Ergänzungen, Anpassungen und Zusatzrechnungen lassen sich dann für die einzelnen Fragestellungen relativ einfach durchführen.

Aktivitäten der Datenaufbereitung

Eine genauere Betrachtung der Aktivitäten bei der Aufbereitung des ursprünglichen handelsrechtlichen Abschlusses lässt grundsätzlich **fünf verschiedene Operationen** erkennen:[591]

- Bereinigung
- Ergänzung
- Korrektur
- Aufspaltung
- Verdichtung

Darst. 3.103: Operationen im Zuge der Datenaufbereitung aus den Zahlen des Jahresabschlusses

- **Bereinigung**
  Zweck der Bereinigung ist es, Vermögensgegenstände und Schulden sowie Erträge und Aufwendungen aus der ursprünglichen Bilanz bzw. GuV zu eliminieren, da sie die Vermögens-, Ertrags- und Finanzlage des Unternehmens verfälschen.

- **Ergänzung**
  Da im Jahresabschluss nicht alle Informationen enthalten sind, die für Controllingzwecke notwendig sind, müssen einige Beträge erfolgsneutral oder erfolgswirksam nachgebucht werden.

- **Korrektur**
  Ziel der Korrektur ist die Richtigstellung der ggf. aus bilanzpolitischen Maßnahmen heraus veränderten Bilanzpositionen und GuV-Werten.

[591] Vgl. im Folgenden: SCHELD, G. A.: Controlling im Mittelstand. Bd. 3: Operatives Unternehmenscontrolling, nachstehend abgekürzt mit „Operatives“, 6. Aufl., Berlin 2017, S. 126–127.

- **Aufspaltung**
  Eine originäre Bilanz enthält im Allgemeinen so genannte Mischposten, d. h. Positionen, die unter analytischen Gesichtspunkten durchaus mehreren anderen Positionen zugeordnet werden können. Es geht bei der Aufspaltung folglich darum, derartige Mischpositionen aufzuteilen.

- **Verdichtung**
  Der Jahresabschluss enthält gewöhnlich eine Vielzahl von Einzelpositionen. Um eine überschaubare und übersichtliche Strukturbilanz zu erhalten, werden gleiche oder ähnliche Positionen zusammengefasst und Beträge gegebenenfalls gerundet. Die so verdichtete Strukturbilanz reicht für die anschließende Kennzahlenanalyse völlig aus.

Der informatorische Wert der Kennzahlen und somit die Qualität des Gesamturteils über die Unternehmung hängen entscheidend von der Güte der Datenaufbereitung ab. (Vgl. Darst. 3.101.) Hat der Analytiker – und das ist sicherlich beim Controller der Fall – Zugang zur **Finanzbuchhaltung** und zum **internen Rechnungswesen**, so erhält er zusätzlich detaillierte Informationen über den Aufbau der Bilanz und der Gewinn- und Verlustrechnung bzw. Betriebsergebnisrechnung. Diese verlässlichen und aufschlussreichen Daten sollten dazu benutzt werden, die Strukturbilanz zu überarbeiten, zu ergänzen und unvermeidbare Ungenauigkeiten zu korrigieren. **Voraussetzung** dafür ist, dass die **Buchführung im Unternehmen verbleibt** und nicht, wie dies bei Kleinunternehmen die Regel ist, an Steuerberater abgegeben wird. Ein **weiterer Vorteil** einer eigenen Buchführung besteht darin, dass **alle bedeutenden Kennzahlen aktuell und nach Bedarf ermittelt werden können**.

Wenn möglich sollte der Controller auf Zahlenmaterial zurückgreifen, das **nicht durch bilanz- und steuerpolitische Maßnahmen beeinflusst** ist. Dies ist beispielsweise beim internen Rechnungswesen der Fall. Nur solche Informationen sind zur Planung, Kontrolle und Steuerung der betrieblichen Entwicklung, insbesondere der Erfolgsquellen und Kapitalstrukturen, der Rentabilität, der Wirtschaftlichkeit, der Produktivität und der Liquidität sowie zur Führung der verschiedenen Funktionsbereiche des Unternehmens geeignet. Aber auch diese Informationen bedürfen der Aufbereitung.

Besonderheiten bei Betriebsaufspaltung

Ein besonderes Problem bei der Datenaufbereitung entsteht bei einer sog. Betriebsaufspaltung, die in kleinen und mittleren Unternehmen häufig anzutreffen ist.[592] Von einer Betriebsaufspaltung spricht man bereits dann, wenn eine Betriebsimmobilie sich nicht im Eigentum des Unternehmens sondern des Unternehmers befindet, der diese an das Unternehmen vermietet. Die Betriebsaufspaltung hat steuerliche und haftungsrechtliche Vorteile für Unternehmer und Unternehmen.

> Bei einer Betriebsaufspaltung wird ein Unternehmen in mindestens zwei rechtlich selbstständige Unternehmen aufgespalten, wobei die beteiligten Einheiten wirtschaftlich und personell verbunden bleiben.

Darst. 3.104: Betriebsaufspaltung
(SCHELD, G. A.: Operatives, a. a. O., S. 128.)

Die am häufigsten anzutreffende Konstruktion besteht aus einer Einzelfirma oder Gesellschaft bürgerlichen Rechts (GbR) als Vermietungsgesellschaft, die an einen Betrieb (GmbH oder GmbH & Co. KG) Betriebsimmobilien vermietet.[593]

Im Zuge der Datenaufbereitung von Unternehmen mit Betriebsaufspaltung müssen das quasi „ausgelagerte“ Vermögen und Kapital sowie die in der Vermietungsgesellschaft entstehenden Gewinne oder Verluste miteinbezogen werden. Rechentechnisch müssen die Jahresabschlüsse der beiden Gesellschaften addiert und anschließend konsolidiert werden. Eine nähere Beschreibung der recht komplexen Konsolidierungstechnik würde den Rahmen des Buches sprengen. In diesem Fall wird empfohlen, einen Experten für diese speziellen Aufgaben heranzuziehen.

Der erste Teil der Umstrukturierungsmaßnahmen wird sich mit der Aufbereitung der Gewinn- und Verlustrechnung (GuV) befassen. Die Aufbereitung der Bilanz folgt anschließend.

---

[592] Vgl. KLETT, C., PIVERNETZ, M.: Controlling in kleinen und mittleren Unternehmen – Ein Handbuch mit Auswertungen 6. Aufl., Herne, Berlin 2020, S. 22).

[593] Vgl. ebenda, S. 22.

3.1.1 Aufbereitung der Gewinn- und Verlustrechnung

Informationsquellen

Das grundlegende Instrument zur Erfolgsanalyse ist die Gewinn- und Verlustrechnung (GuV) aus dem externen Rechnungswesen, die eine ausführliche Übersicht über die Gewinnentstehung liefert. In ihr werden den erzielten Erträgen die zu verzeichnenden Aufwendungen gesondert und unsaldiert gegenübergestellt. Es handelt sich bei der Erfolgsrechnung also um eine Aneinanderreihung von Ertrags- und Aufwandspositionen, die zeitraumbezogen die betriebliche Dynamik über zwölf Monate reflektieren. **Liegt aus dem internen Rechnungswesen eine Betriebsergebnisrechnung vor, so kann diese ergänzend hinzugezogen werden.** Gegenübergestellt werden hier jedoch keine Erträge und Aufwendungen, sondern Leistungen und Kosten. Zudem erfolgt die Erstellung unterjährig, meist monatlich. Doch **reicht die Ergebnisrechnung** – in welcher Form auch immer – **zur Erfolgsanalyse allein im Regelfall nicht aus**, so dass der Controller **auf weiteres internes Informationsmaterial** zurückgreifen muss.

Die Aufbereitung der Gewinn- und Verlustrechnung erstreckt sich auf die **Analyse der Erfolgserzielung** und auf die **Analyse der Erfolgsverwendung**.

3.1.1.1 Analyse der Erfolgserzielung

Erfolgsquellen

Die bloße Erkenntnis, ob ein Unternehmen Gewinn erwirtschaftet hat oder nicht, reicht oftmals nicht mehr aus. **Steigende Krisensituationen** und **Insolvenzgefahren** erfordern eine detaillierte **Analyse der Erfolgsquellen**. Der diesem Kapitel zugrunde liegende **Vorschlag zur Erfolgsspaltung** soll primär dem Zweck dienen, **betriebliche Krisen möglichst früh und zuverlässig zu erkennen und ihre Ursachen möglichst präzise zu lokalisieren**.

Um eine Analyse der Erfolgsquellen durchführen zu können, ist es vorab notwendig, diese Quellen zu untersuchen und gezielt **in einige wenige Gruppen gleicher Einflusssphären zu verdichten**. Gleiche oder ähnliche Einzelpositionen gehören jeweils in die gleiche

Obergruppe. Für die spätere Beurteilung der Ertragslage der Unternehmung empfehlen sich aus betriebswirtschaftlicher Sicht die vier Erfolgsquellen "**Ordentlicher Betriebserfolg**", "**Finanz- und Verbunderfolg**", "**Außergewöhnlicher und periodenfremder Erfolg**" und "**Bewertungserfolg**":

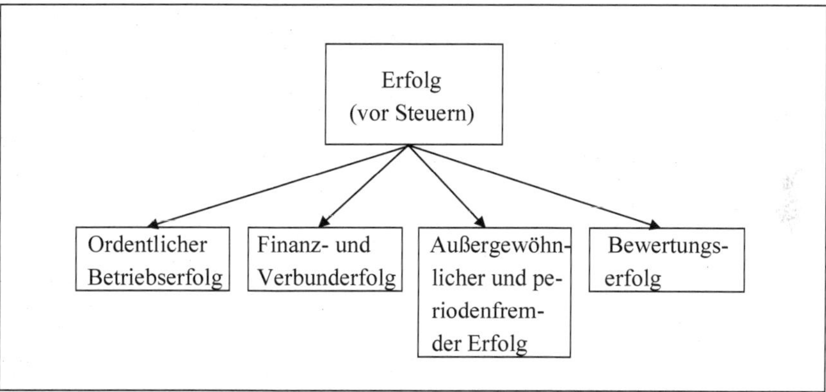

Darst. 3.105: Erfolgsquellen der Gewinn- und Verlustrechnung
(Vgl. SCHELD, G. A.: Operatives, a. a. O., S. 130.)

Sämtliche Positionen der GuV – mit Ausnahme der Position "Steuern vom Einkommen und vom Ertrag" – lassen sich zu einer dieser vier Erfolgsquellen zuordnen. Die Addition der einzelnen Teilerfolge ergibt schließlich wieder einen bereinigten (Gesamt-)Erfolg, der als „Erfolg vor Steuern" bezeichnet wird. (Der Begriff „Gewinn vor Steuern" soll hier nicht verwendet werden, weil dieser in der Literatur nicht einheitlich definiert ist.) Aufgrund der vorzunehmenden Datenaufbereitungen darf er nicht mit dem Jahresüberschuss (Gewinn) vor Steuern verwechselt werden.

Nur durch eine **derartige Abgrenzung** ist die **Lokalisierung etwaiger Schwachstellen** im Unternehmen zu erleichtern sowie die **Dauerhaftigkeit und Stetigkeit der Erfolgserzielung** auch für die Zukunft zu charakterisieren.

Laut einer empirischen Untersuchung des Instituts für Management und Controlling der WHU kommt die Analyse der Erfolgsquellen weitestgehend flächendeckend zum Einsatz.[594]

[594] Vgl. SCHÄFFER, U., WEBER, J., MAHLENDORF, M.: Controlling in Zahlen – Stand und Entwicklung des Controllings in den D-A-CH-Staaten, Vallendar 2012, S. 76.

Ordentlicher Betriebserfolg

Zunächst interessiert, welcher Teil des Erfolgs **leistungsbedingt aus dem gewöhnlichen Betriebszweck resultiert und damit typisch für den eigentlichen Periodenüberschuss ist**. Der ordentliche Betriebserfolg, der diese Abgrenzung vornehmen soll, erfasst alle Aufwendungen und Erträge der gewöhnlichen Geschäftstätigkeit, d. h. alle Erfolgskomponenten, die der eigentlichen absatz- und produktionswirtschaftlichen Domäne des Unternehmens entstammen und von denen man ausgehen kann, dass sie stetig und nachhaltig dem Unternehmen zufließen. Somit ist der so definierte ordentliche Betriebserfolg **im Gegensatz zum Jahresüberschuss der GuV ein besserer Indikator** zur Beurteilung der künftigen Ertragslage der Unternehmung, nicht zuletzt deswegen, weil die neue, bereinigte Kennzahl einen Zeit- und Betriebsvergleich eher ermöglicht.

Es wird bereits hier darauf hingewiesen, dass das in der GuV-Gliederung ausgewiesene **Ergebnis nach Steuern nicht mit dem** hier definierten **ordentlichen Betriebserfolg identisch ist**. Der ordentliche Betriebserfolg umfasst lediglich einen Teilbereich des umfassenderen "Ergebnis vor Steuern"; das gilt auch dann, wenn die Steuern vom Einkommen und vom Ertrag herausgerechnet werden.

Das **Betriebsergebnis** aus der Kosten- und Leistungsrechnung ist ebenfalls **nicht mit dem** hier definierten **ordentlichen Betriebserfolg identisch**. Es besteht zwar eine Ähnlichkeit, aber keine Gleichheit. Unterschiede liegen u. a. in den kalkulatorischen Wagnissen und den kalkulatorischen Zinsen, die zwar in der Kosten- und Leistungsrechnung üblicherweise erfasst werden, nicht jedoch zum ordentlichen Betriebserfolg zählen.

Sämtliche Umstrukturierungs- und Aufbereitungsmaßnahmen haben das Ziel, mit dem "ordentlichen Betriebserfolg" eine Kennziffer zu schaffen, die **Veränderungen der Ertragskraft und Fehlentwicklungen deutlich signalisiert**.

Finanz- und Verbunderfolg

Die zweite Gruppe, der Finanz- und Verbunderfolg, wird durch **Erträge und Aufwendungen hervorgerufen, die nicht mehr aus dem eigentlichen Betriebszweck abzuleiten sind, d. h. diese Sammelposition enthält möglichst stetige, nicht betriebliche, finanz- und/oder verbundwirksam tatsächlich realisierte Erfolgskomponenten**.

Außergewöhnlicher und periodenfremder Erfolg

Für die Analyse und Beurteilung des Erfolgs und seiner künftigen Entwicklung ist es natürlich wichtig zu wissen, in welchem Maße der Betriebserfolg durch **außergewöhnliche und/oder periodenfremde**, d. h. nicht stetig dem Unternehmen zufließende, Aufwendungen und Erträge getragen wurde. Sowohl bei den Komponenten, die als **außergewöhnlich** einzustufen sind, als auch bei der Abgrenzung der **periodenfremden Erfolgskomponenten** ergeben sich erhebliche Schwierigkeiten. Der außergewöhnliche Erfolg entsteht u. a. durch Gewinne und Verluste aus dem Abgang von Vermögensgegenständen des Anlage- oder Umlaufvermögens, die Über- oder Unterbuchwert veräußert werden, und errechnet sich aus der Wertdifferenz zwischen realisierten Verkaufserlös und Buchwert. Die dritte Gruppe "Außergewöhnlicher und periodenfremder Erfolg" soll diese Trennung vornehmen und die genannten **aperiodisch auftretenden, aber finanziell realisierten Erfolge** ausweisen.

Bewertungserfolg

Im Gegensatz zum Liquidationserfolg erhält der Bewertungserfolg lediglich die **nicht betrieblichen und aperiodisch auftretenden Erfolgskomponenten, die aus bilanzpolitischen und buchtechnischen Maßnahmen resultieren**. D. h., der **Bewertungserfolg führt nicht zu einem Zu- oder Abfluss finanzieller Mittel**. Dieser Gruppe wird der niedrigste Rang zugesprochen.

Klassifizierung der Erfolgsentstehung

Die folgende Übersicht Darst. 3.106 illustriert nochmals die **Klassifizierung der Erfolgsentstehung nach den drei zentralen Charakteristika Herkunft (betrieblich/nicht betrieblich), Stetigkeit (stetig/aperiodisch) und Zufluss (finanziell/buchtechnisch)** der vier dargestellten Komponenten. Konkret ist somit für alle GuV-Positionen zu prüfen, ob sie in eine der vier Klassen fallen.

<table>
<tr><th>Merkmal
Klasse</th><th>Erstklassiger
Erfolg</th><th>Zweitklassi-
ger
Erfolg</th><th>Drittklassiger
Erfolg</th><th>Viertklassiger
Erfolg</th></tr>
<tr><td>betrieblich</td><td rowspan="3">Ordentlicher Betriebs-erfolg</td><td></td><td rowspan="2"></td><td rowspan="4"></td></tr>
<tr><td>stetig</td><td rowspan="3">Finanz- und Verbund-erfolg</td></tr>
<tr><td>finanziell</td><td rowspan="3">Außergewöhnlicher und periodenfremder Erfolg</td></tr>
<tr><td>nicht betrieblich</td><td rowspan="3"></td></tr>
<tr><td>aperiodisch</td><td rowspan="2"></td><td rowspan="2">Bewertungs-erfolg</td></tr>
<tr><td>buchtechnisch</td><td></td></tr>
</table>

Darst. 3.106: Klassifizierung der Erfolgsentstehung
(Quelle: SCHELD, G. A.: Operatives, a. a. O., S. 133.)

Die vier dargestellten Erfolgsquellen sollen im Folgenden einer genaueren Analyse unterzogen werden. Ferner sollen die einzelnen GuV-Positionen einem der vier Erfolgsquellen zugeordnet werden. Ist eine Zuordnung nicht eindeutig möglich, werden die GuV-Positionen derjenigen Erfolgsquelle zugerechnet, die dem Wesen der Position am nächsten kommt.

Zusammensetzung des ordentlichen Betriebserfolgs

Der ordentliche Betriebserfolg, als wichtigste Größe der Erfolgsquellen, setzt sich aus der **Differenz der Positionen "Ordentlicher Betriebsertrag" und "Ordentlicher Betriebsaufwand"** zusammen.

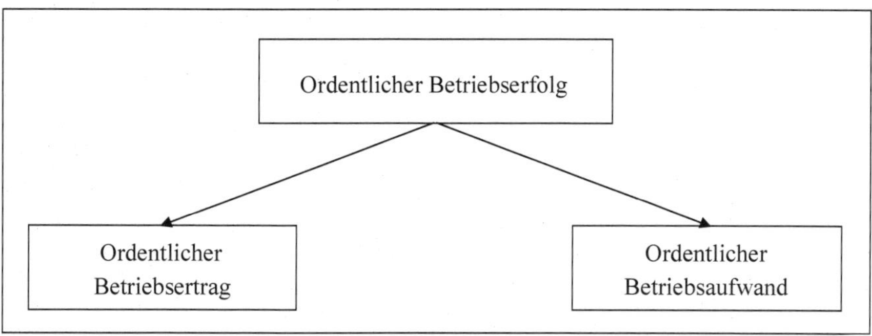

Darst. 3.107: Aufspaltung des ordentlichen Betriebserfolges

Ziel der Analyse der einzelnen Erfolgskomponenten ist es, Hinweise auf die absatzorientierte Markteffizienz, auf die Effizienz der Beschaffung und auf die produktionsorientierte Effizienz, wie Wirtschaftlichkeit und Produktivität der Unternehmensführung, zu erlangen.

Da die Darstellungsform der GuV Auswirkungen auf die Aufbereitung des Informationsmaterials für den ordentlichen Betriebserfolg hat, werden beide Varianten Gesamtkosten- und Umsatzkostenverfahren getrennt vorgestellt. Begonnen wird mit dem Gesamtkostenverfahren, da es in der Rechnungslegungspraxis deutscher KMU am häufigsten verwendet wird.[595]

Ordentlicher Betriebsertrag

Der ordentliche Betriebsertrag wird auf seine Entstehungskomponenten **Umsatzerlöse, Bestandsveränderungen, aktivierte Eigenleistungen und sonstige betriebliche Erträge** zurückgeführt. Hier setzt die **absatzorientierte Erfolgsanalyse** an. Die absatzorientierte Erfolgsanalyse untersucht in diesem Zusammenhang den **Anteil der tatsächlich am Markt realisierten Leistungen (Umsätze/Erlöse = Hauptteil der Umsatzerlöse).**[596]

---

595 Vgl. KLETT, C., PIVERNETZ, M.: a. a. O., S. 18.

596 Infolge der neuen Definition der Umsatzerlöse muss zwischen (betrieblichen) Umsätzen/Erlösen und den Umsatzerlösen nach § 277 Abs. 1 HGB streng unterschieden werden. Vgl. dazu die nachstehenden Ausführungen.

Ordentlicher Betriebsaufwand

Die Größe "Ordentlicher Betriebsaufwand" ist die **Summe aus Material- und Personalaufwand, planmäßigen Abschreibungen, sonstigen betrieblichen Aufwendungen und sonstigen Steuern**. Der ordentliche Betriebsaufwand dient in erster Linie zur **Bewertung der Effizienz des Beschaffungssektors und der Wirtschaftlichkeit und Produktivität des Managements**.

Wie der ordentliche Betriebserfolg bei Anwendung des Gesamtkostenverfahrens (GKV) bestimmt ist, zeigt zusammenfassend die nachstehende Darstellung 3.108.

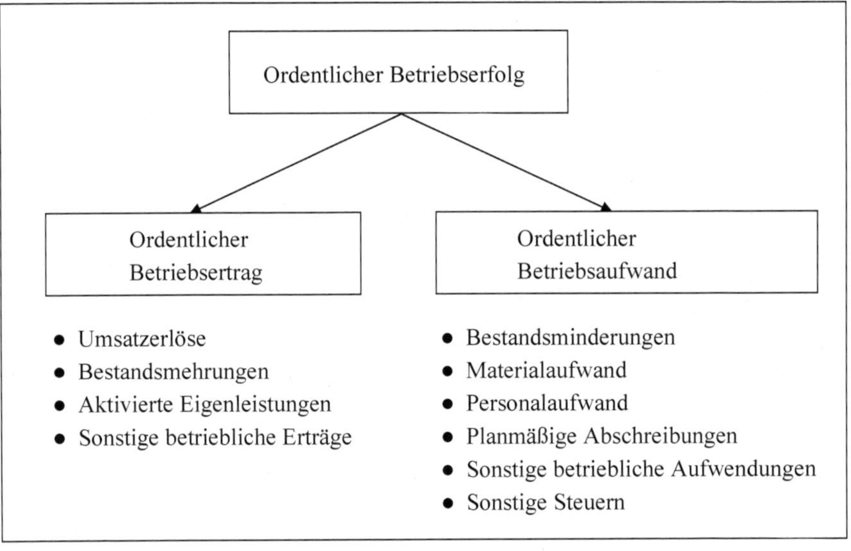

Darst. 3.108: Komponenten des ordentlichen Betriebserfolgs auf der Basis des Gesamtkostenverfahrens (GKV)

In den folgenden Ausführungen werden die Komponenten des ordentlichen Betriebserfolgs in der Reihenfolge ihres Auftretens in der Übersicht kurz vorgestellt.

Umsatzerlöse

Die betrieblichen Umsatzerlöse sind ein **Instrument zur Messung des unternehmerischen Erfolgs und die wichtigste Komponente der betrieblichen Gewinnermittlung**. Gemäß der Vorschrift des § 277 Abs. 1 HGB sind als Umsatzerlöse die **Erlöse aus dem Verkauf und der Vermietung oder Verpachtung von Produkten** (z. B. Erzeugnisse und Waren) sowie aus der **Erbringung von Dienstleistungen** (z. B. Erlöse aus Mieten und Pachten sowie Patenten und Lizenzen) der Kapitalgesellschaft – unabhängig davon, ob es sich um Produktions-, Handels- oder Dienstleistungsunternehmen handelt – **nach Abzug von Erlösschmälerungen** (z. B. Retouren, Skonti, Rabatte oder einzeln zurechenbare Boni) **und der Umsatzsteuer** sowie sonstiger **direkt mit dem Umsatz verbundener Steuern** (z. B. bestimmte Verbrauch- und Verkehrsteuern) auszuweisen.

In der vorstehenden Definition sind zwei Punkte bemerkenswert: Zum einen sind in den Umsatzerlösen Erlöse aus dem Verkauf und der Vermietung oder Verpachtung von Produkten sowie aus der Erbringung von Dienstleistungen enthalten, die *nicht* zur betrieblichen Geschäftstätigkeit gehören, also betriebsfremd sind. Dazu gehören etwa Kantinenerlöse, Gebühren für den Kindergarten des Unternehmens, Erlöse aus dem Verkauf von Roh-, Hilfs- und Betriebsstoffen, Miet- und Pachteinnahmen oder auch Erträge aus Schrottverkäufen. Zum anderen werden die vorab erwähnten Kostensteuern wie bspw. die Mineralölsteuer, Tabaksteuer, Biersteuer und Branntweinsteuer; nicht aber Grundsteuer und Kraftfahrzeugsteuer, in der Position „Umsatzerlöse“ als Aufwand direkt berücksichtigt.

Befinden sich in den Umsatzerlösen außergewöhnliche und/oder periodenfremde Geschäftsvorfälle, müssen diese herausgerechnet und dem „Außergewöhnlichen und periodenfremden Erfolg“ zugeordnet werden, weil sie dem Unternehmen nicht stetig zufließen. Gemäß § 385 Nr. 31 HGB muss der Bilanzierende ohnehin Erträge und Aufwendungen von außergewöhnlicher Größenordnung und Bedeutung im Anhang angeben und erläutern. Ein Beispiel für außergewöhnliche Transaktionen können Umsatzerlöse aufgrund eines einmaligen Sonderauftrages sein.

Die erzielten Umsätze ergeben sich üblicherweise als Produkt der abgesetzten Menge eines bestimmten Gutes und des für jede Mengeneinheit erzielten Marktpreises.
Umsatz = Absatzmenge • Stückpreis

Wegen der enormen Bedeutung der Umsatzerlöse für das Controlling werden diese im Allgemeinen **nicht nur monatlich in einer Größe überwacht, sondern täglich bzw. wöchentlich – gegliedert beispielsweise nach Artikelgruppen, Verkaufsgebieten und/**

oder Außendienstmitarbeiter – beobachtet. Dadurch lassen sich im **Zeitvergleich**[597] **trendartige Entwicklungen** mit einem hohen Detaillierungsgrad zu einem sehr frühen Zeitpunkt erkennen und entsprechende Maßnahmen einleiten. Flankiert werden sollte der Zeitvergleich durch einen monatlichen **Plan-Ist-Vergleich**, der wiederum Hochrechnungen auf das zu erwartende Jahresergebnis zulässt. Sofern die Plan-Größen des Unternehmens nicht identisch mit den ggf. auch im Unternehmen (als Vorgabe) verwendeten Soll-Größen sind, ist ein **Soll-Ist-Vergleich** ebenfalls anzuraten. Ein **Betriebs- oder Branchenvergleich**[598] ist sicherlich **nur auf Basis der Gesamtumsätze** möglich, da detaillierte Segmentinformationen nur schwer zu beschaffen sind.

Die Höhe der Umsatzerlöse kann durch den gezielten Einsatz des sogenannten absatzpolitischen Instrumentariums, z. B. Preis- oder Produktpolitik, positiv beeinflusst werden.

Bestandsveränderungen

Als Bestandsveränderungen **von fertigen und unfertigen Erzeugnissen** sind gemäß § 277 Abs. 2 HGB **sowohl Änderungen der Menge** (z. B. Inventurdifferenzen) als **auch solche des Wertes** (z. B. Abschreibungen für Qualitätsabschläge) zu berücksichtigen; Abschreibungen jedoch nur, soweit diese die sonst üblichen Abschreibungen nicht überschreiten.

Ein positives Vorzeichen steht für **Bestandserhöhung**, ein negatives Vorzeichen für **Bestandsverringerung**. Im Fall einer solchen Änderung des Bestands sind Verkaufs- und Produktionsrhythmus nicht identisch. **Bestandsminderungen weisen auf realisierte Umsatzerlöse hin, die nicht in der Abrechnungsperiode erarbeitet wurden (Verkauf vom Lager). Bestandserhöhungen bewirken dagegen eine Verlagerung der Gewinne in spätere Geschäftsperioden (Herstellung auf Lager).** Die Analyse der Bestandsveränderungen gibt Hinweise darauf, in welchem Maße die durch die Umsatzerlöse repräsentierten Markterfolge durch den Abbau von Lagerhaltungen beeinflusst werden und lässt möglicherweise **Absatzschwierigkeiten** erkennen. **Überdurchschnittliche Bestandserhöhungen** sind ein **erstes Krisensignal** und auf jeden Fall ein **Zeichen von Ineffizienz**. Eine derartige Bestandserhöhung erfordert vom Controller prinzipiell eine weitergehende Untersuchung. In einem Mehrproduktunternehmen ist zudem wichtig zu wissen, wie sich die

[597] Vgl. die Ausführungen zur Zeitreihenanalyse im Unterabschnitt 2.2.6 „Bewertung von Kennzahlen und Benchmarking".

[598] Im Unterabschnitt 2.2.6 „Bewertung von Kennzahlen und Benchmarking" wird das Thema Benchmarking ausführlicher erläutert.

Bestandsveränderung zusammensetzt, d. h. welche Produkte oder Produktgruppen an der Bestandserhöhung beteiligt sind und welche nicht.

Zu beachten ist, dass die **bilanzpolitischen Möglichkeiten** des Unternehmens im Bereich der Bestandsveränderungen **besonders ausgeprägt** sind. Der Controller sollte insofern auf weiteres internes Informationsmaterial zurückgreifen.

Verfügt das Unternehmen über eine **Lagerbuchhaltung**, die Bestandsveränderungen kontinuierlich erfasst, ist im besten Fall monatlich erkennbar, ob die Lagerbestände an Roh-, Hilfs- und Betriebsstoffen, Vorprodukte und Fremdbauteile, Halb- und Fertigerzeugnisse sowie Handelswaren auf- oder abgebaut werden. Kleinere Unternehmen pflegen diese Bestände allerdings nur einmal im Jahr (im Rahmen der gesetzlich vorgeschriebenen Inventur), sodass aufgrund dieser Handlungsweise wertvolle unterjährige Informationen nicht gewonnen werden können.

Aktivierte Eigenleistungen

Zu den aktivierten Eigenleistungen zählen alle **aktivierungsfähigen betrieblichen Leistungen der Unternehmung, die nicht unter den Umsatzerlösen oder den Bestandsveränderungen erfasst sind und nicht in der gleichen Periode wieder verbraucht werden**, sondern zu einer **Vermögensmehrung** führen.

Sonstige betriebliche Erträge/Aufwendungen

Die Sammelpositionen der GuV "Sonstige betriebliche Erträge" und "Sonstige betriebliche Aufwendungen" enthalten nach Bilanzrecht **auch außergewöhnliche und periodenfremde Beträge**, sofern sie nicht in einem anderen Posten des Standardgliederungsschemas der GuV ausgewiesen werden müssen. Gemäß § 277 Abs. 5 S. 2 HGB sind hier ebenfalls Erträge und Aufwendungen aus der Währungsumrechnung gesondert auszuweisen.

Eine weitergehende Aufgliederung dieser Positionen ist handelsrechtlich nicht vorgeschrieben. Folglich ist eine **Unterscheidung des Inhalts in stetig und unstetig auftretende Positionen**, wie sie hier benötigt wird, nur mit Hilfe einer **internen Analyse** möglich. Will der Controller die genannten Unschärfen nicht in Kauf nehmen, wird er aufgefordert, den Kontenplan und ggf. einzelne Buchungen auf außergewöhnliche und/oder aperiodische Beträge genauer zu untersuchen.

Sonstige betriebliche Erträge
- Erträge aus der Währungsumrechnung (Wechselkursdifferenzen)
- Erträge aus dem Abgang von Gegenständen des Anlagevermögens
- Erträge aus dem Abgang von Gegenständen des Umlaufvermögens, außer Vorräten
- Erträge aus Zuschreibungen des Anlagevermögens
- Erträge aus Zuschreibungen des Umlaufvermögens, außer Vorräten
- Erträge aus der Herabsetzung der Pauschalwertberichtigungen zu Forderungen
- Erträge aus abgeschriebenen Forderungen
- Erträge aus der Auflösung von Rückstellungen
- Erträge nach Art. 67 Abs. 1 und 2 EGHGB (Pensionsrückstellungen)
- Erträge aus „echtem" Schadensersatz und Versicherungsentschädigungen
- Erträge aus Umwandlungsvorgängen
- Erträge aus dem Verkauf wesentlicher Betriebsteile oder aus Betriebsstillegungen
- Sonstige außergewöhnliche und/oder periodenfremde Erträge

= Stetige sonstige betriebliche Erträge

Darst. 3.109: Stetige sonstige betriebliche Erträge
(Entnommen: SCHELD, G. A.: Operatives, a. a. O., S. 138–139.)

Sonstige betriebliche Aufwendungen
- Aufwendungen aus der Währungsumrechnung (Wechselkursdifferenzen)
- Verluste aus dem Abgang von Gegenständen des Anlagevermögens
- Verluste aus dem Abgang von Gegenständen des Umlaufvermögens, außer Vorräten
- Aufwendungen nach Art. 67 Abs. 1 und 2 EGHGB (Pensionsrückstellungen)
- Verluste aus Umwandlungsvorgängen
- Verluste aus dem Verkauf wesentlicher Betriebsteile oder aus Betriebsstillegungen
- Sonstige außergewöhnliche und/oder periodenfremde Aufwendungen

---

= Stetige sonstige betriebliche Aufwendungen

Darst. 3.110: Stetige sonstige betriebliche Aufwendungen
(Entnommen: SCHELD, G. A.: Operatives a. a. O., S. 139.)

Wird eine Abspaltung und Umgliederung aller nicht stetigen sonstigen betrieblichen Problembeträge vorgenommen, ergeben sich die vorstehenden Übersichten 3.109 und 3.110:

Die **Kreditvergabepraxis der Kreditinstitute** verfährt in der Regel so, dass, vorausgesetzt es werden keine weiteren Informationen gegeben, die **"Sonstigen betrieblichen Erträge" in voller Höhe dem *„Außergewöhnlichen und periodenfremden Erfolg“* und die "Sonstigen betrieblichen Aufwendungen" vollständig dem *ordentlichen Betriebserfolg* angelastet werden**.

Materialaufwand

Der Materialaufwand setzt sich aus Aufwendungen für **Roh-, Hilfs- und Betriebsstoffe** und für bezogene **Waren** (z. B. Vorprodukte und Fremdbauteile sowie Handelswaren) und **Leistungen** (z. B. Reparaturen, Strom- und Energieaufwendungen) zusammen (§ 275 Abs. 2 Nr. 5 HGB).

Befinden sich im Materialaufwand **außergewöhnliche und/oder periodenfremde Geschäftsvorfälle**, müssen diese **aus dem Ordentlichen Aufwand herausgerechnet** werden, weil sie dem Unternehmen nicht stetig zufließen.

Personalaufwand

Der Personalaufwand errechnet sich aus **Löhnen**, **Gehältern** und **sozialen Abgaben** und **Aufwendungen für Altersversorgung und Unterstützung** (§ 275 Abs. 2 Nr. 6 HGB). Gebucht sind hier sämtliche Bruttolöhne und -gehälter einschließlich Lohn- und Kirchensteuer, Solidaritätszuschlag und Arbeitnehmeranteile zur Sozialversicherung sowie die Arbeitgeberanteile zur Sozialversicherung.

Befinden sich im Personalaufwand **außergewöhnliche und/oder periodenfremde Geschäftsvorfälle**, müssen diese **herausgerechnet** werden, weil sie dem Unternehmen nicht stetig zufließen.

Erwähnenswert ist, dass bei **Einzelunternehmen und Personengesellschaften der Unternehmerlohn nicht unter dem Personalaufwand gebucht** wird. Im Unterschied zur Kapitalgesellschaft werden die Inhaber hier nicht als Angestellte, sondern als Eigentümer betrachtet, für die kein Gehalt anrechenbar ist. Ein Ausgleich kann dadurch geschehen, dass der **kalkulatorische Unternehmerlohn** aus dem internen Rechnungswesen angesetzt wird. Gerade bei Klein- und Mittelbetrieben, die nicht in der Rechtsform einer Kapitalgesellschaft organisiert sind, wirkt sich die Arbeitsleistung des Unternehmers besonders stark aus und stellt einen höheren Kostenanteil als in größeren Unternehmen dar. Der kalkulatorische Unternehmerlohn ist in Kleinstbetrieben oft sogar die wichtigste Kostenart. Da der kalkulatorische Unternehmerlohn zu keinem Abfluss finanzieller Mittel führt, wird er zum **Bewertungsaufwand** gezählt.

Etwas anders ist der Sachverhalt in Familienunternehmen gelagert. Diese sind zwar oft in der Rechtsform einer Kapitalgesellschaft organisiert, aber dennoch entspricht die **Vergütung der angestellten Familienmitglieder** – unabhängig davon, ob in der Geschäftsführung tätig oder nicht – gelegentlich nicht dem gängigen Marktniveau. Meist liegt die Vergütung über dem am Markt üblichen Niveau. Ursache hierfür sind familiäre Beziehungen zwischen Eigentümerfamilie und Geschäftsführung. Unter Berücksichtigung des Aufgabengebietes und der Qualifikation des Familienmitgliedes ist die am Markt übliche Entlohnung heranzuziehen. Der Korrekturbetrag kann, wie beim kalkulatorischen Unternehmerlohn, im Posten „Bewertungserfolg“ angesetzt werden.

Abschreibungen auf immaterielle Vermögensgegenstände des Anlagevermögens und auf Sachanlagen[599]

Unter Abschreibungen werden **sämtliche Wertberichtigungen auf immaterielle Vermögensgegenstände des Anlagevermögens und Sachanlagen sowie auf Vermögensgegenstände des Umlaufvermögens, soweit diese die in der Kapitalgesellschaft üblichen Abschreibungen überschreiten**, zusammengefasst (§ 275 Abs. 2 Nr. 7 HGB). Die Abschreibungen enthalten **planmäßige und außerplanmäßige Abschreibungen**; letztere sind gemäß § 277 Abs. 3 S. 1 HGB gesondert anzugeben.

Die **außerplanmäßigen Abschreibungen** entstehen im Rahmen des Niederstwertprinzips. Im Umlaufvermögen ist gemäß § 253 Abs. 4 HGB das „strenge Niederstwertprinzip“ Pflicht, sodass auch bei einer kurzfristigen Wertminderung auf den niedrigeren Wert abzuschreiben ist, der sich aus einem Börsen- oder Marktpreis am Abschlussstichtag ergibt. Existiert kein Börsen- oder Marktpreis und übersteigen die Anschaffungs- oder Herstellungskosten den Wert, der den Vermögensgegenständen am Abschlussstichtag beizulegen

[599] Abschreibungen gelten im Rahmen des Ordentlichen Betriebserfolgs als „finanziell“. Zwar sind sie nicht auszahlungswirksam, aber insofern finanzwirksam, als sie über die Vergütung des Marktes zur Finanzierung („Finanzierung durch Abschreibungen“) genutzt werden können.

ist, so ist auf diesen Wert abzuschreiben. Beim Anlagevermögen kann eine außerplanmäßige Abschreibung nur dann vorgenommen werden, wenn eine voraussichtlich dauerhafte Wertminderung vorliegt („gemildertes Niederstwertprinzip“ gem. § 253 Abs. 3 S. 5). Bei Finanzanlagen besteht ein Wahlrecht: Außerplanmäßige Abschreibungen können auch bei voraussichtlich nicht dauernder Wertminderung vorgenommen werden („gemildertes Niederstwertprinzip“ nach § 253 Abs. 3 S. 6).

Im Folgenden soll auf die Abschreibungen von immateriellen Vermögensgegenständen des Anlagevermögens und Sachanlagen näher eingegangen werden. Insbesondere können eine mangelhafte Rentabilität des Betriebes wegen veralteter Anlagen oder wegen struktureller Unwirtschaftlichkeiten der ganzen Branche zu **außerplanmäßigen Abschreibungen** führen. Da sie jedoch nicht regelmäßig im Unternehmen anfallen und die gesamte Rechnungslegung, insbesondere die Beurteilung einiger wichtiger Kennziffern, verzerren, sind sie **aus dem ordentlichen Betriebsaufwand** zu **eliminieren**.

Als Wertansätze sollten die **Abschreibungen aus dem internen Rechnungswesen** zugrunde gelegt werden. Dies gilt insbesondere für die Abschreibungsmethodik, sofern sie sich von der handelsrechtlichen überhaupt unterscheidet und den ökonomischen Wertverzehr realistischer beschreibt, und die geschätzte Nutzungsdauer der Vermögensgegenstände. Auf den Wertansatz zu (höheren) Wiederbeschaffungskosten kann aus Übersichtlichkeits- und Interpretationsgründen verzichtet werden.

Bei der **Abschreibung des Geschäfts- oder Firmenwertes** sollte darauf geachtet werden, dass der **Abschreibungszeitraum der geschätzten „tatsächlichen“ Nutzungsdauer entspricht**. **Empfohlen** wird als Sollmodell für die bilanzanalytische Behandlung eine **Abschreibung des Geschäfts- oder Firmenwertes über einen Zeitraum von wenigstens 5 Jahren und höchstens 20 Jahren**.[600] Als Kriterien für die Bemessung der Nutzungsdauer sollten die in dem betreffenden Geschäfts- oder Industriezweig abschätzbaren Auswirkungen von Produktveralterung, Verschiebungen der Nachfrage und anderer wirtschaftlicher Faktoren, die erwartete Dienstzeit von Schlüsselpersonen oder Gruppen von Mitarbeitern im Unternehmen, erwartete Reaktionen von Wettbewerbern oder potenziellen Wettbewerbern sowie rechtliche, gesetzliche oder vertragliche Bestimmungen, welche die Nutzungsdauer beeinflussen, herangezogen werden. Kann in Ausnahmefällen die voraussichtliche **Nutzungsdauer** eines selbst geschaffenen immateriellen Vermögensgegenstandes des Anlagevermögens **nicht verlässlich geschätzt** werden, sind planmäßige Abschreibungen

[600] Vgl. LACHNIT, L., AMMANN, H., MÜLLER, ST., WULF, I.: Geschäfts- oder Firmenwert als Problem der Konzernabschlussanalyse in: Die Wirtschaftsprüfung (Zeitschrift) 1999, S. 685.

auf die Herstellungskosten über einen **Zeitraum von zehn Jahren** vorzunehmen (§ 253 Abs. 3 S. 3 HGB).

Bei Abweichungen von der voraussichtlichen Nutzungsdauer des Geschäfts- oder Firmenwertes ergeben sich **nicht nur Verzerrungen des ausgewiesenen Gewinns, sondern auch in der Darstellung von Vermögen und Kapital**; doch dazu weiter unten mehr.

Werden handelsrechtlich **nicht aktivierte, selbst erstellte immaterielle Vermögensgegenstände** als stille Reserven identifiziert und nachaktiviert, müssen auch die darauf entfallenden **planmäßigen Abschreibungen** berücksichtigt werden. Zur Anwendung kommen hier in der Regel die lineare oder die degressive Abschreibungsmethode, je nachdem welche Methode die wirtschaftliche Realität am zutreffendsten abbildet.[601]

Gleiches gilt für selbst geschaffene Marken. Jede Marke verblasst mit der Zeit in den „Köpfen" der Zielgruppe und verliert damit kontinuierlich an Wert.

Auch selbst geschaffene Marken können einer außerplanmäßigen Abschreibung unterliegen. So kann ein Unternehmer seine selbst erstellte Marke lädieren, z. B. durch Qualitätsmängel, oder die Marke kann durch externe Einflüsse, z. B. Wettbewerbsaktivitäten, beschädigt werden; auch dann sollte dieser außerplanmäßige Wertverlust erfasst werden.[602] Dies gelingt allerdings nur, wenn die nicht im Jahresabschluss aktivierten Vermögensgegenstände in der internen Betriebsbuchhaltung angesetzt und regelmäßig neubewertet werden.

Es sei darauf aufmerksam gemacht, dass die hier beschriebenen planmäßigen und außerplanmäßigen Abschreibungen zur Erfolgsentstehungskategorie „finanziell" gezählt werden, obwohl es sich streng genommen bei allen Abschreibungen um nicht finanzwirksame Geschäftsvorfälle handelt. Auszahlungen fallen lediglich im Jahr der Anschaffung oder Herstellung des Vermögensgegenstandes an.

[601] Vgl. ROHLEDER, S.: Die Bilanzierung selbst geschaffener immaterieller Vermögensgegenstände des Anlagevermögens – Weiterentwicklung des HGB unter besonderer Berücksichtigung der Anforderungen mittelständischer Unternehmen, in: Der Betrieb 2016, H. 29, S. 1649.

[602] So auch HOBERG, P.: Vom Externen Rechnungswesen zur betriebswirtschaftlichen Wirklichkeit, in: Der Betrieb, 2014, S. 557, 559.

Sonstige Steuern

Die Position "Sonstige Steuern" enthält Steuern, die **unabhängig vom Einkommen und Ertrag** sind. Dies sind Grundsteuern und Kraftfahrzeugsteuern.

Die folgende Darstellung 3.111 zeigt die Komponenten des ordentlichen Betriebserfolgs bei Anwendung des Umsatzkostenverfahrens (UKV).

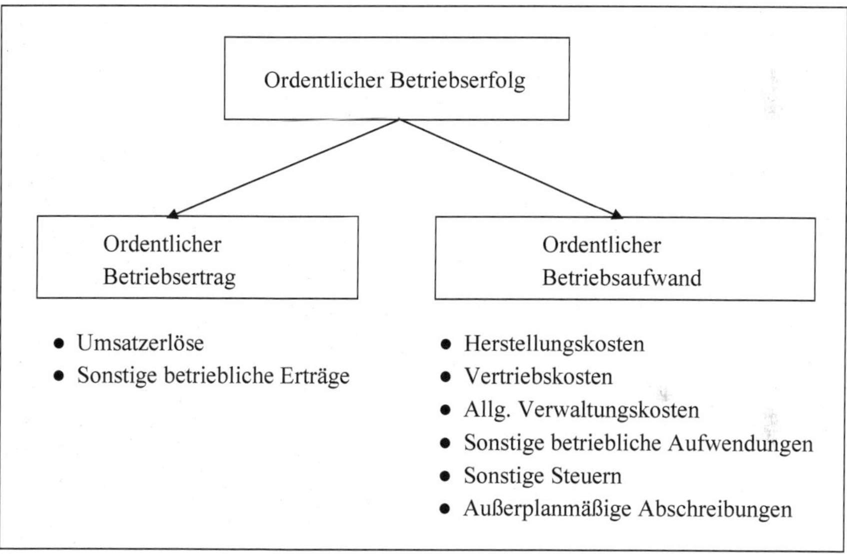

Darst. 3.111: Komponenten des ordentlichen Betriebserfolgs auf der Basis des Umsatzkostenverfahrens (UKV)

Nachfolgend werden die zusätzlichen bzw. abweichenden Positionen des UKV kurz vorgestellt. Zu allen nicht erwähnten Posten wird auf die Ausführungen zum GKV verwiesen.

Sonstige betriebliche Erträge/Aufwendungen

Die Positionen sonstige betriebliche Erträge und Aufwendungen des UKV sind gegenüber dem GKV **inhaltlich teilweise abweichend**. Auf eine genaue Betrachtung soll aber an dieser Stelle verzichtet werden.

Herstellungskosten

Zu den Herstellungskosten gehören **Aufwendungen, die durch den Verbrauch von Sachgütern und die Inanspruchnahme von Diensten für die Herstellung eines Vermögensgegenstands, seine Erweiterung oder für eine über seinen ursprünglichen Zustand hinausgehende wesentliche Verbesserung entstehen** (vgl. § 255 Abs. 2 S. 1 HGB). Dazu gehören die Materialeinzelkosten, die Fertigungseinzelkosten und die Sondereinzelkosten der Fertigung sowie angemessene Teile der Materialgemeinkosten, der Fertigungsgemeinkosten und des Werteverzehrs des Anlagevermögens, soweit dieser durch die Fertigung veranlasst ist (§ 255 Abs. 2 S. 2 HGB).

Bei der Berechnung der Herstellungskosten dürfen angemessene Teile der Kosten der allgemeinen Verwaltung sowie angemessene Aufwendungen für soziale Einrichtungen des Betriebs, für freiwillige soziale Leistungen und für die betriebliche Altersversorgung einbezogen werden, soweit diese auf den Zeitraum der Herstellung entfallen (§ 255 Abs. 2 S. 3 HGB). Zinsen für das Fremdkapital gehören nicht zu den Herstellungskosten (§ 255 Abs. 3 S. 1 HGB). Eine Ausnahme bilden Zinsen für Fremdkapital, das zur Finanzierung der Herstellung eines Vermögensgegenstandes verwendet wird (§ 255 Abs. 3 S. 2 HGB). Diese Zinsen dürfen angesetzt werden, soweit sie auf den Zeitraum der Herstellung entfallen (§ 255 Abs. 3 S. 2 HGB). – Forschungs- und Vertriebskosten dürfen nicht einbezogen werden (§ 255 Abs. 2 S. 4 HGB).

Nicht erfasst werden unter den Herstellungskosten, wie sie hier definiert werden, die Aufwendungen der auf Lager produzierten fertigen und unfertigen Erzeugnisse.

Befinden sich in den Herstellungskosten **außergewöhnliche und/oder periodenfremde Beträge**, müssen diese **herausgerechnet** werden, weil sie dem Unternehmen nicht stetig zufließen.

Vertriebskosten

Die Vertriebskosten enthalten **alle in der Abrechnungsperiode angefallenen Vertriebsaufwendungen, d. h. auch die im Vertriebsbereich angefallenen Löhne und Gehälter sowie Abschreibungen**. Beispiele sind Provisionen, Marktforschungskosten, Frachten, Abschreibungen auf Vertriebseinrichtungen sowie Personallöhne im Vertrieb.

Befinden sich in den Vertriebskosten **außergewöhnliche und/oder periodenfremde Beträge**, müssen diese herausgerechnet werden, weil sie dem Unternehmen nicht stetig zufließen.

Allgemeine Verwaltungskosten

Als allgemeine Verwaltungskosten sind **alle nicht aktivierten und nicht den Herstellungskosten zurechenbaren in dem Geschäftsjahr angefallenen Verwaltungsaufwendungen** auszuweisen.

Sonstige Steuern

Es sei darauf hingewiesen, dass es u. U. zu einer Abweichung der sonstigen Steuern zwischen dem GKV und UKV kommen kann.

Zusammensetzung des Finanz- und Verbunderfolgs

Bei dieser Position handelt es sich um **Beträge, die außerhalb des Unternehmens erwirtschaftet wurden** und deshalb **nicht aus dem gewöhnlichen Betriebszweck** resultieren. Um die Analysestruktur nicht unnötig durch Aufspaltungen zu belasten und die Zuordnung der Positionen zu den vier Klassen übersichtlich zu behalten, wird darauf verzichtet, zwischen Finanz- und Verbunderfolg zu differenzieren, obwohl dies bei diesen Bilanzpositionen durchaus denkbar wäre.

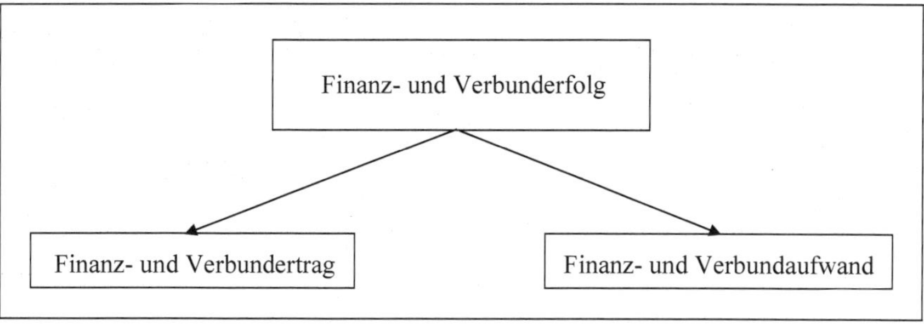

Darst. 3.112: Aufspaltung des Finanz- und Verbunderfolgs

Der Saldo zwischen Finanz- und Verbundertrag und Finanz- und Verbundaufwand ergibt den Finanz- und Verbunderfolg, der beispielhaft folgende nach Gesamtkosten- und Umsatzkostenverfahren einheitliche GuV-Positionen enthält (vgl. Darstellung 3.113 und 3.114).

	Erträge aus Verlustübernahme
+	Erträge aus Gewinngemeinschaften, Gewinnabführungs- und Teilgewinnabführungsverträgen
+	Erträge aus Beteiligungen
+	Erträge aus anderen Wertpapieren und Ausleihungen des Finanzanlagevermögens
+	Sonstige Zinsen und ähnliche Erträge
=	Finanz- und Verbundertrag

Darst. 3.113: Finanz- und Verbundertrag
(Quelle: SCHELD, G. A.: Operatives, a. a. O., S. 148.)

Folgende Aufwendungen sind abzuziehen:

	Zinsen und ähnliche Aufwendungen
+	Aufwendungen aus Verlustübernahme
+	Abgeführte Gewinne aufgrund einer Gewinngemeinschaft, eines Gewinnabführungs- und eines Teilgewinnabführungsvertrages
=	Finanz- und Verbundaufwand

Darst. 3.114: Finanz- und Verbundaufwand
(Quelle: SCHELD, G. A.: Operatives, a. a. O., S. 148.)

Verlustübernahmen/Abführungsverträge

Gemäß der Vorschrift des § 277 Abs. 3 Satz 2 HGB sind Erträge und Aufwendungen aus Verlustübernahmen und aufgrund einer Gewinngemeinschaft, eines Gewinnabführungs-

oder eines Teilgewinnabführungsvertrags erhaltene oder abgeführte Gewinne jeweils gesondert unter entsprechender Bezeichnung auszuweisen.

Beteiligungen

Gemäß der Vorschrift des § 271 Abs. 1 HGB sind Beteiligungen Anteile an anderen Unternehmen, die bestimmt sind, dem eigenen Geschäftsbetrieb durch Herstellung einer dauernden Verbindung zu jenen Unternehmen zu dienen. Dabei ist es unerheblich, ob die Anteile in Wertpapieren verbrieft sind oder nicht. Eine Beteiligung wird vermutet, wenn die Anteile an einem Unternehmen insgesamt 20 % des Nennkapitals dieser Gesellschaft, oder, falls ein Nennkapital nicht vorhanden ist, 20 % der Summe aller Kapitalanteile an diesem Unternehmen überschreiten. Beispiele für Erträge aus Beteiligungen sind Dividendenerträge und vergleichbare Ausschüttungen auf Kapitalanteile einschließlich der anrechnungsfähigen Körperschaftsteuer, soweit sie aus Beteiligungsverhältnissen stammen.

Erträgen aus anderen Wertpapieren und Ausleihungen

Unter Erträgen aus anderen Wertpapieren und Ausleihungen des Finanzanlagevermögens werden **alle regelmäßigen Erträge des Finanzanlagevermögens zusammengefasst, soweit sie nicht aus Beteiligungen resultieren**. Beispiele sind Zins- und Dividendenerträge aus Wertpapieren des Anlagevermögens (z. B. aus Rentenpapieren oder Aktien) und Zinserträge aus Darlehen einschließlich Gesellschafterdarlehen.

Zinsen und ähnliche Erträge/Aufwendungen

Die Sammelpositionen "Sonstige Zinsen und ähnliche Erträge" und "Zinsen und ähnliche Aufwendungen" enthalten alle **regelmäßigen Zinsbeträge** (z. B. Zinsen aus Bankguthaben bzw. Zinsen für Bankkredite) oder **zinsähnlichen Beträge** (Disagio oder Damnum), soweit sie nicht unter eine andere Position des Standardgliederungsschemas fallen. Ebenso sind hier die **Erträge aus der Abzinsung und die Aufwendungen aus der Aufzinsung beispielsweise von Rückstellungen auszuweisen** (§ 277 Abs. 5 S. 1 HGB).

Gemäß § 253 Abs. 2 HGB sind Rückstellungen mit einer Restlaufzeit von mehr als einem Jahr mit dem ihrer Restlaufzeit entsprechenden durchschnittlichen Marktzinssatz der vergangenen sieben Geschäftsjahre abzuzinsen. Der Abzinsungszinssatz wird von der Deutschen Bundesbank ermittelt und monatlich bekanntgegeben. (Anmerkung: Das Steuerrecht verwendet eigene und i. d. R. andere Abzinsungsregelungen einschl. der Zinssätze.)

So müssen bspw. langfristige Rückstellungen (z. B. Pensionsrückstellungen) abgezinst werden, d. h. sie werden mit dem Kapitalwert angesetzt. (Anmerkung: Das gilt auch für unverzinsliche (Gesellschafter-) Darlehen!)

Steigen die Zinsen (nicht der Erfüllungsbetrag (das wären „Aufwendungen für Rückstellungen“ an „Rückstellungen“) werden die Rückstellungen stärker abgezinst, d. h. der Kapitalwert sinkt. Folge sind Erträge aus der Abzinsung von Rückstellungen. Wenn die Zinsen und damit der Zinsaufwand (i • FK) auf der anderen Seite steigen, ergibt sich hier ein gewisser (hängt von den Erfüllungsbeträgen und vor allem vom Fremdkapital ab) Kompensationseffekt.

Fallen die Zinsen (nicht der Erfüllungsbetrag) werden die Rückstellungen weniger stark abgezinst, mit der Folge, dass der Kapitalwert der Rückstellungen steigt. Daraus ergeben sich Aufwendungen aus der Abzinsung bzw. Aufzinsung der Rückstellungen. – Wenn die Zinsen und damit der Zinsaufwand sinken, ergibt sich hier ebenfalls ein gewisser Kompensationseffekt.

Wurden im Rahmen der Unternehmensanalyse nicht bilanzierte Leasinggüter identifiziert und wurde die Bilanz um das Leasingvermögen und die korrespondierenden Verbindlichkeiten erweitert (siehe weiter unten: Aufbereitung der Bilanz), so muss auch die Erfolgsentstehung differenziert betrachtet werden. Bei der Analyse der Ertragslage ist die **Leasingrate** in Abschreibungen und Zinsen zu splitten. Der Controller kann die dazu erforderlichen Informationen aus der Buchhaltung abfragen.

Bei kleinen und mittelgroßen Unternehmen, insbesondere bei Familienunternehmen, sind häufig Darlehen durch Mitglieder der Eigentümerfamilie oder andere Gesellschafter anzutreffen. Die Finanzierung erfolgt dabei nicht selten zu **marktunüblichen Konditionen**. So ist es möglich, dass ein im Vergleich zu einer entsprechenden marktüblichen Fremdfinanzierung zu niedriger oder zu hoher Zinssatz vereinbart wurde. Darlehen von bzw. an Familienmitglieder sollten daher vom Controller auf ihre Marktüblichkeit untersucht werden. **Marktunübliche Zinsen** sollten unter Beachtung der Bonität des Unternehmens im Posten **„Bewertungserfolg“** angepasst werden.

Bei Familienunternehmen sind vom Controller zudem **Haftungsübernahmen, Grundschulden, Bürgschaften oder die Gewährung anderer Sicherheiten durch die Eigentümerfamilie** zu analysieren. In diesem Zusammenhang ist zu prüfen, ob damit verbundene Aufwendungen dem Unternehmen marktadäquat weiterbelastet worden sind. Die **Gewährung von Sicherheiten** für die Fremdfinanzierung ist **in der Strukturbilanz** beispielsweise **durch Avalgebühren oder sonstige Vergütungen in marktüblicher Höhe** zu berücksichtigen. Die Korrekturbuchung kann im Posten **„Bewertungserfolg"** vorgenommen werden.

Kalkulatorische Zinsen

Auf den Ansatz kalkulatorischer Zinsen wird aus Übersichtlichkeits- und Interpretationsgründen verzichtet. Der Ansatz kalkulatorischer Zinsen auf das Fremd- und Eigenkapital wäre zwar theoretisch denkbar, würde aber die Interpretation der Basisgröße „Erfolg vor Steuern" und damit die Interpretation einer Fülle von Kennzahlen maßgeblich verändern. Zahlreiche in der Literatur zur Kennzahlenanalyse beschriebene Interpretationen von Kennzahlen sowie die zugehörigen Ursachenanalysen und Gegensteuerungsmaßnahmen würden nicht mehr passen.

Es sei aber ausdrücklich erwähnt, dass dieses Herauslassen des Ansatzes kalkulatorischen Zinsen auf das Eigenkapital ausschließlich für die hier betrachtete betriebswirtschaftliche Kennzahlenanalyse gilt. **Im Zuge der Produktkalkulation (also der Kostenträgerstückrechnung) müssen kalkulatorische Zinsen selbstverständlich in Ansatz gebracht werden.**

Zusammensetzung "Außergewöhnlicher und periodenfremder Erfolg"

Analog zum Finanz- und Verbunderfolg errechnet sich der außergewöhnliche und periodenfremde Erfolg aus der Differenz zwischen dem außergewöhnlichen und periodenfremden Ertrag (vgl. Darstellung 3.116) und dem außergewöhnlichen und periodenfremden Aufwand (vgl. Darstellung 3.117).

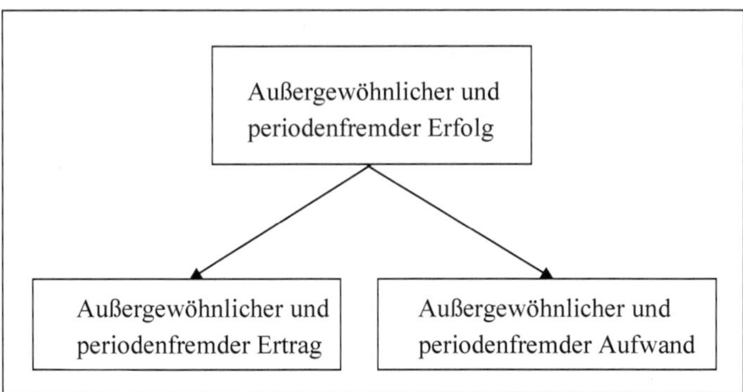

Darst. 3.115: Aufspaltung des außergewöhnlichen und periodenfremden Erfolgs

Zum außergewöhnlichen und periodenfremden Ertrag zählen folgende Positionen:

	Außergewöhnliche und/oder periodenfremde Umsatzerlöse
+	Erträge aus der Währungsumrechnung (Wechselkursdifferenzen)
+	Erträge aus dem Abgang von Gegenständen des Anlagevermögens
+	Erträge aus dem Abgang von Gegenständen des Umlaufvermögens, außer Vorräten
+	Erträge aus abgeschriebenen Forderungen
+	Erträge nach Art. 67 Abs. 1 und 2 EGHGB (Pensionsrückstellungen)
+	Erträge aus „echtem" Schadensersatz und Versicherungsentschädigungen
+	Erträge aus Umwandlungsvorgängen
+	Erträge aus dem Verkauf wesentlicher Betriebsteile oder aus Betriebsstillegungen
+	Sonstige außergewöhnliche und periodenfremde Erträge
=	Außergewöhnlicher und periodenfremder Ertrag

Darst. 3.116: Außergewöhnlicher und periodenfremder Ertrag
(Vgl. SCHELD, G. A.: Operatives, a. a. O., S. 151.)

Folgende Aufwendungen sind abzuziehen:

	Außergewöhnlicher und/oder periodenfremder Material- und Personalaufwand
+	Abschreibungen auf Finanzanlagen und auf Wertpapiere des Umlaufvermögens
–	Abschreibungen auf Finanzanlagen bei nur vorübergehender Wertminderung
+	Abschreibungen auf Vermögensgegenstände des Umlaufvermögens, soweit diese die in der Kapitalgesellschaft üblichen Abschreibungen überschreiten
+	Außerplanmäßige Abschreibungen
+	Aufwendungen aus der Währungsumrechnung (Wechselkursdifferenzen)
+	Verluste aus dem Abgang von Gegenständen des Anlagevermögens
+	Verluste aus dem Abgang von Gegenständen des Umlaufvermögens, außer Vorräten
+	Aufwendungen nach Art. 67 Abs. 1 und 2 EGHGB (Pensionsrückstellungen)
+	Verluste aus Umwandlungsvorgängen
+	Verluste aus dem Verkauf wesentlicher Betriebsteile oder aus Betriebsstillegungen
+	Sonstige außergewöhnliche und/oder periodenfremde Aufwendungen
=	Außergewöhnlicher und periodenfremder Aufwand

Darst. 3.117: Außergewöhnlicher und periodenfremder Aufwand
(Vgl. SCHELD, G. A.: Operatives, a. a. O., S. 152.)

Außergewöhnliche und/oder periodenfremde Erträge und Aufwendungen

Gemäß § 285 Nr. 31 HGB müssen die Erträge und Aufwendungen von außergewöhnlicher Größenordnung und/oder außergewöhnlicher Bedeutung einzeln kontiert werden, soweit die Beträge nicht von untergeordneter Bedeutung sind.

Gemäß § 285 Nr. 32 HGB müssen die periodenfremden Erträge und Aufwendungen einzeln kontiert werden, soweit die Beträge nicht von untergeordneter Bedeutung sind.

Abschreibungen auf Finanzanlagen und auf Wertpapiere des Umlaufvermögens

Abschreibungen auf Finanzanlagen und auf Wertpapiere des Umlaufvermögens, d. h. alle Abschreibungen auf sämtliche Finanzanlagen des Anlage- und Umlaufvermögens, gleichgültig welcher Abschreibungsursache, werden zum außergewöhnlichen Aufwand gerechnet, da sie üblicherweise nicht gewöhnlich, sondern **außergewöhnlich** sind.

Der interne Analytiker bzw. Controller hat die Möglichkeit, diese Position differenzierter zu betrachten und die Abschreibungen auf Finanzanlagen bei nur vorübergehender Wertminderung abzuspalten. Gemäß der Vorschrift des § 253 Abs. 3 S. 6 HGB dürfen außerplanmäßige Abschreibungen auf Finanzanlagen vorgenommen werden, auch wenn die Wertminderung nur vorübergehend ist. Derartige Abschreibungen sind wieder rückgängig zu machen (Wertaufholungsgebot), da sie die Erfolgssituation unter dem Gesichtspunkt des „going concern"-Prinzips verzerren.

Abschreibungen auf Vermögensgegenstände des Umlaufvermögens

Abschreibungen auf Vermögensgegenstände des Umlaufvermögens, soweit diese die in der Kapitalgesellschaft üblichen Abschreibungen überschreiten, sind beim Gesamtkostenverfahren direkt aus der GuV abzulesen (§ 275 Abs. 2 Nr. 7b HGB).

Außerplanmäßige Abschreibungen

Hinsichtlich der außerplanmäßigen Abschreibungen sei auf die obigen Ausführungen verwiesen.

Zusammensetzung des Bewertungserfolgs

Der Bewertungserfolg ergibt sich aus der Differenz zwischen Bewertungsertrag (vgl. Darstellung 3.119) und Bewertungsaufwand (vgl. Darstellung 3.120).

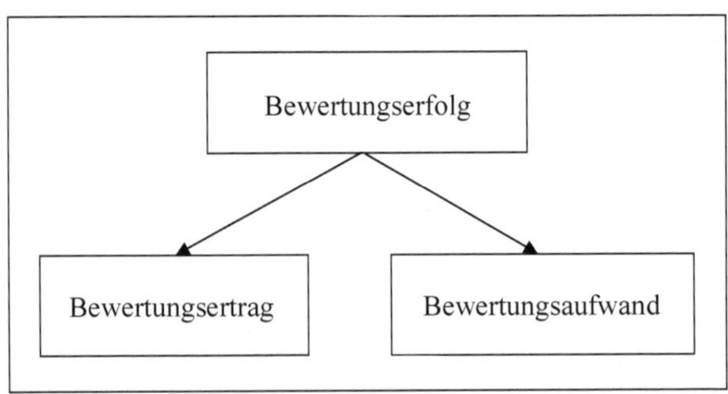

Darst. 3.118: Aufspaltung des Bewertungserfolgs

Zum Bewertungsertrag gehören:

Erträge aus Zuschreibungen des Anlagevermögens + Erträge aus Zuschreibungen des Umlaufvermögens + Erträge aus der Herabsetzung der Pauschalwertberichtigung zu Forderungen + Erträge aus der Auflösung von Rückstellungen + Erträge aus marktunüblichen Geschäften mit Eigentümerfamilie oder nahestehenden Personen
= Bewertungsertrag

Darst. 3.119: Bewertungsertrag
(Quelle: SCHELD, G. A.: Operatives, a. a. O., S. 154.)

Davon sind folgende Aufwendungen abzuziehen:

Aufwendungen aus marktunüblichen Geschäften mit Eigentümerfamilie oder nahestehenden Personen + Kalkulatorische Mieten + Kalkulatorischer Unternehmerlohn
= Bewertungsaufwand

Darst. 3.120: Bewertungsaufwand
(Quelle: SCHELD, G. A.: Operatives, a. a. O., S. 154.)

Zuschreibungen

Wird bei einem Vermögensgegenstand des *Anlagevermögens* eine außerplanmäßige Abschreibung vorgenommen und stellt sich in einem späteren Geschäftsjahr heraus, dass die Gründe dafür entfallen sind, so ist der Betrag dieser Abschreibung im Umfang der Werterhöhung unter Berücksichtigung der Abschreibungen, die inzwischen vorzunehmen gewesen wären, zuzuschreiben (Wertaufholungsgebot des § 253 Abs. 5 S. 1 HGB). Lediglich bei einem entgeltlich erworbenen Geschäfts- oder Firmenwert besteht ein Wertaufholungsverbot (§ 253 Abs. 5 S. 2 HGB).

Wird bei einem Vermögensgegenstand des *Umlaufvermögens* eine außerplanmäßige Abschreibung vorgenommen und stellt sich in einem späteren Geschäftsjahr heraus, dass die Gründe dafür entfallen sind, so ist der Betrag dieser Abschreibung im Umfang der Werterhöhung zuzuschreiben (Wertaufholungsgebot des § 253 Abs. 5 S. 1 HGB).

Zuschreibungen sind dem **Bewertungsertrag** zuzuordnen, da sie in der Geschäftsperiode nicht "verdient" wurden und lediglich buchtechnische und nicht finanzwirksame Erträge darstellen.

Erträge/Aufwendungen aus marktunüblichen Geschäften mit nahestehenden Personen

In kleinen und mittelgroßen Unternehmen, insbesondere in Familienunternehmen, erfolgen zum Teil auch **Geschäfte mit nahestehenden Personen zu nicht marktüblichen Konditionen**. Dies können Warengeschäfte, Anlagenverkäufe, Mieten oder Darlehen sein. Hintergrund solcher Geschäfte sind persönliche oder familiäre Beziehungen zwischen Geschäftsführung und Eigentümerfamilie oder in deren Einfluss stehende Unternehmen. Derartige Geschäfte sind in der Strukturbilanz **zu marktüblichen Konditionen umzubewerten**.

Kalkulatorische Zusatzkosten

Da auf Basis der GuV noch nicht alle Kosten erfasst sind, ist es betriebswirtschaftlich zweckmäßig, die handelsrechtlichen Aufwendungen um die **kalkulatorischen Mieten** zu ergänzen. Kalkulatorische Mieten werden für Privaträume oder private Grundstücke und Gebäude angesetzt, die ein Unternehmer seinem Unternehmen unentgeltlich überlässt. Der Ansatz dieser Zusatzkosten folgt dem Opportunitätskostenprinzip, weil die unentgeltliche Überlassung zu einem entgangenen Ertrag führt, der bei anderweitiger Vermietung erzielbar wäre. Da die kalkulatorischen Mieten zu **keinem Abfluss finanzieller Mittel führen**, werden sie zum **Bewertungsaufwand** gezählt.

Ähnliches gilt für den bereits bei den Personalkosten angesprochenen **kalkulatorischen Unternehmerlohn**. Auch dieser wird aus den genannten Gründen dem **Bewertungsaufwand** zugerechnet.

Nicht angesetzt werden die **kalkulatorischen Wagnisse**, da sie bereits mehrheitlich in anderen Positionen der einzelnen Erfolgsklassen enthalten sind. (Hinweis: In der Kosten- und Leistungsrechnung werden die kalkulatorischen Kosten berücksichtigt, da die entsprechenden Aufwendungen als außergewöhnliche außer Acht gelassen werden.)

Zur besseren Veranschaulichung der grundsätzlichen Aufbereitungsarbeiten, die sich im Rahmen der Erfolgsquellenanalyse ergeben, soll das folgende Analyseformular in Übersicht 3.121 dienen. Es fasst alle bisherigen Aktivitäten noch einmal zusammen.

	Umsatzerlöse
–	Außergewöhnliche und/oder periodenfremde Umsatzerlöse
+/–	Veränderung der Bestände an fertigen und unfertigen Erzeugnissen
+	Andere aktivierte Eigenleistungen
+	Sonstige betriebliche Erträge
–	Erträge aus der Währungsumrechnung (Wechselkursdifferenzen)
–	Erträge aus dem Abgang von Gegenständen des Anlagevermögens
–	Erträge aus dem Abgang von Gegenständen des Umlaufvermögens, außer Vorräten
–	Erträge aus Zuschreibungen des Anlagevermögens
–	Erträge aus Zuschreibungen des Umlaufvermögens, außer Vorräte
–	Erträge aus der Herabsetzung der Pauschalwertberichtigung zu Forderungen
–	Erträge aus abgeschriebenen Forderungen
–	Erträge aus der Auflösung von Rückstellungen
–	Erträge nach Art. 67 Abs. 1 und 2 EGHGB (Pensionsrückstellungen
–	Erträge aus „echtem“ Schadensersatz und Versicherungsentschädigungen
–	Erträge aus Umwandlungsvorgängen
–	Erträge aus dem Verkauf wesentlicher Betriebsteile oder aus Betriebsstilllegungen
–	Sonstige außergewöhnliche und/oder periodenfremde Erträge
=	Betriebsertrag GKV

Darst. 3.121: Formular zur Ermittlung des ordentlichen Betriebserfolgs nach dem GKV (Betriebsergebnis auf der Basis der GuV) Teil I
(Vgl. SCHELD, G. A.: Operatives, a. a. O., S. 156.)

Materialaufwand
– Außergewöhnlicher und periodenfremder Materialaufwand
\+ Personalaufwand
– Außergewöhnlicher und periodenfremder Personalaufwand
\+ Abschreibungen auf immaterielle Vermögensgegenstände des Anlagevermögens und Sachanlagen
– Außerplanmäßige Abschreibungen
\+ Sonstige betriebliche Aufwendungen
– Aufwendungen aus der Währungsumrechnung (Wechselkursdifferenzen)
– Verluste aus dem Abgang von Gegenständen des Anlagevermögens
– Verluste aus dem Abgang von Gegenständen des Umlaufvermögens, außer Vorräten
– Aufwendungen nach Art. 67 Abs. 1 und 2 EGHGB (Pensionsrückstellungen)
– Verluste aus Umwandlungsvorgängen
– Verluste aus dem Verkauf wesentlicher Betriebsteile oder aus Betriebsstilllegungen
– Sonstige außergewöhnliche und/oder periodenfremde Aufwendungen
\+ Sonstige Steuern

= Betriebsaufwand GKV

Betriebsertrag – Betriebsaufwand = Ordentlicher Betriebserfolg

Darst. 3.122: Formular zur Ermittlung des ordentlichen Betriebserfolgs nach dem GKV (Betriebsergebnis auf der Basis der GuV) Teil II
(Vgl. SCHELD, G. A.: Operatives, a. a. O., S. 156–157.)

Umsatzerlöse
- Außergewöhnliche und/oder periodenfremde Umsatzerlöse
+ Sonstige betriebliche Erträge
- Erträge aus der Währungsumrechnung (Wechselkursdifferenzen)
- Erträge aus dem Abgang von Gegenständen des Anlagevermögens
- Erträge aus dem Abgang von Gegenständen des Umlaufvermögens, außer Vorräten
- Erträge aus Zuschreibungen des Anlagevermögens
- Erträge aus Zuschreibungen des Umlaufvermögens, außer Vorräte
- Erträge aus der Herabsetzung der Pauschalwertberichtigung zu Forderungen
- Erträge aus abgeschriebenen Forderungen
- Erträge aus der Auslösung von Rückstellungen
- Erträge nach Art. 67 Abs. 1 und 2 EGHGB (Pensionsrückstellungen
- Erträge aus „echtem" Schadensersatz und Versicherungsentschädigungen
- Erträge aus Umwandlungsvorgängen
- Erträge aus dem Verkauf wesentlicher Betriebsteile oder aus Betriebsstilllegungen
- Sonstige außergewöhnliche und/oder periodenfremde Erträge

= Betriebsertrag UKV

Darst. 3.123: Formular zur Ermittlung des ordentlichen Betriebserfolgs nach dem UKV (Betriebsergebnis auf der Basis der GuV) Teil I
(Vgl. SCHELD, G. A.: Operatives, a. a. O., S. 157.)

Herstellungskosten der zur Erzielung der Umsatzerlöse erbrachten Leistungen
– Außergewöhnliche und periodenfremde Herstellungskosten
+ Vertriebskosten
– Außergewöhnliche und periodenfremde Vertriebskosten
+ Allgemeine Verwaltungskosten
– Außergewöhnliche und periodenfremde Verwaltungskosten
– Außerplanmäßige Abschreibungen
+ Sonstige betriebliche Aufwendungen
– Aufwendungen aus der Währungsumrechnung (Wechselkursdifferenzen)
– Verluste aus dem Abgang von Gegenständen des Anlagevermögens
– Verluste aus dem Abgang von Gegenständen des Umlaufvermögens, außer Vorräten
– Aufwendungen nach Art. 67 Abs. 1 und 2 EGHGB (Pensionsrückstellungen)
– Verluste aus Umwandlungsvorgängen
– Verluste aus dem Verkauf wesentlicher Betriebsteile oder aus Betriebsstilllegungen
– Sonstige außergewöhnliche und periodenfremde Aufwendungen
+ Sonstige Steuern

= Betriebsaufwand UKV

Ordentlicher Betriebserfolg = Betriebsertrag – Betriebsaufwand

Darst. 3.124: Formular zur Ermittlung des ordentlichen Betriebserfolgs nach dem UKV (Betriebsergebnis auf der Basis der GuV) Teil II
(Vgl. SCHELD, G. A.: Operatives, a. a. O., S.157–158.)

Nach der Übertragung der Jahresabschlussdaten in das Analyseformular lassen sich die Informationen zur Definition der jeweiligen Kennzahlen gezielt bestimmen.

3.1.1.2 Analyse der Erfolgsverwendung

Erfolgsverwendung

Nachdem in den vorangegangenen Abschnitten die Quellen des Erfolgs analysiert wurden, geht es im Folgenden darum aufzuzeigen, **in welche Kanäle der erwirtschaftete Erfolg geflossen ist**.

Aus der Definition des Erfolgs resultierend, ergibt sich für den Fall der Erfolgsverwendung eine Spaltung des Erfolgs in die einzelnen **Komponenten "Ausschüttung/Entnahmen", "Veränderung Eigenkapital durch Erfolg" und "Steuern vom Einkommen und vom Ertrag"** (vgl. Übersicht 3.123). Ergänzt werden soll die Analyse der Erfolgsverwendung durch eine Betrachtung und anschließende Beurteilung der Bildung und Auflösung stiller Reserven, da auch sie letztlich eine Veränderung des effektiven Eigenkapitals auf dem Wege der stillen Selbstfinanzierung bewirken. Diese Gliederungsform der Erfolgsverwendung lässt **Rückschlüsse auf die Ausschüttungs- und Thesaurierungspolitik der Unternehmung** zu.

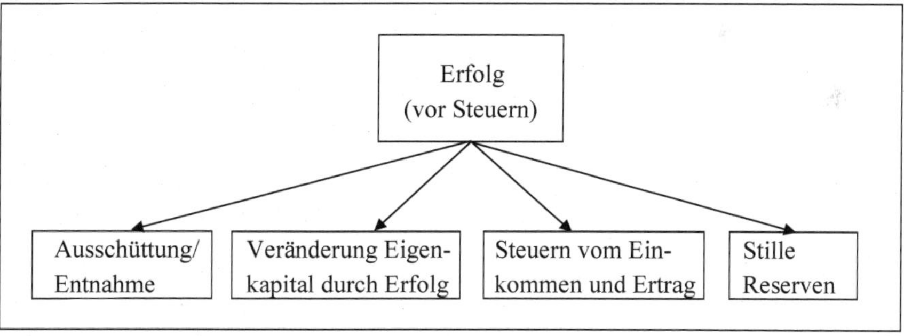

Darst. 3.125: Erfolgsquellen der Gewinn- und Verlustrechnung
(Vgl. SCHELD, G. A.: Operatives, a. a. O., S. 160.)

Klassifizierung der Erfolgskanäle

In Analogie zur Erfolgsquellenanalyse soll auch in der Erfolgsverwendungsanalyse der Versuch einer Klassifizierung der Erfolgskanäle vorgenommen werden. Bei der folgenden Untergliederung werden die **zwei Kriterien Abfluss (finanziell/buchtechnisch) und Abweisbarkeit (zwingend/veränderbar)** miteinander kombiniert. Die nachstehende Darstellung 3.126 zeigt das Ergebnis dieser Gruppierung.

<table>
<tr><th>Merkmal
Gruppe</th><th>Verwendung I</th><th colspan="2">Verwendung II</th><th>Verwendung III</th></tr>
<tr><td>buchtechnisch</td><td rowspan="2">Stille Reserven[1)]</td><td colspan="2"></td><td rowspan="2"></td></tr>
<tr><td>veränderbar</td><td rowspan="2">Ausschüttung/ Entnahmen</td><td rowspan="2">Veränderung Eigenkapital durch Erfolg[3)]</td></tr>
<tr><td>finanziell</td><td></td><td rowspan="2">Steuer-zahlungen</td></tr>
<tr><td>zwingend</td><td>Zwangs-reserven[2)]</td><td colspan="2"></td></tr>
</table>

Darst. 3.126: Formular zur Ermittlung des ordentlichen Betriebserfolgs nach dem GKV (Betriebsergebnis auf der Basis der GuV)

(Vgl. SCHELD, G. A.: Operatives, a. a. O., S. 161.)

[1] Sofern vom Bilanzierenden aufgrund von Wahlrechten oder Spielräumen gebildet.

[2] Sofern vom Gesetzgeber aufgrund von Ansatz- und Bewertungsvorschriften vorgeschrieben (z. B. Abschreibungen).

[3] Eine Ausnahme stellen gesetzliche Rücklagen dar, die zwingend gebildet werden müssen.

Diese Gliederung soll eine **Teilantwort auf die Frage geben, welche finanzwirksamen Erfolgsverwendungen überhaupt finanzwirksam verdient wurden**. Zumindest sollten die unabweisbaren und zum Abfluss finanzieller Mittel führenden Steuerzahlungen finanzwirksam verdient werden.

Ausschüttung/Entnahmen

Bei der Ausschüttung bzw. bei den Entnahmen handelt es sich um eine **veränderbare und finanzwirksame Form der Erfolgsverwendung** (Verwendungsklasse II). Die tatsächliche Ausschüttung ist sicherlich erst nach vollständiger Gewinnverwendung bekannt, vorher bleibt es immer eine Ausschüttungsvermutung, deren eventueller Fehler jedoch der Wahrscheinlichkeit nach nur geringfügig und somit vernachlässigbar ist.

Veränderung Eigenkapital durch Erfolg

Werden Jahresüberschüsse bzw. Gewinne (oder Teile davon) nicht entnommen oder ausgeschüttet, sondern bei Einzelunternehmen und Personengesellschaften den Eigenkapitalkonten der Inhaber gutgeschrieben oder bei Kapitalgesellschaften in die Gewinnrücklagen eingestellt, so wird der Vorgang als "Veränderung Eigenkapital durch Erfolg" bezeichnet, der wie die Ausschüttung als **manipulierbar und zugleich finanzwirksam** angesehen werden kann (Verwendungsklasse II).

Die Veränderung des Eigenkapitals durch den Erfolg ergibt sich bei Kapitalgesellschaften aus der Differenz zwischen Jahresüberschuss bzw. -fehlbetrag und Ausschüttung.

	Jahresüberschuss/-fehlbetrag
−	Ausschüttung
=	Veränderung Eigenkapital durch Erfolg

Darst. 3.127: Veränderung des Eigenkapitals durch den Jahreserfolg bei Kapitalgesellschaften

Für Einzelunternehmen und Personengesellschaften ergibt sich im Allgemeinen folgendes Bild:

	Gewinn/Verlust
–	Privatentnahmen
=	Veränderung Eigenkapital durch Erfolg

Darst. 3.128: Veränderung des Eigenkapitals durch den Jahreserfolg bei Einzelunternehmen und Personengesellschaften

Privatentnahmen (entnommene Gewinne) hätten eine Veränderung des Eigenkapitals durch Erfolg anzeigen können, wenn sie nicht entnommen worden wären. M. a. W.: Entnommene Gewinne zeigen keine Veränderung des Eigenkapitals durch Erfolg mehr an.

Laut einer Deloitte-Studie aus dem Jahre 2015 liegt das Verhältnis von Thesaurierung zu Ausschüttung/Entnahmen bei erfolgreichen Mittelständlern bei durchschnittlich 3:1.

Steuern vom Einkommen und vom Ertrag

Im Unterschied zur Ausschüttungs- und Thesaurierungspolitik wird die Steuerzahlung in die Gruppe zwingend und finanzwirksam eingeordnet (Verwendungsklasse III).

Der Posten „Steuern vom Einkommen und vom Ertrag" enthält die Steuern vom Einkommen, z. B. Körperschaftsteuer und Solidaritätszuschlag, und die Steuern vom Ertrag, z. B. Gewerbeertragsteuer. Ferner enthält der Posten im Prinzip die Aufwendungen und Erträge aus der Veränderung bilanzieller latenter Steuern (§ 274 Abs. 2 S. 3 HGB). Die Größe stellt also ein Konglomerat von effektiv gezahlten Steuern und fiktiven latenten Steuern dar.

Nach § 278 HGB sind bei **Kapitalgesellschaften** die Steuern vom Einkommen und vom Ertrag auf der Grundlage des Beschlusses über die Verwendung des Ergebnisses zu berechnen; liegt ein solcher Beschluss im Zeitpunkt der Festlegung des Jahresabschlusses noch nicht vor, so ist vom Vorschlag über die Verwendung des Ergebnisses auszugehen. Demzufolge ist der ausgewiesene Steueraufwand unsicher.

Bei **Einzelunternehmen und Personengesellschaften** führt die Einkommensteuerbelastung nicht zu einer Reduzierung des ausgewiesenen Gewinns. Dennoch wird an dieser

Stelle häufig die Einkommensteuer des Einzelunternehmers oder der Gesellschafter auf den ihnen steuerlich zugerechneten Gewinn ausgewiesen.

Da Aufwendungen und Erträge aus der Buchung bilanzieller **latenter Steuern nicht in die Verwendungsklasse III gehören (sie sind nicht finanzwirksam!)**, sollten sie – sofern der Betrag nicht unbedeutend ist – selektiert und gesondert analysiert werden.

Aus den im Kapitel „Analyse der Erfolgserzielung“ aufgeführten **Korrekturbuchungen zur GuV** resultiert eine **Veränderung des Jahresüberschusses bzw. -fehlbetrages** und daraus wiederum eine Erhöhung oder Verringerung der fiktiven Steuerlast. **Die Erstellung der Strukturbilanz erfordert daher eine explizite Steuerrechnung unter Berücksichtigung der unternehmensindividuellen Gegebenheiten.**

Stille Reserven

Bei den stillen Reserven oder *stillen Rücklagen* handelt es sich um **Kapital- und/oder Vermögenspositionen, deren Vorhandensein definitionsgemäß nicht aus der Bilanz direkt erkennbar ist**. Auf der Aktivseite führen **Nichtaktivierungen und Unterbewertungen** zu stillen Reserven, auf der Passivseite entstehen sie durch **überhöhte Wertansätze der Schuldposten**. Praktisch relevanter ist allerdings der Fall der Bildung stiller Reserven auf der Aktivseite. So besitzen z. B. Grundstücke eines Unternehmens oft einen deutlich höheren Marktwert (Verkehrswert) als der in der Bilanz ausgewiesene Wert.

Durch die Bildung stiller Reserven **werden in der GuV Scheinverluste erzeugt**, die den Jahreserfolg mindern. Ebenso führt die **Auflösung stiller Reserven im Geschäftsjahr zu nicht erkennbaren Scheingewinnen**, die einen überhöhten Jahreserfolg ausweisen lassen. Die Folge einer solchen Reservebildung ist auf der Aktivseite, dass das Vermögen der Unternehmung geringer erscheint, als es tatsächlich ist bzw. auf der Passivseite, dass die tatsächlichen Schulden nicht den überhöht ausgewiesenen Verpflichtungen entsprechen. Beide Möglichkeiten führen dazu, dass die **Kapitalstruktur verfälscht** ausgewiesen wird. **Das effektive Eigenkapital ist demzufolge größer als das in der Bilanz ausgewiesene Eigenkapital.** Dies hat wiederum zur **Konsequenz, dass die Rentabilität aufgrund der zu geringen Bezugsgröße zu positiv ausgewiesen wird**.

Stille Reserven des **abnutzbaren Anlagevermögens** lösen sich automatisch in dem Moment auf, wo die tatsächliche Abschreibung die buchmäßige Abschreibung übersteigt. Bei dem **nicht abnutzbaren Anlagevermögen** und dem **Umlaufvermögen** erfolgt die Auflösung i. d. R. bei Veräußerung des Vermögensgegenstandes.

Bei den **kalkulatorischen Zusatzkosten** ist zu berücksichtigen, dass diese als nachträglich gebuchte Bewertungsaufwendungen den ursprünglichen Gewinn gemindert haben und somit auch zwangsläufig zu einer Reduzierung des Erfolgsverwendungsbetrages führen. Diese Beträge werden in der Kategorie „Stille Reserven" zum Abzug gebracht.

Stille Reserven spielen nicht nur gegenüber der Bank bei Kreditverhandlungen eine Rolle, sondern auch bei der Einschätzung, ob ein Unternehmen überschuldet ist (Insolvenztatbestand!) oder nicht. Selbst bei einer buchtechnisch festgestellten Überschuldung („nicht durch Eigenkapital gedeckter Fehlbetrag") muss de facto noch keine Überschuldung vorliegen, wenn das Unternehmen über genügend stille Reserven verfügt, die im Liquidationsfall durch eine Veräußerung der Vermögensgegenstände ertrags- und liquiditätswirksam aufgelöst werden können.

Durch die folgende Auflistung 3.129 der stille Reserven bildenden bzw. auflösenden Komponenten gelingt es zumindest global, den Einfluss der stillen Reserven auf die Ertragslage offen zu legen.

	Nicht aktivierte Geschäfts- oder Firmenwerte des Geschäftsjahres
+	Abschreibungen auf Finanzanlagen bei nur vorübergehender Wertminderung
+	Planmäßige Abschreibungen beim Anlagevermögen über den tatsächlichen Werteverzehr hinaus
+	Im Geschäftsjahr unterbewertetes Umlaufvermögen
–	Kalkulatorische Mieten
–	Kalkulatorischer Unternehmerlohn
+/–	Marktunübliche Geschäfte mit der Eigentümerfamilie oder nahestehenden Personen
+	...
=	Reservenbildung bzw. -auflösung

Darst. 3.129: Reservenbildung und -auflösung
(Quelle: SCHELD, G. A.: Operatives, a. a. O., S. 165)

Die einzelnen Komponenten, die bisher noch nicht angesprochen wurden, werden noch bei der Aufbereitung der Bilanz detailliert vorgestellt, so dass an dieser Stelle auf eine ausführliche Beschreibung verzichtet werden kann. Bis auf die Position „Abschreibungen auf Finanzanlagen bei nur vorübergehender Wertminderung“ findet sich bei allen Posten die Gegenbuchung in der Erfolgsquelle „Bewertungserfolg“.

3.1.2. Aufbereitung der Bilanz

Informationsquellen

Grundlegendes Informationsinstrument für die **bilanzielle Unternehmensanalyse ist die Bilanz**. Doch ebenso wie bei der erfolgswirtschaftlichen Unternehmensanalyse **reichen die Informationen der Bilanz allein nicht aus**, so dass auch **interne Informationsmaterialien**, insbesondere zur Aufdeckung stiller Reserven, ergänzend hinzugezogen werden müssen.

Grobstruktur der Bilanz

Gemäß dem klassischen **Liquiditätsgliederungsprinzip**, d. h. der Trennung der Bilanzpositionen nach Fristigkeit, wird auf der Aktivseite "Anlagevermögen" und "Umlaufvermögen" unterschieden, innerhalb derer das Anlagevermögen die Produktionsbereitschaft reflektiert, während sich im Umlaufvermögen der betriebliche Umsatzprozess widerspiegelt. Die **Kapitalseite wird nach den Rechtsverhältnissen** in die beiden Positionen "Eigenkapital" und "Fremdkapital" gegliedert. Darstellung 3.130 zeigt die Grobstruktur der Bilanz.

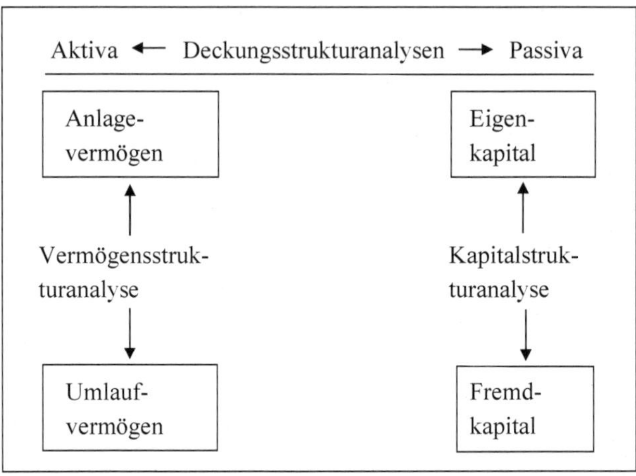

Darst. 3.130: Bilanz und Strukturanalysen

Anlagevermögen

Unter dem Posten "Anlagevermögen" sind die Vermögensgegenstände zusammengefasst, die bestimmt sind, **dauernd dem Geschäftsbetrieb zu dienen** und folglich **langfristig im Unternehmen verbleiben** (vgl. § 247 Abs. 2 HGB). Gutenberg bemerkt hierzu allerdings, dass das im Anlagevermögen gebundene Kapital keineswegs auf Dauer gebunden ist, sondern vielmehr im regelmäßig verlaufenden Betriebsprozess freigesetzt wird[603]. Bilanzanalytisch betrachtet stellt das Anlagevermögen schwer zu liquidierendes Vermögen dar. Industrielle Anlagen, insbesondere Spezialmaschinen, sind sicherlich im Liquidationsfall nur sehr schwer zu veräußern.

Umlaufvermögen

Der Posten "Umlaufvermögen" enthält als Gegenstück zum Anlagevermögen die Vermögensgegenstände, die **zum baldigen Verkauf oder Verbrauch bestimmt** sind und folglich nur **kurzfristig im Unternehmen verbleiben**. Für die Finanzierung bedeutet das, dass die **im Umlaufvermögen gebundenen Mittel nur kurzfristig festliegen und vergleichsweise schnell monetisiert werden können**.

[603] Vgl. GUTENBERG, E.: Grundlagen der Betriebswirtschaftslehre, Bd. 3: Die Finanzen (im Folgenden abgekürzt mit „Finanzen"), 8. Aufl., Berlin, Heidelberg, New York 1987, S. 282.

Wertansatzprobleme der Aktivseite

Bei der Aufbereitung des Anlage- und Umlaufvermögens ist zu beachten, dass die **Handelsbilanz lediglich das bilanzielle Vermögen ausweist. Das bilanzielle Vermögen ist aber nicht mit dem tatsächlichen Vermögen identisch**, da

(1) auf der Aktivseite nicht alle im Unternehmen wirtschaftenden Güter aufgelistet sind,
(2) auf der Aktivseite auch Vermögensgegenstände erfasst sind, die nicht betriebsnotwendig sind und
(3) die meisten aufgeführten Güter nicht nach den Zeitwerten, sondern nach den fortgeführten Anschaffungs- oder Herstellungskosten bewertet sind (planmäßige und außerplanmäßige Abschreibung).

Zu (1): Insbesondere **für viele nicht entgeltlich erworbene immaterielle Vermögensgegenstände besteht ein handelsrechtliches Aktivierungsverbot**, obwohl auch diese Güter im Unternehmen zur Erwirtschaftung des Unternehmenserfolges beigetragen haben.

Bei kleinen und mittelgroßen Unternehmen, insbesondere bei Familienunternehmen, existiert zudem oftmals **keine klare Trennung zwischen dem betrieblichen und dem privaten Vermögen. Wesentliches betriebsnotwendiges Vermögen wird nicht selten im Privatvermögen der Eigentümerfamilie gehalten.** Typische Beispiele sind Grundstücke und Gebäude sowie Patente. Derartige Vermögensgegenstände **sind in die Vermögensmasse einzubeziehen oder anhand von marktgerechten Kosten für die Nutzungsüberlassung zu berücksichtigen (Opportunitätskosten)**. Ob die Berücksichtigung dieser Vermögensgegenstände im betrieblichen Vermögen zu erfolgen hat oder ob alternativ die marktüblichen Kosten für die Nutzungsüberlassung des Vermögens erfasst werden sollten, kann nur im Einzelfall entschieden werden.

Zu (2): Ebenso ist es möglich, dass sich **nicht betriebsnotwendige Vermögensgegenstände im betrieblichen Vermögen befinden, die aufgrund der historischen Entwicklung des Unternehmens in der aktuellen Situation nicht mehr Gegenstand der betrieblichen Geschäftstätigkeit sind oder die für den Umfang der Geschäftstätigkeit überdimensioniert sind**. Beispiele hierfür sind Gebäude in zentraler Lage mit zu hohen Mietpreisen, nicht betriebsnotwendige Unternehmensbeteiligungen, spekulativ angeschaffte Wertpapiere, Kunstgegenstände, überdimensionierte oder – bei Einzelunternehmer oder Personengesellschafter – privat genutzte Flächen, ungenutzte Maschinen, ein unangemessener Fuhrpark, spekulative Überbestände an Vorräten sowie überhöhte liquide

Mittel. Was "betriebsnotwendig" ist, kann letztendlich immer nur anhand der tatsächlich vorhandenen Vermögenspositionen in Bezug auf die Absichten beurteilt werden. **Betriebsnotwendige und nicht betriebsnotwendige Vermögensgegenstände sollten für Controllingzwecke voneinander getrennt erfasst werden.**

Zu (3): Auch nach der Modernisierung des Bilanzrechts im Jahre 2009 **dominiert das Vorsichtsprinzip das deutsche Handelsrecht. Vermögensgegenstände werden zu fortgeführten Anschaffungs- oder Herstellungskosten angesetzt, Zeitwerte spielen nur eine untergeordnete Rolle**.

Eigenkapital

Die Position "Eigenkapital" umfasst die der Gesellschaft von ihren **Eigentümern ohne zeitliche Begrenzung zur Verfügung gestellten Mittel, die der Unternehmung entweder durch Einlagen bzw. Kapitalerhöhungen oder durch thesaurierte Gewinne zufließen**. Da die Bilanz eine stichtagsbezogene Gegenüberstellung von Vermögen und Kapital ist und stets die grundlegende Bilanzgleichung „Vermögen = Kapital" erfüllt sein muss, lässt sich das Eigenkapital auch als Differenz zwischen Gesamtvermögen (Aktiva, Bruttovermögen) und Fremdkapital (Schulden) ermitteln. Das Eigenkapital als Residualgröße entspricht so dem *Reinvermögen* der Unternehmung. Neben dieser Berechnungsmethodik kann das Eigenkapital zu einem bestimmten Zeitpunkt alternativ als Summe aus Anfangsbestand des Eigenkapitals zu Beginn und den Veränderungen während der betrachteten Geschäftsperiode bestimmt werden. Es ist der in Wertgrößen ausgedrückte Anteil der Gesellschafter bzw. Aktionäre am Unternehmen.

Aus der Sicht der Gläubiger ist von Bedeutung, dass das **Eigenkapital Haftungskapital darstellt** und eventuell erwirtschaftete Verluste auffängt, bevor das Fremdkapital belastet wird. Im Insolvenzfall stehen die Eigenkapitalgeber in der Befriedigungsrangfolge bekanntlich an letzter Stelle. **Bei Einzelunternehmen und Personengesellschaften zeigen die Eigenkapitalkonten jedoch nur einen Teil des haftenden Kapitals, da bei diesen Gruppen auch das Privatvermögen** (meist in Form von Haus- und Grundbesitz) **für die Schulden einzustehen hat.** Die Bonität solcher Unternehmen hängt also zusätzlich von Tatbeständen ab, die aus der Bilanz nicht hervorgehen.

Obwohl das Eigenkapital prinzipiell als der Unternehmung unbegrenzt zur Verfügung gestellt gilt, ist doch zu bedenken, dass es eventuell **Veränderungen unterworfen** ist. Diese

Veränderungen können auf **Kapitalerhöhungen oder -minderungen, Einlagen und/oder Entnahmen sowie auf die bereits erwähnten Gewinne und Verluste** zurückzuführen sein.

Gegenüber größeren Aktiengesellschaften weisen **KMU** hinsichtlich der Eigentümerstruktur einige Besonderheiten auf. So ist der Kreis der Eigentümer begrenzt und die Anteile sind nicht oder nur beschränkt verkehrsfähig. **Die Fungibilität der Anteile ist oftmals durch vertragliche Vereinbarungen, z. B. Zustimmungsvorbehalte, eingeschränkt.** Ferner sind mehrheitlich Eigentum und Management in einer Hand oder es gibt Überscheidungen zwischen dem Gesellschafterkreis und der Geschäftsführung. Selbst wenn Eigentümer und Manager unterschiedliche Personen sind, sind für KMU einige wenige bzw. oftmals nur eine Person erfolgskritisch.

Fremdkapital

Das Fremdkapital umfasst ganz allgemein die der Gesellschaft von **Kreditgebern oder von ihren Eigentümern mit zeitlicher Begrenzung** zur Verfügung gestellten Mittel. **Mit der Höhe des Fremdkapitals wächst die Unsicherheit in Krisenzeiten und die Abhängigkeit des Managements von den Kreditgebern. Hohes Fremdkapital bedeutet hohe Zinsbelastungen, die unabhängig von der Erfolgssituation des Unternehmens, also auch in Krisenzeiten, gleich bleiben. Ein besonders hohes Fremdkapital kann die Selbstständigkeit des Unternehmens gefährden, da die Kreditgeber sich Mitsprache und Kontrollen im Betriebsgeschehen vorbehalten können.**

Analog zur erfolgswirtschaftlichen Analyse werden zunächst die Aufbereitungsmaßnahmen vorgestellt, bevor die in der bilanziellen Analyse bedeutenden Kennzahlen vorgestellt und interpretiert werden.

3.1.2.1 Aufbereitung der Aktivseite

Aktiva

Die Grundeinheit für die Aktiva ist der **Vermögensgegenstand**. Eine Legaldefinition für den Terminus Vermögensgegenstand gibt es im HGB nicht. Bei einem Vermögensgegenstand handelt es sich also um einen unbestimmten Rechtsbegriff. Jedoch liefert die Auslegung der Grundsätze ordnungsmäßiger Buchführung (GoB) unter Beachtung der Zielsetzung der Handelsbilanz einige wesentliche Hinweise. Vom Vorliegen eines Vermögensgegenstandes ist auszugehen, wenn das **Gut nach der Verkehrsauffassung *einzeln verwertbar* ist**. Die Einzelverwertbarkeit kann dabei durch Veräußerung oder anderweitig, beispielsweise durch Verarbeitung, Verbrauch oder Nutzungsüberlassung geschehen. Zentrales Merkmal des Vermögensgegenstandes ist somit die Einzelverwertbarkeit des mit dem Gut verbundenen wirtschaftlichen Potenzials.

Selbstständige Verwertbarkeit bedeutet, dass **ein Gut zumindest dem Wesen nach außerhalb des Unternehmens in Geld transformiert** werden kann. Als weiteres Kriterium könnte noch ein **(Geld-) Nutzen des Gutes über das Periodenende hinaus** genannt werden.

Die selbstständige Verwertbarkeit impliziert zudem, dass **ein Gut *einzeln bewertbar* ist**, weil das Gut für eine selbstständige Preisfindung in Frage kommt. Der Begriff „Vermögensgegenstand" deckt sich damit weitgehend mit dem in den Steuergesetzen verwendeten Begriff „Wirtschaftsgut".

Entsprechend der Definition des Vermögensgegenstandes sind unternehmensspezifische Werte, die nicht losgelöst vom Unternehmen verwertbar sind, keine Vermögensgegenstände im Sinne des deutschen Handelsrechts. Dies betrifft gem. § 248 Abs. 2 S. 2 HGB – vorbehaltlich besonderer Umstände des Einzelfalls – beispielsweise Werttreiber wie selbst geschaffene Marken, Kundenlisten, Verlagsrechte, Mitarbeiterqualifikation, Know-how, Wettbewerbsvorteile, für den Arbeitgeber günstige Arbeitsverträge und auf das Unternehmen zugeschnittene Web-Sites u. Ä. **Ausnahme** ist der **Geschäfts- oder Firmenwert**, der laut HGB (§ 266 Abs. 2 A. I HGB) ein Vermögensgegenstand ist.

Die Aktivseite der Bilanz zeigt die jeweilige **Vermögensstruktur der Unternehmung**. Die Zuordnung zum Anlage- oder Umlaufvermögen richtet sich nach der betrieblichen Zweckbestimmung und der Dauerhaftigkeit der Nutzung des Vermögensgegenstands.

Zum **Anlagevermögen** zählen gem. § 247 Abs. 2 HGB alle Vermögensgegenstände, die bestimmt sind, dauernd dem Geschäftsbetrieb zu dienen. Im Umkehrschluss gehören zum **Umlaufvermögen** diejenigen Vermögensgegenstände, die nicht dazu bestimmt sind, dauernd dem Geschäftsbetrieb zu dienen.

Eine Aufspaltung des **Anlagevermögens** erfolgt in die vier Positionen "Immaterielle Vermögensgegenstände", "Sachanlagen", "Finanzanlagevermögen" und "Aufgedeckte Reserven des Anlagevermögens". Das **Umlaufvermögen** erfährt eine Aufspaltung in die drei Gruppen "Vorräte", "Finanzumlaufvermögen" und "Aufgedeckte Reserven des Umlaufvermögens". Wie aus der Feinstruktur der Mittelbindung hervorgeht, liegt ein besonderes Gewicht neben der rein technischen Aufbereitung des Datenmaterials **auf der Aufdeckung stiller Reserven sowie der Eliminierung von Überbewertungen**.

Die nachstehende Darstellung 3.131 fasst die Feinstruktur der Mittelverwendung, gegliedert nach Dauer der Vermögensbindung, noch einmal auf einen Blick zusammen. Die Gliederung der Vermögenswerte trägt der ökonomischen Bedeutung und der materialorientierten Anordnung der Positionen nach HGB Rechnung.

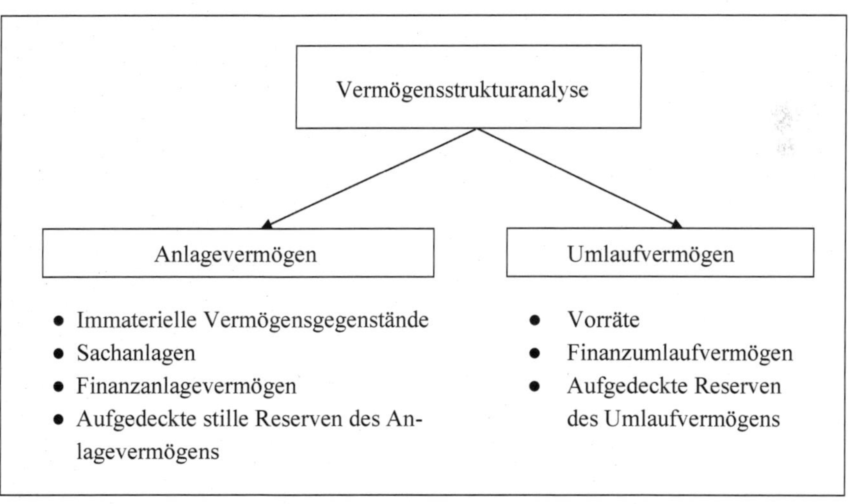

Darst. 3.131: Differenzierte Klassifikation des Vermögens
(Vgl. SCHELD, G. A.: Operatives, a. a. O., S. 172.)

Zusammensetzung des Anlagevermögens

Das Anlagevermögen in der Unterteilung von immateriellen Vermögensgegenständen, Sach- und Finanzanlagen kann, ergänzt durch eine Aufstellung der aufgedeckten Reserven, ohne Weiteres der Aktivseite der Bilanz entnommen werden.

Immaterielle Vermögensgegenstände

Die immateriellen Vermögensgegenstände weisen gegenüber den anderen Posten des Anlagevermögens eine Besonderheit hinsichtlich ihrer **Werthaltigkeit** auf. Die Werthaltigkeit der immateriellen Vermögensgegenstände ist zum großen Teil von den in der Zukunft generierbaren Zahlungsmitteln abhängig, d. h. der Wert eines immateriellen Anlagewertes bildet sich aus der erwarteten künftigen Geschäftsentwicklung. Da im Insolvenzfall keine Zukunftsaussichten mehr bestehen, sind immaterielle Anlagewerte dann häufig wertlos.

Gemäß § 266 Abs. 2 A. I HGB werden die immateriellen Vermögensgegenstände in selbst geschaffene gewerbliche Schutzrechte und ähnliche Rechte und Werte, entgeltlich erworbene Konzessionen, gewerbliche Schutzrechte und ähnliche Rechte und Werte sowie Lizenzen an solchen Rechten und Werten, Geschäft- oder Firmenwert sowie geleistete Anzahlungen unterschieden.

Die Unterscheidung, ob ein immaterieller Vermögensgegenstand selbst geschaffen oder entgeltlich erworben wurde, erfolgt anhand der Übernahme des Risikos der Entwicklung bzw. Herstellung. Ein immaterieller Vermögensgegenstand ist selbst geschaffen, wenn das Unternehmen das Risiko des erfolgreichen Abschlusses der Entwicklung bzw. Herstellung trägt.

Eine **Aktivierung immaterieller Vermögensgegenstände des Anlagevermögens ist handelsrechtlich nur bei entgeltlich erworbenen Vermögensgegenständen vorgeschrieben**. Im Einzelnen bestehen die entgeltlich erworbenen immateriellen Vermögensgegenstände aus **Konzessionen, gewerbliche Schutzrechte und ähnliche Rechte und Werte sowie Lizenzen an solchen Rechten und Werten**. Eine **Konzession** ist eine Genehmigung, die von einer öffentlichen Behörde befristet ausgestellt wird, damit ein Unternehmen seine wirtschaftliche Tätigkeit ausüben darf. Bei Konzessionen ist stets Vorsicht geboten, da das Risiko der wirtschaftlichen Entwertung äußerst groß ist. Gut verwertbar sind dagegen handelbare Konzessionen, z. B. für Taxen oder Omnibuslinien.

Ebenfalls auf einem aktiven Markt gehandelt werden bestimmte Fischerei- und Schankkonzessionen und Produktionsquoten. **Gewerbliche Schutzrechte** umfassen Patente, Marken, Warenzeichen, Gebrauchs- und Geschmacksmuster. Bei den **Patenten** unterscheidet man zwischen Sach- und Verfahrenspatenten. Unter **ähnlichen Rechten** sind Nutzungsberechtigungen, Zuteilungsquoten, Bezugsrechte, Nießbrauchsrechte und Vertriebsrechte zuzuordnen. Als Beispiele seien Wohnrechte, Brenn- und Braurechte, Wege-, Wassernutzungs- und Luftrechte sowie Optionsrechte genannt. Darunter fallen ebenfalls Urheber- und Verlagsrechte. **Ähnliche Werte** schließen ungeschützte Erfindungen, EDV-Software, Rezepte aber auch Eigenentwicklungen für neue Produkte und Verfahren ein. Bei **Lizenzen** handelt es sich um die Vermietung von Patenten und gewerblichen Schutzrechten.

Für **selbst geschaffene immaterielle Vermögensgegenständen** des Anlagevermögens, z. B. Software und Patente, besteht ein **Aktivierungswahlrecht** (§ 248 Abs. 2 S. 1 HGB). Während für entgeltlich erworbene Vermögensgegenstände Anschaffungskosten existieren, können selbst geschaffene Vermögenswerte nur mit Herstellungskosten bewertet werden. Für selbst geschaffene immaterielle Vermögensgegenstände besteht ein **Wahlrecht zur Aktivierung der auf die *Entwicklungsphase* entfallenden Herstellungskosten** (§ 255 Abs. 2a S. 1 HGB). **Die auf die *Forschungsphase* entfallenden Herstellungskosten sind von der Aktivierung ausgeschlossen.** Die Phasentrennung setzt eine leistungsfähige Kostenrechnung bzw. ein Projektcontrolling voraus, um die entsprechende Kostenzuordnung im Einzelfall vornehmen zu können. Ein Interpretationsspielraum ergibt sich aus der Abgrenzung der Entwicklungskosten gegenüber den Forschungskosten. Können Forschung und Entwicklung nicht verlässlich voneinander unterschieden werden, ist dem Vorsichtsprinzip folgend eine Aktivierung ausgeschlossen (§ 255 Abs. 2a S. 4 HGB).

Voraussetzung für die Aktivierung der Entwicklungskosten ist allerdings, dass die Kriterien für einen Vermögensgegenstand vorliegen oder mit hoher Wahrscheinlichkeit vom Entstehen eines Vermögensgegenstandes ausgegangen werden kann. Kann die Eigenschaft eines (wahrscheinlichen) Vermögensgegenstandes nicht zweifelsfrei bejaht werden, so ist eine Aktivierung nach Handelsrecht unzulässig.

Das bilanzpolitische Potenzial ist erheblich. Eine Aktivierung erhöht das handelsrechtliche Eigenkapital und verbessert demzufolge einige für die Unternehmensbeurteilung wichtige Kennziffern. Inwieweit die selbst geschaffenen immateriellen Vermögensgegenstände als voll werthaltig angesehen werden können, hängt von den Umständen des Einzelfalls ab. Der Controller muss hier genauer hinsehen. Zeigt sich, dass die Vermögensgegenstände nicht voll werthaltig sind, muss die Position „Selbst geschaffene gewerbliche Schutzrechte und ähnliche Rechte und Werte“ am Eigenkapital gekürzt werden. Bei der Analyse der Erfolgslage sind entsprechend der im Geschäftsjahr aktivierte Betrag und die Abschreibung auf die Gesamtposition zu eliminieren. Verzichtet der Bilanzierende auf einen Ansatz der selbst geschaffenen immateriellen Vermögensgegenstände, werden stille Reserven gelegt, die vom Controller vollständig aufzudecken sind.

Marken, Drucktitel, Verlagsrechte, Kundenlisten oder vergleichbare immaterielle Vermögensgegenstände des Anlagevermögens (z. B. Wegerechte oder Luftrechte für Wolkenkratzer), **die nicht entgeltlich erworben wurden, dürfen handelsrechtlich nicht als Aktivposten aufgenommen werden** (§ 248 Abs. 2 S. 2 HGB). Der Grund für dieses Aktivierungsverbot liegt darin, dass die Herstellungskosten für diese selbst erstellten immateriellen Vermögensgegenstände des Anlagevermögens nicht zweifelsfrei von den Aufwendungen für einen originären Geschäfts- oder Firmenwert abgegrenzt werden können. **Durch die Nicht-Aktivierung entstehen stille Reserven, die vom Controller erkannt, bewertet und aufgelöst werden können.**

Dass diese nicht aktivierten immateriellen Vermögensgegenstände eine durchaus beachtenswerte Größe annehmen können, soll folgendes Beispiel zeigen. Der selbstgeschaffene Markenwert der Marke Coca-Cola betrug im Jahre 2012 etwa 78 Mrd. $, dies entsprach fast die Hälfte des damaligen Marktwertes der Coca-Cola Company.[604] Demgegenüber stand ein bilanziertes Eigenkapital in Höhe von 33 Mrd. $, also etwa nur einem Fünftel des Marktwertes.[605] Die wichtigsten Vermögensgegenstände der Coca-Cola Company tauchen insofern in der Bilanz überhaupt nicht auf und entziehen sich ebenso der Kennzahlenanalyse.[606] Insbesondere die Eigenkapitalrentabilität wird erheblich zu hoch ermittelt, weil das Eigenkapital signifikant unterbewertet ist.

Ebenfalls zur Position der immateriellen Vermögensgegenstände gehört der **aktivierte Geschäfts- oder Firmenwert** (§ 266 Abs. 2 A. I Nr. 3 HGB). Als **Geschäfts- oder Firmenwert** muss handelsrechtlich der Unterschiedsbetrag angesetzt werden, um den die für die Übernahme eines Unternehmens bewirkte Gegenleistung den Wert der einzelnen Vermögensgegenstände des Unternehmens abzüglich der Schulden im Zeitpunkt der Übernahme übersteigt (§ 246 Abs. 1 S. 4 HGB). Das HGB sieht also eine **Ansatzpflicht für den entgeltlich erworbenen Geschäfts- oder Firmenwert vor**. Über die Fiktion als zeitlich begrenzt nutzbarer Vermögensgegenstand ist der entgeltlich erworbene Geschäfts- o-

[604] Vgl. HOBERG, P.: a. a. O., S. 553.

[605] Ebenda, S. 554.

[606] Ebenda.

der Firmenwert **planmäßig, oder bei Vorliegen der Tatbestandsmerkmale, außerplanmäßig abzuschreiben**. Für den entgeltlich erworbenen Geschäfts- oder Firmenwert besteht ein **Wertaufholungsverbot** (§ 253 Abs. 5 S. 2 HGB).

Durch die Ableitung aus einem am Markt gezahlten Kaufpreis für das Akquisitionsobjekt, ist der Wertansatz des derivativen Goodwills „objektiviert". Im Rahmen der Kaufpreisallokation bestehen allerdings bilanzpolitische Gestaltungsmöglichkeiten, die ggf. aufgedeckt werden müssen. Nur wenn die Werthaltigkeit der Goodwillposition zweifelhaft ist, ist die Eigenkapitalkürzung angebracht.

Als letzte Position der immateriellen Vermögensgegenstände sind die **geleisteten Anzahlungen auf immaterielle Vermögensgüter** (§ 266 Abs. 2 A. I Nr. 4 HGB) zu erwähnen. Geleistete Anzahlungen stellen Vorleistungen eines Vertragspartners auf schwebende Geschäfte dar. Ein schwebendes Geschäft beschreibt ein Geschäft, bei dem weder Schuldner noch Gläubiger mit der Erfüllung ihrer vertraglichen Pflicht begonnen haben. Unter dieser Position werden folglich Zahlungen des Unternehmens an Dritte aufgrund abgeschlossener Lieferungs- und Leistungsverträge bilanziert, für die Lieferung oder Leistung noch ausstehen.

Sachanlagen

Die Position "Sachanlagen" beinhaltet nach § 266 Abs. 2 A. II HGB **Grundstücke, grundstücksgleiche Rechte und Bauten einschließlich der Bauten auf fremden Grundstücken, technische und andere Anlagen und Maschinen, Betriebs- und Geschäftsausstattung sowie geleistete Anzahlungen und Anlagen im Bau**. Die Höhe der Sachanlagen kann folglich direkt aus der Bilanz entnommen werden.

Die **Bewertung** der Sachanlagen erfolgt gemäß § 253 Abs. 1 S. 1 HGB **höchstens mit den Anschaffungs- oder Herstellungskosten, vermindert um die** planmäßigen und ggf. außerplanmäßigen **Abschreibungen** (Höchstwertprinzip).

Finanzanlagevermögen

Das Finanzanlagevermögen entspricht der Position "A. III. Finanzanlagen" des in § 266 Abs. 2 HGB ausgewiesenen Standardgliederungsschemas der Bilanz. Im Einzelnen handelt es sich um **Anteile und Ausleihungen an verbundene Unternehmen, Beteiligungen, Ausleihungen an Unternehmen, mit denen ein Beteiligungsverhältnis besteht, und Wertpapiere des Anlagevermögens sowie sonstige Ausleihungen**.

Bei den Wertpapieren des Finanzanlagevermögens ist zu beachten, dass es sich bei der **Zuordnung zum Anlagevermögen um eine dispositionsbedingte Aufgliederung (Intention des Erwerbers) handelt**. Die Unternehmung hätte diese Wertpapiere mit entsprechender Begründung auch im Umlaufvermögen ausweisen können. **Eine derartige vertikale Veränderung des Ausweises nimmt direkt Einfluss auf die Relation von Anlage- zu Umlaufvermögen, was wiederum auf die Finanzierungskennzahlen Auswirkungen hat.**

Der „Aktive **Unterschiedsbetrag aus der Vermögensverrechnung**" enthält den übersteigenden Betrag zwischen dem beizulegenden Zeitwert der Vermögensgegenstände und der Schulden gemäß § 246 Abs. 2 S. 2 HGB (siehe § 246 Abs. 2 S. 3 HGB). Diese Vermögensgegenstände sind dem Zugriff aller übrigen Gläubiger entzogen. Als Beispiel seien hier Wertguthaben aus Lebensarbeitszeitkonten genannt. Bei dem aktiven Unterschiedsbetrag handelt es sich nicht um einen Vermögensgegenstand, sondern um einen Sonderposten sui generis. Aus bilanzanalytischer Sicht kann der Posten als langfristiger Vermögenswert betrachtet und auf der Aktivseite belassen werden.

Ziel der Aufarbeitung der Aktivseite ist es, möglichst alle stillen Reserven aufzudecken, um das Unternehmen den tatsächlichen Verhältnissen entsprechend bewerten zu können: Die Gesamthöhe der stillen Reserven auf der Aktivseite ergibt sich wie folgt:

Tatsächlicher Wert der Vermögensgegenstände – Buchwert der Vermögensgegenstände = Gesamthöhe der stillen Reserven.

Stille Reserven im Anlagevermögen

Da es in der Unternehmensanalyse letzten Endes darum geht, das Unternehmen als Ganzes zu bewerten, wird der Controller bemüht sein, möglichst viele stille Reserven in den Vermögenspositionen aufzudecken. Will der Analytiker die Höhe dieser stillen Reserven bestimmen, so hat er die Buchwerte von den höheren tatsächlichen Werten zu subtrahieren. Doch ist gerade die Aufdeckung stiller Reserven im Anlagevermögen aufgrund der oft undurchsichtigen Wertansätze sogar für den Insider nicht immer einfach. Die in Darst. 3.132 aufgeführten Posten deuten auf stille Reserven im Anlagevermögen hin.

+ Nicht aktivierte Geschäfts- oder Firmenwerte
+ Nicht aktivierte immaterielle Vermögensgegenstände
+ Nicht aktivierte Leasinggüter
+ Abschreibungen auf Finanzanlagen bei nur vorübergehender Wertminderung
+ Sonstiges unterbewertetes Anlagevermögen
+ ....
= Aufgedeckte Reserven des Anlagevermögens

Darst. 3.132: Aufgedeckte Reserven des Anlagevermögens
(Quelle: SCHELD, G. A.: Operatives, a. a. O., S. 177–178.)

Nicht aktivierter Geschäfts- oder Firmenwert

Bei dem **entgeltlich erworbenen (derivativen) Geschäfts- oder Firmenwert** besteht – wie bereits erläutert – nach § 246 Abs. 1 S. 4 HGB eine **Aktivierungspflicht**. Insofern ist die Legung stiller Reserven handelsrechtlich unzulässig. Allerdings besteht gemäß § 253 Abs. 5 S. 2 HGB auch ein **Wertaufholungsverbot nach dem Wegfall der Gründe für eine außerplanmäßige Abschreibung**. Eine Nicht- oder Teilaktivierung führt dann zu einer **Legung stiller Reserven**. Sind die Gründe, die zu einem niedrigeren Wertansatz geführt haben, entfallen, sollte der Geschäfts- oder Firmenwert – soweit quantifizierbar – dem Anlagevermögen wieder zugeschlagen werden. Gleiches gilt für einen zu schnell abgeschriebenen Geschäfts- oder Firmenwert.

Zusätzlich zu dem derivativen Geschäfts- oder Firmenwert **sollte ein originärer Goodwill angesetzt werden, um auch das interne Unternehmenswachstum angemessen zu berücksichtigen** (vgl. Kostenerfahrungskurve). Eine derartige Aktivierung sollte jedoch **mit Augenmaß** vorgenommen werden, weil dadurch die Kennzahlenanalyse maßgeblich beeinflusst werden kann.

Nicht aktivierte immaterielle Vermögensgegenstände

Eine **wachsende „Wertlücke" zwischen dem Börsenwert und dem Buchwert des Eigenkapitals weist auf die zunehmende Bedeutung von stillen Reserven und nicht bilanzierten immateriellen Vermögensgegenständen hin**. Vermehrt basieren effektive wirtschaftliche Wertschöpfungsprozesse auf Wissen, auf produktiven Beziehungen zu Geschäftspartnern, auf dem Bekanntheitsgrad des Firmennamens, der Produkte und Marken sowie last not least auf Innovationskraft und neuen Technologien[607]. Immaterielle Vermögensgegenstände begründen in steigendem Maße die Wettbewerbsfähigkeit von Unternehmen. Deshalb ist es nur sachgerecht, dass **selbst geschaffene immaterielle Vermögensgegenstände im Jahresabschluss** erfasst werden können und aus Sicht der Unternehmensbewertung auch **erfasst werden sollten**.

Wird von dem **Aktivierungswahlrecht** für selbst erstellte immaterielle Vermögensgegenstände des Anlagevermögens kein Gebrauch gemacht, entstehen stille Reserven, die vom Controller – soweit quantifizierbar – aufgedeckt werden sollten.

Zahlreiche immaterielle Vermögensgegenstände **erfüllen *nicht* die Ansatzkriterien** für einen Vermögensgegenstand und dürfen daher nicht in der Handelsbilanz erscheinen. Dazu gehören die bereits oben angesprochenen Werttreiber wie selbst geschaffene **Kundenlisten, funktionsfähige Vertriebssysteme, Mitarbeiterqualifikation, Know-how, Forschungsergebnisse, günstige Arbeitsverträge, auf das Unternehmen zugeschnittene Web-Sites und andere Wettbewerbsvorteile**. Ferner sind beispielhaft zu nennen Auftragsbestände, selbst geschaffene Patente und Markenrechte, Werbeverträge, Wettbewerbsverbote, vertraglich oder nicht vertraglich gesicherte Kundenbeziehungen, Managementverträge, unternehmensspezifische Betriebs- oder Nutzungsrechte, Konstruktionserlaubnisse, günstige Leasingverträge, bisher nicht aktivierte Lizenzen und Benutzungsrechte, Drucktitel und Verlagsrechte sowie Bohr-, Wasser- oder Mineralrechte. Derartige immaterielle Vermögenswerte können – sofern vom Controller einzeln bewertbar – **im Rahmen der stillen Reserven nachaktiviert werden. Sind die aufgelösten immateriellen Vermögenswerte bereits in einem aktivierten Geschäfts- oder Firmenwert enthalten, müssen sie dort herausgerechnet werden**, um eine Doppelerfassung zu vermeiden.

Nicht aktivierte Leasinggegenstände

Leasing ist über die Vertragsgestaltung ein beliebtes bilanzpolitisches Instrument der **Off Balance-Finanzierung**. Durch Leasingfinanzierungen **wird der zwischenbetriebliche Vergleich deutlich erschwert**.

---

[607] Vgl. SEIDEL, B., GRIEGER, ST., MUSKE, R.: Bilanzierung von Entwicklungskosten nach dem BilMoG, in Betriebs-Berater, 2009, S. 1286.

Problem der Leasingfinanzierung aus Sicht des Analysten ist, **dass nicht alle Leasinggüter in der Bilanz (innerhalb der Sachanlagen) des Leasingnehmers ausgewiesen werden**. Dadurch kann sich, insbesondere **bei Finanzierungsleasing-Verträgen, ein verzerrtes Bild der Vermögens- und Kapitalstruktur ergeben**. Der Controller steht somit vor der Aufgabe, Verträge, die vergleichbare künftige Liquiditätsbelastungen (aus Leasing- oder Kreditverträgen) verursachen, die aber unterschiedlich bilanziert werden, identisch zu beurteilen. Eine Möglichkeit, die nicht aktivierten Leasinggüter zu berücksichtigen, ist, sie den aufgedeckten Reserven des Anlagevermögens aufzuschlagen. Ebenfalls sind die korrespondierenden Verbindlichkeiten zu erweitern.

Die Korrektur des Leasingvermögens und der Leasingverbindlichkeiten **kann sich** (wegen der Leasingverbindlichkeiten) **deutlich negativ auf den Eigenkapitalanteil auswirken**.

<u>Vorübergehende Wertminderungen</u>

Gemäß der Vorschrift des § 253 Abs. 3 S. 4 HGB ***dürfen*** **außerplanmäßige Abschreibungen auf Finanzanlagen vorgenommen werden, auch wenn die Wertminderung nur vorübergehend ist. Derartige Abschreibungen sind wieder rückgängig zu machen, da sie die Vermögensstruktur unter dem Gesichtspunkt des „going concern“-Prinzips verzerren.** Bei allen anderen Vermögensgegenständen des Anlagevermögens ist dies nicht erforderlich, da im Falle einer nicht dauernden Wertminderung ein Abschreibungsverbot gilt.

<u>Sonstiges unterbewertetes Anlagevermögen</u>

Zusätzlich zu den bereits angesprochenen aufgedeckten Reserven des Anlagevermögens finden sich Unterbewertungen vor allem bei den Sach- und Finanzanlagen.

Für die **Sachanlagen** gilt – wie bereits erwähnt – das Höchstwertprinzip. Besonders betroffen davon sind **Immobilien** in guter Lage.

Für die **Finanzanlagen** gilt das Anschaffungskostenprinzip, welches den Ansatz eines höheren Marktpreises verbietet.

Zusammensetzung des Umlaufvermögens

Das Umlaufvermögen besteht aus **Vorräten, Forderungen und sonstigen Vermögensgegenständen, Wertpapieren, liquiden Mitteln und aus dem Rechnungsabgrenzungsposten**. Ferner gehören zum Umlaufvermögen die **dort aufgedeckten stillen Reserven**.

Vorräte

Gemäß § 266 Abs. 2 B. I HGB bilden Roh-, Hilfs- und Betriebsstoffe, unfertige und fertige Erzeugnisse und Waren, unfertige Leistungen sowie geleistete Anzahlungen das Vorratsvermögen. Bei den Vorräten wird unterstellt, dass sie in Relation zum anderen Umlaufvermögen schwer zu realisieren, d. h. in flüssige Mittel umzuwandeln sind.

Eine Besonderheit ergibt sich bei den **erhaltenen Anzahlungen**. Gem. § 268 Abs. 5 S. 2 HGB ***können*** **erhaltene Anzahlungen auf Bestellungen bei den Vorräten ausgewiesen werden. Dieser Ausweis führt zu einer Bilanzsummenverkürzung und ist aus bilanzanalytischer Sicht wieder rückgängig zu machen, indem der entsprechende Betrag den Verbindlichkeiten zugeordnet wird**.

Finanzumlaufvermögen

Das Finanzumlaufvermögen ergibt sich aus der Summe der Bilanzpositionen **"Forderungen und sonstige Vermögensgegenstände", "Wertpapiere", "Kassenbestand, Bundesbankguthaben, Guthaben bei Kreditinstituten und Schecks" (letztere Gruppe wird auch kurz „liquide Mittel“ genannt) und aktive "Rechnungsabgrenzungsposten"**. Diese Positionen stellen leicht mobilisierbare bzw. jederzeit verfügbare Liquiditätsreserven im Gesamtvermögen des Unternehmens dar (Anlage von Überschussliquidität). Namentlich die Barreserven werden gehalten, um Fälligkeitsspitzen im Auszahlungsprozess ausgleichen zu können.

Die **Forderungen mit einer Restlaufzeit von mehr als einem Jahr sind gesondert auszuweisen** (§ 268 Abs. 4 S. 1 HGB). Insofern kann sowohl in der internen als auch in der externen Unternehmensanalyse zwischen Forderungen bis einschließlich einem Jahr und länger laufenden Forderungen differenziert werden. Dies ist für die Berechnung unterschiedlicher Liquiditätsgrade von Vorteil.

Zum Finanzumlaufvermögen zählen ebenso die **eingeforderten, aber noch nicht eingezahlten ausstehenden Einlagen** auf das gezeichnete Kapital. Die Beträge sind unter den Forderungen gesondert auszuweisen und entsprechend zu bezeichnen (§ 272 Abs. 1 S. 3 HS 3 HGB). Da die eingeforderten ausstehenden Einlagen **Forderungscharakter** der Gesellschaft gegenüber ihren Gesellschaftern aufweisen, können sie – wie andere Forderungen auch – auf der Aktivseite belassen werden.

Werden Vermögensgegenstände, Schulden, schwebende Geschäfte oder mit hoher Wahrscheinlichkeit erwartete Transaktionen zum Ausgleich gegenläufiger Wertänderungen oder Zahlungsströme aus dem Eintritt vergleichbarer Risiken mit Finanzinstrumenten zusammengefasst (Bewertungseinheit gemäß § 254 HGB), sind § 249 Abs. 1 HGB, § 252 Abs. 1 Nr. 3 und 4, § 253 Abs. 1 Satz 1 und § 256a **in dem Umfang und für den Zeitraum nicht anzuwenden, in dem die gegenläufigen Wertänderungen oder Zahlungsströme sich ausgleichen**. Als Finanzinstrumente gelten auch Termingeschäfte über den Erwerb oder die Veräußerung von Waren. Welche Methoden zur Feststellung der Wirksamkeit der Bewertungseinheit angewandt werden, bleibt dem Unternehmen überlassen. **Soweit die gegenläufigen Wertänderungen oder Zahlungsströme sich nicht ausgleichen, findet das Vorsichtsprinzip mit allen seinen Ausprägungen (Anschaffungskostenprinzip, Realisationsprinzip und Imparitätsprinzip) uneingeschränkt Anwendung.** Letzteres setzt m. E. (richtigerweise) eine Pflicht zur Bildung von Bewertungseinheiten voraus.

Aktiver Rechnungsabgrenzungsposten

Als aktiver Rechnungsabgrenzungsposten sind **Ausgaben vor dem Abschlussstichtag auszuweisen, soweit sie Aufwand für eine bestimmte Zeit nach diesem Tag darstellen** (§ 250 Abs. 1 HGB).

Disagio und Damnum

Unter dem aktivischen Rechnungsabgrenzungsposten ***darf*** gemäß der Vorschrift des § 250 Abs. 3 HGB **ein Disagio oder Damnum ausgewiesen werden**. Da das Disagio **kein Vermögen darstellt, dem Unternehmen nicht zur Disposition zur Verfügung steht und zudem im Liquidationsfall wertlos ist, werden die Aktiva um den ausgewiesenen Betrag gekürzt**. Ferner bewirkt die Saldierung die Gleichstellung beider Ausweismöglichkeiten im Fall des Betriebsvergleichs.

Stille Reserven im Umlaufvermögen

Die aufgedeckten Reserven des Umlaufvermögens sind aus Übersicht 3.133 ersichtlich.

	Eigene Anteile
+	Unterbewertetes Umlaufvermögen
+	…
=	Aufgedeckte Reserven des Umlaufvermögens

Darst. 3.133: Aufgedeckte Reserven des Umlaufvermögens
(Quelle: SCHELD, G. A., Operatives, S. 182.)

Eigene Anteile

Der **Erwerb eigener Anteile** spielt in der Unternehmenspraxis **von börsennotierten Unternehmen eine nicht unerhebliche Rolle**. Für kleine und mittelgroße Unternehmen ist dieser Posten ohne Relevanz. Dennoch soll die Behandlung in der Strukturbilanz der Vollständigkeit halber angesprochen werden.

Der Nennbetrag erworbener eigener Anteile ist gemäß § 272 Abs. 1a HGB in der Vorspalte offen von dem Posten „Gezeichnetes Kapital“ als Kapitalrückzahlung abzusetzen. Der Unterschiedsbetrag zwischen dem Nennbetrag und den Anschaffungskosten der eigenen Anteile ist mit den „anderen Gewinnrücklagen“ (§ 266 Abs. 3 A. III. Nr. 4 HGB) zu verrechnen. Anschaffungsnebenkosten sind nicht zu bilanzieren, sondern als Aufwand der Geschäftsperiode zu buchen.

Je nachdem welche Funktion den eigenen Anteilen in der Bilanz zugeschrieben wird, sind sie bilanzanalytisch unterschiedlich zu behandeln. Werden die eigenen Anteile **als Korrekturposten zum Eigenkapital** begriffen, so sind sie – wie es der Gesetzgeber vorschreibt – **mit dem gezeichneten Kapital aufzurechnen. Eigene Anteile können dann betriebswirtschaftlich als Kapitalrückzahlung angesehen werden und sind zweifelsohne im Liquiditätsfall wertlos.** Haben sie aber aus Sicht des Unternehmens **Vermögenscharakter, so können sie als stille Reserven nachaktiviert werden. Demzufolge**

braucht auch das Eigenkapital nicht gekürzt zu werden. Die Folge wäre eine **Verlängerung der Bilanzsumme**, was Auswirkungen auf die Kapitalstrukturanalyse[608] hat. Hier wird der **zweiten Alternative** gefolgt und **keine Verrechnung vorgenommen**. Die eigenen Anteile werden zu Anschaffungskosten (Marktwert) aktiviert.

Unterbewertetes Umlaufvermögen

Eine Unterbewertung des Umlaufvermögens betrifft in erster Linie das Vorratsvermögen und hier insbesondere die Roh-, Hilfs- und Betriebsstoffe. Die Unterbewertung ist denkbar, wenn die **Roh-, Hilfs- und Betriebsstoffe zu einem niedrigeren Preis eingekauft** wurden. In einem solchen Fall könnte der Vertrieb seine Verkaufspreise auf Basis der historisch niedrigeren Preise festlegen und Gewinn verschenken. Um keine Fehlkalkulationen und damit Fehlentscheidungen zu provozieren, ist in der Betriebsbuchhaltung mit Marktpreisen zu arbeiten.

Bewertungsvereinfachungsverfahren

Ein weiterer Spielraum zur Bildung stiller Reserven bieten die **Bewertungsvereinfachungsverfahren** des § 256 S. 1 HGB. Hiernach kann, soweit es den GoB entspricht, für den Wertansatz gleichartiger Vermögensgegenstände des Vorratsvermögens unterstellt werden, **dass die zuerst (Fifo) oder dass die zuletzt (Lifo) angeschafften oder hergestellten Vermögensgegenstände zuerst verbraucht oder veräußert werden**. Nach § 256 S. 2 HGB sind **zudem das Festpreisverfahren und die gewogene Durchschnittsmethode anwendbar**.

Unabhängig von der gewählten Verbrauchsfolge entsteht die **Gefahr der Bildung stiller Reserven grundsätzlich dann, wenn eine monoton steigende Preisentwicklung vorherrscht. Insbesondere durch die Anwendung der LIFO-Methode** entsteht bei steigenden Preisen in der Bilanz eine stille Reserve. In der GuV wird der Materialaufwand hingegen mit zeitnahen Preisen bewertet. **Wenn also der Ausweis von inflatorischen Scheingewinnen vermieden werden soll, ist bei gleichartigen Gegenständen des Vorratsvermögens die LIFO-Methode zu empfehlen.** Umgekehrt wirkt sich die FIFO-Methode aus.

---

608 Siehe WÖRDENWEBER, M.: Kostenrechnung, a. a. O., S. 80–84.

Bilanzierung der Herstellungskosten

Der Bedeutung nach steht für die Bildung stiller Reserven im Umlaufvermögen an erster Stelle die **Abgrenzung der Herstellungskosten**. Während die **Anschaffungskosten** gemäß § 255 Abs. 1 HGB nur **geringe Möglichkeiten zur Bilanzpolitik** bieten, besteht bekanntlich nach § 255 Abs. 2, 2a und 3 HGB für den Ansatz der **Herstellungskosten ein erheblich größerer bilanzkosmetischer Spielraum**.

Herstellungskosten sind die Aufwendungen, die durch den Verbrauch von Sachgütern und die Inanspruchnahme von Diensten für die Herstellung eines Vermögensgegenstandes, seine Erweiterung oder für eine über seinen ursprünglichen Zustand hinausgehende wesentliche Verbesserung entstehen (vgl. § 255 Abs. 2 S. 1 HGB). Der Bilanzierende hat die Möglichkeit einen Wertansatz zwischen der Unter- und der Obergrenze zu wählen.

Wird nur der Pflichtbestandteil der Herstellungskosten aktiviert, entstehen u. U. erhebliche stille Reserven. Gegenüber dem externen Analytiker hat der Controller die Möglichkeit derartig gebildete stille Reserven gezielter offen zu legen.

Die nachstehenden Darstellungen 3.134 und 3.135 fassen die vorgenannten bilanzanalytisch notwendigen Umstrukturierungen, getrennt nach Anlage- und Umlaufvermögen, noch einmal auf einen Blick zusammen.

Selbst geschaffene gewerbliche Schutzrechte und ähnliche Rechte und Werte + Entgeltlich erworbene Konzessionen, gewerbliche Schutzrechte und ähnliche Rechte und Werte sowie Lizenzen an solchen Rechten und Werten + Geschäfts- oder Firmenwert + Geleistete Anzahlungen = Immaterielle Vermögensgegenstände
Grundstücke, grundstücksgleiche Rechte und Bauten einschl. der Bauten auf fremden Grundstücken + Technische Anlagen und Maschinen + Andere Anlagen, Betriebs- und Geschäftsausstattung + Geleistete Anzahlungen und Anlagen im Bau = Sachanlagen
Anteile an verbundenen Unternehmen + Ausleihungen an verbundene Unternehmen + Beteiligungen + Ausleihungen an Unternehmen, mit denen ein Beteiligungsverhältnis besteht + Wertpapiere des Anlagevermögens + Sonstige Ausleihungen + Aktiver Unterschiedsbetrag aus der Vermögensverrechnung = Finanzanlagevermögen
Nicht aktivierte Geschäfts- oder Firmenwerte + Nicht aktivierte immaterielle Vermögensgegenstände + Nicht aktivierte Leasinggüter + Abschreibungen auf Finanzanlagen bei nur vorübergehender Wertminderung + Sonstiges unterbewertetes Anlagevermögen + ... = Aufgedeckte Reserven des Anlagevermögens
= Anlagevermögen davon betriebsnotwendiges Anlagevermögen

Darst. 3.134: Analyseformular für das Anlagevermögen
(Vgl. SCHELD, G. A.: Operatives, a. a. O., S. 185.)

Roh-, Hilfs- und Betriebsstoffe + Unfertige Erzeugnisse, unfertige Leistungen + Fertige Erzeugnisse und Waren + Geleistete Anzahlungen + Erhaltene Anzahlungen auf Bestellungen, sofern von den Vorräten subtrahiert = Vorräte
Forderungen aus Lieferungen und Leistungen mit einer Restlaufzeit bis zu 1 Jahr + Forderungen gegen verbundene Unternehmen mit einer Restlaufzeit bis zu 1 Jahr + Forderungen gegen Unternehmen, mit denen ein Beteiligungsverhältnis besteht mit einer Restlaufzeit bis zu 1 Jahr + Forderungen aus Lieferungen und Leistungen mit einer Restlaufzeit über 1 Jahr + Forderungen gegen verbundene Unternehmen mit einer Restlaufzeit über 1 Jahr + Forderungen gegen Unternehmen, mit denen ein Beteiligungsverhältnis besteht mit einer Restlaufzeit über 1 Jahr + Eingeforderte, aber noch nicht eingezahlte ausstehende Einlagen auf das gezeichnete Kapital + Sonstige Vermögensgegenstände + Anteile an verbundenen Unternehmen + Sonstige Wertpapiere + Kassenbestand, Bundesbankguthaben, Guthaben bei Kreditinstituten und Schecks + Aktiver Rechnungsabgrenzungsposten − Disagio oder Damnum = Finanzumlaufvermögen
Eigene Anteile + Unterbewertetes Umlaufvermögen + … = Aufgedeckte Reserven des Umlaufvermögens
= Umlaufvermögen davon betriebsnotwendiges Umlaufvermögen

Darst. 3.135: Analyseformular für das Umlaufvermögen
(Vgl. SCHELD, G. A.: Operatives, a. a. O., S. 186.)

3.1.2.2 Aufbereitung der Passivseite

Passiva

Die Passivseite der Bilanz zeigt die jeweilige **Kapitalstruktur der Unternehmung**. Im Unterschied zum *Liquidationsgliederungsprinzip* bei der Aufbereitung der Vermögensseite der Bilanz, ist die **Kapitalseite in erster Linie nach den Rechtsverhältnissen gegliedert, dann nach dem Liquidationsgliederungsprinzip**. In der Kapitalstrukturanalyse wird demzufolge Eigenkapital und Fremdkapital unterschieden. **Eigenkapital** ist das Kapital einer Unternehmung, das ihren Eigentümern (Einzelkaufmann, Gesellschaftern, Aktionären) gehört und unbefristet und i. d. R. nicht rückzahlbar zur Verfügung steht. Rechnerisch ist es die Differenz von Vermögen und Schulden (Fremdkapital). Das Eigenkapital enthält das **„Gezeichnete Kapital", die „Kapitalrücklage", die „Gewinnrücklagen" und die „Aufgedeckten Reserven", abzüglich einiger notwendiger Bereinigungen.** **Fremdkapital** liegt dann vor, wenn die Kapitalüberlassung nach den allgemeinen schuldrechtlichen Regeln durch den Gläubiger befristet und – meist unter bestimmten Umständen – kündbar ist (Tilgung) und ein erfolgsunabhängiger Vergütungsanspruch begründet wird (Zinsen). Das Fremdkapital wird der Fristigkeit nach in **„Pensionsrückstellungen", „Langfristiges Fremdkapital", „Mittelfristiges Fremdkapital" und „Kurzfristiges Fremdkapital" aufgespaltet.**

Die folgende Darstellung soll diesen anfangs durchaus unübersichtlichen Zusammenhang etwas veranschaulichen.

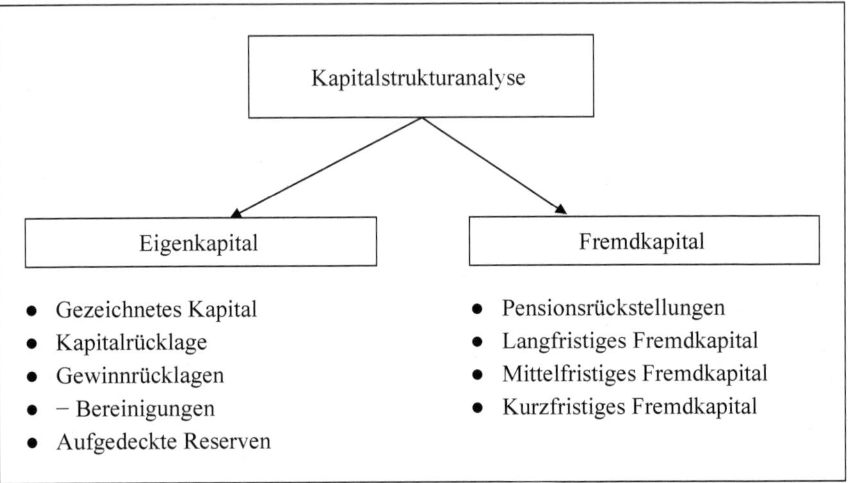

Darst. 3.136: Differenzierte Klassifikation der Kapitalseite der Bilanz
(Vgl. SCHELD, G. A., Operatives, S. 188.)

Zunächst soll näher auf die Posten des Eigenkapitals, die in der folgenden Darstellung für Kapitalgesellschaften gem. § 266 Abs. 3 A. HGB aufgelistet werden, eingegangen werden.

- Gezeichnetes Kapital
- Kapitalrücklage
- Gewinnrücklagen
- Gewinnvortrag/Verlustvortrag
- Jahresüberschuss/Jahresfehlbetrag

Darst. 3.137: Eigenkapitalpositionen der Kapitalgesellschaften

Gezeichnetes Kapital

Das gezeichnete Kapital ist gemäß § 272 Abs. 1 S. 1 HGB das Kapital, auf das die **Haftung der Eigentümer der Gesellschaft für die Verbindlichkeiten gegenüber den Gläubigern beschränkt** ist. Das gezeichnete Kapital ist stets zum **Nennbetrag**, also unsaldiert anzusetzen (§ 272 Abs. 1 S. 2 HGB). Veränderungen können sich vom Grundsatz her nur im Zusammenhang mit einer Kapitalerhöhung oder -herabsetzung ergeben.

Laut Gesetzgeber werden vom gezeichneten Kapital in der Vorspalte offen der Nennwert der **eigenen Anteile als Kapitalrückzahlung** abgesetzt (§ 272 Abs. 1a S. 1 HGB). **Dieser Ausweismöglichkeit wird hier nicht gefolgt. Die eigenen Anteile werden nicht vom Eigenkapital abgezogen, sondern auf der Aktivseite ausgewiesen.** Denn die Intention der meisten Unternehmen ist, nicht das Kapital zurück zu zahlen. **Der Ausweis als Aktivposition geschieht über den Posten „aufgedeckte Reserven"** (siehe weiter unten).

Die **nicht eingeforderten ausstehenden Einlagen** auf das gezeichnete Kapital sind **vom Posten „Gezeichnetes Kapital" offen abzusetzen** (§ 272 Abs. 1 S. 3 HS 1 HGB). **Der verbleibende Betrag ist als Posten „Eingefordertes Kapital" in der Hauptspalte der Passivseite auszuweisen** (§ 272 Abs. 1 S. 3 HS 2 HGB). Derartige weder von der Gesellschaft eingeforderte noch von den Gesellschaftern eingezahlte Beträge **stehen der Unternehmung nicht zur Disposition zur Verfügung** und tragen folglich auch nicht zum Erfolg bei. Bei der Interpretation des verbleibenden Postens „Eingefordertes Kapital" ist zu beachten, dass der Posten sowohl die bereits geleisteten und dem Unternehmen zugeflossenen Einlagen als auch die noch nicht geleisteten, aber bereits eingeforderten Einlagen enthält.

Rücklagen

Rücklagen erhöhen die Haftungsbasis der Unternehmung zum Schutz der Gläubiger. Eventuelle Fehlbeträge können durch vorhandene Rücklagen ausgeglichen werden, ohne dass das gezeichnete Kapital angegriffen wird. Allgemein bewirken sie eine **Verstärkung der Widerstandsfähigkeit der Gesellschaft gegenüber auftretenden Wirtschaftskrisen** und dienen der **Substanzerhaltung**. Insbesondere für die Unternehmensanalyse ist es jedoch wichtig, Rücklagen nicht mit Bargeld zu verwechseln. Rücklagen sind Kapitalposten und somit unabhängig von den Posten der Aktivseite zu sehen. **Auch hohe Rücklagen garantieren noch nicht die Liquidität der Unternehmung.** Entsprechend dem Ausweis in der Bilanz werden die **Rücklagen**, die **grundsätzlich aus versteuerten Gewinnen** gebildet werden, in Kapital- und Gewinnrücklagen gegliedert:

Kapitalrücklage
+ Gewinnrücklagen
= Rücklagen

Darst. 3.138: Rücklagen

Die **Kapitalrücklage** umfasst die von ihren Eigentümern über das gezeichnete Kapital hinaus von außen zugeführten Eigenkapitalanteile. In der Position sind neben dem **Agio (Aufgeld) aus der Emission von Aktien, Schuldtiteln mit Wandlungsoption und Optionsrechten auf eigene Aktien auch Zuzahlungen der Gesellschafter zur Erlangung von Vorzügen und andere Zuzahlungen der Gesellschafter in das Eigenkapital** zu erfassen (vgl. § 272 Abs. 2 HGB). **Einstellungen in und Entnahmen aus der Kapitalrücklage sind generell bereits bei der Aufstellung der Bilanz vorzunehmen** (§ 270 Abs. 1 HGB). Veränderungen der Kapitalrücklage sind in der GuV erst nach dem Jahresüberschuss bzw. -fehlbetrag auszuweisen (§ 275 Abs. 4 HGB).

Als **Gewinnrücklagen** dürfen nur Beträge ausgewiesen werden, die im laufenden Geschäftsjahr oder in einem früheren Jahr aus dem Jahresüberschuss gebildet worden sind (***thesaurierte Gewinne***, vgl. § 272 Abs. 3 HGB). **Gewinnrücklagen stellen somit die im Unternehmen verdienten und dort verbliebenen Gewinne dar.** Die Gewinnrücklagen können sich ebenso durch Ausschüttungen, Jahresfehlbeträge (Verluste) und Entnahmen vermindern. Einstellungen in und Entnahmen aus den Gewinnrücklagen sind bei der Aufstellung der Bilanz vorzunehmen, wenn diese unter Berücksichtigung der vollständigen oder teilweisen Verwendung des Jahresüberschusses aufgestellt wird (§ 270 Abs. 2 HGB). Veränderungen der Gewinnrücklagen sind in der GuV erst nach dem Jahresüberschuss bzw. -fehlbetrag auszuweisen (§ 275 Abs. 4 HGB).

Die Gewinnrücklagen stellen im Rahmen der Jahresabschlussanalyse einen wichtigen Bilanzposten dar. Sie beinhalten die im Unternehmen erzielten und thesaurierten Gewinne und sind damit ein **Orientierungspunkt für die Ertragskraft in der Vergangenheit**. Die Höhe der Gewinnrücklagen ist ein **Abbild der Stabilitäts- und Zukunftsvorsorgepolitik** der Unternehmung. **Sie zeigt an, in welchem Ausmaß das haftende Eigenkapital durch Gewinnthesaurierungen bislang gestärkt wurde. Eine mangelhafte Rücklagendotierung lässt auf niedrige Gewinne der Vergangenheit, zu hohe Ausschüttungen oder beides schließen**. Anders sieht die Interpretation aus, wenn eine Reduzierung des Postens auf eine Kapitalerhöhung aus Gesellschaftsmitteln zurückzuführen ist. Die Gewinnrücklagen lassen somit **Rückschlüsse auf die Selbst- und Innenfinanzierung** des Unternehmens zu.

Unter den Gewinnrücklagen sind die vier Unterkategorien gesetzliche Rücklage, Rücklage für Anteile an einem herrschenden oder mehrheitlich beteiligten Unternehmen, satzungsmäßige Rücklagen und andere Gewinnrücklagen gesondert auszuweisen.

- Gesetzliche Rücklage
- Rücklage für Anteile an einem herrschenden oder mehrheitlich beteiligten Unternehmen
- Satzungsmäßige Rücklagen
- Andere Gewinnrücklagen

Darst. 3.139: Gewinnrücklagen der Kapitalgesellschaften

Zur **Bildung einer gesetzlichen Rücklage** sind **nur Aktiengesellschaften** verpflichtet (vgl. § 150 Abs. 2 AktG). Gesellschaften mit beschränkter Haftung brauchen keine gesetzliche Rücklage zu bilden. Der Zwang zur Bildung einer gesetzlichen Rücklage aus dem Jahresüberschuss **dient dem Gläubigerschutz und der Kapitalerhaltung**, denn die aus dem Gewinn der gesetzlichen Rücklage zugeführten Beträge werden endgültig von der Gewinnausschüttung ausgeschlossen.

In die **Rücklage für Anteile an einem herrschenden oder mehrheitlich beteiligten Unternehmen ist ein Betrag einzustellen**, der dem auf der Aktivseite der Bilanz **für die Anteile an dem herrschenden oder mit Mehrheit beteiligten Unternehmen angesetzten Betrag entspricht** (§ 272 Abs. 4 S. 1 HGB). Die Rücklage, die bereits bei der Aufstellung der Bilanz zu bilden ist, darf aus vorhandenen frei verfügbaren Rücklagen gebildet werden (§ 272 Abs. 4 S. 2 HGB). Die Rücklage ist aufzulösen, soweit die Anteile an dem herrschenden oder mit Mehrheit beteiligten Unternehmen veräußert, ausgegeben oder eingezogen werden oder auf der Aktivseite ein niedrigerer Betrag abgesetzt wird (§ 272 Abs. 4 S. 3 HGB).

Satzungsmäßige Rücklagen erfassen all die **Rücklagen, zu deren Bildung die Gesellschaft aufgrund der Satzung oder des Gesellschaftsvertrages verpflichtet ist**. In den meisten Fällen enthalten die Gesellschaftsverträge die Regelung, dass ein in der Höhe dotierter Anteil des Jahresüberschusses in die Rücklagen einzustellen ist, um die Innenfinanzierung der Unternehmung zu sichern.

Bei den **anderen Gewinnrücklagen** handelt es sich um eine **Sammel- bzw. Auffangposition**, in die alle thesaurierten **Gewinne einzustellen sind, die keiner der anderen Arten von Gewinnrücklagen zuzurechnen sind**.

Korrekturposten

Durch die auf der Aktivseite der Bilanz durchgeführten Umstrukturierungen wird das ausgewiesene Eigenkapital nicht mit den tatsächlich vorhandenen eigenen Mitteln übereinstimmen. Daher sind die **Beträge der Über- und Unterbewertungen von Aktiven, die in der Strukturbilanz bereits Eingang gefunden haben, auch auf der Passivseite zu berücksichtigen**. Zu diesem Zweck dienen vor allem die noch zu erläuternden Korrekturposten **„Bereinigungen“** und **„Aufgedeckte Reserven“**.

Bereinigungen

Die Bereinigungen des Eigenkapitals **bezwecken die Verbesserung der Vergleichbarkeit der Abschlüsse im zeitlichen wie auch im zwischenbetrieblichen Vergleich**. Ferner geben sie **Hinweise, wie unter Risikogesichtspunkten im Sinne eines Worst Case-Szenarios der Zerschlagungswert aussehen könnte**. Bei den Bereinigungen handelt es sich um eine heterogene Mischposition, bestehend aus den Posten in der folgenden Übersicht.

	Nicht durch Eigenkapital gedeckter Fehlbetrag
+	Disagio oder Damnum
+	Aufwendungen für die Ingangsetzung und Erweiterung des Geschäftsbetriebs
+	Aktive latente Steuern
+	Unterlassene Pensionsrückstellungen
+	Jahresfehlbetrag/Bilanzverlust
+	Verlustvortrag
–	Gewinnvortrag
=	Bereinigungen auf der Passivseite der Bilanz

Darst. 3.140: Bereinigungen auf der Passivseite der Bilanz
(Entnommen: SCHELD, G. A., Operatives, S. 191.)

Nicht durch Eigenkapital gedeckter Fehlbetrag

Ist das **Eigenkapital** der Unternehmung durch erwirtschaftete Verluste oder Entnahmen **aufgebraucht** und **ergibt sich infolgedessen ein Überhang der Passivposten über die Aktivposten (Unterbilanz), so ist der Differenzbetrag auf der Aktivseite der Bilanz gesondert unter der Bezeichnung „Nicht durch Eigenkapital gedeckter Fehlbetrag" auszuweisen** (§ 268 Abs. 3 HGB). Aus dem Blickwinkel des Controllings bedeutet dies, dass das bilanzielle Eigenkapital vollständig aufgezehrt wurde und die damit verbundene Haftungsfunktion faktisch verloren gegangen ist. Mithin unterschreiten die Buchwerte der Vermögensgegenstände die Wertansätze der Schulden. Mit anderen Worten: Das Unternehmen ist bilanziell bzw. buchmäßig überschuldet. **Diese buchmäßige bzw. bilanzielle Überschuldung darf nicht zwangsläufig mit einer Überschuldung im Sinne des Insolvenztatbestandes gleichgesetzt werden, da in den Vermögenswerten üblicherweise stille Reserven stecken.** Dennoch hat der Posten eine gewisse Signalwirkung, welche die Notwendigkeit einer insolvenzrechtlichen Überschuldungsprüfung anzeigt.

Der Posten stellt eine sich rein rechnerisch ergebende Korrekturgröße zum Eigenkapital dar, die weder als Vermögensgegenstand noch als Bilanzierungshilfe anzusehen ist und auch nicht mit dem Jahresfehlbetrag verwechselt werden darf. Der **Posten ist daher auf der Aktivseite zu kürzen** und stattdessen **mit einem negativen Vorzeichen im Eigenkapital** auf der Passivseite zu versehen.

Weist die Unternehmung einen „Nicht durch Eigenkapital gedeckten Fehlbetrag“ auf, ist bezüglich der Interpretation insbesondere von Kapital- und Vermögensstrukturkennzahlen stets Vorsicht geboten. Eine negative Eigenkapitalgröße sollte keinen Eingang in einer Verhältniszahl finden.[609]

Disagio und Damnum

Zur Erläuterung des Disagios bzw. Damnums wird auf die Ausführungen zur Aktivseite verwiesen.

Aktive latente Steuern

Bestehen **zwischen den handelsrechtlichen Wertansätzen** der Vermögensgegenstände, Schulden und Rechnungsabgrenzungsposten **und ihren steuerlichen Wertansätzen Differenzen, die sich in späteren Geschäftsjahren voraussichtlich abbauen**, so kann **eine sich daraus insgesamt ergebende Steuerentlastung als aktive latente Steuern in der Bilanz angesetzt werden** (§ 274 Abs. 1 S. 1 und 2 HGB). In der Praxis werden Steuerentlastungen häufiger vorkommen als Steuerbelastungen. Sich ergebende Steuerbe- und -entlastungen können saldiert (Nettoausweis) oder unsaldiert (Bruttoausweis) ausgewiesen werden (§ 274 Abs. 1 S. 3 HGB).

Die Folgewirkungen steuerlicher Verlustvorträge schlagen sich ohne die Bilanzierung latenter Steuern auf steuerliche Verlustvorträge nicht zeitnah im Jahresabschluss nieder. Deshalb wird die Aktivierung steuerlicher Vorteile in Form von künftigen Steuerminderungsansprüchen als handelsrechtlich gerechtfertigt angesehen. **Steuerliche Verlustvorträge sind bei der Berechnung aktiver latenter Steuern in Höhe der innerhalb der nächsten fünf Jahre zu erwartenden Verlustverrechnung zu berücksichtigen** (§ 274 Abs. 1 S. 4 HGB). Ist eine Verlustverrechnung erst zu einem späteren Zeitpunkt zu erwarten, dürfen die Verlustvorträge dem Vorsichtsprinzip folgend nicht herangezogen werden.

Die Beträge der sich ergebenden Steuerentlastung sind mit den unternehmensindividuellen Steuersätzen im Zeitpunkt des Abbaus der Differenzen **zu bewerten und *nicht* abzuzinsen** (§ 274 Abs. 2 S. 1 HGB). Sind die individuellen Steuersätze im Zeitpunkt der Umkehrung nicht bekannt, sind die am Bilanzstichtag gültigen steuersubjektbezogenen

[609] KÜTING, P., GRAU, P.: Nicht durch Eigenkapital gedeckter Fehlbetrag – Bilanzrechtliche und bilanzanalytische Würdigung eines handelsrechtlichen Korrekturpostens –, in: Der Betrieb, 2014, S. 735.

Steuersätze anzuwenden. **Der ausgewiesene Posten ist aufzulösen, sobald die Steuerentlastung eintritt oder mit ihr nicht mehr zu rechnen ist** (§ 274 Abs. 2 S. 2 HGB). Faktisch handelt es sich bei der aktiven Steuerabgrenzung um eine Steuervorauszahlung an das Finanzamt.

Da aktive latente Steuern keinen Vermögensposten darstellen und die Verwertbarkeit im Ernstfall kaum gegeben ist, sind sie auf der Aktivseite zu eliminieren und müssen folglich mit dem Eigenkapital saldiert werden. Die Folge ist eine **Bilanzverkürzung**. Es findet sich in der Praxis aber auch die Vorgehensweise, nur für die aktiven latenten Steuern auf Verlustvorträge eine Kompensation mit dem Eigenkapital durchzuführen und die latenten Steuern ansonsten auf der Aktivseite zu belassen.

Aktive latente Steuern sind ein Indiz dafür, dass handelsrechtlich vorsichtigere Wertansätze gewählt wurden als in der Steuerbilanz.

Unterlassene Pensionsrückstellungen

Nach dem 1. Januar 1987 besteht für alle Pensionszusagen eine **Passivierungspflicht**. Rückstellungen für Alt-Pensionen, d. h. **Pensionszusagen bis zum 31.12.1986, brauchen allerdings nicht nachgeholt zu werden** (Art. 28 EGHGB). **Derartige Beträge müssen in der Strukturbilanz nachpassiviert werden. Sie mindern das Eigenkapital und erhöhen die Pensionsrückstellungen.**

Gleiches gilt analog für die **Neubewertung der Pensionsrückstellungen durch das BilMoG aus dem Jahre 2009**. Den Unternehmen wird eine Anpassungsfrist für einen u. U. entstehenden Nachholbetrag bis zum Jahre 2024 gewährt (Art. 67 EGHGB). Da die **Neubewertung einen wesentlich realistischeren Wertansatz liefert als die vorherige Pensionsbewertung, sollte vom Controller eine Buchung zulasten des Eigenkapitals vorgenommen werden**.

Jahresfehlbetrag bzw. Bilanzverlust

Die Position „**Jahresfehlbetrag**" entspricht derjenigen negativen Erfolgsgröße, die in der GuV als Saldo aller erfolgswirksamen Erträge und Aufwendungen der Geschäftsperiode ermittelt wurde. Der im Eigenkapital gegebenenfalls ausgewiesene „**Bilanzverlust**" zeigt

das negative Ergebnis der so genannten Ergebnisverwendungsrechnung nach § 158 Abs. 1 AktG.

Ein eventuell erwirtschafteter Jahresfehlbetrag bzw. Bilanzverlust **wird über die Bereinigungen vom Eigenkapital abgesetzt**. Eine Umgliederung oder Korrektur in der Strukturbilanz ist infolgedessen nicht mehr notwendig.

Gewinn- bzw. Verlustvortrag

Der Gewinn- bzw. Verlustvortrag **beinhaltet den nicht ausgeschütteten Teil des Jahresüberschusses/Bilanzgewinns, der auch nicht thesauriert oder anderweitig verwandt wurde**, bzw. im Fall eines Jahresfehlbetrages/Bilanzverlustes den Teil, der nicht durch Rücklagenauflösung ausgeglichen wurde. Die Vorträge werden entweder in der laufenden oder aber in den nachfolgenden Geschäftsjahren in die Verwendung des Geschäftserfolgs einbezogen.

Wird der Jahresabschluss vor Gewinnverwendung erstellt, handelt es sich um den Gewinn- bzw. Verlustvortrag aus dem Vorjahr, ansonsten um den Gewinn- bzw. Verlustvortrag der aktuellen Abrechnungsperiode.

Aufgedeckte Reserven

Die Sammelposition „Aufgedeckte Reserven“ **enthält die auf der Aktivseite der Bilanz aufgedeckten stillen Rücklagen** und besteht aus den Posten in Übersicht 3.142. **Die Zuordnung der aufgedeckten Reserven vollständig zum Eigenkapital, wie es hier gemacht wird, ist nicht ganz unproblematisch. Stille Reserven unterliegen im Allgemeinen bei ihrer Aufdeckung der Besteuerung und enthalten infolgedessen einen Fremdkapitalanteil in Höhe des erwarteten Steuersatzes**. Grundsätzlich wäre daher auch eine Zuordnung hälftig zum Eigenkapital und zum langfristigen Fremdkapital möglich.

	Eigene Anteile aus gezeichnetem Kapital und frei verfügbaren Rücklagen
+	Nicht aktivierte Geschäfts- oder Firmenwerte
+	Nicht aktivierte immaterielle Vermögensgegenstände
+	Abschreibungen auf Finanzanlagen bei nur vorübergehender Wertminderung
+	Sonstiges unterbewertetes Anlagevermögen
+	Unterbewertetes Umlaufvermögen
+	Passive latente Steuern
+	....
=	Aufgedeckte Reserven

Darst. 3.141: Aufgedeckte Reserven
(Entnommen: SCHELD, G. A., Operatives, S. 195.)

Da die aufgedeckten stillen Reserven – mit Ausnahme der passiven latenten Steuern – bereits an anderer Stelle umfassend erläutert wurden, soll im Folgenden darauf verzichtet werden. Lediglich die Zuordnung der passiven latenten Steuern zu den stillen Reserven soll begründet werden.

Passive latente Steuern

Bestehen **zwischen den handelsrechtlichen Wertansätzen der Vermögensgegenstände, Schulden und Rechnungsabgrenzungsposten und ihren steuerlichen Wertansätzen Differenzen, die sich in späteren Geschäftsjahren voraussichtlich abbauen, so ist eine sich daraus insgesamt ergebende Steuerbelastung als passive latente Steuern in der Bilanz anzusetzen** (§ 274 Abs. 1 S. 1 HGB). Die Beträge der sich ergebenden Steuerbelastung sind mit den unternehmensindividuellen Steuersätzen im Zeitpunkt des Abbaus der Differenz zu **bewerten und *nicht* abzuzinsen** (§ 274 Abs. 2 S. 1 HGB). Der ausgewiesene Posten ist **aufzulösen, sobald die Steuerbelastung eintritt oder mit ihr nicht mehr zu rechnen ist** (§ 274 Abs. 2 S. 2 HGB).

In der praktischen Bilanzanalyse werden die latenten Steuern häufig **imparitätisch behandelt. Die aktiven Steuerlatenzen werden am Eigenkapital gekürzt und die passiven Steuerabgrenzungen bei den Verbindlichkeiten belassen.** Diese Vorgehensweise ist **unbegründet. Die passiven Steuerlatenzen stellen weder am Stichtag noch in einem**

Worst Case-Szenario Verbindlichkeiten dar. Die passive Steuerabgrenzung ist folglich dem Eigenkapital in Form einer stillen Reserve hinzuzurechnen.

Passive latente Steuern sind ein **Indiz für handelsrechtlich weniger vorsichtige Wertansätze oder in der Steuerbilanz verrechnete steuerliche Sonderabschreibungen bzw. Sonderposten**.

Eigenkapital bei Einzelunternehmen und Personengesellschaften

Probleme kann es bezüglich der Gliederung des Eigenkapitals bei Einzelunternehmen und Personengesellschaften geben, da für diese eine **gesetzliche Regelung über die Bilanzierung des Eigenkapitals nicht besteht** und das Eigenkapital im Allgemeinen anders aufgebaut ist als bei Kapitalgesellschaften (vgl. Übersicht 3.140). Bei **Einzelunternehmen wird vielfach nur ein einziges, bei Personengesellschaften dagegen für jeden Gesellschafter ein eigenes variables Eigenkapitalkonto für das offen ausgewiesene Eigenkapital geführt**, auf dem sämtliche Veränderungen gebucht werden. Auch ist die unbegrenzte zeitliche Dauer des Eigenkapitals nicht tatsächlich gegeben. Ohne Zweifel ist das Eigenkapital in der Absicht investiert, es dem Unternehmen langfristig zur Verfügung zu stellen. Nun ist aber ein Gesellschafter einer Personengesellschaft beispielsweise einer OHG berechtigt, sein Eigenkapital gemäß § 132 HGB mit einer Frist von sechs Monaten zu kündigen, wenn hinsichtlich der Kündigung vertraglich nichts anderes vorgesehen ist. In diesem Sinne lässt sich in Anlehnung an Gutenberg eher von kündbarem Eigenkapital sprechen[610]. Dem lässt sich entgegenhalten, dass oftmals wesentliche Vermögensgegenstände, die für das Unternehmensrisiko haften, nicht bilanziert sind, da sie zum Privatvermögen des Einzelunternehmers oder der persönlich haftenden Gesellschafter gehören.

[610] Vgl. GUTENBERG, E.: Finanzen, a. a. O., S. 131.

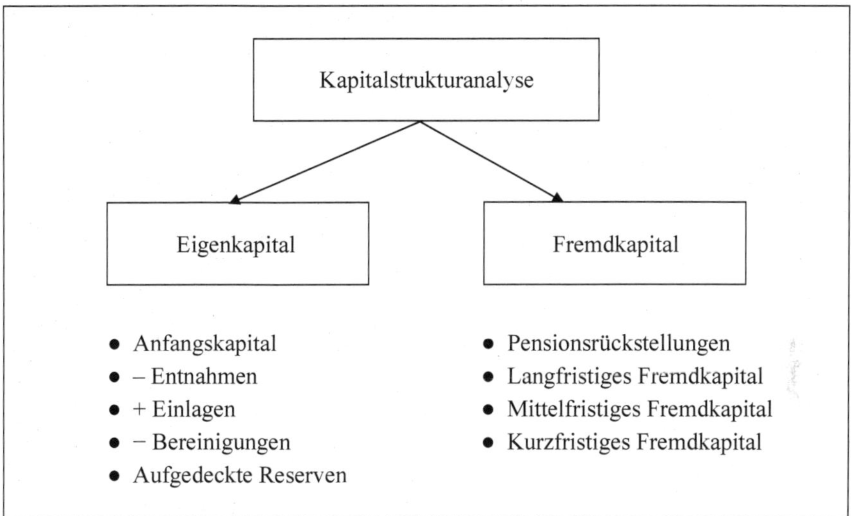

Darst. 3.142: Differenzierte Klassifikation der Kapitalseite der Bilanz bei Einzelunternehmern und Personengesellschaften
(Vgl. SCHELD, G. A., Operatives, S. 197.)

Grundsätzlich sind die bisher für Kapitalgesellschaften dargestellten Umstrukturierungen auch bei Einzelunternehmen und Personengesellschaften analog durchzuführen, jedoch in modifizierter Form. **Da diese Gruppen kein gezeichnetes Kapital und keine Kapital- und Gewinnrücklagen ausweisen, ist das Anfangskapital zu Beginn des Jahres zugrunde zu legen. Das Anfangskapital ist um die während der Abrechnungsperiode erfolgten Einlagen und Entnahmen zu korrigieren.** Die beiden Korrekturposten „Bereinigungen“ und „Aufgedeckte Reserven“ finden sinngemäß auch bei Nicht-Kapitalgesellschaften Anwendung. Für die übrigen Positionen der Passivseite gibt es keine grundsätzlichen Unterschiede.

Rückstellungen

Als Rückstellungen werden **Aufwendungen und Verluste der Abrechnungsperiode bezeichnet, die am Bilanzstichtag dem Grunde nach feststehen und mit hinreichend großer Eintrittswahrscheinlichkeit erwartet werden, aber in der Höhe und/oder dem Zeitpunkt der Fälligkeit noch ungewiss sind**. Betriebswirtschaftlich lassen sich Rückstellungen als **bilanzielle Vorsichtsmaßnahme** interpretieren, die der **periodengerechten Gewinnermittlung** dient. Sie sollen dazu beitragen, die Vermögens- und Kapitalverhältnisse der Unternehmung am Bilanzstichtag „richtig" darzustellen. Zukünftig erwartete Verpflichtungen werden im Geschäftsjahr als Aufwand verrechnet und **verringern somit den Jahreserfolg, obwohl noch keine Auszahlung stattgefunden hat**.

Rückstellungen sind gemäß der Vorschrift des § 253 Abs. 1 S. 2 HGB nur in Höhe des **Erfüllungsbetrages** anzusetzen, der nach vernünftiger kaufmännischer Beurteilung notwendig ist, d. h., es muss der Betrag geschätzt werden, der die größte Wahrscheinlichkeit besitzt. Liegt eine **wertpapiergebundene Pensionszusage** gemäß § 253 Abs. 1 Satz 3 HGB vor, d. h. richtet sich die Höhe von Altersversorgungsverpflichtungen ausschließlich nach dem beizulegenden Zeitwert von bestimmten Wertpapieren i. S. d. § 266 Abs. 2 A. III 5. HGB (z. B. Aktien, Fondsanteile oder Schuldverschreibungen), sind Rückstellungen hierfür zum **beizulegenden Zeitwert** dieser Wertpapiere anzusetzen.

Da künftige Preis- und Kostensteigerungen bei der Rückstellungsbewertung zu berücksichtigen sind, schafft die Schätz- und Prognoseproblematik weite Ermessensspielräume. Rückstellungen mit einer *Restlaufzeit von mehr als einem Jahr* sind mit dem restlaufzeitäquivalenten, durchschnittlichen Marktzinssatz der vergangenen sieben Geschäftsjahren abzuzinsen (§ 253 Abs. 2 S. 1 HGB). Aus Vereinfachungsgründen kann bei der Abzinsung von Pensionsrückstellungen pauschal eine Laufzeit (Duration) von 15 Jahren unterstellt werden (§ 253 Abs. 2 S. 2 und 3 HGB). Der anzuwendende Abzinsungssatz wird von der Deutschen Bundesbank ermittelt und monatlich bekannt gegeben (§ 253 Abs. 2 S. 4 HGB). **Da es sich um Marktzinssätze handelt, findet das unternehmensindividuelle Bonitätsrisiko keine Berücksichtigung bei der Abzinsung. Rückstellungen dürfen nur dann aufgelöst werden, wenn der Grund dafür entfallen ist** (§ 249 Abs. 2 S. 2 HGB).

Rückstellungen sind für Unternehmen von großer Bedeutung und haben nicht selten einen größeren Umfang als das Eigenkapital. Größter Posten sind dabei i. d. R die Pensionsrückstellungen. Der Controller sollte beachten, dass die Rückstellungen ein großes Aktionsfeld für (unsichtbare) bilanzpolitische Ermessensentscheidungen bieten und ein häufig genutztes Instrument zur Ergebnisglättung darstellen. Empirische Untersuchungen zeigen, dass **insbesondere bei den Pensionsverpflichtungen gewaltige stille Lasten schlummern können.** Im Zweifel sollte die Rückstellungsbilanzierung überprüft werden.

Die in der Bilanz ausgewiesenen Rückstellungen finden sich in den beiden Posten des Analyseformulars „Pensionsrückstellungen“ und „kurzfristiges Fremdkapital“ wieder.

Wegen der besonderen Bedeutung der Pensionsrückstellungen sollen diese im Folgenden einer genaueren Analyse unterzogen werden.

Pensionsrückstellungen

Die Pensionsrückstellungen sind **Rückstellungen langfristigen Charakters**, die direkt aus der Bilanzposition „Rückstellungen für Pensionen und ähnliche Verpflichtungen" abzulesen sind. Zusätzlich findet hier die Gegenbuchung zu den unterlassenen Pensionsrückstellungen statt. **De jure stellen alle Rückstellungen Fremdkapital dar. Betriebswirtschaftlich gesehen könnte man die Rückstellungen mit langfristigem Charakter, also Pensionsrückstellungen, jedoch auch dem Eigenkapital (Quasi-Eigenkapital) zuordnen.** Geht man davon aus, dass sich Einstellungen und Auflösungen von Pensionsrückstellungen bei etwa gleichem Betriebsumfang und gleicher Altersgliederung im Zeitablauf ausgleichen, **kann die Unternehmung mit dem gebildeten Kapitalstock, der aus den unterschiedlichen Zeitpunkten zwischen Aufwand und Auszahlung resultiert, als Finanzierungsquelle arbeiten**. Dieser Kapitalstock (Bodensatz) steht dem Unternehmen langfristig zur Verfügung, ohne allerdings Haftungskapital darzustellen. Rückstellungen sind also de facto weder dem Eigenkapital noch dem Fremdkapital zuzuordnen, sondern sind ein Passivposten sui generis. Da eine eindeutige Trennung der Pensionsrückstellungen in einen Eigen- und Fremdkapitalanteil in den meisten Fällen nicht möglich ist, empfiehlt sich entweder eine Zuordnung hälftig zum Eigen- und Fremdkapital oder ein **gesonderter Ausweis unter einem zusätzlichen eigenkapitalähnlichen Posten mit der möglichen Bezeichnung "Pensionsrückstellungen"**.

Beachte! Entlässt das Unternehmen mehr Mitarbeiter in den (Vor-)Ruhestand als neu eingestellt werden, übersteigen die Auszahlungsverpflichtungen für Betriebspensionen die Zuführungen zu den Rückstellungen. Der ursprüngliche Liquiditätsvorteil schlägt damit in das Gegenteil um.

Bei der Beurteilung der Pensionsrückstellungen ist zu berücksichtigen, dass gemäß § 246 Abs. 2 S. 2 HGB **Vermögensgegenstände, die dem Zugriff aller übrigen Gläubiger entzogen sind und ausschließlich der Erfüllung von Schulden aus Altersversorgungsverpflichtungen oder vergleichbaren langfristig fälligen Verpflichtungen dienen (sog. Planvermögen), mit diesen Schulden zu verrechnen sind. Das *Saldierungsgebot* gilt entsprechend für die zugehörigen Aufwendungen und Erträge aus der Abzinsung und aus dem zu verrechnenden Vermögen.** Derartig zu verrechnende Vermögensgegenstände sind gemäß § 253 Abs. 1 S. 4 HGB mit ihrem beizulegenden Zeitwert zu bewerten. Übersteigt der beizulegende Zeitwert der Vermögensgegenstände den Betrag der Schulden, ist der übersteigende Betrag unter einem gesonderten Posten **„Aktiver Unterschiedsbetrag aus der Vermögensverrechnung" zu aktivieren** (§ 246 Abs. 2 S. 3 HGB). **Die Saldierung bezweckt die Vergleichbarkeit mit Unternehmen, die ihre Verpflichtungen in eine Pensionskasse ausgelagert haben.**

Durch das Netting wird die Bilanzsumme gekürzt. Dies wiederum verbessert alle Kennzahlen, in die die Bilanzsumme eingeht, wie zum Beispiel der Eigenkapitalanteil und die Gesamtkapitalrentabilität.

Fremdkapital

Das Pendant zum Eigenkapital ist das Fremdkapital. Es besteht aus Rückstellungen, Verbindlichkeiten und dem passiven Rechnungsabgrenzungsposten. Die Rückstellungen und insb. die Pensionsrückstellungen wurden bereits oben ausführlich erläutert. Verbindlichkeiten sind im Unterschied zu den Rückstellungen zum Bilanzstichtag bereits sehr konkrete Schulden und haben festgelegte Fälligkeitszeitpunkte. Sie stellen eine reale wirtschaftliche Belastung für das Unternehmen dar. Verbindlichkeiten sind **Verbindlichkeiten sind grundsätzlich zu ihrem Erfüllungsbetrag anzusetzen** (§ 253 Abs. 1 S. 2 HGB). Der passive Rechnungsabgrenzungsposten wird unter näher beschrieben.

Bilanzanalytisch ist es allerdings zweckmäßiger, das Fremdkapital nicht nach der gesetzlichen Gliederungssystematik der Passivseite, sondern – ergänzend zu den Pensionsrückstellungen – nach der Fristigkeit einzuteilen, also in langfristiges, mittelfristiges und kurzfristiges Fremdkapital.

Langfristiges Fremdkapital

Unter langfristigem Fremdkapital werden alle Verpflichtungen zusammengefasst, deren **Restlaufzeit fünf Jahre überschreitet** (vgl. § 285 Nr. 1a) i. V. m. Nr. 2 HGB). Zum langfristigen Fremdkapital zählen auch die sog. Gesellschafterdarlehen. **Die Finanzierung des Unternehmens kann umso stabiler und solider eingeschätzt werden, je größer der Anteil der langfristigen Verbindlichkeiten an dem gesamten Fremdkapital ist.**

Mittelfristiges Fremdkapital

Das mittelfristige Fremdkapital enthält sämtliche Verbindlichkeiten mit einer **Restlaufzeit zwischen einem und fünf Jahren** (§ 268 Abs. 5 S. 1 und § 285 Nr. 1a) i. V. m. Nr. 2 HGB). **Ferner enthält diese Position den Ausweis von Verbindlichkeiten aus Leasingverträgen, deren Vermögensgegenstände als Leasingobjekte nachaktiviert wurden.**

Kurzfristiges Fremdkapital

Unter der Mischposition "Kurzfristiges Fremdkapital" werden **alle Verbindlichkeiten zusammengefasst, deren Restlaufzeit unter einem Jahr liegt** (§ 268 Abs. 5 S. 1 HGB). Darüber hinaus enthält die heterogene Position die **Steuerrückstellungen** und die **sonstigen Rückstellungen** sowie den **passiven Rechnungsabgrenzungsposten** und den **erwirtschafteten Jahresüberschuss bzw. Bilanzgewinn**, sofern für letztere beide Größen keine Thesaurierung vorgesehen ist.

Gelegentlich wird das zinslos verfügbare Fremdkapital abgezogen und die Fremdkapitalbasis damit verkleinert.

Passiver Rechnungsabgrenzungsposten

Als passiver Rechnungsabgrenzungsposten werden **Einnahmen vor dem Abschlussstichtag gebucht, soweit sie Ertrag für eine bestimmte Zeit nach diesem Tag darstellen** (§ 250 Abs. 2 HGB). Passive Rechnungsabgrenzungsposten sind unzweifelhaft dem kurzfristigen Fremdkapital zuzuordnen. Die im Voraus erzielten Einnahmen müssen nämlich zurückgezahlt werden, sofern die Leistung später nicht erbracht wird, da die Zahlungen nur unter dieser Voraussetzung geleistet wurden.

Jahresüberschuss/Bilanzgewinn

Die Position „**Jahresüberschuss**" entspricht derjenigen positiven Erfolgsgröße, die in der GuV als **Saldo aller erfolgswirksamen Erträge und Aufwendungen der Geschäftsperiode** ermittelt wurde. Der **im Eigenkapital gegebenenfalls ausgewiesene „Bilanzgewinn" zeigt das positive Ergebnis der so genannten Ergebnisverwendungsrechnung** nach § 158 Abs. 1 AktG. **Diese Position ersetzt die Posten „Gewinn- bzw. Verlustvortrag“ und „Jahresüberschuss bzw. Jahresfehlbetrag“** und **bildet die Grundlage für einen Ausschüttungsbeschluss der Aktionäre** (vgl. § 58 Abs. 4 AktG).

Liegt ein **Beschluss über die Verwendung des Ergebnisses im Zeitpunkt der Feststellung des Jahresüberschusses nicht vor, wird entweder der gesamte Jahresüberschuss der GuV dem Posten "Jahresüberschuss/Bilanzgewinn" zugerechnet, d. h., es wird eine Vollausschüttung unterstellt, oder der Ausschüttungsanteil wird nach Rücksprache mit der Geschäftsführung geschätzt**.

Liegt ein **Beschluss über die teilweise Verwendung des Ergebnisses vor** (vgl. § 268 Abs. 1 HGB), so enthält der im Analyseformular ausgewiesene Posten "Jahresüberschuss/Bilanzgewinn" den in der Bilanz ausgewiesenen Bilanzgewinn. Der Bilanzgewinn ist dem kurzfristigen Fremdkapital zuzuordnen, da er grundsätzlich zur Ausschüttung freisteht und infolgedessen die Liquidität der Unternehmung kurzfristig belastet. Auch dieser Fall ist nicht ganz unproblematisch, da auch der Bilanzgewinn teilweise oder sogar vollständig einbehalten und zusätzlich in die Gewinnrücklagen eingestellt werden kann.

Bei der **Aufstellung des Jahresabschlusses nach vollständiger Gewinnverwendung entfällt der Jahresüberschuss/-fehlbetrag bzw. Bilanzgewinn/-verlust. Umgliederungs- und Korrekturmaßnahmen entfallen ebenso.**

Bei Einzelunternehmen und Personengesellschaften wird der Gewinn (Verlust) i. d. R. vor der Aufstellung des Jahresabschlusses den Kapital- oder Verrechnungskonten gutgeschrieben (angelastet).

Eine Zusammenfassung der Aufbereitungsmaßnahmen auf der Passivseite der Bilanz enthalten die Darstellungen 3.143 und 3.144.

Eingefordertes Kapital laut Bilanz (Gezeichnetes Kapital abzgl. Kapitalrückzahlung durch eigene Anteile und nicht eingeforderte ausstehende Einlagen) = **Eingefordertes gezeichnetes Kapital**
Kapitalrücklage
Gesetzliche Rücklage + Rücklage für Anteile an einem herrschenden oder mehrheitlich beteiligten Unternehmen + Satzungsmäßige Rücklagen + Andere Gewinnrücklagen = **Gewinnrücklagen**
– Nicht durch Eigenkapital gedeckter Fehlbetrag – Disagio oder Damnum – Aktive latente Steuern – Unterlassene Pensionsrückstellungen – Jahresfehlbetrag/Bilanzverlust – Verlustvortrag + Gewinnvortrag = **Bereinigungen**
Eigene Anteile aus gezeichnetem Kapital und anderen Gewinnrücklagen + Nicht aktivierte Geschäfts- oder Firmenwerte + Nicht aktivierte immaterielle Vermögensgegenstände + Abschreibungen auf Finanzanlagen bei nur vorübergehender Wertminderung + Sonstiges unterbewertetes Anlagevermögen + Unterbewertetes Umlaufvermögen + Passive latente Steuern + … = **Aufgedeckte Reserven**
= **(Effektives) Eigenkapital**

Darst. 3.143: Eigenkapital in der Strukturbilanz
(Entnommen: SCHELD, G. A., Operatives, a. a. O., S. 203.)

Rückstellungen für Pensionen und ähnliche Verpflichtungen + Unterlassene Pensionsrückstellungen = **Pensionsrückstellungen (= eigenkapitalähnliche Positionen)**
Anleihen mit einer Laufzeit von über 5 Jahren + Verbindlichkeiten gegenüber Kreditinstituten mit einer Restlaufzeit von über 5 Jahren + Erhaltene Anzahlungen auf Bestellungen mit einer Restlaufzeit von über 5 Jahren + Verbindlichkeiten aus Lieferungen und Leistungen mit einer Restlaufzeit von über 5 Jahren + Verbindlichkeiten aus der Annahme gezogener Wechsel und der Ausstellung eigener Wechsel mit einer Restlaufzeit von mehr als 5 Jahren + Verbindlichkeiten gegenüber verbundenen Unternehmen mit einer Restlaufzeit von über 5 Jahren + Verbindlichkeiten gegenüber Unternehmen, mit denen ein Beteiligungsverhältnis besteht mit einer Restlaufzeit von über 5 Jahren + Sonstige Verbindlichkeiten mit einer Restlaufzeit von über 5 Jahren = **Langfristiges Fremdkapital**
Anleihen mit einer Restlaufzeit von 1-5 Jahren + Verbindlichkeiten gegenüber Kreditinstituten mit einer Restlaufzeit von 1 bis 5 Jahren + Erhaltene Anzahlungen auf Bestellungen mit einer Restlaufzeit von 1 bis 5 Jahren + Verbindlichkeiten aus Lieferungen und Leistungen mit einer Restlaufzeit von 1 bis 5 Jahren + Verbindlichkeiten aus der Annahme gezogener Wechsel und der Ausstellung eigener Wechsel mit einer Restlaufzeit von 1 bis 5 Jahren + Verbindlichkeiten gegenüber verbundenen Unternehmen mit einer Restlaufzeit von 1 bis 5 Jahren + Verbindlichkeiten gegenüber Unternehmen, mit denen ein Beteiligungsverhältnis besteht mit einer Restlaufzeit von 1 bis 5 Jahren + Sonstige Verbindlichkeiten mit einer Restlaufzeit von 1 bis 5 Jahren + Nicht aktivierte Leasinggüter + Passive latente Steuern = **Mittelfristiges Fremdkapital**
Anleihen mit einer Restlaufzeit von bis zu 1 Jahr + Verbindlichkeiten gegenüber Kreditinstituten mit einer Restlaufzeit von bis zu 1 Jahr + Erhaltene Anzahlungen auf Bestellungen mit einer Restlaufzeit von bis zu 1 Jahr + Verbindlichkeiten aus Lieferungen und Leistungen mit einer Restlaufzeit von bis zu 1 Jahr + Verbindlichkeiten aus der Annahme gezogener Wechsel und der Ausstellung eigener Wechsel mit einer Restlaufzeit von bis zu 1 Jahr + Verbindlichkeiten gegenüber verbundenen Unternehmen mit einer Restlaufzeit von bis zu 1 Jahr + Verbindlichkeiten gegenüber Unternehmen, mit denen ein Beteiligungsverhältnis besteht mit einer Restlaufzeit von bis zu 1 Jahr + Sonstige Verbindlichkeiten mit einer Restlaufzeit von bis zu 1 Jahr + Steuerrückstellungen + Sonstige Rückstellungen + Passiver Rechnungsabgrenzungsposten + Jahresüberschuss/Bilanzgewinn = **Kurzfristiges Fremdkapital**
= **Fremdkapital**

Darst. 3.144: Fremdkapital in der Strukturbilanz
(Entnommen: SCHELD, G. A., Operatives, a. a. O., S. 203–205.)

3.2 Gesamtbetriebliche Analysen

3.2.1 Vorbemerkungen

Kennzahlen können nach verschiedenen Kriterien unterschieden werden. In der Literatur finden sich eine Reihe verschiedener – mehr oder weniger sinnvoller – Untergliederungen.[611] In der Regel sind diese Systematisierungen eindeutig, umfassend und/oder überschneidungsfrei. Eine Gliederung gleichzeitig nach zwei unterschiedlichen Kriterien scheitert zumeist. Somit stellt sich die Frage, nach welchem Kriterium die Kennzahlen systematisiert werden sollen.

Ein Beispiel für eine weniger sinnvolle Systematisierung ist das Merkmal Kennzahl der Gewinn- und Verlustrechnung (GuV) oder der Bilanz. Es eignet sich als Differenzierungsmerkmal für die Frage gesamtbetriebliche oder funktionsbereichsbezogene Kennzahl nicht, da es auch Kennzahlen außerhalb der Bilanz und GuV gibt, die gesamtbetrieblich oder funktionsbereichsbezogen sein können. Zudem ist eine Kennzahl wie Jahresüberschuss oder Beziehungszahlen wie z. B. Umsatz resp. Umsatzerlöse pro Mitarbeiter oder Umschlagshäufigkeit des Gesamtvermögens nicht eindeutig zuzuordnen.

In diesem Buch wird bei der Behandlung der Kennzahlen zwischen gesamtbetrieblichen[612] und funktionsbereichsbezogenen unterschieden. Problematisch ist diese Differenzierung insofern, als eine funktionsbereichsbezogene Kennzahl gleichzeitig eine gesamtbetriebliche sein kann und umgekehrt. Als Beispiel sei hier der Cashflow genannt. Der Cashflow könnte somit als finanzwirtschaftliche Kennzahl des (gesamten) Unternehmens angesehen werden und/oder als Kennzahl des Funktionsbereichs Finanzen/Finanzierung.

Die Zuordnung der Kennzahlen soll wie folgt vorgenommen werden: **Ist eine Kennzahl oder deren *Nenner* nicht (eindeutig) einem Funktionsbereich zuzuordnen, so handelt es sich um eine gesamtbetriebliche Kennzahl**, anderenfalls um eine funktionsbereichsbezogene.

[611] Vgl. Darst. 2.113 Systematisierung von Kennzahlen oder MEYER, C., a. a. O., S. 23.

[612] Der Begriff gesamtbetrieblich ist nicht mit unternehmensbezogen gleichzusetzen. Eine Differenzierung der Begriffe erübrigt sich hier, da sich die betrachteten Kennzahlen immer auf ein konkretes Unternehmen beziehen, sofern nichts anderes bestimmt wird.

Gesamtbetriebliche Kennzahlen sind in erster Linie erfolgswirtschaftliche Kennzahlen wie z. B. die Gewinngrößen EBIT, EBITA, Jahresüberschuss, Bilanzgewinn etc.

Im Gegensatz zu absoluten Größen oder Grundzahlen stellt sich bei vielen Kennzahlen die Frage, welchem Funktionsbereich eine Kennzahl zuzuordnen ist bzw. wo sie abgehandelt werden soll, wenn der Nenner und der Zähler unterschiedlichen Funktionsbereichen zugeordnet werden können. Dies trifft z. B. typischerweise auf Beziehungskennzahlen zu. Hier werden verschiedenartige Massen in eine sinnvolle Beziehung zueinander gesetzt. Als Beispiel sei hier die Produktivität genannt. Sie könnte bspw. dem Produktionsbereich oder dem Personalbereich zugeteilt werden. **Eine Kennzahl, deren Zähler und Nenner aus unterschiedlichen Funktionsbereichen stammen, wird dem Funktionsbereich zugeordnet, dem der Nenner der Kennzahl entstammt.**[613] **Ist der Nenner keinem Funktionsbereich eindeutig zuzuordnen, dann wird die Kennzahl *sinngemäß* einem Funktionsbereich zugeteilt.**

Einen Sonderfall stellen die Kennzahlensysteme dar. Nach der vorstehenden Festlegung gehören sie zu den Kennzahlen eines Funktionsbereichs. Aus Gründen der Übersichtlichkeit und weil die weiteren Untergliederungen unterschiedlichen Funktionsbereichen zugeschlagen werden können, sollen die Kennzahlensysteme im Zusammenhang mit den gesamtbetrieblichen Kennzahlen behandelt werden.

In der Literatur wird bei Kennzahlen wie z. B. Lagerdauer, Lagerumschlag, Umschlagshäufigkeit oder Investitionsrentabilität, aber auch bei der Verwendung statischer Verfahren der Wirtschaftlichkeitsrechnung mit **Durchschnittswerten**, genauer: mit **durchschnittlichen Bestandswerten** wie durchschnittlicher Lagerbestand, durchschnittlicher Kapitaleinsatz oder durchschnittliches Gesamtkapital gearbeitet.

Dies geschieht aus zwei Gründen: Zum einen wird damit vermieden, das eine Bestandsgröße mit einer Stromgröße in Beziehung gesetzt wird; zum anderen bemüht sich die Betriebswirtschaftslehre um ein (relativ) realistisches Bild, wenn sich Bestandsgrößen innerhalb eines Zeitraumes, in der Regel eines Geschäftsjahres, geändert haben. Beispiel: Durch eine Kapitalerhöhung während des Geschäftsjahres nimmt das Gesamtkapital zu.

---

[613] Nach dieser Einordnungsregel kommt es in wenigen Fällen zu überraschenden Zuordnungen. So werden die Erfolgskennzahlen wie Rentabilitätsgrößen im Bereich Finanzen oder im Bereich Marketing abgehandelt, da sich der Nenner auf eine Kapitalgröße oder den Umsatz bezieht. Wird der Aussagegehalt z. B. der Eigenkapitalrentabilität als Verzinsung des Eigenkapitals betrachtet, ist diese Zuordnung im Kontext der Finanzierung des Unternehmens und des aus Investorensicht erzielbaren Zinssatzes durchaus sinnvoll.

Die allgemeine Formel für *n* Endbestände[614] lautet[615]:

$$\text{Durchschnittlicher Bestand mit } n \text{ Endbeständen} = \frac{\text{Anfangsbestand} + n \text{ Endbestände}}{1 + n}$$

Darst. 3.2001: Durchschnittlicher Bestand mit n Endbeständen

Je mehr Endbestände verwendet werden, umso genauer ist das berechnete arithmetische Mittel des betrachteten Zeitraums; je weniger, umso grober ist der errechnete Mittelwert. Insofern sind also bei der Berechnung von durchschnittlichen Beständen zwei Punkte zu klären: Erstens, **für welchen Zeitraum** werden die Daten erhoben und zweitens, **wie oft** sollen resp. werden die Daten in diesem Zeitraum erfasst.

Sollte beispielsweise der durchschnittliche Lagerbestand der Roh-, Hilfs- und Betriebsstoffe ermittelt werden, dann müsste bei möglichst exakter Berechnung des durchschnittlichen Lagerbestands eine tägliche Inventur erfolgen, damit dann 365 Endbestände in die Berechnung aufgenommen werden. Erstens wird es schwierig sein, an Sonn- und Feiertagen oder im Urlaubszeitraum eine Erhebung durchzuführen (vermutlich ändern sich an diesen Tagen die Bestände aber ohnehin nicht), zweitens wird in vielen Unternehmen eine Bestandsaufnahme an einem Tag nur mit erheblichen Anstrengungen möglich sein. Drittens entstehen dem Unternehmen enorme Kosten für eine körperliche Bestandserhebung[616], so dass es allein schon nicht wirtschaftlich ist, Bestände täglich festzuhalten.

---

614 Vgl. BESTMANN, U.: Betriebswirtschaftliche Formelsammlung. Kommentierte Kennzahlen, München 2011, S. 37.

615 Der Endbestand ergibt sich aus dem Anfangsbestand zuzüglich der Zugänge und abzüglich der Abgänge (Endbestand = Anfangsbestand + Zugänge – Abgänge).

616 Anstatt einer körperlichen Bestandsaufnahme wäre alternativ eine fortgeschriebene Bestandsführung möglich. Allerdings ist diese oft mit Fehlern in Form von Bestandsdifferenzen verbunden.

In den **meisten Fällen** beziehen sich die Formeln auf ein **Geschäftsjahr** mit ***einem* Endbestand:**

$$\text{Durchschnittlicher Bestand mit Anfangs- und Endbestand} = \frac{\text{Anfangsbestand} + \text{Endbestand}}{2}$$

Darst. 3.2002: Durchschnittlicher Bestand mit Anfangs- und Endbestand

Hier werden aus rein pragmatischen Gründen zwei Bestände (Anfangs- und Endbestand) gewählt, die **ohnehin im Zuge der Jahresabschlussarbeiten** erhoben werden müssen. Zudem kann im Rahmen des **externen Benchmarkings** oft ohnehin nur auf die veröffentlichten Jahresabschlussdaten und damit auf die Zahlen zu Beginn und zum Ende des Geschäftsjahres zurückgegriffen werden.

Sofern ein Unternehmen **monatliche Bilanzen** erstellt, kann folgender Durchschnittsbestand zum Zuge kommen, auch wenn es sich „nur" um **Buchbestände** und nicht unbedingt reale handelt.

$$\text{Durchschnittlicher Bestand mit 12 Endbeständen} = \frac{\text{Anfangsbestand} + 12 \text{ Monatsendbestände}}{13}$$

Darst. 3.2003: Durchschnittlicher Bestand mit 12 Endbeständen

Eine letzte Formel basiert auf Quartalszahlen:

$$\text{Durchschnittlicher Bestand mit Quartalsendbeständen} = \frac{\text{Anfangsbestand} + \sum \text{der Quartalsendbestände}}{5}$$

Darst. 3.2004: Durchschnittlicher Bestand mit Quartalsendbeständen

3.2.2 Betriebswirtschaftlicher Erfolg und Gewinnbegriff

In dieser Abhandlung werden eine ganze Reihe von Kennzahlen vorgestellt, die in der Ausgangsform eine Erfolgs- oder Gewinngröße beinhalten. Als Beispiel seien die Rentabilitätsgrößen genannt, in deren Zähler immer eine Gewinngröße steht, meist einfach als „Gewinn" bezeichnet. Bei näherem Hinsehen stellt sich allerdings die Frage, was unter „Gewinn" zu verstehen ist. – In der Betriebswirtschaftslehre werden im Rahmen des Controllings die Begriffe Erfolg und Gewinn sehr unterschiedlich definiert.

Im Folgenden sollen zunächst drei verschiedene Definitionsansätze für den **Erfolg** vorgestellt werden[617]:

1. Der Erfolg gibt als **positive Ausprägung** einer oder mehrerer Kennzahlen **Auskunft über das Wirtschaften in einer bestimmten Periode** (Monat, Wirtschaftsjahr etc.). Typische Kennzahlen sind hier der Gewinn, der Return on Investment (ROI) oder der Shareholder Value.
2. Abgeleitet aus der Systemtheorie, die als grundlegendes Ziel eines Betriebes das **langfristige Überleben** postuliert, liegt ein Erfolg vor, wenn ein Betrieb eben dieses Ziel erreicht. Da ein Überleben schon dann gesichert ist, wenn ein Unternehmen dauerhaft einen Verlust vermeidet bzw. die Gewinnschwelle erreicht, muss dieses Ziel betriebswirtschaftlich ausgeschlossen werden, da mit einem Gewinn von Null keine Verzinsung des vom Investor eingesetzten Kapitals vorgenommen werden kann. Ein potenzieller Interessent würde in ein Unternehmen mit diesem (Minimal-)Ziel sicherlich nicht investieren.
3. Erfolg als **konkrete rechnerische Ermittlung**:
   a) Nach **Handelsrecht (HGB)** wird in der **Finanzbuchhaltung** der Erfolg als Jahresüberschuss (Erträge > Aufwendungen) oder als Jahresfehlbetrag (Aufwendungen > Erträge) ausgewiesen. Aufwands- und Ertragskonten werden als Erfolgskonten bezeichnet.

[617] Vgl. NÄTHER, C.: Erfolgsmaßstäbe der strategischen Unternehmensführung, München 1993. Eine Weiterung hat der Erfolgsbegriff Ende des vergangenen Jahrtausends durch die Arbeiten von beispielsweise Kaplan und Norton (KAPLAN, R. S., NORTON, D. P.: The Balanced Scorecard, Boston 1996) erhalten, die den Erfolg mittels einer „Balanced Scorecard" messen. Die einzelnen Kennzahlen der Balanced Scorecard werden aus den – meist – divergierenden Interessen und Erwartungen der Stakeholder abgeleitet. Daher wird das Unternehmen konsequenterweise aus der Kunden-, Mitarbeiter-, Prozess- und Finanzperspektive analysiert. Grundsätzlich ist festzustellen, dass für den Unternehmenserfolg wichtige „weiche" Faktoren (Erfolgsparameter) wie zum Beispiel die Mitarbeiter- und Kundenzufriedenheit eine größere Bedeutung erfahren, indem sie explizit berücksichtigt werden.

b) In der **Kostenrechnung** wird das Betriebsergebnis in einer der beiden Ausprägungen Betriebsgewinn (Leistungen > Kosten) oder Betriebsverlust (Kosten > Leistungen) gezeigt.
c) Der **steuerpflichtige Erfolg** (EStG, AO) ergibt sich aus der (positiven) Differenz von erfolgswirksamen Betriebseinnahmen und abzugsfähigen Betriebsausgaben.

Neben den drei vorangehenden Arten der Erfolgsermittlung gibt es eine Reihe weiterer Berechnungsmöglichkeiten. Die folgende Auflistung von Gewinngrößen ist sicherlich nicht vollständig, zeigt aber deren Spannweite bei der Ermittlung des Gewinns deutlich auf.

- Gewinn
- Bilanzgewinn
- Ergebnis nach Steuern[1]
- Jahresüberschuss/Jahresfehlbetrag[2]
- Gewinnvortrag
- Gewinn vor Steuern (vom Einkommen und Ertrag)
- Gewinn nach Steuern (vom Einkommen und Ertrag)
- EBIT (Earnings before Interest and Taxes)[3]
- EBITA (Earnings before Interest, Taxes and Amortization)
- EBITDA (Earnings before Interest, Taxes, Depreciation and Amortization and Amortization)
- EVA (Economic Value Added)
- Operating Profit
- Jahreserfolg
- Erfolg
- Erfolg vor Steuern[4]
- Ordentlicher Betriebserfolg
- Betriebsergebnis (auf der Basis der GuV-Aufspaltung)
- Betriebsergebnis (laut Kosten- und Leistungsrechnung)

...

Darst. 3.2005: Ausgewählte Gewinngrößen in der Betriebswirtschaftslehre

[1] § 275 Abs. 2 Nr. 15 und Abs. 3 Nr. 14 HGB.
[2] § 275 Abs. 2 Nr. 17 und Abs. 3 Nr. 16 HGB
[3] Der ordentliche Betriebserfolg ähnelt grob der Größe EBIT.
[4] Der „Erfolg vor Steuern" setzt sich aus den vier Erfolgsquellen „Ordentlicher Betriebserfolg", „Finanz- und Verbunderfolg", „Außergewöhnlicher und periodenfremder Erfolg" und „Bewertungserfolg" zusammen.

International bekannte und geläufige Erfolgsgrößen, die eng mit dem ordentlichen Betriebserfolg zusammenhängen, sind die Kennziffern **EBIT** (Earnings before Interest and Taxes), **EBITA** (Earnings before Interest, Taxes and Amortization[618]) und **EBITDA** (Earnings before Interest, Taxes, Depreciation[619] and Amortization). Die folgende Tabelle zeigt die Zusammenhänge zwischen den drei Größen:

	Jahresüberschuss
+/–	Regelmäßiges Finanz- und Verbundergebnis (z. B. Zinsen und Beteiligungserträge)
+	Steuern auf Einkommen und Ertrag
+/–	Unregelmäßige Komponenten im betrieblichen Bereich
=	**EBIT** (ähnlich dem ordentlichen Betriebserfolg)
+	Abschreibungen auf immaterielle Vermögensgegenstände einschließlich Geschäfts- oder Firmenwert
=	**EBITA**
+	Abschreibungen auf Sachanlagevermögen
=	**EBITDA**

Darst. 3.2006: EBIT, EBITA und EBITDA
(Quelle: SCHELD, G. A.: Mittelstand, a. a. O., S. 281ff.)

Werden Wertpapiere von Emittenten an einem regulierten Markt innerhalb der EU gehandelt, so schreibt die European Securities and Markets Authority (ESMA)[620] in ihren Leitlinien für alternative Ergebniskennzahlen[621] vor, wie (u. a.) der EBIT zu berechnen ist. Allerdings besteht nach den Vorschriften der ESMA keine grundsätzliche Pflicht zur Veröffentlichung alternativer Ergebniskennzahlen. – Im Fall der Textilkontor Walter Seidensticker GmbH & Co. KG, Bielefeld, ergeben sich für das Geschäftsjahr 2018[622] folgende Kennzahlen:

[618] amortization = Abschreibung auf immaterielle Vermögensgegenstände

[619] depreciation = Abschreibung auf Sachanlagen

[620] Die Rechtsgrundlage ergibt sich aus der Verordnung EU 1095/2019 (ESMA-VO).

[621] Sie werden in den Leitlinien der ESMA als sogenannte Alternative Performance Measures (APM) bezeichnet. Es handelt sich um Kennzahlen, die in der rechtlich anzuwendenden Rechnungslegung (z. B. in den Vorschriften des HGB einschließlich der DRS) nicht geregelt sind.

[622] Der Jahresabschluss der Textilkontor Walter Seidensticker GmbH & Co. KG ist im Anhang abgedruckt.

	Jahresüberschuss:	2.435.182,21 €
+	Regelmäßiges Finanz- und Verbundergebnis	+ 2.699.666,29 €
+	Steuern auf Einkommen und Ertrag	+ 2.803.466,13 €
=	**EBIT**	+ 7.938.314,63 €
+	Abschreibungen auf immaterielle Vermögensgegenstände	+ 471.792,57 €
=	**EBITA**	+ 8.410.107,20 €
+	Abschreibungen auf Sachanlagevermögen	+ 2.009.747,85 €
=	**EBITDA**	+ 10.419.855,05 €

Bei den vorgenannten Gewinnbegriffen handelt es sich um abstrakte Kennzahlendefinitionen. Sie **eignen sich** grundsätzlich **für vergleichende Analysen (Benchmarking) und Ratingzwecke**, **für Entscheidungszwecke** (z. B., um die Verschuldungsgrenze oder den Unternehmenswert zu bestimmen) **eher nicht**. Bei allen „Earnings before"-Kennzahlen handelt es sich um Pro-Forma-Erfolgskennzahlen (vor Steuern) und **nicht um Liquiditätskennzahlen**, auch wenn eine gewisse Ähnlichkeit mit dem Cashflow besteht.

Abschließend soll noch kurz auf den **Operating Profit** eingegangen werden. Der Operating Profit ist eine Erfolgsgröße, die ebenfalls **international verständlich und vergleichbar** ist. Er wird, entsprechend dem operativen Einflussbereich im Industriegeschäft, vor Steuern und vor Finanzergebnis ermittelt und hat damit Ähnlichkeit mit dem EBIT."[623]

	Umsatzerlöse
–	Umsatzkosten
–	Vertriebskosten und allgemeine Verwaltungskosten
–	Sonstige betriebliche Aufwendungen
–	Forschungs- und Entwicklungskosten (ohne Grundlagenforschung)
+	Sonstige betriebliche Erträge
+	Operatives Beteiligungsergebnis
+	Zinsaufwand für Altersversorgung
=	Operating Profit

Darst. 3.2007: Operating Profit
(Entnommen: SCHELD, G. A.: Operatives, a. a. O., S. 147.)

[623] SCHELD, G. A.: Mittelstand, a. a. O., S. 281.

Im Folgenden ist daher zu klären, welcher Gewinn, insbesondere im Hinblick auf die Unternehmenssteuerung gewählt werden sollte.

Erinnern wir uns an die vier definierten Erfolgsquellen der Gewinn- und Erfolgsrechnung[624], wird schnell klar, dass es nicht die vorrangige Aufgabe der Unternehmensführung sein kann, den zweit-, dritt- oder gar viertklassigen Erfolg[625] zu optimieren. Es kann nur darum gehen, die Erfolgskomponenten zu wählen, die sowohl betrieblicher als auch stetiger und gleichzeitig finanzieller Natur sind. Insbesondere die Fokussierung **auf den betrieblichen Bereich** reduziert nicht beeinflussbare externe Abhängigkeiten wie zum Beispiel die von der Marktzinsentwicklung im „Finanz- und Verbunderfolg" sowie die von zufallsabhängigen Ereignissen im „Außergewöhnlichen und periodenfremden Erfolg" und lässt rein buchtechnische Ergebnisse im „Bewertungserfolg" außen vor. Es kann sich bei der Gewinngröße daher nur um einen **„betrieblichen" Gewinn** handeln.

Optimal ist es daher, als Gewinn das **Betriebsergebnis laut Kosten- und Leistungsrechnung**[626] zu wählen. In der Kostenrechnung werden die Erfolgsgrößen (Erträge und Aufwendungen) im Rahmen der Kostenartenrechnung um die

- außergewöhnlichen,
- periodenfremden und (vor allem)
- betriebsfremden

Aufwendungen und Erträge bereinigt. Hinzu gezählt werden die kalkulatorischen Zusatzkosten, während die kalkulatorischen Anderskosten eine betriebswirtschaftliche (kostenrechnerische) Behandlung der Erfolgsgrößen erfahren.

Hinweis: Wird eine Erfolgsrechnung auf der Basis einer Vollkostenrechnung vorgenommen, ist darauf zu achten, ob eine Steigerung des Gewinns (auch) auf eine Bestandsmehrung zurückzuführen ist.

Voraussetzung für den Ansatz des Betriebsergebnisses (laut Kostenrechnung) als Gewinngröße ist eine funktionierende Kostenrechnung. Fehlt diese, sollte **hilfsweise** der **ordentliche Betriebserfolg**[627] Verwendung finden.

---

[624] Vgl. hierzu die Darst. 3.105.

[625] Vgl. Darst. 3.106.

[626] Im Folgenden mit Kostenrechnung abgekürzt.

[627] Vgl. „Ordentlicher Betriebserfolg" im Paragrafen 3.1.2.1.1 „Analyse der Erfolgserzielung". Auch bei der Berechnung des ordentlichen Betriebserfolges werden, ausgehend von der GuV außergewöhnliche, periodenfremde und betriebsfremde Erfolgsgrößen in der Regel eliminiert sowie kalkulatorischer Unternehmerlohn (für

Wie bei (fast) allen Kennzahlen ist eine sinnvolle Interpretation z. B. der Umsatzrendite nur bei einer vergleichenden Betrachtung erlaubt. Die **zeitliche Bewertung (Zeitreihenanalyse)** zeigt, ob es bei dieser wichtigen Renditekennzahl eine Veränderung im Zeitablauf gegeben hat. Allerdings handelt es sich dann lediglich um eine **Tendenzaussage** (besser, schlechter oder gleich), nicht aber, ob es sich bei der konkret berechneten Zahl (singuläre Größe) um einen hohen (guten) oder niedrigen (schlechten) Wert handelt. Diese Beurteilung kann nur über eine **relative Bewertung** vorgenommen werden. Hier bieten sich sowohl das **interne** und/oder das **externe Benchmarking** an.[628]

Während sich für einen **Zeitreihenvergleich** oder das **interne Benchmarking** die Größe Betriebsergebnis laut Kostenrechnung ohne Weiteres berechnen lässt, ist ein externes Benchmarking nahezu unmöglich, da die kostenrechnerischen Daten nicht veröffentlicht werden.

Fragt sich, welche Größe für das **externe Benchmarking** geeignet ist. Sofern der **ordentliche Betriebserfolg** bei Externen anhand der zur Verfügung stehenden Unterlagen (Anhang, Unterlagen für Analysten etc.) ermittelbar ist, sollte dieser als Gewinngröße Geltung finden.

Sollte für das Unternehmen intern oder extern ein EBIT berechnet werden, muss dieses wegen der Vergleichbarkeit auf identischer Grundlage geschehen, etwa auf der Basis der Leitlinien der ESMA (s. o.). Da bei der Berechnung des EBIT zahlreiche Adjustierungen (z. B. die Eliminierung von unregelmäßigen Komponenten im betrieblichen Bereich; s. o.) in Richtung eines betrieblichen Erfolges vorgenommen werden, besteht eine dritte Alternative in der Verwendung des EBIT als vergleichbare Gewinngröße.

Anderenfalls, wenn eine Modifikation des GuV-Ergebnisses **nicht möglich** oder **zu aufwendig** ist, wird auf das Betriebsergebnis laut GuV[629] zurückgegriffen, welches sich wie folgt ermitteln lässt:

Einzelunternehmer und Personengesellschaften) und die kalkulatorische Miete berücksichtigt. Das Zinsergebnis bleibt als Finanz- und Verbunderfolg außen vor.

[628] Siehe hierzu die Ausführungen im Unterabschnitt 2.2.6 „Bewertung von Kennzahlen und Benchmarking".

[629] § Abs. 2 HGB. Anmerkung: Die Aussagefähigkeit des Betriebsergebnisses laut GuV hat sich aufgrund der Änderungen des HGB durch das BilRUG vom 22.07.2015 verschlechtert, da nunmehr zu den sonstigen betrieblichen Erträgen bzw. Aufwendungen auch die bisher gesondert auszuweisenden a. o. Erfolgskomponenten gehören.

1. Umsatzerlöse
2. Erhöhung oder Verminderung des Bestands an fertigen und unfertigen Erzeugnissen
3. andere aktivierte Eigenleistungen
4. sonstige betriebliche Erträge
5. Materialaufwand
6. Personalaufwand
7. Abschreibungen
8. sonstige betriebliche Aufwendungen
9. sonstige Steuern

= **Betriebsergebnis laut GuV**

10. Erträge aus Beteiligungen
11. Erträge aus anderen Wertpapieren und Ausleihungen des Finanzanlagevermögens
12. sonstige Zinsen und ähnliche Erträge
13. Abschreibungen auf Finanzanlagen und auf Wertpapiere des Umlaufvermögens
14. Zinsen und ähnliche Aufwendungen

= **Finanzergebnis laut GuV**

15. Steuern vom Einkommen und Ertrag
16. Ergebnis nach Steuern
17. Jahresüberschuss/Jahresfehlbetrag

Darst. 3.2008: Strukturierung der Gewinn- und Verlustrechnung (auf der Basis des Gesamtkostenverfahrens)

Die folgende Übersicht erleichtert die Auswahl der „richtigen" Gewinngröße:

Priorität	Gewinngröße	Benchmarking	Voraussetzungen
1	Betriebsergebnis gemäß Kosten-rechnung	(nur) intern	funktionierende Kostenrechnung
2	Ordentlicher Betriebserfolg	intern	Finanzbuchhaltung im Unterneh-men sowie weitere Belege
		extern	Gewinn- und Verlustrechnung plus zusätzliche Informationen, beispielsweise im Anhang
3	EBIT	intern und extern[1]	Gewinn- und Verlustrechnung plus zusätzliche Informationen, beispielsweise im Anhang
4	Betriebsergebnis gemäß GuV	intern und extern	Gewinn- und Verlustrechnung

Darst. 3.2009 Gewinngrößen und Benchmarking

[1] Bei identischer Berechnung des EBIT.

3.2.3 Analyse der Erfolgserzielung

In der Erfolgsanalyse wird eine Unterscheidung in die Analyse der **Erfolgserzielung** und in die Analyse der **Erfolgsverwendung** vorgenommen:

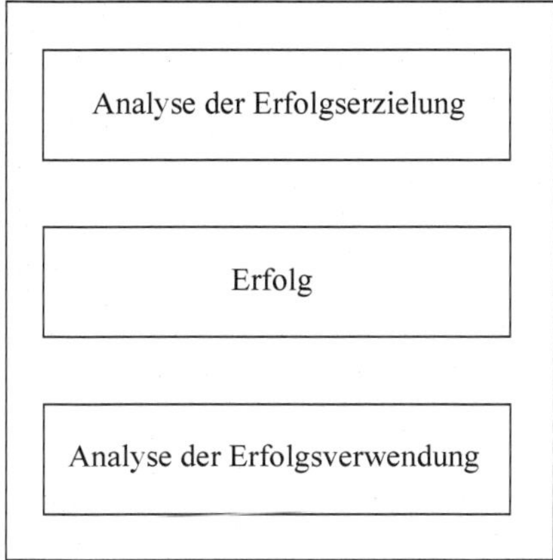

Darst. 3.2010: Analyse des Erfolgs
(Vgl. SCHELD, G. A.: Operatives, a. a. O., S. 206.)

Analyse der Erfolgserzielung

„Analyseziel der Erfolgserzielung ist es, **Auskunft über die verschiedenen Erfolgsquellen und Leistungsbereiche** zu erhalten (Erfolgsspaltung). D. h. Informationen darüber, in welchen Bereichen der Unternehmensbetätigung der Erfolg (oder Misserfolg!) erwirtschaftet wurde, um auf dieser Grundlage einen möglichst informativen Einblick in die Zusammensetzung des Erfolgs zu bekommen. Diese Analyse der erfolgsverursachenden Faktoren bezeichnet man auch als **Erfolgsquellenanalyse** oder **strukturelle Ergebnisanalyse**. Die Termini werden in Theorie und Praxis häufig synonym verwandt.

Analyse der Erfolgsverwendung

Zweck der Analyse der Erfolgsverwendung ist es, Einblicke in die einzelnen Kanäle zu erhalten, in die der erwirtschaftete Erfolg geflossen ist, d. h. die **Ergebnisverteilung** bzw. **Selbstfinanzierungs- und Ausschüttungspolitik** des Unternehmens soll analysiert werden.

Ausgangsbasis für die Analyse der Erfolgserzielung und Erfolgsverwendung bildet der erzielte Jahresüberschuss bzw. Jahresfehlbetrag. Bereinigt um die Steuern vom Einkommen und Ertrag ergibt sich der **Erfolg vor Steuern**, der auch als Gewinn vor Steuern bezeichnet werden kann. Die Steuern vom Einkommen und Ertrag werden aus der Erfolgsquellenanalyse herausgenommen und der Erfolgsverwendung zugerechnet, weil es sich bei diesen gewinnabhängigen Steuern nach betriebswirtschaftlichen Gesichtspunkten eher um eine Gewinnverwendung als um eine Gewinnquelle handelt.

Dieses hat zudem den Vorteil, dass **Zeit- und Unternehmensvergleiche** erleichtert bzw. überhaupt erst möglich werden. Durch die Eliminierung der Steuern vom Einkommen und Ertrag werden auf der einen Seite Vergleiche zwischen Unternehmen verschiedener Länder und zwischen Kapital- und Personengesellschaften möglich und auf der anderen Seite führen Steuererhöhungen und -herabsetzungen sowie unterschiedliche Steuersätze bei Ausschüttung und Thesaurierung nicht zu einer Verfälschung der Erfolgslage des Unternehmens.“[630]

Bezüglich der **Teilerfolgs-Kennzahlen zur Erfolgserzielung** gilt grundsätzlich: **Je größer der Anteil eines Teilerfolgs ist, desto stärker wirken sich eventuelle Veränderungen auf den (Gesamt-) Erfolg aus. Ein über einen längeren Zeitraum überproportionaler Anteil nicht stetig dem Unternehmen zufließender Erträge gibt daher immer Anlass zur Sorge.** Zur näheren Analyse eventueller Ergebnisverschiebungen zwischen den vier vorgestellten Erfolgskomponenten sind tiefer gehende Kennziffern erforderlich.

3.2.3.1 Anteil Ordentlicher Betriebserfolg am Erfolg vor Steuern

Die Untersuchung der Erfolgsquellen beginnt mit der Ermittlung des prozentualen Anteils des ordentlichen Betriebserfolgs am Erfolg vor Steuern[631]. Die Kennzahl „Anteil Ordentlicher Betriebserfolg am Erfolg vor Steuern“ gibt das Verhältnis zwischen dem Ordentlichen Betriebserfolg und dem Erfolg vor Steuern (Erfolg) an. Sie ist somit eine besonders wichtige Kennziffer zur **Beurteilung der nachhaltigen Ertragskraft** und beschreibt das **unternehmensspezifische Erfolgspotenzial** am deutlichsten.

---

[630] SCHELD, G. A.: Mittelstand, a. a. O., S. 337.

[631] Der „Erfolg vor Steuern“ setzt sich aus den vier Erfolgsquellen „Ordentlicher Betriebserfolg“, „Finanz- und Verbunderfolg“, „Außergewöhnlicher und periodenfremder Erfolg“ und „Bewertungserfolg“ zusammen. Vgl. die Ausführungen zu „Erfolgsquellen“ im Paragrafen 3.1.1.1 „Analyse der Erfolgserzielung“ und Darst. 3.105.

$$\frac{\text{Ordentlicher Betriebserfolg}}{\text{Erfolg vor Steuern}} \cdot 100$$

Darst. 3.2011: Anteil Ordentlicher Betriebserfolg am Erfolg vor Steuern

Ein **hoher Anteil des ordentlichen Betriebserfolgs** am Erfolg ist wohl unstrittig positiv zu bewerten, da derartige Erfolgskomponenten stetig dem Unternehmen zufließen, aus dem eigentlichen Betriebszweck resultieren und zum Zugang flüssiger Mittel führen.

Erst die **vergleichende Betrachtung** lässt eine aussagekräftigere Bewertung einer konkret berechneten Gliederungszahl zu. Die statische Größe wird einer dynamischen Analyse unterzogen. Ein im Rahmen der **Zeitreihenanalyse** festgestellter **sinkender oder gar negativer Anteil des ordentlichen Betriebserfolgs ist als erstes Anzeichen einer krisenhaften Entwicklung** zu deuten. Eine Bewertung der errechneten Verhältniszahl im Sinne von „hoch" oder niedrig" ist allerdings erst im Rahmen des **internen und/oder externen Benchmarkings** möglich. Im Fall einer niedrigen Ausprägung der Kennzahl sind **weitere Hilfskennzahlen** heranzuziehen, um die Ursachen der Entwicklung bzw. der niedrigen Kennzahl zu lokalisieren. Daneben wird sich der Controller die **einzelnen Komponenten des ordentlichen Betriebserfolgs** und/oder deren Entwicklung im Zeitablauf näher anschauen müssen.

3.2.3.2 Anteil Finanz- und Verbunderfolg am Erfolg vor Steuern

Die Kennziffer „Anteil Finanz- und Verbunderfolg am Erfolg vor Steuern" zeigt das **Verhältnis von „Finanz- und Verbunderfolg" zu „Erfolg vor Steuern", gibt also den prozentualen Anteil des finanz- und/oder verbundwirksam realisierten Erfolgs am Gesamt-Erfolg** an.

$$\frac{\text{Finanz- und Verbunderfolg}}{\text{Erfolg vor Steuern}} \cdot 100$$

Darst. 3.2012: Anteil Finanz- und Verbunderfolg am Erfolg vor Steuern

Ein **hoher Anteil des Finanz- und Verbunderfolgs** am Erfolg vor Steuern **ist sicherlich noch nicht unbedingt negativ einzustufen, da derartige Beträge ebenfalls dem Unternehmen stetig zufließen**. Doch ist zu bedenken, dass diese **Erfolgskomponenten nicht mehr dem eigentlichen Gegenstand der Unternehmung entsprechen**. Da der **Geld- und Kapitalmarkt** eher nicht durch das Management bei den hier betrachteten kleinen und mittelgroßen Unternehmen, sondern durch **externe Institutionen** wie die Politik und/oder Notenbank (Zins- und Geldmengenpolitik etc.) **gesteuert** wird, ist der Finanzerfolg eine bezüglich der Rentabilität nur bedingt zu beeinflussende Größe. Der Finanzerfolg kann **seitens des Unternehmens** durch die **Finanzanlagenintensität und/oder den Verschuldungsgrad** (unter Beachtung des Leverage-Effekts) verändert werden.

Nicht selten wird in der betrieblichen Praxis eine **kleine oder sogar negative Kennzahl** vorkommen. Dies gilt insbesondere für den Mittelstand, da hier der **Zinsaufwand** typischerweise **höher ist als die gegenüberstehenden Zins- und Beteiligungserträge**.

3.2.3.3 Anteil Außergewöhnlicher und periodenfremder Erfolg am Erfolg vor Steuern

Setzt man die Position „Außergewöhnlicher und periodenfremder Erfolg" in Verhältnis zum „Erfolg vor Steuern", erhält man die Kennzahl „Anteil Außergewöhnlicher und periodenfremder Erfolg am Erfolg vor Steuern".

$$\frac{\text{Außergewöhnlicher und periodenfremder Erfolg}}{\text{Erfolg vor Steuern}} \cdot 100$$

Darst. 3.2013: Anteil Außergewöhnlicher und periodenfremder Erfolg am Erfolg vor Steuern

Ein **hoher Anteil des außergewöhnlichen und periodenfremden Erfolgs** am Erfolg vor Steuern ist im Unterschied zu den ersten beiden Teilklassen zweifelsohne **skeptisch** zu beurteilen. Außergewöhnliche und periodenfremde Erträge **entsprechen weder der gewöhnlichen Geschäftstätigkeit noch fließen sie stetig dem Unternehmen zu**.

Demgegenüber ist positiv zu bewerten, wenn der Jahresüberschuss durch außergewöhnliche oder periodenfremde Vorgänge nicht wesentlich beeinflusst wurde, d. h. der **Anteil Außergewöhnlicher und periodenfremder Erfolg am Erfolg vor Steuern verhältnismäßig gering ist**.

3.2.3.4 Anteil Bewertungserfolg am Erfolg vor Steuern

Die Kennziffer „Anteil Bewertungserfolg am Erfolg vor Steuern" ist der Quotient aus „Bewertungserfolg" und „Erfolg vor Steuern".

$$\frac{\text{Bewertungserfolg}}{\text{Erfolg vor Steuern}} \cdot 100$$

Darst. 3.2014: Anteil Bewertungserfolg am Erfolg vor Steuern

Ein beispielsweise **durch Zuschreibungen hoher Bewertungserfolg** und eventuell infolgedessen erhöhte Ausschüttungen bzw. Entnahmen bedürfen der besonderen Begutachtung des Controllers, da die genannten **Erträge nicht in der Abrechnungsperiode erwirtschaftet wurden**, sondern nur aus einer Umbewertung resultieren. Der Controller sollte in diesem Fall die internen Daten zusätzlich auf Erträge aus der Herabsetzung der Pauschalwertberichtigungen zu Forderungen und Erträge aus der Auflösung von Rückstellungen untersuchen. Ist der hohe Bewertungserfolg hauptsächlich auf eine steuerliche Betriebsprüfung zurückzuführen, so ist dieser Fall noch nicht negativ einzuschätzen.

Durchaus positiv dagegen erscheinen den ausgewiesenen Erfolg reduzierende buchtechnische Aufwendungen. Ein **negativer Bewertungserfolg infolge von Scheinverlusten führt** i. d. R. **zur Bildung stiller Reserven**. Stille Reserven verleihen dem Unternehmen eine gewisse Widerstandsfähigkeit und dienen der **Substanzerhaltung**.

3.2.4 Analyse der Erfolgsverwendung

Auf die Analyse der Erfolgserzielung folgt die Analyse der Erfolgsverwendung. Zweck der Analyse der Erfolgsverwendung ist es, Einblicke in die einzelnen Kanäle zu erhalten, in die der erwirtschaftete Erfolg geflossen ist, d. h. die **Ergebnisverteilung** bzw. **Selbstfinanzierungs- und Ausschüttungspolitik** des Unternehmens soll analysiert werden.

Ausgangsbasis für die Analyse der Erfolgsverwendung bildet der **erzielte Jahresüberschuss bzw. Jahresfehlbetrag**. Bereinigt um die Steuern vom Einkommen und vom Ertrag ergibt sich der **Erfolg vor Steuern**, der auch als Gewinn vor Steuern bezeichnet werden kann. **Die Steuern vom Einkommen und vom Ertrag werden aus der Erfolgsquellenanalyse herausgenommen und der Erfolgsverwendung zugerechnet, weil es sich bei diesen gewinnabhängigen Steuern nach betriebswirtschaftlichen Gesichtspunkten eher um eine Gewinnverwendung als um eine Gewinnquelle handelt.** Entsprechend dem Unter-Unterabschnitt 3.1.1.2 „Analyse der Erfolgsverwendung“ spaltet sich der Erfolg vor Steuern in die vier Verwendungskanäle „Ausschüttung/Entnahmen“, „Veränderung Eigenkapital durch Erfolg“, „Steuern vom Einkommen und vom Ertrag“ und „Stille Reserven“:

- Ausschüttung/Entnahmen
- Veränderung Eigenkapital durch Erfolg
- Steuern vom Einkommen und vom Ertrag
- Stille Reserven

Darst. 3.2015: Kanäle der Erfolgsverwendung

3.2.4.1 Anteil Ausschüttung/Entnahmen durch Erfolg

Bei der Analyse der Erfolgsverwendung steht sicherlich die **Ausschüttungs- oder Dividendenpolitik** der Kapitalgesellschaft bzw. die **Entnahmepolitik** des Einzelunternehmens und der Gesellschafter der Personengesellschaft im Zentrum der Untersuchung. Der Controller kann prüfen, ob das Ausschüttungs- bzw. Entnahmeverhalten überhaupt mit der Erfolgssituation der Unternehmung äquivalent ist. Die Kennziffer „Anteil Ausschüttung/Entnahmen durch Erfolg" gibt das Verhältnis von Ausschüttung bzw. Entnahmen zum erwirtschafteten Erfolg vor Steuern an:

$$\frac{\text{Ausschüttung/Entnahmen}}{\text{Erfolg vor Steuern}} \cdot 100$$

Darst. 3.2016: Anteil Ausschüttung/Entnahmen durch Erfolg

In diesem Zusammenhang soll auf die **Ausschüttungsquote** hingewiesen werden. Sie ist zum einen etwas **aufwendiger** zu berechnen und zum anderen **aussageschwächer** als der vorstehende Anteil. Allerdings kommt sie deutlich häufiger zum Einsatz. Die Ausschüttungsquote wird ermittelt, indem folgende Schritte vollzogen werden:

	Gewinnvortag bzw. Verlustvortrag des Vorjahres
+	Entnahmen aus der Kapitalrücklage
+	Entnahmen aus Gewinnrücklagen
−	Einstellungen in Gewinnrücklagen
=	Bilanzgewinn bzw. Bilanzverlust

Darst. 3.2017: Ermittlung des Bilanzgewinns bzw. Bilanzverlusts

Die auf der Basis des Bilanzgewinns bzw. -verlusts ermittelbare Ausschüttungsquote

$$\text{Ausschüttungsquote (\%)} = \frac{\text{Ausschüttungsbetrag}}{\text{Bilanzgewinn}} \cdot 100$$

Darst. 3.2018: Ausschüttungsquote (%)

ist nicht empfehlenswert, weil erstens bei der Ermittlung des Jahresüberschusses die Steuern vom Einkommen und Ertrag – und die können regional sehr unterschiedlich sein (!) – subtrahiert werden, zweitens Kapitalrücklagen, die auf ein früheres Agio zurückzuführen sind, aufgelöst werden und drittens Gewinne bzw. Verluste aus der vorangegangenen oder mehreren vorhergehenden Perioden bei der Berechnung des Bilanzgewinns berücksichtigt werden.

Die Berechnung der Ausschüttungsquote und deren Interpretation soll anhand des folgenden Beispiels verdeutlicht werden:

In der Einladung der Bayer AG an ihre Aktionäre zur Hauptversammlung 2018, die u. a. über die Verwendung des Bilanzgewinns entscheiden soll, findet sich folgende Formulierung: „Vorstand und Aufsichtsrat schlagen vor, von dem im Jahresabschluss für das Geschäftsjahr 2017 ausgewiesenen Bilanzgewinn von 2.900.000.000,00 € einen Betrag von 2.315.453.862,40 € zur Ausschüttung einer Dividende von 2,80 € je dividendenberechtigter Aktie zu verwenden und den verbleibenden Betrag von 584.546.137,60 € auf neue Rechnung vorzutragen." Sofern der Ausschüttungsbetrag durch den Bilanzgewinn dividiert und mit 100 multipliziert wird, ergibt sich eine Ausschüttungsquote von 79,84 %. Von dem Bilanzgewinn werden somit 79,84 %, also fast 4/5 an die Aktionäre ausgekehrt.

Die nähere Analyse des Bilanzgewinns[632] zeigt, dass der Jahresüberschuss mit 4.543 Mio. € deutlich höher war als der Bilanzgewinn. Es wurden 1.643 Mio. € in andere Gewinnrücklagen eingestellt. Würden diese Rücklagen bei der Berechnung der Ausschüttungsquote mitberücksichtigt, sinkt letztere auf nur noch 50,96 %. Sofern darüber hinaus auch noch die Steuern in Höhe von 335 Mio. € zum Bilanzgewinn addiert werden, sinkt die Ausschüttungsquote weiter auf 47,46 %. Der vorstehend ermittelte Anteil entspricht nun dem „Anteil Ausschüttung/Entnahmen durch Erfolg". – Die Analyse hat gezeigt, dass die Ausschüttungsquote die tatsächliche Belastung durch die Ausschüttung verfälscht, weil die Einstellungen in Gewinnrücklagen nicht bedacht wurden. International betrachtet ergibt sich eine weitere Verzerrung beim Vergleich von Ausschüttungsquoten durch regional unterschiedliche Methoden bei der Berechnung der Steuerbemessungsgrundlage sowie der Steuer auf Einkommen und Ertrag.

Stehen die Ausschüttungsbeträge bzw. Entnahmen nicht mit dem erwirtschafteten Erfolg im Einklang, müssen diese in Zukunft zur Vermeidung einer Verschlechterung der Eigenkapitalausstattung gedrosselt werden. Eine in diesem Sinne **überhöhte Gewinnausschüttung** hat eine Verminderung des der Unternehmung zur Disposition zur Verfügung stehenden Kapitals zur Folge. Hier besteht die **Gefahr einer dauerhaften Schädigung der Unternehmenssubstanz**.

Nützliche Hinweise zur Analyse der Ausschüttungs- bzw. Entnahmepolitik liefern auch die **Gesellschaftsverträge oder sonstige vorhandene Gesellschaftervereinbarungen** untereinander.

Im Zuge der Analyse der Entnahmen sind eventuelle **kalkulatorische Zusatzkosten** zu bedenken. Hat der Inhaber oder Gesellschafter der Unternehmung **Leistungen unentgeltlich zur Verfügung gestellt**, die bei der Erstellung der Strukturbilanz als kalkulatorische Mieten oder kalkulatorischer Unternehmerlohn in Abzug gebracht wurden und damit den Gesamtbetrag der Erfolgsverwendung gemindert haben, dürfen diese Beträge **nicht als Entnahmen** gewertet werden. Gemäß dem Opportunitätskostenprinzip sind diese Kosten als Miete bzw. Lohn zu werten und nicht als Entnahme.

[632] Die Zahlen wurden dem Jahresabschluss entnommen. In: https://www.bayer.de/de/jahresabschluss-bayer-ag-2017-de.pdfx, Abruf am 08.05.2018.

3.2.4.2 Analyse der Selbstfinanzierung

Zweck der Selbstfinanzierung

Der im Unternehmen erwirtschaftete Gewinn trägt bei **Thesaurierung zu einer kontinuierlichen Verbreiterung der Eigenkapitalbasis** bei. Damit sichert er auch Betrieben, denen kein neues Kapital von außen zugeführt wird, einen soliden Finanzaufbau. Besonders Personengesellschaften, deren **Gesellschafter zu einer zusätzlichen Kapitalzuführung nicht in der Lage sind und einer Aufnahme neuer Gesellschafter nicht zustimmen wollen, sind auf eine Gewinnthesaurierung angewiesen**, um die Kapitalstruktur nicht allzu sehr zu belasten.

Die Gewinnthesaurierung ist vor allem unter dem Aspekt bedeutend, dass zur Erhaltung der betrieblichen Funktionsfähigkeit alte Maschinen durch neue ersetzt werden müssen. Man spricht hier auch von **Substanzerhaltung**. Das hängt u. a. damit zusammen, dass man bei der Festsetzung der handelsrechtlichen Abschreibung – über die ja die Ersatzbeschaffung gesichert werden soll – nur von den ursprünglichen (historischen) Anschaffungs- oder Herstellungskosten der Maschine ausgehen darf. Eventuelle Preissteigerungen sind infolgedessen in den Abschreibungen nicht enthalten und müssen aus dem Gewinn bezahlt werden. Geht man bei der Analyse der Selbstfinanzierungskraft von den kalkulatorischen Abschreibungen aus, ist die Substanzerhaltung auch ohne einen Gewinn gesichert, da die Kosten auf Basis der (meist höheren) Wiederbeschaffungspreise berechnet werden.

Anteil Veränderung Eigenkapital durch Erfolg

Die Kennziffer „Anteil Veränderung Eigenkapital durch Erfolg“ setzt die Veränderung des Eigenkapitals in Beziehung zum ausgewiesenen Erfolg vor Steuern:

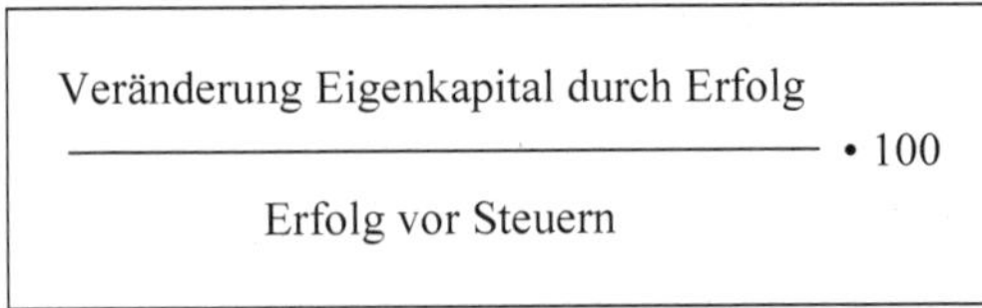

$$\frac{\text{Veränderung Eigenkapital durch Erfolg}}{\text{Erfolg vor Steuern}} \cdot 100$$

Darst. 3.2019: Anteil Veränderung Eigenkapital durch Erfolg

Grad der Selbstfinanzierung

Eine in diesem Zusammenhang stehende Kennzahl ist der Grad der Selbstfinanzierung. Diese setzt die Gewinnrücklagen ins Verhältnis zum gezeichneten Kapital.[633] Ein Wert von über 100 % besagt, dass die Rücklagen das Nominalkapital übersteigen.

$$\frac{\text{Gewinnrücklagen}}{\text{Gezeichnetes Kapital}} \cdot 100$$

Darst. 3.2020: Selbstfinanzierungsgrad (%)

Diese Kennzahl drückt die Bereitschaft des Unternehmens (letztlich der Gesellschafter) aus, Eigenkapital durch Einstellungen in die Gewinnrücklagen, zu bilden. Aus der Kennzahl könnte auch abgelesen werden, inwieweit das Top-Management in der Lage ist, die Anteilseigner davon zu überzeugen, die Gewinne zu thesaurieren, um letztlich die Finanzkraft des Unternehmens zu verbessern und die Investitionsstärke zu erhöhen.

Bei dem hier vorgestellten Selbstfinanzierungsgrad handelt es sich um einen nominellen, einfachen oder bilanziellen Selbstfinanzierungsgrad, da er lediglich die offenen Gewinnrücklagen einbezieht.[634]

Die Änderung des nominellen Selbstfinanzierungsgrades lässt sich im Rahmen der Zeitanalyse gut beobachten, sondern sich das gezeichnete Kapital nicht infolge einer Kapitalerhöhung verändert.

[633] Eine weitere Definition liefert Scheld, der im Zähler die gesamten Rücklagen nennt. Vgl. SCHELD, G. A.: Operatives, a. a. O., S. 291. Dieser Ansicht wird hier nicht gefolgt, da in den gesamten Rücklagen auch Kapitalrücklagen enthalten sein können, die nicht aus dem Jahresüberschuss des Unternehmens, sondern dem Agio bei Kapitalerhöhungen resultieren. Ebenfalls verworfen wird der Vorschlag von Gräfer/Wengel, die die Gewinnrücklagen auf das Gesamtkapital beziehen, da hier ein Zeitreihenvergleich wegen der sich im Zeitablauf ändernden Größe im Nenner nicht sinnvoll durchgeführt werden kann. Vgl. GRÄFER, H., WENGEL, T.: Bilanzanalyse. Kompaktes Lern- und Arbeitsbuch mit Online-Training, 14. Aufl., Herne 2019, S. 88. Das gleiche Argument gilt für Zantow/Dinauer/Schäffler, die das Eigenkapital als Größe im Nenner vorschlagen. Vgl. ZANTOW, R., DINAUER, J., SCHAEFFLER, CH.: a. a. O., S. 521–522.

[634] Im Gegensatz dazu werden beim effektiven, erweiterten oder korrigierten Selbstfinanzierungsgrad auch die stillen Gewinnrücklagen berücksichtigt.

3.2.4.3 Anteil Steueraufwand durch Erfolg

Die Kennzahl „Anteil Steueraufwand durch Erfolg“ – auch **Steuerquote** genannt – ist der Quotient aus „Steueraufwand“ und „Erfolg vor Steuern“. Der Steueraufwand setzt sich aus dem tatsächlichen und dem latenten Ertragsteueraufwand zusammen.

$$\frac{\text{Steueraufwand}}{\text{Erfolg vor Steuern}} \cdot 100$$

Darst. 3.2021: Anteil Steueraufwand durch Erfolg

Die Steuerquote hat als Benchmarkgröße für die **Beurteilung der betrieblichen Steuerpolitik** eine herausragende Bedeutung. Sie kann für den Betriebsvergleich (internes oder externes Benchmarking) oder einen Zeitvergleich (Zeitreihenanalyse) genutzt werden.

So kann eine im Zeit- oder Betriebsvergleich **überhöhte Steuerquote** darauf hindeuten, dass das Unternehmen in der betrachteten Periode nicht ausreichend steuerplanerisch tätig geworden ist und die Möglichkeiten zur Senkung der Steuerquote nicht genutzt hat. In diesem Fall ist es ratsam, die Gründe für die hohe Steuerquote zu eruieren. Es sollten einmalige und kontinuierliche Steuerbe- und -entlastungen analysiert werden.

Sollte sich zeigen, dass der Steuerlast **nicht mehr finanzwirksam realisierte Erfolgsquellen gegenüberstehen**, indem beispielsweise im Geschäftsjahr ungewöhnlich hohe Umbewertungen vorgenommen wurden, so ist diese Form der Erfolgsverwendung zweifellos als außerordentlich fragwürdig einzustufen.

3.2.4.4 Analyse der stillen Reserven

Obwohl sich der Gesetzgeber namentlich bei den Kapitalgesellschaften gegen eine Bildung stiller Reserven ausspricht, verleihen sie doch dem Unternehmen – wie bereits erwähnt – eine gewisse **Widerstandsfähigkeit** und dienen der **Substanzerhaltung**.

Die Ermittlung der stillen Reserven ist für den Controller relativ problemlos, da er uneingeschränkt auf die **Unterlagen des internen Rechnungswesens** zurückgreifen kann.

3.2.5 Vermögensstrukturanalyse

Unterteilen lässt sich die Bilanzstrukturanalyse in die **Kapitalstrukturanalyse**, bei der die Passivseite, also Eigenkapital und Fremdkapital betrachtet wird, die **Vermögensstrukturanalyse**[635], bei der die Aktivseite der Bilanz betrachtet wird und die **Deckungsstrukturanalyse**, die die bilanzseitenübergreifenden Kennzahlen umfasst.

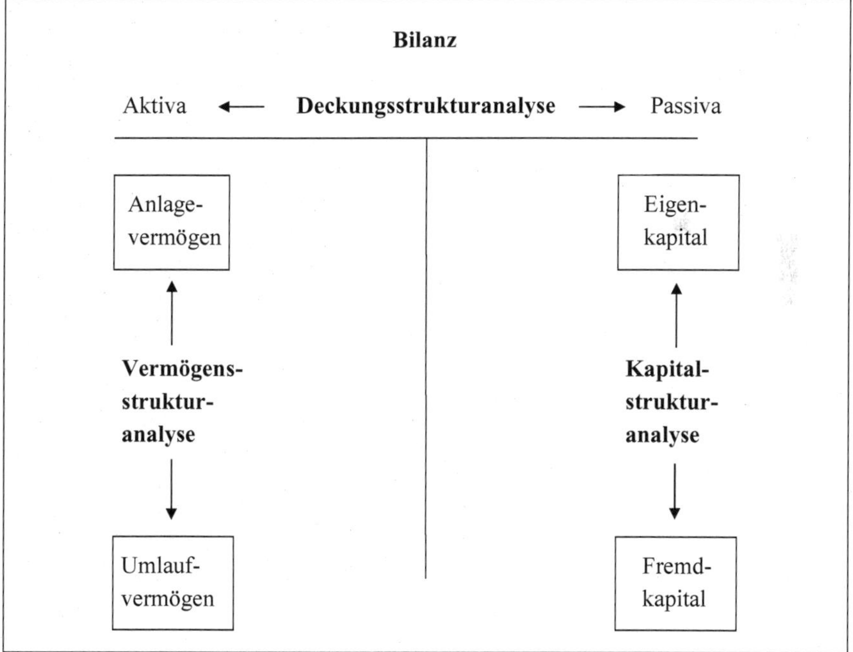

Darst. 3.2022 Bilanzstrukturanalyse

[635] In der Literatur gelegentlich auch als Investitionsanalyse bezeichnet.

Zweck der Bilanzstrukturanalyse im Unternehmen ist einerseits die Abstimmung von Finanzierung und Investition im Hinblick auf Risiko und Rentabilität, sowie die Überprüfung der Fristenkongruenzen der beschafften und in Vermögenswerten gebundenen liquiden Mittel. Gleichzeitig soll die Solidität der Finanzierung des Unternehmens betrachtet werden.[636]

Die Themen Kapitalstrukturanalyse und Deckungsstrukturanalyse werden in den Unter-Unterabschnitten 1.6.2.1 und 1.6.2.2 von Band 2 näher erläutert.

Auf die Vermögensstrukturanalyse wird in diesem Kapitel näher eingegangen, da sich die Vermögensstrukturkennzahlen (auch Vermögensintensitäten) bis auf die Vermögensintensität auf das Gesamtvermögen und damit auf das gesamte Unternehmen beziehen.

Dennoch ist auch eine andere Zuordnung der Vermögensstrukturkennzahlen denkbar[637], denn die Höhe und Veränderungen der Vermögensintensitäten werden beispielsweise von zahlreichen Einflussfaktoren geprägt.

- Branche
- Geschäftspolitik (z. B. Einsatz von Leasing)
- Abschreibungs- und Investitionspolitik (z. B. Bestimmung des optimalen Ersatzzeitpunkts)
- Produktionsprogramm- und Tiefe
- Sortimentspolitik
- Automatisierung der Fertigungsprozesse
- Saisonale und konjunkturelle Faktoren

Darst. 3.2023: Einflussfaktoren der Vermögensintensitäten
(Vgl. SCHIERENBECK, H., WÖHLE, C. B.: a. a. O., S. 804.)

[636] Vgl. GUSERL, R., PERNSTEINER, H.: a. a. O., S. 198, 245–246.

[637] Zum Beispiel die Behandlung im Investitions- oder Produktionscontrolling.

Aufgabe der Vermögensstrukturanalyse ist es, neben der Art und dem Vermögenswert der Einzelpositionen oder Gruppen davon primär den Flexibilitäts- bzw. Mobilisierungsgrad der Vermögensgegenstände (oder Gruppen davon) zu untersuchen. Zusätzlich sollen in diesem Unterabschnitt **im Bereich des Anlagevermögens** Kennzahlen vorgestellt werden, die einen **Hinweis auf die Substanzerhaltung oder die Zukunftsvorsorge** liefern.

3.2.5.1 Anlagenintensität, Investitionsintensität und Investitionsquote

Zu den bilanzanalytischen Kennzahlen im Produktionsbereich gehört die Anlagenintensität:

$$\text{Anlagenintensität (\%)} = \frac{\text{Anlagevermögen}}{\text{Gesamtvermögen}} \cdot 100$$

Darst. 3.2024: Anlagenintensität (%)

Diese Gliederungskennzahl gibt Aufschluss darüber, **wie viel Prozent des Gesamtvermögens auf das Anlagevermögen entfällt**. Kapitalintensive Unternehmen wie Automobilbauer oder Stahlproduzenten weisen dementsprechend hohe Prozentwerte auf, während Handelsunternehmen oder Dienstleister wie Rechtsanwälte, Steuerberatungsgesellschaften oder Filialketten mit angemieteten Räumlichkeiten eher geringe Werte zeigen.

Das Anlagevermögen wird wie folgt errechnet:

A. Anlagevermögen:

I. Immaterielle Vermögensgegenstände:
1. Selbst geschaffene gewerbliche Schutzrechte und ähnliche Rechte und Werte;
2. entgeltlich erworbene Konzessionen, gewerbliche Schutzrechte und ähnliche Rechte und Werte sowie Lizenzen an solchen Rechten und Werten;
3. Geschäfts- oder Firmenwert;
4. geleistete Anzahlungen;

II. Sachanlagen:
1. Grundstücke, grundstücksgleiche Rechte und Bauten einschließlich der Bauten auf fremden Grundstücken;
2. technische Anlagen und Maschinen;
3. andere Anlagen, Betriebs- und Geschäftsausstattung;
4. geleistete Anzahlungen und Anlagen im Bau;

III. Finanzanlagen:
1. Anteile an verbundenen Unternehmen;
2. Ausleihungen an verbundene Unternehmen;
3. Beteiligungen;
4. Ausleihungen an Unternehmen, mit denen ein Beteiligungsverhältnis besteht;
5. Wertpapiere des Anlagevermögens;
6. Sonstige Ausleihungen.

Darst. 3.2025: Bilanzgliederungsschema nach § 266 HGB (Ausschnitt Anlagevermögen)

Bei der Textilkontor Walter Seidensticker GmbH & Co. KG, Bielefeld, ergibt sich die Anlagenintensität zum 30.04.2018[638] aus dem Quotienten von Anlagevermögen 12.121.230,14 € und der Bilanzsumme 8.129.436,44 € mit 0,1407. Multipliziert mit 100 errechnet sich eine Anlagenintensität von 14,07 %.

Hohe Anlageintensitäten erweisen sich bei (starken) Konjunkturschwankungen als **entscheidender Hebel in Bezug auf die Höhe des Jahresüberschusses**. Bei schlechter Konjunkturlage sind die Kapazitäten nicht ausgelastet. Es entstehen hohe **Leerkosten**. Zumeist handelt es sich um Fixkosten, die nicht kurzfristig abgebaut werden können. Dies sind neben Personalkosten in erster Linie die Abschreibungen, die planmäßig weiter angesetzt werden müssen. Auf der anderen Seite fehlen die Umsätze/Erlöse, so dass „rote“ oder

[638] Der Jahresabschluss der Walter Seidensticker GmbH & Co. KG, Bielefeld ist im Anhang wiedergegeben.

„tiefrote Zahlen" in der GuV die Folge sind. Mit diesem Phänomen hatte in den vergangenen Jahren z. B. die Adam Opel AG immer wieder zu kämpfen. Grund waren neben erheblichen Überkapazitäten fehlende Impulse auf der Nachfrageseite.

Neben den erfolgsbezogenen Problemen treten häufig auch **Liquiditätsschwierigkeiten** auf. Die – bei einer hohen Anlagenintensität – nutzlose Bindung von Finanzierungsmitteln forciert Liquiditätsprobleme, wenn die Umsätze ausbleiben und (ggf.) Kredite für angeschaffte Anlagegüter auch (noch) bedient werden müssen. Ist in dieser Situation der Verschuldungsgrad recht hoch, scheint das Ende der Unternehmung (Insolvenz) vorprogrammiert.[639]

Ob die Anlagenintensität eines Unternehmens tendenziell eher zu hoch oder zu niedrig ist, lässt sich erst in der **vergleichenden Betrachtung** entscheiden. Hier bietet sich das externe Benchmarking mit anderen Unternehmen oder das interne Benchmarking mit anderen Werken des Unternehmens an. Bei dem Vergleich mit anderen Unternehmen ist darauf zu achten, dass Betriebe derselben Branche betrachtet werden. Und selbst dann kann die absolute Höhe der Anlagenintensität noch sehr unterschiedlich sein, je nach Produktionsprogramm, Fertigungsverfahren, Betriebsgröße und dergleichen.

Liegt dauerhaft eine vergleichsweise (zu) hohe Anlagenintensität vor, besteht der Verdacht von Überkapazitäten beim betrachteten Unternehmen oder am Markt insgesamt.

Entweder gelingt es dem Unternehmen, die Nachfrage zu stimulieren, was gleichbedeutend mit einem höheren Beschäftigungsgrad wäre oder der Abbau von Überkapazitäten und damit die Reduzierung der Fixkostenbelastung (Leerkosten) steht im Vordergrund der Bemühungen. Letzteres kann im Einzelfall mit erheblichen Problemen verbunden sein: Die Stilllegung von Werken oder größeren Betriebseinheiten hat zwangsläufig eine außerplanmäßige Abschreibung der Maschinen zur Folge (vgl. § 253 III S. 3 HGB), die das Unternehmen in der ohnehin angespannten Lage kaum verkraften kann oder nicht will. Parallel könnten aufgrund des deutschen Arbeitsrechts bzw. der Rechtsprechung enorme einmalige und zusätzliche Personalkosten aufgrund eines Sozialplans fällig werden, die das Unternehmen u. U. endgültig in die Insolvenz (wegen Illiquidität und/oder Überschuldung) treiben. Hier entsteht der Eindruck, dass das Unternehmen in extremen Fällen nur die „Wahl zwischen Pest oder Cholera" hat. Vor diesem Hintergrund ist die Forderung der Arbeitgeber nach flexiblen/flexibleren Arbeitsmarktmodellen und -zeiten (z. B. Leiharbeit) absolut zu verstehen.

---

[639] Vgl. die Ausführungen zum Leverage-Risiko.

Im Falle der vorab beschriebenen Liquiditätsprobleme sollte der Controller daher prüfen, ob sich Rechte wie z. B. Lizenzen, Grundstücke, Gebäude, maschinelle Anlagen oder Maschinen, Fuhrpark, Betriebs- oder Geschäftsausstattungen unter den Vermögensgegenständen befinden, die nicht betriebsnotwendig sind und damit liquidiert werden können.

Auf den ersten Blick ist oft eine Reihe von Veräußerungen denkbar, die bei näherem Hinsehen dann doch nicht oder nur mit erheblichen Einbußen realisierbar sind. Dies ist beispielsweise dann der Fall, wenn es sich um sehr spezielle Vermögensgegenstände handelt oder in der Branche ohnehin mit Überkapazitäten gekämpft wird.

Vorab war festgehalten worden, dass die Kennzahl nur im branchenbezogenen Vergleich bewertet werden kann. Doch diese vergleichende Betrachtung ist mit Vorsicht zu genießen. Wird die Anlageintensität eines Unternehmens ohne Investitionstätigkeit betrachtet, so fällt diese im Zeitablauf stetig. Sind die Maschinen bis auf den Restbuchwert abgeschrieben, hat sich die Anlageintensität c. p. auf ein Minimum reduziert. Zwar spielt die Fixkostenbelastung aufgrund der Abschreibungen keine Rolle mehr; das Unternehmen wäre gegenüber Beschäftigungsschwankungen nicht so empfindlich. Aber: Der Maschinenpark ist in dieser Situation überaltert. Mit der Konsequenz, dass nicht nur die (technologische) Wettbewerbsfähigkeit, sondern oft auch die Produktivität ein ernst zu nehmendes Problem darstellt.

Eine **geringe Anlageintensität** in einer ansonsten sachanlageintensiven Branche kann also auf ein **marodes Unternehmen** mit einem erheblichen Investitionsnachholbedarf hinweisen. Denkbar wäre aber auch, dass das Unternehmen **kapitalintensive Prozesse ausgelagert** hat, um die vorgenannten Risiken zu minimieren.

Eine – im Vergleich relative – **hohe Anlagenintensität** deutet auf einen tendenziell neuen (wettbewerbsfähigen) Maschinenpark hin, der gleichzeitig als **Sicherheit im Falle einer Kreditaufnahme** des Unternehmens zur Verfügung stehen kann

Die Anlageintensität sollte wegen der planmäßigen Abschreibungen und der daraus resultierenden ständigen Verringerung der Quote in Verbindung mit der **Investitionsintensität** beleuchtet werden.

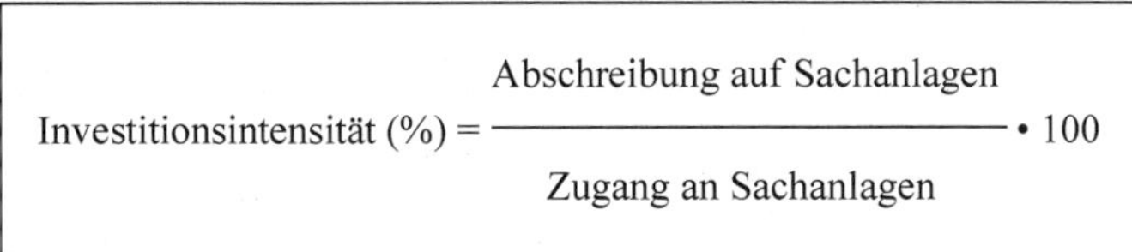

$$\text{Investitionsintensität (\%)} = \frac{\text{Abschreibung auf Sachanlagen}}{\text{Zugang an Sachanlagen}} \cdot 100$$

Darst. 3.2026: Investitionsintensität (%)

Die Investitionsintensität bei der Textilkontor Walter Seidensticker GmbH & Co. KG, Bielefeld, errechnet sich wie folgt: Die Abschreibungen auf Sachanlagen lassen sich dem Anlagenspiegel per 30.04.2018 entnehmen. Die Summe der Abschreibungen für Sachanlagen beträgt 2.009.747,85 €. Falls der Anlagenspiegel nicht vorliegt oder diesen Posten nicht ausweist, muss auf Hilfslösungen wie interne Informationen oder auf die in der GuV ausgewiesenen Abschreibungen Bezug genommen werden. Der Zugang an Sachanlagen findet sich ebenso im Anlagenspiegel: 1.189.993,88 €. Auch hier müsste bei Nichtvorliegen der Zahl auf Größen in der Bilanz (Änderungen der Sachanlage-Bestände unter Berücksichtigung der diesbezüglichen Abschreibungen) zurückgegriffen werden. Es ergibt sich für Seidensticker eine Investitionsintensität von 168,87 %.

Die Interpretation dieser Kennzahl ist allerdings nicht eindeutig. So könnte eine eher niedrige Prozentzahl errechnet werden, wenn (relativ) hohe Abschreibungen mit einem hohen Zugang an Sachanlagen ins Verhältnis gesetzt werden. In diesem Fall handelt es sich um gerade angeschafftes Sachanlagevermögen, also z. B. einen recht neuen Maschinenpark. Eine niedrige Prozentzahl kann aber auch berechnet worden sein, wenn die Abschreibungen in einem Geschäftsjahr sehr gering sind und gleichzeitig wenig Sachanlagevermögen erworben wurde. Wäre das Maschinenensemble im vorgenannten Szenario zahlenmäßig umfangreich, handelt es sich um relativ veraltete Maschinen.

Eine hohe Prozentzahl kann auf eine im vorangegangenen Geschäftsjahr vorgenommene Erweiterungs- oder Ersatzinvestition hindeuten, wenn ansonsten alle anderen Maschinen bereits abgeschrieben sind. Eine hohe Investitionsintensität kann demnach anzeigen, dass es sich um im Vorjahr oder in den Vorjahren erworbenes Sachanlagevermögen handelt; im aktuellen Geschäftsjahr jedoch keine weiteren langfristigen Vermögensgegenstände gekauft wurden. Das **zeitliche Auseinanderfallen von Abschreibungen** (über mehrere Jahre) **und das Anschaffen oder Herstellen von Sachanlagen** (in einem Geschäftsjahr) **erschwert die Interpretation dieser Kennzahl erheblich**.

Werden in einem bestimmten Geschäftsjahr Sachanlagen angeschafft oder hergestellt, ist die Investitionsintensität in diesem Jahr immer relativ gering, da die Abschreibungsbeträge unabhängig von der Abschreibungsmethode, der Nutzungsdauer und den Wiederbeschaffungswerten (im internen Rechnungswesen) bzw. den Anschaffungs-/Herstellungskosten (im externen Rechnungswesen) immer deutlich niedriger sind als die Wiederbeschaffungswerte resp. Anschaffungs-/Herstellungskosten. **Von einer kleinen Investitionsintensität kann jedoch weder auf junge noch überalterte Maschinen und Anlagen geschlossen werden**. So weisen hohe Beträge im Zähler und Nenner die gleiche Investitionsintensität auf wie geringe Beträge im Zähler und Nenner. Während im ersten Fall von einem relativ neuen Maschinenpark ausgegangen werden kann, würde im zweiten Fall ein Investitionsnachholbedarf (Ersatz- oder Erweiterungsinvestitionen) im Sinne der Substanzerhaltung vorliegen.

Die Interpretationsprobleme können nur dann gelöst werden, wenn ein detaillierter Blick in die Anlagenbuchhaltung möglich ist. Erste Anhaltspunkte kann der Anhang im Rahmen eines Jahresabschlusses liefern.

Weder die Kennzahl „Anlagenintensität“ noch die Größe „Investitionsintensität“ lassen ohne weitere Recherchen eine eindeutige Aussage zu, ob das Unternehmen **Substanzerhaltung** betreibt und/oder für die **Zukunft vorsorgt**.

Auch die isolierte Betrachtung des Kriteriums „Nettoinvestition“[640] reicht für weitergehende Schlussfolgerungen nicht aus, da die Höhe der Nettoinvestitionen besonders stark von der Unternehmensgröße und der Branche abhängt. Daher ist die Größe „Nettoinvestition“ zu relativieren. Eine Möglichkeit der Relativierung und der Analyse im Hinblick auf Substanzerhaltung und/oder Zukunftsvorsorge ist die **Investitionsquote**[641], bei der die gesamten Nettoinvestitionen (ggf. bezogen auf das Sachanlagevermögen) dividiert werden durch das Anlagevermögen (ggf. nur Sachanlagen), bewertet zu (historischen) Anschaffungs- oder Herstellungskosten am Anfang des Geschäftsjahres. Wöhe/Döring/Brösel und Bestmann begrenzen den Umfang der Nettoinvestitionen insofern, als sich sowohl die Nettoinvestitionen als auch das Anlagevermögen (nur) auf die Sachanlagen beziehen:[642]

---

[640] Vgl. hierzu die Ausführungen im Unterabschnitt 1.5.5 von Band 2 „Nettoinvestition“.

[641] Nicht zu verwechseln mit der Investitionsrate ((Anlage-) Investition/Umsatz)! Anmerkung: In der Volkswirtschaftslehre wird der Begriff „Investitionsquote“ ebenfalls verwendet. Dort ist sie definiert als das Verhältnis von Bruttoanlageinvestitionen zum Bruttoinlandsprodukt (in Prozent).

[642] Vgl. WÖHE, G., DÖRING, U., BRÖSEL, G.: Einführung in die Allgemeine Betriebswirtschaftslehre, 27. Aufl., München 2020, S. 903, BESTMANN, U., a. a. O., S. 7.

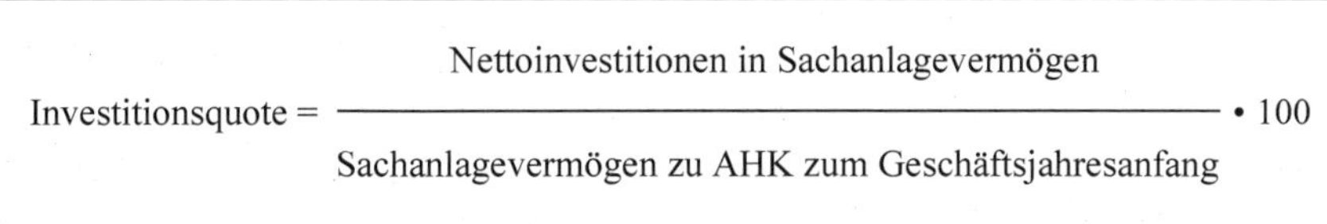

$$\text{Investitionsquote} = \frac{\text{Nettoinvestitionen in Sachanlagevermögen}}{\text{Sachanlagevermögen zu AHK zum Geschäftsjahresanfang}} \cdot 100$$

Darst. 3.2027: Investitionsquote (Sachanlagevermögen)

Sofern Investitionen in Sachanlagevermögen das Kernstück der Investitionspolitik sind, weil das Unternehmen in diesem Bereich des Anlagevermögens die entscheidenden Wettbewerbsvorteile generiert, ist die Beschränkung auf das Sachanlagevermögen ausreichend.

Da aber auch Investitionen in immaterielle Güter (z. B. Einkauf von Know-how) und Gegenstände des Finanzanlagevermögens (z. B. Kapitalverflechtungen/-beteiligungen aus strategischen Gründen zwecks Bindung eines Partners) getätigt werden, ist diese Definition zu eng gefasst. Gerade die Investitionen in immaterielles Anlagevermögen (u. a. Software, Rechte) haben in den letzten Jahren erheblich zugenommen. In diesem Zusammenhang erscheint es sinnvoller, das gesamte Anlagevermögen in der Investitionsquote zu berücksichtigen:

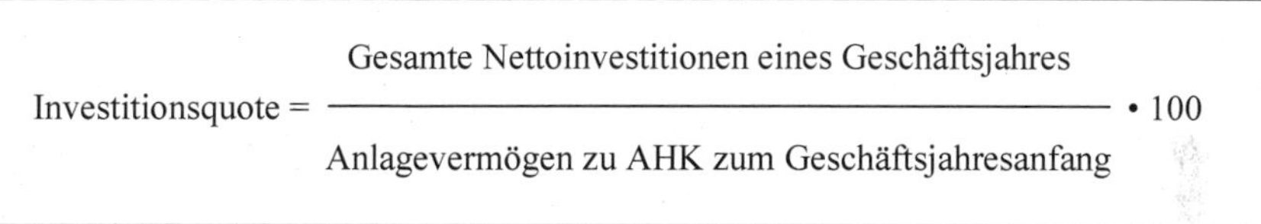

$$\text{Investitionsquote} = \frac{\text{Gesamte Nettoinvestitionen eines Geschäftsjahres}}{\text{Anlagevermögen zu AHK zum Geschäftsjahresanfang}} \cdot 100$$

Darst. 3.2028: Investitionsquote (Anlagevermögen)

Die Investitionsquote gibt das **Ausmaß der Zukunftsvorsorge** eines Unternehmens in Prozent wieder.

Da das Investitionsvolumen in den meisten Fällen im Zeitablauf erheblichen Schwankungen unterliegt, ist es sinnvoll, diese Kennzahl im Rahmen einer **Zeitreihenanalyse** über einen längeren Zeitraum zu betrachten. So kann das Investierverhalten eines Geschäftsjahres in den Gesamtzusammenhang der (langfristigen) Investitionspolitik/-strategie eingefügt werden.

Die vorstehende Aussage offenbart, dass auch die Kennzahl „Investitionsquote" nicht isoliert betrachtet werden kann. Ein **internes Benchmarking** ist zwar aufgrund des leichteren Datenzugriffs besser möglich als im Falle des **externen Benchmarkings**, im Hinblick auf die Zukunftsvorsorge ist jedoch ein Vergleich mit Externen, hier vor allem mit den Wettbewerbern, bedeutend wichtiger. Erst der unmittelbare Vergleich mit Konkurrenten macht – in Verbindung mit einer Erfolgsanalyse – deutlich, ob das eigene Unternehmen im Vergleich die Wettbewerbsfähigkeit künftig verbessern kann, seine eigene Marktposition verteidigt oder Rückschläge wird vermutlich hinnehmen müssen.

Wie die Sachanlagen finanziert wurden, lässt sich nur bedingt aus der Investitionsquote (s. o.) ablesen. Allein schon wegen des zeitlichen Auseinanderfallens von Abschreibungen und Investitionen. Zudem war oben festgehalten worden, dass die Beschränkung auf Sachanlagen wenig zeitgemäß ist, da ein zunehmend größerer Teil der Investitionen in immaterielle Güter[643] und Finanzanlagen[644] fließt. Aus diesen Gründen wird im Zähler als innere, zeitnahe Finanzierungsquelle der Cashflow[645] gewählt, während im Nenner die Nettoinvestitionen, also der Saldo aus Zu- und Abgängen des Anlagevermögens steht. Diese Kennzahl wird **Selbstfinanzierungsquote**[646] oder innere Investitionsdeckung genannt.[647] Sie darf nicht mit dem Selbstfinanzierungsgrad verwechselt werden.[648]

$$\frac{\text{Cashflow}}{\text{Nettoinvestitionen}} \cdot 100$$

Darst. 3.2029: Selbstfinanzierungsquote

Die Kennzahl gibt an, in welchem Ausmaß die langfristige Kapitalbindung in Investitionen des Anlagevermögens durch den Finanzmittelüberschuss gedeckt werden kann. Die Selbstfinanzierungsquote liefert somit einen ersten Einblick in die Finanzierung, speziell

643 Engl.intangible assets.

644 Engl. financial assets.

645 Der Cashflow als Finanzkennzahl wird im zweiten Band diskutiert. Vgl. WÖRDENWEBER, M.: Operatives Controlling, a. a. O., Unterabschnitt 1.6.5 „Cashflow“.

646 Vgl. etwa SCHELD, G. A.: Operatives, a. a. O., S. 277. Anders Copeland/Weston/Shastri, die statt des Cashflows die Größe EBIT • (1 – Steuerquote) vorschlagen. Dieser Auffassung wird nicht gefolgt, da die vorgenannte Größe auf der Basis der Bilanz die Liquidität nur teilweise widerspiegelt (u. a. fehlt die Finanzierung durch Abschreibungen als Korrekturposten). Vgl. COPELAND, T. E., WESTON, J. F., SHASTRI, L.: Finanzierungstheorie und Unternehmenspolitik, Konzepte der kapitalmarktorientierten Unternehmensfinanzierung, 4. Aufl., München 2008, S. 625.

647 Es sei am Rande darauf hingewiesen, dass anderslautende volkswirtschaftliche, insb. Finanzwissenschaftliche oder bankwirtschaftliche Definitionen existieren: Im ersten Fall ist die Selbstfinanzierungsquote das Verhältnis (des Barwerts) sämtlicher förderinduzierter Rückflüsse in Relation zum Fördervolumen. Im zweiten Fall ist dies bei exportfördernden Finanzierungen der AKA Ausfuhrkreditgesellschaft mbH der Anteil, den der Exporteur aus eigenen Mitteln aufbringen muss.

648 Der Selbstfinanzierungsgrad wird im Unter-Unterabschnitt 3.2.4.2 „Analyse der Selbstfinanzierung“ vorgestellt.

die **Selbstfinanzierungskraft** des Unternehmens. Je nachdem, in welcher Höhe die Investitionen durch Innenfinanzierungsmittel getragen werden, ist die Investitionstätigkeit des Unternehmens unterschiedlich zu bewerten.

Die Beurteilung der Selbstfinanzierungsquote ist allerdings erst im Rahmen eines Benchmarkings (Zeitreihenanalyse, externes Benchmarking)[649] wirklich aussagekräftig. Erst ein Zeitvergleich und/oder die relative Betrachtung zwischen Unternehmen machen Entwicklungstendenzen und eine Einordnung der unternehmerischen Selbstfinanzierungstätigkeit erkennbar. Eine hohe **dauerhaft hohe Selbstfinanzierungsquote** liefert einen Hinweis auf eine **Verbesserung der Kapitalstruktur**, eine **dauerhaft niedrige** c. p. auf einen **steigenden Verschuldungsgrad**.

Eine Begrenzung des Selbstfinanzierungsumfangs bei ungünstiger Ertrags- und damit Liquiditätsentwicklung führt im Allgemeinen dazu, dass für Investitionen (Ersatz-, Umstellungs- und Erweiterungsinvestitionen) vergleichsweise mehr Finanzmittel eingesetzt werden müssen. Bei einem hohen Zinsniveau werden i. d. R. längerfristig (Zins-)Kosten verursacht, wodurch sind häufig die Investitionsbereitschaft verringert. Bei nachhaltigen Jahresfehlbeträgen ist zu konstatieren, dass eine Außenfinanzierung durch Kreditfinanzierung (Fremdfinanzierung) oder mittels Finanzierung durch Einlagen als Einlagenfinanzierung oder Beteiligungsfinanzierung (Eigenfinanzierung) deutlich erschwert wird, da eine Verschlechterung der Kapitalstruktur das Insolvenzrisiko erhöht.

Eine Ausweitung der Selbstfinanzierungskraft bei günstiger Ertrags- und damit Liquiditätsentwicklung führt zu gegenteiligen Auswirkungen.

Zu guter Letzt sei noch auf eine **Gefahr dieser Kennzahl** hingewiesen:[650] Sie kann einen recht hohen Wert annehmen – was einer guten Bewertung gleich käme –; tatsächlich aber sind sowohl im Zähler als auch im Nenner sehr niedrige Werte angeben: Ein geringer Cashflow wird mit ein deutlich kleineren Nettoinvestitionen ins Verhältnis gesetzt. Insofern *kann* die Selbstfinanzierungsquote nur ein **Indiz** für eine gute Selbstfinanzierungskraft sein; eine Bestätigung findet sich erst, wenn Zähler und Nenner der Kennzahl näher untersucht werden. Es sei zudem darauf hingewiesen, dass eine hohe Finanzierungskraft (ausgedrückt durch einen hohen Prozentsatz) ohne weitere Informationen nichts über die **Substanzerhaltung** des Unternehmens aussagt. Wenn der Umfang der Nettoinvestitionen trotz hoher Selbstfinanzierungsquote – wie im vorliegenden Fall – sehr gering ist, ist zu

[649] Vgl. die Ausführungen zum Thema Benchmarking im Unterabschnitt 2.2.6 „Bewertung von Kennzahlen und Benchmarking“.

[650] Vgl. HEESEN, B., GRUBER, W.: Bilanzanalyse und Kennzahlen. Fallorientierte Bilanzoptimierung, 6. Aufl., Wiesbaden 2017, S. 184–185.

vermuten, dass kein wesentlicher Beitrag zur Substanzerhaltung geleistet wurde. Im besten Fall ist in dieser Situation davon auszugehen, dass das Anlagevermögen (bereits) up to date (u. a. auf dem neuesten Stand der Technik) ist.

3.2.5.2 Sachanlagenintensität

Im Gegensatz zur Anlagenintensität werden bei der Sachanlagenintensität im Zähler dieser Kennzahl nur die Vermögensgegenstände berücksichtigt, die zum Sachanlagevermögen gehören:

II. Sachanlagen:
   a. Grundstücke, grundstücksgleiche Rechte und Bauten einschließlich der Bauten auf fremden Grundstücken;
   b. technische Anlagen und Maschinen;
   c. andere Anlagen, Betriebs- und Geschäftsausstattung;
   d. geleistete Anzahlungen und Anlagen im Bau;

Darst. 3.2030: Bilanzgliederungsschema nach § 266 HGB (Ausschnitt Sachanlagen)

Dementsprechend wird die Kennzahl Sachanlagenintensität wie folgt definiert:

$$\text{Sachanlagenintensität (\%)} = \frac{\text{Sachanlagevermögen}}{\text{Gesamtvermögen}} \cdot 100$$

Darst. 3.2031: Sachanlagenintensität (%)

Da im Unterschied zur Anlagenintensität lediglich die Finanzanlagen und das immaterielle Anlagevermögen fehlen, gelten die im vorherigen Unter-Unterabschnitt vorgenommenen Bewertungen und Schlussfolgerungen grundsätzlich auch hier.

Beispiel: Im Fall der Textilkontor Walter Seidensticker GmbH & Co. KG lässt sie sich aus dem Jahresabschluss 2017/2018[651] wie folgt errechnen:

$$\text{Sachanlagenintensität} = \frac{10.469.322{,}65\ €}{86.129.436{,}44\ €} \cdot 100 = 12{,}16\ \%$$

3.2.5.3 Vermögensintensität

Die Vermögensintensität, auch Investierungsverhältnis oder Vermögenskonstitution genannt, verdeutlicht das Verhältnis von Anlagevermögen zu Umlaufvermögen.

$$\text{Vermögensintensität (\%)} = \frac{\text{Anlagevermögen}}{\text{Umlaufvermögen}} \cdot 100$$

Darst. 3.2032: Vermögensintensität (%)

Je größer die Vermögensintensität ist, desto höher ist der Anteil des Anlagevermögens in Relation zum Umlaufvermögen.

Auf die Interpretation und Analyse dieser Kennzahl soll nicht weiter eingegangen werden, da die Ausführungen zur Anlagenintensität weitestgehend auch hier Gültigkeit besitzen.

Beispiel: Im Fall der Textilkontor Walter Seidensticker GmbH & Co. KG lässt sich die Vermögensintensität aus dem Jahresabschluss 2017/2018 wie folgt errechnen:

$$\text{Sachanlagenintensität} = \frac{12.121.230{,}14\ €}{72.808.287{,}30\ €} \cdot 100 = 16{,}65\ \%$$

[651] Der Jahresabschluss der Textilkontor Walter Seidensticker GmbH & CO. KG ist im Anhang hinterlegt.

3.2.5.4 Umlaufintensität

Die Umlaufintensität, auch Intensität des Umlaufvermögens genannt, zeigt die Relation zwischen Umlaufvermögen und Gesamtvermögen.

$$\text{Umlaufintensität (\%)} = \frac{\text{Umlaufvermögen}}{\text{Gesamtvermögen}} \cdot 100$$

Darst. 3.2033: Umlaufintensität (%)

Der Vorteil einer **hohen Umlaufintensität** liegt darin, dass dem Unternehmen ein hohes Liquiditätspotenzial und ein hoher Flexibilitätsgrad zur Verfügung stehen. Eine hohe Intensität erhöht die Flexibilität der Unternehmung bezüglich veränderter Rahmenbedingungen einschließlich bevorstehender Krisen und impliziert eine verbesserte Auslastung der Kapazitäten. Gegenüber Konjunkturschwankungen sind Unternehmen in dieser Situation vergleichsweise unempfindlicher. Sie können sich beispielsweise kurzfristigen Nachfrageänderungen besser anpassen und somit Chancen auf eine verbesserte Ertragssituation nutzen resp. verlustträchtige oder gar existenzbedrohende Situationen vermeiden.

Die vorstehenden Anmerkungen unterstellen, dass das Umlaufvermögen schnell und leicht liquidierbar ist. Im Einzelfall wird die Betrachtung **differenzierter** vorgenommen werden müssen, je nachdem, ob es sich um Material oder finanzielles Umlaufvermögen handelt. Der Bestand an Roh-, Hilfs- und Betriebsstoffen sowie unfertigen Erzeugnissen und Leistungen ist ohne eine Beeinträchtigung des laufenden Produktions- und Geschäftsbetriebs nicht ohne Weiteres reduzierbar. Die genannten Güter können zum einen spezieller Natur sein; zum anderen spielt der potenzielle Absatzmarkt, z. B. im Fall einer konjunkturellen Flaute ebenfalls eine gewichtige Rolle. Insofern sind möglicherweise Teile des Finanzumlaufvermögens leichter liquidierbar als das Material. Ebenso ist – dies gilt gleichermaßen auch für das Anlagevermögen – der **zeitliche Aspekt** nicht außer Acht zu lassen: Güter, die unter terminlichem Druck veräußert werden müssen, sind nur mit erheblichen Abschlägen zu verkaufen. Auch unter diesem Aspekt sind die einzelnen Vermögensgegenstände näher zu analysieren.

Eine hohe Umlaufintensität ist aber auch **kritisch** zu bewerten: Sie kann auf Absatzprobleme und damit verbunden Lagerbestandserhöhungen hindeuten. Ebenso sind längere Produktionsdauern und/oder der Verkauf von Gegenständen des Anlagevermögens denkbar. Des Weiteren kann ein schlecht funktionierendes Debitorenmanagement Ursache für einen überhöhten Forderungsbestand sein. Aber auch Änderungen im Kundenkreis des Unternehmens hin zu Kunden/Regionen mit längeren Zahlungszielen und/oder schlechter Zahlungsmoral kommen in Frage. Speziell mit Hilfe des Benchmarkings empfiehlt sich eine genauere Analyse der einzelnen Vermögenspositionen und der zugrunde liegenden Sachverhalte.

Beispiel: Im Fall der Textilkontor Walter Seidensticker GmbH & Co. KG lässt sich die Umlaufintensität aus dem Jahresabschluss 2017/2018[652] wie folgt errechnen:

$$\text{Umlaufintensität} = \frac{72.808.287{,}30\ €}{86.129.436{,}44\ €} \cdot 100 = 84{,}53\ \%$$

3.2.5.5 Vorratsintensität

Die Vorratsintensität wird in der Literatur unterschiedlich definiert: Entweder werden die Vorräte ins Verhältnis zum Umlaufvermögen[653], zum Gesamtvermögen[654] oder zum Gesamtkapital[655] gesetzt.

Analog zu den bisherigen Intensitätskennzahlen wird die Vorratsintensität wie folgt definiert:

---

[652] Der Jahresabschluss der Textilkontor Walter Seidensticker GmbH & Co. KG ist im Anhang hinterlegt.

[653] Vgl. SCHELD, G. A.: Mittelstand, a. a. O., S. 421.

[654] Vgl. SCHIERENBECK, H., WÖHLE, C. B., a. a. O., S. 805.

[655] Vgl. MAYFLOWER CAPITAL AG: 100 Finanzkennzahlen. Eschborn o. J., S. 49. Das Gesamtkapital entspricht dem Gesamtvermögen (Passiva = Aktiva).

$$\text{Vorratsintensität (\%)} = \frac{\text{Vorratsvermögen}}{\text{Gesamtvermögen}} \cdot 100$$

Darst. 3.2034: Vorratsintensität (%)

Grundsätzlich ist diese Kennzahl wegen des Stichtagscharakters nur eingeschränkt interpretierbar. Eine **hohe Vorratsintensität** kann auf gerade eingegangene Lieferungen aufgrund günstiger Einkaufsbedingungen, aber auch auf falsche Meldebestände, Erfassungsfehler in der Lagerbuchhaltung, eine mangelhafte Lagerorganisation oder zu langen Produktionszeiten und/oder materialintensiven Fertigungsprozessen begründet sein.

In den vorangegangenen Ausführungen klang bereits an, dass auch bei dieser Kennzahl eine branchenbezogene Betrachtung angeraten erscheint.[656] So ist die Vorratsintensität im produzierenden Gewerbe deutlich höher als im Dienstleistungsbereich. Speziell im Gesundheitssektor tendiert die Vorratsintensität infolge des Uno-Actu-Prinzips gegen Null.

Grundsätzlich werden vorratsintensive Betriebe geneigt sein, diese Kennzahl wegen der Kosten für die Vorratshaltung und insbesondere wegen der (enormen) Kapitalbindung zu minimieren. Ein Beispiel hierfür sind Produktionsbetriebe mit mehrstufigen Produktionsprozessen und einer hohen Materialeinsatzquote/einer hohen Materialaufwandsquote wie z. B. der Automobilbau, die verstärkt auf eine Just-in-Time-Produktion setzen.

Im Hinblick auf die Liquidierbarkeit von Vermögensgegenständen liefert diese Kennzahl erste Informationen für externe Analysten.

Aufgrund des statischen Charakters empfiehlt sich eine **vergleichende Analyse** im Rahmen des Benchmarkings[657].

Generell ist in diesem Zusammenhang darauf hinzuweisen, dass die **Bewertung** der Vorräte stark **von der Bilanzierungspolitik** (IFRS, US-GAAP, HGB) **abhängig** ist.

Durch einen Bezug zur Gewinn- und Verlustrechnung (z B. Lageraufwand) lässt sich die Aussagekraft dieser Kennzahl verbessern.

---

[656] Vgl. die Anmerkungen zur Anlagenintensität (Unter-Unterabschnitt 3.2.5.1 „Anlagenintensität, Investitionsintensität und Investitionsquote").

[657] Es existieren i. d. R. branchenspezifische Vergleichszahlen.

Zuletzt sei angemerkt, dass eine **differenzierte Betrachtung** der einzelnen Gegenstände des Vorratsvermögens (Rohstoffe, Hilfsstoffe, Betriebsstoffe, halbfertige und fertige Erzeugnisse) eine wesentlich genauere Analyse und Entscheidung ermöglicht.

Beispiel: Im Fall der Textilkontor Walter Seidensticker GmbH & Co. KG lässt sich die Vorratsintensität aus dem Jahresabschluss 2017/2018[658] wie folgt errechnen:

$$\text{Vorratsintensität} = \frac{35.290.818,62\ €}{86.129.436,44\ €} \cdot 100 = 40,97\ \%$$

3.2.5.6 Forderungsintensität

Unter Forderungsintensität wird das Verhältnis der Forderungen zum Gesamtvermögen verstanden:

$$\text{Forderungsintensität (\%)} = \frac{\text{Forderungen}}{\text{Gesamtvermögen}} \cdot 100$$

Darst. 3.2035: Forderungsintensität (%)

Bei dieser Kennzahl handelt es sich um eine **zentrale Steuerungsgröße** im Bereich des Finanz- und Rechnungswesens. Im Rahmen des **Debitorenmanagements** muss es das **Ziel** sein, diese Kennzahl zu **minimieren**. Eine niedrige Kennzahl ist mit einer tendenziell **hohen Liquidität** und **geringem Ausfallrisiko** (der Forderungen) verbunden.

Einen ersten Anhaltspunkt, ob diese Kennzahl vergleichsweise zu hoch ist, erhält der Controller nicht, indem er eine vergleichende Analyse als **Zeitreihenvergleich** durchführt. Hier erhält er nur die Gewissheit, ob sie sich tendenziell verschlechtert oder verbessert hat.

[658] Der Jahresabschluss der Textilkontor Walter Seidensticker GmbH & Co. KG ist im Anhang hinterlegt.

Erst die vergleichende Betrachtung im Rahmen des **internen oder externen Benchmarkings**[659] erlaubt eine fundiertere Beurteilung. Allerdings ist darauf hinzuweisen, dass diese Kennzahl von Branche zu Branche sehr unterschiedlich sein kann. Auch zwischen den Unternehmen einer Branche kann ein Vergleich irreführend sein. Zum Beispiel dann, wenn zwei Unternehmen in völlig anderen Absatzregionen tätig sind. Dies hängt damit zusammen, dass die Zahlungsusancen einschließlich der Zahlungsziele sehr stark differieren können. Den Statistiken der Auskunfteien ist beispielsweise zu entnehmen, dass es selbst in Europa ein deutliches Nord-Süd-Gefälle hinsichtlich der Zahlungsdauern gibt. Darüber hinaus lässt sich erkennen, dass die durchschnittliche Dauer zwischen Rechnungserstellung und (tatsächlichem) Zahlungseingang branchen- und sogar produktabhängig ist. In diese Zeiträume gehen rechnerisch auch Zahlungsausfälle ein (die naturgemäß erst sehr spät erkannt werden), weshalb Branchen wie z. B. Erotik und Bau, die als risikobehaftet gelten, vom Handel auf Internetplattformen oft ausgeschlossen werden und im Finanzsektor nur eingeschränkt Zugang haben; z. B. bei der Abrechnung von Kreditkarten. Auch die Art der Zahlung ist in den einzelnen Ländern sehr unterschiedlich: Zahlen die Kunden überwiegend per Scheck? Nutzen Sie Onlinebanking oder Bezahldienste? Welche Rolle spielt eine Barzahlung? Ist eine Zahlung per Kreditkarte weit verbreitet? Kennen die Kunden Lastschriften?

Bei einer Senkung der Forderungsintensität ist daher selektiv und i. d. R. in Abstimmung mit dem Vertriebsbereich vorzugehen.

Ob die Forderungsintensität tatsächlich gesenkt werden kann, hängt auch von der Vertriebsstrategie ab. Möglicherweise liegt ein **Zielkonflikt** vor, wenn das Finanz- und Rechnungswesen die Forderungsintensität senken will, der Vertrieb aber in Länder forciert werden soll, bei denen üblicherweise überdurchschnittlich lange Zahlungszeiträume zu verzeichnen sind.

Beispiel: Im Fall der Textilkontor Walter Seidensticker GmbH & Co. KG, Bielefeld, lässt sich die Forderungsintensität (aus Lieferungen und Leistungen) aus dem Jahresabschluss 2017/2018[660] wie folgt errechnen:

[659] Sowohl bei internem als auch bei externem Benchmarking ist eine Auswertung anhand der veröffentlichten Bilanzdaten ohne weiteres möglich.

[660] Der Jahresabschluss der Textilkontor Walter Seidensticker GmbH & Co. KG ist im Anhang hinterlegt.

$$\text{Forderungsintensität} = \frac{6.236.444{,}50\ €}{86.129.436{,}44\ €} \cdot 100 = 7{,}24\ \%$$

3.2.5.7 Kassenmittelintensität

Die Kassenmittelintensität betrachtet die Relation von liquiden Mitteln zum Gesamtvermögen:

$$\text{Kassenmittelintensität (\%)} = \frac{\text{Liquide Mittel}}{\text{Gesamtvermögen}} \cdot 100$$

Darst. 3.2036: Kassenmittelintensität (%)

Die Kassenmittelintensität ist eher **nicht als Steuerungsinstrument geeignet**. Es stellt sich die Frage, ob eine Minimierung oder eine Maximierung dieser Kennzahl sinnvoll ist.

Abgesehen von wenigen Fällen, in denen ein Unternehmen hohe liquide Mittel[661], z. B. für Unternehmens(zu)käufe oder die Errichtung von Werken oder ähnlichen Vorhaben ansammelt, stellt eine **Maximierung** von liquiden Mitteln einen Verstoß gegen das **Rentabilitätsziel** dar. Eine **Minimierung** der Liquidität kann ein **Insolvenzrisiko** darstellen.

Angeraten ist die Berechnung des MBLM (Mindestbestand an liquiden Mitteln). In diese Zahl gehen folgende vier Bestimmungsgrößen ein:

---

[661] Unter liquiden Mitteln wird hier – im Gegensatz zur Auffassung im Bereich Finanzierung – der Bestand an Kassenvermögen und Bankguthaben verstanden.

- Rentabilitätsmaximierung unter der Nebenbedingung
- Liquiditätssicherung
- Unabhängigkeit von Finanzierenden (Mitsprache von außen)
- Risikobewusstsein bzw. Sicherheitsstreben (Verschuldungsgrad)

Darst. 3.2037: Bestimmungsgrößen des MBLM

Eine **optimale Liquidität**[662] liegt vor, wenn der Liquiditätssaldo dem MBLM entspricht:

$$\sum_{t=1}^{T} e_t - \sum_{t=1}^{T} a_t = \text{MLBM} \qquad \text{für jedes } t, T \in \text{Na}$$

e_t Einzahlungen am Tag t
a_t Auszahlungen am Tag t
t Index für den Tag
T Ende des Planungs-/Betrachtungszeitraums

Liegt der Liquiditätssaldo unter dem MBLM, wird dieser Zustand als **Unterliquidität**[663] bezeichnet; wenn er darüber liegt, als **Überliquidität**.

Beispiel: Im Fall der Textilkontor Walter Seidensticker GmbH & Co. KG lässt sich die Kassenmittelintensität aus dem Jahresabschluss 2017/2018[664] wie folgt errechnen:

$$\text{Kassenmittelintensität} = \frac{17.436.066,67\ €}{86.129.436,44\ €} \cdot 100 = 20,24\ \%$$

Anhand des vorstehend berechneten Ergebnisses ist festzustellen, dass der Anteil der liquiden Mittel relativ hoch ist im Gegensatz zu den anderen Vermögensanteilen. Dies war auch bereits bei der Umlaufintensität in der Tendenz zu erkennen. Eine hohe Kassenmittelintensität erhöht die Wahrscheinlichkeit, zukünftigen Zahlungsverpflichtungen in großem Umfang nachkommen zu können.

662 Damit ist die Liquidität ein Punktziel. Vgl. WÖRDENWEBER, M.: Unternehmenplanung, a. a. O., S. 299.

663 Unterliquidität bedeutet nicht Insolvenz, denn es können ja bei rechtzeitiger Planung und Erkennung des Problems noch Maßnahmen zur Behebung der Unterliquidität ergriffen werden.

664 Der Jahresabschluss der Textilkontor Walter Seidensticker GmbH & Co. KG findet sich im Anhang.

3.2.6 Kennzahlen und Verfahren der Vollkostenrechnung

Sofern die Kosten nach dem Volumen differenziert werden, ist zwischen einer Vollkostenrechnung, bei der *alle* anfallenden Kosten den einzelnen Kostenzurechnungsobjekten zugeordnet werden, und einer Teilkostenrechnung[665], bei der nur ein bestimmter Teil der Kosten den Kostenträgern i. w. S. zugerechnet wird, zu unterscheiden.

Die Ist- oder Normalkostenrechnung auf Vollkostenbasis ist vergangenheitsorientiert. In der **Vollkostenrechnung** werden alle Kosten ohne Aufteilung in fixe und variable Kosten[666] den Kostenzurechnungsobjekten[667] zugerechnet.

Eine Vollkostenrechnung ist dadurch gekennzeichnet, dass sämtliche angefallene Kosten auf die Kostenzurechnungsobjekte verteilt, und zwar unabhängig davon, ob diese vom Kostenzurechnungsobjekt auch tatsächlich verursacht worden sind. Die Gesamtkosten entsprechen folglich der Summe der den Kostenzurechnungsobjekten zugeordneten Kosten.

Darst. 3.2038: Vollkostenrechnung
(Vgl. EBERLEIN, J.: a. a. O., S. 20, WEBER, J., WEISSENBERGER, B. E.: Einführung in das Rechnungswesen – Bilanzierung und Kostenrechnung, 9. Aufl., Stuttgart 2015, S. 378ff.)

In der Betriebswirtschaftslehre wird meist ein Kostenträger i. e. S. (= Produkt-/Erzeugniseinheit) oder eine Kostenstelle der Kostenanalyse und Kalkulation unterworfen.

Im Zuge der Kalkulation der Produkt-/Erzeugniseinheiten (Kostenträger i. e. S.) werden die Gesamtkosten in Einzel- und Gemeinkosten[668] aufgeteilt.[669]

[665] Die Teilkostenrechnung in Form der Deckungsbeitragsrechnung wird im Unterabschnitt 3.2.7 „Kennzahlen und Verfahren der Deckungsbeitragsrechnung“ behandelt.

[666] Zu den Begriffen fixe und variablen Kosten siehe WÖRDENWEBER, M.: Kostenrechnung, a. a. O., Unterabschnitt 1.6.1 „Systematisierung der Kosten nach dem Verhalten bei Beschäftigungsschwankungen“.

[667] Der Begriff Kostenzurechnungsobjekt wird bei WÖRDENWEBER, M.: Kostenrechnung, a. a. O., im Abschnitt 1.3 „Kostenzurechnungsobjekte/Kostenträger“ näher definiert.

[668] Auf die Unterscheidung zwischen Einzel- und Gemeinkosten wird z. B. bei WÖRDENWEBER, M.: Kostenrechnung, a. a. O., im Unterabschnitt 1.6.3 „Systematisierung der Kosten nach der Art der Verrechnung“ näher eingegangen.

[669] Vgl. im Detail die Ausführungen im Unter-Unterabschnitt 3.2.6.5 „Selbstkosten“.

Bevor auf die Kalkulation der Produkt-/Erzeugniseinheiten näher eingegangen wird, sollen zunächst ausgewählte Kennzahlen der Kostentheorie vorgestellt werden.

3.2.6.1 Betriebsoptimum

Das **Betriebsoptimum** ist ein bedeutender Begriff der Kostentheorie, bei der die gesamten Kosten, genauer: die gesamten durchschnittlichen Kosten betrachtet werden.

Das Betriebsoptimum ist die Beschäftigung, bei der die Durchschnittskosten *k* minimal sind.

Darst. 3.2039: Betriebsoptimum

Die Durchschnittskosten *k* werden wie folgt definiert:

Die Durchschnittskosten ergeben sich als Division der gesamten Periodenkosten *K* durch die Beschäftigung *x*.

$$\text{Durchschnittkosten } k = \frac{\text{Periodenkosten } K}{\text{Beschäftigung } x}$$

Darst. 3.2040: Durchschnittskosten

Das Betriebsoptimum stellt einen Extremalpunkt dar, den ein Unternehmen etwa dann prüfen bzw. ansteuern sollte, wenn die Strategie der Kostenführerschaft eine mögliche Option darstellen könnte oder ein entsprechender Beschluss bereits gefasst wurde. Die Aussage, dass bei einer Entscheidung, die Durchschnittskosten zu minimieren, lediglich die Kosten relevant sind, d. h. der Markt insofern nicht berücksichtigt werden muss, weil der Absatzpreis als Datum (p = const.) angesehen wird,[670] führt – bis auf einen Sonderfall[671] – nicht gleichzeitig zu einem Gewinnmaximum.

Bei der Bestimmung des Betriebsoptimums kommt es darauf an, welche Kostenfunktion der Entscheidung zugrunde gelegt wird.

Bei linearem Verlauf der Kostenfunktion fallen die Durchschnittskosten permanent und nähern sich asymptotisch den (konstanten) Grenzkosten. Grenzkosten und Durchschnittskosten schneiden sich im endlichen Bereich nicht, so dass sich das Betriebsoptimum an der Kapazitätsgrenze befindet.

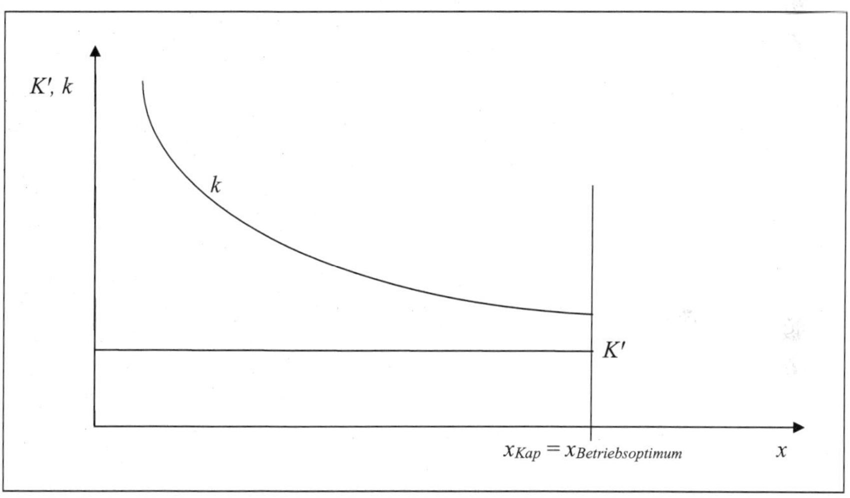

Darst. 3.2041: Betriebsoptimum bei linearer Kostenfunktion

Dieser Sachverhalt lässt sich mathematisch wie folgt ausdrücken:

[670] Ein konstanter Preis ist allenfalls dann denkbar, wenn es sich um die Marktform der vollkommenen Konkurrenz handelt. Ein vollkommener Markt liegt vor, wenn bei sachlicher Gleichartigkeit der Güter eine atomistische Konkurrenz vorliegt und der Markt durch einen unendlich schnellen Informationsaustausch aufgrund der vollkommenen Markttransparenz und eine unendlich große Reaktionsgeschwindigkeit gekennzeichnet ist sowie seitens der Anbieter und Nachfrager keine persönliche, räumliche oder zeitliche Präferenzen vorliegen. Der Käufer reagiert nach dem Minimalprinzip (Minimierung des Preises), während der Verkäufer dem Prinzip der Gewinnmaximierung folgt.

[671] Auf diesen Sonderfall bei linearer Kostenfunktion und linearer Umsatzfunktion wird im nachfolgenden Unter-Unterabschnitt kurz eingegangen.

$K(x) = ex + f$ mit $e, f > 0$ (e steht für die variablen Stückkosten und f für die Fixkosten)
$k(x) = e + f/x$
$k'(x) = f/x^2$
$x_{Betriebsoptimum} = \infty$

Die konkrete Berechnung wird anhand des nachstehenden Beispiels verdeutlicht:

Es sei $K(x) = 349.856 + 132x$ und die Kapazitätsgrenze läge bei $x_{Kap} = 14.000$
$k(x) = 359.856/x + 132$
Wenn $x_{Kap} = 14.000$, dann ergeben sich als minimale Durchschnittskosten $k = 349.856/14.000 + 42 = 156{,}99$

Auch im Falle einer s-förmigen Periodenkostenkurve lässt sich ein Betriebsoptimum ermitteln. Dies kann erstens grafisch geschehen, indem die Steigung des Fahrstrahls aus dem Ursprung so lange verändert wird, bis der Fahrstrahl zur Tangente an die Funktion der gesamten Periodenkosten Kosten K wird. In dieser Situation des Betriebsoptimums sind die Grenzkosten und die Durchschnittskosten gleich hoch. Dieser Sachverhalt ist in der nachstehenden Darstellung abgebildet.

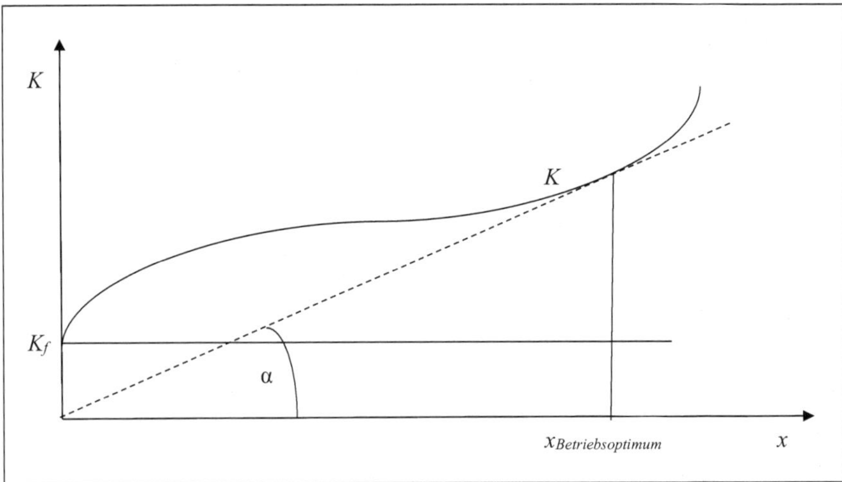

Darst. 3.2042: Betriebsoptimum bei s-förmiger Periodenkostenkurve

Zweitens kann der minimale tan α bestimmt werden. Der tan α berechnet sich, indem die Gegenkathete (das sind hier die Periodenkosten Kosten K) durch die Ankathete (das ist hier die zugehörige Menge x) dividiert wird. Dort, wo der tan α minimal ist, befindet sich das Betriebsoptimum.

Drittens lässt sich das Betriebsoptimum mathematisch berechnen. Dazu wird zunächst die Funktion der Durchschnittskosten k berechnet, indem die gesamten Periodenkosten K durch die Ausbringungsmenge x dividiert werden. Die Funktion Durchschnittskosten k wird nun abgeleitet und gleich Null gesetzt, um das Minimum der Durchschnittskosten k zu erhalten. In einem letzten Schritt wird mittels der 2. Ableitung geprüft, ob es sich tatsächlich um ein Minimum handelt. In diesem Fall muss die 2. Ableitung größer Null sein. Die Darstellung mittels mathematischer Symbole gestaltet sich wie folgt:

$K(x) = ax^3 + bx^2 + cx + d$ mit $a, c, d > 0 \wedge b < 0$
$K'(x) = 3ax^2 + 2bx + c$
$k(x) = (ax^3 + bx^2 + cx)/x + d/x = ax^2 + bx + c + d/x$

Wie oben beschrieben entsprechen beim Betriebsoptimum die Durchschnittskosten den Grenzkosten: $3ax^2 + 2bx + c = ax^2 + bx + c + d/x \Leftrightarrow 2ax^2 + bx = d/x \Leftrightarrow 2ax^3 + bx^2 = d$

Diese Vorgehensweise wird anhand des nachstehenden Beispiels verdeutlicht:

Es sei $K(x) = 0{,}000004x^3 - 0{,}036x^2 + 200x + 349.856$
$K'(x) = 3 \cdot 0{,}000004x^2 - 2 \cdot 0{,}036x + 200$
$k(x) = 0{,}000004x^2 - 0{,}036x + 200 + 349.856/x$
Wie oben beschrieben entsprechen beim Betriebsoptimum die Durchschnittskosten den Grenzkosten:
$3 \cdot 0{,}000004x^2 - 2 \cdot 0{,}036x + 200 = 0{,}000004x^2 - 0{,}036x + 200 + 349.856/x$
$\Leftrightarrow 2 \cdot 0{,}000004x^2 - 0{,}036x = 349.856/x$
$\Leftrightarrow 2 \cdot 0{,}000004x^3 - 0{,}036x^2 = 349.856$
$x_{Betriebsoptimum} = 5.800$
$k(x_{Betriebsoptimum}) = 0{,}000004 \cdot 5.800^2 - 0{,}036 \cdot 5.800 + 200 + 349.856/5.800$
$= 134{,}56 - 208{,}80 + 200 + 60{,}32$
$= 186{,}08$

3.2.6.2 Betriebsergebnisoptimum

In den meisten Fällen wird ein Unternehmen das Ziel (langfristige) **Gewinnmaximierung** (Maximierung des Betriebsgewinns) gewählt haben. In bestimmten Situationen kann aber auch eine **Verlustminimierung** (Minimierung des Betriebsverlustes) vonnöten sein. Hier soll nur die Berechnung des Gewinnmaximums besprochen werden.

Das Betriebsergebnisoptimum (Gewinnmaximum) oder (Verlustminimum) ist weder mit dem Umsatzmaximum[1] noch mit dem Betriebsoptimum[2] identisch.

Das Gewinnmaximum G_{max} ist erreicht, wenn bei einer (infinitesimal kleinen) Steigerung der Absatzmenge x die Zunahme der Umsätze/Erlöse *U* der Zunahme der Kosten *K* entspricht, d. h., wenn die Grenzerlöse *U‘* den Grenzkosten *K‘* gleichen.[3] Da diese Bedingung auch für das Gewinnminimum bzw. Verlustmaximum gilt, muss bei der Ermittlung des Gewinnmaximums zusätzlich gelten, dass die Steigung der Gewinnfunktion bei einer Zunahme der Beschäftigung über die gewinnmaximale Beschäftigung hinaus um eine (infinitesimal kleine) Einheit abnimmt. Mathematisch ist mittels einer Ableitung der Grenzgewinnfunktion *G‘(x)* zu prüfen, ob die zweite Ableitung der Gewinnfunktion (*G‘‘*) negativ ist.[4]

Darst. 3.2043: Betriebsergebnisoptimum, Gewinnmaximum und Verlustminimum

[1] Im Vergleich zum Betriebsergebnisoptimum fehlen die Kosten.
[2] Im Vergleich zum Betriebsergebnisoptimum fehlen die Leistungen.
[3] Vgl. die „notwendige Bedingung „in der Differentialrechnung.
[4] Vgl. die „hinreichende Bedingung“ in der Differentialrechnung.

Bei der Bestimmung der gewinnmaximalen Beschäftigung sind vier Fälle zu unterscheiden, die von der Art der Kostenfunktion und oder von der Art der Umsatzfunktion abhängen:

- lineare Kostenfunktion, lineare Umsatzfunktion
- lineare Kostenfunktion, quadratische Erlösfunktion
- s-förmige Kostenfunktion, lineare Erlösfunktion
- s-förmige Kostenfunktion, quadratische Umsatzfunktion

Darst. 3.2044: Kombinationen von Kostenfunktionen und Umsatzfunktionen bei der Bestimmung des Betriebsergebnisoptimums

1. Fall: lineare Kostenfunktion, lineare Umsatzfunktion

Eine lineare Umsatzfunktion ergibt sich bei einem konstanten Preis p. Ein konstanter Preis ist selten über die gesamte mögliche Beschäftigung hinweg denkbar. Er ist allenfalls dann anzunehmen, wenn es sich um die Marktform der vollkommenen Konkurrenz handelt.[672]

Die folgende Abbildung zeigt die lineare Kostenfunktion und die lineare Umsatzfunktion:

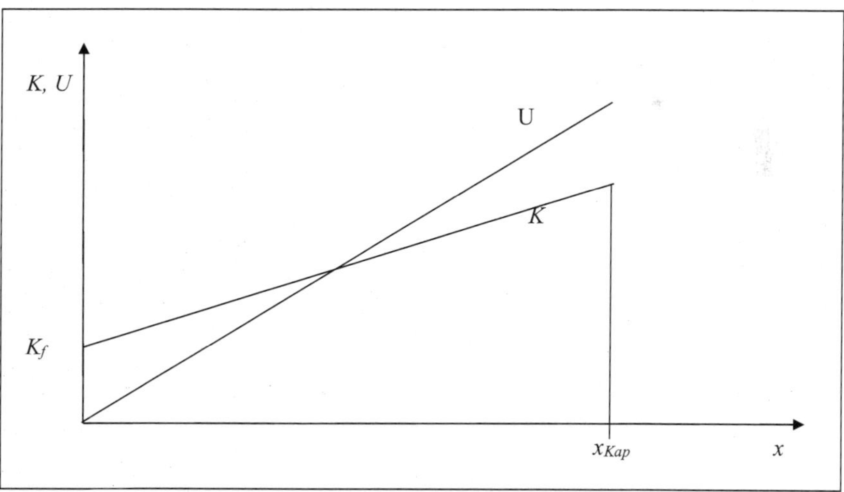

Darst. 3.2045: Lineare Kostenfunktion und lineare Umsatzfunktion

[672] Ein vollkommener Markt liegt vor, wenn bei sachlicher Gleichartigkeit der Güter eine atomistische Konkurrenz vorliegt und der Markt durch einen unendlich schnellen Informationsaustausch aufgrund der vollkommenen Markttransparenz und eine unendlich große Reaktionsgeschwindigkeit gekennzeichnet ist sowie seitens der Anbieter und Nachfrager keine persönliche, räumliche oder zeitliche Präferenzen vorliegen. Der Käufer reagiert nach dem Minimalprinzip (Minimierung des Preises), während der Verkäufer dem Prinzip der Gewinnmaximierung folgt.

Mathematisch müssen die Grenzerlöse U' den Grenzkosten K' gleichen. Es ergibt sich jedoch folgender Sachverhalt:

$U(x) = px \; mit \; p > 0$
$U'(x) = p$
$K(x) = ex + f$ mit $e, f > 0$
$K'(x) = e$
$G(x) = U(x) - K(x) = px - ex - f$
$U'(x) \neq K'(x)$, sofern $p \neq e$. Somit ist kein Gewinnmaximum bestimmbar.

Würde $p = e$ gelten, würde dies bedeuten, dass der Preis p mit den variablen Stückkosten e identisch wäre. Damit würde die Deckungsspanne gleich Null sein. Eine Produktion würde, von Ausnahmen abgesehen, keinen Sinn machen, da nicht zur Fixkostendeckung beigetragen wird. Es könnte sogar sein, dass sich Fixkosten zeitnah abbauen lassen, denn ein Teil der Fixkosten entsteht ja u. a. aufgrund der Beschaffung von Materialen und der Verwaltung in der Produktion.

Sofern p > e, also die Deckungsspanne positiv ist, sollte möglichst viel produziert werden. Bezogen auf ein Aggregat, welches nur ein Erzeugnis produziert, würde der gewinnmaximale Output durch die Kapazitätsgrenze limitiert.

Die konkrete Berechnung wird anhand des nachstehenden Beispiels verdeutlicht:

Es sei $K(x) = 349.856 + 132x$, $U(x) = 375x$ (p = 375) und die Kapazitätsgrenze läge bei $x_{Kap} = 14.000$
$G(x) = 375x - 132x - 349.856$
Wenn $x_{Kap} = 14.000$, dann ergibt sich als Gewinn $G(x_{Kap} = 14.000) = (375 - 132) \cdot 14.000 - 349.856 = 3.052.144$.

Bei einem **konstanten Preis** p **und konstanten variablen Stückkosten** k_v ist die Deckungsspanne[673] $db = p - k_V$ konstant. In diesem Fall sind die Ziele **Gewinnmaximierung, Umsatzmaximierung** und **Produktion mit der betriebsoptimalen Menge komplementär**.

[673] Zur Definition der Deckungsspanne siehe Unterabschnitt 3.2.7 „Kennzahlen und Verfahren der Deckungsbeitragsrechnung“.

2. Fall: lineare Kostenfunktion, quadratische Umsatzfunktion

Einer quadratischen Erlösfunktion liegt eine fallende Preis-Absatz-Funktion zugrunde:

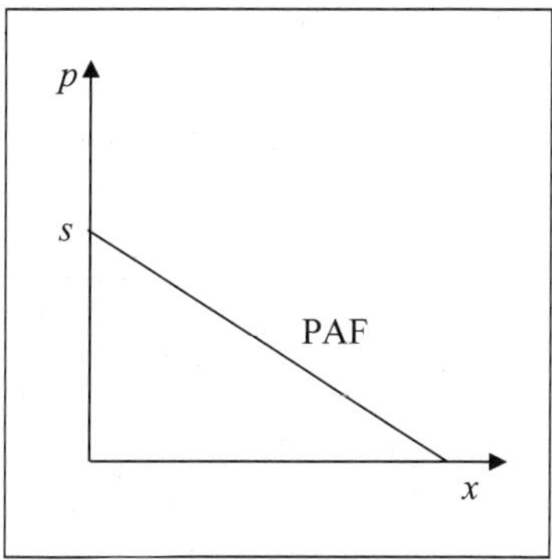

Darst. 3.2046: Fallende Preis-Absatz-Funktion (PAF)

Mathematisch lässt sich die Preis-Absatz-Funktion (PAF) wie folgt darstellen:

$p(x) = s - ux$ mit $s, u > 0$.
s ist der sog. Prohibitivpreis, zu dem sich gerade kein Käufer mehr finden lässt. u gibt die Steigung der PAF wieder.

Daraus lässt sich die Umsatzfunktion U(x) entwickeln:
$U(x) = p(x) \bullet x = (s - ux) \bullet \mathrm{x} = sx - ux^2$

Die Erlösfunktion ist damit quadratisch und hat folgendes Aussehen:

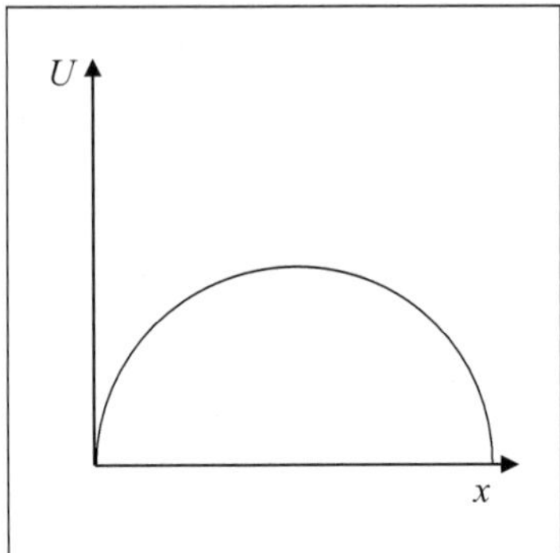

Darst. 3.2047: Quadratische Erlösfunktion

Die folgende Abbildung vereinigt die lineare Kostenfunktion und die quadratische Erlösfunktion in einer Grafik:

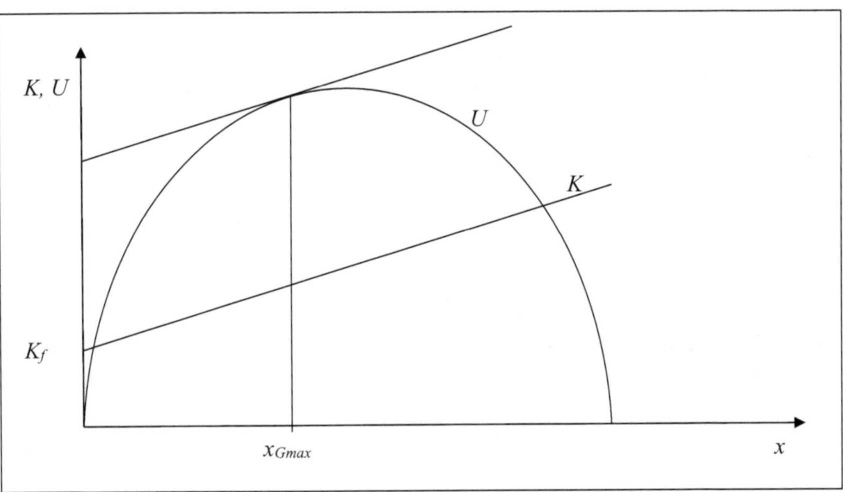

Darst. 3.2048: Lineare Kostenfunktion, quadratische Umsatzfunktion und gewinnmaximale Beschäftigung

Mathematisch müssen die Grenzerlöse *U'* den Grenzkosten *K'* gleichen. Insofern muss die Tangente an der Kostenfunktion, die mit der Kostenfunktion identisch ist, gleichfalls eine Tangente an der Umsatzfunktion sein. Diese Tangente an der Umsatzfunktion ist in der vorstehenden Abbildung gestrichelt. Dort, wo die Tangente gerade noch die Umsatzfunktion berührt, liegt die gewinnmaximale Beschäftigung.

Mathematisch lässt sich die gewinnmaximale Menge wie folgt bestimmen:

$U(x) = p(x) \cdot x = (s - ux) \cdot x = sx - ux^2$ mit $s, u > 0$
$U'(x) = s - 2ux$
$K(x) = ex + f$ mit $e, f > 0$
$K'(x) = e$
$G(x) = sx - ux^2 - ex - f$

Entweder wird jetzt die Grenzumsatzfunktion mit der Grenzkostenfunktion gleichgesetzt oder die Gewinnfunktion muss gleich Null sein.

$G'(x) = s - 2ux - e = 0 \iff s - e = 2ux \iff x = (s - e)/2u$
$G''(x) = -2u < 0,$ da $u > 0$

Für das Beispiel ergibt sich:
$K(x) = 349.856 + 132x$
Es sei $s = 470$ und u = 0,0450066, so dass $p(x) = 470 - 0{,}0450066x$
$U(x) = (470 - 0{,}0450066x) \cdot x = 470x - 0{,}0450066x^2$
$G(x) = 470x - 0{,}0450066x^2 - 349.856 - 132x = 338x - 0{,}0450066x^2 - 349.856$
$G'(x) = 338 - 2 \cdot 0{,}0450066x$
$G'(x) = 0 \iff 338 - 2 \cdot 0{,}0450066x = 0 \iff 338 = 2 \cdot 0{,}0450066x \iff x_{Gmax} = 3.755$
$G(x_{Gmax}) = 338 \cdot 3.755 - 0{,}0450066 \cdot 3.755^2 - 349.856 = 284.739{,}82$

3. Fall: s-förmige Kostenfunktion, lineare Umsatzfunktion

Die Kombination von s-förmiger Kostenfunktion und linearer Erlösfunktion zeigt die nachstehende Abbildung.

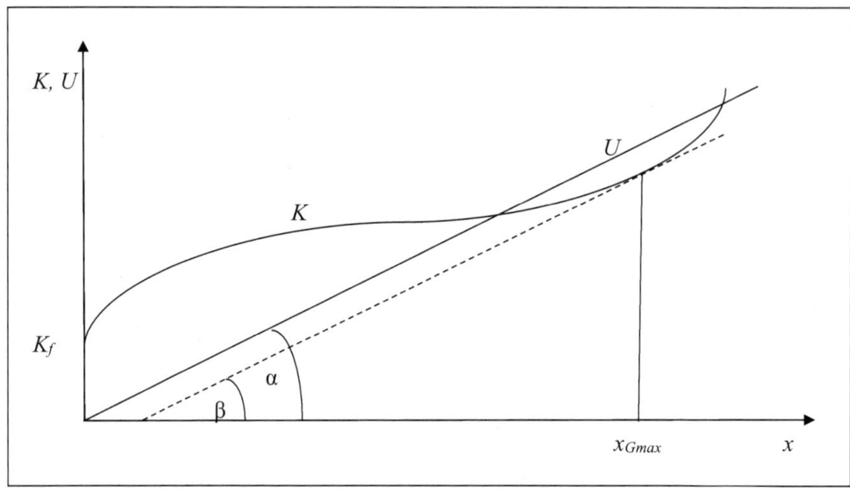

Darst. 3.2049: S-förmige Kostenkurve, lineare Umsatzfunktion und gewinnmaximale Beschäftigung

Mathematisch müssen die Grenzerlöse *U'* den Grenzkosten *K'* gleichen. Insofern muss der tan des Dreiecks, der zur Umsatzfunktion gehört, identisch sein mit dem tan des Dreiecks, der zur Tangente an der Kostenfunktion gehört ($\tan \alpha = \tan \beta$). Die Tangente an der Kostenfunktion ist in der vorstehenden Abbildung gestrichelt. Dort, wo die Tangente gerade noch die Kostenfunktion berührt, liegt die gewinnmaximale Beschäftigung.

Selbstverständlich lässt sich die gewinnmaximale Beschäftigung auch mathematisch berechnen. Dazu wird zunächst die Gewinnfunktion $G(x)$ aufgestellt, sodann abgeleitet und dann gleich Null gesetzt, um das Gewinnmaximum G_{max} zu erhalten. In einem letzten Schritt wird mittels der 2. Ableitung geprüft, ob es sich tatsächlich um ein Maximum handelt. In diesem Fall muss die 2. Ableitung kleiner Null sein. Die Darstellung mittels mathematischer Symbole gestaltet sich wie folgt:

$U(x) = px \text{ mit } p > 0$

$K(x) = ax^3 + bx^2 + cx + d \text{ mit } a, c, d > 0 \wedge b < 0$

$G(x) = px - ax^3 - bx^2 - cx - d$

$G'(x) = p - 3ax^2 - 2bx - c = 0$

$\Longleftrightarrow -3ax^2 - 2bx + p - c = 0$

$\Longleftrightarrow x^2 + 2b/3a \cdot x - (p - c)/3a = 0$

Aufgrund der quadratischen Gleichung ergeben sich zwei Werte, von denen nur der größere im ökonomisch relevanten Bereich liegt:

$$x_{Gmax} = -\frac{b}{3a} + \sqrt{\frac{b^2}{9a^2} + \frac{p-c}{3a}}$$

$G''(x) = -6ax - 2b$

Die konkrete Berechnung wird anhand des nachstehenden Beispiels verdeutlicht:

Es sei $K(x) = 0{,}000004x^3 - 0{,}036x^2 + 200x + 349.856$ und $U(x) = 375x$ (p = 375)
$G(x) = 375x - 0{,}000004x^3 + 0{,}036x^2 - 200x - 349.856$
$= -0{,}000004x^3 + 0{,}036x^2 + 175x - 349.856$
$G'(x) = -3 \cdot 0{,}000004x^2 + 2 \cdot 0{,}036x + 175$
$G'(x) = 0 \Leftrightarrow -3 \cdot 0{,}000004x^2 + 2 \cdot 0{,}036x + 175 = 0$
$\Leftrightarrow x^2 - 0{,}072/0{,}000012x - 175/0{,}000012 = 0$

$$x_{Gmax} = -\frac{-0{,}036}{3 \cdot 0{,}000004} + \sqrt{\frac{0{,}036^2}{9 \cdot 0{,}000004^2} + \frac{375-200}{3 \cdot 0{,}000004}} \approx 7.856$$

$G''(x) = 0 \Leftrightarrow -6 \cdot 0{,}000004x + 2 \cdot 0{,}036$
$G''(x) = 0 \Leftrightarrow -6 \cdot 0{,}000004 \cdot 7.856 + 2 \cdot 0{,}036 = -0{,}116544 < 0$

$G(x_{Gmax}) = -0{,}000004 \cdot 7.856^3 + 0{,}036 \cdot 7.856^2 + 175 \cdot 7.856 - 349.856 = 1.307.359{,}78$
Sonderfall: Ein Verlustminimum würde mit G(x) = 0 dann erreicht, wenn die Tangente an der Umsatzfunktion, die mit der Umsatzfunktion identisch ist, (zufällig) der Tangente (aus dem Ursprung) an die Periodenkostenkurve K(x) entspricht.

4. Fall: s-förmige Kostenfunktion, quadratische Umsatzfunktion

Die Kombination von s-förmiger Kostenfunktion und quadratischer Erlösfunktion veranschaulicht das Bild.

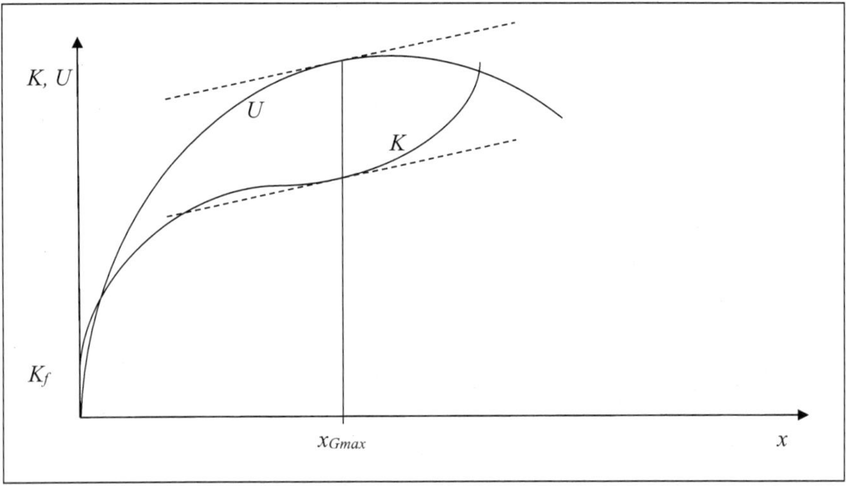

Darst. 3.2050: S-förmige Kostenkurve, quadratische Umsatzfunktion und gewinnmaximale Beschäftigung

Mathematisch müssen die Grenzerlöse U' den Grenzkosten K' gleichen. Insofern muss der tan des Dreiecks, der zur Tangente an der Umsatzfunktion gehört, identisch sein mit dem tan des Dreiecks, der zur Tangente an der Kostenfunktion gehört. Genau dann ist die gewinnmaximale Beschäftigung gefunden. Die Tangenten an der Kostenfunktion und der Umsatzfunktion sind in der vorstehenden Abbildung gestrichelt eingezeichnet.

Selbstverständlich lässt sich die gewinnmaximale Beschäftigung auch mathematisch berechnen. Dazu wird zunächst die Gewinnfunktion $G(x)$ aufgestellt, sodann abgeleitet und dann gleich Null gesetzt, um das Gewinnmaximum G_{max} zu erhalten. In einem letzten Schritt wird mittels der 2. Ableitung geprüft, ob es sich tatsächlich um ein Maximum handelt. In diesem Fall muss die 2. Ableitung kleiner Null sein. Die Darstellung mittels mathematischer Symbole gestaltet sich wie folgt:

$U(x) = sx - ux^2$ mit $s, u > 0$
$K(x) = ax^3 + bx^2 + cx + d$ mit $a, c, d > 0 \wedge b < 0$
$G(x) = sx - ux^2 - ax^3 - bx^2 - cx - d = - ax^3 - (u + b)x^2 + (s - c)x - d$
$G'(x) = - 3ax^2 - 2(u + b)x + (s - c)$
$G'(x) = 0 \Leftrightarrow - 3ax^2 - 2(u + b)x + (s - c) = 0$
$\Leftrightarrow x^2 + 2(u + b)/3a \cdot x - (s - c)/3a = 0$

Aufgrund der quadratischen Gleichung ergeben sich zwei Werte, von denen nur der größere im ökonomisch relevanten Bereich liegt:

$$x_{Gmax} = - \frac{u+b}{3a} + \sqrt{\frac{(u+b)^2}{9a^2} + \frac{s-c}{3a}}$$

$G''(x) = - 6ax - 2(u + b)$

Die konkrete Berechnung wird anhand des nachstehenden Beispiels verdeutlicht:

Es sei $K(x) = 0{,}000004x^3 - 0{,}036x^2 + 200x + 349.856$ und $U(x) = 470x - 0{,}0450066x^2$
$G(x) = 470x - 0{,}0450066x^2 - 0{,}000004x^3 + 0{,}036x^2 - 200x - 349.856$
$= - 0{,}000004x^3 - 0{,}0090066x^2 + 270x - 349.856$
$G'(x) = - 3 \cdot 0{,}000004x^2 - 2 \cdot 0{,}0090066x + 270$
$G'(x) = 0 \Leftrightarrow - 3 \cdot 0{,}000004x^2 - 2 \cdot 0{,}0090066x + 270 = 0$
$\Leftrightarrow x^2 + 0{,}0180132/0{,}000012x - 270/0{,}000012 = 0$
$G''(x) = 0 \Leftrightarrow - 6 \cdot 0{,}000004x - 2 \cdot 0{,}0090066$

$$x_{Gmax} = \frac{-0{,}0090066}{3 \cdot 0{,}000004} + \sqrt{\frac{0{,}0090066^2}{9 \cdot 0{,}000004^2} + \frac{470 - 200}{3 \cdot 0{,}000004}} \approx 4.052$$

$G(x_{Gmax}) = - 0{,}000004 \cdot 4.052^3 - 0{,}0090066 \cdot 4.052^2 + 270 \cdot 4.052 - 349.856$
$= 330.192{,}95$
$G''(x) = 0 \Leftrightarrow - 6 \cdot 0{,}000004 \cdot 4.052 - 2 \cdot 0{,}0090066 = - 0{,}1152612 < 0$

3.2.6.3 Selbstkosten

Im nachgehenden Unter-Unterabschnitt ist zu lesen, dass die Selbstkosten die langfristige Preisuntergrenze darstellen. Was aber sind die Selbstkosten?

Die gesamten Kosten eines Kostenträger (i. e. S.), d. h. seine Vollkosten werden als Selbstkosten bezeichnet.

Darst. 3.2051: Selbstkosten
(Vgl. MÖLLER, H. P., ZIMMERMANN, J., HÜFNER, B.: Erlös- und Kostenrechnung, München 2005, S. 86, WEDELL, H., DILLING, A.: a. a. O., S. 258, 381.)

Die Ermittlung der gesamten Kosten pro Erzeugniseinheit ist nicht nur im Hinblick auf die langfristige Preisuntergrenze bedeutsam, sondern auch, wegen

- langfristiger preispolitischer Entscheidungen wie die Bestimmung des Preises bei kostenorientierter Kalkulation (z. B. bei einer Penetrationspreispolitik) und/oder im Falle der Beeinflussbarkeit des Angebotspreises, der Beachtung der langfristigen Preisuntergrenze oder der Angabe der sog. „Selbstkostenpreise" bei öffentlichen Aufträgen,
- der Kontrolle der Kosten einer Produkteinheit,
- verschiedenartiger Unterlagen für diverse Planungsrechnungen und
- der Bewertung betrieblicher Leistungen für die Finanzbuchhaltung

Die Bestimmung der Selbstkosten kann **ex post** (Nachkalkulation) oder ex ante (Vorkalkulation vorgenommen werden. Für die **Nachkalkulation** werden **Istkosten** verwendet; für die **Vorkalkulation Plankosten** und auch **Normalkosten**.[674]

Die Art und Weise der Zurechnung der Kosten auf die einzelnen Erzeugniseinheiten (Kalkulation) ist abhängig von betriebsindividuellen Gegebenheiten. Insbesondere der **Umfang des Produktionsprogramms** (ein Erzeugnis oder mehrere Produkte) und der Typ der Fertigung (**Fertigungsverfahren**) bestimmt die sinnvollerweise anzuwendende Kalkulationsmethode.[675]

[674] Die Begriffe Istkosten, Plankosten und Normalkosten werden bei WÖRDENWEBER, M.: Kostenrechnung, a. a. O., im Unterabschnitt 1.9.1 „Differenzierung der Kosten nach ihrem Zeitbezug" erklärt.

[675] Vgl. ZIMMERMANN, G.: a. a. O., S. 101.

Eine erste Unterscheidung betriff den Umfang des Fertigungsprogramms, bei der zwischen einer homogenen und einer heterogenen Produktion unterschieden wird:

- Bei einer homogenen Produktion wird nur eine einzige Produktart hergestellt. Der Fertigungsprozess kann ein- oder mehrstufig sein und bei einstufiger Produktion ggf. ein Fertigwarenlager aufweisen:
- Eine heterogene Produktion ist dadurch gekennzeichnet, dass mehrere Produkte neben- und/oder nacheinander gefertigt werden. Dabei kann es sich um eine Einzel-, Serien- oder und Sortenproduktion handeln. Einen Sonderfall stellt die Kuppelproduktion dar, bei der mehrere Produkte zwangsläufig und gleichzeitig anfallen.

Darst. 3.2052: Umfänge eines Fertigungsprogramms

In der nächsten Grafik sind die einzelnen **Kalkulationsverfahren**, die sich auf eine weitere Auffächerung der homogenen, heterogenen und Kuppelproduktion beziehen, aufgelistet.

- bei homogener Fertigung
  - Einstufige Fertigung
    - Einfache Divisionskalkulation
    - Mehrfache Divisionskalkulation
  - Mehrstufige Fertigung
    - Durchwälzmethode
    - Veredelungsmethode
- bei heterogener Fertigung
  - Kalkulation bei Sortenfertigung (Äquivalenzziffernrechnung)
  - Kalkulation bei Einzel- und Serienfertigung (Zuschlagskalkulation)
    - Summarische Zuschlagskalkulation
    - Elektive/differenzierende Zuschlagskalkulation
    - Kostenstellenzuschlagskalkulation
- bei Kuppelprodukten (verbundene Fertigung)
- Restwertrechnung
- Verteilungsrechnung

Darst. 3.2053: Kalkulationsverfahren

Von den vorstehend aufgezählten Kalkulationsverfahren soll hier aus Kapazitätsgründen[676] nur die sog. **elektive Zuschlagskalkulation**, die auch als **differenzierende Zuschlagskalkulation** bezeichnet wird, behandelt werden. Typisches Kennzeichen der elektiven Zuschlagskalkulation, eines der am häufigsten verwendeten Verfahren bei **Einzel- und Serienfertigung**, ist die Verrechnung der Kostenträgergemeinkosten, die nicht wie bei der summarischen Zuschlagskalkulation mit nur einer Bezugsgröße vornimmt, sondern die **Gemeinkosten** mit **unterschiedlichen Gemeinkostenzuschlagssätzen (GKZS) für die einzelnen (Kosten-) Bereiche** des Unternehmens verrechnet.

Die grundsätzliche Vorgehensweise, die zum nachfolgenden Kalkulationsschema der Zuschlagskalkulation führt, ist in der nachstehenden Grafik abgebildet.[677]

Bei der Kalkulation der Selbstkosten k_s einzelner Erzeugnisse, d. h. den gesamten Stückkosten, werden die gesamten Kosten in Einzel- und Gemeinkosten[678] aufgeteilt. Die dem Kostenträger (i. e. S.) zuzuordnenden (Kostenträger-) Einzelkosten werden direkt der Produkt-/Erzeugniseinheit zugerechnet. Die Kostenträgergemeinkosten, das sind diejenigen Kosten, die der Produkteinheit nicht direkt Die Kostenträgergemeinkosten werden soweit möglich als Kostenstelleneinzelkosten den Kostenstellen direkt zugeteilt, ansonsten indirekt als Kostenstellengemeinkosten mithilfe von Verteilungsschlüsseln auf die Kostenstellen verteilt. Die Kostenstellen enthalten jetzt die gesamten primären Stellenkosten. Im nächsten Schritt erfolgt die sog. innerbetriebliche Leistungsverrechnung, die den Leistungsaustausch zwischen den Kostenstellen kostenmäßig erfasst.[679] Die im Rahmen der innerbetrieblichen Leistungsverrechnung umverteilten Kosten werden sekundäre Kosten genannt. Nach Abschluss der innerbetrieblichen Leistungsverrechnung enthalten die Hauptkostenstellen die gesamten bis dahin aufgelaufenen Kostenträgergemeinkosten, die im letzten Schritt mithilfe einer weiteren Schlüsselung auf die einzelnen Kostenträger (i. e. S.) verteilt werden. Der genaue Ablauf ist der folgenden Grafik festgehalten.

[676] Bei den Studis ist dies die knappe Zahl von Semesterwochenstunden, die für das Fach „Kostenrechnung“ zur Verfügung stehen, für den Autor der Umfang des Buches.

[677] Letztere wird bei WÖRDENWEBER, M.: Kostenrechnung, a. a. O., im Rahmen der Verteilung der Kosten in der Kostenstellenrechnung, genauer: im Unter-Unterabschnitt 1.8.3.1 „Phasen der Kostenstellenrechnung“, ausführlicher als hier folgend beschrieben.

[678] Die beiden Begriffe Einzelkosten und Gemeinkosten werden ausführlich etwa bei WÖRDENWEBER, M.: Kostenrechnung, a. a. O., im Unterabschnitt 1.6.3 „Systematisierung der Kosten nach der Art der Verrechnung“ erläutert.

[679] Ausgewählte Verfahren der innerbetrieblichen Leistungsverrechnung werden bei WÖRDENWEBER, M.: Kostenrechnung, a. a. O., im Unter-Unterabschnitt 1.8.3.3 „Verrechnung innerbetrieblicher Leistungen“ beschrieben.

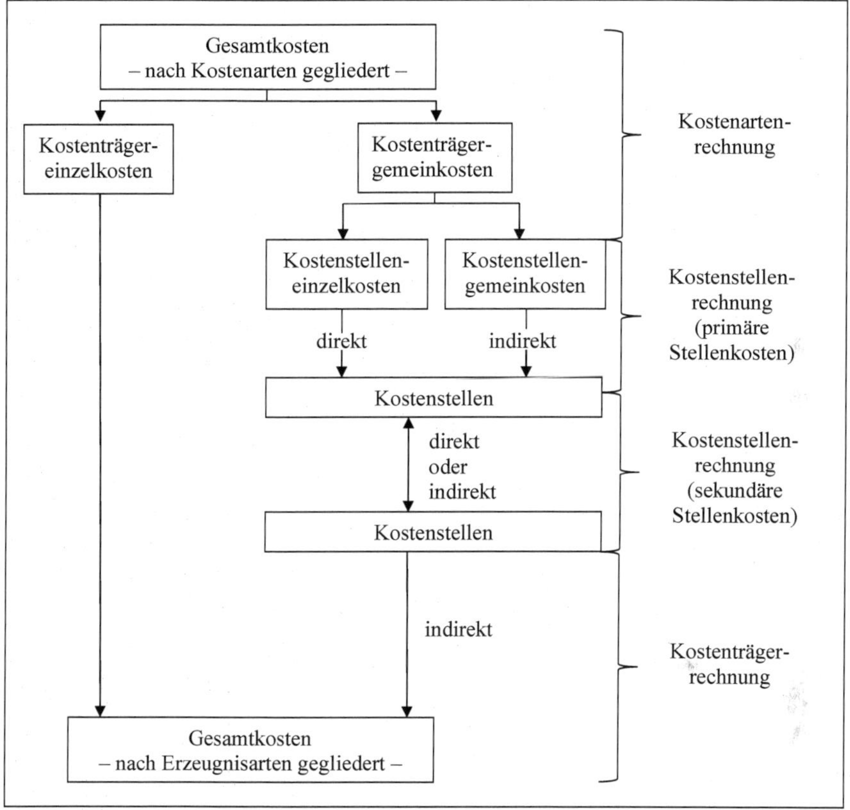

Darst. 3.2054: Zusammenhang zwischen Kostenarten- und Kostenstellenrechnung auf Vollkostenbasis
(Geringfügig modifiziert nach: ZIMMERMANN, G.: a. a. O., S. 70.)

Dieser Sachverhalt findet sich komprimiert im Kalkulationsschema der Zuschlagskalkulation, d. h. bei der Berechnung der Herstell- und Selbstkosten, wieder. Im nachstehenden Schema, in dem zusätzlich ggf. anfallende Sondereinzelkosten der Fertigung und Sondereinzelkosten des Vertriebs enthalten sind, lassen sich als „Kostenstellen" exemplarisch vier Bereiche erkennen: der Materialbereich, der Fertigungsbereich, der Verwaltungsbereich sowie der Vertriebsbereich.

<table>
<tr><td>Materialeinzelkosten</td><td rowspan="2">Materialkosten</td><td rowspan="5">Herstellkosten</td><td rowspan="8">Selbstkosten</td></tr>
<tr><td>Materialgemeinkosten</td></tr>
<tr><td>Fertigungseinzelkosten</td><td rowspan="3">Fertigungskosten</td></tr>
<tr><td>Fertigungsgemeinkosten</td></tr>
<tr><td>Sondereinzelkosten der Fertigung</td></tr>
<tr><td colspan="3">Verwaltungsgemeinkosten</td></tr>
<tr><td colspan="3">Vertriebsgemeinkosten</td></tr>
<tr><td colspan="3">Sondereinzelkosten des Vertriebs</td></tr>
</table>

Darst. 3.2055: Kalkulationsschema der Zuschlagskalkulation

Für jeden dieser vier Bereiche würde ein Gemeinkostenzuschlagssatz gebildet. Sie heißen:

- Materialgemeinkostenzuschlagssatz (MatGKZS),
- Fertigungsgemeinkostenzuschlagssatz (FertGKZS),
- Verwaltungsgemeinkostenzuschlagssatz (VwGKZS),
- Vertriebsgemeinkostenzuschlagssatz (VtGKZS).

Das Arbeiten mit nur vier (Kosten-) Bereichen in einem Unternehmen ist bei heterogener Fertigung in Bezug auf die einzelnen Produktarten sehr ungenau, wenn diese einzelne Kostenstellen mit unterschiedlichen Intensitäten beanspruchen. Die Erzeugnisarten würden sich dann sehr stark in der Kostenstruktur unterscheiden. Eine **zu geringe Zahl an** Kostenstellen mit zugehörigen Gemeinkostenzuschlagssätzen (GKZS) für die einzelnen Bereiche würde daher zu einer (sehr) **ungenauen Ermittlung der Selbstkosten** k_s führen. Unter diesem Aspekt sind **Gemeinkostenzuschlagssätze** (GKZS) **für deutlich mehr als vier Bereiche** zu bilden. Ob für jede Kostenstelle ein Gemeinkostenzuschlagssatz berechnet und verwendet werden soll, muss letztlich unter **Kosten-Nutzen-Aspekten** entschieden werden. Im Extremfall könnte sogar für jeden Kostenplatz ein Gemeinkostenzuschlagssatz ermittelt werden.

Allgemein wird ein Gemeinkostenzuschlagssatz wie folgt gebildet:

$$\text{Gemeinkostenzuschlagssatz (\%)} = \frac{\text{(Kostenträger-) Gemeinkosten des Bereichs}}{\text{Bezugsgröße des (Kosten-) Bereichs}} \cdot 100$$

Darst. 3.2056: Gemeinkostenzuschlagssatz (%)

Für jeden (Kosten-) Bereich ist zu prüfen, welcher Schlüssel, d. h. welche Bezugsgröße für den Gemeinkostenzuschlagssatz dieses Bereichs gewählt werden soll. Es geht also darum, den genauen Maßstab für die Kostenverursachung zu erkennen. In der Praxis werden folgende Bezugsgrößen diskutiert:

- Fertigungseinzelkosten,
- Materialeinzelkosten,
- Herstellkosten,
- Mengengrößen (z. B. Stückzahlen),
- Zeitgrößen (z. B. Maschinenstunden).

Standardmäßig werden im Materialbereich die Materialgemeinkosten auf die Materialeinzelkosten und im Fertigungsbereich die Fertigungsgemeinkosten auf die Fertigungseinzelkosten bezogen. Als Basis für Gemeinkostenzuschlagssätze im Verwaltungsbereich und im Vertriebsbereich dienen die **Herstellkosten**. Bei der **Ermittlung des Verwaltungsgemeinkostenzuschlagssatzes und des Vertriebsgemeinkostenzuschlagssatzes** ist zu beachten, dass **etwaige Sondereinzelkosten der Fertigung in den Herstellkosten nicht enthalten** sein dürfen, da sie nicht typisch für den Fertigungsprozess sind. Sondereinzelkosten fallen definitionsgemäß nur für eine bestimmte Produktart oder einen bestimmten Auftrag an und dürfen wegen ihres unregelmäßigen Anfalls bei der Berechnung der vorstehenden Gemeinkostenzuschlagssätze grundsätzlich nicht in die Herstellkosten einbezogen werden.[680]

Für die vier Bereiche werden die Gemeinkostenzuschlagssätze nach den bisherigen Ausführungen wie folgt definiert:

[680] Die Herstellkosten dürfen nicht mit den **Herstellungskosten** verwechselt werden. Dieser Begriff ist dem Bilanzrecht zuzuordnen. Er wird über das Maßgeblichkeitsprinzip gem. § 5 Abs. 1 EStG grundsätzlich auch im Steuerrecht angewendet. Die entsprechenden Regelungen finden sich in § 255 Abs. 2, 2a und 3 HGB. Eine ausführliche Erläuterung des Begriffs Herstellungskosten findet sich unter dem Stichwort „Herstellungskosten" im Unter-Unterabschnitt 3.1.1.1 „Analyse der Erfolgserzielung".

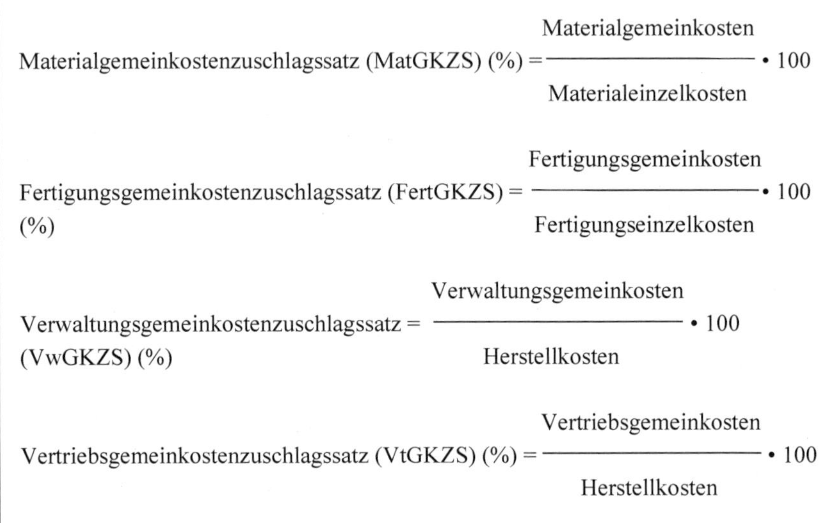

$$\text{Materialgemeinkostenzuschlagssatz (MatGKZS) (\%)} = \frac{\text{Materialgemeinkosten}}{\text{Materialeinzelkosten}} \cdot 100$$

$$\text{Fertigungsgemeinkostenzuschlagssatz (FertGKZS) (\%)} = \frac{\text{Fertigungsgemeinkosten}}{\text{Fertigungseinzelkosten}} \cdot 100$$

$$\text{Verwaltungsgemeinkostenzuschlagssatz (VwGKZS) (\%)} = \frac{\text{Verwaltungsgemeinkosten}}{\text{Herstellkosten}} \cdot 100$$

$$\text{Vertriebsgemeinkostenzuschlagssatz (VtGKZS) (\%)} = \frac{\text{Vertriebsgemeinkosten}}{\text{Herstellkosten}} \cdot 100$$

Darst. 3.2057: Gemeinkostenzuschlagssätze für vier (Kosten-) Bereiche

Typische Materialgemeinkosten sind:

- Kosten der Materialannahme einschl. Lagereingangsprüfung
- Kosten der Lagerung, Verwaltung und Ausgabe der Werkstoffe
- Versicherungsprämien für das Material
- Kosten der Lagerbuchführung incl. Software
- Kosten für die Bewachung und Sicherung des Materials
- Abschreibung der Lagerimmobilie bzw. entsprechende Mieten oder Leasingaufwendungen
- Abschreibung der Betriebs- und Geschäftsausstattung im Materialbereich wie z. B. für Behälter, Silos, Regale, Computer- und Überwachungsanlagen sowie weitere Einrichtungsgegenstände, auch in den zugehörigen Pausenräumen, ggf. statt der Abschreibungen Miet- oder Leasingaufwendungen

Darst. 3.2058: Typische Materialgemeinkosten

Als Fertigungsgemeinkosten können bspw. aufgezählt werden:

- Gehälter und Löhne für die Mitarbeiter im Fertigungsbereich (u. a. Fertigungsmitarbeiter, Zeichner, Konstrukteure, Techniker, Betriebsbuchhalter, Arbeitsvorbereiter, Qualitätsprüfer, Betriebsingenieure, technische Leiter, Werksleiter)
- Hilfslöhne für Energieversorgungsmitarbeiter, Transportmitarbeiter, Reinigungskräfte, Arbeitsvorbereiter, Abfallentsorger, Pförtner, Wach- und Sicherheitspersonal etc.
- Löhne für anzulernendes Personal[1]
- gesetzliche und freiwillige Sozialkosten
- Wasser- und Energiekosten
- Kosten für Hilfsstoffe, soweit sie nicht als Fertigungseinzelkosten gelten
- Kosten für Betriebsstoffe (z. B. Treibstoffe, Kühlstoffe, Schmierstoffe, Schweiß- und Reinigungsmittel)
- Werkzeuge
- Aufwendungen für Modelle, Formen (z. B. Kokillen) und Schablonen, sofern es sich nicht um Sondereinzelkosten der Fertigung handelt
- Pflege- und Instandhaltungskosten für die Betriebsmittel (Gebäude, Einrichtungen, Maschinen, Vorrichtungen, Werkzeuge etc.)
- Kosten für Sachversicherungen, Post- und sonstige Übermittlungsgebühren
- Abschreibung der Fertigungsimmobilie(n), bzw. entsprechende Mieten oder Leasingaufwendungen
- Abschreibung der Betriebs- und Geschäftsausstattung im Fertigungsbereich wie z. B. für Aufzugsanlagen, Förderbänder, Einrichtungen, Computer- und Überwachungsanlagen sowie weitere Einrichtungsgegenstände, auch in den zugehörigen Pausenräumen, ggf. statt der Abschreibungen Miet- oder Leasingaufwendungen

Darst. 3.2059: Typische Fertigungsgemeinkosten

[1] Die Löhne für Auszubildende werden dem Verwaltungsbereich zugeordnet.

Zu den Sondereinzelkosten der Fertigung gehören:

- Kosten für Forschung und Entwicklung
- Kosten für Sonderwerkzeuge und Spezialeinrichtungen
- Kosten für Modelle, Schablonen und (Guss-) Formen
- Kosten für Lizenzen
- Kosten für Wasser und Energie, insb. für Strom, sofern diese einen wesentlichen Anteil an den Gesamtkosten haben und den Erzeugnissen direkt zugeordnet werden können.

Darst. 3.2060: Sondereinzelkosten der Fertigung

Bezugnehmend auf das Zahlenbeispiel bei Wördenweber[681] waren folgende Zahlen – in diesem Fall für zwei Fertigungshauptkostenstellen und damit fünf (Kosten-) Bereiche errechnet worden:

Materialeinzelkosten	2.463.250
Lohneinzelkosten (Fertigungshauptkostenstelle I)	213.563
Lohneinzelkosten (Fertigungshauptkostenstelle II)	145.855
Materialgemeinkosten	373.675
Fertigungsgemeinkosten (Fertigungshauptkostenstelle I)	591.228
Fertigungsgemeinkosten (Fertigungshauptkostenstelle II)	758.854
Herstellkosten	4.546.425
Verwaltungsgemeinkosten	490.103
Vertriebsgemeinkosten	136.753

Darst. 3.2061: Datengrundlage (in €) für die Berechnung der Gemeinkostenzuschlagssätze (Beispiel)

Durch Einsetzen in die Formeln gem. Darst. 3.257 erhält man folgende fünf Gemeinkostenzuschlagssätze:

[681] WÖRDENWEBER, M.: Kostenrechnung, a. a. O., Unterabschnitt 1.8.4 „Betriebsabrechnungsbogen (BAB) als Instrument der Kostenstellenrechnung".

$$\text{Materialgemeinkostenzuschlagssatz (MatGKZS) (\%)} = \frac{373.675}{2.463.250} \cdot 100 = 15{,}17\ \%$$

$$\begin{array}{l}\text{Fertigungsgemeinkostenzuschlagssatz I (FertGKZS I)} \\ \text{für die Fertigungshauptkostenstelle I (\%)}\end{array} = \frac{591.228}{213.563} \cdot 100 = 276{,}84\ \%$$

$$\begin{array}{l}\text{Fertigungsgemeinkostenzuschlagssatz II (FertGKZS II)} \\ \text{für die Fertigungshauptkostenstelle II (\%)}\end{array} = \frac{758.854}{145.855} \cdot 100 = 520{,}28\ \%$$

$$\begin{array}{l}\text{Verwaltungsgemeinkostenzuschlagssatz (VwGKZS)} \\ \text{(\%)}\end{array} = \frac{490.103}{4.546.425} \cdot 100 = 10{,}78\ \%$$

$$\text{Vertriebsgemeinkostenzuschlagssatz (FertGKZS) (\%)} = \frac{136.753}{4.546.425} \cdot 100 = 3{,}08\ \%$$

Darst. 3.2062: Gemeinkostenzuschlagssätze für die fünf (Kosten-) Bereiche des Beispiels

Angenommen, ein konkretes Erzeugnis P weist 102,50 € an Materialeinzelkosten aus. Zudem konnten dem Produkt in der Fertigungshauptkostenstelle I 83,00 € und in der Fertigungshauptkostenstelle II 56,20 € an Lohneinzelkosten direkt zugeordnet werden. Dann ergeben sich folgende Selbstkosten k_s:

	Materialeinzelkosten (MEK):	102,50 €
+	Materialgemeinkosten (MGK): 15,17 % auf die MEK =	15,55 €
+	Fertigungseinzelkosten (FEK) I:	83,00 €
+	Fertigungsgemeinkosten (FGK) I: 276,84 % auf FEK I =	229,78 €
+	Fertigungseinzelkosten (FEK) II:	56,20 €
+	Fertigungsgemeinkosten (FGK) II: 520,28 % auf FEK II =	292,40 €
=	Herstellkosten	779,43 €
+	Verwaltungsgemeinkosten (VwGK): 10,78 % auf die Herstellkosten =	84,02 €
+	Vertriebsgemeinkosten (VtGK): 3,08 % auf die Herstellkosten =	24,01 €
=	Selbstkosten	887,46 €

Darst. 3.2063: Ermittlung der Selbstkosten k_s für eine Erzeugniseinheit (Beispiel)

Gegen die Verwendung von Einzelkosten als Bezugsgröße lassen sich einige **gravierende Einwände** vortragen. Zum einen wird bei dieser Art der Selbstkostenermittlung unterstellt, dass sich bei jeder denkbaren Beschäftigung die **Gemeinkosten proportional zu den Einzelkosten** verhalten. Zum anderen zieht jede **Lohnerhöhung** eine **Neuberechnung der Fertigungsgemeinkostenzuschlagssätze** nach sich. Drittens führt eine **zunehmende Digitalisierung und Automatisierung** dazu, dass sich der **Anteil der (Fertigungs-) Gemeinkosten erhöht zu Lasten der (Fertigungs-) Einzelkosten**. Die **Folge sind ständig steigende Gemeinkostenzuschlagssätze**, die in vielen Unternehmen mehr als 1.000 % betragen können. Schon **kleinste Erfassungsfehler bei den (Lohn-) Einzelkosten bewirken eine erhebliche Verzerrung der Selbstkosten**. Viertens ist die (absolute) **Höhe der** einem Produkt zugerechneten **Gemeinkosten abhängig von der** (absoluten) **Höhe der Materialeinzelkosten bzw. der Fertigungseinzelkosten**. Besteht bspw. ein Erzeugnis einmal aus minderwertigem Material, ein anderes Mal aus sehr hochwertigen Werkstoffen, dann erhält das materialmäßig höherwertige Produkt überproportional Gemeinkosten zugerechnet, und zwar auch dann, wenn die Bearbeitung auf den Anlagen und alle anderen Prozesse, die Gemeinkosten darstellen, identisch sind. Das gravierendste Problem besteht jedoch darin, dass die **Verursachungsgerechtigkeit** bei einer derartigen Verteilung über Gemeinkostenzuschlagssätze **nicht gegeben** ist.

Abhilfe schaffen kann hier u. a. die Verwendung von Mengengrößen (z. B. Stückzahlen, Gewichte, Volumen, Fläche) oder Zeitgrößen (z. B. Fertigungszeiten, Maschinenlaufzeiten) oder Gewichten. Diese Art der Zuschlagskalkulation wird als „Bezugsgrößenkalkulation“ bezeichnet. Sie ermöglicht eine genauere Verrechnung der (Fertigungs-) Gemeinkosten. Ein Beispiel für eine solche Kalkulation ist das Rechnen mit **Maschinenstundensätzen (Maschinenstundensatzrechnung)**.

Eine weitere Möglichkeit einer verursachungsgerechteren Verteilung der Gemeinkosten ist die Anwendung der **Prozesskostenrechnung**. Ihr Ziel liegt in der **Erfassung und Bewertung des Mengengerüsts der (Dienst-) Leistungen einer funktions- und (damit i. d. R. auch) kostenstellenübergreifenden Prozess- oder Tätigkeitskette** für die Zwecke der Planung und Kontrolle. Primäres abrechnungstechnisches Erfassungs- und Zurechnungsobjekt sind kostenstellenübergreifende **Leistungen und Vorgänge** im jeweiligen Prozessverbund, **die den Anfall und die Höhe der Gemeinkosten tatsächlich beeinflussen**. Mit der **Zuordnung von Prozessen zu einzelnen Produktarten statt einer material- bzw. lohnbezogenen pauschalen Gemeinkostenverteilung** lässt sich eine deutlich genauere Selbstkostenkalkulation erreichen.

Zuletzt soll noch ein grundsätzliches Problem der Selbstkostenbestimmung via Zuschlagskalkulation angesprochen werden. Bei der Kalkulation einzelner Erzeugnisse werden die Gesamtkosten in Einzel- und Gemeinkosten[682] aufgeteilt. Die Gemeinkosten sind zum größten Teil Fixkosten, die mithilfe von Verteilungsschlüsseln auf die Kostenträger verteilt werden. Die **Aufteilung dieser Fixkosten erfolgt auf die Beschäftigung** (Menge aller Erzeugniseinheiten). Wenn die gesamte **Menge sich verringert, werden die Fixkosten auf eine geringere Produktionsmenge verteilt. Dies führt zu höheren Selbstkosten pro Kostenträgereinheit**, zu höheren langfristigen Preisuntergrenzen und – bei kostenorientierter Preissetzung – zu höheren Angebotspreisen. Ein steigender Absatzpreis führt wiederum dazu, dass bei bestehendem Wettbewerb und vorrangig preissensitiven Produkten noch weniger Erzeugniseinheiten auf dem Markt abgesetzt werden und das Unternehmen an Rentabilität einbüßt und sich die Konkurrenzfähigkeit verringert.

---

[682] Die beiden Begriffe Einzelkosten und Gemeinkosten werden bspw. bei WÖRDENWEBER, M.: Kostenrechnung, a. a. O., ausführlich im Unterabschnitt 1.6.3 „Systematisierung der Kosten nach der Art der Verrechnung“ erläutert.

3.2.6.4 Langfristige Preisuntergrenze

Generell dienen Preisuntergrenzen der Prüfung, ab welchem Stückerlös p die relevanten Kosten eines Produktes nicht mehr gedeckt werden. Diese Entscheidung stellt sich bspw. bei vielen kundenspezifischen Aufträgen, bei denen der Preis individuell mit den Kunden ausgehandelt wird. In diesem Fall benötigt der Verkäufer Informationen über den mindestens zu fordernden Preis (einschl. Gewinnzuschlag), welcher die Untergrenze für mögliche Preiszugeständnisse gegenüber dem Käufer bildet. Ähnliches gilt für die Auftragsvergabe der öffentlichen Hand. Die Kalkulation öffentlicher Aufträge erfolgt unter Beachtung der Leitsätze für die Preisermittlung (LSP)[683] aufgrund von **Selbstkosten**.

In der Vollkostenrechnung gelten als **langfristige Preisuntergrenze** die **gesamten Kosten pro Stück (Stückkosten, Selbstkosten)**[684] $\mathbf{k_s}$, die allesamt langfristig gedeckt werden müssen.[685] Bei einer Unterschreitung werden bestimmte Teile der Stückkosten nicht mehr gedeckt. Kurzfristig muss ein Unterschreiten noch nicht zu einer Liquiditätseinbuße führen, da die Abschreibungen als Kosten nicht finanziell wirksam sind. Langfristig werden diese Abschreibungen aber nicht verdient, so dass die (dann) abgeschriebenen Anlagegüter nicht mehr wiederbeschafft werden können.

Wie im vorhergehenden Unter-Unterabschnitt aufgezeigt wurde, müssen die Preisuntergrenzen von Zeit zu Zeit neu justiert werden, da die Höhe der Selbstkosten beschäftigungsabhängig ist. Sie sind in Zeiten schwacher Auslastung der Anlagen höher als in Zeiten mit hoher Beschäftigung. Dies hat zur Konsequenz, dass in Zeiten niedriger Beschäftigung hohe Preisuntergrenzen errechnet würden, mit der Folge, dass bei kostenorientierter Preissetzung hohe Angebotspreise kalkuliert werden. Ein steigender Absatzpreis führt wiederum dazu, dass bei bestehendem Wettbewerb und vorrangig preissensitiven Produkten noch weniger Erzeugniseinheiten auf dem Markt abgesetzt werden. Dies führt letztlich dazu, dass der Gewinn sinkt und sich die Rentabilität des Unternehmens verschlechtert. Bei hoher Auslastung tritt das Gegenteil ein.

---

[683] Die „Leitsätze für die Preisermittlung auf Grund von Selbstkosten“ sind eine Anlage zur Verordnung PR Nr. 30/53 vom 21.11.1953, zuletzt geändert durch Art. 289 der Verordnung vom 25.11.2003 (BGBl. I S. 2304).

[684] Die Berechnung der Selbstkosten wird im nächsten Unter-Unterabschnitt beschrieben.

[685] Vgl. u. a. FOIT, K., LORBERG, D.: Kostenrechnung. Lehrbuch mit Online-Umgebung, Herne 2015, S. 148.

3.2.6.5 Stückgewinn

Die **stückbezogene Erfolgszahl** in der Vollkostenrechnung ist der **Stückgewinn *g***. Er ist wie folgt definiert:

$$g = p - k_s$$

Darst. 3.2064: Stückgewinn

Legende:

g Stückgewinn
k_s Selbstkosten (gesamte Stückkosten)
p Preis

Das (kostenrechnerische) **Entscheidungskriterium** für den Verbleib eines Erzeugnisses im Produktionsprogramm bei freien Kapazitäten lautet: Sofern **g > 0, sollte das Erzeugnis produziert werden**. Bei g = 0, liegt Entscheidungsindifferenz vor.

Die Berechnung des Stückgewinns setzt zum einen eine **möglichst exakte Bestimmung der Stückkosten** sowie eine **eindeutige Zuordnung der Stückerlöse zu den Produktarten** voraus.

Bei der Verwendung des Stückgewinns als Entscheidungskriterium sind zwei Punkte zu beachten:

1. **Die Höhe des Stückgewinns hängt von der Zahl der produzierten Erzeugniseinheiten ab.**
2. **Bestimmte Entscheidungen**, v. a. operative, **können/dürfen nicht mithilfe des Kriteriums Stückgewinn gefällt werden**.

Ad 1.: Der Stückgewinn $g = p - k_s$ kann weiter aufgefächert werden, indem die Selbstkosten k_s in die variablen und fixen Kostenbestandteile zerlegt werden. Es gilt:

$$k_s = k_v + \frac{K_f}{x_p}$$

Darst. 3.2065: Aufspaltung der Selbstkosten in seine variablen und fixen Kostenbestandteile

Legende:
K_f Fixkosten
k_s Selbstkosten (gesamte Stückkosten)
k_v variable Kosten pro Stück
x_p produzierte Menge

Erhöht sich die produzierte Menge, werden die Fixkosten auf eine größere Basis verteilt, mit der Folge, dass die Selbstkosten sinken. Dieser Sachverhalt beschreibt die sog. **Fixkostendegression**, bei der höhere Stückzahlen für sinkende Selbstkosten sorgen, weil die Fixkosten auf eine größere Produktionsmenge verteilt werden. Bei sinkendem Output tritt der gegenteilige Effekt ein.

Ad 2.: Bei kurzfristigen Entscheidungen sind die Fixkosten nicht entscheidungsrelevant.[686] Sie fallen unabhängig von der in einer Periode (geplanten oder tatsächlichen) Beschäftigung an.

Der folgende Fall soll die Problematik verdeutlichen.

In einem Unternehmen schlägt der Vertrieb im Rückgriff auf Unterlagen der Marktforschung vor, dass der Absatzpreis p gesenkt werden solle, weil bei Vorliegen einer fallenden Preis-Absatz-Funktion davon ausgegangen werden könne, dass sich die nachgefragte Menge x_a erhöhe (Produktionskapazitäten sind ausreichend vorhanden; Marktaufnahmefähigkeit ist gegeben) und zwar so stark, dass mit dieser Aktion der Gewinn gesteigert werden könne.

Die dem Controller vorgelegten Daten lauten wie folgt:

[686] Siehe die Ausführungen bei WÖRDENWEBER, M.: Kostenrechnung, a. a. O., im Unterabschnitt 1.6.1 „Systematisierung der Kosten nach dem Verhalten bei Beschäftigungsschwankungen".

Bisher abgesetzte Menge x_b: 18.000 Stück
Bisheriger Verkaufspreis p_b: 1.290,00 €

Neuer Verkaufspreis p_n: 1.149,00 €
Neue Absatzmenge x_n: 21.500 Stück

Von den gesamten Selbstkosten in Höhe von 21,2 Mio. € sind 70 % fix und 30 % variabel.

In einem ersten Schritt werden der bisherige Stückgewinn g_b und der bisherige Gesamtgewinn G_b ermittelt.

$$g_b = p_b - k_s = 1.290{,}00 \text{ €/St.} - \frac{21.200.000{,}00 \text{ €}}{18.000 \text{ St.}} = 1.290{,}00 \text{ €/St.} - 1.177{,}78 \text{ €/St}$$

$$= 112{,}22 \text{ €/St.}$$

$$G_b = g_b \cdot 18.000 \text{ St.} = 112{,}22 \text{ €/St.} \cdot 18.000 \text{ St.} = 2.019.960 \text{ €}$$

In einem zweiten Schritt werden jetzt der neue Stückgewinn g_n und der neue Gesamtgewinn G_n berechnet.

$$g_n = p_n - k_s = 1.149{,}00 \text{ €/St.} - 1.177{,}78 \text{ €/St} = -28{,}78 \text{ €/St.}$$

Da der Stückgewinn negativ ist, wird die vom Vertrieb vorgeschlagene Aktion abgelehnt. (Der neue Gesamtgewinn G_n würde −618.770,00 € (−28,78 €/St. • 21.500 St.) betragen.)

Bei dieser Entscheidung wurden gleich zwei Fehler gemacht. Zum einen wurden die Selbstkosten in der alten Ausgangslage (abgesetzte Stückzahl: 18.000) und in der neuen Situation (neue Stückzahl: 21.500) konstant gelassen. Dieser Ansatz ist falsch, da sich die in den Selbstkosten enthaltenen Fixkosten in Höhe von 70 % von 21,2 Mio. € (= 14,84 Mio. €) auf eine andere Menge beziehen (21.500 St. statt bisher 18.000 St.). Demnach würden die neuen stückfixen Kosten nicht mehr 824,44 €/St. (= 14,84 Mio. € dividiert durch 18.000 St.) betragen, sondern nur noch 690,23 €/St. (= 14,84 Mio. € dividiert durch 21.500 St.). – Würden die „alten“ Fixkosten pro Stück in Höhe von 824,44 €/St. beibehalten, würden bei einer Multiplikation mit 21.500 St. insgesamt ca. 17,73 Mio. € (statt 14,84 Mio. €) an Fixkosten verrechnet!

Der Stückgewinn g_n ist also neu zu berechnen. Zuerst werden die variablen Kosten pro Stück k_v ermittelt.

$$k_v = \frac{30\,\%\text{ von }21{,}2\text{ Mio. €}}{18.000\text{ St.}} \approx 353{,}33\text{ €/St.}$$

$$g_n = p_n - k_s = p_n - k_v - \frac{K_f}{x_n} = 1.149{,}00\text{ €/St.} - 353{,}33\text{ €/St} - 690{,}23\text{ €/St.} = 105{,}44\text{ €/St.}$$

Mit den jetzt korrekt berechneten Selbstkosten ergibt sich ebenfalls eine ablehnende Entscheidung, denn der modifizierte Stückgewinn $g_n = 105{,}44$ €/St. liegt unter dem bisherigen Stückgewinn $g_b = 112{,}23$ €/St. Die vom Vertrieb vorgeschlagene Maßnahme würde auch hier abgelehnt! Das wäre eine falsche Entscheidung, denn der bisherige Gewinn beträgt 2.019.960,00 €, der neue Gewinn aber 2.266.960 €!

Allerdings ist der Ansatz von Fixkosten in dieser Entscheidungssituation falsch, denn an den Fixkosten – die Produktionskapazitäten sind ausreichend – ändert sich nichts. **Die Fixkosten sind bei dieser Sachlage nicht entscheidungsrelevant**.

Im Vorgriff auf die noch vorzustellende Deckungsbeitragsrechnung, bei der die Fixkosten i. d. R. nur en bloc bei der Ermittlung des Betriebsergebnisses oder ggf. stufenweise bei der sog. mehrstufigen Deckungsbeitragsrechnung berücksichtigt werden, lautet das Entscheidungskriterium Stückdeckungsbeitrag und der sich daraus ergebende Gesamt-DB (abzüglich der Fixkosten). Diese Rechnung soll hier (noch) nicht durchgeführt werden.

3.2.6.6 Betriebsergebnis mittels Vollkostenrechnung

Aufgabe der Betriebsergebnisrechnung (BER), auch kurzfristige Erfolgsrechnung (KER) genannt, ist die exakte Ermittlung des betrieblichen Erfolgs. Der betriebliche Erfolg ist das **Betriebsergebnis** in seinem beiden Ausprägungen **Betriebsgewinn** (Betriebsergebnis > 0) oder **Betriebsverlust** (Betriebsergebnis < 0).

Entscheidend ist jedoch nicht nur das Endergebnis einer Betriebsergebnisrechnung, sondern auch die **Analyse des Betriebserfolges für Planungs- und Kontrollzwecke**.

Eine solche Analyse macht allerdings nur dann Sinn, wenn eine **Betriebsergebnisrechnung** kurzfristiger als die jährliche Erstellung der Gewinn- und Verlustrechnung, nämlich **monatlich**, vorgenommen wird. Die **BER** gibt zum einen somit **kurzfristiger**, zum anderen **detaillierter** und drittens **ausschließlich** über die **betrieblichen Aktivitäten** und deren Ergebnisse Auskunft. Letzteres besagt, dass der neutrale Erfolg nicht Gegenstand der Betriebsergebnisrechnung ist. Die BER spiegelt daher nicht den Gesamterfolg (Jahresüberschuss oder Jahresfehlbetrag) eines Unternehmens wider.

Zur Durchführung einer kurzfristigen Erfolgsrechnung bieten sich zwei verschiedene Verfahren an:

- Gesamtkostenverfahren
- Umsatzkostenverfahren

Darst. 3.2066: Verfahren der Betriebsergebnisrechnung

Die Betriebsergebnisrechnung kann mit beiden Verfahren **auf Voll- oder Teilkostenbasis** gehandhabt werden. Der wesentliche Unterschied bei den Betriebsergebnissen mittels Gesamtkostenverfahren auf Voll- oder Teilkostenbasis liegt in der Bewertung etwaiger Bestandsveränderungen begründet.

3.2.6.6.1 Gesamtkostenverfahren

Das Gesamtkostenverfahren ermittelt das Betriebsergebnis, indem von den gesamten Leistungen (einschl. Bestandsveränderungen) einer Periode die gesamten Kosten dieser Periode subtrahiert werden.

Darst. 3.2067: Gesamtkostenverfahren auf Vollkostenbasis

Das Gesamtkostenverfahren (GKV) entspricht formal dem Aufbau der Gliederung der Gewinn- und Verlustrechnung (GuV) bzw. der Finanzbuchhaltung. Im Betriebsergebniskonto werden die gesamten Kosten, nach Kostenarten gegliedert, aufgeführt. Daher wird dieses Verfahren zuweilen auch **kostenartenorientierte Betriebsergebnisrechnung** genannt.

Da sich die Umsätze auf die abgesetzte Menge, die (Gesamt-) Kosten aber auf die hergestellte Menge beziehen, müssen etwaige Bestandsveränderungen an unfertigen und fertigen Erzeugnissen bei der Ermittlung des Betriebsergebnisses mitberücksichtigt werden. Immer dann, wenn die abgesetzte Menge größer ist als die produzierte, wurde dem Lager ein Teil der hergestellten Produkteinheiten entnommen. Die entsprechend bewerteten Mengen werden in der Betriebsergebnisrechnung als Kosten berücksichtigt. Übersteigt jedoch die produzierte Menge die abgesetzte, wurde also auf Lager produziert, dann stellt diese eine Lagerbestandserhöhung dar, die als Leistung des Betriebes in die Betriebsergebnisrechnung eingeht.

Damit zeigt das Betriebsergebniskonto folgende Struktur:

Soll	Haben
Gesamtkosten der Periode, gegliedert nach Kostenarten	Umsätze der Periode
Herstellkosten der Bestandsminderungen	Herstellkosten der Bestandserhöhungen
Betriebsgewinn	oder Betriebsverlust

Darst. 3.2068: Ermittlung des Betriebsergebnisses bei Anwendung des Gesamtkostenverfahrens auf Vollkostenbasis

Beim Gesamtkostenverfahren auf Vollkostenbasis werden die **Bestände mit Herstellkosten bewertet**. Im Fall von Bestandsminderungen tritt bei der Bewertung ein **Problem** auf, wenn die **Herstellkosten pro Produkteinheit** einer Produktart **unterschiedlich hoch** sind. Dies liegt daran, dass der in den Herstellkosten einer Erzeugniseinheit enthaltenen fixen Stückkosten von Periode zu Periode schwankt, was auf veränderte Produktmengen einer Periode zurückzuführen ist. Bei steigenden Mengen ist der Fixkostendegressionseffekt[687] deutlich zu erkennen, während sich bei sinkenden Produktionsmengen die Fixkosten auf eine geringere Stückzahl verteilen. Bei der Bewertung der Bestände müssen daher Annahmen über die Verbrauchsreihenfolge – wie bei der Bewertung des Materialverbrauchs bei Sammel- oder Schüttgütern – getroffen werden.[688] Die Praxis verwendet hier meist Standardpreise (Festpreise), die nicht nur den Durchschnittspreis vergangener Perioden (der arithmetisch (gewogene) Durchschnittspreis des abgelaufenen Geschäftsjahres) zugrunde legen, sondern auch erwartete, zukünftige Preise inkludiert.

Mathematisch lässt sich das Betriebsergebnis (BE) nach dem Gesamtkostenverfahren auf Vollkostenbasis wie folgt definieren:

$$BE = \sum_{i=1}^{n} x_{ai} \bullet p_i + \sum_{i=1}^{n} (x_{pi} - x_{ai})\, k_{Hi} - \sum_{l=1}^{m} K_l$$

Es bedeuten:

BE = Betriebsergebnis

i = Produktartenindex (1, 2, …, n)

l = Kostenartenindex (1, 2, …, m)

k_{Hi} = Herstellkosten pro Erzeugniseinheit der Produktart i

K_l = Kosten der Kostenart l

p_i = Absatzpreis der Produktart i

x_{ai} = abgesetzte Menge der Produktart i in der Abrechnungsperiode

x_{pi} = produzierte Menge der Produktart i in der Abrechnungsperiode

Nachstehend ist ein Beispiel für ein Betriebsergebniskonto nach dem Gesamtkostenverfahren wiedergegeben.

[687] Siehe die Erläuterungen zum Fixkostendegressionseffekt im Unter-Unterabschnitt 3.2.6.5 „Stückgewinn" und bei WÖRDENWEBER, M.: Kostenrechnung, a. a. O., im Unterabschnitt 1.6.1 „Systematisierung der Kosten nach dem Verhalten bei Beschäftigungsschwankungen".

[688] Siehe zu diesem Thema die Ausführungen bei WÖRDENWEBER, M.: Kostenrechnung, a. a. O., unter dem Stichwort „Bewertung des Materialverbrauchs" im Paragrafen 1.7.1.2.2 „Methoden der Erfassung von Materialkosten".

Soll		Haben	
Materialkosten	127.380 €	Umsatz Serie Obina	187.200 €
Personalkosten	142.736 €	Umsatz Serie Tara	56.389 €
Abschreibungen	116.000 €	Umsatz Serie Kena	196.230 €
Lizenzen	16.814 €	Umsatz Serie Safira	77.732 €
Zinsen	2.376 €		
Kommunikation	1.216 €	Herstellkosten der	
Versicherungen	13.017 €	Bestandserhöhungen	11.263 €
Steuern	9.886 €		
Betriebsgewinn	99.389 €		
Summe Soll	528.814 €	Summe Haben	528.814 €

Darst. 3.2069: Betriebsergebniskonto bei Anwendung des Gesamtkostenverfahrens auf Vollkostenbasis (Beispiel)

Das Gesamtkostenverfahren weist als **Vorteil** eine **Handhabung ohne größeren Aufwand** aus, zumal die Gliederung nach Kostenarten der Gliederung der GuV entspricht und viele Kostenarten wie Abschreibungen, Material- und Personalkosten als Grundkosten direkt aus der Finanzbuchhaltung übernommen werden können.[689] Deutlich **aufwendiger ist die Erfassung und Bewertung der Bestände** an Halb- und Fertigprodukten, insb. dann, wenn diese monatlich erfolgen soll bzw. muss.

Das Gesamtkostenverfahren ist **bei Dienstleistern** wie Beratungsunternehmen u. Ä. einfacher durchzuführen, da sie i. d. R. über keine oder zumindest keine großen Bestände verfügen, die eine Erfassung und Bewertung derselben erfordern.

Ein gravierender **Nachteil** des Gesamtkostenverfahrens liegt darin begründet, dass es **keine Auswertungen** im Hinblick auf **einzelne Produktarten** zulässt. Doch gerade diese Informationen sind im Hinblick auf viele Entscheidungen unabdingbar. Beispielhaft seien genannt: Beachtung von Preisuntergrenzen, Angebotspreise (bei kostenorientierter Preissetzung) oder der Eliminierung von Produktarten, Auswahl und Prioritäten bei Engpässen.

[689] Vgl. die Ausführungen bei WÖRDENWEBER, M.: Kostenrechnung, a. a. O., Abschnitt 1.2 „Bestandserhöhende und bestandsmindernde Strömungsgrößen".

Ebenso wenig können die **Kosten der einzelnen Funktionsbereiche** (F&E, Materialwirtschaft, Fertigung, Vertrieb, Verwaltung) abgelesen werden.

3.2.6.6.2 Umsatzkostenverfahren

Das Umsatzkostenverfahren hilft, einen Teil der vorgenannten Probleme zu lösen. Denn sowohl die Kosten als auch die Erlöse werden nicht nach Kostenarten, sondern nach Produktarten gegliedert. Daher wird dieses Verfahren auch als **kostenträgerorientiertes Verfahren** bezeichnet.

> Das Umsatzkostenverfahren ermittelt das Betriebsergebnis, indem von den gesamten, nach Produktarten gegliederten Umsätzen einer Periode die gesamten Kosten der abgesetzten Erzeugnisse dieser Periode, die ebenfalls nach Produktarten gegliedert sind, subtrahiert werden.

Darst. 3.2070: Umsatzkostenverfahren auf Vollkostenbasis

Das Umsatzkostenverfahren **verzichtet auf die Erfassung und Bewertung der Zwischen- und Endprodukte**. Da als **Leistungen** somit **nur** die **Erlöse** aufgenommen werden, dürfen als Kosten nicht mehr die Kosten aller produzierten Einheiten einer Periode, sondern **nur** noch die **Kosten der abgesetzten Erzeugnisse** dieser Periode einbezogen werden.

Soll	Haben
Gesamtkosten der abgesetzten Produkte, gegliedert nach Produktarten	Umsätze[1] der Periode, gegliedert nach Produktarten
Betriebsgewinn oder	Betriebsverlust

Darst. 3.2071: Ermittlung des Betriebsergebnisses bei Anwendung des Umsatzkostenverfahrens auf Vollkostenbasis

[1] Nicht Umsatzerlöse nach HGB!

Um die **Selbstkosten**[690] **der abgesetzten Erzeugnisse** bestimmen zu können, wird beim Umsatzkostenverfahren auf die Kostenträgerrechnung zurückgegriffen. Die Gesamtkosten der abgesetzten Produkte werden berechnet, indem die Selbstkosten einer Erzeugniseinheit mit der Anzahl der abgesetzten Produkteinheiten multipliziert wird.

Mathematisch lässt sich das Betriebsergebnis (BE) nach dem Umsatzkostenverfahren auf Vollkostenbasis wie folgt definieren:

$$BE = \sum_{i=1}^{n} U_i - \sum_{i=1}^{n} K_{si} = \sum_{i=1}^{n} (p_i - k_{si})\, x_{ai}$$

Es bedeuten:

BE = Betriebsergebnis
i = Produktartenindex (1, 2, …, n)
K_{si} = gesamte Selbstkosten der veräußerten Produktart *i*
k_{si} = Selbstkosten einer Erzeugniseinheit der Produktart *i*
p_i = Absatzpreis der Produktart *i*
U_i = Umsatz der Produktart *i*
x_{ai} = abgesetzte Menge der Produktart *i* in der Abrechnungsperiode

Nachstehend ist ein Beispiel für ein Betriebsergebniskonto nach dem Umsatzkostenverfahren wiedergegeben.

Soll		Haben	
Selbstkosten Serie Obina	137.380 €	Umsatz Serie Obina	187.200 €
Selbstkosten Serie Tara	62.618 €	Umsatz Serie Tara	56.389 €
Selbstkosten Serie Kena	156.010 €	Umsatz Serie Kena	196.230 €
Selbstkosten Serie Safira	73.417 €	Umsatz Serie Safira	77.732 €
Betriebsgewinn	99.389 €		
Summe Soll	528.814 €	Summe Haben	528.814 €

Darst. 3.2072: Betriebsergebniskonto bei Anwendung des Umsatzkostenverfahrens auf Vollkostenbasis (Beispiel)

[690] Die Ermittlung der Selbstkosten wird ausführlich im Unter-Unterabschnitt 3.2.6.3 „Selbstkosten“ beschrieben.

Im Beispiel zeigt sich, dass bei den Serien Kena und Obina ein ungefähr gleich hoher Gewinn erwirtschaftet wird, während sich die Serie Tara als Verlustbringer erweist.

Der **Vorteil** des Umsatzkostenverfahrens liegt darin, dass es nicht nur das Betriebsergebnis einer Periode ausweist, sondern **explizit** auch den **Gewinn jeder Produktart** (bei der hier betrachteten Vollkostenrechnung)[691] bzw. den Deckungsbeitrag jeder Produktart (bei Teilkostenrechnung) ausweist. Damit erlaubt diese Methode einen schnellen Überblick über den Erfolg einzelner Produktarten, womit (langfristige) **Produktionsprogramm- und Sortimentsentscheidungen** erleichtert werden. Zudem entfällt die aufwendige Erfassung und Bewertung von Bestandsveränderungen, da lediglich die Kosten der (tatsächlich) abgesetzten Produkte in die Betriebsergebnisrechnung einfließen. Als „Nachteil" kann die Implementierung einer aussagekräftigen Kostenträgerrechnung angesehen werden, die in der Lage ist, nicht nur die Herstellkosten, sondern auch die Verwaltungs- und Vertriebskosten auf die einzelnen Erzeugniseinheiten (Kostenträger i. e. S.) zu verrechnen.

Beim Umsatzkostenverfahren und beim Gesamtkostenverfahren handelt es sich *nicht* um unterschiedliche Erfolgsdefinitionen. Das **Gesamtkostenrechnung** stellt eine **Bruttorechnung** dar, bei der die Kosten sämtlicher produzierten Erzeugniseinheiten (gewinnmindernd) erfasst werden und der Teil der Kosten, die auf Lagerbestandserhöhungen zurückzuführen sind, als Leistungen einbezogen werden bzw. bei Lagerbestandsminderungen, als Kosten berücksichtigt werden, die Kosten sämtlicher produzierter Erzeugniseinheiten c. p. niedriger ausfallen. Das **Umsatzkostenverfahren** entspricht dem **Nettoprinzip**, welches sich nur auf die abgesetzten Produkte des Unternehmens konzentriert und daher Bestandsveränderungen außen vor lässt. **Beide Verfahren führen**, wenn die Bestandsveränderungen beim Gesamtkostenverfahren zu Herstellkosten bewertet werden, **zum selben Betriebsergebnis**.

[691] In der Teilkostenrechnung würde hier der Deckungsbeitrag jeder Produktart ausgewiesen. Siehe Unter-Unterabschnitt 3.2.7.10 „Betriebsergebnis mittels Deckungsbeitragsrechnung".

3.2.7 Kennzahlen und Verfahren der Deckungsbeitragsrechnung

Die Ist- oder Normalkostenrechnung auf Vollkostenbasis ist vergangenheitsorientiert. In der Vollkostenrechnung werden alle Kosten ohne Aufteilung in fixe und variable Kosten[692] den Kostenzurechnungsobjekten zugerechnet. **Für viele betriebswirtschaftliche Entscheidungen sind** jedoch **nur Teile der Gesamtkosten relevant**[693]**.** Bei der operativen Bestimmung des optimalen Produktionsprogramms oder bei Ermittlung der kurzfristigen Preisuntergrenze beispielsweise sind nicht die Fixkosten, sondern die variablen Kosten entscheidungsrelevant. Bei ausreichenden Kapazitäten werden in das optimale Produktionsprogramm nur die Produkte aufgenommen, deren Erlöse mindestens die variablen Kosten decken. Oder anders ausgedrückt: Es werden nur die Produkte produziert, die einen positiven Deckungsbeitrag pro Stück *db* (= Stückdeckungsbeitrag = Deckungsspanne) aufweisen.

Die Deckungsbeitragsrechnung lässt sich wie folgt beschreiben:

> Die Deckungsbeitragsrechnung ist eine Teilkostenrechnung, bei der eine Trennung in fixe und variable Kosten vorgenommen wird. Auf die Kostenzurechnungsobjekte wie Produkt-/Erzeugniseinheiten, Produktarten, Kostenstellen (Abteilungen, Werke, Divisionen) wird nur ein Teil der Kosten, die variablen Kosten, verteilt. Die Restkosten, das sind die Fixkosten, die unabhängig von der Beschäftigung sowieso anfallen, werden bei der Deckungsbeitragsrechnung entweder auf der Betriebsebene als Block oder im Rahmen der mehrstufigen Deckungsbeitragsrechnung stufenweise in die Ergebnisrechnung übernommen.

Darst. 3.2073: Deckungsbeitragsrechnung
(Vgl. SCHELD, G. A.: Rating von Kostenrechnungssystemen. Eine fragengesteuerte Checkliste zur Überprüfung der Kostenrechnung, Büren 2004, S. 101.)

692 Zu den Begriffen fixe und variablen Kosten siehe WÖRDENWEBER, M.: Kostenrechnung, a. a. O., Unterabschnitt 1.6.1 „Systematisierung der Kosten nach dem Verhalten bei Beschäftigungsschwankungen".

693 Auf den Begriff der relevanten Kosten wird u. a. bei WÖRDENWEBER, M.: Kostenrechnung, a. a. O., im Unterabschnitt 1.6.1 „Systematisierung der Kosten nach dem Verhalten bei Beschäftigungsschwankungen" näher eingegangen.

Bevor die wichtigsten Erfolgsgrößen der Deckungsbeitragsrechnung vorgestellt werden, sollen zunächst die **Prämissen der Deckungsbeitragsrechnung**[694] erläutert werden.

- Wie bei vielen betriebswirtschaftlichen Fragestellungen muss zunächst der **Abrechnungszeitraum** festgelegt werden, da sich die Auswertungen nur auf die betrachtete Periode beziehen. Diese Prämisse ist insbesondere im Hinblick auf die Differenzierung zwischen fixen und variablen Kosten von Bedeutung.
- Die **Kostenauflösung** muss **zuverlässig**, d. h. einwandfrei und eindeutig möglich sein.
- Grundsätzlich erfolgt die **Planung unter Sicherheit**, sodass denkbare Szenarien nicht weiter betrachtet werden. Diese Prämisse ließe sich im Zuge weitergehender Überlegungen aufheben.
- Die **(Absatz-) Preise *p* sind konstant**. Sie werden weder nach Kunden, Kundengruppen, Regionen oder anderen Kriterien differenziert. Zudem ist auch eine mengenabhängige Preisgestaltung zunächst nicht vorgesehen. Ein konstanter Preis entspricht dem Marktmodell des sog. vollkommenen Marktes, in dem es keinerlei Präferenzen gibt, eine vollkommene Markttransparenz vorliegt, es sich um homogene Güter handelt und eine unendliche Reaktionsgeschwindigkeit auf Preisänderungen seitens der Kunden gegeben ist. Der Preis ist dann ein „Datum". Diese Marktform ist so in der Realität nicht anzutreffen. Annähernd ähnliche Märkte sind der Aktien- und Devisenhandel an der Börse.
- Ausgangspunkt sind in der Deckungsbeitragsrechnung die **Grenzkosten**, welche als **nicht variabel** angenommen werden. Sich nicht verändernde Grenzkosten sind nur denkbar, wenn sich die variablen Kosten pro Stück nicht ändern. D. h. Die **Grenzkosten *K'* entsprechenden den variablen Kosten pro Stück k_v, die konstant sind**. Demnach handelt es sich um eine lineare Kostenfunktion des Typs $K(x) = K_f + k_v \cdot x$.[695] Im Prinzip hält diese Prämisse dem Realitätstest nicht stand, da es selbstverständlich Mengenrabatte u. Ä. sowie Lerneffekte (siehe Kostenerfahrungskurve) gibt. Insofern ist eine s-förmige Periodenkostenkurve realitätsnäher. Geht die Planung jedoch von einer realistischen Planbeschäftigung aus und liegt die Istbeschäftigung nicht sehr weit von der geplanten Beschäftigung entfernt, kann für diesen Teilbereich der Kostenkurve eine gewisse Linearität unterstellt werden.
- **Sprungfixe Kosten sind nicht vorgesehen**.
- Eventuell vorhandene sachliche und zeitliche **Interdependenzen** zwischen den Kostenzurechnungsobjekten sowie **Synergien werden nicht beachtet**.

---

[694] VARNHOLT, N., LEBEFROMM; U., HOBERG, P.: Controlling. Betriebswirtschaftliche Grundlagen und Anwendungen mit SAP® ERP®, 2. Aufl., München 2012, S. 378.

[695] Die einzelnen Kostenbegriffe werden ausführlich bei WÖRDENWEBER, M.: Kostenrechnung, a. a. O., im Unterabschnitt 1.6.1 „Systematisierung der Kosten nach ihrem Verhalten bei Beschäftigungsschwankungen" erläutert.

- **Aspekte außerhalb der Kostenrechnung** fließen **nicht** in die Überlegungen ein.[696]

3.2.7.1 Variable Selbstkosten

Die Deckungsbeitragsrechnung erfordert die Kenntnis der variablen Selbstkosten (variablen Stückkosten k_v. Um die variablen Kosten pro Stück k_v zu erhalten, wird der gleiche Weg beschritten, wie er schon bei der Ermittlung der Selbstkosten (Stückkosten) k_s ausgebreitet wurde.[697] Er soll hier in komprimierter Form für den Fall der Teilkostenrechnung beschrieben werden.

Nach Abschluss der Kostenartenrechnung, in der eine Trennung in variable und fixe Kosten vorgenommen wurde,[698] soll hierauf aufbauend die Kostenstellenrechnung Auskunft darüber geben, in welcher Höhe die einzelnen Kostenarten in den Kostenstellen innerhalb einer Abrechnungsperiode anfallen. Dieser erste Zusammenhang für den Fall der Teilkostenrechnung ist in der nachstehenden Grafik abgebildet.

[696] Vgl. die Ausführungen zum Thema „Gründe gegen die Eliminierung von Produkten“ im Unterabschnitt 1.4.10 von Band 2 „Lagerdauer“.

[697] Die Ermittlung der Selbstkosten wurde ausführlich im Unter-Unterabschnitt 3.2.6.3 „Selbstkosten“ dargelegt.

[698] Vgl. die Ausführungen bei WÖRDENWEBER, M.: Kostenrechnung, a. a. O., in den Unterabschnitten 1.6.1 „Systematisierung der Kosten nach dem Verhalten bei Beschäftigungsschwankungen“ und 1.6.2 „Verfahren der Kostenauflösung“.

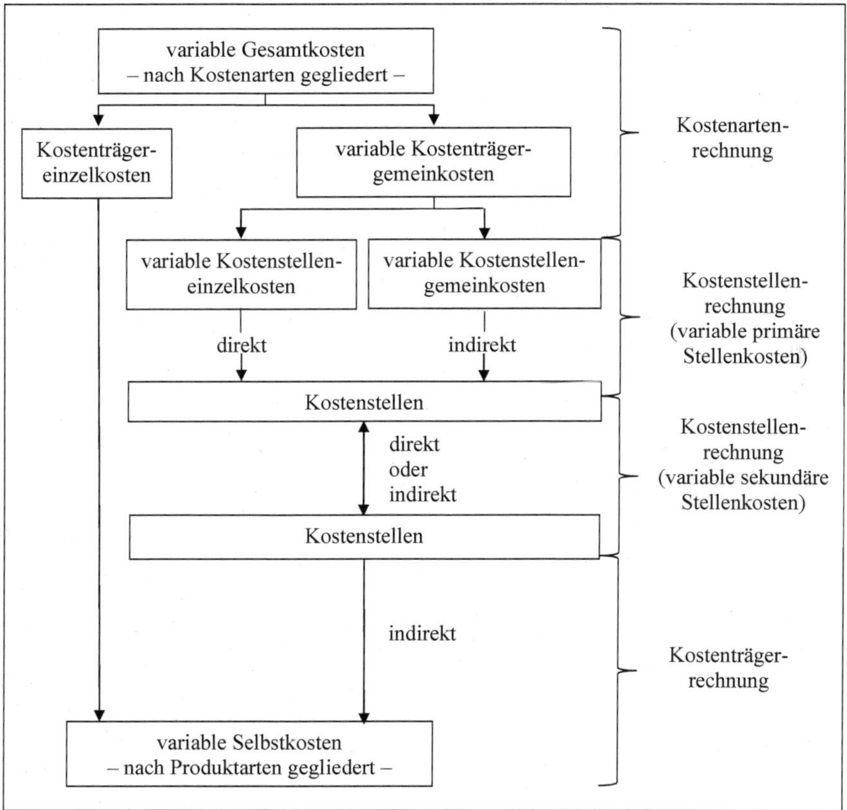

Darst. 3.2074: Zusammenhang zwischen Kostenarten- und Kostenstellenrechnung auf Teilkostenbasis

Die **kostenartenweise Ermittlung der Kosten in den einzelnen Kostenstellen** ermöglicht nicht nur eine Wirtschaftlichkeitskontrolle der Kostenstellen, sondern schafft gleichzeitig die Voraussetzungen für die Kalkulation der variablen Selbstkosten[699] der Produkt-/Erzeugniseinheiten (Kostenträger i. e. S.)[700].

Zu Beginn der Kostenstellenrechnung – nachfolgend für den Fall der Teilkostenrechnung beschrieben – wird eine kostenartenweise Differenzierung der Kosten dergestalt vorgenommen, dass letztlich (auch) im Hinblick auf die Bestimmung der variablen Selbstkosten

[699] Siehe Unter-Unterabschnitt 3.2.6.4 „Selbstkosten".

[700] Die begriffliche Differenzierung der Kostenzurechnungsobjekte (Kostenträger i. w. S.) erfolgt im Abschnitt 4.3 „Kostenzurechnungsobjekte/Kostenträger".

eine **Trennung in Kostenträgereinzelkosten**[701] und **variable Kostenträgergemeinkosten**[702] erfolgt. Wie im Unter-Unterabschnitt 3.2.6.3 „Selbstkosten“ dargelegt wird, werden die Kostenträgereinzelkosten als variable Kosten der Erzeugnis-/Produkteinheit direkt zugerechnet, während die variablen Kostenträgergemeinkosten in der Kostenstellenrechnung weiter „verarbeitet“ werden. Als Kostenträgereinzelkosten gelten vor allem die Materialien wie Beine und Tischplatte beim Tisch oder Gussteile bei einer Waschtischarmatur, die direkt in das zu produzierende Endprodukt eingehen. Kostenträgergemeinkosten sind alle Kosten, die nicht direkt einem Produkt, genauer einer Produkteinheit, zugeordnet werden können. Das sind alle Kosten, die in der obigen Hierarchie von Kostenzurechnungsobjekten nicht der Produktart zugewiesen werden. Also etwa das Gehalt des Produktgruppenleiters, das Gehalt des Werksleiters, die Vergütung der Vorstandsmitglieder, das Entgelt des Parkplatzwächters oder die Ausgaben für den Werkschutz. Der Unterschied gegenüber der Vorgehensweise auf Vollkostenbasis besteht darin, dass für die Rechnung mit Teilkosten aus den durch die Kostenstellenrechnung gehenden Kostenträgergemeinkosten die variablen Bestandteile herausgefiltert werden müssen. Es muss daher in jeder Kostenstelle geprüft werden, welche Kosten beschäftigungsunabhängig und welche beschäftigungsabhängig sind. So sind die vorgenannten Kostenträgergemeinkosten wie etwa das Gehalt des Produktgruppenleiters, das Gehalt des Werksleiters, die Vergütung der Vorstandsmitglieder, das Entgelt des Parkplatzwächters oder die Ausgaben für den Werkschutz nicht beschäftigungsabhängig.

Neben der separaten, kostenträgerorientierten Erfassung der **Kostenträgereinzelkosten** spielen diese **in Summe** auch eine Rolle als **Bezugsgröße (Nenner) für die Gemeinkostenzuschlagssätze** im Rahmen der Zuschlagskalkulation. Darauf ist später noch näher einzugehen.

In einem nächsten Schritt werden die variablen Kostenträgergemeinkosten auf die Kostenstellen verteilt. Entweder ist dies direkt als **variable Kostenstelleneinzelkosten** möglich oder die variablen Kostenträgergemeinkosten müssen mithilfe eines geeigneten Schlüssels[703] auf die Kostenstellen als **variable Kostenstellengemeinkosten** verteilt werden. Diese Kosten, die erstmalig den Kostenstellen zugemessen werden, werden als **primäre Stellenkosten** bezeichnet. Primär deshalb, weil sie erstmalig im Unternehmen den

[701] Mit Kostenträger ist hier der Kostenträger i. e. S., die Erzeugnis-/Produkteinheit gemeint. Der Begriff „Einzelkosten“ wird bei WÖRDENWEBER, M.: Kostenrechnung, a. a. O., ausführlich im Unterabschnitt 1.6.3 „Systematisierung der Kosten nach der Art der Verrechnung“ erläutert.

[702] Auch hier ist der Kostenträger die einzelne Erzeugnis-/Produkteinheit. Der Begriff „Gemeinkosten“ wird u. a. bei WÖRDENWEBER, M.: Kostenrechnung, a. a. O., im Unterabschnitt 1.6.3 „Systematisierung der Kosten nach der Art der Verrechnung“ definiert.

[703] Siehe die Ausführungen bei WÖRDENWEBER, M.: Kostenrechnung, a. a. O., im Unter-Unterabschnitt 1.8.3.2 „Schlüsselungsprobleme in der Kostenstellenrechnung“.

Kostenstellen zugeteilt werden. Als **variable Kostenstelleneinzelkosten** können beispielhaft Energiekosten (Diesel, Gas, Elektro) für den Gabelstapler der Kostenstelle oder die Löhne derjenigen Mitarbeiter genannt werden, die einer Kostenstelle zugeordnet sind. Grundsätzlich können Kostenstellengemeinkosten nicht direkt auf einer Kostenstelle verbucht werden. Die Identifizierung der **Kostenstellengemeinkosten als variable** bereitet besondere Schwierigkeiten, denn sie müssen ja variabel in Bezug auf die Beschäftigung sein. Das trifft nur in wenigen Fällen zu. Etwa bei den Energiekosten für die Maschinen mehrerer Kostenstellen in einer Produktionshalle, Energiekosten (Diesel, Gas, Elektro) für den Gabelstapler, der mehrere Kostenstellen bei heterogener Produktion anfährt – es sei denn, es existiert eine Kostenstelle „innerbetriebliche Logistik"; dann handelt es sich um variable Kostenstelleneinzelkosten – oder Kleinteile wie Schrauben (unechte Gemeinkosten), die in mehreren Kostenstellen benötigt werden. Fast ausnahmslos muss davon ausgegangen werden, dass die Kostenstellengemeinkosten nicht zu variablen Kosten in Bezug auf die Kostenträger führen, d. h. **i. d. R. existieren kein variablen Kostenstellengemeinkosten**.

In einem weiteren Schritt wird der Leistungsaustausch zwischen den Kostenstellen berücksichtigt. Dies ist notwendig, um u. a. die Kontrolle der Kostenstellenbudgets (mit variablen Kosten) zu gewährleisten und die Kostenstellenleiter mit den von ihnen zu verantwortenden variablen Kosten zu konfrontieren. Die Umsortierung der Kosten infolge von Leistungsaustauschen zwischen den Kostenstellen erfolgt im Rahmen der sogenannten **innerbetrieblichen Leistungsverrechnung**.[704] Da diese Kosten nunmehr zum zweiten Mal auf Kostenstellen verteilt werden, werden sie **sekundäre Kosten** genannt. Ist bei einer Leistungsbeziehung zwischen den Kostenstellen eine Verrechnung dieser innerbetrieblichen Leistungen mit Hilfe von Schlüsselgrößen erforderlich, dann werden die Kostenstelleneinzelkosten der leistenden Kostenstelle zu Kostenstellengemeinkosten der empfangenden Kostenstelle. Nur wenn eine Leistungsverrechnung zwischen den Kostenstellen und von dort auf die Kostenträger ohne Schlüsselung möglich ist, dann führen die variablen Kosten in Bezug auf die Beschäftigung der Kostenstelle zu variablen Kosten in Bezug auf die Erzeugnis-/Produkteinheiten. Anders ausgedrückt: **Es muss bei einer Leistungsverrechnung zwischen Kostenstellen sichergestellt sein, dass sich die Kostenverursachung auf die Beschäftigung (als Kostentreiber) bezieht**. Wird aus Vereinfachungsgründen angenommen, dass die variablen Kosten in Bezug auf die Erzeugniseinheiten einer Kostenstelle zu variablen Kosten der nächsten Kostenstelle führen, dann lässt sich der

[704] Die entsprechenden Verfahren werden bei WÖRDENWEBER, M.: Kostenrechnung, a. a. O., im Unter-Unterabschnitt 1.8.3.3 „Verrechnung innerbetrieblicher Leistungen" beschrieben.

innerbetriebliche Leistungsaustausch auf der Grundlage von variablen Kosten mit Hilfe der Verfahren der innerbetrieblichen Leistungsverrechnung durchführen.[705]

Bei der innerbetrieblichen Leistungsverrechnung können zwei unterschiedliche **Probleme** auftreten:

1. Bestimmte Kostenstellen geben **Leistungen** ab, die **im Verbund** miteinander stehen. Etwa dann, wenn eine Hilfskostenstelle „Energieerzeugung" in einem Kuppelprozess Dampf mit unterschiedlichen Hitzegraden und elektrische Energie erzeugen. Da diese Fälle in der Praxis nicht so häufig auftreten, wird hier auf eine nähere Beschreibung der Lösung verzichtet.
2. Grundsätzlich können Kostenstellen auch untereinander Leistungen austauschen. Diese Art des **wechselseitigen Leistungsaustauschs** beschränkt die Zahl der Verfahren der innerbetrieblichen Leistungsverrechnung.

Die Verfahren zur Verrechnung innerbetrieblicher Leistungen unterscheiden sich in erster Linie dadurch, ob sie für einen einseitigen oder einen wechselseitigen Leistungsaustausch infrage kommen. Der **einseitige Leistungsaustausch** ist dadurch charakterisiert, dass zwischen zwei betrachteten Kostenstellen nur eine eine Leistung abgibt und die andere nur diese Leistung empfängt, aber selbst keine Leistung für die abgebende Kostenstelle erbringt. Bei einem **wechselseitigen (gegenseitigen) Leistungsaustausch** sind beide betrachteten Kostenstellen sowohl empfangende als auch abgebende Leistungsstelle.

Da hier nicht alle Methoden der innerbetrieblichen Leistungsverrechnung diskutiert werden können, sollen nur die beiden bedeutendsten Verfahren, eines für den Fall des einseitigen Leistungsaustauschs und eines für das Vorliegen eines wechselseitigen, also interdependenten Leistungsaustauschs vorgestellt werden.

Bei einem **einseitigen Leistungsaustausch** empfiehlt sich das **Stufenumlageverfahren**, auch als Step-Ladder-System (Treppenverfahren), Stufenleiterverfahren, Einbahnstraßensystem oder BAB-Methode tituliert. Die Bezeichnung BAB-Methode zeigt an, dass dieses Verfahren auch bei Benutzung des Betriebsabrechnungsbogens (BAB)[706] Verwendung findet.[707] Bei der Durchführung dieses Verfahrens ist darauf zu achten, dass der Verrech-

[705] Vgl. ZIMMERMANN, G.: a. a. O., S. 134.

[706] Der Betriebsabrechnungsbogen (BAB) wird z. B. bei WÖRDENWEBER, M.: Kostenrechnung, a. a. O., im Unterabschnitt 1.8.4 „Betriebsabrechnungsbogen (BAB) als Instrument der Kostenstellenrechnung" vorgestellt.

[707] Dieses Verfahren wird bei WÖRDENWEBER, M.: Kostenrechnung, a. a. O., ausführlich im Paragrafen 1.8.3.3.1 „Stufenumlageverfahren" beschrieben.

nungssatz für die Leistungen jeder Kostenstelle **auf der Grundlage der variablen primären Kostenstellenkosten** und der **variablen sekundären Kostenstellenkosten** ermittelt wird. Er ergibt sich aus der Division dieser gesamten variablen Kostenstellenkosten durch die an die nachfolgenden Kostenstellen abgegebenen Leistungen. (Anmerkung: Bei dem Stufenumlageverfahren bleiben die Leistungen an vorgelagerte Kostenstellen und ein evtl. Eigenverbrauch unberücksichtigt.)

Wie der Begriff **Simultanverfahren**[708] bereits aussagt, wird bei diesem Verfahren der gesamte Leistungsfluss **simultan** erfasst. Dies bedeutet, dass bei dem von einer Kostenstelle auf eine andere zu verrechnende Leistung **gleichzeitig** die von der anderen Kostenstelle abgegeben Leistung (im Falle eines **wechselseitigen Austauschs**) berücksichtigt wird. Für die Verrechnungspreise sind im Vergleich zur Anwendung dieses Verfahrens auf Vollkostenbasis jedoch **nur die variablen primären Kostenstellenkosten** und die **variablen sekundären Kostenstellenkosten** entscheidend.

Um den gesamten Leistungsaustausch simultan berechnen zu können, werden **so viele Gleichungen** aufgestellt, **wie Kostenstellen** bestehen **bzw. Verrechnungspreise** zu bestimmen sind.

Für jede einzelne Gleichung muss gelten, dass **die mit dem zu bestimmenden Verrechnungspreis multiplizierten abgegebenen Leistungen einer Kostenstelle** (= gesamte variable Stellenkosten) **gleich sein müssen mit der Summe aus primären** (originären) **und sekundären** (= empfangenen) **variablen Stellenkosten**. Die variablen sekundären Stellenkosten ergeben sich aus der Summe der von anderen Kostenstellen bezogenen und mit dem jeweiligen Verrechnungspreis dieser Kostenstellen bewerteten Leistungsmenden. Mathematisch ausgedrückt:

[708] Auch als Simultanes Gleichungsverfahren, Mathematisches Verfahren, Lineares Gleichungssystem, Gleichungssystemverfahren oder schlicht Gleichungsverfahren bezeichnet.

$m_j \cdot q_j$	$= PSKvj$	$+ \sum_{\substack{i=1 \\ i \neq j}}^{n} m_{ij} \cdot q_i$
abgegebene bewertete Leistungsmengen der Kostenstelle j	= Variable primäre Kosten der Kostenstelle j	+ Variable sekundäre Kosten der Kostenstelle j (= empfangene bewertete Leistungen der anderen Kostenstellen)

Darst. 3.2075: Gleichungssystem des Simultanverfahrens

Legende:

- i Nummer der Kostenstelle
- j Nummer der Kostenstelle
- m_i abgegebene Leistungsmenge der Kostenstelle i
- m_j abgegebene Leistungsmenge der Kostenstelle j
- m_{ij} von Kostenstelle i an Kostenstelle j gelieferte Leistungsmenge ($i \neq j$)
- $PSKvj$ variable primäre Stellenkosten der Kostenstelle j
- q_i Verrechnungspreis für Leistungen der Kostenstelle i
- q_j Verrechnungspreis für Leistungen der Kostenstelle j

Bei der Summierung der sekundären Kosten ist zu beachten, dass stets $i \neq j$ gilt. Diese Regel ist aus folgendem Grund erforderlich. *PSKvj* stellt die variablen primären, die folgende Summe die variablen sekundären Kosten der Stelle j dar. Wäre nun $i = j$, so würden eigene Leistungen der Stelle j variable sekundäre Kosten bewirken; es würden in genau dieser Höhe variable primäre Kosten der Kostenstelle j doppelt verrechnet.[709]

Aus einem solchen Gleichungssystem lassen sich die Verrechnungspreis q_i der von den Kostenstellen i abgegebenen Leistungen simultan bestimmen.[710]

[709] Vgl. ZIMMERMANN, G.: a. a. O., S. 88.

[710] Das Simultanverfahren wird bei WÖRDENWEBER, M.: Kostenrechnung, a. a. O., im Paragrafen 2.8.3.3.2 „Simultanverfahren" ausführlich, auch anhand eines Beispiels, erläutert.

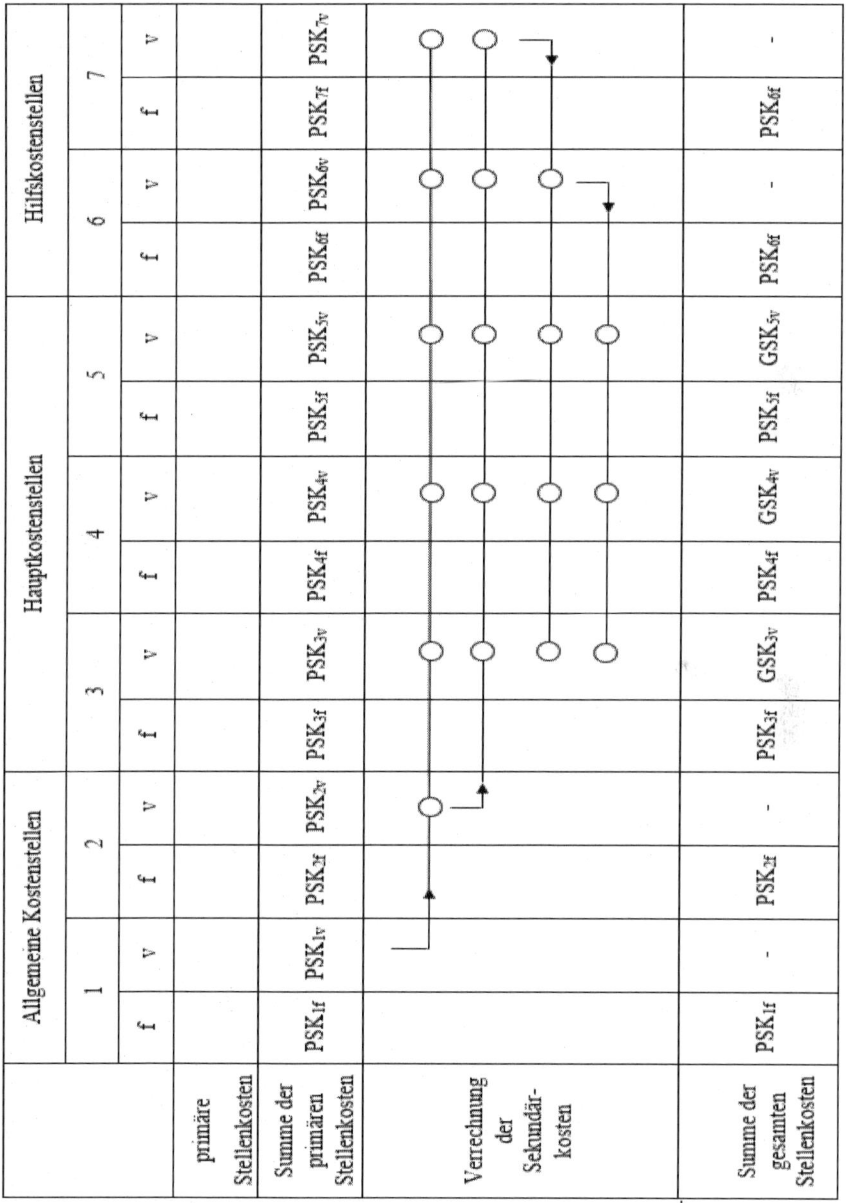

	Allgemeine Kostenstellen				Hauptkostenstellen						Hilfskostenstellen			
	1		2		3		4		5		6		7	
	f	v	f	v	f	v	f	v	f	v	f	v	f	v
primäre Stellenkosten														
Summe der primären Stellenkosten	PSK_{1f}	PSK_{1v}	PSK_{2f}	PSK_{2v}	PSK_{3f}	PSK_{3v}	PSK_{4f}	PSK_{4v}	PSK_{5f}	PSK_{5v}	PSK_{6f}	PSK_{6v}	PSK_{7f}	PSK_{7v}
Verrechnung der Sekundärkosten														
Summe der gesamten Stellenkosten	PSK_{1f}	-	PSK_{2f}	-	PSK_{3f}	GSK_{3v}	PSK_{4f}	GSK_{4v}	PSK_{5f}	GSK_{5v}	PSK_{6f}	-	PSK_{6f}	-

Darst. 3.2076: Betriebsabrechnungsbogen in der Teilkostenrechnung

Zwecks strukturiertem Vorgehen bei der Verteilung der (hier: variablen) Kostenträgergemeinkosten auf die Kostenstellen und der Vorbereitung der Kostenträgerrechnung wird i. d. R. der sog. Betriebsabrechnungsbogen (BAB) verwendet. Er erfüllt keine materiellen Aufgaben, sondern bietet eine tabellarische Übersicht an, in der die zu verteilenden Kostenarten, die Verteilung der Kosten dieser Kostenarten auf die Vorkostenstellen (Allgemeine Kostenstellen und Hilfskostenstellen) und die Hauptkostenstellen, die innerbetriebliche Leistungsverrechnung sowie die Zuschlagssätze für die Zuschlagskalkulation enthalten sind.

Der BAB auf Teilkostenbasis hat die in der vorstehenden Darstellung ersichtliche Struktur.

Anmerkung: Im vorstehenden Bild fehlen die Kostenstellengemeinkosten, weil sie nicht als beschäftigungsabhängig zu verteilende Kosten angenommen werden.

Im Übrigen wird auf die Ausführungen bei Wördenweber verwiesen.[711]

Ein letzter Schritt besteht darin, die **gesamten Kostenstellenkosten auf die Kostenträger** zu **verteilen**. Dies geschieht über bestimmte Schlüsselgrößen wie z. B. die Gemeinkostenzuschlagssätze in der Zuschlagskalkulation.

Von den im Unter-Unterabschnitt 3.2.6.3 „Selbstkosten" aufgezählten Kalkulationsverfahren soll hier aus Kapazitätsgründen nur die sog. **elektive Zuschlagskalkulation**, die auch als **differenzierende Zuschlagskalkulation** bezeichnet wird, behandelt werden. Typisches Kennzeichen der elektiven Zuschlagskalkulation, eines der am häufigsten verwendeten Verfahren bei **Einzel- und Serienfertigung**, ist hier die **Verrechnung der variablen Kostenträgergemeinkosten**, die nicht wie bei der summarischen Zuschlagskalkulation mit nur einer Bezugsgröße vornimmt, sondern die **Gemeinkosten** mit **unterschiedlichen Gemeinkostenzuschlagssätzen (GKZS) für die einzelnen (Kosten-) Bereiche** des Unternehmens verrechnet.

Bei der **Ermittlung des Verwaltungsgemeinkostenzuschlagssatzes und des Vertriebsgemeinkostenzuschlagssatzes** ist zu beachten, dass **etwaige Sondereinzelkosten der Fertigung in den Herstellkosten nicht enthalten** sein dürfen, da sie nicht typisch für den Fertigungsprozess sind. Sondereinzelkosten fallen definitionsgemäß nur für eine be-

[711] WÖRDENWEBER, M.: Kostenrechnung, a. a. O., Unterabschnitt 1.8.4 „Betriebsabrechnungsbogen (BAB) als Instrument der Kostenstellenrechnung".

stimmte Produktart oder einen bestimmten Auftrag an und dürfen wegen ihres unregelmäßigen Anfalls bei der Berechnung der vorstehenden Gemeinkostenzuschlagssätze grundsätzlich nicht in die Herstellkosten einbezogen werden.

Die grundsätzliche Vorgehensweise, die zum nachfolgenden Kalkulationsschema der Zuschlagskalkulation führt, ist in der nachstehenden Grafik abgebildet. Diese sowie die grundsätzliche Problematik der Zuschlagskalkulation wurde bereits bei der Berechnung der Selbstkosten, im Unter-Unterabschnitt 3.2.6.3 „Selbstkosten“, ausführlich beschrieben.

Kosten des Fertigungsmaterials (Materialeinzelkosten)
+ variable Materialgemeinkosten (Hilfs- und Betriebsstoffe)
variable Materialkosten
leistungsabhängiger Fertigungslohn (Lohneinzelkosten)
+ variable Fertigungsgemeinkosten
+ variable Sondereinzelkosten der Fertigung
+ variable Fertigungskosten
variable Herstellkosten
+ variable Verwaltungskosten
+ variable Vertriebskosten
+ variable Sondereinzelkosten des Vertriebs
variable Kosten des Erzeugnisses (= variable Selbstkosten)

Darst. 3.2077: Zuschlagskalkulation in der Teilkostenrechnung

3.2.7.2 Betriebsminimum

Das **Betriebsminimum** ist ein wichtiger Begriff der Kostentheorie, bei der ausschließlichen die variablen Kosten betrachtet werden.

Das Betriebsminimum ist die Beschäftigung, bei der die variablen Durchschnittskosten k_v (= K_v dividiert durch x) minimal sind.

Darst. 3.2078: Betriebsminimum

Das Betriebsminimum stellt einen Extremalpunkt dar, den ein Unternehmen ansteuern sollte, wenn seine variablen Kosten[712] pro Stück (z. B. Materialien, Fertigungslöhne) in Abhängigkeit von der Beschäftigung starken Schwankungen unterliegen.

Bei der Bestimmung des Betriebsminimums kommt es darauf an, welche Kostenfunktion der Entscheidung zugrunde gelegt wird.

Bei linearem Verlauf der Kostenfunktion sind die durchschnittlichen variablen Kosten konstant. Ein Betriebsminimum lässt sich daher nicht bestimmen.

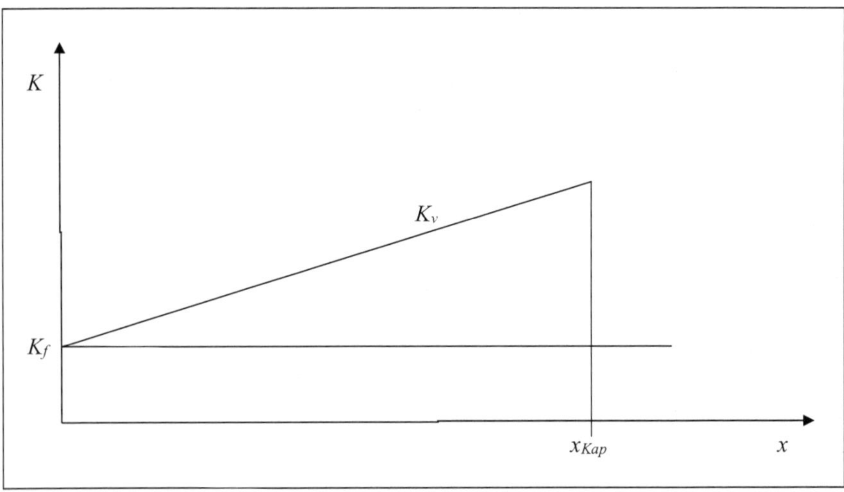

Darst. 3.2079: Kein Betriebsminimum bei linearer Kostenfunktion

Im Falle einer s-förmigen Periodenkostenkurve lässt sich jedoch ein Betriebsminimum ermitteln. Dies kann erstens grafisch geschehen, indem die Steigung des Fahrstrahls aus

[712] Der Begriff variable Kosten wird bei WÖRDENWEBER, M.: Kostenrechnung, a. a. O., im Unterabschnitt 1.6.1 „Systematisierung der Kosten nach dem Verhalten bei Beschäftigungsschwankungen" näher erläutert.

dem Fixkostenpunkt so lange verändert wird, bis der Fahrstrahl zur Tangente an die Funktion der variablen Kosten K_v wird. Diese Situation ist in der nachstehenden Darstellung abgebildet.

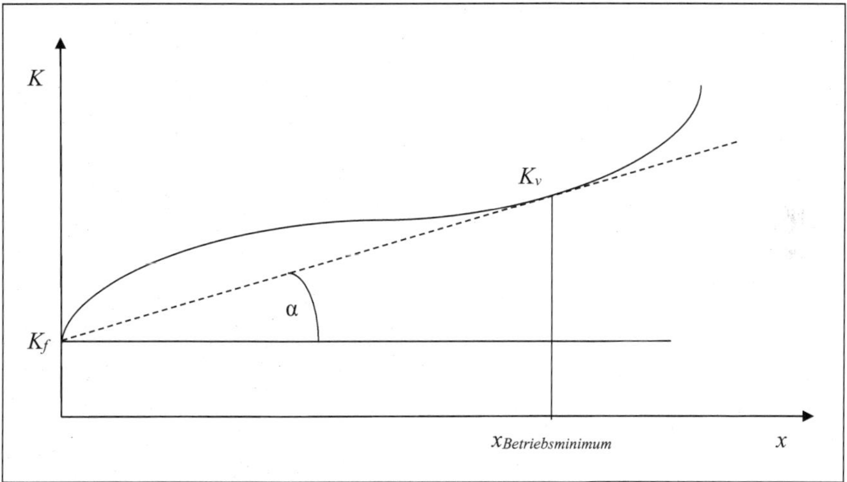

Darst. 3.2080: Betriebsminimum bei s-förmiger Periodenkostenkurve

Zweitens kann der minimale tan α bestimmt werden. Der tan α berechnet sich, indem die Gegenkathete (das sind hier die variablen Kosten K_v) durch die Ankathete (das ist hier die zugehörige Menge x) dividiert wird. Dort, wo der tan α minimal ist, befindet sich das Betriebsminimum.

Drittens lässt sich das Betriebsminimum mathematisch berechnen. Dazu wird zunächst die Funktion der variablen Stückkosten k_v berechnet, indem die variablen Kosten K_v durch die Ausbringungsmenge x dividiert werden. Die Funktion der variablen Stückkosten k_v wird nun abgeleitet und gleich Null gesetzt, um das Minimum der variablen Stückkosten k_v zu erhalten. In einem letzten Schritt wird mittels der 2. Ableitung geprüft, ob es sich tatsächlich um ein Minimum handelt. In diesem Fall muss die 2. Ableitung größer Null sein. Die Darstellung mittels mathematischer Symbole gestaltet sich wie folgt:

$K(x) = ax^3 + bx^2 + cx + d$ mit $a, c, d > 0 \wedge b < 0$
$K_v(x) = ax^3 + bx^2 + cx$
$k_v(x) = (ax^3 + bx^2 + cx)/x = ax^2 + bx + c$
$k_v'(x) = 0 \Leftrightarrow 2ax + b = 0 \Leftrightarrow x = -b/2a$
$k_v''(x) = 2a > 0, da\ a > 0$

Diese Vorgehensweise wird anhand des nachstehenden Beispiels verdeutlicht:

Es sei $K(x) = 0{,}000004x^3 - 0{,}036x^2 + 200x + 349.856$
$K_v(x) = 0{,}000004x^3 - 0{,}036x^2 + 200x$
$k_v(x) = 0{,}000004x^2 - 0{,}036x + 200$
$k_v'(x) = 0 \Leftrightarrow 2 \cdot 0{,}000004x - 0{,}036 = 0 \Leftrightarrow x_{Betriebsminimum} = 4.500$
$k_v''(x) = 2 \cdot 0{,}000004 = 0{,}000008 > 0$
$k_v(x_{Betriebsminimum}) = 0{,}000004 \cdot 4.500^2 - 0{,}036 \cdot 4.500 + 200 = 81 - 162 + 200 = 119$

3.2.7.3 Kurzfristige Preisuntergrenzen

In der Fachliteratur wird eine Reihe unterschiedlicher kurzfristiger Preisuntergrenzen vorgeschlagen. Im Prinzip sind alle diejenigen Angebotspreise als kurzfristige Preise denkbar, die unterhalb der langfristigen Preisuntergrenze[713], das sind die Selbstkosten[714], liegen. Dies Preise unterhalb der Selbstkosten werden als kurzfristige Preisuntergrenzen betitelt, da sie langfristig nicht sämtliche Kosten einer Erzeugniseinheit decken. Ein besonderes Augenmerk muss auf der niedrigsten dieser Preisuntergrenzen unterhalb der langfristigen Preisuntergrenze liegen.

Allgemein formuliert, richten sich die Preisgrenzen nach den bestehenden Alternativen der Güterherstellung und des Güterabsatzes aus.[715] Konkreter und auf die kurzfristigen Preisuntergrenzen bezogen lässt sich formulieren: Die Höhe der zu beachtenden kurzfris-

[713] Siehe Unter-Unterabschnitt 3.2.6.4 „Langfristige Preisuntergrenze“.

[714] Die Selbstkostenermittlung wird im Unter-Unterabschnitt 3.2.6.3 „Selbstkosten“ vorgestellt.

[715] Vgl. SCHWEITZER, M., KÜPPER. H.-U., FRIEDL, G., HOFMANN, CH., PEDELL, B.: Systeme der Kosten- und Erlösrechnung, 11. Aufl., München 2016, S. 503f.

tigen (niedrigsten) Preisuntergrenze (bei der Veräußerung von Waren und Dienstleistungen des Unternehmens) hängt davon ab, ob das Unternehmen über freie Kapazitäten verfügt, oder ob mindestens ein Engpass[716] vorliegt.

Die variablen Selbstkosten bilden die kurzfristige Untergrenze, die bei Preisverhandlungen in keinem Fall unterschritten werden darf, sofern Unterbeschäftigung vorliegt. Die kurzfristige Preisuntergrenze kompensiert zwar die variablen Kosten, deckt aber nicht die fixen Kosten.

Darst. 3.2081: Kurzfristige Preisuntergrenze bei Unterbeschäftigung

Eine langfristige Preisuntergrenze kann zwar aus preispolitischen Gründen durchbrochen werden, jedoch nicht auf lange Sicht, da das Unternehmen nicht sämtliche Kosten über seine Erlöse vergütet bekommt. Langfristig würde die Substanz des Unternehmens aufgezehrt werden, da das Unternehmen bspw. nicht in der Lage wäre, über Abschreibungen – das sind i. d. R. fixe Kosten – sein Anlagevermögen zu erhalten bzw. zu finanzieren. Die Folge wäre die Aufgabe, d. h. die Insolvenz bzw. Liquidation des Unternehmens.

Die kurzfristige Preisuntergrenze als mindestens zu realisierender Angebotspreis liegt über den variablen Stückkosten, wenn bei Engpässen im Unternehmen durch die (potenzielle) Hereinnahme eines Zusatzauftrages andere Erzeugnisse des Unternehmens nicht mehr produziert werden können.

Darst. 3.2082: Kurzfristige Preisuntergrenze bei Engpässen

In diesem Fall werden in Abhängigkeit von der Auftragsmenge des Zusatzauftrages ein bisheriges/bisher geplantes Produkt oder mehrere Produkte verdrängt. Der entgangene Erlös dieser Produkte stellt Opportunitätskosten dar, die bei der Kalkulation des Angebotspreises für den Zusatzauftrag additiv mit berücksichtigt werden müssen. Die soll anhand des nachstehenden Beispiels als Vorgriff auf die Ausführungen im Unter-Unterabschnitt 3.2.7.6 „Produktionsprogramm bei einem Engpass“[717] demonstriert werden.

[716] Ein solcher ist auch im Absatzbereich denkbar. Siehe die verschiedenen Engpässe im Unter-Unterabschnitt 3.2.7.6 „Produktionsprogramm bei einem Engpass“.

[717] Dort finden sich auch weitergehende Erläuterungen zum Entscheidungskriterium bei Engpässen etc.

Auf einer Maschine, die mit 296 Stunden pro Periode den Engpass darstellt, werden fünf verschiedene Produkte (Produktarten) gefertigt. Ihre Daten finden sich in der nachstehenden Tabelle.

Produktart	x^p (St.)	db (€/St.)	benötigte Zeit pro Produkteinheit (h/St.)	benötigte Zeit für die Produktart (h)
A	60	60	1,2	72
B	65	62	0,8	52
C	40	84	1,4	56
D	80	65	1,0	80
E	44	81	0,9	36
Summe	–	–	–	296

Darst. 3.2083: Daten des bisherigen Produktionsprogramms (Beispiel)
Legende:
db Stückdeckungsbeitrag
x^p geplante Menge

Kurz vor der endgültigen Freigabe des Fertigungsplans erhält der Vertrieb eine Anfrage eines Großhändlers für die Fertigung von 60 Stück einer modifizierten Produktart F. Dieses Produkt würde auf der vorhandenen Engpassmaschine 1,3 Fertigungsstunden in Anspruch nehmen. Der Kostenrechner ermittelt für dieses Produkt variable Selbstkosten in Höhe von 41,60 €.

Frage: Welchen Preis müsste das Unternehmen *mindestens* für eine Erzeugniseinheit der Produktart F verlangen?

Lösung: Das Unternehmen muss in einem ersten Schritt die benötigte Fertigungszeit für die 60 Erzeugniseinheiten der Produktart F ermitteln. Bei einer Produktionszeit von 1,3 h/St. ergeben sich bei 60 Stück insgesamt 78 Fertigungsstunden.

In einem zweiten Schritt werden die relativen Stückdeckungsbeiträge aller Produkte A-E bestimmt. Diese werden in eine Rangfolge, beginnend mit der höchsten relativen Deckungsspanne, gebracht.

Produktart	x^p (St.)	rel. db (€/St.)	Rangfolge
A	60	50	5.
B	65	77	2.
C	40	60	4.
D	80	65	3.
E	44	90	1.

Darst. 3.2084: Geplante Produktionsmengen x^p, relative Deckungsspannen db und Rangfolge des bisherigen Produktionsprogramms (Beispiel)
Legende:
db Stückdeckungsbeitrag
x^p geplante Menge

Um den Mindestpreis für eine Erzeugniseinheit der Produktart F festzulegen, muss der Kostenrechner das Produkt mit dem niedrigsten relativen Stückdeckungsbeitrag heraussuchen. Im vorliegenden Fall ist dies das Produkt A mit 50 €/h. Ein Blick in die Tabelle ergibt, dass die Produktart A insgesamt 72 Fertigungsstunden benötigt. Die angefragte Produktart F beansprucht jedoch 78 Fertigungsstunden. Somit werden von der Produktart mit dem zweitschlechtesten relativen Deckungsbeitrag pro Stück – das ist die Produktart C – noch 6 Stunden gebraucht. In diesen 6 Stunden können von der Produktart C unter Zugrundelegung der benötigten Fertigungszeit pro Stück (1,4 h) 4,3 Stück produziert werden. Um den Zusatzauftrag komplett abwickeln zu können, müsste auf 5 Stück der Produktart C verzichtet werden.

Um den gesamten Zusatzauftrag fertigen zu könne, müsste das Unternehmen auf die Produktion von 60 Stück der Produktart A und 5 Stück der Produktart C verzichten. Der entgangene Deckungsbeitrag (Opportunitätskosten) dieser 65 Produkte ermittelt sich wie folgt:

Deckungsbeitrag (60 St. A, 5 St. C) = 60 (St.) • 60 (€/St.) + 5 (St.) • 84 (€/St.) = 3.600 € + 420 € = 4.020 €.

Verteilt auf die angefragten 60 Stück der Produktart F ergibt sich ein durchschnittlich (gewogener) Deckungsbeitrag von 67 € (4.020 € dividiert durch 60 Stück).

Wenn also der Zusatzauftrag durchgeführt werden soll, müssen pro Stück nicht nur die variablen Selbstkosten in Höhe von 41,60 € gedeckt werden, sondern auch der entgehende

Deckungsbeitrag pro Stück in Höhe von 67,00 €. Damit liegt in diesem Fall die kurzfristige Preisuntergrenze nicht bei 41,60 €, sondern bei 108,60 € pro Stück (41,60 €/St. + 67,00 €/St.)!

Die kurzfristige Preisuntergrenze einer zusätzlich gefertigten bzw. zu fertigenden Leistungseinheit besteht aus den variablen Selbstkosten k_v dieser Erzeugniseinheit zuzüglich des durchschnittlichen (gewogenen) Nutzenentgangs – dies ist i. d. R. der durchschnittlich (gewogene) Stückdeckungsbeitrag – aller durch den Zusatzauftrag verdrängten Produkte.

Darst. 3.2085: Ermittlung der kurzfristigen Preisuntergrenze von Zusatzaufträgen bei Engpässen

3.2.7.4 Deckungsbeiträge

Die **Teilkostenrechnungssysteme** wurden entwickelt, um wesentliche Nachteile der Vollkostenrechnung zu beseitigen. Als **relevant**[718] im Hinblick auf eine Entscheidungssituation gelten nicht die gesamten Kosten, sondern **nur Teile davon**. Dies können beispielsweise nur die Einzelkosten[719] oder nur die Grenzkosten bzw. variablen Kosten sein.[720]

Unter operativen Aspekten sind nur die Kosten relevant, die kurzfristig auf Beschäftigungsänderungen, sofern nur diese Kosteneinflussgröße betrachtet wird, reagieren. Bei diesen Kosten handelt es sich um die **Grenz- bzw. variablen Kosten**. Fixkosten sind damit nicht entscheidungsrelevant und entweder bei der Betriebsergebnisrechnung en bloc abgezogen oder im Rahmen der mehrstufigen Deckungsbeitragsrechnung einzelnen Aggregationsstufen zugeordnet. In der flexiblen Plankostenrechnung auf Vollkostenbasis

[718] Auf den Begriff der relevanten Kosten wird bei WÖRDENWEBER, M.: Kostenrechnung, a. a. O., im Unterabschnitt 1.6.1 „Systematisierung der Kosten nach dem Verhalten bei Beschäftigungsschwankungen“ näher eingegangen.

[719] Vgl. die Rechnung mit relativen Einzelkosten von RIEBEL (RIEBEL, P.: a. a. O.), die die Kostenarten nach der Art der Verrechnung differenziert.

[720] Handelt es sich um eine **lineare** Kostenfunktion, so sind die Grenzkosten bei jedem Beschäftigungsniveau gleich, d. h. die Grenzkosten sind **konstant** und **mit den variablen Kosten pro Stück k_v identisch**. Vgl. hierzu die Ausführungen bei WÖRDENWEBER, M.: Kostenrechnung, a. a. O., im Unterabschnitt 1.6.1 „Systematisierung der Kosten nach dem Verhalten bei Beschäftigungsschwankungen“.

werden die Fixkosten auf der Ebene der Kostenstellen und/oder des Betriebes separat berücksichtigt. Grundlegend für die (vergangenheitsbezogene) **Deckungsbeitragsrechnung** und die (zukunftsbezogene) **Grenzplankostenrechnung** ist die Aufspaltung in fixe und variable Kosten.

Die hier relevanten Systeme der Teilkostenrechnung lassen sich wie folgt beschreiben:

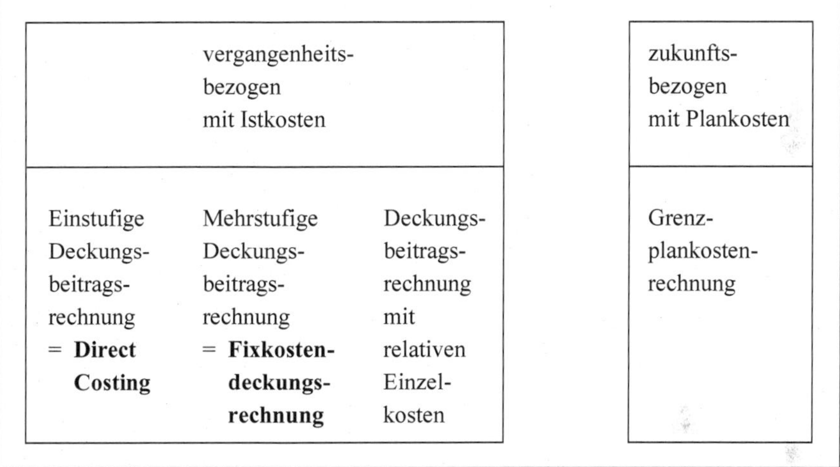

Darst. 3.2086: Systeme der Teilkostenrechnung

Allein in der **mehrstufigen Deckungsbeitragsrechnung** wird mit Teilen von fixen Kosten, die einzelnen Kostenzurechnungsobjekten zugeordnet werden, gerechnet. Da es sich in dieser **Fixkostendeckungsrechnung** nicht mehr nur um Grenzkosten handelt, wird diese Rechnung nicht nur bei kurzfristigen Entscheidungen eingesetzt. So muss beispielsweise bei einem Produkt, das einen positiven Deckungsbeitrag pro Stück (Deckungsspanne) aufweist, geprüft werden, ob es dennoch nicht (mittel- oder) langfristig aus dem Sortiment genommen werden soll, wenn es die produktbezogenen Fixkosten nicht tragen kann.

Die Grenzkostenrechnung kann **vergangenheitsbezogen** als **Deckungsbeitragsrechnung** oder **zukunftsbezogen** als **Grenzplankostenrechnung** erfolgen.

Konsequent müsste das vergangenheitsbezogene **Rechnen mit Istkosten Grenzistkostenrechnung** heißen. Hier hat sich allerdings der anschaulichere Begriff **Deckungsbeitragsrechnung** durchgesetzt, da die Deckungsbeiträge als Differenz zwischen Erlösen und variablen Kosten zur Deckung der fixen Kosten herangezogen werden.

Während die **Deckungsbeitragsrechnung** vor allem der Erfolgsanalyse und der Betriebsergebnisrechnung dient, liegen die Aufgaben der **Grenzplankostenrechnung**, die mit Plankosten rechnet, in der abteilungsweisen Kontrolle sowie einer ganzen Reihe von Planungsaufgaben (Programm- und Sortiments-, Beschaffungs-, Beschäftigungs- und Ablaufplanung), insbesondere der Planung der Kosten.[721]

Die drei Arten von Deckungsbeitragsrechnungen mit vergangenheitsbezogenen Istkosten dienen der Betriebsergebnisrechnung (auf Teilkostenbasis) und der Erfolgsanalyse in unterschiedlicher Hinsicht.

Neben der bereits erwähnten mehrstufigen Deckungsbeitragsrechnung ist ein weiterer Typ der Deckungsbeitragsrechnungen die **relative Einzelkostenrechnung** nach Riebel. Sie kann als Erweiterung der stufenweisen Fixkostenddeckungsrechnung um weitere Kostenzurechnungsobjekte angesehen werden.[722] Bei der relativen Einzelkostenrechnung werden gemäß Identitätsprinzip die Kosten nach ihrer direkten Zurechenbarkeit auf Bezugsobjekte verteilt. Bezugsobjekte (Kostenzurechnungsobjekte) können dabei Kostenstellen, Kostenträger, Kostenträgergruppen, Aufträge, Projekte oder auch das ganze Unternehmen sein. Alle Kosten werden dabei nur als Einzelkosten zugeordnet. Eine Zurechnung kann daher nur erfolgen, wenn bei dem Zurechnungsobjekt eine Einzelkostenbeziehung besteht. Die Kosten sind daher in Abhängigkeit von ihrer Zurechenbarkeit relativ als Einzelkosten zu sehen.

Die **einstufige Deckungsbeitragsrechnung (Direct Costing)** ist die einfachste Form der Teilkostenrechnungen. Ziel ist vor allem die **Erfolgsanalyse der Produkte, Produktarten und Produktgruppen**, daneben die **Betriebsergebnisrechnung (auf Teilkostenbasis).** Darüber hinaus gehören zum Umfang der Deckungsbeitragsrechnung auch die **kurzfristigen Entscheidungen** über die **Zusammensetzung des Produktionsprogramms**, aber auch **sortimentspolitische Entscheidungen in Bezug auf Handelsware** sowie **Entscheidungen über Eigenfertigung oder Fremdbezug (Make or Buy)** bei ausreichenden Kapazitäten oder Kapazitätsengpässen. Das Betriebsergebnis wird nur über eine einzige

[721] Die Grenzplankostenrechnung wird im Paragrafen 2.4.2.6.4 „Kostenplanung mit der flexiblen Plankostenrechnung auf Teilkostenbasis (Grenzplankostenrechnung)“ ausführlich erläutert.

[722] Vgl. RÜTH, D.: Kostenrechnung. Bd. 2, 2. Aufl., München 2012, S. 236.

Fixkostenstufe ermittelt, indem die Gesamt-Deckungsbeiträge aller Produktarten (aller abgesetzten oder abzusetzenden Produkte) um den Fixkostenblock reduziert werden. Da bei der einstufigen Deckungsbeitragsrechnung von einem **linearen Gesamtkostenverlauf** ausgegangen wird, werden die variablen Kosten auch als **proportionale** bezeichnet.

In diesem Buch wird neben der einstufigen Deckungsbeitragsrechnung auch die Fixkostendeckungsrechnung für (mittel- und) langfristige Entscheidungen näher betrachtet. Da die Rechnung mit relativen Einzelkosten in vielen Situationen nicht praxistauglich ist,[723] wird sie in dieser Monografie nicht vorgestellt.

In der **Deckungsbeitragsrechnung** (Rechnung mit Deckungsbeiträgen) werden folgende Grundbegriffe (**Rechengrößen**) differenziert:

Die **Erfolgsgröße pro Stück** wird **Deckungsbeitrag pro Stück**, **Stückdeckungsbeitrag** oder **Deckungsspanne *db*** genannt. Er ergibt sich aus der Differenz von Preis pro Produkteinheit p und variablen Stückkosten k_v:

$$db = p - k_v$$

Darst. 3.2087: Deckungsbeitrag pro Stück *db*

Wird der **Deckungsbeitrag einer Produktart *DB*** gesucht, muss der Deckungsbeitrag pro Stück *db* mit der Gesamtmenge aller Erzeugniseinheiten multipliziert werden:

$$DB = db \cdot x = (p - k_v) \cdot x = p \cdot x - k_v \cdot x$$

Darst. 3.2088: Deckungsbeitrag einer Produktart *DB*

[723] So ergibt sich aufgrund der Zurechnung der Kosten auf Zeitabschnitte ein Gefüge von ineinander geschachtelten Periodenrechnungen unterschiedlicher Längen (Monate, Quartale, Jahre), die für die einzelnen Abrechnungszeiträume keine spezifischen Betriebsergebnisse, sondern nur die Ermittlung sog. Periodenbeiträge ermöglichen. Damit ist weder eine Betriebsergebnisrechnung auf Vollkostenbasis noch auf Teilkostenbasis machbar. Zudem entsteht mit dem Ausschluss variabler (leistungsanhängiger) Gemeinkosten im Riebelschen System „... eine gefährliche Lücke.“ (KILGER, W.: Flexible Plankostenrechnung und Deckungsbeitragsrechnung, 9. Aufl., Wiesbaden 1988, S. 95). Somit ist eine produktbezogene Kalkulation auf entscheidungsrelevanten Grenzkosten nicht möglich. Auch Entscheidungen hinsichtlich des optimalen Produktionsprogramms bei Vorliegen mehrerer Engpässe sind mittels der relativen Einzelkostenrechnung nicht zu treffen.

Der so berechnete Deckungsbeitrag einer Produktart *DB* ist immer eine **periodenbezogene Größe**, da sich die Menge *x* auf einen bestimmten Abrechnungszeitraum bezieht.

Die Unterscheidung zwischen den beiden vorgenannten Deckungsbeiträgen ist notwendig, da für unterschiedliche Fragestellungen zwischen diesen Größen die richtige ausgesucht werden muss: Der Deckungsbeitrag einer Produktart als alleiniges Entscheidungskriterium für die Eliminierung oder Förderung von Produkten taugt u. a. aus zwei Gründen nicht: Da es sich beim Deckungsbeitrag um eine Wertgröße[724] handelt, kann ein hoher Deckungsbeitrag das Ergebnis einer Multiplikation zweier unterschiedlichen großer Zahlen (Multiplikator und Multiplikand) sein. Zum einen kann ein hoher Deckungsbeitrag daraus resultieren, dass ein Produkt mit sehr kleiner Deckungsspanne ($db = p - k_v$) und hoher Stückzahl verkauft wird. In diesem Fall kann der hohe Deckungsbeitrag schnell zu einem hohen Verlust mutieren, wenn die (ohnehin sehr geringe) Deckungsspanne negativ wird. – Zum anderen kann ein hoher Deckungsbeitrag erzielt werden, indem im Extremfall ein Stück einer Produktart veräußert wird. Hier wird in der Regel eine hohe Kapitalbindung während des Jahres zu konstatieren sein, deren Kapitalkosten (tatsächlich oder als Opportunitätskosten) vom Deckungsbeitrag subtrahiert werden müssen.

Die Frage, **welches Produkt forciert werden sollte**, kann daher nicht anhand des Deckungsbeitrags einer Produktart entschieden werden. Vielmehr muss das Kriterium hier **Deckungsspanne (Deckungsbeitrag pro Stück, Stückdeckungsbeitrag)** heißen. Ist der Deckungsbeitrag pro Stück negativ, ist das Produkt zu eliminieren. Ob *alle* Produkte mit positiver Deckungsspanne produziert werden können, hängt von den Kapazitäten ab. In Engpasssituationen muss die Deckungsspanne auf die Engpasseinheit bezogen werden. Das Entscheidungskriterium lautet dann **relative Deckungsspanne (relativer Stückdeckungsbeitrag)**.

Der **Gesamt-Deckungsbeitrag** ist der **Deckungsbeitrag aller Produktarten *Gesamt-DB***, der sich ergibt, wenn die Deckungsbeiträge aller *n* Produktarten addiert werden. Durch die Zerlegung in einzelne Bestandteile lässt sich der *Gesamt-DB* auf verschiedene Arten berechnen:

[724] Der Deckungsbeitrag einer Produktart setzt sich multiplikativ aus einer Mengen- und einer Preiskomponente zusammen, wobei die Menge die abgesetzte Menge x_A ist und die Preiskomponente der Deckungsbeitrag pro Stück/die Deckungsspanne darstellt.

$$Gesamt\text{-}DB = \sum_{i=1}^{n} DB_i = \sum_{i=1}^{n} db_i \cdot x_i = \sum_{i=1}^{n} (p_i - k_{vi}) \cdot x_i = \sum_{i=1}^{n} p_i \cdot x_i - \sum_{i=1}^{n} k_{vi} \cdot x_i = U - K_v$$

Darst. 3.2089: Deckungsbeitrag aller Produktarten *Gesamt-DB*

(Legende:
DB_i = Deckungsbeitrag der Produktart *i*
db_i = Deckungsbeitrag einer Erzeugniseinheit der Produktart *i*
U = Umsatz
K_v = variable Kosten
K_{vi} = variable Kosten der Produktart *i*
k_{vi} = variable Selbstkosten einer Erzeugniseinheit der Produktart *i*
p_i = Preis der Produktart *i*
U = Umsatz
x_i = Menge der Produktart *i*

Der so berechnete Deckungsbeitrag aller Produktarten Gesamt-DB bezieht sich immer auf eine bestimmte Periode. Dies wird schnelle klar, wenn spätestens bei der Angabe der Menge x der zugehörige Zeitraum, auf den sich die Menge bezieht, festgelegt werden muss.

3.2.7.5 Produktionsprogramm bei freien Kapazitäten

Bereits im Unter-Unterabschnitt 3.2.6.5 „Stückgewinn" war festgestellt worden, dass bei ausreichenden Kapazitäten das (kostenrechnerische) **Entscheidungskriterium** für die Aufnahme in das Produktionsprogramm nicht der Stückgewinn (wegen der nicht relevanten (Stück-) Fixkosten), sondern ein **positiver Stückdeckungsbeitrag *db*** ist. Bei einem Vergleich zwischen einer **produktartenbezogenen Situation vor bzw. nach Durchführung einer Maßnahme** muss der **Deckungsbeitrag** (einer Produktart) ***DB*** verglichen werden.

Dieser Sachverhalt wird – ausgehend von dem Beispiel im vorgenannten Unter-Unterabschnitt – noch einmal aufgegriffen und verdeutlicht.

In einem Unternehmen schlägt der Vertrieb im Rückgriff auf Unterlagen der Marktforschung vor, dass der Absatzpreis p gesenkt werden solle, weil bei Vorliegen einer fallenden Preis-Absatz-Funktion davon ausgegangen werden könne, dass sich die nachgefragte

Menge x_a erhöhe (Produktionskapazitäten sind ausreichend vorhanden; Marktaufnahmefähigkeit ist gegeben) und zwar so stark, dass mit dieser Aktion der Gewinn gesteigert werden könne.

Die dem Controller vorgelegten Daten lauten wie folgt:

Bisher abgesetzte Menge x_b: 18.000 Stück
Bisheriger Verkaufspreis p_a: 1.290,00 €

Neuer Verkaufspreis p_n: 1.149,00 €
Neue Absatzmenge x_n: 21.500 Stück

Von den gesamten Selbstkosten in Höhe von 21,2 Mio. € sind 70 % fix und 30 % variabel.

In einem ersten Schritt wurden der bisherige Stückgewinn g_b mit g_b = 112,22 €/St. und der bisherige Gesamtgewinn G_b mit G_b = 2.019.960 € ermittelt.[725]

In einem zweiten Schritt wurden dann der neue Stückgewinn g_n mit g_n = −28,78 €/St. und der neue Gesamtgewinn G_n mit Gn = −618.770,00 € berechnet. Da der Stückgewinn negativ war, wurde die vom Vertrieb vorgeschlagene Aktion abgelehnt. Bei dieser Entscheidung wurden zwei Fehler gemacht. Zum einen wurden die Selbstkosten in der alten Ausgangslage (abgesetzte Stückzahl: 18.000) und in der neuen Situation (neue Stückzahl: 21.500) konstant gelassen. Der mit den korrigierten fixen Stückkosten kalkulierte neue Stückgewinn g_n war mit g_n = 105,44 €/St. zwar positiv, aber geringer als der Stückgewinn in der Ausgangssituation (112,22 €/St.). Die vom Vertrieb vorgeschlagene Maßnahme wurde somit auch in diesem Fall abgelehnt.

Allerdings war und ist der Ansatz von Fixkosten in dieser Entscheidungssituation falsch, denn an den Fixkosten − die Produktionskapazitäten sind ausreichend – ändert sich nichts. **Die Fixkosten sind bei dieser Sachlage nicht entscheidungsrelevant**. Das Entscheidungskriterium ist die (positive) Deckungsspanne *db* bzw. der sich daraus ergebende Deckungsbeitrag (einer Produktart) *DB*.

Bezugnehmend auf das vorstehende Zahlenbeispiel ergeben sich folgende Deckungsbeiträge pro Stück.

[725] Die ausführliche Berechnung findet sich im Unter-Unterabschnitt 3.2.6.5 „Stückgewinn“.

db_b= 1.290,00 €/St. – 353,33 €/St. = 936,67 €/St.
db_n= 1.1.49,00 €/St. – 353,33 €/St. = 795,67 €/St.

Die Multiplikation mit den jeweils zugehörigen Mengen (x_b = 18.000 St. und x_n = 21.500 St.) ergibt folgende Deckungsbeiträge *DB*:

DB in der Ausgangssituation: DB = 936,67 €/St. • 18.000 St. = 16.860.060,00 €
DB nach der Preissenkung: DB = 795,67 €/St. • 21.500 St. = 17.106.905,00 €.

Da sich der Deckungsbeitrag und somit auch der Gewinn um 246.845 € erhöht, sollte die Preissenkung verbunden mit der prognostizierten Mengensteigerung durchgeführt werden. (Nachrichtlich: Der mittels Vollkostenrechnung ermittelte bisherige Gewinn beträgt 2.019.960,00 €, der neue Gewinn nur noch 1.560.040,00 €!)

Ein weiteres Beispiel soll die Anwendung der Deckungsbeitragsrechnung veranschaulichen. Eine deutsche Fachhochschule bietet in der Mensa drei verschiedene Menüs an. Das erste Menü (A) ist ein chinesisches Nudelgericht, welches 8.000-mal im Monat verkauft wird. Als zweites Menü (B) wird deutsche Hausmannskost angeboten, welche 10.000-mal im Monat gewählt wird. Alternativ steht als drittes Menü (C) ein Gemüseeintopf zur Auswahl, der 4.000-mal im Monat genommen wird. Der Verkaufspreis liegt bei 2,50 € je Menü. Die variablen Kosten belaufen sich auf 2,00 € bei Menü A, 1,90 € bei Menü B und 2,60 € bei Menü C. Außerdem wurden monatliche fixe Kosten in Höhe von 5.500,00 € festgestellt. Der Kostenrechnungsleiter Max Mustermann soll anhand des Direct Costing die Kostensituation analysieren. Zunächst erstellt er aus den vorstehenden ein Ausgangsdatentableau:

Menü	p (€)	k_v (€)	Anzahl
A	2,50	2,00	8.000
B	2,50	1,90	10.000
C	2,50	2,60	4.000

Darst. 3.2090: Ausgangsdatentableau zur Erfolgsanalyse des Menüangebots (Beispiel)

Im nächsten Schritt werden die Deckungsbeiträge pro Stück *db*, dann die Deckungsbeiträge pro Produktart *DB*, folgend die Deckungsbeiträge aller Produktarten *Gesamt-DB* und schließlich das Betriebsergebnis mit Hilfe der vorstehenden Formeln berechnet.

Menü	p (€)	k_v (€)	db (€)	Anzahl	DB (€)
A	2,50	2,00	0,50	8.000	4.000
B	2,50	1,90	0,60	10.000	6.000
C	2,50	2,60	–0,10	4.000	–400
Gesamt-DB (€)					9.600
– K_f (€)					5.500
= Betriebsergebnis (€)					4.100

Darst. 3.2091: Erfolgsanalyse des Menüangebots (Beispiel)

Die Anwendung der Deckungsbeitragsrechnung wird anhand des Menüs A näher erläutert. Zunächst werden die Deckungsbeiträge pro Stück db ermittelt, indem vom Netto-Verkaufspreis p die variablen Stückkosten kv subtrahiert werden. Die Deckungsbeiträge der Produktart A (DB) in Höhe von 4.000,00 € ergeben sich, indem die Absatzmenge von 8.000 Stück mit dem Deckungsbeitrag pro Stück db in Höhe von 0,50 € multipliziert wird. Die Berechnung der Deckungsbeiträge pro Produktart DB wird nun analog für Menü B und C wiederholt. Dabei müssen die Absatzmengen und die variablen Stückkosten entsprechend des Menüs geändert werden. Die Addition der Deckungsbeiträge aller Produktarten führt zum gesamten Deckungsbeitrag Gesamt-DB in Höhe von 9.600,00 € (4.000 € + 6.000 € – 400 €). Werden vom Deckungsbeitrag aller Produktarten Gesamt-DB die fixen Kosten in Höhe von 5.500 € subtrahiert, ergibt sich als Differenz das Betriebsergebnis in Höhe von 4.100,00 €. Das Betriebsergebnis ist zwar positiv; bei einer genaueren Analyse der Deckungsbeiträge der Menüs fällt auf, dass bei Menü C ein negativer Deckungsbeitrag pro Produkteinheit (Stück) von C ermittelt wurde und somit auch ein negativer Deckungsbeitrag der Produktart C. Das heißt, dass die variablen Kosten nicht durch die Erlöse gedeckt werden.

Zur Beseitigung dieses Missstands sind mehrere Alternativen denkbar. Zwei naheliegende bestehen darin, den Preis für das Menü C zu erhöhen oder das Menü C schlicht aus dem

Programm zu streichen. Bei der Eliminierung des Produkts C müsste geprüft werden, ob die Fixkosten *langfristig* in dieser Höhe bestehen bleiben. Es wäre denkbar, dass ein Teil der Fixkosten langfristig entfällt, sofern dieser produktbezogen ist. Eine Auskunft darüber liefert aufgrund der hierarchischen Aufteilung der Fixkosten die **mehrstufige Deckungsbeitragsrechnung**. Des Weiteren müsste bei einer angedachten Eliminierung analysiert werden, ob und wie sich die entfallenen Essen auf die beiden anderen Menüs verteilen. Im Rahmen einer **Sensitivitätsanalyse** können hier verschiedene **Szenarios** durchgespielt werden.

3.2.7.6 Produktionsprogramm bei einem Engpass

Liegt mindestens ein **betrieblicher Engpass** vor, ändert sich das Entscheidungskriterium. Der absolute Stückdeckungsbeitrag ist in diesem Fall nicht korrekt, da neben den Deckungsspannen auch der Engpass (z. B. die Produktionszeit) berücksichtigt werden muss. Letzterer relativiert den Stückdeckungsbeitrag, denn dieser muss jetzt mit der Engpassressource abgeglichen werden. Daher ist statt des absoluten Stückdeckungsbeitrages im Fall eines Engpasses der **relative Stückdeckungsbeitrag** das **Entscheidungskriterium**. Er wird wie folgt berechnet:

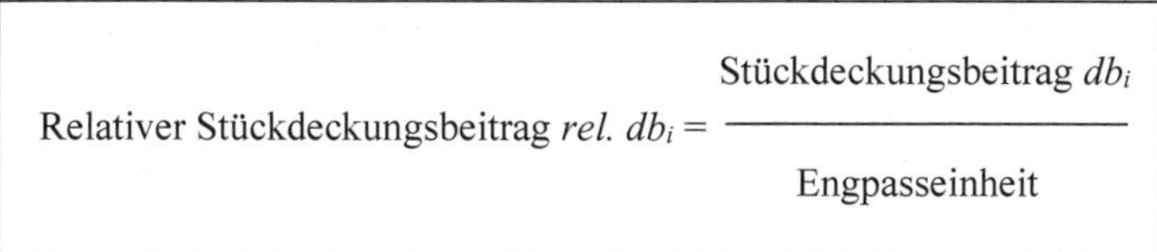

$$\text{Relativer Stückdeckungsbeitrag } rel.\ db_i = \frac{\text{Stückdeckungsbeitrag } db_i}{\text{Engpasseinheit}}$$

Darst. 3.2092: Relativer Stückdeckungsbeitrag einer Produktart *i*

Der Terminus „Engpasseinheit“ bedeutet, dass sich der Stückdeckungsbeitrag auf eine Einheit der Gesamtmenge des Engpasses, die mittels einer spezifischen Maßeinheit (Bezugsgröße) wie Stück, ml, l, hl, g. kg, t, qm, qkm, mm, cm, m, km, kwh und viele andere mehr) spezifiziert wird, bezieht.

Ein Engpass kann in sämtlichen betrieblichen Bereichen auftreten:

- auf Seiten der Abnehmer (marktseitig)
- auf Seiten der Absatzhelfer (Lager, Verkaufsfläche etc.)
- Maschinenkapazität
- Arbeitszeit (Personalkapazität)
- Raumkapazität
- Energieversorgung (z. B. Strom für drei Stunden/Tag)
- Materialbeschaffung
- Finanzmittel

Darst. 3.2093: Denkbare Engpässe im Unternehmen

In Planwirtschaften sind auch weitere staatliche (Produktions-) Beschränkungen denkbar.

Ein Beispiel[726] soll die Findung eines gewinnmaximalen Produktionsprogramms erläutern.

In einem Unternehmen werden drei ähnliche Produkte hergestellt und verkauft. Die drei Erzeugnisse A, B und C werden im Hauptproduktionsvorgang jeweils auf einer ihnen zugeordneten Spezialmaschine gefertigt. Die dafür eingesetzten Anlagen I, II und III verfügen über ausreichende Kapazitäten. Einen Mehrzweckmaschine IV führt für alle drei Produkte abschließende Arbeiten aus. Sie steht während des Bearbeitungszeitraums (= Produktionszeitraum) 960 h zur Verfügung und stellt den Engpass dar. Folgende Informationen liegen vor:

[726] Das nachfolgende Beispiel – ohne die anschließende Optimierung – wurde EHRMANN, H.: Kostenrechnung, 2. Aufl., München 1997, S. 268 entnommen.

Produktart	x_b (St.)	p (€/St.)	k_v (€/St.)	db (€/St.)	Belastung der Engpassmaschine (h/St.)
A	40	32.000	28.000	4.000	6,4
B	40	28.000	22.400	5.600	8,0
C	40	24.000	17.600	6.400	9,6

Darst. 3.2094: Daten des bisherigen Produktionsprogramms (Beispiel)

Legende:

db	Stückdeckungsbeitrag
k_v	variable Kosten je Stück
p	Preis je Stück
x_b	bisher produzierte und abgesetzte Menge

Die Fixkosten der Periode betragen 224.000 €.

Die Multiplikation der bisherigen Stückzahlen mit ihrer jeweiligen Beanspruchung der Engpassmaschine (h/St.) ergibt eine derzeitige Vollauslastung in Höhe von 960 Stunden (40 St. • 6,4 (h/St.) + 40 St. • 8,0 (h/St.) + 40 St. • 9,6 (h/St.).

Marktseitig sind folgende Absatzrestriktionen bekannt, die bei der gewinnorientierten Optimierung des bisherigen Produktionsprogramms zu beachten sind.

Produkt	Mindestabsatz (St.)	Höchstabsatz (St.)
A	8	50
B	10	61
C	13	40

Darst. 3.2095: Absatzrestriktionen (Beispiel)

Das bisherige Produktionsprogramm weist einen Gewinn in folgender Höhe auf.

$$G_b = x_{bA} \cdot db_A + x_{bB} \cdot db_B = x_{bC} \cdot db_C - K_f$$
$$= 40\text{ St.} \cdot 4.000\text{ €/St.} + 40\text{ St.} \cdot 5.600\text{ €/St.} + 40\text{ St.} \cdot 6.400\text{ €/St.} - 224.000\text{ €}$$
$$= 416.000\text{ €}$$

In einem ersten Schritt zur Optimierung des bisherigen Produktionsprogramms sollten die erforderlichen Produktionszeiten für die zu erstellenden Mindestmengen (z. B. aufgrund vertraglicher Verpflichtungen) ermittelt werden:

Produktart	Mindestabsatz (St.)	Belastung der Engpassmaschine (h/St.)	Inanspruchnahme der Engpassmaschine durch den Mindestabsatz (h)
A	8	6,4	51,2
B	10	8,0	80,0
C	13	9,6	124,8
		Summe	256,0
		Kapazität der Maschine	960,0
		Restkapazität	704,0

Darst. 3.2096: Erforderliche Produktionszeiten für die Mindestabsatzmengen (Beispiel)

Die verbliebene Restkapazität von 704,0 h kann für die Produktion weiterer Erzeugnisse der Produktarten A, B oder C verwendet werden. Jetzt kommt es darauf an, die Produkte zu produzieren, die – wegen des Engpasses – den höchsten relativen Stückdeckungsbeitrag aufweisen. Dementsprechend wird in einem zweiten Schritt eine Rangfolge der weiters zu produzierenden Stücke erstellt.

Produktart	db (€/St.)	Belastung der Engpassmaschine (h/St.)	rel. Deckungsspanne (€/h)	Rangfolge
A	4.000	6,4	625,00	3
B	5.600	8,0	700,00	1
C	6.400	9,6	666,67	2

Darst. 3.2097: Ermittlung der relativen Stückdeckungsbeiträge und der Rangfolge (Beispiel)

Legende:
db Stückdeckungsbeitrag (€/St.)

In einem dritten Schritt wird die Restkapazität entsprechend der ermittelten Rangfolge auf die Produktarten B, dann C und dann A bis zur jeweils maximal absetzbaren Menge verteilt.

Produktart	noch produzierbare Menge (St.)	benötigte Produktionszeit (h)	Restkapazität (h)	jeweilige Produktionsmenge
B	51[1]	408,0[3]	296,0[6]	61
C	27[2]	259,2[4]	36,8[7]	40
A	5	32,0[5]	4,8[8]	13

Darst. 3.2098: Verteilung der Restkapazität

[1] 61–10
[2] 40–13
[3] 51 • 8,0
[4] 27 • 9,6
[5] 5 • 6,4
[6] 704,0–408,0
[7] 296,0–259,2
[8] 36,8–32,0

Als neuer Gewinn ergibt sich:

$G = x_{bA} \cdot db_A + x_{bB} \cdot db_B = x_{bC} \cdot db_C - K_f$

$= 13 \text{ St.} \cdot 4.000 \text{ €/St.} + 61 \text{ St.} \cdot 5.600 \text{ €/St.} + 40 \text{ St.} \cdot 6.400 \text{ €/St.} - 224.000 \text{ €}$

$= 425.600 \text{ €}$

Durch ein optimiertes Produktionsprogramm lässt sich der Gewinn um 9.000 € steigern.

Auffällig ist, dass bei dieser **schrittweisen Verteilung der restlichen Produktionszeiten** anhand der relativen Deckungsspannen noch eine Restkapazität von 4,8 h verbleibt. Denkbar wäre, dass eine andere Aufteilung der Produktionsmengen zu einem noch höheren Gewinn führt. Dies soll per Trial-and-Error-Verfahren ausgetestet werden. In einem ersten Versuch wird von C eine Erzeugniseinheit weniger, von A zwei Produkteinheiten mehr produziert, also A = 15, B = 61 und C = 39. Die genutzte Kapazität liegt bei 958,4 h. Somit bleiben als Restkapazität nur noch 1,6 h. Die Umverteilung innerhalb des Produktionsprogramms führt zu einer Steigerung des Gewinns auf G = 427.200 €. Gegenüber der ursprünglichen Optimierung werden in einem weiteren Versuch von A zwei Produktionseinheiten mehr und von B ein Stück weniger produziert, also A = 15, B = 60 und C = 40. Die Kapazität der Maschine wird jetzt mit 960 h voll ausgenutzt; es verbleibt keinerlei

Restkapazität. Gegenüber der vorherigen Lösung kann der Gewinn nochmals, jetzt auf G = 428.000 € erhöht werden.

Als Ergebnis bleibt festzuhalten, dass **eine schrittweise Verteilung der Produktionszeiten nicht zu einer optimalen Lösung führen muss, sofern noch Restkapazitäten vorhanden sind. Ein gewinnoptimales Resultat wird immer dann erreicht wird, wenn die Restkapazität 0 h beträgt.** In allen anderen Fällen (Restkapazität > 0) muss geprüft werden, ob nicht eine andere Aufteilung der Produktionsmengen zu einem höheren Gewinn führt.

Um garantiert eine optimale Lösung zu finden, wird daher empfohlen, eine **Simultanlösung**, etwa mittels Simplex-Algorithmus, anzustreben.

3.2.7.7 Produktionsprogramm bei mehreren Engpässen

Eine gewinnmaximale Produktionsprogrammplanung ist bei Vorliegen mehrerer Engpässe aufwendiger als bei nur einem Engpass.

In bestimmten Fällen, z. B. bei zwei Produktarten und mehreren Engpässen ist eine Lösung rechnerisch und grafisch möglich. Bei der grafischen Bewältigung des Problems wird ein Kapazitätsraum für die beiden Produkte gebildet und eine Isogewinnlinie, die das Stückdeckungsbeitragsverhältnis der beiden Produkte abbildet, soweit im zulässigen Kapazitätsraum verschoben, bis der maximale Deckungsbeitrag erzielt wird. Da das geschilderte Problem und auch alle anderen Aufgaben in jeden Fall mathematisch gelöst werden können, soll hier die grafische Lösung nicht weiterverfolgt werden.

Eine mathematische Lösung wird zumeist mittels Simplex-Methode als Instrument der linearen Programmierung ermittelt. Dieses Verfahren soll anhand des folgenden Beispiels[727] praktiziert werden.

[727] Angelehnt an EHRMANN, H.: Kostenrechnung, 2. Aufl., München 1997, S. 273ff.

Ein Unternehmen stellt die vier Produkte A, B, C und D auf drei Maschinen MI, MII und MIII her, die Engpassstellen sind.

Die Ausgangsdaten sind folgende:

Produktart	db_i (€/St.)	Beanspruchung der Engpassmaschinen (h)		
		Maschine MI	Maschine MII	Maschine MIII
A	600	6	9	12
B	1.200	12	6	18
C	1.260	18	6	12
D	1.500	12	24	3
Kapazität (h)		14.400	18.000	16.200

Darst. 3.2099: Ausgangsdaten

Legende:

db_i Stückdeckungsbeitrag der Produktart i (€/St.)

Zu ermitteln ist das gewinnmaximale Produktionsprogramm unter Berücksichtigung der Engpässe. Dies geschieht in mehreren Prozessschritten.

In einem ersten Schritt wird die gesuchte Anzahl der vier Produktarten A, B, C und D durch die Variablen x_1, x_2, x_3 und x_4 ersetzt.

In einem zweiten Schritt werden die Bedingungen als Ungleichungen formuliert (Problemformulierung) und die Zielfunktion Z als angestrebte optimale Lösung ausgedrückt. Das Ungleichungssystem bringt zum Ausdruck, dass die vorhandenen Maschinenkapazitäten zwar vollständig genutzt werden können, aber nicht genutzt werden müssen.

Zu beachten sind noch die „Nicht-Negativitätsbedingungen" für die Strukturvariablen x_1, x_2, x_3 und $x_4 \geq 0$.

Produktart:	A		B		C		D	
MI:	$6x_1$	+	$12x_2$	+	$18x_3$	+	$12x_4$	$\leq$ 14.400
MII:	$9x_1$	+	$6x_2$	+	$6x_3$	+	$24x_4$	$\leq$ 18.000
MIII:	$12x_1$	+	$18x_2$	+	$12x_3$	+	$3x_4$	$\leq$ 16.200
Z:	$600x_1$	+	$1.200x_2$	+	$1.260x_3$	+	$1.500x_4$	$\longrightarrow$ max!

Darst. 3.2100: Aufstellung der Ungleichungen

Legende:

x_1 Produktionsmenge der Produktart A
x_2 Produktionsmenge der Produktart B
x_3 Produktionsmenge der Produktart C
x_4 Produktionsmenge der Produktart D
Z Zielfunktion

In einem dritten Schritt wird das System der Ungleichungen in ein Gleichungssystem überführt. In diesem werden Schlupfvariablen für die Restkapazitäten der Maschinen eingefügt, damit das Ungleichungssystem in ein Gleichungssystem umgewandelt werden kann. Für die nicht ausgenutzte Kapazität der Maschine MI wird die Schlupfvariable x_5, für die Restkapazität der Maschine MII x_6 und für die Restkapazität der Maschine MII x_7. Das Gleichungssystem lässt dann wie folgt notieren:

Produktart:	A	B	C	D		
MI:	$6x_1$ +	$12x_2$ +	$18x_3$ +	$12x_4 + 1x_5 + 0x_6 + 0x_7$	=	14.400
MII:	$9x_1$ +	$6x_2$ +	$6x_3$ +	$24x_4 + 0x_5 + 1x_6 + 0x_7$	=	18.000
MIII:	$12x_1$ +	$18x_2$ +	$12x_3$ +	$3x_4 + 0x_5 + 0x_6 + 1x_7$	=	16.200
Z:	$600x_1$ +	$1.200x_2$ +	$1.260x_3$ +	$1.500x_4 + 0x_5 + 0x_6 + 0x_7$	=	0

Darst. 3.2101: Aufstellung des Gleichungssystems

Legende:

x_1 Produktionsmenge der Produktart A
x_2 Produktionsmenge der Produktart B
x_3 Produktionsmenge der Produktart C
x_4 Produktionsmenge der Produktart D
x_5 verbleibende Kapazität der Maschine MI
x_6 verbleibende Kapazität der Maschine MII
x_7 verbleibende Kapazität der Maschine MIII
Z Zielfunktion

Die Zielfunktion erhält vor der Optimierung den Wert Null, da die jetzige Basislösung nur Scheinprodukte und noch keine echten Produkte enthält. Eine Basislösung ist dadurch gekennzeichnet, dass der Spaltenvektor außer einer „1“ nur Nullen aufweist.

Das Gleichungssystem ist durch drei Gleichungen, sieben Unbekannte und eine Zielfunktion gekennzeichnet. Für diese Gleichungen existieren unendlich viele Lösungen. Gesucht ist diejenige, bei der die Zielfunktion einen optimalen Wert annimmt.

Das vorstehende Gleichungssystem wird jetzt in ein Ausgangstableau in zulässiger kanonischer Form transformiert. Dabei wird gleichzeitig die Zielfunktionszeile mit −1 multipliziert, sodass aus der Maximierungsaufgabe eine Minimierungsaufgabe wird. Damit ändert sich auch während des Simplexalgorithmus das Entscheidungskriterium im Hinblick auf die Frage, ob die gefundene Basislösung optimal ist (s. u.). Der Vorteil dieser Vorgehensweise liegt darin, dass eine evtl. gefundene Lösung in der Zielfunktionszeile nur positive Werte aufweist, die unmittelbar interpretiert werden können.

Variable:	x_1	x_2	x_3	x_4	x_5	x_6	x_7	RS
MI.0	6	12	18	12	1	0	0	14.400
MII.0	9	6	6	24	0	1	0	18.000
MIII.0	12	18	12	3	0	0	1	16.200
Z.0	−600	−1.200	−1.260	−1.500	0	0	0	0

Darst. 3.2102: Ausgangstableau in zulässiger kanonischer Form (Beispiel)

Legende:

x_1 Produktionsmenge der Produktart A
x_2 Produktionsmenge der Produktart B
x_3 Produktionsmenge der Produktart C
x_4 Produktionsmenge der Produktart D
x_5 verbleibende Kapazität der Maschine MI
x_6 verbleibende Kapazität der Maschine MII
x_7 verbleibende Kapazität der Maschine MIII
Z Zielfunktion

Die Lösung des Systems erfolgt iterativ: Die Matrix wird durch Verwendung von Äquivalenzumformungen so umgestaltet, bis die negativen (bei Maximierungsaufgaben: positiven) Vorzeichen der Zielfunktionszeile verschwunden sind. Ohne Zielfunktion muss zudem die gleiche Anzahl an Spalten und Zeilen existieren, wobei die Spalten normiert sein müssen, d. h. sie dürfen nur einmal die Zahl 1 und sonst nur Nullen enthalten.

Zum Ende der Iteration werden in der letzten Spalte, die meist einfach als rechte Seite RS (der Gleichungen) bezeichnet wird, die Werte einzelner Variablen ausgewiesen. Die letzte Zeile der Lösungsspalte enthält den optimalen Zielfunktionswert.

Die Iterationen verlaufen in folgenden drei Phasen:

Phase 1: Feststellen der **Pivotspalte** mit der höchsten negativen Zahl in der Zielfunktionszeile. Existieren keine negativen Zahlen in der Zielfunktionszeile mehr, dann ist die vorliegende Basislösung (bereits) optimal. – Da die Werte in der Zielfunktionszeile die Stückdeckungsbeiträge enthalten, wird in dieser Iterationsphase der höchste (bei einer Minimierungsaufgabe der kleinste) Stückdeckungsbeitrag ausgewählt. Im Beispiel ist dies der Wert −1.500 in der vierten Spalte (x_4).

Phase 2: Heraussuchen der **Pivotzeile** mit dem niedrigsten Quotienten aus dem zugeordneten Wert der rechten Seite RS (ohne Zielfunktionswert) und dem entsprechenden Koeffizienten der Pivotspalte. Da der Wert der rechten Seite RS (ohne Zielfunktionswert) die Kapazität der jeweiligen Maschine enthält und der Koeffizient der Pivotspalte die Beanspruchung der Maschine, wird hier der größte relative („schlimmste") Engpass ausgewählt. Im Beispiel ergeben sich folgende Quotienten:

1. Zeile: 14.400 : 12 = 1.200
2. Zeile: 18.000 : 24 = 750
3. Zeile: 16.200 : 3 = 5.400

Da die 2. Zeile den niedrigsten Quotienten aufweist, ist die 2. Zeile die Pivotzeile.

Phase 3: Umformung der Pivotzeile so, dass das Pivotelement den Wert 1 annimmt und Umwandlung aller anderen Zahlen der Pivotspalte so, dass diese den Wert 0 erhalten. Das **Pivotelement** (Schlüsselzahl) ist der Koeffizient (s. o.), der bei der Division zur Pivotzeile führte. Die Umwandlung aller anderen Zahlen der Pivotspalte geschieht durch Subtraktion oder Addition oder eines Teiles der neuen, umgeformten Pivotzeile mit dem Wert 1 in der Pivotspalte.

Im Beispiel wird die Pivotzeile (MII.0) durch 24 dividiert, von den Zahlen der ersten Zeile (MI.0) das Zwölffache der neuen, umgeformten Pivotzeile subtrahiert; von den Zahlen der dritten Zeile (MIII.0) das Dreifache der neuen, umgeformten Pivotzeile subtrahiert und zu den Zahlen der Zielfunktionszeile (Z.0) das 1.500fache der neuen, umgeformten Pivotzeile addiert. Somit ergibt sich folgende neue Matrix:

Variable:	x_1	x_2	x_3	x_4	x_5	x_6	x_7	RS
MI.1	3/2	9	15	0	1	−1/2	0	5.400
MII.1	3/8	1/4	1/4	1	0	1/24	0	750
MIII.1	87/8	69/4	45/4	0	0	−1/8	1	13.950
Z.1	−75/2	−825	−885	0	0	125/2	0	1.125.000

Darst. 3.2103: 2. Tableau (Beispiel)

Die erste Iteration hat dazu geführt, dass sich das Ergebnis von 0 auf 1.125.000 erhöht hat. Dieses wurde erreicht, indem von der Produktart D (x_4) 750 Stück produziert werden.

Die zweite Iterationsrunde beginnt wieder mit der Phase 1: Im Beispiel ist die Pivotspalte die dritte (x_3) mit −885.

Phase 2: Im Beispiel ergeben sich hinsichtlich der Pivotspalte folgende Quotienten:

1. Zeile: 5.400 : 15 = 360
2. Zeile: 750 : 1/4 = 3.000
3. Zeile: 13.950 : 45/4 = 156.937,5

Da die 1. Zeile den niedrigsten Quotienten aufweist, ist die 1. Zeile die Pivotzeile.

Phase 3: Im Beispiel wird die Pivotzeile (MI.1) durch 15 dividiert, von den Zahlen der zweiten Zeile (MII.1) wird ¼ der neuen, umgeformten Pivotzeile subtrahiert; von den Zahlen der dritten Zeile (MIII.1) das 45/4fache der neuen, umgeformten Pivotzeile subtrahiert und zu den Zahlen der Zielfunktionszeile (Z.1) das 885fache der neuen, umgeformten Pivotzeile addiert. Somit ergibt sich folgende neue Matrix:

Variable:	x_1	x_2	x_3	x_4	x_5	x_6	x_7	RS
MI.2	1/10	6/10	1	0	1/15	−1/30	0	360
MII.2	7/20	2/20	0	1	−1/60	1/20	0	660
MIII.2	39/4	42/4	0	0	−3/4	1/4	1	9.900
Z.2	51	−294	0	0	59	33	0	1.443.600

Darst. 3.2104: 3. Tableau (Beispiel)

Die zweite Iteration hat dazu geführt, dass sich das Ergebnis von 1.125000 auf 1.443.600 erhöht hat. Dieses wurde erreicht, indem jetzt von der Produktart C (x_3) 360 Stück und von der Produktart D (x_4) nur noch 660 Stück produziert werden.

In der letzten Matrix ist die zweite Spalte die Pivotspalte und die erste Zeile die Pivotzeile. Das Pivotelement ist 6/10. Infolge der Transformationen erhält man folgende neue Matrix:

Variable:	x_1	x_2	x_3	x_4	x_5	x_6	x_7	RS
MI.3	1/6	1	5/3	0	1/9	−1/18	0	600
MII.3	1/3	0	−1/6	1	−1/36	1/18	0	600
MIII.3	96/12	0	35/2	0	−23/12	10/12	1	3.600
Z.3	100	0	490	0	275/3	50/3	0	1.620.000

Darst. 3.2105: 4. Tableau (Beispiel)

Legende:
x_1 Produktionsmenge der Produktart A
x_2 Produktionsmenge der Produktart B
x_3 Produktionsmenge der Produktart C
x_4 Produktionsmenge der Produktart D
x_5 verbleibende Kapazität der Maschine MI
x_6 verbleibende Kapazität der Maschine MII
x_7 verbleibende Kapazität der Maschine MIII
Z Zielfunktion

Die Zielfunktionszeile enthält keine negativen Zahlen. Ohne Zielfunktion existieren genauso viele normierte Spalten wie Zeilen. Damit ist die vorliegende Basislösung optimal.

Dieses 4. Tableau kann jetzt vielfach interpretiert werden: Der auf der rechten Seite RS gefundene Zielfunktionswert ist der maximale Deckungsbeitrag (Gesamt-DB) in Höhe von 1.620.000 €. Er wird dann erreicht, wenn laut normierter Spalte x_2 von der Produktart B 600 Stück (zugehöriger Zeilenwert in der Lösungsspalte) und gemäß normierter Spalte x_4 von der Produktart D 600 Stück (zugehöriger Wert der rechten Seite RS) produziert werden.

Der maximale Deckungsbeitrag (Gesamt-DB) lässt sich durch eine Multiplikation der Produktionsmengen mit ihren Deckungsspannen bestätigen:
Gesamt-DB = $x_{2opt} \cdot db_2 + x_{4opt} \cdot db_4$ = 600 St. • 1.200 €/St. + 600 St. • 1.500 €/St.
= 1.620.000 €

Eine weitere Probe kann mithilfe der **originären Dualwerte (Schattenpreise)** gemacht werden. Die originären Dualwerte, das sind die **Zielfunktionswerte der Schlupfvariablen in den nicht-normierten Spalten**, geben an, **um wieviel sich der Ertrag (Erfolg) bei einer Variation der Kapazität dieser Engpassmaschinen um eine Einheit ändert; bei den Zielfunktionswerten der Strukturvariablen in den nicht-normierten Spalten** geben sie an, **wie hoch der jeweilige Stückdeckungsbeitrag einer Strukturvariable ist, um in das Produktionsprogramm aufgenommen zu werden**. Im Beispiel steht die Schlupfvariable x_5 für die Restkapazität der Maschine MI und die Schlupfvariable x_6 für die Restkapazität der Maschine MII. Beide Maschinen sind hier voll ausgelastet; allein die Maschine MIII zeigt über ihre Schlupfvariable x_7 in ihrer normierten Spalte an, dass sie über eine Restkapazität von 3.600 h verfügt. Die Multiplikation der Kapazitäten der Engpassmaschinen mit ihren Schattenpreisen ergibt ebenfalls den Gesamt-DB:
Gesamt-DB = MI • zugehöriger Schattenpreis + MII • zugehöriger Schattenpreis
= 14.400 h • 275/3 €/h + 18.000 h • 50/3 €/h = 1.620.000 €

Die originären Dualwerte können dafür benutzt werden, um Gewinnminderungen festzustellen, die durch eine Beeinträchtigung der Kapazität bedingt sind.

Der Schattenpreis von x_1 sagt aus, dass bei der Produktart A 100 € an Stückdeckungsbeitrag fehlen, um in das Produktionsprogramm aufgenommen zu werden. Bei der Produktart C (x_3) fehlen 490 € an der Deckungsspanne, um mit den anderen Produkten um eine Berücksichtigung im Produktionsprogramm konkurrieren zu können.

3.2.7.8 Mehrstufige Deckungsbeitragsrechnung

Die mehrstufige Deckungsbeitragsrechnung, auch stufenweise Fixkostendeckungsrechnung oder kurz Fixkostendeckungsrechnung genannt, sieht im Gegensatz zur einstufigen Deckungsbeitragsrechnung, bei der der Summe aller Deckungsbeiträge die Fixkosten en bloc gegenübergestellt werden, eine **differenzierte Fixkostenzurechnung** vor. Um eine differenziertere Erfolgsanalyse zu ermöglichen, wird der Fixkostenblock so aufgespalten, dass **einzelne Fixkostenteilblöcke bestimmten Bezugsgrößen zugewiesen** werden. Die **Bezugsgrößen** (Ebenen, Stufen) **sind hierarchisch angeordnet**. Denkbar sind etwa die Kostenstellenhierarchie im Unternehmen oder die Hierarchie von Kostenzurechnungsobjekten.[728]

Durch diese differenziertere Analyse der Fixkosten werden **tiefere Einblicke in die Erfolgsstruktur** des Fertigungsprogramms ermöglicht.[729]

Die Anlage der einzelnen Stufen orientiert sich häufig an der divisionalen Organisationsstruktur. Oft findet sich folgende Hierarchie:

[728] Näheres zu diesen Hierarchien kann bei WÖRDENWEBER, M.: Kostenrechnung, a. a. O., im Unterabschnitt 1.8.2 „Kostenstellenhierarchie und Hierarchie von Kostenzurechnungsobjekten“ nachgelesen werden.

[729] Vgl. SCHELD, G. A.: Kostenrechnung im Industrieunternehmen. Bd. 2: Teilkostenrechnung, im Folgenden mit „Teilkostenrechnung“ abgekürzt, 5. Aufl., Büren 2018, S. 148.

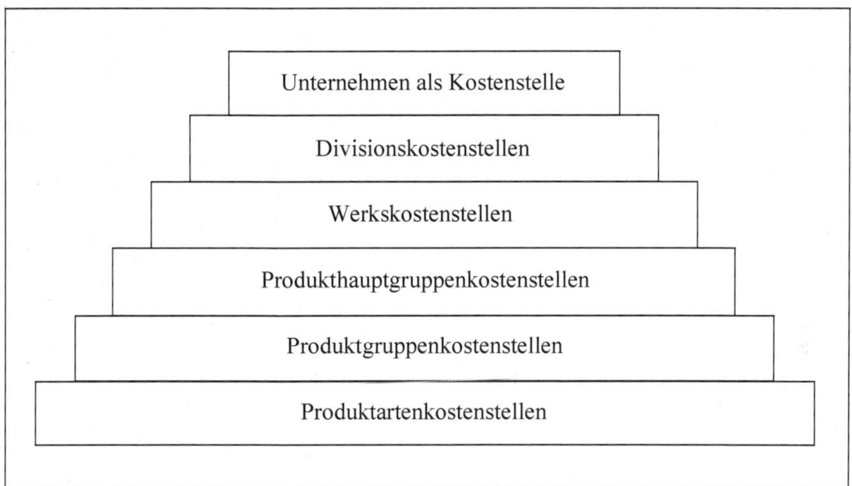

Darst. 3.2106: Hierarchie von Kostenzurechnungsobjekten

Ausgangspunkt der Hierarchie sind die einzelnen Produktarten. Die Zusammenfassung mehrerer Produktarten führt zu Produktgruppen, die ihrerseits ggf. zu Produkthauptgruppen zusammengestellt werden. Voraussetzung für eine aussagekräftige mehrstufige Deckungsbeitragsrechnung ist eine geeignete Produktgruppenbildung. Dies stellt insb. für Unternehmen mit hohem Fixkostenanteil und wenigen, stark unterschiedlichen Erzeugnissen ein Problem dar. Ein Werk beheimatet bestimmte Produkthauptgruppen. Einzelne Werke des Unternehmens können bestimmten Divisionen zugeordnet werden. Die Divisionen wiederum ergeben das Unternehmen.

Je nach Bedarf und spezieller Unternehmenssituation können weitere Untergliederungen vorgenommen werden. Die oben angesprochene vertiefende Analyse wird umso qualifizierter, je mehr Ebenen gebildet werden. Umgekehrt proportional verhält sich der Aufwand für Zuordnung und Abgrenzung. Aufgrund dieses Sachverhalts gilt auch hier das **Wirtschaftlichkeitsprinzip**: Die Kosten zusätzlicher Informationen müssen in einem angemessenen Verhältnis zu deren Nutzen stehen.

Die Zuteilung der Fixkostenteilblöcke auf die Bezugsgrößen muss eindeutig sein. Eindeutig ist so zu verstehen, dass die Kosten ohne bzw. mit einer verursachungsgerechten Schlüsselung verortet werden können. Fixkosten, die ursächlich mit mehreren Stufen zusammenhängen, werden der jeweils übergeordneten Stufe zugerechnet. Kosten, die keiner

Ebene eindeutig zugeordnet werden können, werden den Unternehmensfixkosten, als der höchsten Hierarchiestufe zugeordnet.

Für die einzelnen Hierarchiestufen seien nachfolgend einige Beispiele für die Fixkostenzuordnung aufgeführt:

Hierarchieebene	Fixkostenart
Produktart	Abschreibung einer Produktionsanlage, die für allein für diese Produktart eingesetzt wird, spezielles Werkzeug, Kokille/Gussform, Patent
Produktgruppe	Forschung- und Entwicklungskosten für diese Produktgruppe, Gehalt des Produktgruppenmanagers
Produkthauptgruppe	Marktforschungskosten für diese Produkthauptgruppe
Werk	Abschreibung, Miete oder Leasingkosten der Werkshalle, Allgemeinstrom (z. B. Beleuchtung der Notausgänge) der Werkshalle, Gehalt des Werksleiters
Division	Kosten der Strategieausrichtung für die Division durch externe Experten
Unternehmen	Kosten des Wachdienstes oder des Pförtners, Kosten der Stabsabteilungen, Grundsteuer

Darst. 3.2107: Fixkostenzuordnung zu einzelnen Hierarchieebenen (Beispiele)

Die mehrstufige Deckungsbeitragsrechnung ist nach folgendem Prinzip aufgebaut. Auf der untersten Hierarchieebene werden von den Erlösen einer Produktart die variablen Kosten subtrahiert. Das Ergebnis ist der Deckungsbeitrag I. Diesen Deckungsbeiträgen werden die Produktartenfixkosten gegenübergestellt. Als Resultat dieser Subtraktion ergeben sich die Deckungsbeiträge II. Auf der ersten Aggregationsstufe (Produktgruppen) werden die Deckungsbeiträge II geeigneter Produktarten zusammengefasst. Von diesen Deckungsbeiträgen der Produktgruppen werden die jeweiligen Produktgruppenfixkosten subtrahiert. Dadurch ergibt sich der Deckungsbeitrag III. Auf der zweiten Aggregationsstufe (Produkthauptgruppen) werden die Deckungsbeiträge III geeigneter Produktgruppen addiert. Von diesen Deckungsbeiträgen der Produkthauptgruppen werden die jeweiligen Produkthauptgruppenfixkosten subtrahiert. Dadurch ergibt sich der Deckungsbeitrag IV. Die Zurechnung der Fixkosten zum jeweiligen Deckungsbeitrag erfolgt nun so lange, bis vom letzten Deckungsbeitrag bzw. der letzten Aggregationsstufe nur noch die Fixkosten des Unternehmens abzusetzen sind, um das Betriebsergebnis zu erhalten.

Diese Vorgehensweise sei am folgenden Beispiel aufgezeigt:

	Produktarten							
	1	2	3	4	5	6	7	8
Umsatz	100	210	160	360	420	260	310	190
./. var. Kosten der abgesetzten Menge	120	140	110	230	310	205	130	80
DB I	-20	70	50	130	110	55	180	110
./. Fixkosten der Produktart		30	60	40	20		70	40
DB II		40	-10	90	90	55	110	70
./. Fixkosten der Produktgruppe						65		
DB III		40		90		100		70
./. Fixkosten der Kostenstelle		35			20		55	
DB IV		95			70		115	
./. Fixkosten des Bereichs		20				40		
DB V			75				145	
./ Fixkosten des Gesamtbetriebs					130			
Betriebsergebnis					90			

Darst. 3.2108: Mehrstufige Deckungsbeitragsrechnung (Beispiel, Angaben in T€)

Die Vor- und Nachteile der mehrstufigen Deckungsbeitragsrechnung gegenüber der einstufigen Variante lassen sich wie folgt beschreiben:[730]

Vorteile:

- Das "Gießkannenprinzip" wird außer Kraft gesetzt, weil sich mithilfe der mehrstufigen Deckungsbeitragsrechnung stufenweise und auf die Kostenzurechnungsobjekte bzw. deren Aggregationen Fixkosten verteilen lassen, wodurch stufenweise detaillierte Deckungsbeiträge ermittelt werden. Unbeabsichtigte, nicht erkennbare „Sortimentsausgleiche" unterbleiben.
- Gegenüber der einstufigen Deckungsbeitragsrechnung lassen sich Nettogewinne für bestimmte Gruppen von Kostenzurechnungsobjekten auf den einzelnen Hierarchieebenen identifizieren.
- Die Fixkostendeckungsbeitragsrechnung dient als Entscheidungsgrundlage
  - zur kurz- und langfristigen Preisüberprüfung (Preisober- und -untergrenzen),
  - für Produktionsprogramme und -verfahren,
  - für die Veräußerung kompletter Gruppen von Kostenzurechnungsobjekten,
  - für mögliche Aufnahme neuer Produkte,
  - für eine mögliche kurz- oder langfristige Eliminierung von Produktarten,
  - zwischen Eigenfertigung und Fremdbezug.
- Sie ermöglicht eine Planung und Kontrolle der variablen Kosten, die von den Kostenstellenleitern zu verantworten sind.
- Die mehrstufige Deckungsbeitragsrechnung bildet die Grundlage für eine Überwachung der Fixkosten, insb. der kurzfristig abbaubaren Fixkosten.

Nachteile:

- Die mehrstufige Deckungsbeitragsrechnung ist v. a. wegen der Erfassung und Zurechnung der Fixkosten zu den einzelnen Hierarchieebenen aufwendiger als die einstufige.
- Die Voraussetzung der gleichartigen bzw. möglichst homogenen Gruppenbildung ist nur für Unternehmen mit räumlich getrennten Betrieben bzw. Werken mit eigenständigen Produktionsprogrammen vorstellbar.

---

[730] Vgl. SCHELD, G. A.: Teilkostenrechnung, a. a. O., S. 190–191.

3.2.7.9 Break-even-Analyse

Zur Analyse der Gewinn- bzw. Verlustsituation wird oft die Break-even-Analyse herangezogen. Es gilt zu klären, ab welcher Beschäftigung (Break-even-Beschäftigung oder kritische Beschäftigung x_{kr}) ein Unternehmen einen Gewinn verzeichnet bzw. einen Verlust erleidet.

Als Break-even-Punkt, genauer: Break-even-Beschäftigung, oder kritischer Wert x_{kr} wird diejenige Beschäftigung bezeichnet, bei der der Gewinn G als Differenz zwischen Umsatz U und Kosten K genau gleich Null ist.

Darst. 3.2109: Break-even-Beschäftigung

Die Break-even-Beschäftigung wird auch als kritischer Wert bezeichnet. Der Ausdruck Break-even-Punkt (auch Gewinnschwelle, Nutzschwelle, Kostendeckungspunkt) ist ggf. doppeldeutig, da er sowohl für die Break-even-Beschäftigung als auch für den Kreuzungspunkt, evtl. die Kreuzungspunkte, zwischen der Umsatzfunktion und der Kostenfunktion stehen kann. In vielen Fällen existiert nicht nur *ein* kritischer Beschäftigungsgrad, sondern mehrere. Dies hängt von den zugrunde gelegten Umsatz- bzw. Kostenfunktionen ab. Folgende Konstellationen sind denkbar:

- lineare Kostenfunktion, lineare Umsatzfunktion
- lineare Kostenfunktion, quadratische Erlösfunktion
- s-förmige Kostenfunktion, lineare Erlösfunktion
- s-förmige Kostenfunktion, quadratische Umsatzfunktion

Darst. 3.2110: Kombinationen von Kostenfunktionen und Umsatzfunktionen bei der Bestimmung der Break-even-Beschäftigung (en)

In den meisten Lehrbüchern wird nur der Trivialfall einer linearen Kostenfunktion erläutert, der mit einer linearen Umsatzfunktion kombiniert wird. Dieser einfache Fall soll als erster präsentiert werden.

Eine lineare Umsatzfunktion ergibt sich bei einem konstanten Preis p. Ein konstanter Preis ist selten über die gesamte mögliche Beschäftigung hinweg denkbar. Er ist allenfalls dann anzunehmen, wenn es sich um die Marktform der vollkommenen Konkurrenz handelt.[731]

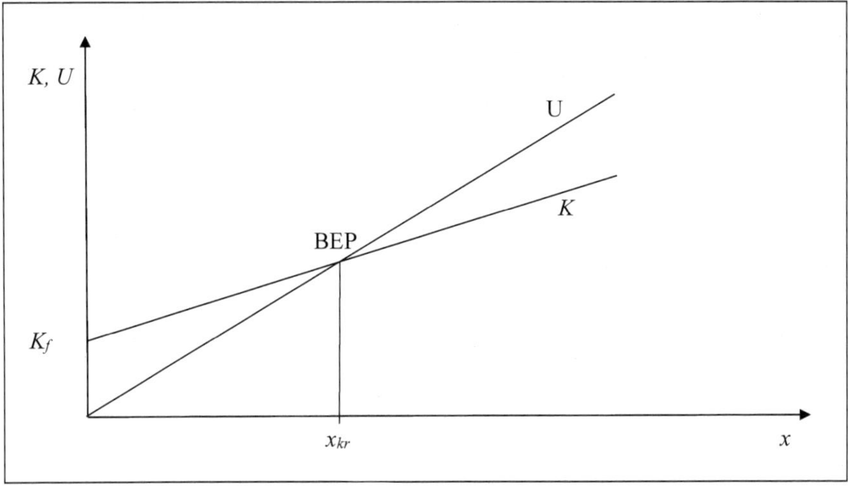

Darst. 3.2111: Break-even-Beschäftigung x_{kr} bei linearer Kostenfunktion und linearer Umsatzfunktion

Der **Break-even-Punkt (BEP)** ist der Punkt in der vorstehenden Grafik, an dem sich die Erlöskurve mit der Gesamtkostenkurve schneidet. An diesem Punkt sind sowohl die fixen als auch die variablen Kosten durch den Umsatz gedeckt. Es liegt weder ein Gewinn noch ein Verlust vor.

Mathematisch müssen die Erlöse U den Kosten K gleichen. Oder der Gewinn G als Differenz zwischen Umsatz und Kosten ist Null. Es ergibt sich folgender Sachverhalt:

$$U(x) = px \text{ mit } p > 0$$
$$K(x) = ex + f \text{ mit } e, f > 0$$
$$G(x) = U(x) - K(x) = px - ex - f$$

[731] Ein vollkommener Markt liegt vor, wenn bei sachlicher Gleichartigkeit der Güter eine atomistische Konkurrenz vorliegt und der Markt durch einen unendlich schnellen Informationsaustausch aufgrund der vollkommenen Markttransparenz und eine unendlich große Reaktionsgeschwindigkeit gekennzeichnet ist sowie seitens der Anbieter und Nachfrager keine persönliche, räumliche oder zeitliche Präferenzen vorliegen. Der Käufer reagiert nach dem Minimalprinzip (Minimierung des Preises), während der Verkäufer dem Prinzip der Gewinnmaximierung folgt.

$G(x_{kr}) = 0 <=> (p \cdot x_{kr}) - (e \cdot x_{kr}) - f = 0 <=> (p - e) \cdot x_{kr} = f <=> x_{kr} = f/(p - e)$

Würde $p = e$ gelten, würde dies bedeuten, dass der Preis e mit den variablen Stückkosten identisch wäre. Damit würde die Deckungsspanne gleich Null sein. Eine Produktion würde, von Ausnahmen abgesehen, keinen Sinn machen, da nicht zur Fixkostendeckung beigetragen wird. Es könnte sogar sein, dass sich Fixkosten zeitnah abbauen lassen, denn ein Teil der Fixkosten entsteht ja u. a. aufgrund der Beschaffung von Materialen und der Verwaltung in der Produktion. Ergo läge in diesem Fall keine Break-even-Beschäftigung vor.

Die konkrete Berechnung wird anhand des nachstehenden Beispiels verdeutlicht:

Es sei $K(x) = 349.856 + 132x$, $U(x) = 375x$ (p = 375) und die Kapazitätsgrenze läge bei $x_{Kap} = 14.000$
$G(x) = 375x - 132x - 349.856$
$G(x_{kr}) = 0 <=> 375x_{kr} - 132x_{kr} - 349.856 = 0 <=> 243x_{kr} = 349.856 <=> x_{kr} \approx 1.440$

Durch Einsetzen der kritischen Menge x_{kr} in die Umsatz- oder Kostenfunktion erhält man den Break-even-Punkt BEP: $U(x_{kr}) = 375 \cdot 1.440 = 540.000$. Der BEP hat die x-y-Koordinaten (1440 | 540.000).

Eine zweite Möglichkeit, die **Break-even-Beschäftigung** x_{kr} zu bestimmen, lässt sich aus der Erkenntnis ableiten, dass am Break-even-Punkt kein Gewinn vorliegt. Der Deckungsbeitrag *DB* als Differenz zwischen Erlösen *U* und variablen Kosten K_v ist an diesem Punkt identisch mit den fixen Kosten K_f. Wie im Unter-Unterabschnitt 3.2.7.4 „Deckungsbeiträge" ausgeführt wurde, ergibt sich der DB als Multiplikation von Stückdeckungsbeitrag (Deckungsspanne) *db* und der Menge *x*: $DB = db \cdot x$. Wird nun der Deckungsbeitrag mit den fixen Kosten gleichgesetzt, ergibt sich folgende Gleichung: $K_f = db \cdot x$. Die Auflösung nach x ergibt die nachstehende Formel für die Break-even-Beschäftigung x_{kr}:

$$x_{kr} = \frac{K_f}{db}$$

Darst. 3.2112: Formel für die Break-even-Beschäftigung x_{kr}

Bei der konkreten Berechnung anhand des bereits bekannten Zahlenbeispiels ergeben sich aus der Kostenfunktion $K(x) = = 349.856 + 132x$ die fixen Kosten *Kf* mit 349.856 und die variablen Stückkosten k_v mit 132. Aus der Umsatzfunktion $U(x) = 375x$ lässt sich der Preis p mit gleich 375 ablesen. Der Stückdeckungsbeitrag db ($= p - k_v$) beträgt dann db = 375 – 132 = 243.

Werden die Daten in die vorstehende Formel eingesetzt, ergibt sich die Break-even-Beschäftigung x_{kr} wie folgt: $x_{kr} = 349.856/243 \approx 1.440$.

Der **Break-even-Umsatz (BEU)** ist wie folgt definiert:

> Als Break-even-Umsatz wird derjenige Erlös bezeichnet, bei dem der Gewinn *G* als Differenz zwischen Umsatz *U* und Kosten *K* genau gleich Null ist.

Darst. 3.2113: Break-even-Umsatz

Er lässt sich mittels folgender Formel berechnen

$$BEU = \frac{K_f}{1 - K_v/U}$$

Darst. 3.2114: Formel für den Break-even-Umsatz (BEU)

Um den Break-even-Umsatz konkret zu berechnen, kann bspw. die geplante Beschäftigung (Planbeschäftigung) gewählt werden, mit der dann der geplante Umsatz und die zugehörigen geplanten variablen Kosten ermittelt werden.

Angenommen der geplante Absatz x^p beträgt 1.600 Stück. Daraus errechnet sich für das vorstehende Zahlenbeispiel ein Planumsatz U_{pl} von 600.000 und geplante variable Kosten von 211.200 bei fixen Kosten in Höhe von 349.856.

Der BEU beträgt demnach 539.902,22. Er deckt die Kosten. Jede Umsatzhöhe darunter führt zu einem Verlust, jeder höhere Umsatz zu einem Gewinn.

Eine weitere Kenngröße im Zuge der Break-even-Analyse ist der **Break-even-Beschäftigungsgrad**.

> Der Break-even-Beschäftigungsgrad gibt an, bei wieviel Prozent des geplanten Umsatzes U_{pl} eine vollständige Kostendeckung gegeben ist.

Darst. 3.2115: Break-even-Beschäftigungsgrad

$$\text{Break-even- Beschäftigungsgrad (\%)} = \frac{BEU}{U_{pl}} \cdot 100$$

Darst. 3.2116: Formel für den Break-even-Beschäftigungsgrad (%)

Der BEU wurde vorstehend mit 539.902,22 ermittelt. Der geplante Umsatz U_{pl} betrug 600.000. Somit ergibt sich ein Break-even-Beschäftigungsgrad von 89,98 %.

Jeder Umsatz unter 89,98 % des geplanten Umsatzes in Höhe von 600.000 mündet in einen Verlust; bei genau 89,98 % liegt eine Kostendeckung vor und ab 89,98 % wird die Gewinnzone erreicht.

Der **Sicherheitskoeffizient** bezieht sich ebenfalls auf den geplanten Umsatz.

> Der Sicherheitskoeffizient gibt an, um wieviel Prozent der geplante Umsatz U_{pl} sinken darf, ehe das Unternehmen in die Verlustzone rutscht.

Darst. 3.2117: Sicherheitskoeffizient

Um den Sicherheitskoeffizienten zu berechnen, wird der geplante Umsatz U_{pl} auf 100 % normiert. Der Sicherheitskoeffizient berechnet sich dann wie folgt:

100%
− Break-even-Beschäftigungsgrad (%)
= Sicherheitskoeffizient (%)

Darst. 3.2118: Berechnung des Sicherheitskoeffizienten (%)

Der Break-even-Beschäftigungsgrad wurde oben mit 89,98 % angegeben. Daraus resultiert ein Sicherheitskoeffizient von 10,02 %. Somit darf der geplante Umsatz U_{pl} um maximal 10,02 % unterschritten werden, um nicht in die Verlustzone zu geraten.

Die **Sicherheitsstrecke** bezieht sich auf die absolute Differenz zwischen dem geplanten Umsatz U_{pl} und den Break-even-Umsatz *BEU.*

Die Sicherheitsstrecke gibt an, um welchen Betrag der geplante Umsatz U_{pl} unterschritten werden darf, ehe das Unternehmen einen Verlust ausweist.

Darst. 3.2119: Sicherheitsstrecke

Geplanter Umsatz (€)
− Break-even-Umsatz (€)
= Sicherheitsstrecke (€)

Darst. 3.2120: Berechnung der Sicherheitsstrecke

Der Planumsatz war oben mit 600.000 € angegeben; der Break-even-Umsatz *BEU* mit 539.902,22 €. Der Differenz entsprechend ergibt sich eine Sicherheitsstrecke in Höhe von 60.097,78 €.

Um (ggf. mind.) einen Break-even-Punkt bestimmen zu können, müssen die Marktparameter (p, k_v) und die Fixkostenkonstellation so gestaltet sein, dass mindestens eine (sofern mehrere denkbar sind) Gewinnschwelle *vor* der Kapazitätsgrenze liegt.

Betrachtet wird bei der Break-even-Analyse immer ein **Einproduktfall**. Würde diese Analyse **für mehrere Produkte** oder gar sämtliche Produkte eines Unternehmens durchgeführt, dann müsste für jede Beschäftigung (auf der Abszisse) gelten, dass eine **konstante Produktionsprogramm- resp. Sortimentsstruktur** (ggf. einschl. Handelsware) gegeben ist, d. h. dieselben Produktzahlenverhältnisse (konstante Relationen zwischen den Produkten) für jeden Beschäftigungspunkt vorliegen.

Bei allen Break-even-Analysen gelten die in der Einleitung dieses Unterabschnitts erwähnten Prämissen. Zusätzlich wird davon ausgegangen, dass zu Beginn einer Periode keine Lagerprodukte vorhanden sind und die gesamte produzierte Menge auch abgesetzt werden kann.

2. Fall: lineare Kostenfunktion, quadratische Umsatzfunktion

Einer quadratischen Erlösfunktion $U(x) = sx - ux^2$ liegt eine fallende Preis-Absatz-Funktion $p(x) = s - ux$ zugrunde.[732] Die folgende Abbildung vereinigt die lineare Kostenfunktion und die quadratische Erlösfunktion in einer Grafik:

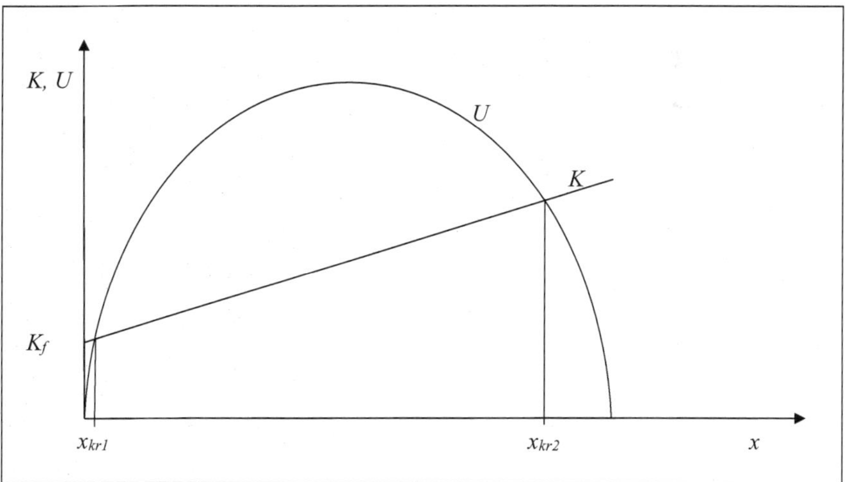

Darst. 3.2121: Break-even-Beschäftigungen bei linearer Kostenfunktion und quadratischer Umsatzfunktion

[732] Siehe die Ausführungen im Unter-Unterabschnitt 3.2.6.1 „Betriebsoptimum“.

Auch hier muss der Umsatz den Kosten entsprechen. Im abgebildeten Quadranten ist das bei zwei Beschäftigungen (x_{kr1}, x_{kr2}) der Fall.

Mathematisch lassen sich die Break-even-Beschäftigungen wie folgt bestimmen:

$U(x) = p(x) \cdot x = (s - ux) \cdot x = sx - ux^2$ mit $s, u > 0$
$K(x) = ex + f$ mit $e, f > 0$
$G(x) = sx - ux^2 - ex - f$
Entweder wird jetzt die Umsatzfunktion mit der Kostenfunktion gleichgesetzt oder die Gewinnfunktion muss gleich Null sein.
$G(x_{kr}) = sx_{kr} - ux_{kr}^2 - ex_{kr} - f = 0 \Leftrightarrow - ux_{kr}^2 + (s - e) \cdot x_{kr} - f = 0$
$\Leftrightarrow x_{kr}^2 - (s - e)/u \cdot x_{kr} + f/u = 0$
Für x_{kr} ergeben sich zwei Lösungen:

$$x_{kr1}, x_{kr2} = \frac{s-e}{2u} \pm \sqrt{\frac{(s-e)^2}{4u^2} - \frac{f}{u}}$$

Für das Beispiel ergibt sich:
$K(x) = 349.856 + 132x$
$U(x) = 470x - 0{,}0450066x^2$
$G(x) = 470x - 0{,}0450066x^2 - 349.856 - 132x = - 0{,}0450066x^2 + 338x - 349.856$
$G(x_{kr}) = 0 \Leftrightarrow - 0{,}0450066x^2 + 338x - 349.856 = 0$
$\Leftrightarrow x^2 - 338/0{,}0450066 \cdot x + 349.856/0{,}0450066 = 0$
$\Leftrightarrow x^2 - 7.510{,}00964 \cdot x + 7.773.437{,}67 = 0$

$$x_{kr1}, x_{kr2} = \frac{7.510{,}00964}{2} \pm \sqrt{\frac{-7.510{,}00964^2}{4} - 7.773.437{,}67}$$

$= 3.755{,}00482 \pm 2.515{,}27802$
$\Rightarrow x_{kr1} \approx 1.240$ und $x_{kr2} \approx 6.270$

3. Fall: s-förmige Kostenfunktion, lineare Umsatzfunktion

Die Kombination von s-förmiger Kostenfunktion und linearer Erlösfunktion zeigt die nachstehende Abbildung.

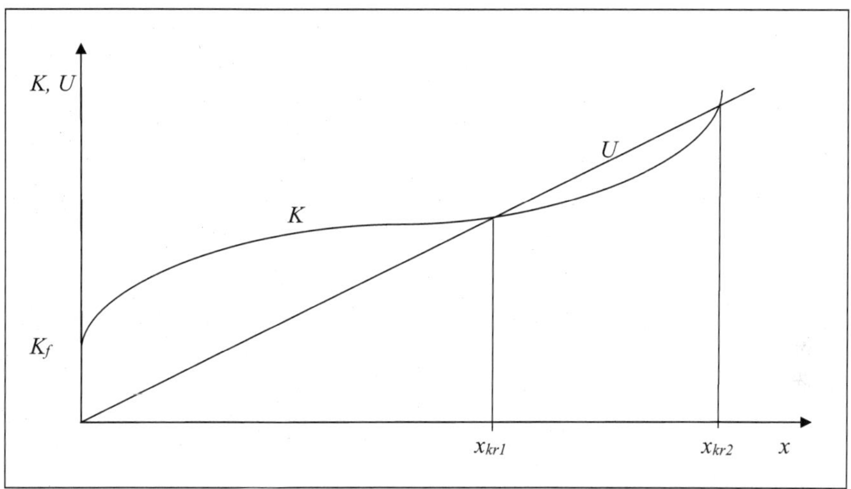

Darst. 3.2122: Break-even-Beschäftigungen bei einer s-förmigen Kostenkurve und linearen Umsatzfunktion

Auch hier muss der Umsatz den Kosten entsprechen. Im abgebildeten Quadranten ist das bei zwei Beschäftigungen (x_{kr1}, x_{kr2}) der Fall; es existieren zwei ökonomisch sinnvolle Gewinnschwellen: eine untere x_{kr1} und ein obere x_{kr2}.

Mathematisch lassen sich die Break-even-Beschäftigungen wie folgt bestimmen. Dazu wird zunächst die Gewinnfunktion $G(x)$ aufgestellt und sodann gleich Null gesetzt.

$U(x) = px \text{ mit } p > 0$
$K(x) = ax^3 + bx^2 + cx + d$ mit $a, c, d > 0 \wedge b < 0$
$G(x) = px - ax^3 - bx^2 - cx - d$
$G(x) = 0 \iff px - ax^3 - bx^2 - cx - d = 0 \iff -ax^3 - bx^2 + (p-c) \cdot x - d = 0$

Wie die Gewinnfunktion G(x) beim Gleichsetzen mit Null zeigt, existieren drei Nullstellen, von denen eine – wie auch schon in der vorigen Grafik zu sehen ist – jedoch außerhalb des ersten Quadranten (im III.) liegt und somit ökonomisch unsinnig ist.

Die konkrete Berechnung wird anhand des nachstehenden Beispiels verdeutlicht:

Es sei $K(x) = 0{,}000004x^3 - 0{,}036x^2 + 200x + 349.856$ und $U(x) = 375x$ (p = 375)
$G(x) = 375x - 0{,}000004x^3 + 0{,}036x^2 - 200x - 349.856$
$= - 0{,}000004x^3 + 0{,}036x^2 + 175x - 349.856$
$G(x) = 0 \Leftrightarrow - 0{,}000004x^3 + 0{,}036x^2 + 175x - 349.856 = 0$

Die beiden ökonomisch relevanten Lösungen für die beiden Break-even-Mengen lauten:

$x_{kr1} \approx 1.577$ (unterer BEP)
$x_{kr2} \approx 12.032$ (oberer BEP)

4. Fall: s-förmige Kostenfunktion, quadratische Umsatzfunktion

Die Kombination von s-förmiger Kostenfunktion und quadratischer Erlösfunktion veranschaulicht das Bild.

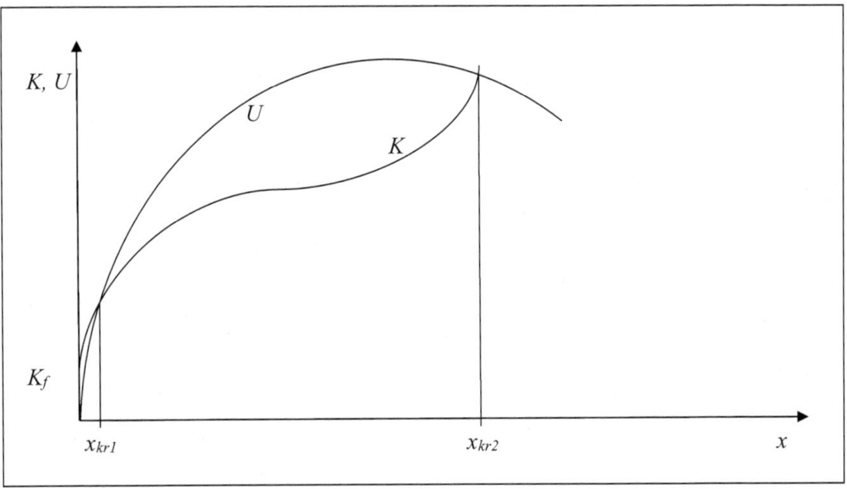

Darst. 3.2123: Break-even-Beschäftigungen bei s-förmiger Kostenkurve und quadratischer Umsatzfunktion

Um die beiden ökonomisch sinnvollen Break-even-Beschäftigungen x_{kr} zu berechnen, wird die Gewinnfunktion $G(x)$ gebildet und gleich Null gesetzt. Die Darstellung mittels mathematischer Symbole gestaltet sich wie folgt:

$U(x) = sx - ux^2$ mit $s, u > 0$
$K(x) = ax^3 + bx^2 + cx + d$ mit $a, c, d > 0 \wedge b < 0$
$G(x) = sx - ux^2 - ax^3 - bx^2 - cx - d = - ax^3 - (u + b)x^2 + (s - c)x - d$
$G(x) = 0 \iff - ax^3 - (u + b)x^2 + (s - c)x - d = 0$

Die konkrete Berechnung wird anhand des nachstehenden Beispiels verdeutlicht:

Es sei $K(x) = 0{,}000004x^3 - 0{,}036x^2 + 200x + 349.856$ und $U(x) = 470x - 0{,}0450066x^2$
$G(x) = 470x - 0{,}0450066x^2 - 0{,}000004x^3 + 0{,}036x^2 - 200x - 349.856$
$= - 0{,}000004x^3 - 0{,}0090066x^2 + 270x - 349.856$
$G(x) = 0 \iff - 0{,}000004x^3 - 0{,}0090066x^2 + 270x - 349.856 = 0$

Die beiden ökonomisch relevanten Lösungen für die beiden Break-even-Mengen lauten:

$x_{kr1} \approx 1.402$ (untere Gewinnschwelle)
$x_{kr2} \approx 6.280$ (obere Gewinnschwelle)

3.2.7.10 Betriebsergebnis mittels Deckungsbeitragsrechnung

Bereits im Unter-Unterabschnitt 3.2.6.6 „Betriebsergebnis mittels Vollkostenrechnung" war als Aufgabe der Betriebsergebnisrechnung (BER), auch kurzfristige Erfolgsrechnung (KER) genannt, ist die exakte Ermittlung des betrieblichen Erfolgs angegeben worden. Der betriebliche Erfolg ist das **Betriebsergebnis** in seinen beiden Ausprägungen **Betriebsgewinn** (Betriebsergebnis > 0) oder **Betriebsverlust** (Betriebsergebnis < 0).

Entscheidend ist jedoch nicht nur das Endergebnis einer Betriebsergebnisrechnung, sondern auch die **Analyse der Quellen des Betriebserfolges für Planungs- und Kontrollzwecke**.

Mal ganz abgesehen von den Schlüsselungsproblemen in der Vollkostenrechnung,[733] stellt sich grundsätzlich die Frage, welche Kosten (überhaupt) entscheidungsrelevant sind. So wurde als Vorteil des **Umsatzkostenverfahrens** im Unter-Unterabschnitt 3.2.6.6 „Betriebsergebnis mittels Vollkostenrechnung" angeführt, dass diese Methode einen schnellen

[733] Vgl. WÖRDENWEBER, M.: Kostenrechnung, a. a. O., Unter-Unterabschnitt 1.8.3.2 „Schlüsselungsprobleme in der Kostenstellenrechnung".

Überblick über den Erfolg einzelner Produktarten erlaubt, womit **Produktionsprogramm- und Sortimentsentscheidungen** erleichtert werden. Bei der Vollkostenrechnung in Form des Umsatzkostenverfahrens werden jedoch die *gesamten* Selbstkosten einer Produktart den Erlösen einer Produktart gegenübergestellt. Wie wir bereits eingangs des Unterabschnitts 3.2 7 „Kennzahlen und Verfahren der Deckungsbeitragsrechnung" erfahren haben, sind **für viele betriebswirtschaftliche Entscheidungen** jedoch **nur Teile der Gesamtkosten relevant**[734]. Bei der operativen Bestimmung des optimalen Produktionsprogramms oder bei Ermittlung der kurzfristigen Preisuntergrenze beispielsweise sind nicht die Fixkosten, sondern die variablen Kosten entscheidungsrelevant. Bei ausreichenden Kapazitäten werden in das optimale Produktionsprogramm nur die Produkte aufgenommen, deren Erlöse mindestens die variablen Kosten decken. Oder anders ausgedrückt: Es werden nur die Produkte produziert, die einen positiven Deckungsbeitrag pro Stück *db* (= Stückdeckungsbeitrag = Deckungsspanne) aufweisen. Derartige Entscheidungen setzen somit voraus, dass in der Betriebsergebnisrechnung eine Trennung zwischen fixen und variablen Kosten erfolgt.

Zur Durchführung einer kurzfristigen Erfolgsrechnung waren im Rahmen der Betriebsergebnisrechnung auf der Basis von Vollkosten die beiden Methoden, das Gesamtkostenverfahren und das Umsatzkostenverfahren vorgestellt worden.

3.2.7.10.1 Gesamtkostenverfahren

Das Gesamtkostenverfahren auf Vollkostenbasis ermittelt das Betriebsergebnis, indem von den gesamten Leistungen (einschl. Bestandsveränderungen) einer Periode die gesamten Kosten dieser Periode subtrahiert werden. Demgegenüber würde beim Gesamtkostenverfahren auf Teilkostenbasis eine Trennung der Kosten in variable und fixe vorgenommen.

Im Betriebsergebniskonto dieser kostenartenorientierten Betriebsergebnisrechnung würden sowohl die gesamten variablen Kosten als auch die Fixkosten, nach Kostenarten gegliedert, aufgeführt.

[734] Auf den Begriff der relevanten Kosten wird bei WÖRDENWEBER, M.: Kostenrechnung, a. a. O., im Unterabschnitt 1.6.1 „Systematisierung der Kosten nach dem Verhalten bei Beschäftigungsschwankungen" näher eingegangen.

Da sich die Umsätze auf die abgesetzte Menge, die Kosten aber auf die hergestellte Menge beziehen, müssen etwaige Bestandsveränderungen an unfertigen und fertigen Erzeugnissen bei der Ermittlung des Betriebsergebnisses mitberücksichtigt werden. Immer dann, wenn die abgesetzte Menge größer ist als die produzierte, wurde dem Lager ein Teil der hergestellten Produkteinheiten entnommen. Die entsprechend bewerteten Mengen werden in der Betriebsergebnisrechnung als Kosten, separiert nach variablen und fixen Bestandteilen, berücksichtigt. Übersteigt jedoch die produzierte Menge die abgesetzte, wurde also auf Lager produziert, dann stellt diese eine Lagerbestandserhöhung dar, die als Leistung des Betriebes in die Betriebsergebnisrechnung eingeht.

Damit würde das Betriebsergebniskonto folgende Struktur besitzen:

Soll	Haben
Variable Kosten der Periode, gegliedert nach Kostenarten	Umsätze der Periode
Variable Kosten der Bestandsminderungen	Variable Kosten der Bestandserhöhungen
Fixe Kosten der Periode, gegliedert nach Kostenarten	
Fixe Kosten Bestandsminderungen	Fixe Kosten der Bestandserhöhungen
Betriebsgewinn	oder Betriebsverlust

Darst. 3.2124: Ermittlung des Betriebsergebnisses bei Anwendung des Gesamtkostenverfahrens auf Teilkostenbasis

Die Betrachtung der einzelnen Komponenten des Gesamtkostenverfahrens auf Teilkostenbasis liefert keinen Erkenntniswert; die einzelnen Komponenten, gegliedert nach Kostenarten und dann weiters unterteilt in fixe und variable Kosten, sind für eine betriebswirtschaftliche Analyse nicht von Nutzen. Daher wird auf das Gesamtkostenverfahren auf Teilkostenbasis nicht weiter eingegangen.

3.2.7.10.2 Umsatzkostenverfahren

Das Umsatzkostenverfahren auf Vollkostenbasis ermittelt das Betriebsergebnis, indem von den gesamten, nach Produktarten gegliederten Umsätzen einer Periode die gesamten Kosten der abgesetzten Erzeugnisse dieser Periode, die ebenfalls nach Produktarten gegliedert sind, subtrahiert werden. Demgegenüber findet beim Umsatzkostenverfahren auf Teilkostenbasis eine Trennung der Kosten in variable und fixe statt.

> Das Umsatzkostenverfahren auf Teilkostenbasis ermittelt das Betriebsergebnis, indem von den gesamten, nach Produktarten gegliederten Umsätzen einer Periode die gesamten variablen Kosten der abgesetzten Erzeugnisse dieser Periode, die ebenfalls nach Produktarten gegliedert sind, sowie die Fixkosten en bloc subtrahiert werden.

Darst. 3.2125: Umsatzkostenverfahren auf Teilkostenbasis

Das zugehörige Betriebsergebniskonto bei Anwendung des Umsatzkostenverfahrens auf Teilkostenbasis hat dann folgendes Aussehen:

Soll	Haben
Variable Gesamtkosten der abgesetzten Produkte, gegliedert nach Produktarten	Umsätze[1] der Periode, gegliedert nach Produktarten
Fixkosten der Periode	
Betriebsgewinn oder	Betriebsverlust

Darst. 3.2126: Ermittlung des Betriebsergebnisses bei Anwendung des Umsatzkostenverfahrens auf Teilkostenbasis

[1] Nicht Umsatzerlöse nach HGB!

Die insgesamt angefallenen fixen Kosten werden unabhängig von den produzierten und den abgesetzten Mengen der Abrechnungsperiode zugeordnet, in der sie entstanden sind.

Im Vergleich zum Betriebsergebnis, ermittelt per Umsatzkostenverfahren auf Vollkostenbasis müssen, die Fixkosten, die hier en bloc subtrahiert werden, einer näheren Betrachtung unterzogen werden. Sofern (nur) Lagerbestandserhöhungen zu verzeichnen sind, enthalten die Fixkosten auch die Summe der Fixkostenanteile der auf Lager produzierten Erzeugniseinheiten ($x_{pi} - x_{ai}$). Diese Fixkostenanteile (fixe Stückkosten) lassen sich berechnen als K_{fi}/x_{pi}. Sie werden multipliziert mit der jeweiligen Lagerbestandserhöhung. Demnach ergäbe sich zwischen dem Umsatzkostenverfahren auf Vollkostenbasis und dem Umsatzkostenverfahren auf Teilkostenbasis folgende Differenz:

$$\Delta BE = \sum_{i=1}^{n} (x_{pi} - x_{ai}) \cdot \frac{K_{fi}}{x_{pi}}$$

Darst. 3.2127: Betriebsergebnisdifferenz beim Umsatzkostenverfahren auf Vollkostenbasis gegenüber dem Umsatzkostenverfahren auf Teilkostenbasis im Falle einer Lagerbestandserhöhung

Legende:
BE = Betriebsergebnis
i = Produktartenindex (1, 2, …, n)
K_{fi} = Fixkosten der Produktart i
x_{ai} = abgesetzte Menge der Produktart i in der Abrechnungsperiode
x_{pi} = produzierte Menge der Produktart i in der Abrechnungsperiode

Eine Lagerbestandsminderung einer Produktart ist dadurch gekennzeichnet, dass $x_{ai} > x_{pi}$ ist. Auch im Falle einer Lagerbestandsminderung ergibt sich eine Ergebnisdifferenz zwischen dem Umsatzkostenverfahren auf Vollkostenbasis und dem Umsatzkostenverfahren auf Teilkostenbasis:

$$\Delta BE = \sum_{i=1}^{n} (x_{ai} - x_{pi}) \cdot \frac{K_{fi}}{x_{pi}}$$

Darst. 3.2128: Betriebsergebnisdifferenz beim Umsatzkostenverfahren auf Vollkostenbasis gegenüber dem Umsatzkostenverfahren auf Teilkostenbasis im Falle einer Lagerbestandsminderung

Legende:
BE = Betriebsergebnis
i = Produktartenindex (1, 2, …, n)
K_{fi}= Fixkosten der Produktart i
x_{ai}= abgesetzte Menge der Produktart i in der Abrechnungsperiode
x_{pi}= produzierte Menge der Produktart i in der Abrechnungsperiode

Mathematisch lässt sich das Betriebsergebnis (BE) nach dem Umsatzkostenverfahren auf Teilkostenbasis wie folgt definieren:

$$BE = \sum_{i=1}^{n} U_i - \sum_{i=1}^{n} K_{vi} - K_f = \sum_{i=1}^{n} (p_i - k_{vi})\, x_{ai} - K_f$$

Es bedeuten:

BE = Betriebsergebnis
i = Produktartenindex (1, 2, …, n)
K_f = Fixkosten der Periode
K_{vi} = gesamte variable Kosten der veräußerten Produktart *i*
k_{vi} = variablen Selbstkosten einer Erzeugniseinheit der Produktart *i*
p_i = Absatzpreis der Produktart *i*
U_i = Umsatz der Produktart *i*
x_{ai} = abgesetzte Menge der Produktart *i* in der Abrechnungsperiode

Nachstehend ist ein Beispiel für ein Betriebsergebniskonto nach dem Umsatzkostenverfahren wiedergegeben.

Soll		Haben	
Variable Kosten Serie Obina	40.214 €	Umsatz Serie Obina	187.200 €
Variable Kosten Serie Tara	20.785 €	Umsatz Serie Tara	56.389 €
Variable Kosten Serie Kena	47.803 €	Umsatz Serie Kena	196.230 €
Variable Kosten Serie Safira	20.025 €	Umsatz Serie Safira	77.732 €
Fixkosten der Periode	300.598 €		
Betriebsgewinn	99.389 €		
Summe Soll	528.814 €	Summe Haben	528.814 €

Darst. 3.2129: Betriebsergebniskonto bei Anwendung des Umsatzkostenverfahrens auf Teilkostenbasis (ohne Lagerbestandsveränderungen) (Beispiel)

Beim Umsatzkostenverfahren auf Vollkostenbasis zeigte sich, dass bei den Serien Kena und Obina ein ungefähr gleich hoher Gewinn erwirtschaftet wird, während sich die Serie Tara als Verlustbringer erweist. Beim **Umsatzkostenverfahren auf Teilkostenbasis** ergibt sich ein **anderes Bild**: Die Serie Kena weist einen höheren Deckungsbeitrag auf als die Serie Obina. Der angebliche Verlustbringer Tara weist einen positiven Deckungsbeitrag auf. Offensichtliche **Ursache** für die anderslautende Erkenntnis ist die **Verteilung der Fixkosten auf die einzelnen Produktarten**.

Diese produktartenbezogene Analyse der Deckungsbeiträge DB_i lässt **keine Aussage** darüber zu, **welche Produkte förderungswürdig** sind, da die Deckungsbeiträge als Wertgröße aus den beiden Komponenten Menge und Preis bestehen. Um die Förderungsfähigkeit zu beurteilen, wäre es erforderlich, sich die **Deckungsspannen (Stückdeckungsbeiträge)** db_i näher anzuschauen.

3.2.7.11 Grenzen der Deckungsbeitragsrechnung

Die Deckungsbeitragsrechnung stößt – unabhängig von ihren Vorzügen gegenüber einer Vollkostenrechnung wie u. a. der einer (meist in Bezug auf die Beschäftigung) verursachungsgerechteren Berechnung eines Teils der Kosten (variable Kosten) – an etliche Aussagegrenzen. Ein Teil dieser Probleme wurde bereits bei der Auflistung der Prämissen der Deckungsbeitragsrechnung[735] angesprochen.

- Wie bei vielen betriebswirtschaftlichen Fragestellungen muss zunächst der **Planungs-** bzw. **Abrechnungszeitraum** festgelegt werden, da sich die Auswertungen nur auf die betrachtete Periode beziehen. Diese Prämisse ist insbesondere im Hinblick auf die Differenzierung zwischen fixen und variablen Kosten von Bedeutung.
- Die **Kostenauflösung** (in fixe und variable Kosten) muss **zuverlässig**, d. h. einwandfrei und eindeutig möglich sein. So ist in der Realität davon auszugehen, dass diverse Kostenbestandteile Verbundbeziehungen aufweisen. Als Beispiel sei die Zuordnung der Fixkosten einer Mehrzweckmaschine bei heterogenem Fertigungsprogramm im Rahmen der Break-even-Analyse oder der mehrstufigen Deckungsbeitragsrechnung (stufenweise Fixkostendeckungsrechnung) genannt.
- Ähnliches gilt für die Erlöse, die laut Annahme den einzelnen Produktarten unproblematisch zugeordnet werden können. Zwar werden die Daten bei der Erstellung einer

[735] Siehe die Einführung in den Unterabschnitt 3.2.7 „Kennzahlen und Verfahren der Deckungsbeitragsrechnung".

Handelsrechnung i. d. R. separat aufgelistet. Tatsächlich bestehen jedoch in vielen Fällen **absatzmarktbezogene Verbundbeziehungen** (s. u.).

- Grundsätzlich erfolgt die **Planung unter Sicherheit**, sodass denkbare Szenarien nicht weiter betrachtet werden. Diese Prämisse ließe sich im Zuge weitergehender Überlegungen aufheben.
- Die **(Absatz-) Preise *p* sind konstant**. Sie werden weder nach Kunden, Kundengruppen, Regionen oder anderen Kriterien differenziert. Zudem ist auch eine mengenabhängige Preisgestaltung zunächst nicht vorgesehen. Ein konstanter Preis entspricht dem Marktmodell des sog. vollkommenen Marktes, in dem es keinerlei Präferenzen gibt, eine vollkommene Markttransparenz vorliegt, es sich um homogene Güter handelt und eine unendliche Reaktionsgeschwindigkeit auf Preisänderungen seitens der Kunden gegeben ist. Der Preis ist dann ein „Datum“. Diese Marktform ist so in der Realität nicht anzutreffen. Annähernd ähnliche Märkte sind der Aktien- und Devisenhandel an der Börse.
- Ausgangspunkt sind in der Deckungsbeitragsrechnung die **Grenzkosten**, welche als **nicht variabel** angenommen werden. Sich nicht verändernde Grenzkosten sind nur denkbar, wenn sich die variablen Kosten pro Stück nicht ändern. D. h. Die **Grenzkosten *K'* entsprechenden den variablen Kosten pro Stück k_v, die konstant sind**. Demnach handelt es sich um eine lineare Kostenfunktion des Typs $K(x) = K_f + k_v \cdot x$.[736] Im Prinzip hält diese Prämisse dem Realitätstest nicht stand, da es selbstverständlich Mengenrabatte u. Ä. sowie Lerneffekte (siehe Kostenerfahrungskurve) gibt. Insofern ist eine s-förmige Periodenkostenkurve realitätsnäher. Geht die Planung jedoch von einer realistischen Planbeschäftigung aus und liegt die Istbeschäftigung nicht sehr weit von der geplanten Beschäftigung entfernt, kann für diesen Teilbereich der Kostenkurve eine gewisse Linearität unterstellt werden.
- **Sprungfixe Kosten sind nicht vorgesehen**.
- Generell werden eventuell vorhandene sachliche und zeitliche **Interdependenzen** zwischen den Kostenzurechnungsobjekten (etwa bei den Produkten/Produkteinheiten (s. o.)) sowie **Synergien werden nicht beachtet**.
- **Aspekte außerhalb der Kostenrechnung** fließen **nicht** in die Überlegungen ein.[737] Zu nennen sind etwa:

[736] Die einzelnen Kostenbegriffe werden ausführlich bei WÖRDENWEBER, M.: Kostenrechnung, a. a. O., im Unterabschnitt 1.6.1 „Systematisierung der Kosten nach ihrem Verhalten bei Beschäftigungsschwankungen“ differenziert.

[737] Vgl. die Ausführungen zum Thema „Gründe gegen die Eliminierung von Produkten“ im Unterabschnitt 1.4.10 von Band 2 „Lagerdauer“.

- Es bestehen gesetzliche oder vertragliche Verpflichtung zur Weiterführung bestimmter Produkte, etwa bei Staatsaufträgen, Ersatzteilen oder einer freiwillig abgegebenen Nachkaufgarantie.
- Es werden niedrige Einführungspreise verlangt, ggf. auch unter bewusster Hinnahme von Verlusten, bei neu auf dem Markt eingeführten Produkten des Herstellers, um schnell einen hohen Marktanteil zu erreichen und/oder Konkurrenten vom Markteintritt fernzuhalten (Penetrationspreisstrategie).
- In das Programm bzw. Sortiment werden „Lockvögeln" aufgenommen.
- Ausgangspunkt niedriger Verkaufspreise kann auch eine langfristige Portfoliopolitik (auch langfristige Risikostreuung) sein: Es werden Produkte in das Programm aufgenommen, die derzeit, kurz- oder mittelfristig noch keinen hohen Marktanteil, langfristig aber hohe Wachstumsraten aufweisen („Question Marks").
- Zwischen den Produkten bestehen in vielen Fällen absatzmarktbezogene Verbundbeziehungen. Diese Situation ist häufig im Zubehörgeschäft, etwa bei Druckern und Tintenpatronen anzutreffen. So sind wegen des enormen Wettbewerbs die Drucker selbst relativ günstig kalkuliert; die besseren Margen (und damit höheren Deckungsbeiträge) erwirtschaftet der Hersteller bei den originalen Druckerpatronen. Auch im Sortimentsverbund ist dieses Phänomen anzutreffen: Die Kunden erwarten von einem Hersteller ein bestimmtes, breites Sortiment. Dies hat zur Folge, dass der Produzent auch Produkte fertigen oder Handelsware anbieten muss, die einen negativen Stückdeckungsbeitrag aufweisen. Für die Be- und Verrechnung dieser Verbundeffekte fehlt zumeist die entsprechende Zahlenbasis, die dann auch noch konzeptionell in die Deckungsbeitragsrechnung eingearbeitet werden müsste.
- Die Eliminierung einer Produktart, deren Bestandteile gleichzeitig Bestandteile einer anderen Produktart sind, verteuern aufgrund der geringeren Menge die Einkaufs- oder Herstellungskosten bei der verbleibenden Produktart.
- Ethische, insb. soziale Gesichtspunkte sprechen für „subventionierte" Abgabepreise.
- Die Schließung einer Produktionslinie oder Produktionsstätte löst einen Sozialplan aus, der weder finanzierbar noch erfolgsmäßig verkraftbar ist.

Darst. 3.2130: Diskussionspunkte außerhalb der Kostenrechnung im Rahmen der Produktionsprogramm-/Sortimentsanalyse

Auch wenn die Vollkostenrechnung mit etlichen Mängeln behaftet sind, kann die alleinige Fokussierung auf die Deckungsbeitragsrechnung zu Fehlentscheidungen führen. Vor allem dann, wenn erhöhte – den Erzeugniseinheiten oder Produktarten zurechenbare – Deckungsspannen/Stückdeckungsbeiträge $\Sigma\ db_i$ bzw. Deckungsbeiträge der Produktarten $\Sigma\ DB_i$ durch steigende indirekte Kosten, z. B. in den Bereichen Entwicklung, Beschaffung, Logistik, Verwaltung und Vertrieb, überkompensiert werden.[738] Letzteres ist den zunehmenden Komplexitätskosten und der weitergehenden Automatisierung der Produktion sowie Digitalisierung geschuldet. Somit sind die fixen Kosten einer näheren Analyse zu unterwerfen.

3.2.8 Fixkostenanalysen

Auch wenn wegen der zahlreichen Probleme der Vollkostenrechnung der Fokus auf die Deckungsbeiträge und damit auf die variablen Kosten gelegt wird, darf eine Analyse der Fixkosten nicht unterbleiben. Auch dann nicht, wenn insb. die Kostenremanenz[739] der fixen Kosten ein schwerwiegendes Problem darstellt. Wie bei Wördenweber[740] ausgeführt wird, ist bei der Differenzierung von variablen und fixen Kosten auch der zeitliche Aspekt zu berücksichtigen. Der zeitliche Aspekt ist insofern bedeutsam, als sich die Einteilung der Kosten in fixe und variable gedanklich immer vor dem Hintergrund einer zu betrachtenden (Plan-) oder bereits abgelaufenen Periode (Monat, Wirtschaftsjahr) vollzieht. D. h. fixe und variable Kosten sind, wenn nichts Weiteres bestimmt ist, für die betrachtete Periode als fix bzw. variabel anzunehmen. Fixe Kosten können bzw. müssen in kommenden Perioden nicht mehr fix sein, wenn sie zwischenzeitlich abgebaut werden können oder vertragliche Bindungen wie z. B. bei befristeten Mietverträgen auslaufen.

Auf mittlere oder längere Sicht lassen sich fixe Kosten durchaus beeinflussen, wenn auch meist nur sprunghaft, nur in bestimmten Intervallen und/oder nur zu bestimmten Terminen.

[738] Vgl. GRAUMANN, M.: Kostenrechnung und Kostenmanagement. Mit Kontrollfragen, Übungsaufgaben und Fallstudien, 6. Aufl., Herne 2017, S. 550.

[739] Vgl. zu diesem Thema die Ausführungen bei WÖRDENWEBER, M.: Kostenrechnung, a. a. O., im Unterabschnitt 1.6.1 „Systematisierung der Kosten nach dem Verhalten bei Beschäftigungsschwankungen".

[740] WÖRDENWEBER, M.: Kostenrechnung, a. a. O., Unterabschnitt 1.6.1 „Systematisierung der Kosten nach ihrem Verhalten bei Beschäftigungsschwankungen".

Eine erste Analyse beschäftigt sich mit den Nutzkosten und Leerkosten eines Leistungsobjekts. Kern dieser Untersuchung ist der Abgleich zwischen der Beschäftigung und Kapazität, insb. der Plankapazität. Die Differenz zwischen der tatsächlichen Beschäftigung und der Kapazität schlägt sich in den Leerkosten und den Nutzkosten nieder. **Leerkosten** und **Nutzkosten** lassen sich unterscheiden, wenn die **Fixkosten** eines Leistungsobjekts, die aufgrund einer früheren Disposition für einen bestimmten Zeitraum unabänderlich anfallen, **dahingehend untersucht werden, welcher Teil von ihnen durch die Beschäftigung „genutzt" wird bzw. welcher nicht (Auslastungsanalyse)**.

Nutzkosten sind der Teil der fixen Kosten, der auf die genutzte Kapazität entfällt.

Darst. 3.2131: Nutzkosten

Leerkosten sind der Teil der fixen Kosten, der auf die ungenutzte Kapazität entfällt.

Darst. 3.2132: Leerkosten

Der Zusammenhang zwischen Fixkosten und Beschäftigungsgrad bzw. zwischen Leerkosten und Nutzkosten soll anhand des nachfolgenden Beispiels verdeutlicht werden:

Eine Eisdiele hat eine Eismaschine angeschafft, die primär zur Herstellung von Speiseeise, aber auch zur Produktion von Eiswürfeln und Eis zu Kühlzwecken genutzt werden kann. Die Fixkosten K_f der Maschine betragen 500 € pro Monat. Die Kapazität liegt bei monatlich 9.000 l Eiscreme. Im Oktober wird die Eismaschine nur noch zu 20 % (1.800 l) ausgelastet; der Beschäftigungsgrad liegt somit gerade mal noch bei 20 %. 100 € (= 20 %) der gesamten fixen Kosten K_f entfallen damit auch die genutzte Kapazität (Nutzkosten), 400 € (= 80 %) der Fixkosten K_f auf die ungenutzte Kapazität (Leerkosten).

Die Zusammenhänge veranschaulicht die nachstehende Abbildung:

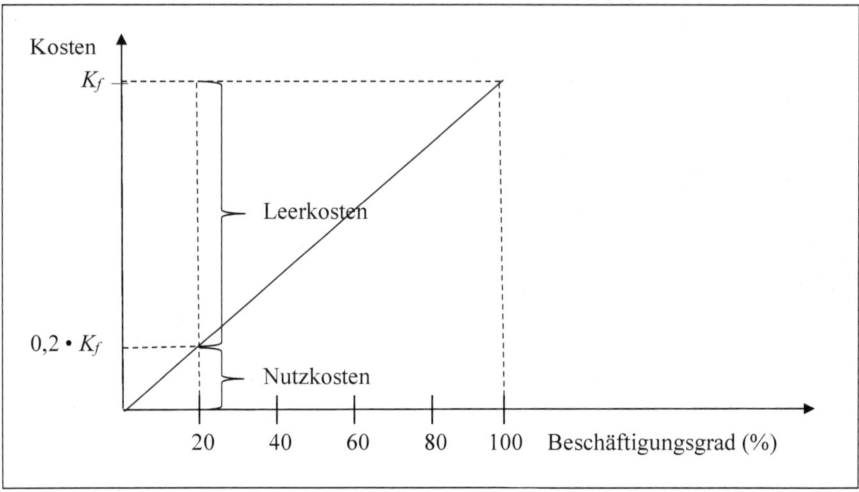

Darst. 3.2133: Nutzkosten und Leerkosten in Abhängigkeit vom Beschäftigungsgrad
(In Anlehnung an GRAUMANN, M.: a. a. O., S. 83.)

3.2.9 Wertschöpfung

Der Begriff der **Wertschöpfung** hat seinen historischen Ursprung in der volkswirtschaftlichen Gesamtrechnung und findet ebenfalls als Erfolgsmaß eine betriebswirtschaftliche Anwendung, welche durch die wirtschaftliche Tätigkeit einer Wirtschaftseinheit als geschaffener „**Mehrwert**" verstanden wird. Dabei bezieht sich die Wertschöpfung **nicht nur** auf **die Schaffung eines konkreten Produktes oder einer bestimmten Dienstleistung, sondern auch auf die Vergößerung eines bereits bestehenden Wertes wie etwa des Unternehmenswerts**. Der Mehrwert[741] leitet sich letztendlich aus dem **Nutzen eines Gutes oder einer Dienstleistung aus der Sicht des Kunden** ab, denn Leistungen des Unternehmens, die **schlussendlich keinen messbaren Kundennutzen schaffen**, sind nicht wertschöpfend und damit **Verschwendung**. Auf den Punkt gebracht stellt sich die Frage, welchen Preis der Kunde bereit ist, für ein Produkt oder eine Dienstleistung zu zahlen, denn auf der anderen Seite stehen die **Kosten** zur Erbringung dieses Outputs im Fokus des Unternehmens. Im Vordergrund steht aber zu guter Letzt immer der Kunde, ohne den eine Wertschöpfung/ein Mehrwert nicht generiert werden kann.

[741] Engl.: value added.

Der Begriff der einzelwirtschaftlichen Wertschöpfung wird nicht einheitlich definiert. Grundsätzlich kann er von zwei Seiten her berechnet werden:

Zum einen von der Entstehungsseite, zum anderen von der Verwendungsseite her.[742]

Als (volkswirtschaftliche) Verteilungsrechnung (Verwendungsseite), die auch geldmäßige oder personale Wertschöpfung heißt,[743] umfasst die Wertschöpfung folgende Positionen:

- Leistungen an Mitarbeiter (Lohn, Gehalt, Sozialaufwand, Betriebsrenten),
- Leistungen an Anteilseigner (ausgeschüttete Gewinne),
- Leistungen an Fremdkapitalgeber (Zinsaufwand für Fremdkredite),
- Leistungen an den Staat, die Länder oder die Kommunen (Steuern).
- unternehmensseitig thesaurierte Gewinne.

Hier interessiert jedoch nur die **Entstehungsseite der Wertschöpfung**. In diesem Fall wird die **(gütermäßige oder reale)**[744] **Wertschöpfung** als Differenz zwischen einer erbrachten Gesamtleistung des Unternehmens und den Vorleistungen anderer Wirtschaftseinheiten bzw. früherer Perioden betrachtet. Sie drückt damit die Eigenleistung eines Unternehmens aus und stellt eine Art Rohergebnis dar.

	Gesamtleistung der Periode
–	Vorleistungen
=	Wertschöpfung

Darst. 3.2134: Wertschöpfung

Die **Gesamtleistung** wird der Erfolgsrechnung entnommen werden. Sie beinhaltet neben den aktivierten Eigenleistungen und den Bestandsveränderungen die Umsatzerlöse. Zu den **Vorleistungen** (der Lieferanten) zählen neben dem Materialeinsatz (Beschaffungsobjekte der Materialwirtschaft einschl. Handelsware)[745] Dienstleistungen, Entsorgungsobjekte und Abschreibungen als Ausdruck der Wertschöpfung anderer Betriebe bzw. früherer Perioden.

[742] Vgl. SCHIERENBECK, H., WÖHLE, C. B.: a. a. O., S. 776, BRÖSEL, G.: Bilanzanalyse. Unternehmensbeurteilung auf der Basis von HGB- und IFRS-Abschlüssen, 16. Aufl., Berlin 2017, S. 207, 209–211.

[743] Vgl. ZIEGENBEIN, K.: a. a. O., S. 147.

[744] Siehe ebenda, S. 145.

[745] Vgl. WÖRDENWEBER, M.: Operatives Controlling, a. a. O., S. 5.

Die Aussagekraft der Wertschöpfung als singulärer Absolutwert ist sehr gering. Es fehlt ein **Vergleichswert**, ein Benchmark. Eine erste einfache Möglichkeit ist der **Soll-Ist-Vergleich bzw. Plan-Ist-Vergleich**. In diesem Fall kann nur die Abweichung von einer Soll- oder Plangröße gemessen werden. Eine Verbesserung kann in den meisten Fällen nicht überprüft werden, selbst wenn zusätzlich eine Zeitreihenanalyse vorgenommen wird, da sich sowohl die Größe im Nenner als auch im Zähler ändern kann. Ein zeitlicher Vergleich (**Zeitreihenanalyse**) der Wertschöpfung liefert immerhin die Aussage, wie sich die Wertschöpfung verändert hat. In beiden Fällen ist aber nicht zu erkennen, wie gut oder schlecht die Wertschöpfung im Vergleich zu anderen Unternehmen ist. Dazu bietet sich das **interne oder externe Benchmarking** an.[746]

Als weitere Möglichkeit der Relativierung bietet die Literatur zwei Verhältniszahlen an: die Wertschöpfungstiefe[747] und die Wertschöpfungsquote.[748] Die **Wertschöpfungsquote** wird wie folgt definiert:[749]

$$\frac{\text{Wertschöpfung}}{\text{Umsatzerlöse}} \cdot 100$$

Darst. 3.2135: Wertschöpfungsquote (%)

Diese Größe kann – ähnlich wie die Umsatzrendite – als Renditekennzahl verstanden werden. Sie gibt die eigene Wertschöpfung in % der am Markt erzielten Umsatzerlöse an.

[746] Mehr zum Thema „Benchmarking" als vergleichende Analyse im Unterabschnitt 2.2.6 „Bewertung von Kennzahlen und Benchmarking".

[747] Abweichend bezeichnen Schwarzmaier/Mayr die Wertschöpfungtiefe als Wertschöpfungsquote (SCHWARZMAIER, U., MAYR, C.: Übungsbuch Controlling, 2. Aufl., Herne 2018, S. 166.) Ehrmann (EHRMANN, H.: Unternehmensplanung, a. a. O., S. 202.) und Krause (KRAUSE, H.-U.: Controlling-Kennzahlen für ein nachhaltiges Management (im Folgenden mit „Controlling-Kennzahlen" abgekürzt). Ein umfassendes Kompendium kompakt erklärter Key Performance Indicators, Berlin, Boston 2016, S. 256–257.) nennen die Wertschöpfungstiefe Fertigungstiefe. Dieser Bezeichnung wird hier nicht gefolgt, da der Begriff Fertigungstiefe irreführend ist; denn sowohl die Wertschöpfung als auch die Gesamtleistung beziehen sich nicht allein auf die Fertigung.

[748] Vgl. u. a. ZIEGENBEIN, K.: a. a. O., S. 147.

[749] Eine divergierende Definition liefert Graumann, der die Wertschöpfung im Zähler wie folgt festlegt: Umsatzerlöse – Materialaufwand – sonstige betriebliche Erträge. Dieser Definition wird nicht zugestimmt, da die Umsatzerlöse nur einen Teil der Wertschöpfung (= Eigenleistung) des Unternehmens widerspiegeln. (GRAUMANN, M.: Praktische Jahresabschlussanalyse, 3. Aufl., Herne 2020, S. 171.)

Eine sinnvollere Größe ist die **Wertschöpfungstiefe**, da sie die Wertschöpfung, die neben der Gesamtleistung als Subtrahend die Vorleistungen enthält, folgerichtig auch auf die gesamte Leistung des Unternehmens bezieht:

$$\frac{\text{Wertschöpfung}}{\text{Gesamtleistung}} \cdot 100$$

Darst. 3.2136: Wertschöpfungstiefe (%)

Auch dieser Quotient kann als Rentabilitätsgröße angesehen werden. Sie stellt die Eigenleistung in ein prozentuales Verhältnis zur Gesamtleistung des Unternehmens.

Sowohl die Wertschöpfungsquote als auch -tiefe spiegeln den Erfolg von strategischen Insourcing- bzw. Outsourcing-Entscheidungen (Eigenfertigung oder Fremdbezug von Produkten und Dienstleistungen) wider. Sie kann (c. p.) als Indikator für das Ausmaß der vertikalen Integration[750] interpretiert werden.

Eine im Vergleich mit anderen Unternehmen (internes oder externes Benchmarking) niedrige Wertschöpfungsquote/-tiefe sagt nichts über die Höhe der Wertschöpfung aus. So kann ein Unternehmen mit geringer Wertschöpfungsquote/-tiefe (weitaus) profitabler sein als ein Unternehmen mit höherer Wertschöpfung – und vice versa.

Die Wertschöpfungsquote/-tiefe erlaubt nicht in jedem Fall einen Rückschluss auf die Betriebstiefe: So muss eine hohe Quote nicht unbedingt darauf hindeuten, dass das Unternehmen die meisten Produktionsstufen selbst durchführt (Selbstständigkeit).[751] Es ist durchaus nicht selten, dass eine hohe Quote aus relativ niedrigen Material- und Dienstleistungspreisen (Elemente der Vorleistungen) bei gleichzeitig hohen Marktpreisen (Bestandteil der Gesamtleistung) resultieren. Dies ist bspw. bei der Adidas AG der Fall. In diesem Unternehmen ist ein großer Teil der Wertschöpfungsprozesse outgesourct. Ähnliches gilt für eine niedrige Verhältniszahl.

---

[750] Als vertikale Integration wird gemäß der Ansoff-Matrix (Produkt-Markt-Kombinationen) die Erschließung angrenzender, d. h. vor- und nachgelagerter Märkte bezeichnet. Wachstumsrelevant ist vor allem die vorwärtsgerichtete Bearbeitung von Endkunden-Märkten. Diese Strategie beschäftigt sich schwerpunktmäßig mit der Produktentwicklung für bestehende und angrenzende Märkte/Käuferschichten.

[751] Anders: SCHWARZMAIER, U., MAYR, C.: a. a. O., S. 166.

Die **Höhe** der zuletzt vorgestellten Quotienten ist **branchenabhängig**. Ein Richtwert kann hier nicht angegeben werden.

Wie oben bereits ausgeführt, gilt es, primär auf den Nutzen eines (materiellen oder immateriellen) Gutes aus Sicht des Kunden abzustellen. Das heißt **genau genommen, nicht den Output** (des Unternehmens)**, sondern den Outcome** zu betrachten. Dies geschieht u. a. über die Analyse der Wertkette. Sie ist ein Werkzeug der strategischen Unternehmensanalyse und somit Gegenstand des strategischen (Marketing-)Controllings. Im Wesentlichen dient die Wertschöpfungskettenanalyse, oft auch einfach als Wertkettenanalyse[752] bezeichnet, der Verbesserung der Kundenzufriedenheit und damit zur Identifikation von Wettbewerbsvorteilen. Um dies zu erreichen, wird das Unternehmen **ganzheitlich** mit allen seinen Funktionsbereichen, Aktivitäten und Prozessen analysiert.

Eine Wertschöpfungskette beinhaltet alle einen Mehrwert generierenden Tätigkeiten bzw. (Teil-)Prozesse eines Unternehmens in Bezug auf von Kunden nachgefragte Produkte oder Dienstleistungen.

Darst. 3.2137: Wertschöpfungskette

Es versteht sich von selbst, dass es sich um wettbewerbsfähige Produkte oder Dienstleistungen handeln muss; anderenfalls würden letztere (bei vollkommener Konkurrenz) nicht nachgefragt.

Eines der bekanntesten Modelle einer Wertschöpfungskette/Wertkette ist das von Porter zwecks Erkennung der Ursachen von Wettbewerbsvorteilen entwickelte:

[752] Engl.: value chain analysis.

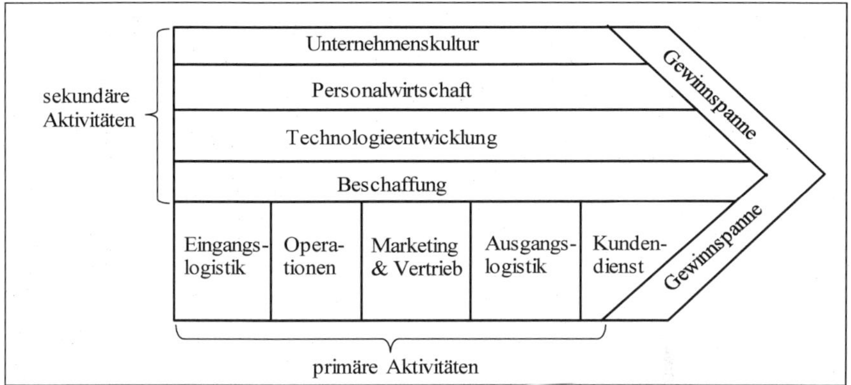

Darst. 3.2138: Modell der Wertkette
(Vgl. PORTER, M. E.: Wettbewerbsvorteile (Competitive Advantage). Spitzenleistungen erreichen und behaupten, 7. Aufl., Frankfurt 2010, S. 10ff.)

Eine Identifizierung der wertschöpfenden und nicht wertschöpfenden Tätigkeiten dient der Schaffung und Erhaltung von Erfolgspotenzialen des Unternehmens. Auf der operativen Ebene bedeutet das eine Optimierung der Kosten und der Prozesse aller Phasen der Wertschöpfungskette. Das kann durch eine Konzentration im Sinne von Maximierung auf die primären, wertschöpfenden Tätigkeiten verstanden werden, während die sekundären Tätigkeiten vice versa dem Minimumgedanken unterliegen.[753]

Dabei werden als **wertschöpfende Tätigkeiten dem Kunden direkten Nutzen verleihende Aktivitäten** bezeichnet. Diese werden auch als **primäre Aktivitäten** bezeichnet. Als Beispiele sind dafür Materialeinkäufe zu nennen, die Herstellung des Produktes, die Verpackung und der Versand als auch eine übersichtliche Darstellung seiner Rechnungs- und Zahlungspositionen.

Parallel dazu werden als **nicht wertschöpfende Tätigkeiten unterstützende, sekundäre Aktivitäten** angesehen, die dem Kunden keinen primären Nutzen verschaffen. Hierzu gehören: Prüfungs- und Aktualisierungstätigkeiten im eigenen Unternehmen wie Lagerbestandsabfragen, Bestandsaktualisierungen, als auch juristische, fiskalische und andere interne Tätigkeiten.

[753] Vgl. SCHIERSMANN, C., THIEL, H.-U.: Organisationsentwicklung, Prinzipien und Strategien von Veränderungsprozessen, 5. Aufl., Wiesbaden 2018, S. 306.

Die Tätigkeiten/Aktivitäten und Prozesse[754] (von Porter Wertaktivitäten genannt) werden auf potenzielle Quellen für Ablaufoptimierungen, Kosten- oder Differenzierungsvorteile untersucht. **Typische Fragen** im Kontext einer Wertkettenanalyse sind:

- Kann die Tätigkeit bzw. der (Teil-)Prozess entfallen?
- Kann der (Teil-)Prozess verkürzt werden?
- Ergibt es einen Sinn, eine Änderung der Reihenfolge der Tätigkeiten, d. h. des Prozessablaufes vorzunehmen?
- Ist eine Aggregation von Tätigkeiten bzw. (Teil-)Prozessen möglich und sinnvoll?
- Werden die Produktionsfaktoren effektiv und effizient eingesetzt?
- Werden die Tätigkeiten bzw. (Teil-)Prozesse den richtigen Trägern, insb. Verantwortlichen zugeordnet?

Darst. 3.2139: Typische Fragen im Rahmen einer Wertkettenanalyse
(Ähnlich KLEIN, A., WITTIGAYER, M.: Strategie und Unternehmensplanung. Lektion 2 des schriftlichen Lehrgangs BWL für Nicht-Betriebswirte I: Basiswissen, Schulungsunterlagen der Haufe Akademie 2010, S. 48.)

Auf den einzelnen Stufen der Wertschöpfungskette steht die **Zeit** in enger Verbindung mit den spezifischen Ressourceneinsätzen und sichert durch ein Zeitcontrolling die Effizienz der verteilten Aktivitäten. Die Kosten stehen in den meisten Fällen in einer limitationalen und stets kalkulierbaren Beziehung zu der Zeit. Aus diesem Grunde stellt die Zeitplanung eine Grundlage für eine Kostenplanung dar, indem die Zeitplanungsergebnisse sowohl für eine kostenoptimierte Materialbeschaffung und -bereitstellung als auch für den optimierten Einsatz der Arbeitskräfte und Maschinen ursächlich sind. Im Produktionsbereich können als Kostenbeispiele einer fehlerhaften Zeitplanung angeführt werden: Kapazitäts-, Material-, Qualitäts- und Fehlmengenkosten.

Beispielsweise lassen sich im Rahmen der Produktion als wertschöpfende Tätigkeit bei der Betrachtung der Zeitanteile folgende Ansatzpunkte zur Optimierung des Auftragsdurchlaufs identifizieren:

[754] Zur Unterscheidung der Begriffe „Tätigkeit“ und „Prozess“ siehe WÖRDENWEBER, M.: Kostenrechnung, a. a. O., S. 290–291.

- Aufträge
  - Durchlaufzeit vom Auftragseingang bis zum Produktionsstart
  - Durchlaufzeit in der Produktion (Bearbeitungs-, Warte- und Liegezeiten)
- Maschinen
  - Bearbeitungszeiten
  - Rüstzeiten
  - Stillstandszeiten
  - Zusätzlicher Zeitbedarf wegen Ausschuss und Nacharbeit
- Personal
  - Wertschöpfende Zeiten
  - Nicht wertschöpfende Zeiten
  - Ausfallzeiten

Darst. 3.2140: Ansatzpunkte zur Optimierung der Durchlaufzeit
(Vgl. KLETTI, J., SCHUMACHER, J.: Die perfekte Produktion. Manufacturing Excellence durch Short Interval Technology (SIT), 2. Aufl., Berlin, Heidelberg 2014, S. 53ff., 83ff.)

Für weitergehende Analysen der Durchlaufzeiten empfiehlt sich eine detailliertere Zerlegung der einzelnen Prozesse. Ein Beispiel findet sich bei Stommel[755].

Auf weitere Punkte des Wertkettenmanagements wie Wechselwirkungen und Abhängigkeiten unter den Wertschöpfungsaktivitäten, Analyseschritte der Wertkettenanalyse, die Optimierung von Wertschöpfungsketten und die Einbindung einer Wertschöpfungskette in einen Wertkettenverbund (Stichworte: Wettbewerb zwischen kooperierenden Netzwerken; Supply Chain Management[756]) sowie Weiterentwicklungen etc. wird hier nicht näher eingegangen, da diese Punkte Bestandteil der strategischen Unternehmensführung sind. Es sei daher auf die weiterführende Literatur verwiesen.[757]

[755] Im Unter-Unterabschnitt 1.3.3.1 von Band 2 „Optimierung der Durchlaufzeit".

[756] Supply Chain Management (SCM) als aktive, unternehmensübergreifende Integration von Lieferanten, Produzenten, Absatzmittlern und Absatzhelfern bis hin zum Endabnehmer verlangt prinzipiell eine ganzheitliche strategische, taktische und operative Planung (Organisation und Steuerung) von Liefer(prozess-)ketten.Vgl. WÖRDENWEBER, M.: Operatives Controlling, a. a. O., Abschnitt 1.2.1 „Vorbemerkungen".

[757] Zum Beispiel DILLERUP, R., STOI, R.: a. a. O., S. 279–280, HUNGENBERG, H.: Strategisches Management in Unternehmen. Ziele – Prozesse – Verfahren, 8. Aufl., Wiesbaden 2014, S. 115ff., NAGEL, M., MIEKE, C., TEUBER, S.: Methodenhandbuch der Betriebswirtschaft, 2. Aufl., München 2020, S. 313–316.

Die Wertkettenanalyse ist damit eine ausgesprochen hilfreiche Methode, um **strukturiert unternehmensinterne Problemfelder** zu **identifizieren**. Sie stellt ein generisches instrument dar, welches allerdings auf die jeweilige Unternehmenssituation zugeschnitten werden muss.

Wie vorab ausgeführt ist im Rahmen der Wertkettenanalyse eine systematische Analyse aller Arbeitsschritte und (Teil-)Prozesse (von Porter Wertaktivitäten genannt) durchzuführen. Da jeder Arbeitsschritt, jeder Prozess eine eigene Kostenstruktur und einen eigenen Kostentreiber aufweist, ist die Analyse der Wertkette **komplex und arbeitsintensiv**. Insofern empfiehlt es sich, den Schwerpunkt der Untersuchung auf Bereiche bzw. Prozesse mit hohem Kostenanteil und mit großen Differenzierungspotenzial zu legen.[758] Die damit verbundene Subjektivität der Auswahl bestimmter Analysebereiche kann als weiterer Nachteil der Wertkettenanalyse aufgeführt werden. Aus Praktikabilitätsgründen werden i. d. R. ohnehin nicht die Unternehmen als Ganzes, sondern einzelne strategische Geschäftseinheiten (SGE) in den Fokus der Analyse gerückt.[759] Die damit verbundene **Subjektivität** der Auswahl bestimmter Analysebereiche kann als weiterer Nachteil der Wertkettenanalyse aufgeführt werden. Zuletzt kann auch moniert werden, dass der **Mensch** als wesentliches Element betrieblicher Prozesse **nicht berücksichtigt** wird. Auch **ökologische Aspekte** werden oft **nicht bedacht**.

Die beschriebene Vorgehensweise der Wertkettenanalyse ähnelt sehr stark der **Prozesskostenrechnung**, die in der Praxis bevorzugt wird, da sie sowohl die Analyse der Tätigkeiten und Prozesse als auch die Berechnung der Prozesskosten beinhaltet.[760] Daher verwundert es nicht, dass die Wertkettenanalyse in der betrieblichen Praxis von Familienunternehmen keine weite Verbreitung gefunden hat. In einer empirischen Untersuchung wurde festgestellt, dass lediglich 6 % der Familienunternehmen eine Wertkettenanalyse vornehmen.[761]

---

[758] Vgl. SCHELD, G. A.: Controlling im Mittelstand. Bd. 2: Strategisches Unternehmenscontrolling, im Folgenden abgekürzt mit „Strategisches“, 6. Aufl., Büren 2017, S. 201.

[759] Vgl. KLEIN, A., WITTIGAYER, M.: a. a. O., S. 46.

[760] Vgl. WÖRDENWEBER, M.: Kostenrechnung, a. a. O., S. 280, 290.

[761] Vgl. FELDEN, B.: Controlling in Familienunternehmen – Ergebnisse einer empirischen Untersuchung –, in: Der Betrieb, 2013, S. 533.

3.2.10 Optimierung der Durchlaufzeit

In der Literatur wird die **Durchlaufzeit** u. a. als die Dauer zwischen dem Eingang eines Werkstücks in den Fertigungsbereich und der Fertigstellung des Produktes bis hin zum Zahlungseingang definiert.[762] Diese Festlegung erscheint aus zwei Gründen problematisch: Zum einen bezieht sie sich nicht ausschließlich auf den Produktionsbereich, der i. d. R. als am besten beeinflussbar angesehen wird,[763] zum anderen wurde oben von primären wertschöpfenden Tätigkeiten gesprochen, die *dem Kunden* einen direkten Nutzen bringen sollen. Dann aber ist der gesamte **Prozess der Bestellaufgabe und -abwicklung**[764] zu betrachten, der **aus Kundensicht** – und auch hier zeigt sich der zeitliche Aspekt – beispielsweise über die On-Time-Quote (Darst. 1.4108 von Band 2) oder Verzugsquote (Darst. 1.4109 von Band 2) gemessen werden kann. Der Prozess beginnt mit der Auftragserteilung durch den Kunden und endet mit der Zustellung der Ware durch den Versender.

Die Daten-Erhebungsfrequenz als auch die Fokussierung kann bei der Ermittlung der Kennzahl variieren und somit eine Messung der gesamten Durchlaufzeit verantworten als auch eine Komponentenbetrachtung wie die der Produktion oder des Lagers gewährleisten.

In der Literatur ist somit eine Vielzahl von Ausprägungen der Kennzahl vorzufinden, die sich in der Zielsetzung und somit in ihrer Erscheinung voneinander differenzieren.

Über den Beginn der Durchlaufzeit scheint eine Einigkeit zu herrschen, indem der Zeitpunkt des Auftragseinganges als gegeben betrachtet wird.

Die Endpunktbetrachtung hingegen divergiert von den Zeitpunkten der Einlieferung ins Fertigwarenlager, als auch bis zur Auslieferung an den Kunden, dem Wareneingang beim Kunden oder auch bis zur Fakturierung, also der Rechnungsstellung oder gar dem Zahlungseingang des Kunden.

Die Durchlaufzeit ist ein Indikator der Kapitalbindungskosten, welche parallel zu der Durchlaufzeit von kalkulatorischen Zinsen, der Höhe der Kapitalbildung und dem Zinssatz abhängig sind. Weiterhin hat die Durchlaufzeit neben den Marktvorteilen einen enormen

[762] Die Durchlaufzeit ist (meist eher) produktionsbezogen definiert und stellt somit nur einen Teil der gesamten kundenorientierten Prozessdauer dar.

[763] Auf die Analyse der Durchlaufzeit in der Produktion wird im Unter-Unterabschnitt 1.3.3.1 von Band 2 „Optimierung der Durchlaufzeit“ explizit eingegangen.

[764] Vgl. hierzu Unterabschnitt 1.4.14 von Band 2 „Zeitbezogene Kennzahlen“.

Einfluss auf die Kosten, Liquidität, Flexibilität, als auch auf den Umsatz und muss daher in einem Unternehmen von dem Ziel geprägt sein minimiert zu werden.

Um den Faktor Zeit entlang der gesamten Wertschöpfungskette näherungsweise zu verdeutlichen, wird aus Gründen der Rechenbarkeit nachstehend die Durchlaufzeit im weiteren Sinne als Summe der Summanden der Lagerdauer, der Fertigungslaufzeit und dem Kundenzahlungsziel definiert:

$$\text{Durchlaufzeit} = \text{Lagerdauer} + \text{Fertigungslaufzeit} + \text{Kundenzahlungsziel}$$

Darst. 3.2141: Formel zur Berechnung der Durchlaufzeit

Die einzelnen Größen der Durchlaufzeit sind dabei folgendermaßen definiert:

$$\text{Lagerdauer} = \frac{\text{Durchschnittlicher Materialbestand} \cdot 360}{\text{Materialeinsatz}}$$

Darst. 3.2142: Lagerdauer

$$\text{Fertigungsdurchlaufzeit} = \frac{\text{Unfertige Leistungen}}{\text{Kosten pro Tag}}$$

Darst. 3.2143: Fertigungsdurchlaufzeit

$$\text{Kundenzahlungsziel} = \frac{\text{Durchschnittliche Kundenforderungen} \cdot 360}{\text{Umsatz}^{1}}$$

Darst. 3.2144: Kundenzahlungsziel

[1] Infolge der (neuen) Definition der Umsatzerlöse gem. BilRUG 2015 muss zwischen den betrieblichen Umsätzen/Erlösen und den Umsatzerlösen nach § 277 Abs. 1 HGB streng unterschieden werden. Vgl. dazu die Ausführungen im Unter-Unterabschnitt 3.1.1.1 „Analyse der Erfolgserzielung“, Stichwort „Umsatzerlöse“.

Die vorstehenden Kennzahlen werden detailliert in den einzelnen Funktionsbereichen vorgestellt: Die Lagerdauer im Paragrafen 1.1.2.1.3 von Band 2 „Bestandskennzahlen", die Fertigungsdurchlaufzeit im Unterabschnitt 1.3.3 von Band 2 „Zeitorientiertes Produktions-Controlling" und das Kundenzahlungsziel unter dem Begriff „Forderungslaufzeit" im gleichnamigen Unterabschnitt 1.4.17 von Band 2.

In Darst. 2.210 wurden verschiedene Möglichkeiten einer vergleichenden Bewertung aufgezeigt. Speziell über Betriebsvergleiche ergeben sich erste Anhaltspunkte für eine Verkürzungsmöglichkeit der Durchlaufzeit. Die einzelnen Komponenten der Berechnungsformeln stellen dabei die Ansatzpunkte für die Verkürzung dar. Die Lagerdauer lässt sich beispielsweise über eine Regulierung des durchschnittlichen Materialbestandes senken, in dem angenommen häufigere Bestellungen in kleineren Mengen erfolgen. Eine Optimierung der Fertigungslaufzeit ist in vielen Fällen durch eine Verbesserung der Ablauforganisation zu erreichen. Damit ist eine Abstimmung der einzelnen Prozesse der Leistungserstellung gemeint, um Leerzeiten zu vermeiden. Ferner lässt sich das Kundenzahlungsziel anhand monetärer Anreize verkürzen, um ein Sofortzahlungsziel der Kunden zu bewirken. Weitere Erläuterungen zu den vorstehenden Kennzahlen finden sich in den entsprechenden Abschnitten in diesem Buch.

3.2.11 Wachstumsquote

Bereits im Unter-Unterabschnitt 3.2.5.1 „Anlagenintensität, Investitionsintensität und Investitionsquote" war bei der Erläuterung der Investitionsquote auf die wichtigen Punkte Zukunftsvorsorge und Substanzerhaltung hingewiesen worden. Noch besser als bei der Investitionsquote kann bei der Kennzahl „Wachstumsquote"[765] abgelesen werden, wie sich die Substanz (das Leistungspotenzial) des Unternehmens verändert, da bei der Wachstumsquote die Nettoinvestitionen (in Sachanlagen) direkt im Verhältnis zu den Abschreibungen (auf Sachanlagen) betrachtet werden:

[765] Alternativ wird in der Literatur auch der Begriff „**Wachstumsrate**" verwendet. Dieser Terminus soll hier nicht benutzt werden, da die Wachstumsrate (auch) in der Mathematik/Statistik gebräuchlich ist: Liegt zwischen zwei Zeitpunkten *ein* Zeitintervall, hat sich der Wert des zweiten Zeitpunkts im Vergleich zum ersten um x Prozent verändert. Befinden sich zwischen zwei Zeitpunkten *mehrere* Zeitintervalle, so gibt der Prozentsatz die durchschnittliche Änderung (in Prozent) pro Zeitintervall wieder.

$$\text{Wachstumsquote} = \frac{\text{Nettoinvestitionen in das Sachanlagevermögen}^{1}}{\text{Abschreibungen des Geschäftsjahres auf das Sachlagevermögen}^{2}} \cdot 100$$

Darst. 3.2145: Wachstumsquote

[1,2] Die Beschränkung auf das Sachanlagevermögen ist sinnvoll, da nur dieses (mit Ausnahme von Grundstücken) in seiner Gesamtheit planmäßig abgeschrieben wird.

M. a. W.: Es muss herausgefunden werden, ob die Summe der Abschreibungen größer, kleiner oder gleich den getätigten Neuinvestitionen ist. Im Einzelnen ist zu untersuchen, ob die Zugänge an Sachanlagevermögen lediglich dem Ersatz oder der Erhaltung bestehender Anlagen dienen oder ob es sich bei den Zugängen um Erweiterungs- oder Rationalisierungsinvestitionen handelt.

Ob und inwieweit Substanzerhaltung betrieben wird, lässt sich anhand des Quotienten „Wachstumsquote" ablesen:

Wachstumsquote = 100 %	→	Stillstand, d. h. Substanzerhaltung
Wachstumsquote < 100 %	→	Schrumpfung, d. h. Substanzabbau
Wachstumsquote > 100 %	→	Wachstum, d. h. Substanzverbesserung

Darst. 3.2146: Wachstumsquoten und deren Interpretation

Substanzerhaltung heißt, dass die Neuinvestitionen in das Sachanlagevermögen gerade den Wertverlust der vorhandenen Anlagen kompensieren. Eine Schrumpfung ist immer gleichbedeutend mit Substanzverzehr. Erst bei einer Substanzverbesserung kann von echtem Wachstum gesprochen werden. Grundsätzlich gilt: **Je höher die Wachstumsquote, umso besser die Zukunftsvorsorge.**

Anhand der Zahlen der Textilkontor Walter Seidensticker GmbH & Co. KG wird die Ermittlung der Wachstumsquote beispielhaft aufgezeigt.

Die Nettoinvestitionen berechnen sich nach folgendem Schema:[766]

[766] Vgl. Darst. 1.524 in Band 2 von WÖRDENWEBER, M.: Operatives Controlling, a. a. O.

	27.982.976,91 (Buchwert am Ende des Geschäftsjahres)
−	39.826.150,63 (Buchwert am Anfang des Geschäftsjahres)
−	0,00 (Zuschreibungen im Geschäftsjahr)
+	2.009.747,85 (Abschreibungen auf das Sachanlagevermögen im Geschäftsjahr)
=	− 9.833.425,87

Darst. 3.2147: Nettoinvestitionen der Textilkontor Walter Seidensticker GmbH & Co. KG im Geschäftsjahr 2017/2018 (in €)

Die Wachstumsrate der Textilkontor Walter Seidensticker GmbH & Co. KG im Geschäftsjahr 2017/2018 beträgt:

$$\text{Wachstumsquote} = \frac{-\,9.833.425{,}87\ \text{€ (Nettoinvestitionen in das Sachanlagevermögen)}}{2.009.747{,}85\ \text{€ (Abschreibungen auf das Sachanlagevermögen)}} \cdot 100$$

$$= -\,489{,}29\ \%$$

Darst. 3.2148: Wachstumsquote der Textilkontor Walter Seidensticker GmbH & Co. KG im Geschäftsjahr 2017/2018

Bezogen auf das betrachtete Geschäftsjahr legt die Textilkontor Walter Seidensticker GmbH & Co. KG eine enorme negative Wachstumsquote vor, d. h. eine weit unterdurchschnittliche Substanzverbesserung. In der Tat hat der Seidensticker-Konzern laut Konzernabschluss in erheblichem Umfang nicht betriebsnotwendige Immobilien veräußert.

Ein grundsätzliches **Manko** der vorgestellten Kennzahl ist bezüglich der **Preiskomponente** im Zähler und Nenner erkennbar. Während die Nettoinvestitionen des Geschäftsjahres die aktuellen Anschaffungs- oder Herstellungskosten beinhalten, beziehen sich die Abschreibungen auf die historischen Preise. Die Kennzahl „Wachstumsquote" weist c. p. schon dann einen Wert über 100 % (Substanzverbesserung) aus, wenn jährliche Inflationsraten über 0 zu verzeichnen sind. Gräfer/Gerenkamp schlagen daher vor, die Nettoinvestitionen „um den Index der industriellen Erzeugerpreise zu kürzen, um nicht schon reine Ersatzinvestitionen aufgrund der Geldentwertung als „Wachstum" auszuweisen."[767]

Ein anderes grundsätzliches **Problem** im Zusammenhang mit Abschreibungen liegt darin, dass die **vorgenommenen Abschreibungen nicht mit der tatsächlichen Abnutzung der Vermögensgegenstände übereinstimmen**.

Zudem treten **Interpretationsprobleme** auch dann auf, sobald sich **Ereignisse abseits der üblichen Geschäftstätigkeit** ergeben wie z. B. Notverkäufe oder ein Wechsel der Abschreibungspolitik.

Unabhängig davon, dass die Höhe der berechneten Nettoinvestitionen entscheidend von der Art der Berechnung (liquiditätsmäßig oder buchtechnisch ermittelte Nettoinvestition)[768] abhängt, bedarf die Kennzahl „Wachstumsquote" einer **vergleichenden Betrachtung**.

Eine **statische**, also einperiodige Sicht liefert **keine zufriedenstellenden Ergebnisse**. Erst eine **Zeitreihenanalyse** zeigt, ob es sich bei dem berechneten Wert um eine einmalige Investition handelt oder eine langfristige Investitionsstrategie mit dem Ziel der Substanzverbesserung und Zukunftsvorsorge. Die Kennzahl kann beispielsweise erst einmalig einen recht hohen Wert aufweisen und dann in den Folgejahren relativ niedrige Werte annehmen, wenn – wie in der Praxis oft zu beobachten – ein großes Investitionsvorhaben durchgeführt wurde, dem in den anschließenden Jahren keine weiteren folgen. Würde die Kennziffer in einem der Folgejahre ermittelt, wäre sie relativ gesehen eher gering, vielleicht sogar unter 100 % (Substanzabbau). In dieser Situation von einer verfehlten Investitionspolitik oder mangelhaften Zukunftsvorsorge zu sprechen, ist sicher nicht korrekt. Umgekehrt bedeutet eine hohe Wachstumsquote von über 100 % (Substanzverbesserung) nicht automatisch eine genügende Zukunftsvorsorge, wenn Investitionen nachgeholt worden sind, die längst hätten vorgenommen werden müssen.

In einem Konzern oder einem Unternehmen mit vergleichbaren Divisionen bietet sich die Durchführung eines **internen Benchmarkings** an. Die Zahlen kann das Konzerncontrolling zeitnah anfordern und vor einer eventuellen Offenlegung erhalten.

[767] Vgl. GRÄFER, H., GERENKAMP, TH.: Bilanzanalyse, 13. Aufl., Herne 2015, S. 108–109.

[768] Siehe hierzu die Erläuterungen zu Beginn und am Ende des Unterabschnitts 1.5.5 von Band 2 „Nettoinvestition".

Neben einem (ggf.) internen Benchmarking sollte in jedem Fall ein **externes Benchmarking** umgesetzt werden. In einer insgesamt wachsenden Branche oder bei branchenübergreifenden Unternehmen in einer im Gesamten aufstrebenden Wirtschaft kann ein Unternehmen nur dann seine Stellung im Markt bzw. den Märkten aufrecht erhalten oder – besser – stärken, wenn es ihm gelingt, die entscheidenden Wettbewerbsvorteile auszubauen, mindestens aber zu halten. Dazu ist es notwendig, (künftig) ertragreiche Geschäftsprozesse und -felder zu identifizieren und in diese zu investieren. Zukunftsvorsorge bedeutet in diesem Kontext, eine **mindestens genauso hohe Wachstumsquote** aufzuweisen wie die Wettbewerber, die Branche oder die Gesamtwirtschaft. Optimal erscheint es, wenn sich das Unternehmen hinsichtlich der Wachstumsquote **am Besten der Branche ausrichtet, wobei die Wachstumsquote der Gesamtwirtschaft mindestens erreicht werden muss.**

3.2.12 Vermögensumschlag

Der Vermögensumschlag[769] misst die Fähigkeit, Umsatzerlöse[770] aus den Gesamtvermögen[771] zu generieren.

$$\text{Vermögensumschlag} = \frac{\text{Umsatzerlöse}}{\text{Ø Gesamtvermögen}}$$

Darst. 3.2149: Vermögensumschlag

Da es sich bei den Umsatzerlösen im Zähler um eine zeitraumbezogene Größe handelt, wird im Nenner das Gesamtvermögen auf den gesamten Zeitraum – i. d. R. ein Jahr – bezogen und der Durchschnitt aus dem Anfangsvermögen zu Beginn des Geschäftsjahres

[769] Engl.: asset turnover ratio.

[770] Denkbar wäre auch, statt der Umsatzerlöse die Gesamtleistung des Unternehmens zu wählen.

[771] Gelegentlich findet sich statt des Gesamtvermögens auch (nur) das Anlagevermögen. Eine Beschränkung auf das Anlagevermögen ist eher nicht sinnvoll, da *sämtliche* Vermögensgegenstände zum Umsatz beitragen. Anmerkung: Würde im Nenner statt des Gesamtvermögens das Gesamtkapital gewählt, würde diese Kennzahl dann als Umschlagshäufigkeit des Kapitals/Kapitalumschlag tituliert. Vgl. KRAUSE, H.-U.: Controlling-Kennzahlen, a. a. O., S. 117. Diese Kennzahl ist Teil eines aufgegliederten ROI. Siehe WÖRDENWEBER, M.: Operatives Controlling, a. a. O., Unter-Unterabschnitt 1.6.2.3 „Eigenkapitalrentabilität“.

und dem Endvermögen zum Ende des Geschäftsjahres gebildet. Damit werden die während des Geschäftsjahres erworbenen Vermögensgegenstände berücksichtigt. In einigen Fällen können auch Kapitalerhöhungen im Lauf des Jahres für solche Erwerbe genutzt worden sein.

Die Daten können direkt der GuV (Umsatzerlöse) bzw. der Bilanz (Gesamtvermögen = Aktiva = Bilanzsumme) entnommen werden. Für Fielmann sind aus der GuV für 2019 1.520.745 T€ Konzernumsatz und aus der Bilanz zum 31.12.2019 1.366.585 T€ und zum 31.12.2018 944.793 T€ Konzernvermögen abzulesen.[772] Damit ergibt sich folgender Vermögensumschlag:

$$\text{Vermögensumschlag} = \frac{1.520.745\ \text{T€}}{(1.366.585\ \text{T€} + 944.793\ \text{T€})/2} = \frac{1.520.745\ \text{T€}}{1.155.689\ \text{T€}} = 1{,}32$$

Die Analyse des Vermögensumschlags erfolgt vor dem Hintergrund, dass der Erfolg der am Markt abgesetzten Sachgüter und Dienstleistungen vom Einsatz des gesamten Vermögens abhängen. Je größer die Kennzahl ist, desto besser war das Gesamtvermögen in der Lage entsprechende Umsatzerlöse zu generieren bzw. das Gesamtvermögen effektiv und effizient, d. h. wirtschaftlich zu nutzen. Dies ist günstig für die Liquidität. Ein niedriger Vermögensumschlag bedeutet c. p. ein mehr an gebundenem Kapital, verbunden mit geringerer Flexibilität.[773]

Die Kennzahl „Vermögensumschlag" ist **für Steuerungszwecke nicht geeignet**. Zum einen verwendet sie im Zähler die Umsatzerlöse. Diese enthalten seit dem BilRUG 2015 gem. § 277 Abs. 1 HGB nicht mehr nur die betrieblichen Umsätze/Erlöse, sondern **auch betriebsfremde Umsatzerlöse** wie z. B. Erlöse aus Mieten und Pachten sowie Patenten und Lizenzen. Zum anderen wird nicht klar, **welche Vermögensgegenstände** im Einzelnen für die konkrete Ausprägung der Kennzahl **verantwortlich** waren. Über die Struktur des (sehr heterogenen) Vermögens sagt die Kennzahl nichts aus. Insofern kann nur eine weitergehende Analyse, bspw. eine Betrachtung der Umschlagshäufigkeiten einzelner Vermögenspositionen, genauere Aufschlüsse liefern. Ein besonderer Fokus wird auf dem betrieblichen Umlaufvermögen liegen, da dieses als kurzfristig gestaltbar angesehen wird.

[772] Siehe https://corporate.fielmann.com/fileadmin/Redaktion/pdf/ir/fielmann_bericht_2019_S_gf76mqWz.pdf, S. 84, 86.

[773] Vgl. WERNER, E., BÜHRENS, J.: Bilanzanalyse, Lerneinheit 1 im Schwerpunktmodul Controlling/Rechnungswesen, Verbundstudium, Hagen 2013, S. 66.

Zuletzt sei darauf hingewiesen, dass diese Kennzahl als absoluter Wert kaum interpretierbar ist. Aussagekräftig ist sie erst im Kontext einer vergleichenden Bewertung (Benchmarking). Speziell beim externen Benchmarking kommt es darauf an, inwieweit die Störungsfaktoren wie z. B. Ausgestaltung der Wertkette[774], insb. die Produktionsprogramme und die Produktionsbedingungen, einen sinnstiftenden Vergleich der Unternehmen be- oder verhindern.

3.2.13 Entsorgungskostenquote

Die klassische Betrachtung eines Produktlebenszyklus erfährt eine Klarstellung und drei Modifikationen.[775] Zunächst wird klargestellt, dass sich der Begriff Produkt sich nicht nur auf materielle Güter, sondern auch auf immaterielle Güter wie Dienstleistungen bezieht.

Aus Sicht des Controllers ist die **Beschränkung** auf die Phasen Einführung, Wachstum, Reifezeit, Sättigung, Verfall und Absterben **nicht sachgerecht**. Der klassische Zyklus beginnt mit der Einführung des Produkts und endet, wenn das letzte Produkt verkauft wurde. Zwei wichtige Phasen fehlen jedoch: *Vor* der Einführung eines Produkts auf dem Markt fallen Kosten in den Bereichen **Umweltanalyse, Forschung und Entwicklung sowie Konstruktion** an. Dieser Zeitraum wird **Vorverkaufsphase** genannt. Daneben fallen weitere Kosten *nach* dem Verkauf eines Produktes an. Diese Kosten resultieren aus der **Rücknahme**[776], der **Gewährleistung** sowie der **Entsorgung**[777] und dem **Recycling**[778] ausgedienter Erzeugnisse. Diese Phase wird als Nachverkaufsphase oder **Nachsorgephase** bezeichnet. Gerade die Kosten für die Nachsorge sind in den vergangenen Jahren aus Umwelt- und Ressourcengründen enorm angestiegen. Dabei spielt es zunächst keine Rolle, ob das Unternehmen die Rücknahme selbst vornimmt oder Umlagen für die Erfüllung der Verpflichtungen zahlt.

---

[774] Zum Thema „Wertschöpfungskette" siehe die Ausführungen im Unterabschnitt 3.2.9 „Wertschöpfung".

[775] Vgl. die Ausführungen bei WÖRDENWEBER, M.: Operatives Controlling, a. a. O., Unterabschnitt 1.4.18 „Nachsorgeaufwand".

[776] Vgl. das sehr weitgehende deutsche Verbraucherrecht, das im Fernabsatz bspw. in Form des Widerrufsrechts zu grotesken Aktionen einschl. Missbrauch der Käufer führt.

[777] Der Begriff „Entsorgung" ist in der Materialwirtschaft (vgl. Wördenweber, M., a. a. O., S. 345) weiter gefasst. Er beinhaltet neben dem Recycling auch die Abfallwirtschaft.

[778] Vgl. die zahlreichen Verpflichtungen der Industrie zur Rücknahme von Altöl, Batterien, Elektronikschrott, Autos etc.

Die Gesamtheit aller Phasen wird als **integrierter Produktlebenszyklus**[779] bezeichnet.

Neben den **Kosten für die Entsorgung** spielt auch der **nachhaltigkeitsbezogene Aspekt** eine immer größere Rolle in und für die Unternehmen.[780] Unter dem Gesichtspunkt einer nachhaltigkeitsorientierten Unternehmensführung können die Kosten für die Entsorgung auf zwei Arten verringert oder gar vermieden werden: Wenn (im ersten Schritt/von vornherein) ressourcenschonend gearbeitet[781] und wenn (darüber hinaus) konduktverringernd[782] gehandelt wird.

Die tatsächlich entstandenen **Entsorgungskosten** setzen sich im Wesentlichen aus zwei Komponenten zusammen. Zum einen sind dies die **Entsorgungskosten für Kondukte**, die während des Produktionsprozesses anfallen (z. B. Treibhausgase, Feinstaub, Abwasser, Lärm)[783], einschließlich der Kosten für zu entsorgte, nicht benötigte Ressourcen, und zum anderen diejenigen **Kosten**, die während bzw. am Ende des Produkt-Nutzungsprozesses (z. B. **aufgrund gesetzlicher Rücknahmeverpflichtungen**, aber – zunehmend auch – **aufgrund freiwilliger Zusagen** für eine Annahme gebrauchter Verpackungen, Ersatz- und Verschleißteile und ausgedienter Produkte) vom Unternehmen zu tragen sind. In den Entsorgungskosten enthalten sind die Kosten für die Rücknahme, das Recycling und die eigentliche Entsorgung, die im § 6 KrWG als sonstige Verwertung (insb. die energetische Verwendung und Verfüllung sowie das Deponieren von Abfall) bezeichnet wird. Ebenfalls zu den Entsorgungs"kosten" gehören die Bewertung von Produkten und Leistungen der Natur wie z. B. Emissionsrechte. Nicht enthalten sind die Kosten in der Nachsorgephase für die Gewährleistung, soweit es sich nicht um die Entsorgung von Produkten handelt.

Die Kennzahl „**Entsorgungskostenquote**" dient in erster Linie dazu, die Aufmerksamkeit für und die Transparenz über die Bedeutung der Entsorgungskosten zu erhöhen.

---

779 Vgl. WÖRDENWEBER, M.: Operatives Controlling, a. a. O., Unterabschnitt 1.4.18 „Nachsorgeaufwand".

780 Siehe WÖRDENWEBER, M.: Nachhaltigkeitsmanagement, a. a. O., S. 29–39.

781 Es wird unterstellt, dass angeschaffte, aber nicht benötigte Ressourcen Verschwendung darstellen, welche zum Teil wieder entsorgt werden müssen.

782 Kondukte (von lat. conducere = mitführen) stellen den mit einem Produkt mitgeführten, unerwünschten Output dar, der in fester, flüssiger, gasförmiger oder energetischer Form auftreten kann.

783 Ausführlicher bei WÖRDENWEBER, M.: Nachhaltigkeitsmanagement, a. a. O., S. 201, 215–238.

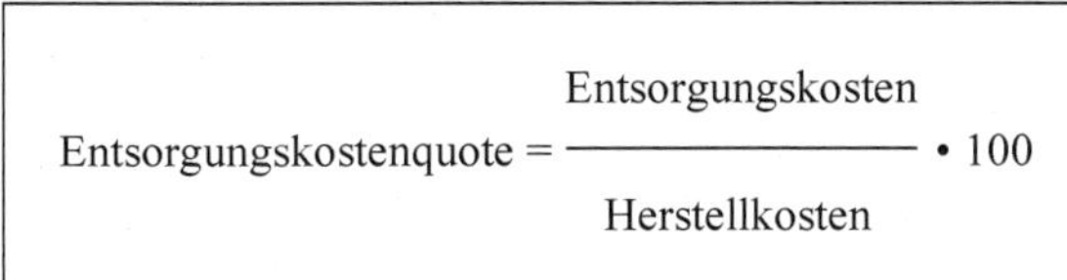

$$\text{Entsorgungskostenquote} = \frac{\text{Entsorgungskosten}}{\text{Herstellkosten}} \cdot 100$$

Darst. 3.2150: Entsorgungskostenquote (%)

Eine isolierte Betrachtung der Kennzahl „Entsorgungskostenquote“ ist nicht aussagekräftig. Um die Höhe der Entsorgungskostenquote besser einschätzen zu können, bedarf es einer **vergleichenden Betrachtung**. Eine solche wird als **Benchmarking** bezeichnet. Die einzelnen Möglichkeiten einer vergleichenden Analyse werden im Unterabschnitt 2.2.6 „Bewertung von Kennzahlen und Benchmarking“ näher erläutert.

Sofern die Kennzahl für Unternehmen in Gänze abgeglichen werden soll, kann wegen der bislang nicht sehr weitgehenden Standardisierung der einfließenden Daten (Definitionsproblem) **nicht das externe Benchmarking, sondern nur das interne Benchmarking** infrage kommen.

Der jeweilige prozentuale Wert dieser Kennzahl unterliegt zahlreichen Einflussfaktoren. Die konkrete Ausprägung hängt nicht nur von ökonomischen Entscheidungen der Ressourcen-Sparsamkeit seitens des Unternehmens (im Zähler und/oder Nenner) ab, sondern auch von den Umweltbedingungen, von denen die staatlichen Vorgaben in Form von Gesetzen und Verordnungen hervorzuheben sind.[784]

Eine vergleichsweise hohe Entsorgungskostenquote ist Anlass, sich etwa mit Hilfe des sog. Life Cycle Assessment-Ansatzes z. B. produktbezogen mit alternativen Roh-, Hilfs- und Betriebsstoffen sowie modularen Konzepten (Baukastenprinzip) zu befassen.[785] Die ökologieorientierten Aktivitäten eines Unternehmens finden sich häufig unter dem Stichwort **„Grünes Management“ (Green Management)**.

[784] Vgl. KRAUSE, H.-U.: Ganzheitliches Reporting mit Kennzahlen im Zeitalter der digitalen Vernetzung. Ein fallstudienbegleiteter Ansatz zur Nachhaltigkeits-Implementierung, 2. Aufl., Berlin, Boston 2019, S. 276–277.

[785] Vgl. ebenda, S. 277 sowie die Ausführungen zur ökologieorientierten Unternehmensführung bei WÖRDENWEBER, M.: Nachhaltigkeitsmanagement, a. a. O., S. 169–184, insb. die Erläuterungen zu den Themen „Beschaffungsökologie“, „Produktionsökologie“, „Marketingökologie“ und „Abfallbewirtschaftung“.

Anhang

Textilkontor Walter Seidensticker GmbH & Co. KG

Bielefeld

Konzernabschluss zum Geschäftsjahr vom 01.05.2017 bis zum 30.04.2018

Konzernbilanz zum 30. April 2018

AKTIVA

	30.04.2018 €	 €	30.04.2017 €
A. Anlagevermögen			
I. Immaterielle Vermögensgegenstände			
Entgeltlich erworbene gewerbliche Schutzrechte und ähnliche Rechte und Werte		1.551.943,36	1.743.676,45
II. Sachanlagen			
1. Grundstücke und Bauten einschließlich der Bauten auf fremden Grundstücken	7.309.868,19		12.083.166,65
2. Technische Anlagen und Maschinen	617.073,49		775.822,30
3. Andere Anlagen, Betriebs- und Geschäftsausstattung	2.398.751,49		2.653.089,00
4. Geleistete Anzahlungen und Anlagen im Bau	143.629,48		1.735,28
		10.469.322,65	15.513.813,23
III. Finanzanlagen			
1. Anteile an verbundenen Unternehmen	52.000,00		52.000,00
2. Beteiligungen an assoziierten Unternehmen	0,00		0,00
3. Sonstige Ausleihungen	47.964,13		47.461,52
		99.964,13	99.461,52
		12.121.230,14	17.356.951,20
B. Umlaufvermögen			
I. Vorräte			
1. Roh-, Hilfs- und Betriebsstoffe	12.675.053,39		10.303.478,01
2. Unfertige Erzeugnisse	201.435,32		118.157,65
3. Fertige Erzeugnisse und Waren	22.414.329,91		22.101.668,21
4. Geleistete Anzahlungen auf Vorräte	0,00		18.855,07
		35.290.818,62	32.542.158,94
II. Forderungen und sonstige Vermögensgegenstände			
1. Forderungen aus Lieferungen und Leistungen	6.236.444,50		9.197.739,71
2. Forderungen gegen Gesellschafter	2.813.217,79		5.173.845,33
3. Forderungen gegen Unternehmen, mit denen ein Beteiligungsverhältnis besteht	4.236,01		334.776,89
4. Sonstige Vermögensgegenstände	11.027.503,71		10.133.171,40
		20.081.402,01	24.839.533,33
III. Kassenbestand, Guthaben bei Kreditinstituten und Schecks		17.436.066,67	13.391.840,01
		72.808.287,30	70.773.532,28
C. Rechnungsabgrenzungsposten		958.252,27	741.206,12
D. Aktive latente Steuern		223.731,00	0,00
E. Aktiver Unterschiedsbetrag aus der Vermögensverrechnung		17.935,73	0,00
		86.129.436,44	88.871.689,60

Textilkontor Walter Seidensticker GmbH & Co. KG

Bielefeld

Konzernabschluss zum Geschäftsjahr vom 01.05.2017 bis zum 30.04.2018

Konzern-Gewinn- und Verlustrechnung für das Geschäftsjahr vom 1. Mai 2017 bis 30. April 2018

	2017/2018 €	€	2016/2017 €
1. Umsatzerlöse		184.392.844,37	198.751.512,86
2. Veränderung des Bestands an unfertigen und fertigen Erzeugnissen		+ 142.366,40	- 91.931,92
		184.535.210,77	198.659.580,94
3. Sonstige betriebliche Erträge		+ 7.201.982,50	+ 4.354.050,48
4. Materialaufwand			
a) Aufwendungen für Roh-, Hilfs- und Betriebsstoffe und für bezogene Waren	- 76.106.902,79		- 82.883.736,52
b) Aufwendungen für bezogene Leistungen	- 2.559.820,94		- 3.158.842,27
		- 78.666.723,73	- 86.042.578,79
5. Personalaufwand			
a) Löhne und Gehälter	- 33.921.489,88		- 35.512.721,26
b) Soziale Abgaben und Aufwendungen für Altersversorgung und für Unterstützung	- 5.712.288,65		- 5.529.271,77
- davon für Altersversorgung: € 736.416,09 (Vorjahr: € 667.210,37)			
		- 39.633.778,53	- 41.041.993,03
6. Abschreibungen auf immaterielle Vermögensgegenstände des Anlagevermögens und Sachanlagen		- 2.481.540,42	- 2.806.021,94
7. Sonstige betriebliche Aufwendungen		- 63.016.835,96	- 62.014.771,31
- davon Aufwendungen nach Artikel 67 Abs. 1 und 2 EGHGB: € 209.100,00 (Vorjahr: € 209.089,00)			
		- 176.596.896,14	- 187.551.314,59
8. Sonstige Zinsen und ähnliche Erträge		+ 505.277,86	+ 572.112,44
9. Zinsen und ähnliche Aufwendungen		- 3.204.944,15	- 3.592.758,83
		- 2.699.666,29	- 3.020.646,39
10. Steuern vom Einkommen und vom Ertrag		- 2.803.466,13	- 3.761.719,64
11. Ergebnis nach Steuern/Konzernjahresüberschuss		2.435.182,21	4.325.900,32
12. Entnahme aus den Gewinnrücklagen		+ 1.466.817,52	+ 41.056,11
13. Zuführung zu den Gewinnrücklagen		0,00 0,00	- 236,85
14. Verlustvortrag		- 19.068.730,89	- 23.436.991,98
15. auf nicht beherrschende Anteile entfallender Verlust		+ 1.472,22	+ 1.541,51
16. Konzernbilanzverlust		- 15.165.258,94	- 19.068.730,89

Textilkontor Walter Seidensticker GmbH & Co. KG

Bielefeld

Konzernabschluss zum Geschäftsjahr vom 01.05.2017 bis zum 30.04.2018

Konzern-Anlagenspiegel zum 30. April 2018

	Anschaffungskosten					
	Vortrag 01.05.2017 €	Zugänge €	Umbuchungen €	Abgänge €	Währungsdifferenzen €	Stand 30.04.2018 €
I. Immaterielle Vermögensgegenstände						
Entgeltlich erworbene gewerbliche Schutzrechte und ähnliche Rechte und Werte	12.491.568,51	280.059,48	0,00	911.754,49	673,14	11.860.546,64
	12.491.568,51	280.059,48	0,00	911.754,49	673,14	11.860.546,64
II. Sachanlagen						
1. Grundstücke und Bauten einschließlich der Bauten auf fremden Grundstücken	21.078.147,59	129.089,96	0,00	7.649.582,45	-537.812,47	13.019.842,63
2. Technische Anlagen und Maschinen	4.478.719,63	239.281,48	0,00	314.506,70	-425.596,64	3.977.897,77
3. Andere Anlagen, Betriebs- und Geschäftsausstattung	14.267.548,13	678.587,24	1.141,00	3.979.807,81	-125.861,53	10.841.607,03
4. Geleistete Anzahlungen und Anlagen im Bau	1.735,28	143.035,20	-1.141,00	0,00	0,00	143.629,48
	39.826.150,63	1.189.993,88	0,00	11.943.896,96	-1.089.270,64	27.982.976,91
III. Finanzanlagen						
1. Anteile an verbundenen Unternehmen	52.000,00	0,00	0,00	0,00	0,00	52.000,00
2. Beteiligungen an assoziierten Unternehmen	11.309,27	0,00	0,00	0,00	0,00	11.309,27
3. Sonstige Ausleihungen	47.461,52	502,61	0,00	0,00	0,00	47.964,13
	110.770,79	502,61	0,00	0,00	0,00	111.273,40
	52.428.489,93	1.470.555,97	0,00	12.855.651,45	-1.088.597,50	39.954.796,95

	Abschreibungen				
	Vortrag 01.05.2017 €	Abschreibungen des Geschäftsjahres €	Abgänge €	Währungsdifferenzen €	Stand 30.04.2018 €
I. Immaterielle Vermögensgegenstände					
Entgeltlich erworbene gewerbliche Schutzrechte und ähnliche Rechte und Werte	10.747.892,06	471.792,57	911.754,49	673,14	10.308.603,28
	10.747.892,06	471.792,57	911.754,49	673,14	10.308.603,28
II. Sachanlagen					
1. Grundstücke und Bauten einschließlich der Bauten auf fremden Grundstücken	8.994.980,94	888.339,27	3.954.771,48	-218.574,29	5.709.974,44
2. Technische Anlagen und Maschinen	3.702.897,33	262.797,30	246.919,58	-357.950,77	3.360.824,28
3. Andere Anlagen, Betriebs- und Geschäftsausstattung	11.614.459,13	858.611,28	3.912.695,19	-117.519,68	8.442.855,54
4. Geleistete Anzahlungen und Anlagen im Bau	0,00	0,00	0,00	0,00	0,00
	24.312.337,40	2.009.747,85	8.114.386,25	-694.044,74	17.513.654,26
III. Finanzanlagen					
1. Anteile an verbundenen Unternehmen	0,00	0,00	0,00	0,00	0,00
2. Beteiligungen an assoziierten Unternehmen	11.309,27	0,00	0,00	0,00	11.309,27
3. Sonstige Ausleihungen	0,00	0,00	0,00	0,00	0,00
	11.309,27	0,00	0,00	0,00	11.309,27
	35.071.538,73	2.481.540,42	9.026.140,74	-693.371,60	27.833.566,81

Literaturverzeichnis

ADAM, D.: Produktionsmanagement, 9. Aufl., Wiesbaden 1998

ADAM, D.: Produktionspolitik, 6. Aufl., Wiesbaden 1990

ALBERS, S., HERRMANN, A.: Handbuch Produktmanagement: Strategieentwicklung – Produktplanung – Organisation – Kontrolle, 3. Aufl., Wiesbaden 2007

ALTOBELLI, C. F.: Marktforschung: Methoden – Anwendungen – Praxisbeispiele, 3. Aufl., Konstanz 2017

ANSOFF, H. I.: Managing Surprise and Discontinuity – Strategic Response to Weak Signals, in: Zeitschrift für betriebswirtschaftliche Forschung (ZfbF), Nr. 28, 28. Jg., 1976, S. 129–152

ANTLITZ, A.: Unternehmensgrenzen und Kooperationen. Make-cooperate-or-buy im Zusammenspiel von Kompetenz- und Strategieentwicklung, Wiesbaden 1999

ANWANDER, A.: Strategien erfolgreich verwirklichen, 2. Aufl., Berlin, Heidelberg 2002

BAETGE, J.: Überwachung, in: BITZ, M. ET AL. (HRSG.): Vahlens Kompendium der Betriebswirtschaftslehre, Bd. 2, 3. Aufl., München 1993, S. 175–218

BAIER, P.: Praxishandbuch Controlling, 2. Aufl., München 2008

BAMBERGER, I., WRONA, TH.: Planung, in: BREUER, W., GÜRTLER, M. (HRSG.): Internationales Management. Betriebswirtschaftslehre der internationalen Unternehmung, Wiesbaden 2003, S. 57–110

BAMBERGER, I., WRONA, TH.: Strategische Unternehmensführung. Strategien, Systeme, Prozesse, München 2004

BARDY, R.: Controlling als Führungshilfe im Unternehmen, in: RKW (HRSG.): RKW-Handbuch Führungstechnik und Organisation, Loseblatt, Düsseldorf 1994, Kennzahl 5622, S. 1–50

BAUM, H.-G., COENENBERG, A., GÜNTHER, TH.: Strategisches Controlling, 5. Aufl., Stuttgart 2013

BDU E. V.: Grundsätze ordnungsgemäßer Planung (GoP), 3. Aufl., Bonn 2009.

BEA, F. X.: Kritische Untersuchungen über den Geltungsbereich des Prinzips der Gewinnmaximierung, Berlin 1968

BEA, F. X., HAAS, J.: Strategisches Management, 10. Aufl., Konstanz und München 2019

BECKER, H. P.: Investition und Finanzierung. Grundlagen der betrieblichen Finanzwirtschaft, 8. Aufl., Wiesbaden 2018

BEHRENS, R., FEUERLOHN, B.: Angewandtes Unternehmens-Controlling. Operative Systeme der Planung, Kontrolle und Entscheidung, Berlin, Boston 2018

BERSCHIN, H. H.: Handbuch Controlling. Systematisches Planen, Führen, Steuern, Überwachen des Unternehmens und seiner Abteilungen, München 1989

BESTMANN, U.: Betriebswirtschaftliche Formelsammlung. Kommentierte Kennzahlen, München 2011

BIEG, H., KUSSMAUL, H., WASCHBUSCH, G.: Finanzierung in Übungen, 4. Aufl., München 2017

BLEICHER, K.: Perspektiven für Organisation und Führung von Unternehmen, Baden-Baden et al. 1971

BLEICHER, K., MEYER, E.: Führung in der Unternehmung: Formen und Modelle, Reinbek bei Hamburg 1976

BLEYMÜLLER, J., WEISSBACH, R., DÖRRE, A.: Statistik für Wirtschaftswissenschaftler, 18. Aufl., München 2020

BRAMSEMANN, R.: Controlling, 2. Aufl., Wiesbaden 1980

BREDE, H.: Kontrolle, betriebliche, in: GROCHLA, E., WITTMANN, W.: Handwörterbuch der Betriebswirtschaft, Bd. 2, 4. Aufl., Stuttgart 1975, Sp. 2218–2220

BRENNER, W., HILBERS, K.: Unternehmensführung und Informationssystem, 2. Aufl., Wiesbaden 2014

BROCKHOFF, K.: Prognosen, in: BEA, F. X., SCHWEITZER, M. (HRSG.): Allgemeine Betriebswirtschaftslehre. Bd. 2. Führung, 10. Aufl., Stuttgart 2011, S. 785–825

BRÖSEL, G.: Bilanzanalyse. Unternehmensbeurteilung auf der Basis von HGB- und IFRS-Abschlüssen, 16. Aufl., Berlin 2017

BRÜHL, R.: Controlling. Grundlagen einer erfolgsorientierten Unternehmenssteuerung, 4. Aufl., München 2016

BUCHNER, H.: Planung im turbulenten Umfeld, München 2002

BUSSIEK, J.: Wie entsteht eine Unternehmensplanung? 2. Aufl., Wiesbaden 1991

COENENBERG, A.: Zur Bedeutung der Anspruchsniveau-Theorie für die Ermittlung von Vorgabekosten, in: Der Betrieb, 23. Jg., Nr. 21, 1970, S. 1137–1141

COENENBERG, A., FISCHER, T., GÜNTHER, T.: Kostenrechnung und Kostenanalyse, 9. Aufl., Stuttgart 2016

COPELAND, T. E., WESTON, J. F., SHASTRI, L.: Finanzierungstheorie und Unternehmenspolitik, Konzepte der kapitalmarktorientierten Unternehmensfinanzierung, 4. Aufl., München 2008

CORSTEN, H., CORSTEN, M.: Einführung in das Strategische Management, Konstanz, München 2012

DAMBROWSKI, J.: Budgetierungssysteme in der deutschen Unternehmenspraxis, Darmstadt 1986

DÄUMLER, K.-D., GRABE, J.: Betriebliche Finanzwirtschaft. Mit Fragen und Aufgaben, Antworten und Lösungen, Tests und Tabellen, 10. Aufl., Herne, Berlin 2013

DÄUMLER, K.-D., GRABE, J.: Kostenrechnung 1. Grundlagen. Mit Fragen und Aufgaben, Antworten und Lösungen, 7. Aufl., Herne, Berlin 1996

DEIMEL, K., HEUPEL, T., WILTINGER, K.: Controlling, München 2013

DESTATIS Statistisches Bundesamt, Insolvenzen, Wiesbaden 2014 (https://www.destatis.de/DE/ZahlenFakten/Indikatoren/LangeReihen/Insolvenzen/lrins01.html;jsessionid=227D6E1D5267E3BB5EB8575E64922375.cae4, Abruf am 04.01.2015

DIEDRICH, A.: Modul: Betriebswirtschaftslehre BWL 1 A, Veranstaltungsteil: Grundlagen der Betriebswirtschaftslehre, Themenbereich: Planung, Folie 22 (http://wirtschaft.fh-duesseldorf.de/fileadmin/personen/professoren/diedrich/ Downloads/BWL_1A_Planung_WS_2012..pdf, Abruf am 23.11.2015

DILLERUP, R., STOI, R.: Unternehmensführung, München 2006

DILLERUP, R., STOI, R.: Unternehmensführung. Management & Leadership. Strategien – Werkzeuge – Praxis, 5. Aufl., München 2016

DÜROLF, P.: Das Planungshandbuch als Controllinginstrument, Darmstadt 1988

DWORSKI, E. A.: Flexibilisierung der Budgetierung mit Rolling Forecasts und Relativen Zielen, Diss. Universität Stuttgart, München 2011

EBERLEIN, J.: Betriebliches Rechnungswesen und Controlling, 2. Aufl., München 2010

EBNER STOLZ: BWL-Basics: Der Jahresabschluss, seine Rechenwerke und Implikationen für die Business Planung, Frankfurt 2013, S. 15f., http://www.vc-germany.com/German_Venture_Club_e.V./Veranstaltungen_files/Handout%20-%20BWL-Basics.PDF, Abruf am 22.11.2015

EHRMANN, H.: Kostenrechnung, 2. Aufl., München 1997

EHRMANN, H.: Unternehmensplanung, 6. Aufl., Ludwigshafen (Rhein) 2013

ESCHENBACH, R., SILLER, H.: Controlling professionell. Gut gerüstet für digitale Herausforderungen, 3. Aufl., Stuttgart 2019

EULER HERMES KREDITVERSICHERUNGS-AG (HRSG.): Ursachen von Insolvenzen, Wirtschaft Konkret Nr. 414, in Zusammenarbeit mit dem ZIS Zentrum für Insolvenz und Sanierung an der Universität Mannheim e. V., Hamburg 2006

EWERT, R., WAGENHOFER, A.: Interne Unternehmensrechnung, 8. Aufl., Berlin 2014

FELDEN, B.: Controlling in Familienunternehmen – Ergebnisse einer empirischen Untersuchung –, in: Der Betrieb, 2013, S. 529–533

FINK, C. A.: Prozessorientierte Unternehmensplanung: Analyse, Konzeption und Praxisbeispiele, Dissertation an der Universität Stuttgart, Wiesbaden 2013

FISCHER, J.: Qualitative Ziele in der Unternehmensplanung – Konzepte zur Verbesserung betriebswirtschaftlicher Problemlösungstechniken, Habilitationsschrift, Münster 1989

FISCHER, T. M., MÖLLER, K., SCHULTZE, W.: Controlling. Grundlagen, Instrumente und Entwicklungsperspektiven, 2. Aufl., Stuttgart 2015

FOIT, K., LORBERG, D.: Kostenrechnung. Lehrbuch mit Online-Umgebung, Herne 2015

FRANK, S.: Erfolgreiche Gestaltung der Kostenrechnung – Determinanten und Wirkung am Beispiel mittelständischer Unternehmen, Diss. WHU – Otto Beisheim School of Management Vallendar 1999, Wiesbaden 2000

FRANKE, G., HAX, H.: Finanzwirtschaft des Unternehmens und Kapitalmarkt, 6. Aufl., Berlin, Heidelberg 2009

FRESE, E., GRAUMANN, M., TALAULICAR, T., ET AL.: Grundlagen der Organisation. Entscheidungsorientiertes Konzept der Organisationsgestaltung, 11. Aufl., Wiesbaden 2019

FRETER, H.: Marketing – Die Einführung mit Übungen, München 2004

FRIEDL, B.: Controlling, 2. Aufl., Konstanz, München 2013

FRIEDL, B.: Kostenrechnung. Grundlagen, Teilrechnungen und Systeme der Kostenrechnung, 2. Aufl., Kiel 2010

FRIEDL, G., HOFMANN, C., PEDELL, B.: Kostenrechnung – Eine entscheidungsorientierte Einführung, 3. Aufl., München 2017

FUCHS-WEGNER, G., WELGE, M.: Kriterien und Auswahl von Organisationskonzepten, in: Zeitschrift für Organisation, 1974, S. 71–82

FÜRTJES, H.-T.: Planungsorgane, in: SZYPERSKI, N. (HRSG.): Handwörterbuch der Planung, Stuttgart 1989, Sp. 1464–1468

GÄLWEILER, A.: Strategische Unternehmensführung, 3. Aufl., Frankfurt a. M., New York 2005

GAITANIDES, M., Zeitliche Koordination, Konzepte zur, in: SZYPERSKI, N. (HRSG.): Handwörterbuch der Planung, Stuttgart 1989, Sp. 2258–2270

GLEICH, R., HOFMANN, ST., LEYK, J.: Planungs- und Budgetierungsinstrumente. Innovative Ansätze und Best-Practice für den Managementprozess, Berlin 2006

GRÄFER, H., GERENKAMP, TH.: Bilanzanalyse, 13. Aufl., Herne 2015

GRÄFER, H., WENGEL, T.: Bilanzanalyse. Kompaktes Lern- und Arbeitsbuch mit Online-Training, 14. Aufl., Herne 2019

GRAUMANN, M.: Kostenrechnung und Kostenmanagement. Mit Kontrollfragen, Übungsaufgaben und Fallstudien, 6. Aufl., Herne 2017

GRAUMANN, M.: Praktische Jahresabschlussanalyse, 3. Aufl., Herne 2020

GÜMBEL, R.: Nebenbedingungen und Varianten der Gewinnmaximierung, Zeitschrift für betriebswirtschaftliche Forschung (ZfbF), Nr. 15, 1963, S. 12–21

GUSERL, R., PERNSTEINER, H.: Finanzmanagement. Grundlagen – Konzepte – Umsetzung, 2. Aufl., Wiesbaden 2015

GUTENBERG, E.: Grundlagen der Betriebswirtschaftslehre, Bd. 1: Die Produktion, 24. Aufl., Berlin, Heidelberg, New York 1983

GUTENBERG, E.: Grundlagen der Betriebswirtschaftslehre, Bd. 3: Die Finanzen, 8. Aufl., Berlin, Heidelberg, New York 1987

HABERSTOCK, L.: Kostenrechnung II. (Grenz-) Plankostenrechnung mit Fragen, Aufgaben und Lösungen, 10. Aufl., Berlin 2008

HÄGLER, M., BAUCHMÜLLER, M.: VW-Ingenieure manipulierten aus Angst vor Winterkorn, in: Süddeutsche Zeitung vom 08.11.2015, http://www.sueddeutsche.de/wirtschaft/abgas-skandal-vw-ingenieure-manipulierten-aus-angst-vor-winterkorn-1.2727745, Abruf am 27.11.2015

HAHN, D.: Führung des Systems Unternehmung, in: Zeitschrift Führung + Organisation (ZFO), 40. Jg., 1971, S. 161

HAHN, D., HUNGENBERG, H.: PuK-Wertorientierte Controllingkonzepte: Planung und Kontrolle, Planungs- und Kontrollsysteme, Planungs- und Kontrollrechnung, 6. Aufl., Wiesbaden 2001

HAMMER, R.: Unternehmensplanung. Planung und Führung, 9. Aufl., Berlin, München, Boston 2015

HAMPRECHT, M.: Controlling von Konzernplanungssystemen: theoretische Ableitung und betriebliche Realität führungsstrukturabhängiger Ausprägungsmuster, Wiesbaden 1996

HANS, L., WARSCHBURGER, V.: Controlling, 3. Aufl., München 2009

HÄRDLER, J. (HRSG.): Betriebswirtschaftslehre für Ingenieure. Lehr- und Praxisbuch für Ingenieure und Wirtschaftsingenieure, 3. Aufl., Leipzig 2007

HEESEN, B., GRUBER, W.: Bilanzanalyse und Kennzahlen. Fallorientierte Bilanzoptimierung, 6. Aufl., Wiesbaden 2017

HENTZE, J., BROSE, P., KAMMEL, A.: Unternehmensplanung, 2. Aufl., Bern 1993

HERRMANN, A., HOMBURG, CHR., KLARMANN, A.: Handbuch Marktforschung: Methoden – Anwendungen – Praxisbeispiele, 3. Aufl., Wiesbaden 2014

HILDMANN, G., FISCHER, J.: Finanzierung – Intensivtraining, Wiesbaden 2002

HILL, W.: Stichwort „Planungsmanagement“, in: SZYPERSKI, N. (HRSG.): Handwörterbuch der Planung, Stuttgart 1989, Sp. 1457–1463

HOBERG, P.: Vom Externen Rechnungswesen zur betriebswirtschaftlichen Wirklichkeit, in: Der Betrieb, 2014, S. 553–560

HÖLLER, H.: Verhaltenswirkungen betrieblicher Planungs- und Kontrollsysteme, München 1978

HOFFILLER, R.: Der Unternehmer in der Insolvenz: Eine erste explorative Studie, Hamburg 2012

HOFFJAN, A., Cost Benchmarking als Instrument des strategischen Kostenmanagements, in: Zeitschrift für Planung, 6. Jg., 1995, S. 160

HOFFMANN, F.: Interne Revision – Organisation, in: COENENBERG; ADOLF G., VON WYSOCKI, K. (HRSG.): HWRev, Stuttgart 1983, Sp. 668–677

HOFMANN, R.: Bilanzkennzahlen, Industrielle Bilanzanalyse und Bilanzkritik, 3. Aufl., Opladen 1973

HOFMANN, W, THEYMANN, W.: Wenn Personalabbau unvermeidlich wird – Outplacement als sozialverträglicher Lösungsweg? In: REFA-Nachrichten, Heft 3, 2002, S. 25–30

HOFSTEDE, G. H.: The Game of Budget Control, London 2011

HOMBURG, C.: Quantitative Betriebswirtschaftslehre, 3. Aufl., Wiesbaden 2000

HORNGREN, C. T., FOSTER, G., DATAR, S. M. ET AL.: Cost Accounting: A Managerial Emphasis, 15th ed., Harlow 2015

HORSCH, J.: Anwendung von Controlling-Systemen in der Praxis, in: Buchführung – Bilanz – Kostenrechnung (Loseblattsammlung), BBK Daten und Fakten, Herne, Berlin 2006, S. 1205f.

HORSCH, J.: Kostenrechnung. Klassische und neue Methoden in der Unternehmenspraxis, 4. Aufl., Wiesbaden 2020

HORVÁTH, P.: Controlling, 10. Aufl., München 2006

HORVÁTH, P., GLEICH, R., SEITER, M.: Controlling, 14. Aufl., München 2019

HORVÁTH, P., GLEICH, R., VOGGENREITER, D.: Controlling umsetzen: Fallstudien, Lösungen und Basiswissen, 5. Aufl., Stuttgart 2012

HORVÁTH, P., HERTER, R. N.: Benchmarking – Vergleich mit den Besten der Besten, in: Controlling, 4. Jg., 1992, S. 4–11

HORVÁTH & PARTNERS (HRSG.): Balanced Scorecard umsetzen, 5. Aufl., Stuttgart 2016

HORVÁTH & PARTNERS (HRSG.): *Beyond Budgeting* umsetzen. Erfolgreich planen mit Advanced Budgeting, Stuttgart 2004

HORVÁTH & PARTNERS (HRSG.): Das *Controllingkonzept*. Der Weg zu einem wirkungsvollen Controllingsystem, 8. Aufl., München 2016

http://www.abendblatt.de/hamburg/article117780394/Banken-verweigern-Conergy-neue-Kredite.html, Abruf am 04.12.2019

https://corporate.fielmann.com/fileadmin/Redaktion/pdf/ir/fielmann_bericht_2019_S_gf 76mqWz.pdf

https://www.bayer.de/de/jahresabschluss-bayer-ag-2017-de.pdfx, Abruf am 08.05.2018

https://www.unternehmensregister.de/ureg/result.html;jsessionid=FB2DBFB2DBFB2DB F5091AA7C290CE831BE6747.web01-1?submitaction=showDocument&id=13398137, Abruf am 21.09.2014

HUBERT, B.: Grundlagen des operativen und strategischen Controllings. Konzeptionen, Instrumente und ihre Anwendung, 2. Aufl., Wiesbaden 2019

HUCH, B., BEHME, W., OHLENDORF, TH. Rechnungswesen-orientiertes Controlling, 4. Aufl., Heidelberg 2004

HUMMEL, S., MÄNNEL, W.: Kostenrechnung 1. Grundlagen, Aufbau und Anwendung, 4. Aufl., Wiesbaden 1990

HUNGENBERG, H.: Strategisches Management in Unternehmen. Ziele – Prozesse – Verfahren, 8. Aufl., Wiesbaden 2014

HUTZSCHENREUTER, TH.: Allgemeine Betriebswirtschaftslehre. Grundlagen mit zahlreichen Praxisbeispielen, 6. Aufl., Wiesbaden 2015

ICV INTERNATIONALER CONTROLLER VEREIN E. V.: Noch viel Raum zur Verbesserung der Planung, München, Würzburg 2015

INSTITUT DER UNTERNEHMENSBERATER: Grundsätze ordnungsgemäßer Planung, V. 2.1, 2007

JOOS-SACHSE, TH.: Controlling, Kostenrechnung und Kostenmanagement. Grundlagen – Instrumente – Neue Ansätze, 4. Aufl., Wiesbaden 2006

JUNG, H.: Allgemeine Betriebswirtschaftslehre, 12. Aufl., München 2010

JUNG, R. H., HEINZEN, M., QUARG, S.: Allgemeine Managementlehre. Lehrbuch für die angewandte Unternehmens- und Personalführung, 7. Aufl., Berlin 2018

KAPLAN, R. S., NORTON, D. P.: The Balanced Scorecard, Boston 1996

KAPLAN, R. S., NORTON, D. P.: The Balanced Scorecard – Measures That Drive Performance, in: Harvard Business Review, January-February 1992, p. 71–79

KARLÖF, B., OSTBLOM, S. Das Benchmarking Konzept: Wegweiser zur Spitzenleistung in Qualität und Produktivität, München 1994

KIEL, F.: Chefs brauchen Moral und Anstand, in: Wirtschaftswoche vom 22.10.2015, Abruf am 24.10.2015

KILGER, W.: Flexible Plankostenrechnung und Deckungsbeitragsrechnung, 9. Aufl., Wiesbaden 1988

KLEIN, R., SCHOLL, A.: Planung und Entscheidung, 2. Aufl., München 2011

KLEIN, A., WITTIGAYER, M.: Strategie und Unternehmensplanung. Lektion 2 des schriftlichen Lehrgangs BWL für Nicht-Betriebswirte I: Basiswissen, Schulungsunterlagen der Haufe Akademie 2010

KLETT, C., PIVERNETZ, M.: Controlling in kleinen und mittleren Unternehmen – Ein Handbuch mit Auswertungen 4. Aufl., Herne, Berlin 2010

KLETTI, J., SCHUMACHER, J.: Die perfekte Produktion. Manufacturing Excellence durch Short Interval Technology (SIT), 2. Aufl., Berlin, Heidelberg 2014

KOCH, H.: Aufbau der Unternehmensplanung, Wiesbaden 1977

KOCH, J.: Kosten- und Leistungsrechnung, 5. Aufl., München 1992

KOCH, J., GEBHARDT, P., RIEDMÜLLER, F: Marktforschung. Grundlagen und praktische Anwendungen, 7. Aufl., Berlin, Boston 2016

KOCH, R.: Betriebliches Berichtswesen als Informations- und Steuerungsinstrument, Frankfurt 1994

KOHN, W.: Statistik. Datenanalyse und Wahrscheinlichkeitsrechnung. Berlin 2004

KORNDÖRFER, W.: Unternehmensführungslehre. Einführung – Entscheidungslogik – Soziale Komponenten, 8. Aufl., Wiesbaden 1995

KOSIOL, E.: Die Unternehmung als wirtschaftliches Aktionszentrum, Reinbek 1972

KOSIOL, E.: Finanzplanung und Liquidität, ZfhF, 7. Jg., 1955, S. 271–272

KOTLER, PH., ARMSTRONG, G., HARRIS, L. ET AL.: Grundlagen des Marketing, 7. Aufl., München 2019

KRAUSE, H.-U.: Controlling-Kennzahlen für ein nachhaltiges Management. Ein umfassendes Kompendium kompakt erklärter Key Performance Indicators, Berlin, Boston 2016

KRAUSE, H.-U.: Ganzheitliches Reporting mit Kennzahlen im Zeitalter der digitalen Vernetzung. Ein fallstudienbegleiteter Ansatz zur Nachhaltigkeits-Implementierung, 2. Aufl., Berlin, Boston 2019

KRCMAR, H.: Informationsmanagement, 6. Aufl., Berlin, Heidelberg 2015

KRUPP, A. D.: Unternehmensplanung und Kontrolle. Kompakt, Norderstedt 2013

KRYSTEK, U., MÜLLER-STEWENS, G.: Grundzüge einer strategischen Frühaufklärung, in: HAHN, D., TAYLOR, B. (HRSG.): Strategische Unternehmensplanung – Strategische Unternehmensführung, 9. Aufl., Berlin, Heidelberg, New York 2006, S. 175–193

KUDERT, S., SORG, P.: Kosten- und Leistungsrechnung leicht gemacht. Eine Einführung für Studierende an Universitäten, Hochschulen und Berufsakademien, 2. Aufl., Berlin 2019

KÜTING, P., GRAU, P.: Nicht durch Eigenkapital gedeckter Fehlbetrag – Bilanzrechtliche und bilanzanalytische Würdigung eines handelsrechtlichen Korrekturpostens –, in: Der Betrieb, 2014, S. 729–737

KÜPPER, H.-U., FRIEDL, G., HOFMANN, C. ET AL.: Controlling. Konzeption, Aufgaben, Instrumente, 6. Aufl., Stuttgart 2013

KÜNKELE, J., SCHÄFFER, U.: Zur erfolgreichen Gestaltung der Kontrolle. European Business School Working Papers on Management Accounting & Control, No. 17, Oestrich-Winkel 2005

KUSS, A., WILDNER, R., KREIS, H.: Marktforschung: Grundlagen der Datenerhebung und Datenanalyse, 6. Aufl., Wiesbaden 2018

KUSSMAUL, H.: Betriebswirtschaftslehre. Eine Einführung für Einsteiger und Existenzgründer, 8. Aufl., München 2016

LACHNIT, L.: Finanzplanung, in: GERKE, W., STEINER, M. (HRSG.): Handwörterbuch des Bank- und Finanzwesens, 3. Aufl., Stuttgart 2001, Sp. 887–900

LACHNIT, L., AMMANN, H., MÜLLER, ST., WULF, I.: Geschäfts- oder Firmenwert als Problem der Konzernabschlussanalyse in: Die Wirtschaftsprüfung (Zeitschrift) 1999

LIEBL, C.: Kommunikations-Controlling: Ein Beitrag zur Steuerung der Marketing-Kommunikation am Beispiel der Marke Mercedes-Benz, Diss. TU Berlin 2003, Wiesbaden 2013

LINGNAU, V.: Variantenmanagement: Produktionsplanung im Rahmen einer Produktdifferenzierungsstrategie, Berlin 1994

LOCKE, E. A., LATHAM, G. P.: Goal Setting. A motivational technique that works! Englewood Cliffs 1984

LOCKE, E. A., LATHAM, G. P.: Goal Setting Theory, 1990, in: LOCKE, E. A., LATHAM, G. P. (ED.): New Developments in Goal Setting and Task Performance, New York, Hove 2013

LORSON, P., QUICK, R., WURL, H. J.: Grundlagen des Controlling, Weinheim 2013

MERTENS, P., RÄSSLER, S. (HRSG.): Prognoserechnung, 7. Aufl., Heidelberg 2012

MAG, W.: Unternehmensplanung, München 1995

MATSCHKE, M., HERING, TH., KLINGELHÖFER, H.: Finanzanalyse und Finanzplanung, München, Wien 2002

MAYFLOWER CAPITAL AG: 100 Finanzkennzahlen. Eschborn o. J.

MEFFERT, H, BURMANN, C., KIRCHGEORG, M., EISENBEISS, M..: Marketing. Grundlagen marktorientierter Unternehmensführung. Konzepte – Instrumente – Praxisbeispiele, 13. Aufl., Wiesbaden 2019

MENSCH, G.: Kosten-Controlling – Kostenplanung und Kontrolle als Instrument der Unternehmensführung, München, Wien 1998

MERTENS, P., MEIER, M. C.: Integrierte Informationsverarbeitung 2 – Planungs- und Kontrollsysteme in der Industrie, 10. Aufl., Wiesbaden 2009

MEYER, C.: Betriebswirtschaftliche Kennzahlen und Kennzahlen-Systeme, 6. Aufl., Sternenfels 2011

MICHEL, R. M., MICHEL, T. R.: Know-How des Budgetcontrolling, Heidelberg 1994

MICHEL, R., TORSPECKEN, H.-D., JANDT, J.: Neuere Formen der Kostenrechnung mit Prozesskostenrechnung. Kostenrechnung 2, 5. Aufl., München, Wien 2004

MIROW, M.: Strategie zwischen Führung und Autonomie, Vortrag zum St. Galler Forum für Unternehmensführung am 09.09.2011, http://www.ifb.unisg.ch/~/media/Internet /Content/Dateien/InstituteUndCenters/IfB/FFU/Mirow.ashx, Abruf am 22.11.2015

MÖLLER, H. P., ZIMMERMANN, J., HÜFNER, B.: Erlös- und Kostenrechnung, München 2005

MÜLLER, M., STURM, R.: Wirtschaftspolitik kompakt, Wiesbaden 2010

MUSSNIG, W., BLEYER, M., GIERMAIER, G., RAUSCH, A.: Controlling für Führungskräfte. Analysieren – Bewerten – Entscheiden, 3. Aufl., Wien 2014

NÄTHER, C.: Erfolgsmaßstäbe der strategischen Unternehmensführung, München 1993

NAGEL, M., MIEKE, C., TEUBER, S.: Methodenhandbuch der Betriebswirtschaft. 2. Aufl., München 2020

NEUMANN, D. (HRSG.): Kommunikationscontrolling: Ein wirkungsvolles Steuerungssystem, Hamburg 2014

OLFERT, K.: Finanzierung, 17. Aufl., Herne 2017

OLFERT, K., PISCHULTI, H.: Unternehmensführung, 7. Aufl., Herne 2017

ORTH, L.: Die kurzfristige Finanzplanung industrieller Unternehmungen, Köln, Opladen 1961

OSSOLA-HARING, C., SCHLAGETER, A., SCHÖNING, S.: 11 Irrtümer über Kennzahlen. Mit den richtigen Zahlen führen, Wiesbaden 2016

PEEMÖLLER, V. H.: Controlling. Grundlagen und Einsatzgebiete, 4. Aufl., Herne, Berlin 2002

PEEMÖLLER, V. H.: Controlling. Grundlagen und Einsatzgebiet, 5. Aufl., Herne, Berlin 2005

PEPELS, W.: Produktmanagement: Produktmanagement: A. Neue Produkte am Markt einführen, B. Marken erfolgreich managen, C. Produktprogramme planen und kontrollieren, D. Strukturen und Prozesse implementieren, 7. Aufl., Berlin 2016

PERRIDON, L., STEINER, M., RATHGEBER, A. W.: Finanzwirtschaft der Unternehmung, 17. Aufl., München 2016

PFAFF, D.: Budgetierung, in: KÜPPER, H.-U., WAGENHOFER, A.: Handwörterbuch Unternehmensrechnung und Controlling, 4. Aufl., Stuttgart 2002, Sp. 231−242

PFEIL, B.: Planungshandbuch. Mit 40 Muster-Formularen, Landsberg 1990

PFOHL, H.-C., STÖLZLE, W.: Planung und Kontrolle, 2. Aufl., München 1997

PICOT, A., REICHWALD, R., WIGAND, R. ET AL.: Die grenzenlose Unternehmung – Information, Organisation & Führung, 6. Aufl., Wiesbaden 2020

PLAUT, H.-G.: Die Grenz-Plankostenrechnung (Teil 1): Von der beweglichen Plankostenrechnung zur Grenzplankostenrechnung, in: Zeitschrift für Betriebswirtschaft, 23. Jg., 1953, Heft 6, S. 347–363

PLÖTNER, O., SIEBEN, B., KUMMER, T.-F.: Kosten- und Erlösrechnung. Anschaulich, kompakt, praxisnah, Berlin, Heidelberg 2008

PORTER, M. E.: Wettbewerbsvorteile (Competitive Advantage). Spitzenleistungen erreichen und behaupten, 7. Aufl., Frankfurt 2010

PRÄTSCH, J., SCHIKORRA, U., LUDWIG, E.: Finanzmanagement: Lehr- und Praxisbuch für Investition, Finanzierung und Finanzcontrolling, 4. Aufl., Berlin, Heidelberg 2012

PREISSLER, P. R.: Controlling, 15. Aufl., München 2020

RAHN, H.-J., MINTERT, S.: Unternehmensführung, 10. Aufl., Herne 2019

RATHNOW, P.: Management weltweit. Mit praxiserprobten Instrumenten zu Spitzenleistungen, München 2010

REFA VERBAND FÜR ARBEITSSTUDIEN UND BETRIEBSORGANISATION E. V. (HRSG.): Methodenlehre der Betriebsorganisation: Lexikon der Betriebsorganisation, München 1993

REIHLEN, M.: Entwicklungsfähige Planungssysteme: Grundlagen, Konzepte und Anwendungen zur Bewältigung von Innovationsproblemen, Diss. Uni Köln, Wiesbaden 1997

REUTHER, F., FINK, CH.: Besonderheiten der Bilanzierung in Familienunternehmen in: Betriebs-Berater (Zeitschrift) 2010

RICKARDS, R. C.: Budgetplanung kompakt, München 2007

RIEBEL, P.: Einzelkosten- und Deckungsbeitragsrechnung, 7. Aufl., Wiesbaden 1994

RIEG, R.: Planung und Budgetierung. Was wirklich funktioniert, Wiesbaden 2008

ROBBINS, S. P., COULTER, M., FISCHER, I.: Management. Grundlagen der Unternehmensführung, 12. Aufl., Hallbergmoos 2017

ROHLEDER, S.: Die Bilanzierung selbst geschaffener immaterieller Vermögensgegenstände des Anlagevermögens – Weiterentwicklung des HGB unter besonderer Berücksichtigung der Anforderungen mittelständischer Unternehmen, in: Der Betrieb 2016, H. 29, S. 1645–1652

RÜTH, D.: Kostenrechnung. Bd. 2, 2. Aufl., München 2012

RÜTH, D.: Planungssysteme der Industrie, Wiesbaden 1989

SCHÄFFER; U.: Kontrolle als Lernprozess, Wiesbaden 2001

SCHÄFFER, U., WEBER, J., MAHLENDORF, M.: Controlling in Zahlen – Stand und Entwicklung des Controllings in den D-A-CH-Staaten, Vallendar 2012

SCHELD, G. A.: Controlling im Mittelstand. Bd. 1: *Grundlagen* und Informationsmanagement, 4. Aufl., Büren 2008

SCHELD, G. A.: Controlling im Mittelstand. Bd. 2: *Strategisches* Unternehmenscontrolling, 6. Aufl., Büren 2017

SCHELD, G. A.: Controlling im Mittelstand. Bd. 3: *Operatives* Unternehmenscontrolling, 6. Aufl., Berlin 2017

SCHELD, G. A.: Das Interne Rechnungswesen im Industrieunternehmen. Bd. 3: *Plankostenrechnung*, 3. Aufl., Büren 2018

SCHELD, G. A.: Kostenrechnung im Industrieunternehmen. Bd. 1: *Istkostenrechnung*, 6. Aufl., Büren 2017

SCHELD, G. A.: Kostenrechnung im Industrieunternehmen. Bd. 2: *Teilkostenrechnung*, 5. Aufl., Büren 2018

SCHELD, G. A.: Kostenrechnung im Industrieunternehmen. Bd. 3: *Plankostenrechnung*, 3. Aufl., Büren 2018

SCHELD, G. A.: Rating von Kostenrechnungssystemen. Eine fragengesteuerte Checkliste zur Überprüfung der Kostenrechnung, Büren 2004

SCHERRER, G.: Kostenrechnung, Konstanz, München 2018

SCHIERENBECK, H., LISTER, M.: Value Controlling. Grundlagen Wertorientierter Unternehmensführung, 2. Aufl., München 2002

SCHIERENBECK, H., WÖHLE, C. B.: Grundzüge der Betriebswirtschaftslehre. 19. Aufl., Berlin, Boston 2016

SCHIERSMANN, C., THIEL, H.-U.: Organisationsentwicklung, Prinzipien und Strategien von Veränderungsprozessen, 5. Aufl., Wiesbaden 2018

SCHNEIDER, H. M., BUZACOTT, J. A., RÜCKER, T.: Operative Produktionsplanung und -steuerung, München 2005

SCHÖN, D.: Planung und Reporting – Grundlagen, Business Intelligence, Mobile BI und Big-Data-Analytics, 3. Aufl., Wiesbaden 2018

SCHROETER, B.: Operatives Controlling, Wiesbaden 2002

SCHWARZMAIER, U., MAYR, C.: Übungsbuch Controlling, 2. Aufl., Herne 2018

SCHWEITZER, M.: Planung und Kontrolle, in: BEA, F. X., DICHTL, E., SCHWEITZER, M. (HRSG.): Allgemeine Betriebswirtschaftslehre. Bd. 2. Führung, 4. Aufl., Stuttgart, New York 1989

SCHWEITZER, M., KÜPPER. H.-U., FRIEDL, G., HOFMANN, CH., PEDELL, B.: Systeme der Kosten und Erlösrechnung, 11. Aufl., München 2016

SEIDEL, B., GRIEGER, ST., MUSKE, R.: Bilanzierung von Entwicklungskosten nach dem BilMoG, in Betriebs-Berater, 2009

SIEBOLD, TH.: Die sozialen Dimensionen der Strukturanpassung – eine Zwischenbilanz, Duisburg 1995, http://edoc.vifapol.de/opus/volltexte/2014/5529/pdf/report13.pdf, S. 2, Abruf am 05.01.2015

SIEGWART, H.: Die Kontrolle als Mittel der Mitarbeiterführung, in: Die Unternehmung, Vol. 33, 1979, Heft 4, S. 263–273

SIEGWART, H., MENZL, I.: Kontrolle als Führungsaufgabe, Bern, Stuttgart 1978

SJURTS, I.: Kontrolle, Controlling und Unternehmensführung. Theoretische Grundlagen und Problemlösungen für das strategische und operative Management, Wiesbaden 1995

SPECHT, O., SCHWEER, H., CEYP, M.: Markt- und ergebnisorientierte Unternehmensführung für Ingenieure + Informatiker, 6. Aufl., München 2005

SPRAUL, A., OESER, J.: Controlling. Unternehmenssteuerung, Controlling-Werkzeuge, Unternehmensplanung, Managementinformationssysteme, Strategische Ausrichtung, Stuttgart 2004

STATISTA: Anteil von Personal- und Sachkosten in deutschen Krankenhäusern in den Jahren 2007 bis 2017, https://de.statista.com/statistik/daten/studie/153482/umfrage/verteilung-der-krankenhauskosten/, Abruf am 26.11.2019

STEINLE, C.: Ganzheitliches Management: Eine mehrdimensionale Sichtweise integrierter Unternehmensführung, Wiesbaden 2005

STEINMANN, H., SCHREYÖGG, G., Management. Grundlagen der Unternehmensführung. Konzepte – Funktionen – Fallstudien, 6. Aufl., Wiesbaden 2005

STEINMANN, H., SCHREYÖGG, G., KOCH, J.: Management. Grundlagen der Unternehmensführung. Konzepte – Funktionen – Fallstudien, 7. Aufl., Wiesbaden 2013

STELLING, J.: Kostenmanagement und Controlling, 3. Aufl., München 2008

STRAUB, TH.: Einführung in die Allgemeine Betriebswirtschaftslehre, 3. Aufl., München 2020

SZYPERSKI, N.: Informationsbedarf, in: GROCHLA, E. (HRSG.): Handwörterbuch der Organisation, 2. Aufl., Stuttgart 1980, S. 904–913

TAUBERGER, A.: Controlling für die öffentliche Verwaltung, München 2008

THIEME, H.-R.: Verhaltensbeeinflussung durch Kontrolle. Wirkungen von Kontrollmaßnahmen und Folgerungen für die Kontrollpraxis, Berlin 1982

THOMMEN, J.-P., ACHLEITNER, A.-K., GILBERT, D., ET AL.: Allgemeine Betriebswirtschaftslehre. Umfassende Einführung aus managementorientierter Sicht, 9. Aufl., Wiesbaden 2020

TÖPFER, A.: Stichwort „Planungssystemkonzeptionen", in: SZYPERSKI, N. (HRSG.): Handwörterbuch der Planung, Stuttgart 1989, Sp. 1515–1528

TÖPFER, A.: Planungs- und Kontrollsysteme industrieller Unternehmungen, Berlin 1976

TREUTZ, W.: Betriebliche Kontrollsysteme. Struktur und Verhalten in der Betriebspraxis sowie ihre Bedeutung für die Unternehmensführung, Berlin 1974

ULRICH, H.: Management, Bern 1984

VAHS, D. Organisation. Ein Lehr- und Managementbuch, 10. Aufl., Stuttgart 2019

VARNHOLT, N., LEBEFROMM; U., HOBERG, P.: Controlling. Betriebswirtschaftliche Grundlagen und Anwendungen mit SAP® ERP®, 2. Aufl., München 2012

VOGEL, J.: Prognose von Zeitreihen. Eine Einführung für Wirtschaftswissenschaftler, Wiesbaden 2015

VOLKMANN, S., Darstellung und Anwendung eines Bewertungsmodells im Rahmen des Controllings unter Beachtung der IAS/IFRS, Diss. TU Berlin, Berlin 2005

VON ROSENSTIEL, L., NERDINGER, F. W.: Grundlagen der Organisationspsychologie. Basiswissen und Anwendungshinweise, 7. Aufl., Stuttgart 2011

WALZ, H., GRAMLICH, D.: Investitions- und Finanzplanung, 8. Aufl., Frankfurt am Main 2011

WATSON, G. H.: Benchmarking – vom Besten lernen, Landsberg 1993

WEBB, R. A.: The Impact of Reputation and Variance Investigations on the Creation of Budget Slack, in: Accounting, Organizations and Society, Volume 27, 2002, Iss. 4–5, S. 361–378

WEBER, J., LINDER, S.: Neugestaltung der Budgetierung mit Better oder Beyond Budgeting? Eine Bewertung der Konzepte. Reihe Advanced Controlling. Bd. 64, Vallendar 2008

WEBER, J., SCHÄFFER, U.: Einführung in das Controlling, 16. Aufl., Stuttgart 2020

WEBER, J., WEISSENBERGER, B. E.: Einführung in das Rechnungswesen – Bilanzierung und Kostenrechnung, 9. Aufl., Stuttgart 2015

WEBER, K.: Prognose und Prognoseverfahren, in: GROCHLA, E., WITTMANN, W. (HRSG.): Handwörterbuch der Betriebswirtschaft. Bd. 2, 4. Aufl., Stuttgart 1975, Sp. 3188–3203

WEBER, K.: Wirtschaftsprognostik, München 1990

WEDELL, H., DILLING, A.: Grundlagen des Rechnungswesens. Lehrbuch und Online-Training mit über 50 Aufgaben. Buchführung und Jahresabschluss. Kosten- und Leistungsrechnung. Aufgaben und Lösungen, 18. Aufl., Herne, Berlin 2018

WEIS, H. CHR., STEINMETZ, P.: Marktforschung, 8. Aufl., Herne 2012

WELGE, M. K.: Unternehmensführung. Band 1. Planung, Stuttgart 1985

WELGE, M, AL-LAHAM, A., EULERICH, M.: Strategisches Management, 7. Aufl., Wiesbaden 2017

WERNER, E., BÜHRENS, J.: Bilanzanalyse, Lerneinheit 1 im Schwerpunktmodul Controlling/Rechnungswesen, Verbundstudium, Hagen 2013

WICKEL-KIRSCH, S., JANUSCH, M., KNORR, E.: Personalwirtschaft. Grundlagen der Personalarbeit im Unternehmen, Wiesbaden 2008

WILD, J.: Grundlagen der Unternehmensplanung, 4. Aufl., Hamburg 1982

WITTE, E.: Die Liquiditätspolitik der Unternehmung, Tübingen 1963

WITTE, E.: Phasen-Theorem und Organisation komplexer Entscheidungsverläufe, in: Zeitschrift für betriebswirtschaftliche Forschung (ZfbF), 1968, H. 20, S. 625–647

WÖHE, G., DÖRING, U., BRÖSEL, G.: Einführung in die Allgemeine Betriebswirtschaftslehre, 27. Aufl., München 2020

WÖRDENWEBER, M.: Kennzahlen und Verfahren der *Kostenrechnung*, Norderstedt 2020

WÖRDENWEBER, M.: Kennzahlen und Verfahren der Kostenrechnung – *Klausurenübungsbuch*, Norderstedt 2020

WÖRDENWEBER, M.: *Nachhaltigkeitsmanagement.* Grundlagen und Praxis unternehmerischen Handelns, Stuttgart 2017

WÖRDENWEBER, M.: *Normatives Management* und konstitutive Entscheidungen, Norderstedt 2019

WÖRDENWEBER, M.: *Operatives Controlling* – Band 2. Operative Kennzahlenanalyse in den Funktionsbereichen – Ausgewählte Methoden und Techniken des operativen Controllings, 3. Aufl., Berlin 2021

WÖRDENWEBER, M.: *Unternehmensplanung* und Kontrolle, Norderstedt 2019

www.uni-goettingen.de/de/aufgabenbereiche-der-internen-revision/193434.html

ZANTOW, R., DINAUER, J., SCHAEFFLER, CH.: Finanzwirtschaft des Unternehmens, 4. Aufl., München 2016

ZIEGENBEIN, K.: Controlling, 10. Aufl., Herne 2011

ZIMMERMANN, G.: Grundzüge der Kostenrechnung, 7. Aufl., München, Wien 1998

Stichwortverzeichnis